VMware 徹底入門 第4版

VMware vSphere 6.0対応

ヴイエムウェア株式会社 ／著

本書内容に関するお問い合わせについて

このたびは翔泳社の書籍をお買い上げいただき、誠にありがとうございます。弊社では、読者の皆様からのお問い合わせに適切に対応させていただくため、以下のガイドラインへのご協力をお願い致しております。下記項目をお読みいただき、手順に従ってお問い合わせください。

●ご質問される前に

弊社Webサイトの「正誤表」をご参照ください。これまでに判明した正誤や追加情報を掲載しています。

正誤表　　　　http://www.shoeisha.co.jp/book/errata/

●ご質問方法

弊社Webサイトの「刊行物Q&A」をご利用ください。

刊行物Q&A　　http://www.shoeisha.co.jp/book/qa/

インターネットをご利用でない場合は、FAXまたは郵便にて、下記"翔泳社 愛読者サービスセンター"までお問い合わせください。電話でのご質問は、お受けしておりません。

●回答について

回答は、ご質問いただいた手段によってご返事申し上げます。ご質問の内容によっては、回答に数日ないしはそれ以上の期間を要する場合があります。

●ご質問に際してのご注意

本書の対象を越えるもの、記述個所を特定されないもの、また読者固有の環境に起因するご質問等にはお答えできませんので、あらかじめご了承ください。

●郵便物送付先およびFAX番号

送付先住所　　〒160-0006　東京都新宿区舟町5
FAX番号　　　03-5362-3818
宛先　　　　　（株）翔泳社 愛読者サービスセンター

※本書に記載されたURL等は予告なく変更される場合があります。
※本書の対象に関する詳細はviiページをご参照ください。
※本書の出版にあたっては正確な記述につとめましたが、著者や出版社などのいずれも、本書の内容に対してなんらかの保証をするものではなく、内容やサンプルに基づくいかなる運用結果に関してもいっさいの責任を負いません。
※本書に掲載されているサンプルプログラムやスクリプト、および実行結果を記した画面イメージなどは、特定の設定に基づいた環境にて再現される一例です。

※本書に記載されている会社名、製品名はそれぞれ各社の商標および登録商標です。
※VMwareに関しては、以下のサイトからお問い合わせいただけます。
http://www.vmware.com/jp/company/contact.html

はじめに

「仮想化をもっと普及させるにはどうしたらいいだろうか？」「技術解説本を書くしかない！」ヴイエムウェア社内の有志の発案により『VMware 徹底入門』初版が刊行され、はや 7 年が経過しました。当時は VMware 製品に関する情報も少なく、ユーザーは少数のサーバーを統合し、ハードウェアコストを削減できれば満足という牧歌的な時代でした。

それ以来 IT 技術を取り巻く環境は激変し、仮想化をさらに推し進めることにより実現する仮想デスクトップやクラウド技術をはじめ、SDDC、SDN ／ NFV、コンテナなど数多くの技術が登場し、ユーザーは何をキャッチアップし何を採用すべきか、海図もないまま嵐の海を航海するように、手探りの状態を続けています。

一方で、ユーザーの仮想環境は一様ではなく、いち早く最新技術を取り入れたユーザーばかりでなく、ようやく仮想化の途につき始めたユーザーもあり、状況はさまざまです。

仮想化技術を比較的早い段階から導入したユーザーであっても、必ずしも機能を活用できているとは限らず、コストや工数削減などの課題が残るユーザーもいれば、対照的に、DRS、リソースプールなどの機能を徹底的に有効活用することにより、パブリッククラウドよりも低価格化を実現したオンプレミスの仮想基盤ユーザーもいます。

このような状況は、依然として仮想化技術の初・中級レベルの最新の解説書が必要である一方で、それを有効活用することにより導入・運用管理のコスト・工数を最小化するノウハウ、さらには SDDC やパブリッククラウドといった最新の技術を導入することにより、IT サービスの迅速な投入を実現するための解説も必要という、きわめて広い範囲の技術解説が求められていることを意味します。

ユーザー個々の日常業務に目を向けると、多くのユーザーは、仮想基盤のパフォーマンスの維持管理やキャパシティ効率の最大化、将来計画の策定といった、基本的でありながら実は困難な任務にさらされ、明確な指針が少ない中、日々悪戦苦闘している状態にあり、より実践的な導入・運用管理の指南書も求められています。

このような背景を受け、『VMware 徹底入門 第 4 版』は、仮想化技術入門書であるだけでなく、その枠を超え、仮想環境設計のベストプラクティス、適切なアップグレード方法、パフォーマンス／キャパシティ最適化といった導入・運用管理における実践的なノウハウ、基盤全体を根本的に仮想化に最適化するためのネットワーク仮想化、SDS、SDDC 技術、および VMware のパブリッククラウドを活用し IT サービスの迅速な投入を実現するノウハウを幅広く解説しています。

本書がさまざまな課題を抱えているユーザーの指針となり、任務を成功に導くための海図となれば幸いです。

最後に度重なる原稿の遅れや頻繁な修正に辛抱強く対応し、いろいろな助言をしていただいた翔泳社の石川氏に感謝いたします。

2015 年 10 月
ヴイエムウェア株式会社 執筆陣一同

『VMware徹底入門 第4版』の構成および利用方法について

■各章の構成

「はじめに」で前述したように、本書はvSphere入門の技術解説だけなく、導入や運用管理の実践的手法、さらには最先端技術の導入といった幅広い範囲をカバーしています。全18章は下記のような3つのパートに分類できます。

- 第1章〜第9章：vSphere仮想化技術の入門編
- 第10章〜第14章：仮想基盤の実践的な導入・運用管理編
- 第15章〜第18章：最先端技術の導入編

■ vSphere仮想化技術の入門編

仮想化技術の初歩から始め、vSphereの各機能、技術を有効活用するために必要な知識を習得することを目指します。単なる技術解説だけでなく、その機能はどういうことに活用できるのか、メリットは何かなどを詳しく解説することにより、業務のサービスレベルの向上、工数の改善、コスト削減につなげるためのイメージを持つことが可能になります。

加えて、vSphere 6.0の新機能や第3版からのアップデート内容について記述します。

- **第1章　最新VMware vSphere 6.0の概要**
  仮想化技術の初歩から始め、vSphere 6.0およびその他主要なVMware製品の新機能および基本機能をひととおり概説します。また各種のライセンス形態についても解説します。

- **第2章　VMware ESXi 6.0とvCenter Server 6.0の導入**
  主にESXi 6.0およびvCenter Server 6.0の導入手順およびvSphere Web Clientの基本的な操作方法について解説し、初級ユーザーがvSphere環境の導入に成功することを目標にします。また、ESXi、vCenter Server、Web Clientの動作要件についても記述します。

- **第3章　vSphereによるCPU・メモリの仮想化とリソース管理**
  vSphereのCPU・メモリの仮想化についての詳細な技術解説を行います。本章により、vSphereがいかにCPUやメモリを有効利用し、パフォーマンスと効率の両方を実現できるのか理解することを目標とします。初学者は必ずしもすべての項目を理解しておく必要はありませんが、より深くvSphereのしくみを理解したい読者には最適です。

- **第4章　vSphereによるストレージの仮想化とリソース管理**
  共有ストレージを適切に構成することはvSphere環境の構築および運用を成功させる必須の条件です。第4版ではvSphereのストレージ仮想化技術のよりベーシックな解説を新たに加え、続いてストレージアレイ製品を有効活用する各種機能やvSphereの高度なストレージ管理機能について解説し、ストレージ基盤の適切な構築、運用を目指します。

- **第5章　vSphere によるネットワークの仮想化とリソース管理**

  vSphere のネットワーク仮想化技術のベーシックな解説、次いで仮想スイッチなどの主要な機能について解説します。トラフィックコントロール、運用管理、トラブルシューティングなど、ネットワーク管理機能についても詳細に解説します。

- **第6章　仮想マシンの作成と管理**

  仮想マシンの基本的な構成・しくみを理解し、仮想マシンの作成、ゲスト OS や VMware Tools のインストール方法を解説します。スナップショットやテンプレートなど、日常業務にて効率的に仮想マシンの運用管理を行うための便利な機能および物理からの移行方法についても解説します。

- **第7章　ライブマイグレーション**

  第3版では「vSphere の動的配置」の章の一部でしたが、vSphere 6.0 の vMotion 機能の大幅な拡張に伴い、章として独立させました。Long Distance ／ Cross vCenter vMotion など多くの vMotion 機能の要件やメリットを解説し、運用管理の可用性や利便性向上に役立てることを目指します。

- **第8章　vSphere クラスタによる動的配置とリソース利用の最適化**

  クラスタによるリソースプール、DRS、DPM およびストレージクラスタと Storage DRS について解説します。DRS やリソースプールなどを有効活用することにより、ほとんどの仮想環境で必須のパフォーマンスの維持管理を行い、統合率を向上することによりコスト削減を行う方法について解説します。

- **第9章　vSphere クラスタによる高可用性機能**

  vSphere の機能の中で最も利用率の高い vSphere HA や vSphere FT を中心に解説します。vSphere 6.0 で強化されたストレージ障害対応の HA 機能およびマルチ仮想 CPU 対応の FT について詳しく解説することにより、ユーザー環境の高可用性要件を立案し実現することを目指します。

■仮想基盤の実践的な導入・運用管理編

仮想基盤の実践的な導入および運用管理のノウハウは強くユーザーから求められています。本編は、第4版で特に内容を強化した部分です。仮想基盤デリバリの技術者や運用管理責任者が日々直面する困難な任務に対し、実践的な方法論を詳しく解説することにより、導入コスト・管理工数の削減、パフォーマンスやキャパシティの最適化といった任務の達成を支援することを目指します。

- **第10章　仮想マシンのバックアップと災害対策**

  あらゆるユーザーに必須である仮想マシンの最適なバックアップ方法について、仮想環境固有のアプローチ（VDP およびサードパーティ製品が対応する VADP）について解説します。後半では仮想基盤で特に効果的かつ容易に実現できる災害対策（vSphere Replication および SRM）について解説します。

- **第11章　vSphere の設計のベストプラクティス**

  仮想基盤は多様なコンポーネントからなる複雑なシステムです。その設計には多くの考慮事項があり、どれが欠けても適切な基盤を構築することが困難になります。本章では適切な仮想基盤設計を行うためにコンポーネントごとの考慮事項を整理し、設計のベストプラクティスを解説します。

- **第 12 章　vSphere のパフォーマンスの管理とチューニング**
  セミナーでも人気が高く、多くのユーザーが渇望している項目として、vSphere パフォーマンスの維持管理および最適化が挙げられます。本章では vSphere 固有のメトリックがどのようなパフォーマンスに影響を与えるか、どうやって問題を解決するか、さらにパフォーマンスを最適化するための仮想基盤固有の実践的チューニング方法について解説します。

- **第 13 章　仮想基盤の運用管理：vRealize Operations Manager**
  仮想基盤の効率的な運用管理手法は多くのユーザーの課題であり、適切な解を持たないのが現状です。本章では vRealize Operations Manager により課題を解決し、適切なパフォーマンス監視、トラブルシューティング、キャパシティの利用効率の最適化、適切な将来需要予測を行うためのノウハウを解説します。

- **第 14 章　vSphere 環境のアップグレード**
  vSphere 環境は多様な物理デバイスやソフトウェアからなり、アップグレードには慎重なアプローチが必要です。本章では各フェーズにおけるアップグレードへの最適な手法を紹介し、アップグレードにおけるリスクを最小化するノウハウを解説します。

■最先端技術の導入編

近年特にホットな話題となっている SDN ／ NFV やパブリッククラウドなどに対応した、VMware の最新技術である NSX、Virtual SAN ／ Virtual Volumes、vRealize Automation、vCloud Air などについて解説します。これらの技術は単にコストや工数削減に寄与するだけでなく、基盤全体を根本的に仮想化に最適化します。さらには IT サービスの市場への迅速な投入により、企業価値の向上を支援するための解説を行います。

- **第 15 章　ネットワーク仮想化**
  SDN ／ NFV などのネットワーク仮想化技術は注目されています。本章では VMware NSX のコンセプトや機能を詳細に解説することにより、ネットワーク基盤を仮想化環境に最適化し、物理ネットワークと比較して多くのメリットを享受する方法について解説します。

- **第 16 章　Software-Defined Storage**
  従来のストレージ技術は物理環境をベースとしており、仮想環境に最適化するための SDS 技術が新たに登場しています。本章では低コストと高性能・大容量を実現する Virtual SAN、および従来のストレージ製品を仮想基盤に最適化しストレージ製品の価値を最大化する Virtual Volumes について解説します。

- **第 17 章　Software-Defined Data Center**
  VMware の提唱する SDDC とは何か、そのメリット、構成要素となる製品群と設計ポイント、およびアーキテクチャの一例を概説します。SDDC の中核となる自動化エンジンである vRealize Automation について詳細に解説します。本章により SDDC 実装に向けての具体的な検討ができることを目指します。

- **第 18 章　VMware が提供するパブリッククラウド**
  ついに登場した VMware のパブリッククラウドサービスである vCloud Air について解説し、IT サー

ビスの市場への迅速な投入を実現することを目指します。後半では、vCloud Air の今後の拡張サービスや機能についても解説します。

■動作確認環境

本書内の記述は、次の環境で動作確認しています。

- VMware ESXi 6.0
- VMware vCenter Server 6.0
- VMware vCenter Converter Standalone 6.0
- VMware vSphere Data Protection 6.0
- VMware vSphere Replication 6.0
- VMware Site Recovery Manager 6.0
- VMware vRealize Operations Manager 6.1
- VMware NSX for vSphere 6.1
- VMware Virtual SAN 6.0
- VMware vRealize Automation 6.2
- VMware vCloud Air

※ 本書中で説明されている vSphere 6 のライセンス Enterprise Edition については、2016 年 7 月現在、販売が終了しております。最新のライセンス情報については VMware の Web サイトをご確認ください。

目次

はじめに iii

『VMware 徹底入門 第 4 版』の構成および利用方法について iv

1 最新 VMware vSphere 6.0 の概要　　　　　　　　　　　　　　1

1.1 サーバー仮想化技術の概要 2
1.1.1 仮想化の概要 2
1.1.2 VMware によるサーバー仮想化 4

1.2 VMware vSphere の概要 6
1.2.1 VMware vSphere を用いた仮想環境の構成 7
1.2.2 VMware ESXi の概要 8
1.2.3 VMware vCenter Server の概要 9
1.2.4 ユーザーインターフェイスの概要 11

1.3 仮想基盤の価値を高める VMware vSphere の機能 14
1.3.1 スケーラビリティ 14
1.3.2 高い可用性とメンテナンス性 14
1.3.3 サービスレベルの保証とリソースの有効活用 16
1.3.4 データ保護 18
1.3.5 セキュリティ 18
1.3.6 運用管理の省力化とコスト削減 18

1.4 VMware vSphere 6.0 の新機能 19
1.4.1 新機能／拡張機能の概要 19

1.5 ライセンスの種類 21
1.5.1 vSphere エディション 21
1.5.2 vCenter Server のライセンス 23
1.5.3 vSphere with Operations Management ライセンス 23
1.5.4 vCloud Suite ライセンス 23
1.5.5 vSphere キット 24
1.5.6 vSphere Remote Office Branch Office ライセンス 25
1.5.7 ライセンス管理 26

2 VMware ESXi 6.0 と vCenter Server 6.0 の導入　　　　　31

2.1 VMware ESXi 6.0 のインストール 32
2.1.1 VMware ESXi のインストール要件 32
2.1.2 VMware ESXi のインストール手順 32

2.2 VMware vCenter Server 6.0 のインストールと基本設定 38
2.2.1 仮想アプライアンス版と Windows 版 38
2.2.2 vCenter Server のインストール要件 38
2.2.3 vCenter Server のインストール手順 40

2.3 vSphere Web Client の基本操作 50
2.3.1 データセンターの作成、ホストの登録、クラスタの作成 52
2.3.2 ライセンスの適用 60

3 vSphere による CPU・メモリの仮想化とリソース管理　　　69

3.1 CPU の仮想化 70
3.1.1 CPU スケジューリング 70

| | 3.1.2 | CPU のハードウェア仮想化支援機能 | 73 |
| | 3.1.3 | その他の CPU 仮想化機能 | 76 |

3.2　メモリの仮想化 78
	3.2.1	vSphere におけるメモリの仮想化	78
	3.2.2	メモリオーバーコミット	79
	3.2.3	メモリ回収メカニズム	79

3.3　リソースアロケーションの優先順位付け 82
	3.3.1	CPU リソースのシェア、予約、制限	82
	3.3.2	シェアの動作メカニズム	83
	3.3.3	メモリリソースのシェア、予約、制限	84

4　vSphere によるストレージの仮想化とリソース管理　　87

4.1　ストレージの仮想化 88
	4.1.1	仮想ディスクとデータストア	88
	4.1.2	仮想ディスクのタイプ	90
	4.1.3	データストアタイプ	92
	4.1.4	仮想 SCSI ／ SAS アダプタ（仮想 HBA）	95
	4.1.5	VMFS のオンライン拡張	96

4.2　vSphere によるストレージアレイへの対応 96
	4.2.1	ストレージアレイへのアクセス	96
	4.2.2	SAN マルチパス構成	98
	4.2.3	アレイタイプ	99
	4.2.4	ストレージの種類とパス管理ポリシー	99
	4.2.5	Storage APIs for Multipathing（PSA）	101
	4.2.6	iSCSI のポートバインディング	102

4.3　Storage I/O Control（SIOC） 104

4.4　Storage APIs for Array Integration（VAAI） 107

4.5　vSphere Flash Read Cache（vFRC） 110
	4.5.1	vFRC とは	110
	4.5.2	vFRC アーキテクチャ	111
	4.5.3	他機能との相互運用性	112

5　vSphere によるネットワークの仮想化とリソース管理　　115

5.1　ネットワークの仮想化 116
	5.1.1	仮想 NIC	117
	5.1.2	仮想スイッチ	118
	5.1.3	仮想スイッチの構成	121

5.2　仮想ネットワークの機能と設計のポイント 124
	5.2.1	耐障害性と帯域の確保	124
	5.2.2	柔軟性	124
	5.2.3	NIC チーミング	125
	5.2.4	ロードバランス	127
	5.2.5	VLAN	129

5.3　ネットワークトラフィックのコントロール 130
| | 5.3.1 | トラフィックシェーピング | 131 |
| | 5.3.2 | Network I/O Control | 131 |

	5.3.3	トラフィックのフィルタリングとマーキング	135
5.4	**ネットワーク構成のバックアップと復旧**		**138**
	5.4.1	分散仮想スイッチ設定のエクスポートとインポート	138
	5.4.2	管理ネットワークのロールバックとリストア	139
5.5	**仮想ネットワークのトラブルシューティング**		**140**
	5.5.1	物理ネットワークとの整合性	140
	5.5.2	健全性チェック	141
	5.5.3	ポートミラーリング	142
	5.5.4	分散仮想スイッチのフローモニタリング（NetFlow）	144
	5.5.5	パケットキャプチャとトレース	145

6 仮想マシンの作成と管理   149

6.1	**仮想マシンとは**		**150**
	6.1.1	仮想マシンのハードウェア構成	150
	6.1.2	仮想マシンを構成するファイル群	153
	6.1.3	VMware Tools	155
6.2	**仮想マシンの作成**		**155**
	6.2.1	仮想マシンの作成（CPU、メモリ、ディスクサイズなどの設定）	156
	6.2.2	ゲスト OS のインストール	161
	6.2.3	VMware Tools のインストール	164
6.3	**仮想マシンの管理**		**166**
	6.3.1	仮想マシンの起動／停止	167
	6.3.2	スナップショット	167
	6.3.3	テンプレートとクローン	170
	6.3.4	コンテンツライブラリ	175
6.4	**物理マシン、仮想マシン、ディスクイメージから仮想マシンへのインポート**		**176**
	6.4.1	インポートの種類（P2V、V2V、I2V）	176
	6.4.2	インポートの手順	178

7 ライブマイグレーション   187

7.1	**vSphere vMotion**		**189**
	7.1.1	vMotion とは	189
	7.1.2	vMotion のしくみ	189
	7.1.3	Long Distance vMotion	191
	7.1.4	vMotion のメリット	191
7.2	**vMotion の要件および制限事項**		**192**
	7.2.1	vMotion の共有ストレージ要件	193
	7.2.2	vMotion のネットワーク要件	193
	7.2.3	MSFC 構成の仮想マシンの vMotion	194
	7.2.4	vMotion の仮想マシンの要件および制限事項	194
	7.2.5	仮想マシンのスワップファイルの場所の互換性	195
	7.2.6	Long Distance vMotion の要件	195
7.3	**Storage vMotion**		**196**
	7.3.1	Storage vMotion のしくみ	196
	7.3.2	Storage vMotion のメリット	197
	7.3.3	Storage vMotion の要件および制限事項	197

7.4	vMotion without Shared Storage	198
	7.4.1 vMotion without Shared Storage のメリット	198
	7.4.2 vMotion without Shared Storage の要件および制限事項	199
7.5	Cross vCenter vMotion	200
	7.5.1 Cross vCenter vMotion のメリット	200
	7.5.2 Cross vCenter vMotion の要件および制限事項	201
7.6	EVC による vMotion 互換性の拡張	202
	7.6.1 EVC の要件	203
	7.6.2 サポートされる CPU 種別と EVC モード	204

8 vSphere クラスタによる動的配置とリソース利用の最適化   207

8.1	vSphere クラスタ	208
8.2	vSphere DRS によるリソース利用の最適化	208
	8.2.1 リソースプール	209
	8.2.2 vSphere DRS による仮想マシン配置の自動最適化	213
	8.2.3 アフィニティルール	217
	8.2.4 vSphere DPM による消費電力の最適化	217
	8.2.5 DRS のメリットと活用方法	218
8.3	データストアクラスタと Storage DRS	221
	8.3.1 データストアクラスタのしくみ	221
	8.3.2 Storage DRS によるリソース利用の最適化	222
	8.3.3 データストアクラスタの要件	224

9 vSphere クラスタによる高可用性機能   225

9.1	vSphere High Availability（HA）	226
	9.1.1 vSphere HA の構成	227
	9.1.2 vSphere HA の各コンポーネント	228
	9.1.3 HA クラスタを構成する各ホストの役割	229
	9.1.4 ハートビートデータストア	231
	9.1.5 ホスト障害とネットワーク障害への対応	234
	9.1.6 ストレージ障害への対応	240
	9.1.7 ゲスト OS とアプリケーション障害への対応	241
	9.1.8 アドミッションコントロール	242
9.2	vSphere Fault Tolerance（FT）	247
	9.2.1 vSphere FT とは	247
	9.2.2 vSphere FT の動作	249
	9.2.3 vSphere FT のアーキテクチャ	251
	9.2.4 vSphere FT の要件と制限事項	255

10 仮想マシンのバックアップと災害対策   257

10.1	仮想マシンのバックアップ／リストアのアプローチ	258
	10.1.1 仮想マシン内のバックアップ対象領域	259
	10.1.2 バックアップ要件	260
	10.1.3 vSphere Data Protection（VDP）	261
	10.1.4 vSphere Storage API for Data Protection（VADP）	262
	10.1.5 バックアップソフトウェアのエージェントの利用	263
	10.1.6 ストレージアレイ製品の機能との連携	264

| | 10.1.7 | スクリプトや手動によるバックアップ／リストア | 265 |

10.2 vSphere Data Protection（VDP） 265
	10.2.1	VDP のメリット	266
	10.2.2	VDP の主な機能	267
	10.2.3	VDP を利用したバックアップ／リカバリ	269
	10.2.4	VDP の制限事項	271

10.3 vSphere 環境で実現する災害対策 271
	10.3.1	災害対策の要件とソリューション	272
	10.3.2	vSphere Replication による仮想マシンの保護	273
	10.3.3	レプリケーションとリカバリの実行	275
	10.3.4	Site Recovery Manager による災害対策の自動化	280
	10.3.5	SRM 6.1 の新機能	282

11 vSphere の設計のベストプラクティス　　285

11.1 仮想基盤の全体設計 286
	11.1.1	データセンターの設計	286
	11.1.2	サービスレベルと利用者の整理	288
	11.1.3	リソース割り当てポリシーの設計	291
	11.1.4	仮想データセンター、クラスタの構成	293

11.2 vCenter Server 構成と ESXi の設計 299
| | 11.2.1 | vCenter Server 構成方針とサイジング | 300 |
| | 11.2.2 | ESXi の設計方針とサイジング | 306 |

11.3 ネットワークの設計 310
	11.3.1	物理ネットワークの調査	310
	11.3.2	仮想ネットワークの設計方針	312
	11.3.3	可用性・負荷分散の設計	315
	11.3.4	ポートグループの構成	319
	11.3.5	ネットワークの QoS	319

11.4 ストレージの設計 321
	11.4.1	ストレージプロトコルの選定	322
	11.4.2	データストアの構成とサイジング	323
	11.4.3	ストレージパスの可用性の設計	326
	11.4.4	自律型 I/O 制御機能の構成	328
	11.4.5	データストアのストレージポリシーの構成	332

11.5 vSphere クラスタの設計 332
	11.5.1	vSphere HA の設計	332
	11.5.2	vSphere FT の設計	338
	11.5.3	vSphere DRS の設計	339
	11.5.4	vSphere DPM の設計	341
	11.5.5	VMware EVC の設計	342

12 vSphere のパフォーマンスの管理とチューニング　　345

12.1 仮想基盤のパフォーマンス管理とは 346
| | 12.1.1 | 考慮すべきパフォーマンス要因とリソース種別 | 347 |
| | 12.1.2 | パフォーマンス改善の複雑さ | 347 |

12.2 パフォーマンス要因と問題解決のためのアプローチ 348
| | 12.2.1 | 1 次元的要因とアプローチ | 349 |

| | 12.2.2 | 2次元的要因とアプローチ | 350 |
| | 12.2.3 | 3次元的アプローチ | 351 |

12.3 パフォーマンスモニターツール 352
12.3.1	ESXTOP	352
12.3.2	パフォーマンスチャート	353
12.3.3	vRealize Operations Manager	354

12.4 パフォーマンスの分析方法と対応策 355
12.4.1	CPU	355
12.4.2	メモリ	360
12.4.3	ストレージ	364
12.4.4	ネットワーク	367

12.5 仮想化のオーバーヘッドと対応策 368
12.5.1	ハードウェア仮想化支援機能の概要	369
12.5.2	特権命令の仮想化	369
12.5.3	仮想メモリアドレス変換のハードウェア支援	370
12.5.4	ラージページへの対応	372
12.5.5	I/O仮想化支援機能	372

12.6 パフォーマンスチューニングの機能とノウハウ 373
12.6.1	ハードウェアおよびvSphere構成	373
12.6.2	待ち時間感度	374
12.6.3	NUMAによるCPUパフォーマンスの最適化	376
12.6.4	ストレージのベストプラクティス	379
12.6.5	ネットワークのベストプラクティス	380

13 仮想基盤の運用管理：vRealize Operations Manager　　385

13.1 仮想基盤の運用管理における主な課題 386
13.1.1	パフォーマンスへの要因とトラブルシューティングが困難	386
13.1.2	適切なキャパシティ管理を行うことが困難	387
13.1.3	運用管理ツールの選択	388

13.2 vRealize Operations Managerのインターフェイス 389
13.2.1	ホームボタン	391
13.2.2	アラートボタン	393
13.2.3	環境ボタン	393
13.2.4	コンテンツボタン	395
13.2.5	管理ボタン	397

13.3 分析バッジによる各種の課題の解決 398
13.3.1	ワークロードバッジ	398
13.3.2	アノマリバッジ	400
13.3.3	障害バッジ	401
13.3.4	残りキャパシティバッジ	402
13.3.5	残り時間バッジ	404
13.3.6	ストレスバッジ	406
13.3.7	節約可能なキャパシティバッジ	407
13.3.8	統合度バッジ	408
13.3.9	コンプライアンスバッジ	409

13.4 パフォーマンスの分析方法 410
| 13.4.1 | 状況把握のためのプロセス | 410 |

xiii

	13.4.2	問題が発生しているオブジェクトの特定	411
	13.4.3	問題の正確な状況把握と根本原因の特定	416
	13.4.4	問題解決方法の検討と実行	423

13.5 キャパシティの分析方法 425
	13.5.1	キャパシティの管理と分析のポイント	425
	13.5.2	仮想基盤のキャパシティ分析	432
	13.5.3	仮想マシンの適切なサイズの算出（節約可能なキャパシティ）	438

13.6 ポリシー 439
	13.6.1	初回ウィザードによるポリシーの設定	440
	13.6.2	ポリシーの階層構造と設定項目	441
	13.6.3	ポリシーの作成または変更方法	441
	13.6.4	ポリシーの設定例	443
	13.6.5	ポリシーの適用対象（グループの作成）	447

13.7 より進んだ使い方 448
	13.7.1	カスタムダッシュボード	449
	13.7.2	カスタムレポート	449
	13.7.3	ヘテロ環境との連携	452

13.8 vRealize Operations Manager の構成のノウハウ 453
	13.8.1	vRealize Operations Manager のアーキテクチャ	453
	13.8.2	導入方法	454
	13.8.3	本番展開する際の注意点	458

13.9 vRealize Operations Manager 6.1 の新機能 459
	13.9.1	カスタムデータセンターとキャパシティ使用率ダッシュボード	459
	13.9.2	キャパシティの「予約」	460
	13.9.3	カスタム仮想マシンプロファイル	461
	13.9.4	レポート機能の進化	461
	13.9.5	OS およびアプリケーション対応（Hyperic 統合）	461

14 vSphere 環境のアップグレード 463

14.1 アップグレード全体のフロー 464

14.2 事前の検討および調査 467
	14.2.1	vSphere のライフサイクル	467
	14.2.2	アップグレードのトリガーの把握	470
	14.2.3	アップグレード前の事前調査	470

14.3 アップグレードの設計 471
	14.3.1	アップグレードするバージョンの検討	471
	14.3.2	vCenter Server のアップグレード	476
	14.3.3	ESX ／ ESXi のアップグレード	479
	14.3.4	仮想マシンの移行	481
	14.3.5	仮想スイッチの検討	482
	14.3.6	仮想マシンの検討	483
	14.3.7	データストアの検討	485

14.4 アップグレード手順の例 488

15 ネットワーク仮想化 **491**

15.1 ネットワーク仮想化の概要 492
15.1.1 仮想化に伴うネットワーク環境の変化 492
15.1.2 運用管理におけるネットワークインフラの課題 493
15.1.3 VMware のネットワーク仮想化のメリット 494

15.2 VMware NSX ── ネットワーク仮想化プラットフォーム 497
15.2.1 NSX のアーキテクチャ 498
15.2.2 NSX の各種機能 502
15.2.3 NSX のインストールと初期設定 508

15.3 ネットワーク仮想化とゼロトラストセキュリティ 519
15.3.1 ネットワーク仮想化のセキュリティモデル概要 519
15.3.2 分散ファイアウォールによるマイクロセグメンテーション 520

15.4 ネットワーク仮想化における運用 524
15.4.1 管理ツールとトラブルシューティング 524
15.4.2 VMware 管理製品との連携による運用の自動化 526

15.5 VMware NSX 6.2 の新機能 529
15.5.1 Cross vCenter Networking and Security 529

16 Software-Defined Storage **531**

16.1 Software-Defined Storage 誕生の背景 532
16.1.1 現在のサーバー仮想化環境におけるストレージの課題 532
16.1.2 VMware が実現する Software-Defined Storage 533

16.2 Virtual SAN 533
16.2.1 Virtual SAN のアーキテクチャとメリット 533
16.2.2 Virtual SAN の提供するストレージ機能 541
16.2.3 Virtual SAN クラスタの構築方法 548
16.2.4 Virtual SAN の運用と管理 554
16.2.5 構成のベストプラクティス 556
16.2.6 Virtual SAN 6.1 の新機能 559

16.3 vSphere Virtual Volumes 561
16.3.1 これまでのストレージ管理 561
16.3.2 Virtual Volumes の概要とメリット 562
16.3.3 Virtual Volumes のしくみ 565
16.3.4 Virtual Volumes の設定と有効化の手順 567
16.3.5 Virtual Volumes のストレージポリシー 569
16.3.6 Virtual Volumes の相互運用性 570

17 Software-Defined Data Center **575**

17.1 Software-Defined Data Center とは 576
17.1.1 Software-Defined Data Center の定義 576
17.1.2 Software-Defined Data Center のメリット 577

17.2 Software-Defined Data Center を構成するコンポーネント 579
17.2.1 Software-Defined Data Center の構成要素の全体像 579
17.2.2 物理リソースの抽象化・プール化 580
17.2.3 自動化エンジン 582
17.2.4 モニタリング・運用管理 583

| 17.2.5 | ビジネス管理 | 584 |

17.2.6　SDDC アーキテクチャの実装例 585

17.3　vRealize Automation による SDDC のリソース提供 587
17.3.1　vRealize Automation の概要 587
17.3.2　vRealize Automation のアーキテクチャ 592
17.3.3　vRealize Automation の構成 594

17.4　vRealize Orchestrator による SDDC の自動化の実装 605
17.4.1　vRealize Orchestrator の概要 605
17.4.2　vRealize Orchestrator のインストールと構成 608

17.5　vRA と vRO の連携による高度な自動化 610
17.5.1　vRA アドバンスサービスデザインによる XaaS サービスの提供 610
17.5.2　vRA Machine Extensibility による IaaS ライフサイクルと vRO の連携 615

17.6　SDDC によって変わる運用モデル 617
17.6.1　自動化エンジンをハブとした IT 基盤リソース提供モデル 617
17.6.2　運用管理製品を使った IT 基盤のモニタリング 618

18　VMware が提供するパブリッククラウド　619

18.1　クラウドの利用目的 620
18.1.1　プライベートクラウド 621
18.1.2　パブリッククラウド 622
18.1.3　ハイブリッドクラウド 623

18.2　パブリッククラウドの課題 625
18.2.1　実行環境の非連続性 625
18.2.2　ネットワークの非連続性 626
18.2.3　運用管理の非連続性 626

18.3　パブリッククラウドの課題解決およびハイブリッドクラウドへの進化 627
18.3.1　実行環境の連続性 627
18.3.2　ネットワークの連続性 627
18.3.3　運用管理の連続性 628

18.4　VMware vCloud Air 628
18.4.1　vCloud Air のサービスの全体像と種類 628
18.4.2　vCloud Air の共通アーキテクチャ 629
18.4.3　個別サービス 636

18.5　vCloud Air の活用事例 641
18.5.1　クラウド移行の意義 642

18.6　その他 vCloud Air サービス 648
18.6.1　Horizon Air 648
18.6.2　ネットワークサービス 649
18.6.3　ストレージサービス 650

索引 654
執筆者プロフィール 662

Chapter 1

最新 VMware vSphere 6.0 の概要

CHAPTER 1 最新 VMware vSphere 6.0 の概要

今日の IT インフラに求められる柔軟性と迅速さを満たし、かつリソースの有効活用によるコスト削減を実現するための方法として、サーバー仮想化技術は広く受け入れられています。本章では、そのようなサーバー仮想化のしくみと、VMware が提供するサーバー仮想化製品 VMware vSphere 6.0 の概要について説明します。

1.1 サーバー仮想化技術の概要

サーバー仮想化には、さまざまな種類としくみがあります。本節では、一般的なサーバー仮想化のしくみについて説明し、その中で VMware が提供するサーバー仮想化の概要について解説します。

1.1.1 仮想化の概要

「仮想化技術」とは、コンピュータやストレージ、ネットワークなどのハードウェアリソースを抽象化し、物理的な構成とは異なるハードウェア構成を生成する技術です。

「サーバー仮想化」においては、サーバーと呼ばれる物理ホスト[1]のハードウェアリソース（CPU／メモリ／ディスク／ネットワークなど）を隠蔽・抽象化し、仮想的な（複数の）サーバーハードウェア空間を生成します。それぞれの仮想的なハードウェア上で OS を動作させることで、1 台のホスト上で複数の OS を独立して動作させることが可能になります。

■ハードウェアパーティショニングによる仮想化

サーバー仮想化においては、ハードウェアパーティショニングによる仮想化の歴史が最も古く、メインフレームや商用 UNIX で一般的に使われてきました。

ハードウェアパーティショニングには、物理パーティショニングと論理パーティショニングの 2 つの方法があります。物理パーティショニング（図 1.1）は、CPU、メモリ、I/O などの物理的なリソースが搭載されているボードの単位で区切る方法です。区切った単位をパーティションと呼び、それぞれのパーティションの上で OS などが動作します。

---

[1] 本書では、物理コンピュータのことをホストと呼びます。

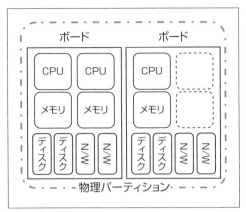

図 1.1　物理パーティショニング

　論理パーティショニングは、物理ホストの CPU、メモリ、I/O などの物理的なリソースの単位で区切る方法です。区切ったパーティションの上で OS などが動作します（**図 1.2**）。

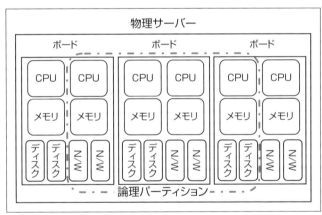

図 1.2　論理パーティショニング

■ソフトウェアによる仮想化

　ソフトウェアによる仮想化とは、ホスト上で専用の仮想化ソフトウェアを動作させ、ソフトウェアにより仮想的なハードウェア空間を生成する方法です。この仮想的なハードウェア空間を仮想マシンと呼びます。

　ハードウェアパーティショニングと異なるのは、各コンピュータリソースを仮想化ソフトウェアが直接管理するため、すべての仮想マシン間でリソースを共有できることです。すべての仮想マシンでリソースを共有しながら、各仮想マシンは独立して動作するため、複数の OS を 1 台の物理マシン上で実行することが可能です。

　ソフトウェアによる仮想化の主な特長としては、非常に柔軟性が高いことが挙げられます。次の項でその具体的なメリットについて概説します。

最新 VMware vSphere 6.0 の概要

1.1.2　VMware によるサーバー仮想化

　ソフトウェアによる仮想化には、ホスト型とハイパーバイザー型の2種類があります。ホスト型のサーバー仮想化とは、Windows や Linux などの汎用的な OS 上で、アプリケーションの1つとして仮想化ソフトウェアを動作させるものです。仮想マシンを実行するのに必要なハードウェアモジュールを、このアプリケーションがエミュレートすることで、1台のコンピュータ上で複数の仮想マシンを動作させます。

　ホスト型の仮想化ソフトウェアには、以下のようなメリットがあります。

- さまざまなプラットフォームに対応

    Windows や Linux などの汎用 OS 上（ホスト OS と呼びます）でアプリケーションの1つとして仮想化ソフトウェアが動作するため、ホスト OS の動作要件に合致していれば、基本的にはどのようなスペックを持ったハードウェア上でも動作します。最近ではハードウェアの性能向上が著しいため、特別に高いスペックを持ったハードウェアでなくてもホスト型の仮想化ソフトウェアを十分に利用できるようになっています。

- 使い慣れた OS のユーザーインターフェイスを利用できる

    汎用 OS 上で動作するアプリケーションの1つであることから、通常のアプリケーションと同じ GUI で仮想化ソフトウェアを操作でき、初心者でも比較的容易に扱うことができます。

　一方、ホスト型の仮想化ソフトウェアには以下のような短所があります。

- 信頼性

    ホスト OS がクラッシュすると、その上で稼働している仮想マシンがすべてダウンします。さまざまなサービスやアプリケーションが動作するように設計されている汎用 OS は、クラッシュの可能性が必然的に高くなってしまいます。また、汎用 OS はセキュリティパッチなどを頻繁に適用する必要もあり、そのたびに OS の再起動が必要となり、仮想マシンが停止してしまいます。

- リソースのコントロール

    ホスト OS が攻撃を受けたり、アプリケーションの不具合によりサーバーのリソースを使い切ってしまったりすると、仮想マシンへリソースを割り当てられなくなります。また、仮想マシンがリソースをコントロールするときには、ホスト OS を介して行う必要があるため、オーバーヘッドが大きくなります。

- 拡張性

    ホスト型の仮想化ソフトウェアでは、1台のホストで安定して動作させることができる仮想マシンは、数台程度と一般的に言われています。1台のホストで多くの仮想マシンを動作させると、仮想マシンに十分な性能を提供できなくなったり、仮想マシンの動作が不安定になったりします。ホスト型の仮想化ソフトウェアは、学習や試用、あるいは小規模な開発／テストでの利用には申し分なく、その利便性から幅広い支持を

集めてきました。しかし、信頼性や性能といった点で考えると、基幹システムなど重要度の高いシステムを動作させるには十分でないとも言えます。

上記の課題を解決するために登場したのが、ハイパーバイザー型の仮想化ソフトウェアです。Windowsなどの汎用的なOSをハードウェア上で動作させる代わりに、ハイパーバイザーと呼ばれる仮想化環境を生成する専用のソフトウェアをハードウェア上で直接動作させます。ハイパーバイザーにより、複数の仮想マシン環境を直接生成し、その上でOSやアプリケーションを動作させることが可能です（図1.3）。

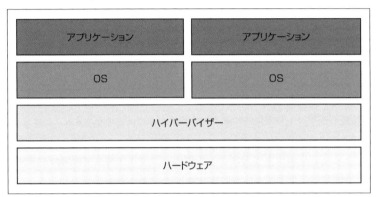

図1.3　ハイパーバイザーのアーキテクチャー

VMwareの仮想化製品には、ホスト型のものとハイパーバイザー型のものとがあります。それぞれの製品がどのタイプにあたるのか、表1.1に示します。

表1.1　VMwareが提供する仮想化ソフトウェア製品群

タイプ	製品名
ホスト型	VMware Player、VMware Workstation、VMware Fusion
ハイパーバイザー型	VMware vSphere（総称）

VMware vSphereとは、VMware ESXiハイパーバイザーをベースにした仮想基盤を提供するソフトウェアです。vSphereの特長、メリットは以下のとおりです。

- ハードウェア非依存
  x86サーバーハードウェア製品の種類は多様で、互いに互換性のないデバイス（ホストバスアダプタやNIC）を搭載しているケースが多いので、あるハードウェア製品上にインストールしたOSのソフトウェアイメージは、通常他の製品上では動作しません。
  ソフトウェア仮想化環境では、ハードウェアレイヤーは隠蔽・抽象化されており、汎用的な仮想マシンが生成されます。この仮想マシンのスペックは、仮想化ソフトウェアが同一であれば、どのハードウェア製品

でも同じなので、OSのソフトウェアイメージはどのハードウェア製品でも同様に動作します。したがって、保守期間が切れたハードウェア上に構築しているOSのイメージでも、簡単に他のハードウェア上に移行することが可能です。

- カプセル化

  仮想マシンのディスク領域は、単一のディスクイメージとしてカプセル化されており、バックアップ、移行を容易に行うことが可能です。またハイパーバイザーの機能によりスナップショットを取ることができ、システムの整合性のある状態を容易に保存、再現することができます。

- 安定性、セキュリティ

  同一ホスト上で動作している仮想マシンは、ハイパーバイザーによりそれぞれ別々の仮想デバイスを割り当てられており、同一のデバイスに直接アクセスすることはありません。
  物理CPU、メモリ、ホストバスアダプタ、NICなどの物理デバイスを仮想デバイスに割り当てるのはハイパーバイザーです。このため、複数の仮想マシンが同時に同一の物理デバイスにアクセスすることはなく、仮想マシン間のセキュリティが保たれます。
  また、それぞれの仮想マシンは互いに他を認識することはできず、独立したハードウェアの場合と同様に動作するので、ある仮想マシンの動作が他の仮想マシンに影響を与えることはありません。

- 動的なリソース配分

  CPUやメモリの使用量およびネットワークやストレージのI/O帯域は、ハイパーバイザーにより動的に割り当てられるため、有限な物理リソースをフルに有効活用することが可能です。この機能により、単一の物理ホスト上で、多数の仮想マシンを高いパフォーマンスで動作させ、リソースの有効活用とパフォーマンスを同時に実現することが可能です。

ハイパーバイザーは、性能や信頼性などではホスト型仮想化ソフトウェアよりも多くの点で有利です。現在、仮想化ソフトウェアの世界で主流となっているのが、このハイパーバイザー型です。

1.2 VMware vSphereの概要

VMware vSphereは、ハイパーバイザー製品であるVMware ESXiと仮想環境を管理するVMware vCenter Serverを含む仮想化ソフトウェアスイートです。vCenter Serverは、VMware ESXiや仮想マシンに対し、運用／管理の自動化、リソースの最適化、高可用性、管理の一元化といった機能を提供します。

 ## VMware vSphere を用いた仮想環境の構成

　VMware vSphereにより仮想基盤を構成する場合、仮想マシンを動作させるためのハイパーバイザーであるESXiと、それらを管理するvCenter Serverが必要となります。

　仮想マシンとは、ハイパーバイザーにより生成された仮想的なハードウェアであり、一般的なハードウェアと同様に仮想マシン上でOSやアプリケーションを動作させることが可能です（図1.4）。

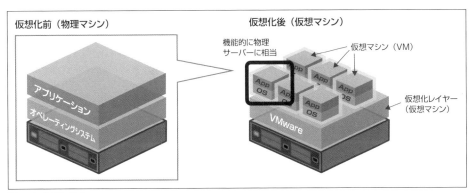

図1.4　仮想マシン

　vSphereの仮想マシンには、以下のような特徴があります。

- ゲストOSからは通常のx86物理ハードウェアに見え、仮想マシンであると認識しない
- 一般的なx86用OSやアプリが修正なしで動作可能（多くのOSやアプリ製品は、vSphereでの動作のサポートを表明）
- 他の仮想マシンとは隔離されて動作し、相互に認識できない
- 仮想CPU数、メモリサイズ、デバイス数などの仮想デバイスをパワーオン中に動的に追加構成可能

　前述したとおり、仮想マシンはハイパーバイザーによって、ベースとなる物理ホストから分離されているため、CPU、メモリ、ストレージ、ネットワークなどのコンピューティングリソースを、動的かつ柔軟に割り当てることができます。さらに、vCenter Serverのような管理ソフトウェアを使用することで、可用性やセキュリティの強化といった機能が提供されます。また、ESXiホストやvCenter Serverを操作するためには、vSphere Web ClientやvSphere Clientを用います。

　実際の配置イメージは図1.5のようになります（vCenter Serverは専用の物理ホスト上で動作させる必要はなく、仮想マシンとして動作させることが可能です）。

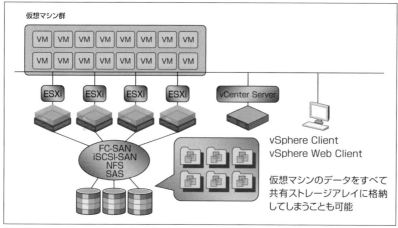

図 1.5　VMware vSphere のコンポーネント

　仮想マシンは各 ESXi ホスト上で動作しますが、前述のように、仮想マシンのディスク領域は VMDK という単一のファイルにカプセル化されており、VMFS という専用のファイルシステムに格納されます（VMDK や VMFS については「4.1.1　仮想ディスクとデータストア」で解説します）。

　VMFS はクラスタファイルシステムであり、共有ストレージアレイに配置し、複数の ESXi ホストから読み書きすることが可能です。これにより vSphere HA や vSphere DRS のようなクラスタリング機能を実現し、物理ホストに対する耐障害性やホスト間のロードバランスなどを図ることが可能です。

1.2.2　VMware ESXi の概要

　まず、VMware vSphere の中核となるハイパーバイザー型仮想化ソフトウェアである VMware ESXi の大枠について見ていきます。VMware ESXi を構成する各コンポーネントを図 1.6 に示します。

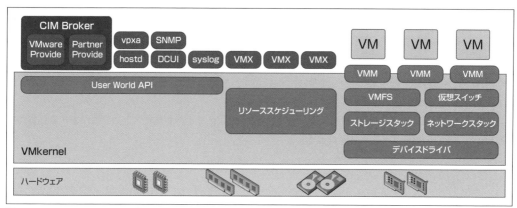

図 1.6　VMware ESXi のコンポーネント

1.2 VMware vSphere の概要

図1.6にあるVMkernelは、ESXiを構成する上で核となるコンポーネントです。「1.1.2 VMwareによるサーバー仮想化」で説明した「ホスト型」と異なり、ハードウェア上の物理リソース（CPU／メモリ／ストレージアダプタ／ネットワークコントローラなど）を直接制御および管理します。VMware ESXiはフットプリントが約200MB程度と容量が非常に小さいためインストールが容易です。また、コードが非常に小さいためセキュリティホールとなるコード上の不備が生じにくく、セキュリティの堅牢性が高くなっています。またVMware ESXiは、VMkernel上で直接動作するダイレクトドライバ型を採用しており、VMkernelが直接I/O処理を行うため、高いパフォーマンスと、スケーラビリティ、信頼性を兼ね備えています。

1.2.3 VMware vCenter Server の概要

VMware vCenter Serverは、ESXiや仮想マシンに対し、運用／管理の自動化、リソースの最適化および監視、クラスタリング機能、認証やセキュリティなどの管理の一元化といった機能を提供します。ESXiハイパーバイザー単体で提供される機能とvCenter ServerとESXiとを組み合わせることにより提供される機能は、**表1.2**のように分類されます。

表 1.2　ESXi 単体と vCenter Server 導入時の機能差

分類	機能
ESXi 単体での機能	● 基本機能 仮想マシンの作成、スナップショット、リソースプール、パフォーマンス監視、アクセス制御、Converter など
vCenter Server 使用時の機能	● 基本機能 クローン、クラスタ、vApp、オフライン・マイグレーション、テンプレート、タスクスケジュール、アラーム、ログ抽出など ● ライセンスオプションにより利用可能な機能 vMotion、Storage vMotion、DRS、Storage DRS、DPM、HA、FT、VDS、ホストプロファイル、Auto Deploy など

vCenter Serverには、Windows OS上のアプリケーションであるWindows版と、Linuxをベースとした事前構成済みの仮想マシンとして提供されるvCenter Server Appliance（vCSA）があります。いずれも機能は同様ですが、vCenter Server 6.0からはスケーラビリティにおいても差がなくなりました（**表1.3**）。

表 1.3　vCenter Server のスケーラビリティ

項目	Windows 版	Appliance 版（vCSA）
vCenter Server ごとのホスト数	1,000 台	
vCenter Server ごとのパワーオン状態の仮想マシン数	10,000 台	
vCenter Server 1 台あたりに登録可能な仮想マシン数	15,000 台	
リンクされた vCenter Server 数	10	
vCenter Server への同時 vSphere Web Client 接続数	180	
サポートするデータベース	組み込みの vPostgres データベース、および外部の SQL Server、Oracle データベース	組み込みの vPostgres データベース、および外部の Oracle データベース

9

CHAPTER 1 最新 VMware vSphere 6.0 の概要

次に、vCenter Server のコンポーネントとサービスについて解説します。vCenter Server 6.0 では、より高いスケーラビリティを持たせるため、vCenter Server と Platform Services Controller(PSC)の 2 つのコンポーネントから構成されており、それぞれを個別に異なるホストにインストールして構成できるようになっています(図 1.7)。

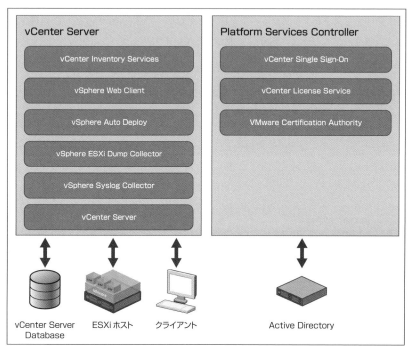

図 1.7　vCenter Server のコンポーネントとサービス

それぞれのコンポーネントには各種のサービスが含まれます。各サービスの概要について表 1.4 に示します。

10

1.2 VMware vSphere の概要

表 1.4 vCenter Server のサービス概要

コンポーネント名	サービス名	概要
vCenter Server	vCenter Inventory Service	vCenter Server の構成情報と仮想マシンや ESXi ホストなどの情報（インベントリデータ）が格納されており、vCenter Server が管理する仮想環境全体で、オブジェクトを検索してアクセスできる機能を提供する
	vSphere Web Client	クライアントからウェブブラウザを使用して vCenter Server インスタンスに接続し、vSphere インフラストラクチャを管理するためのウェブサービス
	vSphere Auto Deploy	ESXi ソフトウェア搭載の物理ホストを大量にプロビジョニングできる vCenter Server のサポートツール
	vSphere ESXi Dump Collector	システムに重大なエラーが発生した場合にディスクではなくネットワークサーバーに VMkernel メモリを保存するように、ESXi を構成するためのサポートツール
	vSphere Syslog Collector	ネットワークログと、複数のホストからのログの結合を有効にする vCenter Server のサポートツール
	vCenter Server	統合管理機能を提供するコアサービス。仮想マシンおよび ESXi ホストに対する操作を指示する
Platform Services Controller	vCenter Single Sign-On	安全な認証サービスを vSphere ソフトウェアコンポーネントに提供する。安全なトークン交換メカニズムを介した一元的な認証サービスを提供することにより、Active Directory などのディレクトリサービスへのユーザーの認証を各コンポーネントが個別に行う必要はない
	vCenter License Service	Platform Services Controller に接続されているすべての vCenter Server システムへ、共通のライセンスインベントリおよび管理機能を提供する
	VMware Certification Authority（VMCA）	VMCA（VMware 認証局）をデフォルトでルート認証局とする署名証明書を使用して、各 ESXi ホストをプロビジョニングする。すべての ESXi 証明書は、ホストのローカル領域に保存される

vCenter Server のインストールについては「2.2.3　vCenter Server のインストール手順」を参照してください。

1.2.4 ユーザーインターフェイスの概要

vSphere 環境にアクセスして操作を行うために、GUI ベース、CLI ベースのさまざまなクライアントベースのユーザーインターフェイスが用意されています。

- GUI ベースのクライアントツール —— vSphere Client（図 1.8）および vSphere Web Client（図 1.9）
- CLI ベースのクライアントツール —— vSphere Command Line Interface および VMware vSphere Power CLI
- DCUI（Direct Console User Interface）—— ESXi のコンソールインターフェイス（図 1.10）[2]

【2】 直接コンソールが操作できない環境でも、SSH から接続して dcui コマンドを利用することにより、DCUI での操作を行うことが可能です。

最新 VMware vSphere 6.0 の概要

図 1.8　vSphere Client

図 1.9　vSphere Web Client

1.2 VMware vSphere の概要

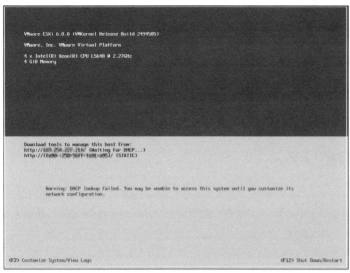

図1.10 DCUI

　DCUI では、ESXi のインストールや、初期設定に必要な管理 IP、DHCP、DNS の設定、ESXi Shell へのアクセスの有効化などを設定できます。

　VMware vSphere Power CLI は PowerShell を使用して vSphere 環境を管理するツールです。vCenter から行うことのできる操作のほとんどをスクリプトとして記述することができるため、新規仮想マシンの追加、設定変更、削除、パフォーマンスデータの取得などを自動実行させることが可能になります。

　GUI ベースのクライアントツールには vSphere Client と vSphere Web Client があります。vSphere Client は Windows OS にインストールするアプリケーションソフトウェアですが、vSphere Web Client はブラウザを介して操作するウェブアプリケーションです。これらは基本的な機能はほぼ同じですが、いくつかサポートする機能に違いがあります。特に vSphere 5.1 以降の新しい機能は、vSphere Web Client でしか利用できませんので、vSphere Web Client の使用を推奨します（**表 1.5**）。

表1.5　GUI ベースのクライアントツールの機能

使用例	vSphere Web Client	vSphere Client
vCenter で管理されていない単体 ESXi の管理	非サポート	サポート
vCenter の管理	サポート	サポート
VMware vSphere Update Manager	非サポート	サポート
ハードウェアバージョン 8 〜 11	サポート	バージョン 8 と 9 はサポート、バージョン 10 と 11 は読み取り専用アクセスのみ
vSphere5.1 以降の新機能 例：Virtual SAN、マルチプロセッサ対応 FT、Cross vCenter vMotion など	サポート	非サポート[3]
対応 OS	Windows、Mac	Windows のみ

[3]　vSphere Client 6.0 で利用できない機能のリストについては下記 KB を参照ください。
　　http://kb.vmware.com/kb/2109808（英語）

CHAPTER 1　最新 VMware vSphere 6.0 の概要

1.3　仮想基盤の価値を高める VMware vSphere の機能

VMware vSphere は、サーバーを仮想化し、単一ホスト上に複数のサービスを集約するだけでなく、そのような仮想基盤の付加価値を高めるようなさまざまな機能を提供しています。本節では、それらの主な機能について解説します。

1.3.1　スケーラビリティ

VMware vSphere はバージョンアップするごとに ESXi ホストや仮想マシンのスケーラビリティを向上させています。最新の vSphere 6.0 では、1台の ESXi ホストに搭載可能な物理 CPU 数が最大 480 まで、物理メモリが 12TB までに対応しており、1,024 台の仮想マシンを動作させることができます。また 1 台の仮想マシンに対しては、最大 128vCPU（仮想 CPU）と約 4TB の vRAM（仮想メモリ）を割り当てることができます[4]。

1.3.2　高い可用性とメンテナンス性

vSphere 仮想基盤では、1台の物理ホストが停止した際に複数の仮想マシンが影響を受けるため、可用性は重要なポイントとなります。

vSphere では、仮想マシンを停止せずに、ホストやストレージの計画的なメンテナンスを可能にする機能として、vSphere vMotion ／ Storage vMotion が提供されています。また、ホスト障害時における計画外停止を最小に抑えるための機能として、vSphere High Availability（HA）／ VMware Fault Tolerance（FT）が提供されています。

vMotion は、ある ESXi ホスト上で動作中の仮想マシンを停止することなく、別の ESXi ホストへ動的に移動する機能です（図 1.11）。移行中のサービスの停止時間はほぼゼロであり、実行中のトランザクションの停止はほぼ無視できる程度です。この機能により、サーバー管理者は計画メンテナンスを夜間休日時間帯に設定する必要がなくなり、緊急のシステムメンテナンスによるサーバー停止についてアプリケーション担当者と調整する作業からも解放されます。vMotion の詳細については、「7.1.1　vMotion とは」を参照してください。

---

[4]　最大構成の最新情報については、以下のドキュメントを参照ください。
　　http://www.vmware.com/pdf/vsphere6/r60/vsphere-60-configuration-maximums.pdf（英語）

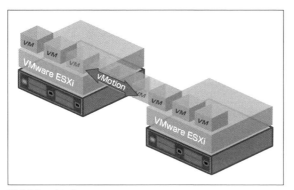

図1.11　vMotion

　Storage vMotionは、仮想マシンが格納されているデータ領域をオンライン状態のまま、あるストレージから別のストレージへ移行できる機能です（図1.12）。この機能により、管理者が仮想マシンを停止することなくストレージの移行やメンテナンスを実施することが可能になります。また、I/O量の多い仮想マシンを異なるストレージへ分散することが容易になり、ストレージキャパシティの有効活用も可能となります。Storage vMotionの詳細については、「7.3.1　Storage vMotionのしくみ」を参照してください。

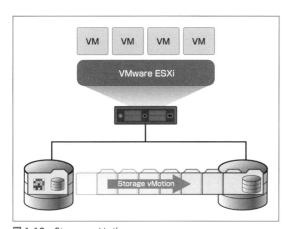

図1.12　Storage vMotion

　vSphere High Availability（HA）は、物理ホストに障害が発生した場合に、そのホスト上で動作していた仮想マシンを他の物理ホスト上で自動的に再起動する機能です。サーバーハードウェアに障害が発生した場合でも、vSphere HAにより仮想マシンを別のホストで自動的に再起動できるため、システムのダウンタイムを大幅に短縮できます（図1.13）。vSphere HAの詳細については、「9.1.1　vSphere HAの構成」で解説します。

15

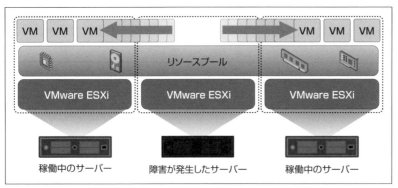

図 1.13　vSphere HA

　vSphere Fault Tolerance（FT）は、あるホスト上の仮想マシンの完全なコピーを別のホスト上にそっくりそのまま作成し、異なるホスト上の2つの仮想マシンとして同時に同じ動作をさせる、フォールトトレランス機能です。
　2つの仮想マシンが動作しているホストのうち、どちらかがダウンした場合でも、もう一方のホストで動作している仮想マシンによって、システムを停止することなく処理を継続させることができます（図 1.14）。vSphere FT の詳細については、「9.2.1　vSphere FT とは」で解説します。

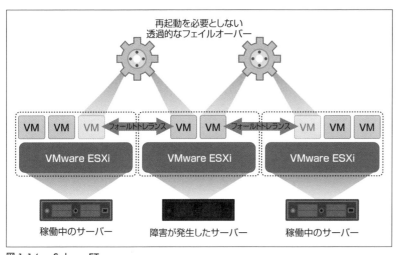

図 1.14　vSphere FT

1.3.3 サービスレベルの保証とリソースの有効活用

　ESXi ホスト上では、それぞれ異なる負荷特性を持つ複数の仮想マシンが動作し、同一の物理リソースを共有しています。物理リソースは有限であるため、仮想マシン同士でリソース競合を起こさないように、パ

1.3 仮想基盤の価値を高める VMware vSphere の機能

フォーマンスを維持することが非常に重要です。

vSphere では、常に各仮想マシンが最適なパフォーマンスが得られるように、vMotion を利用して複数の物理ホスト間で自動的に仮想マシンの再配置を行うことにより、ホスト間の負荷を平準化してクラスタ全体のパフォーマンスを維持しています。これを実現しているのが vSphere Distributed Resource Scheduler（DRS）という機能です（図 1.15）。ホストと同様にストレージの負荷／使用率を平準化するために、仮想マシンが格納されているデータ領域を自動的に再配置する vSphere Storage DRS も用意されています。DRS の詳細については、「8.2　vSphere DRS によるリソース利用の最適化」を、Storage DRS については「8.3.2　Storage DRS によるリソース利用の最適化」を参照してください。

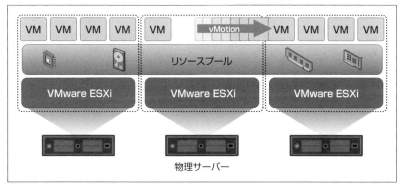

図 1.15　vSphere DRS

また、ストレージ／ネットワークに対する I/O の優先度を定義して、仮想マシンやトラフィックタイプの重要度に応じてサービスレベルを維持する、Storage I/O Control（SIOC）や Network I/O Control という機能が提供されています（図 1.16）。Storage I/O Control については「4.3　Storage I/O Control（SIOC）」を、Network I/O Control については「5.3.2　Network I/O Control」を参照してください。

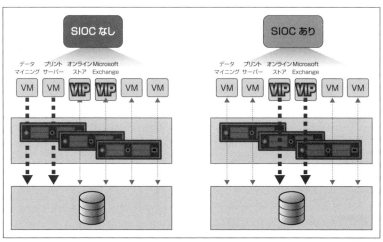

図 1.16　Storage I/O Control

1.3.4 データ保護

vSphere Data Protection（VDP）は、vSphere環境専用の仮想マシンのバックアップ製品です。VDPは単純な差分・増分バックアップ機能だけでなく、変更ブロックトラッキング（CBT）や高度な重複排除機能により、バックアップ時間の短縮、容量の削減を実現しています。VDPの詳細については、「10.2 vSphere Data Protection（VDP）」で解説します。

1.3.5 セキュリティ

近年の個人データ漏えい事件の頻発により、IT基盤におけるセキュリティ管理は喫緊の課題となっています。vSphere環境のコンポーネントは、サーバー証明書によるなりすましの防止、認証機能、ESXiのファイアウォールやアクセス制限といったセキュリティ機能を備えています。さらにネットワークのマイクロセグメンテーションにより、仮想マシン単位のセキュリティ対策を可能にするVMware NSXが提供されています。VMware NSXについては「15.2 VMware NSX —— ネットワーク仮想化プラットフォーム」で解説します。

1.3.6 運用管理の省力化とコスト削減

vSphere環境ではCPUやメモリなどの物理リソースが複数の仮想マシンによって共有され、物理リソースの管理と割り当てはハイパーバイザーが行っています。またパフォーマンスの維持には物理リソースの使用率だけでなく、仮想マシン間の競合に対する監視が必須であり、これまでの物理環境とはまったく異なる監視アプローチが必要となります。

また、適切なリソース量が過不足なく各仮想マシンに割り当てられているかを可視化することが、安定運用やコスト削減効果を高めることにつながります。VMware vRealize Operations Manager（vR Ops、図1.17）は、そのような仮想基盤特有の監視やリソースの有効活用の状況を分析し、管理者にわかりやすく表示する機能を提供します。vRealize Operations Managerについては第13章で説明します。

図1.17　vRealize Operations Manager

1.4 VMware vSphere 6.0 の新機能

約 4 年ぶりのメジャーバージョンアップとなった VMware vSphere 6.0 では、多くの新機能および機能拡張が含まれています。本節では、その主要な機能について概説します。

1.4.1 新機能／拡張機能の概要

■コンピューティング

● スケーラビリティの強化

構成の上限が引き上げられています。ESXi ホストでサポート可能な物理 CPU 数やメモリサイズ、また仮想マシンに割り当てることができるリソースの上限値は、vSphere5.5 と比較して最大 4 倍まで拡張され、クラスタを構成可能な ESXi ホストの台数は 32 台から 64 台まで拡張されました。

● グラフィックス機能の向上

NVIDIA GRID vGPU のサポートにより、ハードウェアアクセラレーショングラフィックスを仮想環境でも利用できるようになりました。

■ストレージ

● vSphere Virtual Volumes

Virtual Volumes は SAN/NAS ストレージの仮想化対応機能を強化し、より vSphere と密接に連携する機能です。これまで、vSphere では仮想マシンを格納する領域を LUN 単位で管理していましたが、Virtual Volumes を利用することで、仮想ボリューム単位で簡単に管理することが可能となります。これにより、効率的にリソースを利用することができ、ストレージ製品が持っている固有のスナップショットやレプリケーションの機能を仮想マシン単位で実行することができるようになります。Virtual Volumes については「16.3 vSphere Virtual Volumes」で解説します。

● vSphere Virtual SAN 6.1

VMware Virtual SAN によるソフトウェア定義ストレージ機能は、vSphere 5.5 U1 から提供されていますが、vSphere 6.0 のリリースと同時に、Virtual SAN もアップデートされ、最新バージョンは 6.1 となっています。

Virtual SAN は、ESXi ホストに内蔵されているローカルディスクを仮想的に共有ストレージとして構成する機能です。この機能により、これまで vSphere クラスタを構成するうえで必須だった共有ストレージが不要となり、ストレージの導入や運用にかかるコストを削減できます。

Virtual SAN の特長として、これまでのストレージ製品のように垂直拡張型ではなく水平拡張型の構成が組めることが挙げられます。この特長により、ストレージの容量やI/O性能が不足した場合は、Virtual SAN クラスタに ESXi ホストを追加することで、簡単に容量や I/O 性能を拡張すること可能になります。Virtual SAN 6.0 ／ 6.1 ではその構成上限が引き上げられており、ESXi ホストで最大 64 台までの Virtual SAN クラスタを構成することが可能です。Virtual SAN については「16.2　Virtual SAN」で解説します。

■ネットワーク

- **Network I/O Control Version 3**

「1.3.3　サービスレベルの保証とリソースの有効活用」で前述したように、Network I/O Control により、ネットワーク I/O にトラフィックタイプごとに優先度を付け、仮想マシンのネットワーク性能のサービスレベルを維持することが可能です。vSphere 6.0 では Network I/O Control Version 3 として拡張されました。これまでは、ネットワークトラフィックタイプごとに制御を行っていましたが、新しい Network I/O Control Version 3 では、仮想 NIC や分散ポートグループ単位でネットワークトラフィックを制御することが可能になりました。

■可用性

- **vMotion の強化**

vMotion 機能には大きく 3 つの機能が拡張されています。

1 つ目は、Cross vSwitch vMotion です。この機能は、移行元と移行先の仮想スイッチが異なっていたとしても、vMotion を可能とするものです。

2 つ目は、Cross vCenter vMotion です。これまでは同一 vCenter で管理されている ESXi ホスト間でのみ vMotion を実施することが可能でしたが、この機能拡張により、移行元と移行先の ESXi ホストが異なる vCenter で管理されていたとしても、vMotion を実施することが可能となります。

3 つ目は、Long Distance vMotion です。vSphere 5.5 においても、Metro vMotion 機能として、移行元と移行先の間の vMotion Network で 10ms までのネットワーク遅延をサポートしていましたが、vSphere 6.0 では最大で 150ms のネットワーク遅延に対応するようになりました。

- **vSphere FT 機能の強化**

ホスト障害時に無停止で仮想マシンのサービスを継続させたい場合は vSphere Fault Tolerance（FT）機能が利用可能です。これまでの vSphere FT は、最大で 1 つの vCPU を割り当てられている仮想マシンしか保護の対象に指定できませんでしたが、vSphere 6.0 の新しい vSphere FT 機能では、アーキテクチャーの刷新により最大 4 つまでの vCPU が割り当てられた仮想マシンを保護できるようになりました。

- **レプリケーション機能の強化**

vSphere Replication を使用したレプリケーション機能も拡張されました。レプリケーションエンジンが更新され、レプリケーション時の転送データを圧縮する機能が追加されたことで、パフォーマンスが向上しま

した。また、レプリケーションデータを転送するために、管理ネットワークと分離して、レプリケーション専用のネットワークを構成することが可能になりました。

■運用管理性

- コンテンツライブラリ

  複数の vCenter Server 間で、仮想マシンのテンプレートや ISO イメージといったコンテンツを共有する機能です。サイトごとに vCenter Server を分散して配置しているような環境においても、コンテンツを一元的に管理できるようになりました。

- ユーザーインターフェイスの強化

  vSphere Web Client の応答性能が向上し、これまで以上に直感的かつ効率的に操作ができるようになりました。

1.5 ライセンスの種類

本節では、vSphere 6.0 および関連する製品のライセンスの種類について説明します。なお、ライセンスの情報はアップデートされることもありますので、必ず最新の情報を併せて確認するようにしてください。

1.5.1 vSphere エディション

vSphere には、Standard、Enterprise、Enterprise Plus のエディションが用意されています。ライセンスは物理 CPU ソケット数を単位としており、ソケットあたりのコア数には制限はありません (**表 1.6**)。

CHAPTER 1　最新 VMware vSphere 6.0 の概要

表 1.6　vSphere エディションの比較

機能	Standard	Enterprise	Enterprise Plus
vSphere High Availability（HA）	○	○	○
vSphere Fault Tolerance（FT）	○[※1]	○[※1]	○[※2]
vMotion、Cross-vSwitch vMotion	○	○	○
Storage vMotion	○	○	○
vSphere Data Protection（VDP）	○	○	○
vSphere Replication	○	○	○
vShield Endpoint	○	○	○
Hot Add	○	○	○
Virtual Volumes と Storage Policy-Based Management	○	○	○
vSphere APIs for Array Integration および Storage APIs for Multipathing	○	○	○
vCenter Server 間で共有可能なコンテンツ ライブラリ	○	○	○
Distributed Resource Scheduler(DRS) および Distributed Power Management（DPM）		○	○
Big Data Extensions		○	○
Reliable Memory		○	○
vSphere Distributed Switch			○
Storage DRS			○
Network I/O Control、Storage I/O Control、および SR-IOV			○
ホスト プロファイルおよび Auto Deploy			○
vSphere Flash Read Cache			○
Cross vCenter vMotion と Long Distance vMotion			○
vGPU			○
VMware Integrated OpenStack			○[※3]

※1：2 個の仮想 CPU を使用する SMP-FT
※2：4 個の仮想 CPU を使用する SMP-FT
※3：保守は別途購入する必要あり

　Standard エディションは、安定して強固な仮想基盤として利用するために必要な最低限の機能を提供しています。Enterprise エディションには、さらに仮想マシン配置の自動化機能によってホストのリソースをより効率よく利用するためのいくつかの機能が追加されています。Enterprise Plus では、より大規模な環境などにも対応できる高度な機能が使用可能となります。

1.5.2　vCenter Server のライセンス

vCenter Server を導入することにより、vSphere 環境の高可用性や統合管理を実現することができます。vCenter Server では 2 つのエディションが提供されています（**表 1.7**）。

表 1.7　vCenter Server のエディション

	Essentials	Standard
ホスト数	最大 3 台	無制限
管理対象の vSphere	vSphere Essentials, Essentials Plus（これらのキットに含まれます）	vSphere Standard, Enterprise, Enterprise Plus, vSphere with Operations Management, および vCloud Suite

1.5.3　vSphere with Operations Management ライセンス

通常の vSphere ライセンスに、仮想基盤の運用を効率化する vRealize Operations Manager Standard エディションがパッケージされたライセンスです。vRealize Operations Manager Standard は、vSphere 環境を運用管理、監視するための標準ツールです。

新規に vSphere を導入する場合は、vSphere with Operations Management ライセンスを購入することで、vSphere と vRealize Operations Manager をより低い価格で導入することができます。また、既存の vSphere ライセンスを持っているユーザーのために、アップグレードパスが用意されています。なお、vSphere with Operations Management は、vSphere と同様に物理ソケット単位のライセンスです。

1.5.4　vCloud Suite ライセンス

本格的なクラウドインフラストラクチャを構築するユーザー向けに、より包括的な機能を持つ vCloud Suite という製品スイートが用意されています。vCloud Suite には、Standard、Advanced、Enterprise の 3 つのエディションがあり、vSphere Enterprise Plus エディションに加え、クラウド環境を構築するために必要な製品が含まれています。

IT サービスの自動化やセルフサービス機能を提供する vRealize Automation、クラウドで提供する IT リソースのコストや使用率を可視化する vRealize Business、ディザスタリカバリサイトへのフェイルオーバーを自動化する Site Recovery Manager などが、各エディションにパッケージされています（**図 1.18**）。

CHAPTER 1　最新 VMware vSphere 6.0 の概要

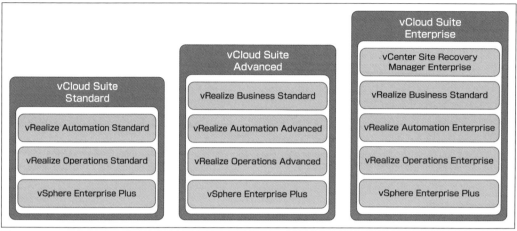

図 1.18　vCloud Suite のエディション

1.5.5　vSphere キット

　vSphere キットには、小規模環境向けにパッケージされた Essentials Kit と、初めてサーバー仮想化を導入するユーザー向けに必要なコンポーネントをまとめて購入できる Acceleration Kit（AK）があります。

　Essentials Kit では、2CPU ソケット以下の物理ホスト 3 台（計 6CPU）分の vSphere ライセンスおよび vCenter Server for Essentials（管理対象ホスト 3 台まで）がバンドルされています。まず、Essential Kit エディションの違いについて表 1.8 に示します。

表 1.8　Essential Kit のエディション

	Essentials Kit	Essentials Plus Kit
ライセンス権限	3 台の物理ホスト[※1]	3 台の物理ホスト[※1]
統合管理機能	vCenter Server Essentials[※2]	vCenter Server Essentials[※2]
機能	基本的な vSphere Hypervisor に含まれる機能（テンプレート、アップデートマネージャ、シンプロビジョニングなど）	基本的な vSphere Hypervisor に含まれる機能、vMotion、vSphere HA、vSphere Data Protection、vShield Endpoint、vSphere Replication

※1：それぞれ最大 2 プロセッサまで
※2：Essentials、Essentials Plus 環境を vCenter Server Standard エディションの管理下に置くことはできません。

　Acceleration Kit には、vSphere with Operations Management エディションライセンス 6CPU 分に加えて、管理製品の vCenter Server Standard（管理対象ホスト無制限）がバンドルされています（表 1.9）。

表 1.9 Acceleration Kit のエディション

	Standard AK	Enterprise AK	Enterprise Plus AK
ライセンス権限	6CPU[※1]	6CPU[※1]	6CPU[※1]
統合管理機能	vCenter Server Standard	vCenter Server Standard	vCenter Server Standard
含まれるライセンス	vCenter Server Standard 1 インスタンス、vSphere with Operations Management Standard 6 プロセッサ	vCenter Server Standard 1 インスタンス、vSphere with Operations Management Enterprise 6 プロセッサ	vCenter Server Standard 1 インスタンス、vSphere with Operations Management Enterprise Plus 6 プロセッサ

※1：物理ホスト台数に制限はなし

1.5.6　vSphere Remote Office Branch Office ライセンス

リモートオフィス向けのライセンスとして設計された vSphere のエディションです。vSphere Remote Office Branch Office Standard および vSphere Remote Office Branch Office Advanced の2種類のエディションがあります。

各エディションには、仮想マシン 25 単位分のライセンスが含まれており、単一サイト、または複数サイト間で最大 25 台までの仮想マシンを配置できます。Essentials キットと異なり、vSphere FT や Storage vMotion の機能が含まれているので、リモートサイトの可用性をさらに向上させることができます。vCenter Server は含まれていないので、メインサイトの vCenter、もしくは vCenter Server Standard を購入してそこから集中管理します。

Advanced エディションでは Distributed Switch（分散スイッチ）やホストプロファイル、Auto Deploy の高度な機能が利用できますので、サーバーのプロビジョニングの迅速化、ホストの構成エラーの最少化を複数のサイトにわたって実現できます。

表 1.10　vSphere Remote Office Branch Office のエディション

	vSphere ROBO Standard	vSphere ROBO Advanced
ライセンス権限	25 台分の仮想マシン	25 台分の仮想マシン
機能	・基本的な vSphere Hypervisor に含まれる機能 ・vSphere HA ・vMotion ・vSphere Data Protection ・vSphere Replication ・vSphere Endpoint ・vSphere Fault Tolerance ・Storage vMotion ・コンテンツ ライブラリ	・基本的な vSphere Hypervisor に含まれる機能 ・vSphere HA ・vMotion ・vSphere Data Protection ・vSphere Replication ・vSphere Endpoint ・vSphere Fault Tolerance ・Storage vMotion ・コンテンツ ライブラリ ・分散仮想スイッチ ・ホスト プロファイル / Auto Deploy
使用方法	・1 つの拠点に利用できるライセンスパックは最大 1 つまで（25 台以上の仮想マシンが動作する拠点では使用できない） ・1 つのライセンスパックに含まれる 25VM 分のライセンスは、複数の拠点に配分できる	

CHAPTER 1　最新 VMware vSphere 6.0 の概要

1.5.7　ライセンス管理

　ライセンス管理はこれまでと同様、シリアルキーで行われます。VMware のウェブサイトの「My VMware」（図1.19）で取得したライセンスキーを vCenter Server または ESXi に登録します。また、vRealize Operations のような一部製品では、直接製品の管理画面でライセンスキーを登録して使用するものもあります。

　ライセンスの使用状況は、vCenter Server のライセンス管理機能を使用して確認できます。なお、ライセンスを所有していない場合でも、評価モードとして 60 日間動作させることができます[5]。

図 1.19　My VMware

vSphere 仮想基盤の利用用途例 〜仮想デスクトップ〜

　本コラムでは、vSphere 仮想基盤の利用用途の 1 つであるデスクトップ仮想化について、VMware の仮想デスクトップソリューション VMware Horizon（with View）6 の機能をベースに解説します。

　デスクトップ仮想化の特徴の 1 つは、ゲスト OS として Windows 7 や Windows 8 といったクライアント OS をインストールし、vSphere 仮想基盤上で仮想デスクトップとして展開するという点です[6]。もう 1 つは、ユーザーは Remote Desktop Protocol（RDP）や PC over IP（PCoIP）[7]のような画面データ転送プロトコルを使用することによりネットワーク経由でデスクトップ環境にアクセスし、転送された画面情報を基に端末からデスクトップを操作するという点です（図1.20）。

【5】　60 日以内に正規ライセンスキーを入力することにより、再起動することなく正規モードとして動作させることが可能です。なお、60 日を超えた場合はライセンスキーの入力ができなくなり、正規モードに移行することはできません。
【6】　クライアント OS の代わりに、Windows Server などのサーバー OS を仮想デスクトップとして利用することも可能です。
【7】　https://blogs.vmware.com/jp-euc/2014/09/horizon-6-pcoip-bandwidth-saving-part1.html

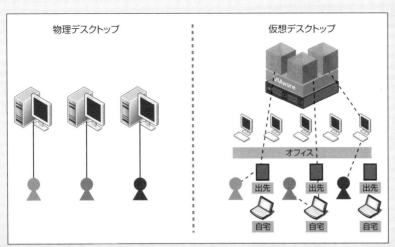

図1.20 物理デスクトップと仮想デスクトップとのアクセス方法の違い

　リモートの仮想デスクトップ環境に接続するための端末の種類として、デスクトップPCやノートPCに加え、シンクライアントまたはゼロクライアントと呼ばれるリモートデスクトップ接続専用の端末や、スマートフォンやタブレットのようなモバイル端末も使用できます。

　仮想デスクトップ環境では、プールというデスクトップのまとまりを構成することで、デスクトップの展開やデスクトップユーザーの割り当てを効率的に行います。デスクトップの展開に際しては、1つのマスターイメージからデスクトップ環境の複製を行うことで、多数のデスクトップを自動的に展開できます。展開されたデスクトップのプールに対するアクセス権限をユーザーに割り当てると、そのユーザーはプール内のいずれかのデスクトップにログオンし、アクセスできるようになります（**図1.21**）。

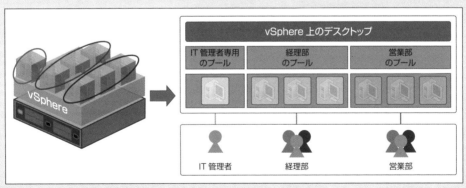

図1.21 ユーザーごとの仮想デスクトッププールへのアクセス

　仮想デスクトップに代表されるクライアント環境の仮想化には、複数の利用形態があります。Windows 7などのクライアントOSを仮想基盤上に展開し、ユーザーごとに専用のデスクトップ環境を使用する形態は、クライアントVDI

(Virtual Desktop Infrastructure)と呼ばれます。クライアントVDIでは、個々のユーザーアカウントごとに専用のクライアントOSインスタンスを割り当てます。クライアントVDIのメリットとしては、ユーザーがノートPCなどで自分専用のデスクトップ環境を使用するのとほぼ同様の使用感で、デスクトップ環境を使用できることが挙げられます。

ユーザーが使用するOSとして、Windows Server 2012のようなサーバーOSにアクセスする形態はサーバーVDIと呼ばれます。Windows Serverへの接続には、クライアントVDIで必要なVDA(Windows Virtual Desktop Access)ライセンス[8]を必要としないため、Windowsのライセンスコストの観点などで選択されるケースが多いようです。サーバーVDIでは、デスクトップ環境としてWindows ServerなどのサーバーOSを使用するので、Windows 7などのクライアントOSとは若干使用感が異なることに注意する必要があります。

その他の利用形態として、個々のユーザーにデスクトップ用OSをそれぞれ割り当てるのではなく、WindowsServerなどのサーバー用OSインスタンスを複数ユーザー間で共有し、リモートデスクトップ接続によりユーザーごとのデスクトップ環境を提供する形態があります。これは、公開デスクトップと呼ばれます。個々のユーザーの負荷が低く、ゲストOSのパフォーマンス上、共有に耐えられる場合には、リソース使用効率の観点から選択されることが多いようです。

公開アプリケーションの基本的なしくみは公開デスクトップと同様ですが、画面転送の際に、該当のアプリケーションのみを個々のユーザーの画面に転送します。ユーザー個々のデスクトップ環境が不要で、ユーザーが特定のアプリケーションのみの使用を目的としている場合に選択されることが多いようです。

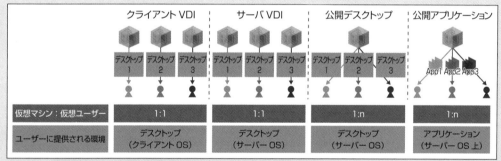

図1.22　仮想デスクトップの利用形態

vSphereでは、仮想デスクトップをインフラとして支えるさまざまな機能を提供しています。

3Dグラフィックス表示など画像レンダリングに負荷がかかるようなアプリケーションに対しては、ESXiホストに搭載した物理GPUを利用することにより、高いレンダリングパフォーマンスを得ることが可能です。物理GPUは、通常は単一の仮想デスクトップに、GPU製品によっては複数の仮想デスクトップに割り当てることができます。

仮想デスクトップ環境では、単一のESXiホスト上で多数のゲストOSが同時に稼働するケースが多く、ストレージにI/Oが集中すること(ログオンストーミング)があります。そのようなケースに対処するために、Content-Based Read Cache（CBRC）と呼ばれるvSphereの機能があります。CBRCでは、物理メモリをキャッシュとして利用することにより、ストレージへの読み込みI/O数を減少させ、ストレージのボトルネックを解消することが可能です。

---

[8]　VDAの詳細については、マイクロソフト社に問い合わせください。

1.5 ライセンスの種類

このように、vSphereはサーバー仮想化環境の基盤としてのみならず、デスクトップ仮想化環境の基盤としても、安定した信頼性の高い仮想化基盤を提供します（図1.23）。

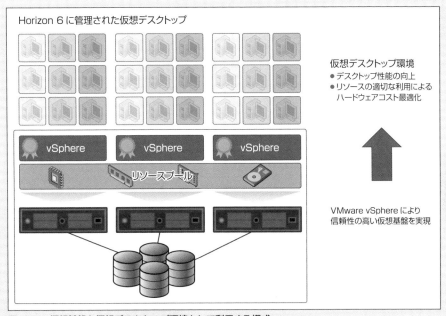

図1.23 仮想基盤を仮想デスクトップ環境として利用する構成

Chapter

2

VMware ESXi 6.0 と vCenter Server 6.0 の導入

CHAPTER 2 VMware ESXi 6.0 と vCenter Server 6.0 の導入

　第1章では vSphere 6.0 の概要について説明しました。この章では VMware ESXi と vCenter Server のインストールや設定の方法、vSphere Web Client の基本操作について解説します。

2.1　VMware ESXi 6.0 のインストール

　ここでは、VMware ESXi のインストール方法について説明します。

2.1.1　VMware ESXi のインストール要件

　VMware ESXi のインストール先となる物理ホストは、VMware が認定したハードウェアの互換性ガイドに準拠している必要があります。VMware ESXi の動作が認定された機器の一覧は「VMware Compatibility Guide（以下、VCG）」として公開されているので、導入の前に確認します。

- **VMware Compatibility Guide**
  http://www.vmware.com/resources/compatibility/search.php（英語）

　VCG では、サーバーハードウェアだけでなく、I/O デバイス、ストレージ、ゲスト OS など、vSphere を構成するために必要なすべての製品に関する検証、認定を行っています。vSphere と共にこれらの製品を使用する場合は、必ず対象バージョンの vSphere で認定済みであることを確認してください。VMware は、認定されていない構成における vSphere の動作をサポートしません。

2.1.2　VMware ESXi のインストール手順

　VMware のウェブサイトの「My VMware」より、VMware ESXi の ISO イメージファイル（VMware-VMvisor-Installer-xxxx.x86_64.iso）をダウンロードし、CD-ROM を作成します。

- http://www.vmware.com/download/

■**VMware ESXi のインストール**

1. CD-ROM から起動できるように物理ホストを設定したら、作成した CD-ROM を挿入し、ホストを起動します（図 2.1）。

2.1 VMware ESXi 6.0 のインストール

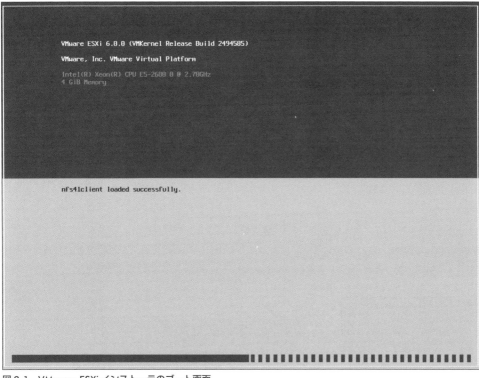

図 2.1　VMware ESXi インストーラのブート画面

2. ［Welcome to the VMware ESXi 6.0.0 Installation］画面が表示されたら、Enter キーを押してインストールを進めます（図 2.2）。
3. 使用許諾契約（End User License Agreement）が表示されます（図 2.3）。上下矢印キーで画面をスクロールして内容を確認し、同意できる場合は F11 キーを押してインストールを進めます。

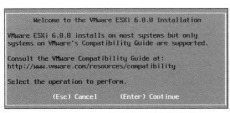

図 2.2　VMware ESXi インストーラの初期画面

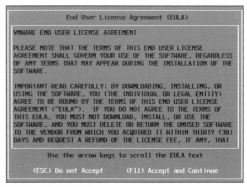

図 2.3　使用許諾契約

33

CHAPTER 2　VMware ESXi 6.0 と vCenter Server 6.0 の導入

4. VMware ESXi のインストール先ディスクを選択します（図 2.4）。

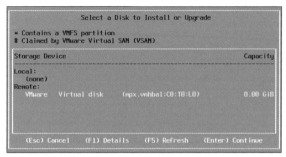

図 2.4　インストール先ディスクの選択

5. 使用するキーボードのレイアウトを選択します（図 2.5）。
6. ESXi のシステム管理者（root）のパスワードを入力します（図 2.6）。なお、システム管理者のパスワードはインストール処理の終了後に DCUI（Direct Console User Interface）経由で変更できます。

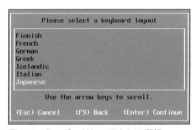

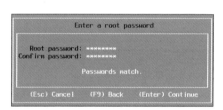

図 2.5　キーボードレイアウトの選択　　　　図 2.6　システム管理者パスワードの設定

7. インストール処理を開始するか確認する画面が表示されます（図 2.7）。F11 キーを押すと、インストール処理が始まります。
8. インストール完了画面が表示されます。（図 2.8）。

図 2.7　インストール開始の確認画面　　　　図 2.8　インストールの終了

34

9. CD-ROMドライブからCD-ROMを取り出し、Enterキーを押してシステムを再起動します。システムの再起動が完了して図2.9のような画面が表示されれば、VMware ESXiのインストールは終了です。

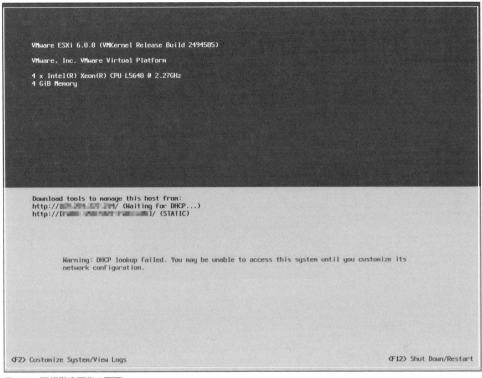

図2.9　再起動完了後の画面

■ESXi DCUIへのログイン

VMware ESXiのインストールが完了したので、管理ネットワークを構成します。

1. F2キーを押してDCUIに入ります。インストール時に指定したパスワードを入力し、Enterキーを押します（図2.10）。

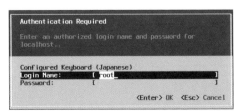

図2.10　rootユーザーのパスワード入力画面

CHAPTER 2　VMware ESXi 6.0 と vCenter Server 6.0 の導入

2. すると、システム設定メイン画面が表示されます（図2.11）。

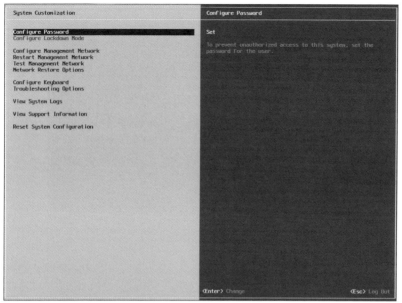

図2.11　システム設定メイン画面

■管理ネットワークの設定

　管理ネットワークとは、vCenter Server など外部のシステムから ESXi ホストを管理するために使用されるネットワークで、必ず設定されていなければなりません。管理ネットワークを設定する手順は、次のとおりです。

1. システム設定メイン画面で［Configure Management Network］を選択し、Enter キーを押します。
2. 管理ネットワークの設定画面で［Network Adapters］を選択し、Enter キーを押します。
3. ホストに搭載されているネットワークアダプタが表示されるので、管理ネットワークとして使用するものをスペースキーで選択します（図2.12）。

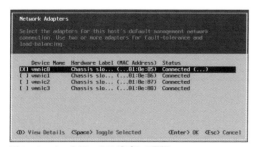

図2.12　ネットワークアダプタの選択

■固定 IP アドレスの設定

管理ネットワークの IP アドレスは、DHCP または固定 IP アドレスのいずれかの方法で割り当てます。管理ネットワークに固定 IP アドレスを設定する手順は、次のとおりです。

1. システム設定メイン画面で［Configure Management Network］を選択し、Enter キーを押します。
2. 管理ネットワークの設定画面で［IPv4 Configuration］を選択し、Enter キーを押します。
3. IP アドレス構成の設定画面で［Set static IPv4 address and network configuration :］を選択し、［IPv4 Address］［Subnet Mask］［Default Gateway］をそれぞれ設定して、Enter キーを押します（図 2.13）。

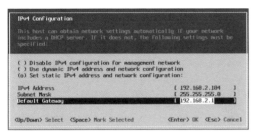

図 2.13　固定 IPv4 アドレス

4. 必要に応じて固定 IPv6 アドレスを設定します。その場合も固定 IPv4 アドレスの設定と同じように管理ネットワークの設定画面で［IPv6 Configuration］－［Set static IP address and network configuration :］を選択し、［IPv6 Address］［Static address］［Default Gateway］をそれぞれ設定して、Enter キーを押します。

■DNS の設定

管理ネットワーク上で、ESXi が参照する DNS は自動または手動で設定することが可能です。手動による DNS の設定手順は、次のとおりです。

1. システム設定メイン画面で［Configure Management Network］を選択し、Enter キーを押します。
2. ［DNS Configuration］を選択し、Enter キーを押します。
3. DNS 構成の設定画面で［Use the following DNS server address and hostname :］を選択し、［Primary DNS Server］［Alternate DNS Server（任意）］［Hostname］を設定して、Enter キーを押します（図 2.14）。

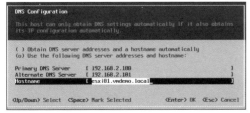

図 2.14　DNS の設定

2.2 VMware vCenter Server 6.0 のインストールと基本設定

ここからは、vCenter Server のインストールと設定手順について説明します。vCenter Server は、物理マシンまたは仮想マシン上の Windows OS へインストールする方法と、vCenter Server Appliance をダウンロードして、vSphere 上に仮想マシン（仮想アプライアンス）としてデプロイする方法の2つの導入方法があります。

2.2.1 仮想アプライアンス版と Windows 版

上述のように、vSphere 6.0 では2つの vCenter Server のプラットフォームを提供しています。1つは、Windows OS 上のアプリケーションソフトウェアとして動作するもので、もう1つは、Linux OS および vCenter 用データベースソフトウェアが動作する仮想アプライアンスです。この Linux ベースの vCenter Server は、vCenter Server Appliance（vCSA）と呼ばれます。

2つの vCenter Server に機能差はほとんどありませんが、vCenter Server で使用できるデータベースソフトウェアが異なるため、大規模な環境では注意が必要です。また Windows 版では、Windows OS および外部データベースのライセンス費用が必要であるのに対し、vCSA は Linux OS およびデータベースを含んだ仮想アプライアンスとして VMware から提供されるため、OS およびデータベースのライセンス費用は必要ありません[1]。

2.2.2 vCenter Server のインストール要件

vCenter Server は、物理マシンまたは仮想マシンで構成された Windows システムにインストールして利用します。管理対象の ESXi ホストおよび仮想マシンの数に応じたハードウェア要件と、オペレーティングシステム／データベースなどのソフトウェア要件に準拠している必要があります。

■Windows 版 vCenter Server の要件

Windows 版 vCenter Server をインストールするためのハードウェア（または仮想マシン）要件は表 2.1 のとおりです。

表 2.1　Windows 版 vCenter Server のハードウェア要件

	Platform Services Controller	極小規模環境（最大ホスト 10 台、仮想マシン 100 台）	小規模環境（最大ホスト 100 台、仮想マシン 1,000 台）	中規模環境（最大ホスト 400 台、仮想マシン 4,000 台）	大規模環境（最大ホスト 1,000 台、仮想マシン 10,000 台）
CPU の数	2	2	4	8	16
メモリ	2GB RAM	8GB RAM	16GB RAM	24GB RAM	32GB RAM

【1】　vCSA では大規模環境用に外部データベースを使用することもできますが、その場合はデータベースのライセンスが別途必要です。

第1章で説明したように、vCenter Server は vCenter と Platform Services Controller の2つのコンポーネントからなり、同一または別々のプラットフォームにインストール可能です。

Windows 版 vCenter Server がサポートしている Windows OS 製品は、Windows Server 2008 R2 以降です。最新の情報については、以下のナレッジベース（KB）を参照してください。

- http://kb.vmware.com/kb/2091273（英語）

Windows 版 vCenter Server 6.0 には、新たに VMware PostgreSQL が同梱され、必ずしも外部のデータベースは必要なくなりましたが、同梱の PostgreSQL でサポートされる ESXi ホスト数は最大 20 台、仮想マシンは 200 台までです。これより大規模な構成で利用する場合は、これまでどおり、外部のデータベースが必要となります。Windows 版 vCenter Server 6.0 でサポートしているデータベースソフトウェア製品は、Microsoft SQL Server および Oracle データベースです。詳細情報は「VMware Product Interoperability Matrixes」を参照してください。

- VMware Product Interoperability Matrixes

  http://www.vmware.com/resources/compatibility/sim/interop_matrix.php（英語）

■vCenter Server Appliance の要件

vCenter Server Appliance は vSphere 上にインストールしますが、vSphere のリソースとして必要な要件（仮想 CPU 数、メモリサイズ、ディスク容量）は、管理対象の仮想マシン、ESXi ホスト台数により異なります（表 2.2、表 2.3）。

表 2.2　vCenter Server Appliance のハードウェア要件

リソース	Platform Services Controller	極小規模環境（最大ホスト 10 台、仮想マシン 100 台）	小規模環境（最大ホスト 100 台、仮想マシン 1,000 台）	中規模環境（最大ホスト 400 台、仮想マシン 4,000 台）	大規模環境（最大ホスト 1,000 台、仮想マシン 10,000 台）
CPU の数	2	2	4	8	16
メモリ	2GB RAM	8GB RAM	16GB RAM	24GB RAM	32GB RAM

表 2.3　デプロイモデルに応じた vCenter Server Appliance のストレージ要件

	Platform Services Controller が組み込まれた vCenter Server Appliance	外部 Platform Services Controller を備えた vCenter Server Appliance	外部 Platform Services Controller アプライアンス
極小規模環境（最大ホスト 10 台、仮想マシン 100 台）	120GB	86GB	30GB
小規模環境（最大ホスト 100 台、仮想マシン 1,000 台）	150GB	108GB	30GB
中規模環境（最大ホスト 400 台、仮想マシン 4,000 台）	300GB	220GB	30GB
大規模環境（最大ホスト 1,000 台、仮想マシン 10,000 台）	450GB	280GB	30GB

CHAPTER 2　VMware ESXi 6.0 と vCenter Server 6.0 の導入

その他の要件については、以下のナレッジベースを参照してください。

- http://kb.vmware.com/kb/2107948（英語）
- http://kb.vmware.com/kb/2113676（日本語。情報が最新でない場合があります）

2.2.3　vCenter Server のインストール手順

本項では、vCenter Server Appliance のインストール手順のみを説明します。Windows 版 vCenter Server のインストール手順については、「vSphere のインストールとセットアップガイド」を参照ください。vCenter Server には、すべてのモジュールを同一システムに同居させるモデルと、Platform Services Controller と vCenter Server とを異なるシステムにインストールするモデルの2通りがあります。詳細は、「11.2.1　vCenter Server 構成方針とサイジング」を参照してください。

- vSphere のインストールとセットアップガイド
  http://www.vmware.com/jp/support/support-resources/pubs/vsphere-esxi-vcenter-server-6-pubs

■クライアント統合プラグインのインストール

vSphere 6.0 からは、vCenter Server Appliance のインストール手順が大きく変わりました。vCenter Server Appliance のインストール手順は以下のとおりです。

1. VMware のウェブサイトの「My VMware」（http://www.vmware.com/download/）から vCenter Server Appliance のインストールイメージ（ISO イメージファイル）をダウンロードし、DVD-ROM を作成します。

   - **VMware vCenter Server 6.0.0**
     VMware-VCSA-all-6.0.x-xxxx.iso

2. vCenter Server Appliance をインストールする ESXi ホストの管理ネットワークと通信するための作業用 Windows PC を用意し、作成した DVD を挿入します（図 2.15）。

図 2.15　vCenter Server Appliance の DVD を挿入

2.2 VMware vCenter Server 6.0 のインストールと基本設定

3. DVD ドライブの配下から vcsa フォルダに移動し、VMware-ClientIntegrationPlugin-6.0.x.exe をダブルクリックします。クライアント統合プラグインのインストールウィザードが表示されます（図 2.16）。

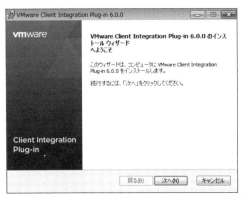

図 2.16 クライアント統合プラグインのインストール画面

4. 次へ進み、インストーラを実行します。インストール先フォルダを選択する画面が表示されたら、インストール先フォルダを選択して［次へ］ボタンをクリックします（図 2.17）。
5. ［インストール］ボタンをクリックして、プラグインのインストールを開始します（図 2.18）。

図 2.17 インストール先フォルダの指定

図 2.18 プラグインインストール準備の画面

CHAPTER 2　VMware ESXi 6.0 と vCenter Server 6.0 の導入

6. インストールの完了画面が表示されたら、[完了]ボタンをクリックしてウィザードを終了します（図 2.19）。

図 2.19　インストール完了画面

■vCenter Server Appliance のインストール

クライアント統合プラグインのインストールが完了したら、vCenter Server Appliance をインストールします。

1. インストール DVD ドライブ配下のルートフォルダに戻り、vcsa-setup をダブルクリックします（図 2.20）。
2. プログラムを他のプログラムで開く必要がある旨のメッセージが表示されます。先ほどインストールした VMware-ClientIntegrationPlugin-6.0 を選択して、[OK]ボタンをクリックします（図 2.21）。

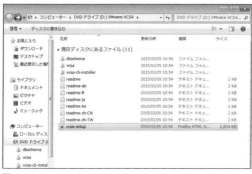

図 2.20　vcsa-setup ファイル

図 2.21　プログラムを起動

42

2.2 VMware vCenter Server 6.0 のインストールと基本設定

3. ブラウザが起動します。vCenter Server Appliance 6.0 のインストールまたはアップグレードを選択する画面が表示されますので、[インストール]をクリックします（図 2.22）。

図 2.22 vCenter Server Appliance のインストール画面

4. エンドユーザー使用許諾契約書が表示されます。内容に同意できる場合は、チェックボックスをオンにして、[次へ]をクリックします（図 2.23）。

図 2.23 エンドユーザー使用許諾契約書の画面

CHAPTER 2　VMware ESXi 6.0 と vCenter Server 6.0 の導入

5. 展開先の ESXi ホストを FQDN または IP アドレスで指定します。さらに、ESXi のユーザー名とパスワードを入力して［次へ］ボタンをクリックします（図 2.24）。

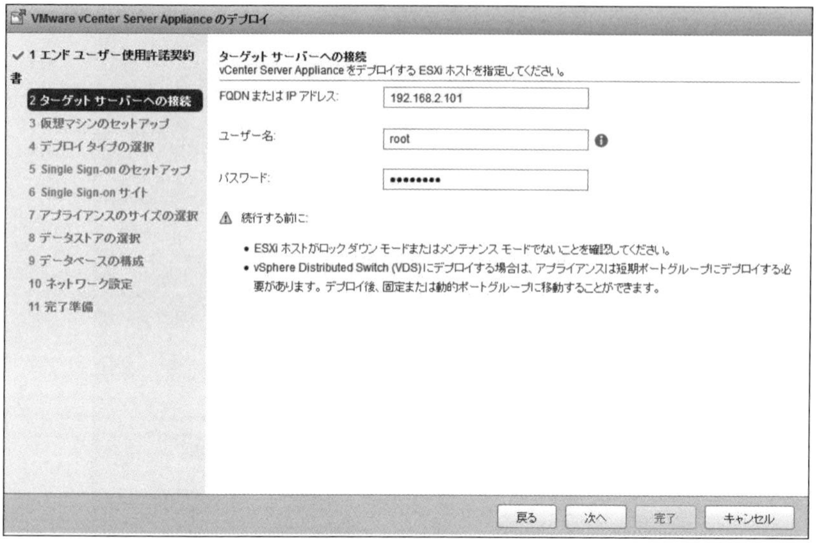

図 2.24　ターゲットサーバーへの接続画面

6. 新規に展開する vCenter Server Appliance のアプライアンス名とパスワードを入力します（図 2.25）。

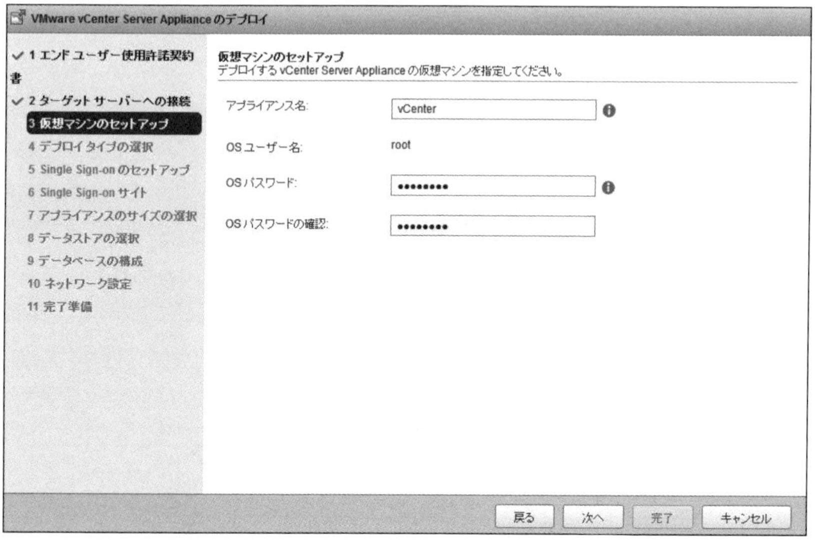

図 2.25　仮想マシンのセットアップ画面

2.2 VMware vCenter Server 6.0 のインストールと基本設定

7. デプロイタイプを選択します。Platform Services Controller を vCenter Server に組み込んで展開するか、外部に別に展開するかを選択します。今回は組み込みの展開を選択します（図 2.26）。

図 2.26　デプロイタイプの選択画面

8. Single Sign-on（SSO）を構成します。新規 SSO を選択し、パスワード、ドメイン名、サイト名を入力します（図 2.27）。

図 2.27　Single Sign-on（SSO）のセットアップ画面

CHAPTER 2　VMware ESXi 6.0 と vCenter Server 6.0 の導入

9. ホスト数や仮想マシン数の目安を確認し、極小、小、中、大の4パターンの中から仮想アプライアンスのサイズを選択します。選択したサイズによって、vCenter Server の仮想アプライアンスに割り当てられる CPU、メモリ量などが異なります（図 2.28）。

図 2.28　アプライアンスのサイズの選択

10. 展開先のデータストアを選択します。［シンディスクモードの有効化］を選択するとシンプロビジョニングが有効になります（図 2.29）。

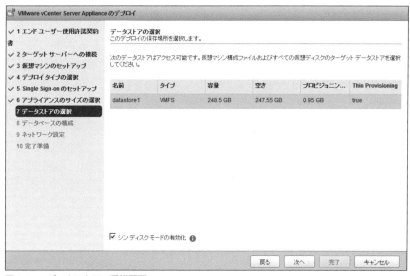

図 2.29　データストアの選択画面

2.2 VMware vCenter Server 6.0 のインストールと基本設定

11. データベースを選択します。組み込みのPostgreSQLデータベース、または外部データベースとしてOracleデータベースが選択可能です。Oracleデータベースを選択する場合は、Oracleデータベースサーバー、Oracleデータベースポート、サービス名、データベースユーザー名、データベースパスワードを入力する必要があります（図2.30）。

図2.30　データベースの構成画面

12. ネットワーク設定を行います。必要事項を入力します。ホスト名をIPアドレスで設定した場合は、完全修飾ドメイン名（FQDN）を推奨する警告が表示されます。確認したら［OK］をクリックします（図2.31）。

図2.31　ネットワーク設定画面

47

CHAPTER 2　VMware ESXi 6.0 と vCenter Server 6.0 の導入

13. 設定情報の確認画面（図 2.32）が表示されますので、内容を確認し、［完了］をクリックしてインストールを開始します（図 2.33）。

図 2.32　設定情報の確認画面

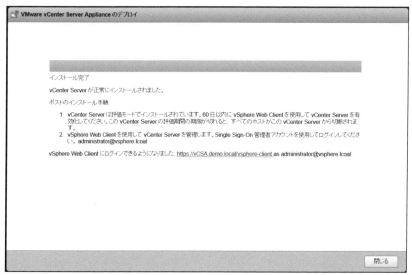

図 2.33　インストール完了画面

2.2　VMware vCenter Server 6.0 のインストールと基本設定

■vCenter Server Appliance の初期設定

　vCenter Server Applianceのインストールが完了したら、vSphere Web Clientを使用してインストールしたvCenter Server Applianceの仮想マシンのコンソールを開きます。図2.34は、vCenter Server Applianceのコンソール画面です。ESXiのDCUIと同様にF2キーを押すとシステムの設定変更ができ、F12キーでシャットダウン／再起動ができます（図2.35）。

　vCenter Server Applianceのコンソールにログインすると、パスワードの変更やネットワークの構成、管理ネットワークの再起動、Bash ShellやSSHの有効化といった初期設定、およびSSL thumbprintの確認などを行うことが可能です。

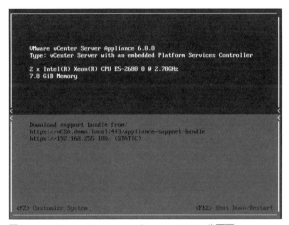

図2.34　vCenter Server Appliance コンソール画面

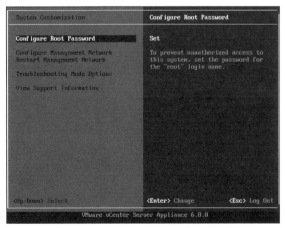

図2.35　vCenter Server Appliance のコンソールログイン後の画面

VMware ESXi 6.0 と vCenter Server 6.0 の導入

2.3 vSphere Web Client の基本操作

vCenter Server の操作は、Windows OS のアプリケーションである vSphere Client と、ウェブアプリケーションである vSphere Web Client の 2 つのツールを使用して行えます。第 1 章の表 1.5 に示したように、vSphere Client では vSphere 5.1 以降の新機能が利用できないため、本項では vSphere Web Client による操作方法のみを記述します。

vSphere Web Client に必要なソフトウェア要件は以下のとおりです。

- Adobe Flash Player 16 以降
- サポートされているブラウザ

サポートされているブラウザは表 2.4 のとおりです。

表 2.4　vSphere Web Client でサポートされるゲスト OS およびブラウザのバージョン

オペレーティングシステム	ブラウザ
Windows	● Microsoft Internet Explorer 10.0.19 以降 ● Mozilla Firefox 34 以降 ● Google Chrome 39 以降
Mac OS	● Mozilla Firefox 34 以降 ● Google Chrome 39 以降

最新情報は、「vSphere のインストールとセットアップガイド」を参照ください。

- **vSphere のインストールとセットアップガイド**
  http://www.vmware.com/jp/support/support-resources/pubs/vsphere-esxi-vcenter-server-6-pubs

1. 表 2.4 の要件を満たすブラウザから、vCenter Server Appliance のウェブインターフェイスにアクセスします。URL は「http://＜ vCSA の IP アドレスまたは FQDN ＞」です。
2. 図 2.36 のようなウェブページが表示されます。［vSphere Web Client へのログイン］をクリックして、vSphere Web Client のログインページに移動します。

2.3 vSphere Web Client の基本操作

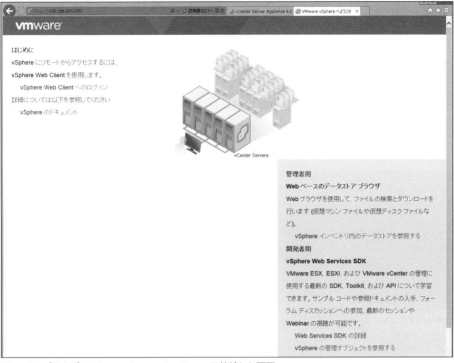

図 2.36　ブラウザで vCenter Server Appliance に接続した画面

3 ログインすると、vSphere Web Client のホーム画面が表示されます（図 2.37）。

図 2.37　vSphere Web Client のホーム画面

CHAPTER 2 VMware ESXi 6.0 と vCenter Server 6.0 の導入

2.3.1 データセンターの作成、ホストの登録、クラスタの作成

vSphere Web Client から vCenter Server にログインすると、データセンターの作成やホストの登録などができます。ここでは、そうした vSphere Web Client の基本操作について説明します。

1. vCenter Server へログインします。vSphere Web Client には、ウェブブラウザから「https:// < vCenter Server の IP アドレスまたは FQDN > /vSphere-client/」という URL でアクセスします。図 2.38 のようなログイン画面が表示されます。

図 2.38　vSphere Web Client のログイン画面

2. vSphere Web Client にログインすると、ホーム画面が表示されます（図 2.39）。

図 2.39　vSphere Web Client の初期ログイン画面

52

3. 登録されている vCenter を確認します。左のオブジェクトナビゲータから［vCenter インベントリリスト］ー［vCenter Server］を選択し、［オブジェクト］タブを開いて先ほどインストールした vCenter Server が登録されていることを確認します（図 2.40）。

図 2.40　vCenter Server 確認画面

4. ESXi ホストを登録します。ESXi ホストを登録するには、まずデータセンターを作成する必要があります。ここで作成するデータセンターとは、1 つの管理単位のことであり、作成したデータセンター内に ESXi ホストを追加していきます。

左のオブジェクトナビゲータから［ホーム］ー［vCenter インベントリリスト］を選択し、vCenter ホームに移動します（図 2.41）。

図 2.41　vCenter ホーム画面

CHAPTER 2　VMware ESXi 6.0 と vCenter Server 6.0 の導入

5. VMware ESXi ホストを管理対象に追加する前に、データセンターを作成します。vCenter ホーム画面の左の［インベントリリスト］から［データセンター］を選択し、［データセンター追加］ボタンをクリックします（図 2.42）

図 2.42　データセンター一覧からデータセンターを追加

6. データセンター名を入力し、作成する vCenter Server システムを選択して［OK］ボタンをクリックします（図 2.43）。

図 2.43　新規データセンターの作成

54

2.3 vSphere Web Client の基本操作

7. 新規にデータセンターが作成されたことを確認します（図 2.44）。

図 2.44　データセンター一覧画面

8. ホストを追加します。vCenter ホーム画面に戻り、[インベントリリスト]から[ホスト]を選択し、[ホストの追加]ボタンをクリックします（図 2.45）。

図 2.45　ホスト一覧画面からホストを追加

55

VMware ESXi 6.0 と vCenter Server 6.0 の導入

9. 追加するホストのホスト名または IP アドレスを入力し、追加先のデータセンターを選択して［次へ］ボタンをクリックします（図 2.46）。

図 2.46　新規ホスト追加画面（1. 名前と場所）

10. ホストにアクセスするためのユーザーとパスワードを入力し、［次へ］ボタンをクリックします（図 2.47）。

図 2.47　新規ホスト追加画面（2. 接続設定）

56

2.3 vSphere Web Client の基本操作

11. 証明書が登録されていない場合は、ここでセキュリティアラートが表示されますが、追加ホストが信頼できる場合は[はい]ボタンをクリックします（図 2.48）。

図 2.48　セキュリティアラート画面

12. 追加するホストの情報が表示されます。内容を確認して[次へ]を選択します（図 2.49）。

図 2.49　新規ホスト追加（3. ホストサマリ）

13. ライセンスを割り当てるための画面が表示されます。ライセンスを追加する場合は[＋]ボタンをクリックしてライセンスキーを入力します（図 2.50）。

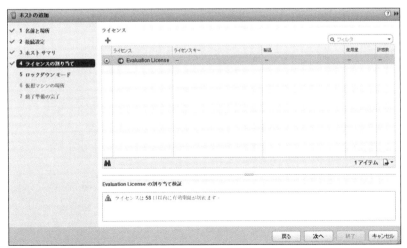

図 2.50　新規ホスト追加画面（4. ライセンスの割り当て）

CHAPTER 2　VMware ESXi 6.0 と vCenter Server 6.0 の導入

14. ロックダウンモードを有効にするかどうかを選択します。有効にすると、vCenter 管理下の ESXi に直接ログインできなくなるなど、いくつかの制約が発生します（図 2.51）。

図 2.51　新規ホスト追加画面（5. ロックダウンモード）

15. ホスト上に既に仮想マシンが作成されている場合は、仮想マシンの配置場所を指定します（図 2.52）。

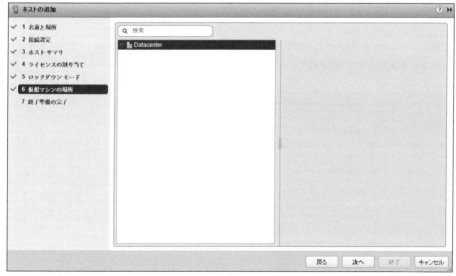

図 2.52　新規ホスト追加画面（6. 仮想マシンの場所）

16. 内容を確認し、[終了]ボタンをクリックしてホストの追加を完了します（図2.53）。

図2.53　新規ホストの追加（7. 終了準備の完了）

17. ホスト一覧画面に、ホストが追加されたことを確認します（図2.54）。

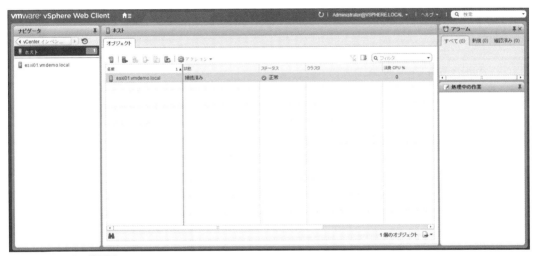

図2.54　ホスト一覧画面

CHAPTER 2 　VMware ESXi 6.0 と vCenter Server 6.0 の導入

2.3.2　ライセンスの適用

ここでは、vSphere Web Client から vCenter Server へライセンスを適用する方法を説明します。

1. ホーム画面に戻り、[ライセンス]を選択します（図 2.55）。

図 2.55　vSphere Web Client ホーム

2. [ライセンス]タブを選択し、ライセンスキーの追加アイコン（[＋]）を選択します（図 2.56）。

図 2.56　ライセンス管理画面

2.3 vSphere Web Client の基本操作

3. ライセンスを登録する画面が表示されます。My VMware で入手したライセンスキーを入力して[次へ]ボタンをクリックします(図2.57)。入力したライセンスキーの詳細が表示されます。

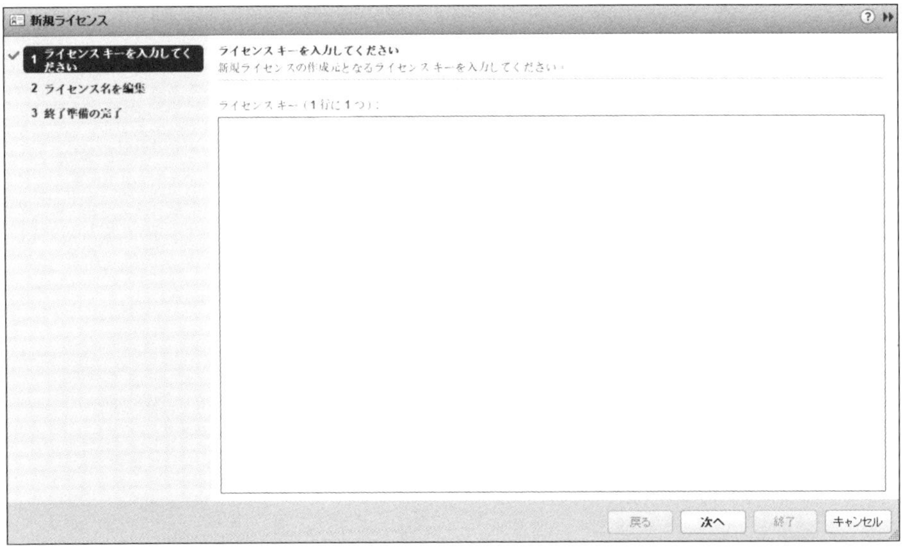

図2.57 ライセンスキーの入力

4. 登録するライセンスキーにわかりやすいライセンス名を入力します(図2.58)。

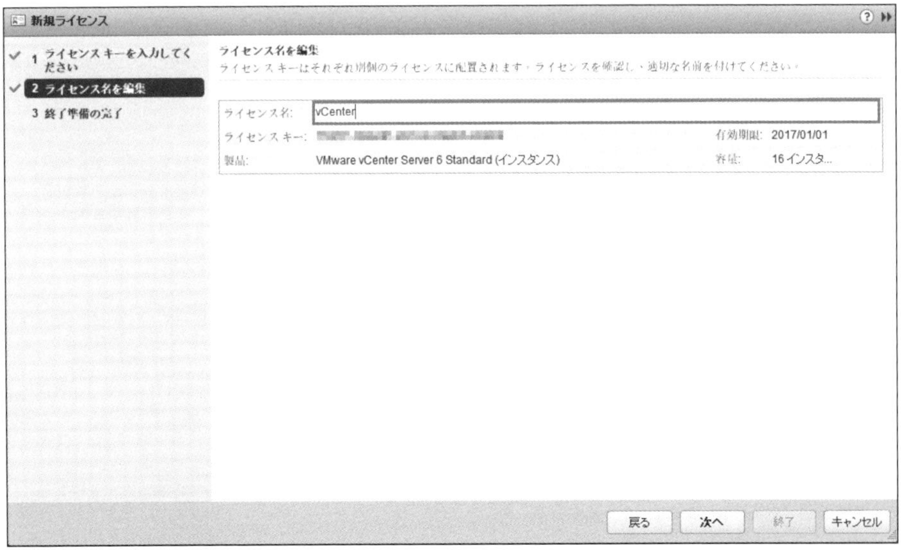

図2.58 ライセンス名の編集

61

CHAPTER 2　VMware ESXi 6.0 と vCenter Server 6.0 の導入

5. 詳細を確認して［次へ］をクリックします。入力したライセンスに間違いがないか確認し、間違いがなければ［終了］をクリックします（図2.59）。

図2.59　ライセンスキーの追加確認画面

6. ライセンス画面で［資産］タブを選択し、対象のvCenterを選択してから［ライセンスキーの割り当て］ボタンをクリックします（図2.60）。

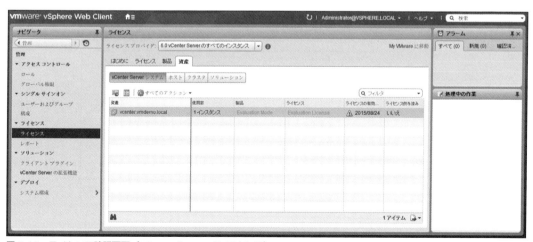

図2.60　ライセンス確認画面（vCenter Server インスタンス）

2.3 vSphere Web Client の基本操作

7. 適用するライセンスキーを選択し、［OK］ボタンをクリックします（図 2.61）。

図 2.61　ライセンスキーの割り当て

8. 対象となる vCenter Server のライセンスキー列にキーがアサインされていることを確認します（図 2.62）。同様の方法で、ESXi の製品ライセンスも割り当てることが可能です。

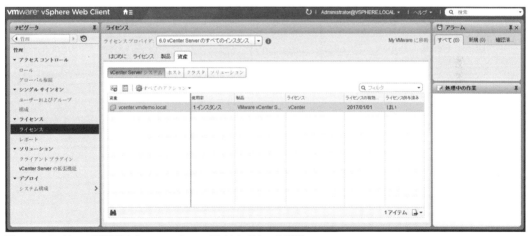

図 2.62　ライセンス確認画面（vCenter Server ライセンスキーの確認）

　この章では、VMware vSphere 6.0 のライセンス、ESXi および vCenter Server のインストールと設定方法、vSphere Web Client の操作方法を紹介しました。vSphere Web Client は、基本的には vSphere 5.5 と同じ操作ができ、ログイン時間の高速化など、機能面が改善されています。

　以上で、仮想基盤の全体が整いました。以降の第 3 章〜第 5 章では、ESXi による仮想基盤の管理方法を説明します。また、仮想マシンのしくみや作成については第 6 章で解説します。

VMware 認定資格について

　VMware 認定資格は製品の多様化と共に種類が増え、それに伴って受験者数および取得者数は年々増え続けています。

　近年クラウドコンピューティングの勢いが増していく中で、各企業の人材開発担当者やエンジニアが、今後どの方向に人材育成を進め、どのようなIT知識を広げていくべきなのか、判断が難しい状況になっています。また、クラウドという定義の曖昧な技術の知識レベルをどのように証明すればよいのか、これまであまり明確ではありませんでした。

　このような状況において、IT業界内におけるVMwareの認定資格の注目度は高く、認定資格取得者数は毎年増え続けています。その背景には、VMware認定資格そのものに市場価値があること、また表2.5に示すように、認定資格がSDDC（Software-Defined Data Center）とDTM（デスクトップとモビリティ）というように、体系的でわかりやすく整理されている点も挙げられます。特にvSphere 6.0へのバージョンアップに伴い、カテゴリーが明確に整理されました。

表2.5　VMwareの認定資格一覧

ロール	認定レベル	SDDC データセンター仮想化(DCV)	SDDC クラウド管理と自動化(CMA)	SDDC ネットワーク仮想化(NV)	DTM デスクトップとモビリティ(DTM)
ソリューションデザインアーキテクト	デザインエキスパート	VCDX6-DCV	VCDX6-CMA	VCIX6-NV	VCIX6-DTM
インプリメンテーション	インプリメンテーションエキスパート	VCIX6-DCV	VCIX6-CMA	VCIX6-NV	VCIX6-DTM
アドミニストレーション	プロフェッショナル	VCP6-DCV	VCP6-CMA	VCP6-NV	VCP6-DTM
ビジネスIT	アソシエイト	VCA6-DCV	VCA6-CMA	VCA6-NV	VCA6-DTM

※詳細は、http://mylearn.vmware.com/portals/certification/ を参照してください。

　一般論として、認定資格はどの企業の人事担当者が見てもわかりやすいことが重要です。そのような観点において、VMwareの資格試験はクラウド技術者としての知識レベルをわかりやすく体系的に示していると言えるでしょう。

　現在、VCPレベルの資格取得者数が最も多い状況ですが、最近では特にインプリメンテーションレベルやエキスパートレベルのSEが在籍することが、SIベンダー選定時の条件になっている例もあるようです。最近では、高いクラウド技術を提供できるエンジニアであることの証明として、1つでも上位の資格を習得することが求められている状況にあるようです。

　vSphereが6.0にバージョンアップされたことに伴い、認定試験体系そのものが大きく変わった点に注意する必要があります。また、前提条件やアップグレードパス、試験範囲も大きく変更されています。特に最も変更された点は、新規にVCP資格を得るには2種類の試験に合格しなければならないということです。また、バージョンアップと共に難易度も確実に上がっています。

　本コラムでは、vSphereに最も関係の深い「データセンター仮想化（DCV）」について解説します（表2.5の太枠部分）。

VCA-DCV

　VCA-DCV はアソシエイトレベルの試験です。特に受験のための前提条件はなく、誰でも受験が可能です。試験内容は、主にサーバー仮想化の基本的な知識を問うもので、技術者のみならず、プリセールスのロールを持った人でも挑戦できる試験です。

　最近では、就職活動の一環として本資格に挑んでいる学生の方も見受けられます。教材として、「Data Center Virtualization Fundamentals [V6]」というタイトルの無償の E-learning が用意されています[2]。

VCP-DCV

　VMware の認定資格で最も歴史があり、最も多くの資格者を輩出しているのが本資格です。

　バージョン 6 において、VCP6-DCV では資格取得体系に大きな変更点があります。期限が有効な VCP-DCV5 の保持者は、VCP6-DCV-Delta 試験を受験して合格すればよく、通常の試験の問題数に比べ、Delta 試験は出題数が約半分となるため受験者にとっては有利になります。

　新規に本資格を目指すエンジニアは、**図 2.63** のとおり、Foundation 6 試験と VCP6-DCV 試験の 2 つの試験に合格する必要があります。こちらは以前に比べて取得までのハードルがかなり高くなります。

　Foundation 6 試験はすべての VCP レベルに共通の試験です。問われるのは広い意味での基本的な仮想化の知識です。それに対して VCP6-DCV 試験は、主に vSphere 6.0 に特化した問題が出題されます。

　なお、Foundation 試験はオンライン試験なので、自宅からでも会社からでもインターネット接続ができる環境であれば、どこからでも受験できます。

　既に vSphere 5.x のいずれかの VCP を取得した方は、Foundation 試験が免除となるため、VCP6-DCV のみの受験・合格により認定されます。難易度は旧バージョンと比べると多少上がっています。

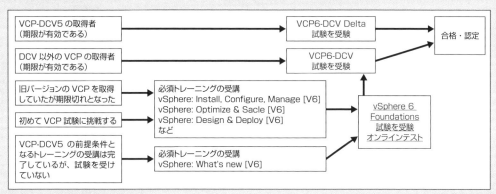

図 2.63　VCP6-DCV の認定パス

VCIX6-DCV

　vSphere 5.x までは VCAP 資格というアドバンスレベルの認定資格がありましたが、vSphere 6.0 からは VCIX に変更されました。それに伴って試験の体系も大きく変更されています。

【2】　以下のサイトから受講可能です。
　　　https://mylearn.vmware.com/mgrreg/courses.cfm?ui=www_edu&a=one&id_subject=64758（英語）
　　　https://mylearn.vmware.com/mgrReg/courses.cfm?ui=www_edu&a=det&id_course=189736（日本語。最新バージョンでない場合があります）

CHAPTER 2　VMware ESXi 6.0 と vCenter Server 6.0 の導入

　vSphere 5.x 以前の VCAP には、VCAP-DCA（管理構築の認定）と VCAP-DCD（設計の認定）の 2 種類の試験があり、2 つのうちのどちらかに合格すれば、VCAP の称号が与えられていました。しかし、VCIX では、2 種類の試験があることは同じですが（「管理構築の認定」と「設計の認定」）、両方に合格しなければ VCIX の称号は与えられなくなりました。つまり、管理構築ができて設計もできることが証明され、初めて VCIX と名乗ることができるということになります。

　これらの試験は、VCP 試験のような選択形式の問題ではなく、実際に構築、トラブルシューティング、設計などに関し、与えられたシナリオに応じて画面操作を実行する試験となります。

　この試験も vSphere 6.0 になって難易度が上がっています。ただし、VCAP5 の取得者には優遇措置も用意されています。

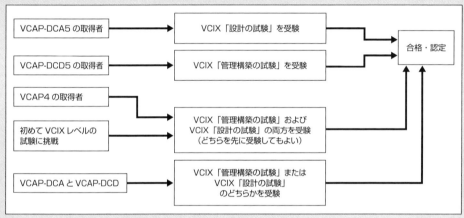

図 2.64　VCIX6-DCV の認定パス

　VCAP5-DCA（管理構築の認定）を既に取得している人は、VCIX6 の「設計の認定」のみの合格で認定されます。また VCAP5-DCD（設計の認定）の取得者は、VCIX6 の「管理構築の認定」のみの合格で認定されます。また、VCAP5 の 2 種類の資格の取得者は、VCIX6 のどちらかの試験に合格すれば認定されます。

　VCIX の試験対策としては、とにかく実機に触れて構築やトラブルシューティングの経験を積むことが何よりも大切です。また、VMware のオフィシャルトレーニングは飛躍的に合格率を上げる効果があるので、受講をお勧めします。

VCDX6-DCV

　VCDX6-DCV 資格は、設計のエキスパートレベルの試験です。実際に設計書の提出と試験官を前にプレゼンテーションと質疑応答を行う試験となっています。前提条件は VCIX を取得していることが必要です。

　以上が「データセンターの仮想化」の各認定レベルの試験内容の紹介です。

　以降では、これから VMware 認定資格を新規取得に目指す人と、旧バージョンの認定資格から新バージョンへアップグレードを目指す人の受験準備について本書と対応させながら解説していきます。

2.3 vSphere Web Client の基本操作

試験対策としては、特に vSphere 6.0 から追加された新機能については特に理解を深めておくことをお勧めします。たとえば以下のような機能が挙げられます。

- vCenter Server のインストール版とアプライアンス版の構成、条件（第 2 章）
- Platform Services Controller（PSC）に含まれる要素と導入オプションについて（1.2.3 項、2.2 節および 11.2.1 項）
- ESXi のセキュリティ強化（ロックダウンモードのオプションなど）（第 2 章）
- 仮想ハードウェアバージョン 11 の仮想マシンの特性（第 6 章）
- 強化された vMotion や vSphere FT の構成と動作（第 7 章および 9.2 節）
- HA クラスタ環境の変更点（9.1 節）
- Virtual Volumes のコンセプトと構成方法（16.3 節）
- コンテンツライブラリ（6.3.4 項）など

上記は vSphere 6.0 の新機能のうちの一部ですが、本書を読むことにより多くの新機能の詳細な知識を得ることが可能ですので、うまくピックアップして試験対策として使用してください。

また、「インストールアップグレードガイド」「構成の上限」などのドキュメントも併せて参照しておくことをお勧めします。上限値などの数字に関する問題は、一時期減少傾向にありましたが、vSphere 6.0 で多少復活しています。

ESXi に搭載可能な各デバイスの上限値や、仮想ハードウェアの上限値、または、各コンポーネントがコミュニケーションをとるためのポート番号なども覚えておくと試験対策として役に立ちます。

また、追加で以下のような vSphere に関連する製品の問題が出題されます。

- VSAN（16.2 節）
- vRealize Operations Manager（第 13 章）
- Site recovery Manager（10.3 節）など

これらについては、VMware のウェブサイトから製品紹介のなどのページを読み込んで、どのような機能を持った製品で、どのようなコンポーネントが展開されるのかなどの知識を得ておくとよいでしょう。

VMware は有料コンテンツとして VMware Learning Zone というサービスを提供しています。VMware Learning Zone は、ビデオによるトレーニングを 1 年間、24 時間 365 日、無制限で受講できるサブスクリプションベースのサービスです。

充実した教育コンテンツがここに集約されているので、体系的に VMware の製品を学ぶことができます。また、この中には試験準備用のコンテンツがあり、各認定資格試験の準備用のビデオセッションのやサンプル問題などが用意されています（英語のみ）。VMware 製品を格安に体系的に学びたい人にとってはお勧めのコンテンツです [3]。

VCP レベルの認定資格はいずれも合格してから 2 年間が有効期限です。アソシエイトレベル以外のいずれかの認定資格を取得し続けることによって、既に取得済みの VMware 認定資格のすべてが延長され続けるしくみとなっています。これまで解説したアップグレードパスの優遇措置などから見ても、有効期限を保ち続けることが非常に重要です。

【3】 詳細は VMware のウェブサイトを参照してください。

Chapter

3

vSphere による CPU・メモリの仮想化とリソース管理

vSphereによるCPU・メモリの仮想化とリソース管理

　vSphereにより仮想化された環境では、OSやアプリケーションが、物理環境のように物理ハードウェア上で直接実行されるわけではなく、vSphere ハイパーバイザー上に生成された仮想マシン上で実行されます。

　仮想マシンは、仮想的な BIOS、CPU、メモリ、NIC、HBA などのデバイスを持つ仮想的な x86 ハードウェアであり、構成自体は、一般的な x86 物理ハードウェアと同様です。仮想マシンを構成するときに、CPU 数（仮想 CPU 数）、RAM サイズ、NIC（仮想 NIC）などを仮想デバイスとして割り当てることができます。仮想マシン上で動作する OS（ゲスト OS）は、それらの仮想デバイスを物理デバイスとして認識し、通常の物理ハードウェア上と同じように動作します。

　仮想化されたホスト（ESXi ホスト）では、多くの場合、複数の仮想マシンが同時に実行されますが、第 1 章で説明したように、vSphere では、物理 CPU、メモリなどの物理リソースを各仮想マシン間で共有し、動的に割り当て（アロケーション）を行います。本章では、vSphere が CPU、メモリなどの物理リソースを各仮想マシンにどのように割り当てるのか、また、ゲスト OS やアプリケーションがどのようにそれらのリソースを利用できるのかを解説します。

3.1　CPU の仮想化

　たとえば ESXi ホスト上に 4 コアの CPU が 2 個搭載されている場合、合計で 8 コア分の物理 CPU（ハイパースレッディング有効時は論理 CPU で 16 コア分）が存在することになりますが、VMkernel はこれらの CPU を仮想マシンにそのまま見せるわけではありません。仮想マシンでは、管理者が仮想マシン作成時に割り当てた CPU 数（図 3.1）のみが利用されます。このような仮想マシンに割り当てられた CPU を、仮想 CPU と呼びます。vSphere 仮想環境では、物理 CPU は仮想マシンに対して隠蔽化された状態で共有されており、「CPU スケジューリング」と呼ばれる機能で、仮想 CPU として仮想マシンに動的にアロケートされます。

　仮想 CPU 上では、基本的に物理 CPU と同じ x86 命令セットを使用できるので[1]、ゲスト OS はネイティブの x86 命令を、物理 CPU と遜色のないパフォーマンスで実行することが可能です。また物理 CPU の NUMA アーキテクチャをそのままゲスト OS やアプリケーションに公開することにより、NUMA に最適化されたコードでも高いパフォーマンスで実行できます。ここでは、これらの CPU 仮想化機能について解説します。

3.1.1　CPU スケジューリング

　前述のように物理 CPU は、複数の仮想マシンで共有されており、時分割でそれぞれの仮想 CPU（vCPU）に動的にアロケートされます。これを CPU スケジューリングと呼びます。ここでは、CPU スケジューリングについて解説し、vSphere 上の仮想マシンが高パフォーマンスを実現するしくみについて理解を深めます。

---

[1]　ただし、EVC（Enhanced vMotion Compatibility）環境は除きます。EVC とは、異なる CPU 世代間の vMotion による移行を可能にする技術です。

■CPU スケジューリングの概要

仮想 CPU をスケジュールする際、VMkernel は仮想 CPU を利用可能な物理 CPU（ハイパースレッディング有効時は論理 CPU）にマッピングします（図 3.1）[2]。

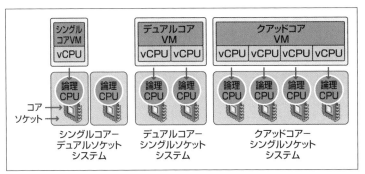

図 3.1　仮想 CPU への論理 CPU のマッピング

ゲスト OS 上で何らかの CPU 命令が発行されると、仮想マシンは「Ready Queue」（待ち行列）に入って順番を待ち、物理 CPU に空きができたタイミングでその命令を実行します（図 3.2）。

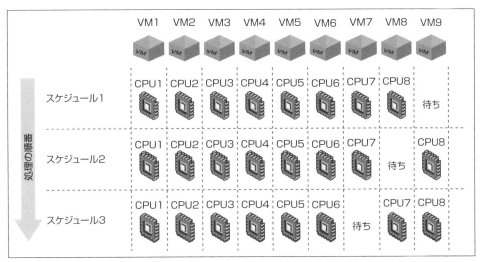

図 3.2　仮想マシンによる CPU の利用

たとえば図 3.2 のように、仮想マシンが 9 台存在しているのに物理 CPU が 8 個しかない場合を考えます。すべての仮想マシンの優先度が同じであれば、最初のスケジュール単位では VM8 までが処理され、VM9 は待ち

---

[2] 仮想 CPU のマッピング単位は、ハイパースレッディング（HT）が有効化されている場合は論理 CPU（スレッド）、無効化されている場合は物理 CPU（コア）ですが、HT 有効化の有無で用語が異なると混乱しますので、以降では HT の有効化／無効化にかかわらず、すべて物理 CPU と記載します（HT が有効化されている場合は、論理 CPU になると置き換えて理解してください）。

vSphereによるCPU・メモリの仮想化とリソース管理

状態となります。そして、次のスケジュール単位では、前回処理できなかったVM9とVM1〜7が処理され（VM8が待ち状態）、さらにその次のスケジュール単位では、VM8とVM9およびVM1〜VM6（VM7が待ち状態）が処理されます。このようなスケジューリングによって、ホストの物理CPUより仮想CPUが多数構成されていても、単位時間ではそれぞれの仮想CPUと物理CPUが1対1で対応するわけです。

ただし、CPUのスケジューリングはすべての仮想マシンに均等に行われるわけではありません。たとえばアイドル状態の仮想マシンでは、割り当てられた論理CPUが休止状態になるため解放されます。その結果、よりCPU負荷の高い他の仮想マシンが、より多くのCPUリソースを利用できるようになります。仮想CPUへの物理CPUの割り当ては、仮想マシンに設定した優先順位（シェア）に比例して行われます。これについての詳細は、「3.3　リソースアロケーションの優先順位付け」にて説明します。

■マルチCPU構成時の効率的なスケジューリング（Relaxed Co-Scheduling）

vSphere 6.0では、1つの仮想マシン上で最大128個の仮想CPU[3]をサポートします。仮想マシン上でマルチCPUを構成する最大の目的は、複数の物理CPUを同時に使用して、処理能力を向上させることです。特にマルチスレッドアプリケーションでは、仮想CPUを複数持つことで、多くの場合、パフォーマンスが向上します。

仮想環境が物理環境と異なる点は、CPUリソースのアロケーションが動的であることです。前述のように、1つの仮想マシンには128個までの仮想CPUを割り当てられますが、常に、これらの仮想CPUすべてにアロケートできるだけ物理CPUの空きがあるとは限りません。この場合、仮想CPUと同じ数の物理CPUがアロケートできるのを待っていると、その間のCPUリソースがムダになってしまいます。ESXiのCPUスケジューリングではこのようなムダが生じないように、各仮想CPUには空いている物理CPUが順次割り当てられるようになっており、すべての仮想CPUに物理CPUがアロケートされるまで待機することはありません。

この場合問題となるのは、同一仮想マシン上で仮想CPUごとの処理の進行度に差が出てしまうことです。一般的にマルチスレッドを扱うOSおよびアプリケーションでは、複数のCPUを利用して複数のスレッドを同時に実行しますが、それらのスレッド間では随時、同期を取る必要があります。そのためそれらのCPUの中に長時間利用できないものがあると、スレッド間の同期を保つことができず、深刻な問題を引き起こす可能性があります。ESXiではこのような問題を回避するために、Relaxed Co-schedulingという効率的なCPUスケジューリングメカニズムを採用しています。

マルチCPU構成の仮想マシンに対し、空き状況に応じてそれぞれ個別に論理CPUを仮想CPUに割り当てた場合、仮想CPUごとに割り当て状況が異なってしまうため、前述のように処理の進行度に「ずれ」が生じます。そこでこのメカニズムでは、処理が最も進行している仮想CPUと、最も遅れている仮想CPUの差をモニターし、この差がしきい値を超えた場合、進行の早い方の仮想CPUを停止します。これを「相互停止（Co-stop）」と呼びます（「12.4.1　CPU」で、これらのパフォーマンス管理方法について説明します）。

その後、最も進行の遅かった仮想CPUに物理CPUがアロケートされて処理が進行した結果、停止中の仮想CPUとの差がしきい値を下回れば、相互停止した仮想CPUが再度スタートされます（Co-start）。このようなメ

---

[3] 仮想マシンバージョン11の場合。

3.1　CPU の仮想化

カニズムにより、CPU リソースを効率よく利用しながら、マルチスレッドアプリケーションのパフォーマンスおよび同期性を満たす、高性能・効率的な CPU スケジューリングが実現されています[4]。

3.1.2　CPU のハードウェア仮想化支援機能

■バイナリトランスレーション

　x86 アーキテクチャの CPU では、ハードウェアの変更を伴うような特権命令について、リングという概念で実行の優先順位が定義されています。リングには、最も優先順位が高いリング 0 から最も低いリング 3 まで 4 つのレベルがあり、通常の物理環境では、リング 0 が OS、リング 3 がアプリケーションで利用されています（リング 1 とリング 2 は利用されていません）。

　Windows などの汎用的な OS は、CPU、メモリ、ハードディスクからキーボード、マウスに至るまで、さまざまなハードウェアデバイスを管理していますが、これらのハードウェアデバイスにアプリケーションが直接アクセスしてしまうと、他のアプリケーションが利用できなくなるなどの不具合が生じる可能性があります。このため、リング 3 で稼働するアプリケーションがハードウェアの直接的な変更などの特権命令を発行した場合は、割り込みを発生させて処理をリング 0 の OS に移し、OS がこの特権命令を処理するしくみとなっています。

　複数の仮想マシンが稼働する vSphere 環境では、各仮想マシン上のゲスト OS が特権命令を発行した場合、リング 0 が複数競合することとなり、処理上問題となります。この課題に対処するため、ESXi ホストでは、仮想レイヤーがリング 0、各仮想マシンがリング 1 で動作します。

　この場合、通常の CPU の処理（非特権命令）は仮想マシンから直接、物理 CPU に命令されて処理されるため、物理環境と比較して遜色のないパフォーマンスが実現できます。その一方で、各仮想マシンが特権命令を発行したときは、仮想化レイヤーが割り込み処理を通じて仮想マシンから処理を横取りし、実行します。ESXi に実装されたこのような処理を「バイナリトランスレーション」と呼びます。

■第 1 世代ハードウェア仮想化支援機能

　上記のような仮想環境特有の処理を実現するために、x86 CPU には、Intel VT-x、AMD-v といったハードウェア仮想化支援機能が実装されています。これらは物理 CPU 側で仮想化を支援する機能の 1 つで、第 1 世代のハードウェア仮想化支援機能に分類されます。

　このような x86 CPU のハードウェア仮想化支援機能を利用した場合、仮想マシンは物理環境と同様のリング 0 で動作するようになり、さらにそのリングの外側に新しくハイパーバイザーが動作するモードが準備されます。たとえば Intel VT-x では、仮想マシンの動作モードとして VMX non-root モード、ハイパーバイザーの動作モードとして VMX root モードが準備されており、これら 2 つのモードが VT-x の機能で切り替えられます。仮想マシンの通常の動作では、VMX non-root モードで仮想マシンから物理 CPU を直接利用する一方、

【4】　仮想 CPU のスケジューリングについては、「The CPU Scheduler in VMware vSphere 5.1」に詳しい解説があります。
https://www.vmware.com/files/pdf/techpaper/VMware-vSphere-CPU-Sched-Perf.pdf（英語）

特権命令が発行された場合は、物理 CPU がそれを理解し、VMX root モードに切り替えるわけです (図 3.3)。この機能を使用すると、バイナリトランスレーションを利用することなく、仮想マシンの特権命令をハイパーバイザーが処理できるようになります。

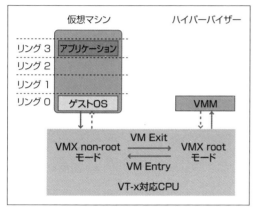

図 3.3　CPU アシスト機能による仮想化

　Intel VT-x では、この機能をサポートするために仮想化環境専用の命令セットが追加されています。また、切り替え時に CPU のレジスタ状態などを記録するため、CPU によって管理される VMCS (Virtual Machine Control Structure) と呼ばれる領域が準備されており、これによってモードの切り替えの高速化を実現しています。

■第 2 世代のハードウェア仮想化支援機能

　バイナリトランスレーションをハードウェア側にオフロードする (負荷を渡す) 機能が第 1 世代のハードウェア仮想化支援機能であったのに対し、メモリの仮想化をオフロードする機能を第 2 世代のハードウェア仮想化支援機能と呼びます。

　現在、ほとんどの OS は仮想メモリ機構を持ち、アプリケーションが持つ仮想ページから物理ページへの変換情報をページテーブルとして保持しています。また x86 CPU には、仮想メモリの管理を目的とした MMU (Memory Management Unit) と、ページ変換の効率化によるパフォーマンス向上を目的とした TLB (Translation Look-aside Buffer) というモジュールが内蔵されています。

- MMU ── CPU に実装されているメモリの管理／制御を行う機構。仮想アドレスから物理アドレスへの変換などを行っています。
- TLB ── CPU に実装されている、仮想アドレスと物理アドレスのマッピング情報を保持するキャッシュ領域。この機能により、仮想アドレスから物理アドレスへのアドレス変換を高速化することができます。

　vSphere には、1 つの物理ホスト上で複数の仮想マシンを動作させるために、仮想マシンから見た物理メモ

リ（ゲスト物理メモリ）を仮想化する機構がありますが、これを実現するには、アプリケーションの持つ仮想アドレスを、仮想マシンから見た物理アドレス（ゲスト物理アドレス）に変換し、さらにそれをホスト物理アドレスに変換する処理が必要になります。ESXi ハイパーバイザーでは、仮想マシンの VMM[5]ごとに、仮想アドレスをホスト物理アドレスに変換するためのマッピング情報を「シャドウページテーブル」として保持しています（図 3.4）。シャドウページテーブルでは、ゲスト OS のカーネルには、自身のページテーブルを管理しているように扱わせながら、ハイパーバイザーがゲスト OS 上のコンテキストスイッチなどをトリガーとしてゲスト OS のページテーブルを実際のページテーブルに反映させることによって、「仮想アドレス→ホスト物理アドレス」への変換を実現しています。

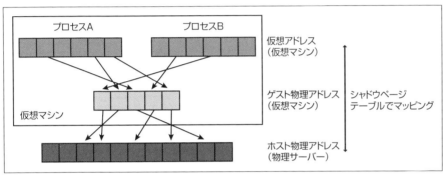

図 3.4　シャドウページテーブルによるメモリアドレス変換

　しかしこのように、仮想環境ではシャドウページテーブルの管理をソフトウェア的に処理し、その処理のたびに VM Exit が複数回発生することから、TLB で変換する物理環境と比較すると、アドレス変換のオーバーヘッドが大きくなります。これらのオーバーヘッドを削減するために開発されたのが、第 2 世代のハードウェア仮想化支援技術である Intel EPT / AMD RVI です。
　これらにより、ゲスト物理アドレスからホスト物理アドレスへの変換を、VM Exit することなく、CPU 内部で行うことができるようになりました。従来の TLB ではコンテキストスイッチングが発生すると一貫性を保持するため中身をフラッシュする必要がありました。このしくみは複数のゲスト OS が動作する仮想環境に適さないため、Intel VPID / AMD TaggedTLB が第 2 世代ハードウェア仮想化支援技術に導入され、フラッシュする粒度をゲスト OS 単位とすることにより性能向上を図っています。
　vSphere では、これらの CPU のハードウェア仮想化支援機能を利用するかどうかを、仮想マシンごとに、最適なモードとなるよう自動的に選択します。CPU の種類だけでなく、OS の種類によっても最適なモードは異なるため、どのモードを使用するのかは、この 2 つの情報に基づいて決定されます（表 3.1）。

【5】　Virtual Machine Monitor（VMM）：CPU、メモリを含む仮想ハードウェアをゲスト OS に提供するプロセス。

表 3.1　CPU の種類と選択される動作モード

	Intel CPU				AMD CPU	
	Core-i7 (Nehalem) 以降	45nm Core2 with VT-x	65nm Core2 with VT-x and FlexPriority	65nm Core2 with VT-x and No FlexPriority	Barcelona 以降	Barcelona 以前
64 ビット OS	VT-x + EPT	VT-x + SPT	VT-x + SPT	VT-x + SPT	AMD-V + RVI	BT + SPT
32 ビット Linux など	VT-x + EPT	VT-x + SPT	BT + SPT	BT + SPT	AMD-V + RVI	BT + SPT
32 ビット Windows XP／2003 以降	VT-x + EPT	VT-x + SPT	VT-x + SPT	BT + SPT	AMD-V + RVI	BT + SPT
32 ビット Windows 2000 以前	BT + SPT	BT + SPT	BT + SPT	BT + SPT	BT + SPT	BT + SPT

BT：バイナリトランスレーション
SPT：シャドウページテーブル
VT-x／AMD-V：第 1 世代のハードウェア仮想化支援
EPT／RVI：第 2 世代のハードウェア仮想化支援

3.1.3　その他の CPU 仮想化機能

■仮想 CPU ソケット

　CPU においては、物理的なパッケージ（ソケット）と処理の単位であるコアは異なる概念であり、現在、1 つの物理 CPU パッケージに複数の物理 CPU（コア）が含まれているものが一般的となっています。そして、OS やアプリケーションの中には、ソケットとコアを区別して、コアではなくソケット単位でライセンスを提供しているものが多数あります。そのため、仮想マシンでも OS やアプリケーションがソケットとコアとの違いを認識できるよう、仮想 CPU ソケットというメカニズムが採用されています。

　仮想マシンに対してマルチ仮想 CPU を構成した場合、デフォルトでは「シングルコア CPU ×マルチソケット」として扱われます。たとえば、ある仮想マシンに仮想 CPU を 4 つ与えた場合、その仮想マシンは「1 コアの CPU が 4 ソケットに搭載されたマシン」として動作します。しかし前述のようにソフトウェアライセンスがソケット数でカウントされる場合、ソフトウェアが認識するのは仮想 CPU のソケット数となるため、（たとえ実際の物理ソケット数はライセンスの範囲であっても）ライセンス違反として扱われることがあります。

　こういった問題に対応するために、仮想マシンには、仮想 CPU（ソケット）1 つあたりのコア数を設定することができます。たとえば、物理コアを 4 つ与えるときは、1 つの仮想 CPU あたり 2 コアとして、

4 仮想 CPU ＝ 2 コア × 2 仮想 CPU
（ゲスト OS から見ると、デュアルコア× 2 ソケット）

と設定することが可能です。

　仮想コア数の設定は仮想マシンごとに行うことができます。たとえば、ある仮想マシンに物理コアを 64 個与える場合、「4 コアの仮想 CPU × 16 ソケット」でも「1 コアの仮想 CPU × 64 ソケット」でも構成が可能です。た

だし、物理コア数（ハイパースレッディング有効時はスレッド数）を超える仮想コア数を設定することはできません。

これらの設定も GUI で行うことが可能です。vSphere Web Client では、対象の仮想マシンを選択し、［はじめに］タブの［仮想マシン設定の編集］をクリックして表示される［設定の編集］画面でコア数を変更できます。

図 3.5　仮想 CPU の設定

■NUMA への対応と Virtual NUMA

NUMA（Non-Uniform Memory Access）とは、複数の物理 CPU 間で共有する物理メモリに対し、メモリの物理的な場所によってアクセス速度が異なるコンピュータアーキテクチャのことです。NUMA は、CPU とメモリを対とした NUMA ノードと呼ばれる単位で構成されており、ある CPU がノード外のメモリ（リモートメモリ）にアクセスする場合、ノード内のメモリ（ローカルメモリ）へのアクセスよりも低速な接続（通常、インターコネクトと呼びます）になります。つまり、メモリがノードの外にあるか中にあるかによって、アクセス速度に違いが生じることになります。多くの OS は NUMA を認識し、アクセス先がリモートメモリかローカルメモリかを識別し、それに応じた処理をすることにより、このようなメモリの場所によるパフォーマンスの影響を回避しています。

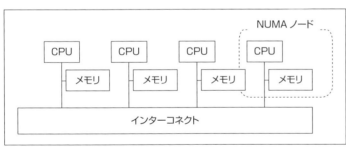

図 3.6　NUMA アーキテクチャの概要

NUMA アーキテクチャの物理 CPU を持つ ESXi ホスト上では、次のしくみにより、仮想マシンおよびアロケートするメモリの配置を調整し、仮想マシンからのメモリアクセスを最適化しています。

- 仮想マシンの電源をオンにしたとき、ESXi がその仮想マシンに特定の NUMA ノードをアロケートします。このノードをホームノードと呼びます。
- 仮想マシンがメモリを要求した際、ESXi は、ホームノードに直結した物理メモリ（ローカルメモリ）を優先的にアロケートします。これによって、リモートメモリへのアクセスによるパフォーマンス上のペナルティが回避されます。

CHAPTER 3　vSphereによるCPU・メモリの仮想化とリソース管理

- NUMA スケジューラは、システム負荷の変化に対応するために、仮想マシンのホームノードを動的に変更できます。たとえば、プロセッサ負荷の不均衡を減らすために、仮想マシンを新しいホームノードに移行することがあります。

　これらの ESXi における NUMA のスケジュール設定とメモリ配置のポリシーは、自動で管理されるため、管理者が明示的に設定する必要はありません[6]。

　ESXi の NUMA スケジューラはゲスト OS に依存せずに機能し、NUMA ハードウェアをサポートしていないゲスト OS（Windows NT 4.0 など）の仮想マシンにも、NUMA への最適化を提供できます。そのため、古いOS であっても NUMA 環境でのパフォーマンスを最適化できます。

　vSphere 5.0 以降では、ゲスト OS に対し NUMA アーキテクチャを認識させる、Virtual NUMA（vNUMA）という機能が提供されています。仮想マシンが多数の仮想 CPU を持つ場合、ゲスト OS にも NUMA 構成（vNUMA のトポロジ）を認識させることで、OS によるメモリアクセスのローカル性も考慮できるため、さらにパフォーマンスを最適化できます。

　vNUMA は、ハードウェアバージョン 8 以降の仮想マシンでサポートされており、仮想 CPU 数が 9 個を超えた場合はデフォルトで有効化されます[7]。vSphere6.0 では、仮想マシンへメモリをホットアド(動的に追加)する際、バランスよくアロケートするよう機能が拡張されたため、より効果的に Virtual NUMA を利用できます。

3.2　メモリの仮想化

3.2.1　vSphereにおけるメモリの仮想化

　vSphere 仮想環境では、仮想マシンに対し「仮想的な」物理メモリ(ゲスト物理メモリ)を割り当て、ゲスト OSにあたかも物理メモリであるかのように扱わせます。一方物理マシン上に内蔵されている本当の物理メモリ(ホスト物理メモリ)は、VMkernel が直接管理し、ゲスト OS からは隠蔽します。このようにゲスト OS からは、VMkernel がアロケートしたゲスト物理メモリしか見えないので、同一 ESXi ホスト上で動作する他のゲストOS のメモリ領域にはアクセスすることができず、そのため複数のゲスト OS が相互に安全に動作することが可能です。

　VMkernel は、仮想マシン構成時に設定されたゲスト物理メモリの値(たとえば 4GB)を、仮想マシン起動時にそのままアロケートすることはなく、ゲスト OS からの要求に応じて動的にアロケートします。これにより効率的にホスト物理メモリを使用できるので、より大きなメモリサイズの仮想マシンをより数多く動作させて、統合率を向上できます。

【6】仮想マシン設定にて CPU またはメモリのアフィニティを指定した場合は、NUMA スケジューラによって管理されません。通常は、アフィニティによる固定設定を行う必要はありません。
【7】vNUMA を有効化する仮想 CPU 数は、詳細パラメータ numa.vcpu.min で変更可能です。

3.2.2 メモリオーバーコミット

「3.1.2　CPUのハードウェア仮想化支援機能」で説明したように、vSphere仮想環境には、3つのメモリレイヤー（仮想メモリ、ゲスト物理メモリ、ホスト物理メモリ）があります（**図3.4**参照）。

ホスト物理メモリのサイズは、ホストに搭載した物理的なメモリのサイズそのものであり有限ですが、仮想メモリおよびゲスト物理メモリは仮想的なメモリであり、必ずしもホスト物理メモリサイズに制限されません。したがって、各仮想マシンのゲスト物理メモリの合計は、ホスト物理メモリのサイズを超えることが可能です。これをメモリのオーバーコミットと言います。

たとえば、8GBの物理メモリを持つホスト上で、それぞれ2GBのメモリを持つ8台の仮想マシンを実行させる場合、単純計算では16GBのメモリが必要になり、8GB分の物理メモリが不足することになります。vSphereでは、ホスト物理メモリを仮想マシンごとに占有させるのでなく動的にアロケートし、さらに後述するメモリ回収技術を使用することで、ホスト物理メモリサイズ以上のメモリを仮想マシンのメモリ（vRAM）として割り当てられるようにしています。

なおここでは、vSphereのメモリ仮想化におけるメモリ利用の理解を助けるために、仮想マシンのメモリサイズ設定値（仮想マシンから見た物理メモリサイズ）については「割り当て」と表現し、実際の物理メモリとして仮想マシンが使用するメモリを「アロケート」と表現して区別するものとします。

3.2.3 メモリ回収メカニズム

前述のとおり、各仮想マシンのゲスト物理メモリにはホスト物理メモリサイズよりも大きなメモリを割り当てる（オーバーコミットする）ことが可能ですが、多くのメモリを実際にアロケートする（動的にホスト物理メモリを消費する）と、その総量がホスト物理メモリのサイズを超えてしまう可能性があります。これを回避するために、vSphereでは下記の4つのメモリ回収メカニズムが使用されます。これらは、各仮想マシンにアロケートされたメモリを「やりくり」することで、ホスト物理メモリの使用量を低減し、ESXiホスト上で動作可能な仮想マシンへのメモリ割り当て量を増加して、統合率を向上させるしくみと言えます。

- 透過的ページ共有
- バルーニング
- メモリ圧縮
- ホストレベルスワップ

■透過的ページ共有（TPS）

1つのESXiホスト上で複数の仮想マシンが実行されている状態では、いくつかの仮想マシンが同じ種類のゲストOSを実行していたり、同じアプリケーションまたは動的ライブラリがメモリ上にロードされていたりして、同内容のメモリページが複数存在する場合があります。このような場合、VMkernelは「透過的ページ共有（Transparent Page Sharing：TPS）」というメカニズムを使用して、同一内容のメモリページを複数の仮想マシ

ンやプロセスで共有することにより、重複ページを安全に解放し、ホスト物理メモリ使用量を削減することができます。

仮想マシンを起動した後、VMkernel は起動した仮想マシンにアロケートされた物理メモリページのハッシュ値を取ることにより、他に内容が同じ、したがって共有が可能なメモリページがあるかどうかを定期的にスキャンします。そして、ハッシュ値が同じメモリページが存在すると、さらにその内容を確認し、完全に同じであることが確認できればそのメモリページを解放します。共有したページがゲスト OS 上で書き換えられた場合、もはやそのページは共有できないので、VMkernel は新しいページを保持するためのメモリを、ホスト物理メモリから再度アロケートします。

Windows 7 / 2008 以降の Windows OS では、ラージページが採用されて、ページサイズが 2MB に拡大されています(それ以前は 4KB)。このようなラージページを持つゲスト OS では、メモリページのスキャンに要するコストが大きくなります。そのため、ハードウェア MMU 搭載の CPU では、デフォルトではこの TPS は発動せず、メモリがオーバーコミットされた状態になった場合のみ発動します[8]。

なお、ESXi 6.0 以降(およびパッチ適用済み ESXi 5.x)では、セキュリティの観点から、デフォルトでは同一仮想マシン上の重複メモリページのみ共有されます[9]。

■バルーニング

「3.1.2　CPU のハードウェア仮想化支援機能」の図 3.4 で説明したように、仮想マシンが認識している物理メモリサイズ(ゲスト物理メモリ)と実際の物理メモリサイズ(ホスト物理メモリ)は同じではなく、メモリがオーバーコミットされた状態では、ゲスト OS からは「(ゲスト)物理メモリに空きがあり、物理メモリのアロケートが可能」に見えても、実際には「ホスト物理メモリの空きがなく、アロケートできない」というケースがあります(図 3.7)。

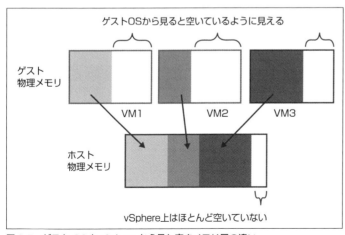

図 3.7　ゲスト OS と vSphere から見た空きメモリ量の違い

---

[8]　http://kb.vmware.com/kb/1021095 (英語)
[9]　http://kb.vmware.com/kb/2100628 (英語)

vSphere はこのような場合、他のゲスト OS にアロケートされているインアクティブなメモリを強制的にスワップアウトさせて解放し、その分をメモリ要求があったゲスト OS にアロケートします。このメカニズムを「バルーニング」と呼び、ホスト物理メモリの残りサイズがしきい値を下回った状態で、ゲスト OS からメモリアロケートが要求された場合に発動します。

具体的には、ゲスト OS 上にインストールされたバルーンドライバと VMkernel とが次のように連携することにより、仮想マシン上のアイドルメモリを回収します（バルーンドライバ（vmmemctl）は、ゲスト OS に VMware Tools をインストールする際に同時にインストールされます）。

1. 別のゲスト OS から物理メモリアロケートの要求を受け取った VMkernel は、比較的メモリアクセスの少ないゲスト OS を選択し、その OS 上でアプリケーションとして動作するバルーンドライバに、「ゲスト OS へメモリのアロケートを要求しろ」と指示を出します。

2. ゲスト OS は、要求にしたがってバルーンドライバにゲスト物理メモリをアロケートします。その際に、ゲスト物理メモリの残り容量が足りなくなると、ゲスト OS は他のアプリケーションにアロケートされているインアクティブなメモリを、OS のしくみにより「ゲスト物理メモリ」レベルでスワップアウトします。

3. 2.のようにバルーンドライバーによってアロケートされた物理メモリは、実際には使用されないダミーの物理メモリであり、この領域を 1.でメモリ要求したゲスト OS に再アサインします。

上記のようなしくみによって、ホスト物理メモリが不足している場合でも、ゲスト OS にホスト物理メモリをアロケート可能となります。

なお、ホスト物理メモリに余裕ができた場合、バルーンドライバがゲスト OS 上にアロケートしたメモリは解放されるので、ゲスト OS がその分を他のアプリケーションに再アロケートすることが可能になります。

■メモリ圧縮

ホスト物理メモリの残り容量が、バルーニングで設定したしきい値よりもさらに低くなった場合、VMkernel は追加のメモリ回収メカニズムとして、ゲスト OS レベルではなく VMkernel レベルで行う、「ホスト物理メモリ」のスワッピングを行います（バルーニングは「ゲスト物理メモリ」のスワッピングです）。

VMkernel スワップ（ホストレベルスワップ）については次項で説明しますが、仮想マシンのメモリアクセスへのパフォーマンスに与える影響が大きいため、これを実行する前に、まず圧縮によりメモリ消費量を削減するメカニズムが提供されています。これを「メモリ圧縮」と呼びます。

ゲスト OS から圧縮されたホスト物理メモリ領域へのアクセスが発生した場合、圧縮したメモリを解凍することにより、アクセス可能になります。このメモリ圧縮・解凍の速度は、物理ディスクへのスワップイン・アウトよりも 1,000 倍単位で高速なので、メモリ不足に陥った際のパフォーマンス低下を最小限に抑えることが可能です。

■ホストレベルスワップ

上記 3 機能を活用しても、ホスト物理メモリの残り容量がしきい値を下回った場合は、VMkernel は仮想マ

CHAPTER 3　vSphere による CPU・メモリの仮想化とリソース管理

シンにアロケートしたホスト物理メモリの一部を、vSphere で設定したスワップ領域（仮想マシンのディスク領域ではなく、VMkernel によるスワップ専用の vSphere のディスク領域）にスワップアウトします。

バルーニングと異なり、ゲスト OS はメモリページが VMkernel によってスワップアウトされたことを認識しません。これはつまり、ゲスト OS からゲスト物理メモリへアクセスしようとしたときに、その内容がホスト物理メモリ上に存在しているとは限らず、スワップアウトされているかも知れないということです。

VMkernel スワップによりスワップアウトされるメモリページはランダムに選択されるため、バルーニングとは異なり、比較的使用頻度の高いアクティブなメモリ領域がスワップアウトされることもあり、この場合メモリアクセスのパフォーマンスが大きく低下してしまいます[10]。なお、スワップイン・アウトの速度を向上し、パフォーマンス低下を最小化するために、SSD を使用したホストキャッシュ機能が利用できます。

3.3　リソースアロケーションの優先順位付け

ここまで、ESXi 上で動作する複数の仮想マシンに対し、VMkernel が物理 CPU やメモリリソースを動的にアロケートし、有効活用するメカニズムについて解説してきました。VMkernel はすべての仮想マシンに対し平等に物理リソースをアロケートするわけではありません。仮想マシンごとに優先順位付けを行ったり、一部のリソースを特定の仮想マシン専用に取っておいたり、逆に制限したりというように、柔軟にアロケーションポリシーを設定することが可能です。ここではリソースアロケーションの優先順位付けのしくみについて説明します。

3.3.1　CPU リソースのシェア、予約、制限

vSphere 仮想環境では、本番用、開発用など、さまざまな仮想マシンが同一 ESXi ホスト上で動作するケースも多く、仮想マシンの用途やサービスレベルに応じて、アロケートする物理 CPU リソースの優先順位付けが必要になるケースもよくあります。このような場合は、各仮想マシンに対し、予約、制限、シェアというパラメータを設定することにより、リソースアロケーションをコントロールすることが可能です。

- 予約　—— その仮想マシンの占有する CPU リソースを予約する値です。ここで予約された分のリソースは、他の仮想マシンの負荷状況にかかわらず、確実に利用できるようになります。MHz で設定し、デフォルト値は 0 です。
- 制限　—— その仮想マシンにアロケートする CPU リソースの上限値です。予約と同様 MHz で設定しますが、デフォルトは未設定（制限なし）です。アロケートする CPU リソースを制限することにより、その仮想マシンが物理リソースを独占し、他の仮想マシンへのアロケート量が低下することを防止します。通常は設定しないことを推奨します。

---

[10] バルーニングとホストレベルスワップのパフォーマンスへの影響度の違いについては、「12.4.2　メモリ」の「スワップイン速度（ホストレベルスワップ）」の項を参照してください。

- シェア —— 仮想マシン間でCPUリソースの要求が競合したときに、どの仮想マシンにどれだけアロケートするかを決めるための相対的な優先順位付けです。予約、制限と異なり、MHzではなく、1000、2000といった数値で設定します(デフォルトは1000)。設定されたシェアの値に比例して、各仮想マシンに物理CPUリソースがアロケートされます。

図3.8は、予約、制限、シェアの関係を表したものです。物理CPUの最大クロック周波数(MHz単位。マルチ仮想CPU構成の場合は、「物理CPUのクロック周波数×仮想CPU数」)から0MHzまでの範囲で「制限」と「予約」を設定し、その間でシェアの数値が適用されます。

図3.8　予約、制限、シェアの関係図

実際の設定では、vSphere Web Clientにて仮想マシンを右クリックして、[リソース設定の編集…]にて、[シェア]、[予約]、[制限]の値を入力します(図3.9)。

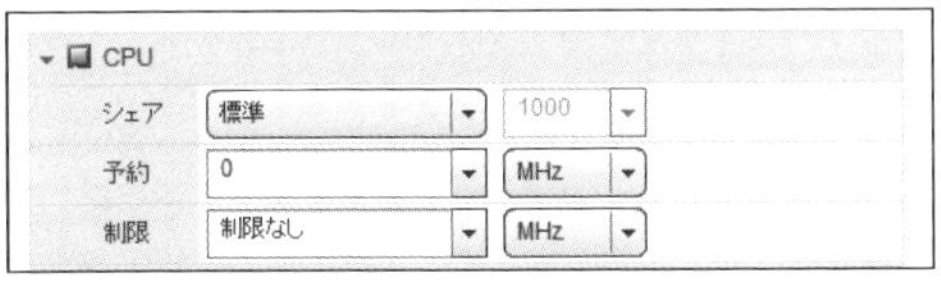

図3.9　リソース割り当ての設定

3.3.2　シェアの動作メカニズム

ESXi上で動作している仮想マシン間で、CPUリソースがオーバーコミットされている場合、物理CPUリソースアロケーションの競合が発生する可能性があります。リソース競合が起きた場合に、各仮想マシン間にどのように物理CPUリソースをアロケートするか、言い換えると、各仮想マシンに物理CPUを時分割してアサインする際、アサイン時間をどのようにコントロールするかについては、シェアの値で決定されます。

たとえば、1台のESXiホスト上に3台の仮想マシン(VM1、VM2、VM3)が動作しており、1つの物理CPUをこの3台で共有している状態を仮定します。VM1、VM2、VM3は、シェア値がそれぞれ「1000、1000、1000」と設定されているものとします。

3台の仮想マシンがすべてアイドル状態であった場合、物理CPUは使用されず、リソース競合は起きません。次に、VM1だけがCPUリソースを100%要求するとします。その場合は、VM1が物理CPUリソースを100%使用できます(図3.10の「状態1」)。この状態でさらに、VM2がCPUリソースを100%要求したとしま

す。2つの仮想マシンが同時に100%使用することはできないので、CPUリソースを2つに分割してアロケートする必要があります。このときのリソース量は

VM1へのリソース量 ＝ 物理CPUクロック数 × VM1のシェア値 ÷（VM1のシェア値 ＋ VM2のシェア値）
VM2へのリソース量 ＝ 物理CPUクロック数 × VM2のシェア値 ÷（VM1のシェア値 ＋ VM2のシェア値）
　　　　　　　　 ＝ 3.0GHz × 1000／（1000+1000）＝ 1.5GHz

となり、2つとも1.5Gzとなります（状態2）。その後、さらにVM3もCPUリソースを100%要求した場合は、VM1のリソース量＝ VM2のリソース量＝ VM3のリソース量＝ 1.0GHzとなります（状態3）。

シェア値は、仮想マシンの動作中に動的に変更が可能です。そこで状態3のVM1のシェア値を1000から2000に変更してみましょう。このときの、各仮想マシンのリソース量は次のようになります（状態4）。

VM1へのリソース量 ＝ 3.0GHz × 2000／（2000 ＋ 1000 ＋ 1000）＝ 1.5GHz
VM2へのリソース量 ＝ VM3へのリソース量 ＝ 3.0GHz × 1000 ／（2000 ＋ 1000 ＋ 1000）＝ 0.75GHz

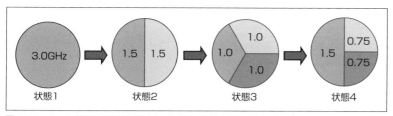

図3.10　シェア値による仮想マシンへのCPUリソースアロケーション

このように各仮想マシンへの物理CPUリソース量は、シェア値に比例してアロケートされるので、システム管理者は非常に簡単にアロケーションの優先順位を設定できます。

3.3.3　メモリリソースのシェア、予約、制限

CPUと同様、各仮想マシンへのメモリリソースのアロケーションの優先順位も、シェア／予約／制限の3つの設定によって決まりますが、メモリの場合はCPUとは異なり、シェア値の決定にメモリサイズも考慮されます。

メモリのシェア設定は、次の中から選択することができます。

- ［高］——1MBあたり20シェア
- ［標準］——1MBあたり10シェア
- ［低］——1MBあたり5シェア

3.3　リソースアロケーションの優先順位付け

　シェア値は、「シェア設定 × 仮想マシンのメモリサイズ」により決まります。たとえば、2GB のメモリで構成された仮想マシンでシェア設定が「標準」の場合、シェア値は 2048（MB）× 10（シェア）= 20480 となります。このため、メモリサイズが異なる仮想マシンが複数動作している場合、メモリのシェア設定の変更には注意が必要です。

　ここで、メモリリソースアロケーションの動作を確認しておきましょう。いま、ホスト物理メモリサイズが 8GB の ESXi ホスト上に、3 つの仮想マシンが動作しており、それぞれの仮想マシンのメモリサイズはすべて 2GB に設定されているものとします。シェア設定はすべて「標準」になっているものとします（わかりやすくするため、VMkernel が使用するメモリサイズはゼロとして計算します）。

　このような場合、メモリはオーバーコミットされていないため、メモリリソースの競合は起こりません（図 3.11）。

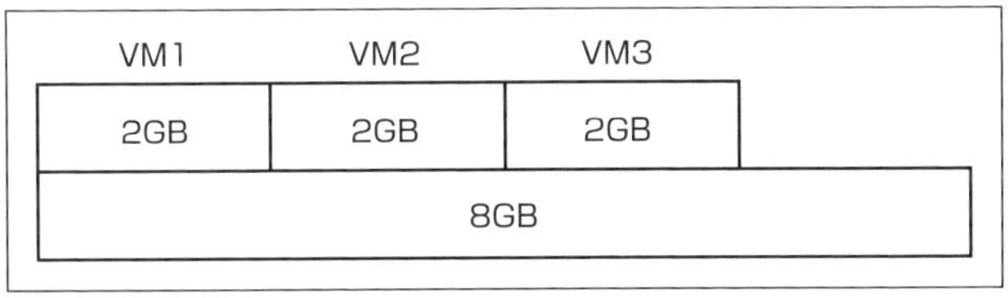

図 3.11　メモリリソース競合の起きていない状態

　この状態で 4GB のメモリが割り当てられた VM4 を起動した場合、合計がホスト物理メモリの 8GB を超えるためオーバーコミット状態になります（図 3.12）。

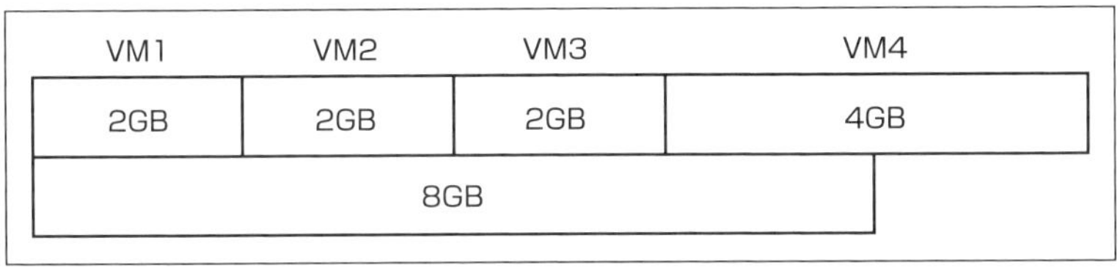

図 3.12　メモリリソース競合が発生

　このようなとき、各仮想マシンに実際にアロケートされるホスト物理メモリサイズは、次の計算式で算出されます。

VM1 ～ VM4 のメモリシェアの合計 = $(3 \times 2048（MB）\times 10 + 4096（MB）\times 10) = 102400$

VM1 ～ VM3：$8GB \times (2048 \times 10) / 102400 = 1638MB$

VM4　　　　：$8GB \times (4096 \times 10) / 102400 = 3276MB$

　その結果、メモリの割り当ては図 3.13 のようになります。

85

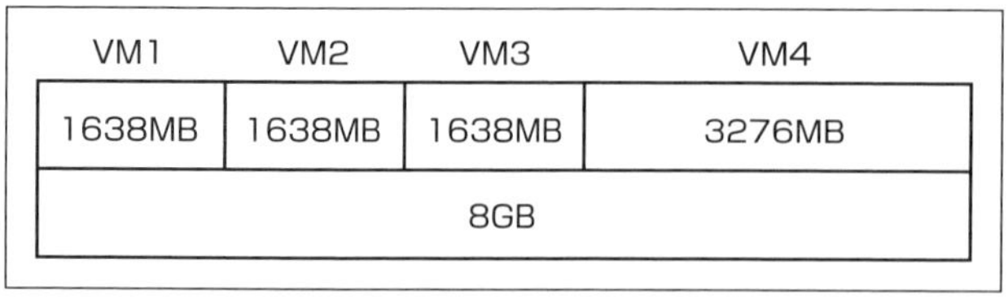

CHAPTER 3 vSphere による CPU・メモリの仮想化とリソース管理

VM1	VM2	VM3	VM4
1638MB	1638MB	1638MB	3276MB
8GB			

図 3.13 シェア値にしたがって物理メモリをアロケートした状態

たとえば、VM1 がデータベースサーバーとして構築されており、データベースのキャッシュ用などにメモリを 2GB は確保したいという場合は、「予約」値を設定しておくことで、仮想マシンのサービスレベルを維持できます。この場合、その他の仮想マシンにアロケートされるホスト物理メモリサイズは次のとおりです。

VM1：2048MB（予約により確保）
VM2〜VM4 のメモリシェアの合計 = (2 × 2048 (MB) × 10 + 4096 (MB) × 10) = 81920
VM2, VM3：(8GB − 2GB) × (2048 × 10) / 81920 = 1536MB
VM4　　　：(8GB − 2GB) × (4096 × 10) / 81920 = 3072MB

その結果、メモリの割り当ては図 3.14 のようになります。

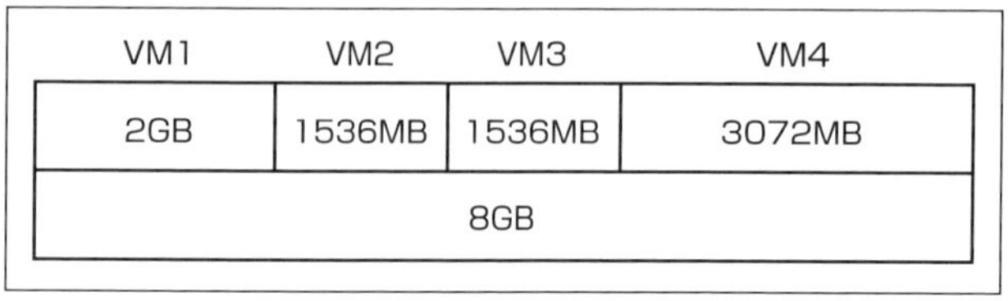

VM1	VM2	VM3	VM4
2GB	1536MB	1536MB	3072MB
8GB			

図 3.14　VM1 に予約値を設定した場合のアロケートサイズの変化

■予約値設定時の注意事項

図 3.14 に示したように、メモリの予約は必要なリソースを確保する有益な手段ですが、一方、注意点があります。

予約値が設定された仮想マシンの電源を ESXi ホスト上でオンにしようとしたとき、ESXi ホストに十分なホスト物理メモリの空き容量がない場合、予約分のメモリを確保できないため、この仮想マシンの電源をオンにできません。この場合、別のホストで仮想マシンの電源をオンにするか、予約の数値を変更するか、ホスト上で稼働している仮想マシンを別のホストに vMotion で移動するなどして、予約値を満たすリソースを確保する必要があります。

Chapter 4

vSphere によるストレージの仮想化とリソース管理

CHAPTER 4　vSphereによるストレージの仮想化とリソース管理

本章では、前半でvSphereが提供するストレージ仮想化のしくみ、機能について説明した後、後半で各ストレージベンダー製品のネイティブな機能とvSphereとの連携について取り上げます。

4.1　ストレージの仮想化

物理環境では、OSからローカルディスクや外部の共有ストレージ（FC／iSCSI／NFS）などへのアクセスは、OS上のデバイスドライバやマルチパスソフトウェアなどにより実行、管理されます。一方vSphere仮想環境では、ESXiホストに接続されたディスクや論理ユニットに対し、ゲストOSが直接接続したり、管理したりすることはありません。vSphereが物理ストレージレイヤーを隠蔽して、仮想的なディスク領域（仮想ディスク）を生成し、これに対するアクセス手段の提供やパス管理も行います。これによって仮想マシンは、ホスト上の他の仮想マシンから独立、隠蔽化された、セキュアなディスク領域を自分のディスク領域として利用できるようになります。

4.1.1　仮想ディスクとデータストア

前述のように物理ストレージレイヤーは、vSphereがゲストOSから隠蔽し、直接管理しています。ゲストOSからディスク領域として見えているのは、vSphereが自らの管理する物理ストレージの一部を仮想マシン用に割り当てた、仮想的なディスク領域「仮想ディスク」です。そして、この仮想ディスクを格納する領域を「データストア」と呼びます（図4.1）。ここでは、この仮想ディスクとデータストアについて解説します。

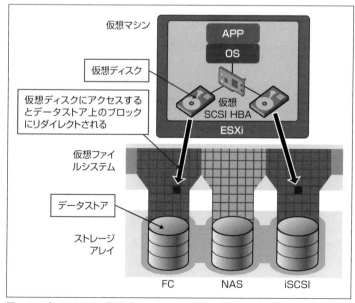

図4.1　データストアと仮想ディスク

4.1 ストレージの仮想化

■仮想ディスク（VMDK）

仮想ディスクとは、vSphere によって物理ストレージ上に生成される「仮想的な」ディスク領域です。ゲストOS からは、一般的な「物理ディスク」として認識されるので、ドライブ構成（たとえば Windows での「C ドライブ」「D ドライブ」の設定）を行って、ゲスト OS やアプリケーションを格納することが可能です。

仮想ディスクは、「.vmdk」という拡張子の「単一の」ファイルとして、vSphere により生成され、データストアに格納されます。

仮想ディスクは、ゲスト OS から見ると、物理ストレージ上の実体はどうであれ、SAS ／ SCSI HBA（仮想 SASデバイス）に接続されたローカル SAS ／ SCSI ディスクとして認識されます。ゲスト OS がストレージに対して読み書きを行うと、それらの命令は VMkernel にトラップされ、NTFS などのゲスト OS ネイティブのファイルシステムではなく、仮想ディスク領域への読み書きに変換されて実行されます。仮想 SAS HBA は、ソフトウェアによる仮想的な SAS ／ SCSI HBA ですが、LSI 製や BusLogic 製の実在の製品をエミュレーションしたものです。

前述のとおり、仮想ディスクへのアクセス手段は vSphere が提供します。そのため、物理ストレージの実体が FC であろうと NFS であろうと関係なく、ゲスト OS に LSI または BusLogic の SAS ／ SCSI HBA のデバイスドライバをインストールするだけで、仮想ディスクにアクセスできます。したがって、ストレージ機器を導入する際は、vSphere 側のサポート状況のみを考えればよく、ゲスト OS 側のサポートの有無を気にする必要はありません。

なお、仮想マシンは複数の仮想ディスク（VMDK ファイル）を持つことが可能で、その場合は、ゲスト OS からそれぞれ複数の物理ディスクとして認識されます。

■データストア

データストアとは、vSphere によって生成される、仮想マシンを格納するための専用の領域です。データストアは、ストレージデバイスの違いを吸収し、統一したアクセス手段を提供します。仮想マシンは、データストア内の専用ディレクトリにファイルとして格納されます。また、仮想ディスクの他、ISO イメージ、仮想マシンテンプレート、およびフロッピーイメージなどもデータストアに格納できます。

データストアでは、ファイルシステムとして VMFS（Virtual Machine File System）と NFS（Network FileSystem）をサポートしており、ブロックデバイスタイプの論理ユニットまたはローカルディスクでは VMFS、NFS 共有ストレージ上では NFS が使用されます。

■VMFS

VMFS は複数の ESXi ホストからアクセス可能な、クラスタファイルシステムです（**図 4.2**）。FC や iSCSI などの外部共有ストレージのブロックデバイス上に VMFS を作成し、仮想ディスクを格納することにより、仮想マシンにおける「ホスト間の動的移行（vMotion）」、や「フェイルオーバー（vSphere HA）」が可能になります。

VMFS データストアは、「エクステントの追加」、「ボリュームの拡大」という 2 つの手法で、動的（オンライン）に拡張できます[1]。

【1】 VMFS の動的拡張については、「4.1.5 VMFS のオンライン拡張」にて詳述します。

89

CHAPTER 4 vSphereによるストレージの仮想化とリソース管理

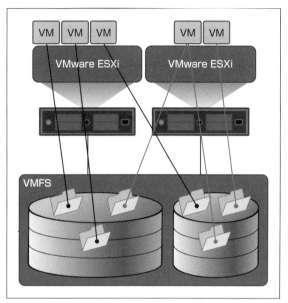

図 4.2　VMFS の概念

4.1.2　仮想ディスクのタイプ

仮想ディスク(VMDK)は、定義ファイル(ファイル名末尾が .vmdk)とエクステントファイル(ファイル名末尾が -flat.vmdk)によって構成されています(**図 4.3**)。

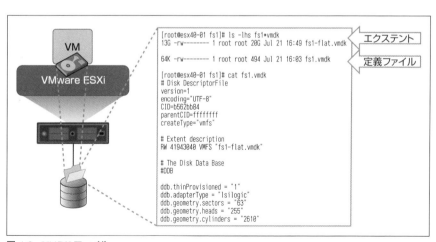

図 4.3　VMDK ファイル

また、スナップショット（「6.3.2　スナップショット」を参照）などが作成された場合は、さらに差分としてデルタファイル（ファイル名末尾が -delta.vmdk）が作成されます。

エクステントファイル（フラットファイル）の形式には、大きく分けてシックとシンの2種類があります。シックは、仮想ディスク作成時に全ディスク領域をアロケートする形式、シンは仮想ディスク作成時に領域をアロケートせず、仮想マシン実行時に、仮想マシンからの書き込みに応じて動的にアロケーションする形式です。なお、デルタファイルは常にシン形式で生成されます。

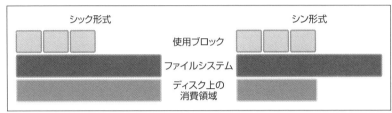

図 4.4　シック形式とシン形式の違い

■シック形式の特徴

シック形式は、さらに2種類に分類されます。

- Lazy Zeroed Thick 形式

  仮想ディスク（VMDK）作成時にゼロ初期化を行わず、最初に書き込みを行う際にゼロ初期化を実行します。非常に高速にVMDKが作成できるという特徴があり、デフォルトの作成形式です。

- Eager Zeroed Thick 形式

  仮想ディスク作成時にVMDKファイルの全領域へのゼロ初期化を行います。VMDK作成の時間はかかりますが、初期書き込み時のゼロ初期化が不要となるため、ストレージ性能を最大限に得たい場合は、この形式を推奨します。

■シン形式の特徴

仮想ディスク作成時にVMDKファイルのアロケーションを行わず、必要に応じて動的にアロケーションを行う形式です。シンプロビジョニング形式とも呼ばれます。

NFSプロトコルでは、ブロックレベルでのアクセス方法が提供されておらず、領域管理はNFSサーバーが実施するため、NFSデータストアに作成したVMDKは、シン形式となります。

これらのVMDK形式の違いを、次にまとめます（**表 4.1**）。

表 4.1　VMDK 形式の違い

ファイルシステム	作成される vmdk 形式	説明
VMFS	シックプロビジョニング (Lazy Zeroed)	VMDK 作成時に領域を確保。VMDK 作成時に**ゼロ初期化は行わない**
	シックプロビジョニング (Eager Zeroed)	VMDK 作成時に領域を確保。VMDK 作成時に**ゼロ初期化を行う**ので、作成時間がかかる (VAAI 対応時は作成時間が早い)
	シンプロビジョニング	VMDK 作成時には領域を確保せず、必要に応じて領域を確保する
NFS	シンプロビジョニング (この形式に固定)	領域の管理は NFS サーバー側で実施するため、結果としてシン形式になる

 データストアタイプ

仮想ディスクを格納するデータストアにはいくつか種類があり、それぞれに特長があります。ここではこれらのデータストアタイプについて説明します。

■VMFS

VMFS とは、仮想マシン格納の要件を満たすように、VMware が開発したクラスタファイルシステムです。一般的なファイルサイズと比べると非常に大きくなりがちな仮想ディスクファイルの格納に最適化されており、主に仮想マシン構成ファイル、仮想ディスクファイル、スナップショットファイルなどの格納先として利用されます。

仮想マシンを構成するファイル群に関して、VMFS では書き込みがキャッシュされないので、ストレージや ESXi ホストのクラッシュなどにより不整合が発生することはありません。VMFS のメタデータはジャーナルによって保護されています。VMFS は、ローカルディスクと FC、iSCSI、FCoE、SAS などのプロトコルのブロックデバイス上に作成可能です。

VMFS には、vSphere 4.x 以前からサポートされている VMFS3 と、vSphere 5.x 以降でサポートされた VMFS5 の 2 種類が存在します。VMFS3 と VMFS5 の違いは次のとおりです (**表 4.2**)。データストアにアクセスするすべての ESXi ホストのバージョンが 5.0 以上の場合は、VMFS3 から VMFS5 に、オンラインでインプレースアップグレードできます。

表 4.2　VMFS3 と VMFS5 との違い

特徴	VMFS3	VMFS5
サポートされる 1 つの LUN の最大サイズ	2TB－512 バイト	64TB
エクステントの数	32	32
エクステントを含む VMFS ボリュームの最大サイズ	64TB	64TB
2TB 以上の物理 RDM のサポート（最大 64TB）	No	Yes
ブロックサイズ	1、2、4、8MB	1MB
サブブロックサイズ	64KB	8KB
パーティション	MBR	GPT
スモールファイルのサポート	No	1KB
ボリューム 1 つあたりのファイル数	30,720	130,690
データストアあたりの最大ホスト数	64	64
データストアあたりの最大仮想マシン数	256	256

■RDM（Raw Device Mapping）

　RDM とは、仮想ディスク（VMDK）ではなく、ゲスト OS のネイティブなファイルシステム（NTFS など）に対して vSphere からのアクセスを可能にするしくみで、その実体は、使用する物理ストレージデバイスへのプロキシとして機能する VMFS ボリューム内のマッピングファイルです。この機能を使用すると、VMFS ファイルシステムの仮想ディスクに加え、OS ネイティブなファイルシステムを持つストレージデバイスに、直接アクセスできるようになります。

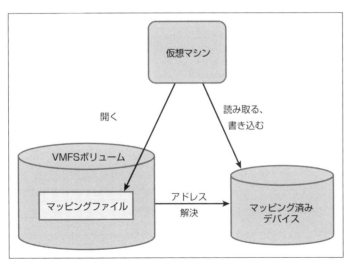

図 4.5　RDM のしくみ

　なお、RDM ではディスクパーティション単位でのマッピングができないことに注意してください。RDM でマッピングできるのは LUN 単位です。

vSphereによるストレージの仮想化とリソース管理

機能や利便性を考えると、仮想ディスクの格納先としては、ほとんどの場合、VMFSデータストアの方が優れていますが、下記のような場合はRDMの使用を検討します。

- 物理環境で使用していたファイルシステムを、仮想環境に移行してそのまま利用したい場合。RDMを使えば、データウェアハウスなどの大規模なディスク領域を、仮想ディスクに移行することなく、仮想環境で使用できます
- ストレージシステムが提供するスナップショット機能やストレージ管理アプリケーションなどを利用したい場合。RDMでは、SCSI命令をストレージにパススルーし、ストレージシステム固有の機能を使用することが可能です（物理互換モードのみ）
- ゲストOS上で動作するMSFCなどのクラスタリングソフトウェアを使用し、物理マシンと仮想マシン間（物理互換モードのみ）、または異なるESXiホスト上で動作する仮想マシン間（物理互換または仮想互換モード）で、クラスタを構成する場合

RDMには、「物理互換モード」と「仮想互換モード」という2つの動作モードが用意されており、用途に合わせて使い分けることができます。

RDM 物理互換モード

ゲストOSやアプリケーションが発行する（REPORT LUNコマンド以外の）SCSI命令を、物理ストレージにそのまま渡すモードです。物理環境と互換性があります。仮想マシンでストレージ製品に特化したアプリケーションやクラスタソフトウェアを使用する場合に便利です。物理互換モードでは、VMFS5からRDMによる2TBより大きいディスクサイズをサポートしますが、次の制限があります。

- VMFS5以外のデータストアには、2TBよりも大きいRDMを再配置できません
- 2TBよりも大きいRDMの仮想ディスクへの変換（および、仮想ディスクへの変換が必要なクローン作成などの操作）は実行できません

RDM 仮想互換モード

ゲストOSやアプリケーションの発行するSCSI命令のうち、一部のSCSI命令をVMkernelがトラップすることにより、vSphereのほぼすべての機能（スナップショットやクローンの作成など）を使用できるようにするモードです。同一筐体内または異なる筐体間の仮想マシンによるMSFCなどのクラスタリングが可能です。

■NFS

NFSストレージにてエクスポートされたNFSボリュームを、ゲストOSではなくvSphereが直接マウントし、データストアとして利用する形式です。vSphere 5.5まではNFS v3のみに対応していましたが、vSphere 6.0以降は、NFS v4.1に対応しました。NFS v4.1はマルチパスに対応していますが、データストア形式としてNFS 4.1を選択した場合、次の機能は利用できないので注意してください。

- Storage DRS
- Storage I/O Control
- VMware Site Recovery Manager（SRM）
- VMware vSphere Virtual Volumes（VVol）

■VMware vSphere Virtual Volumes（VVol）

VMware が認定した FC、FCoE、iSCSI、NFS などのストレージ製品で利用可能なボリューム管理機能で、vSphere 6.0 より利用可能です。VMware Virtual SAN と同様に、ポリシーベースでの自動管理を行います。従来はファイルシステムやボリューム単位でしか操作・運用できなかったストレージネイティブのレプリケーションやスナップショット技術が、仮想ディスク（VMDK）単位で可能となります（詳細は「16.3　vSphere Virtual Volumes」を参照）。

4.1.4　仮想 SCSI ／ SAS アダプタ（仮想 HBA）

仮想マシンでは、仮想的なストレージアダプタをセットアップし、これを仮想ディスクや RDM に対して使用します。物理サーバーにおいて、物理ディスク接続のためにアダプタを設定するのと同様です。ESXi には、次のストレージアダプタが用意されています。

- BusLogic パラレル
- LSI Logic パラレル
- LSI Logic SAS
- VMware 準仮想化

■BusLogic パラレル

BusLogic Parallel SCSI アダプタをエミュレートしたものです。古いゲスト OS でも幅広くサポートされています。

■LSI Logic パラレル

比較的新しいゲスト OS で、幅広くサポートされています。Windows Server 2003 をゲスト OS にした場合のデフォルト SCSI アダプタです。

■LSI Logic SAS

Windows Server 2008 以降の MSFC をサポートするために開発されました。Windows Server 2008 ／ 2008 R2 をゲスト OS にした場合のデフォルト SAS アダプタです。

■VMware 準仮想化（Paravirtual）

VMware が独自に開発した準仮想化アダプタです。CPU の効率利用、オーバーヘッドの軽減などが図られており、BusLogic や LSI Logic と比較し、高いパフォーマンスを発揮します。ただし、使用できるゲスト OS には制限があります[2]。

4.1.5　VMFS のオンライン拡張

VMware vSphere では、構成済みの VMFS をオンラインで拡張する機能がサポートされており、ディスクアレイ側で LUN を拡張すると、VMFS も動的に拡張されます（図4.6）。その他、別のパーティションや LUN をエクステントとして追加し、ファイルシステムを拡張することも可能です。ただし、LUN を追加して拡張する場合は、別途 VMware ESXi がサポートしている LUN の最大数（255）を考慮する必要があります。

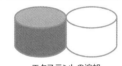
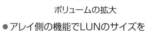

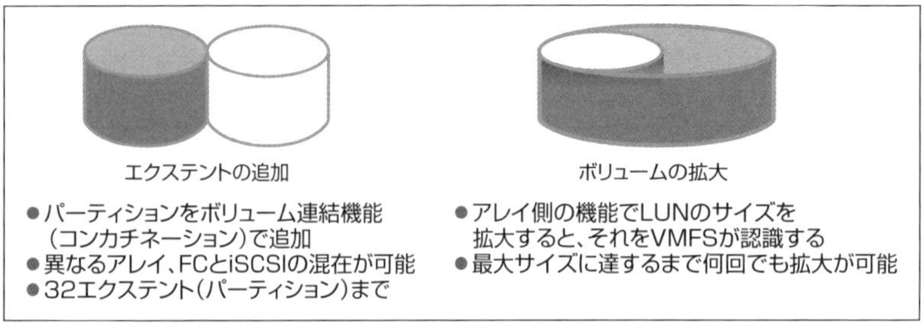

エクステントの追加
- パーティションをボリューム連結機能（コンカチネーション）で追加
- 異なるアレイ、FC と iSCSI の混在が可能
- 32 エクステント（パーティション）まで

ボリュームの拡大
- アレイ側の機能で LUN のサイズを拡大すると、それを VMFS が認識する
- 最大サイズに達するまで何回でも拡大が可能

図 4.6　VMFS オンライン拡張

4.2　vSphere によるストレージアレイへの対応

vSphere 上の仮想マシンは、ストレージ上にファイルとして格納されます。本節では vSphere がどのようにストレージにアクセスするのかを、ストレージの種類や、基本的な概念と共に解説します。

vSphere では、マルチパス構成によって、物理ホストとストレージ間の I/O を最適化したり、冗長性を確保したりできます。これを実現するのが Storage APIs for Multipathing（旧称：Pluggable Storage Architecture、PSA）という機構です。PSA 上では VMware が提供する Native Multipath Plugin（NMP）、または、ストレージベンダー提供のプラグインを利用できます。ストレージベンダーによるプラグインが使用できる場合は、そのベンダー製のストレージに最適化されているため、より高度なパスマネージメントが可能になることが多いようです。

4.2.1　ストレージアレイへのアクセス

前述のように、vSphere は物理ストレージレイヤーを隠蔽し、HBA ／ CNA ／ HW iSCSI ドライバやマルチ

---

[2] http://kb.vmware.com/kb/2053209 （日本語）

4.2 vSphere によるストレージアレイへの対応

パスソフトウェアを利用し、ストレージにアクセスします (図4.7)。vSphere 自体がマルチパス制御を行うことで、ベンダーや個々の製品に依存しない一貫した方法でストレージアレイにアクセスできます。

vSphere のストレージアレイへのアクセス機能には、次のような特徴があります。

- 物理 HBA のドライバおよびマルチパスソフトウェアは、vSphere 上でネイティブに動作
- ゲスト OS 側では、HBA ドライバ、マルチパスソフトウェアが不要
- サーバー統合と合わせてストレージ統合を行うことにより、アダプタやスイッチポートのコストを削減可能
- 1つのハードウェアから複数のベンダーの製品を組み合わせたストレージ環境にアクセス可能
- 仮想マシンによる Microsoft Failover Cluster (MSFC) 構成をサポート

データストア領域としては、次のストレージプロトコルをサポートします。

- ローカルディスク (DAS)
- ファイバーチャネル (FC) SAN
- FCoE SAN
- iSCSI SAN
- NFS NAS
- VMware Virtual SAN
- VMware vSphere Virtual Volumes

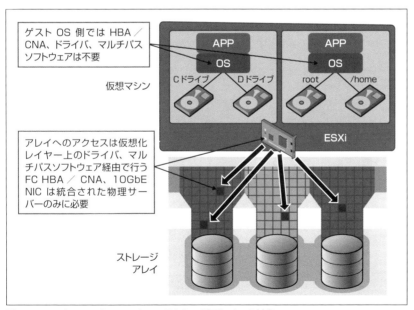

図 4.7　FC／FCoE／iSCSI／SAS ストレージアレイへの対応

CHAPTER 4　vSphere によるストレージの仮想化とリソース管理

ストレージプロトコルにより、使用できる機能は異なります（表 4.3）。

表 4.3　ストレージプロトコル別 vSphere 各機能への対応

	SAN ブート	vMotion	vSphere HA	Storage DRS	RDM
FC	●	●	●	●	●
FCoE	●	●	●	●	●
iSCSI	●	●	●	●	●
NFS		●	●	●	
DAS		●			●
Virtual SAN		●	●	●	
Virtual Volumes		●	●	●	

4.2.2　SAN マルチパス構成

　vSphere は SAN のマルチパス構成をサポートしています。マルチパス構成とは、ESXi ホストからストレージまでの通信経路を複数用意することで、これによってデバイス・経路障害による耐障害性が向上すると共に、経路間のロードバランスを取ることができます。マルチパス構成では、ストレージへの I/O 処理の実行中に I/O パスのどこかに障害が発生した場合、処理中の I/O を他のパスにフェイルオーバーするので、仮想マシン上のサービスの停止を回避できます。

　FC SAN トポロジーでは、FC スイッチを介した構成を基本とします。ESXi ホスト上の FC HBA から FC ストレージへの直接的な接続がサポートされているのは、一部の認定ストレージ製品のみです。

　vSphere ではパス構成として、1 パス、2 パス、4 パスのいずれかを選択できますが、可用性とロードバランスの容易さなどを考慮すると、4 パス構成を強く推奨します（図 4.8）。

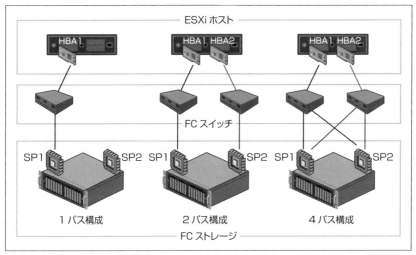

図 4.8　FC SAN のマルチパス構成

4.2.3 アレイタイプ

ストレージアレイは、複数個のストレージプロセッサ(SP)と論理ユニット(LU)間でどのようなアクセス方法が取られるかによって、次のタイプに分類できます[3]。

- アクティブ／アクティブ(A/A)―― 1つの LU に対し、すべての SP から同時にアクセス可能なストレージアレイ
- アクティブ／パッシブ(A/P)―― 1つの LU に対して、1つの SP がオーナー権限を持ち、通常はこのオーナー SP からのみアクセスを行うストレージアレイ。それ以外の SP は待機用となり、オーナー SP に障害が発生した場合などに利用される
- ALUA(Asymmetric Logical Unit Access)―― SP ごとに異なるアクセスレベルが設定されるストレージアレイ。ESXi が SP の状態を判別し、パスに優先順位を設定することができる

4.2.4 ストレージの種類とパス管理ポリシー

vSphere では、使用するストレージのアレイタイプなどによって、次の3種類のパス管理ポリシーのいずれかを適用します。

- MRU(最近の使用)ポリシー(VMW_PSP_MRU)
- Fixed(固定)ポリシー(VMW_PSP_FIXED)
- ラウンドロビン(RR)ポリシー(VMW_PSP_RR)

これらのポリシーは、優先パスの選択およびパスフェイルオーバーの動作に違いがあります。

■MRU(Most Recently Used)

MRU ポリシーでは、まず、システム起動時に検出した最初のパスが作業パスとして選択されます。そしてこのパスが使用できなくなると、ESXi ホストが作業パスを別のパスに切り替えますが、今度は、この新しいパスを可能な限り使いつづけます。使用できなくなっていたパスが復旧した場合でも、ESXi が作業パスを元のパスに戻すことはなく、何らかの理由で障害が発生するまで、現在使用中のパスを使います。アクティブ／パッシブタイプのアレイには、デフォルトでこのポリシーが適用されます。なお、MRU では、優先パスが表示されても適用されず、無視されることがあります。

【3】 これらのタイプはストレージ製品によって異なります。詳しくは VMware サイトの「ハードウェア互換性ガイド」http://www.vmware.com/resources/compatibility/search.php(英語)を参照してください。

CHAPTER 4　vSphere によるストレージの仮想化とリソース管理

■Fixed

　Fixed ポリシーでは、LUN へのアクセスへは、基本的に指定した優先パスが使用されます。優先パスが使用できない場合、ESXi ホストは別の使用可能なパスを選択しますが、指定された優先パスが再び使用可能になると、自動的に使用パスをフェイルバックします。アクティブ／アクティブタイプのアレイには、デフォルトでこのポリシーが適用されます。

■ラウンドロビン

　ラウンドロビンポリシーは、自動パス選択を使用して、使用可能なすべてのパスを順次回転させ、複数のパス間での負荷分散を可能とするしくみです。上述の MRU ポリシーと Fixed ポリシーよりも、柔軟かつ効率的なパス管理が行えます。アクティブ／アクティブストレージとアクティブ／パッシブストレージの両方で使用できますが、次の点で動作が異なります。

- アクティブ／パッシブストレージの場合 ── アクティブコントローラへのパスのみが使用される
- アクティブ／アクティストレージの場合 ── すべてのパスが使用される

　ラウンドロビンポリシーのオプションは、コマンドラインから変更できます。オプションには、たとえば次のようなものがあります。

- PSP が次のパスに切り替える前に、1 つのパスで送信されるバイト数
- PSP が次のパスに切り替える前に、1 つのパスで送信される I/O 処理数

　PSP については次項を、コマンドラインの詳細については、「vSphere Command-Line Interface のドキュメント」[4] を参照ください。

表 4.4　パス選択ポリシー

パス選択ポリシー	優先パス	ロードバランス	フェイルバック	その他
MRU	指定不可	× 最初に検出したパスのみ使用	なし	アクティブ／パッシブアレイのデフォルトポリシー
Fixed	指定可能	○ LUN ごとの優先パスを個別に設定すれば可能	あり	アクティブ／アクティブアレイのデフォルトポリシー
ラウンドロビン	ラウンドロビン方式で決定	◎ アクティブパス間で自動で行う	なし	ベンダー認定されている場合のみ

---

[4]　https://www.vmware.com/support/developer/vcli/（英語）

4.2.5 Storage APIs for Multipathing（PSA）

Storage APIs for Multipathing（PSA）[5]とは、vSphereに接続されたストレージアレイ製品に対し、汎用的なマルチパス機能を提供するためのAPIであり、次のような特徴があります。

- 論理デバイスのI/Oスケジューラと物理デバイスのI/Oスケジューラの間に介在します
- ストレージアレイを認識し、適切なアルゴリズムを選択します
- パス障害時のフェイルオーバー処理を行います

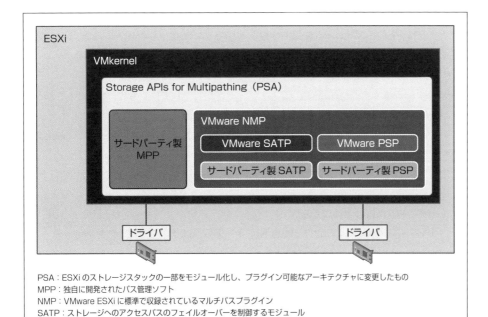

図4.9 Storage APIs for Multipathing（PSA）の概念図

■LUNへのマルチパスポリシーを確認する方法

現在使用しているSATPやマルチパスポリシーは、次のコマンドで確認できます。

```
# esxcli nmp device list
```

---

[5] PSAは、vSphere 5.1以降で「Storage APIs for Multipathing」という名称に変更になりましたが、「PSA」として紹介されるドキュメントも多いため、本書では「PSA」も併記しています。

CHAPTER 4　vSphereによるストレージの仮想化とリソース管理

```
# esxcli nmp device list
naa.60060160967021004fe70806e311de11
    Device Display Name: DGC Fibre Channel Disk (naa.60060160967021004fe70806e311de11)
    Storage Array Type: VMW_SATP_CX
    Storage Array Type Device Config: {navireg ipfilter}
    Path Selection Policy: VMW_PSP_MRU
    Path Selection Policy Device Config: Current Path=vmhba1:C0:T1:L4
    Working Paths: vmhba1:C0:T1:L4
    :
```

図4.10　SATP／PSPの確認コマンド

4.2.6　iSCSIのポートバインディング

ポートバインディングとは、iSCSIストレージに対し、優先パスとして使用する物理NICを紐付け、物理NIC間で冗長構成およびロードバランスを行う機能です。VMkernelポートをソフトウェアiSCSIイニシエータと関連付けることで、iSCSIトラフィック専用のVMkernelポートとして利用することを意味します。

ただし、ESXiからストレージまでの通信経路間でL3ルーティングが行われている場合、サポートされないこともありますので、構成上の注意が必要です（その他の注意点は後述します）。

なお、ポートバインディングはiSCSIストレージのみで使用できる機能です。NFSストレージでは利用できません。

図4.11、図4.12では、iSCSIポートバインディングによるマルチパス構成を、以下の手順で実現しています。

1. ポートグループとして、PG1、PG2を作成する
2. PG1を利用して、VMkernelのポート（vmk1）と物理NICポート（vmnic1）を、1対1で対応付ける
3. 同様に、図4.12右側のvmk2とvmnic2を対応付ける

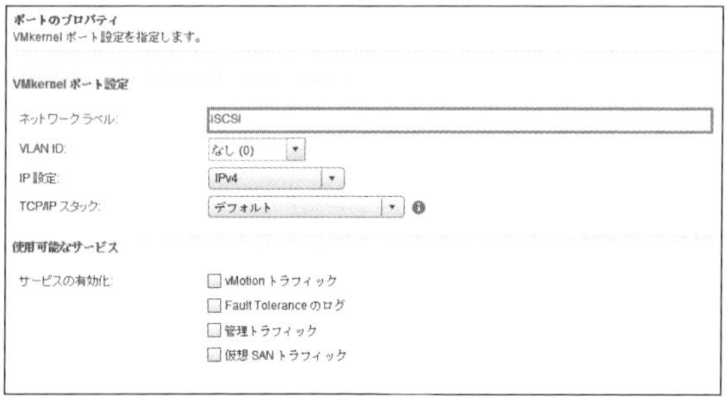

図4.11　ポートのプロパティ

4.2 vSphere によるストレージアレイへの対応

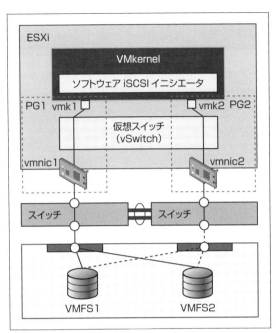

図 4.12　iSCSI におけるマルチパスの構成例

■ポートバインディング

iSCSI でポートバインディングを使用できるのは、iSCSI 用の複数の VMkernel ポートが同じブロードキャストドメインおよび IP サブネットに存在し、単一の IP アドレスをブロードキャストする iSCSI アレイに対し、複数のパスが使用可能な場合です。ポートバインディングを使用する場合、次の点を考慮する必要があります[6]。

- アレイ側（ターゲット側）の iSCSI ポートは、VMkernel ポートと同じブロードキャストドメインおよび IP サブネットに置く必要があります
- iSCSI 接続に使用するすべての VMkernel ポートは、同じブロードキャストドメインおよび IP サブネットに置く必要があります
- iSCSI 接続に使用するすべての VMkernel ポートは、同じ仮想スイッチ内に置く必要があります
- 現時点では、ポートバインディングはネットワークルーティングをサポートしていません

---

[6] 詳細は下記のナレッジベースを参照してください。
http://kb.vmware.com/kb/2038869（英語）
http://kb.vmware.com/kb/2080447（日本語。最新情報でない場合があります。）

4.3 Storage I/O Control (SIOC)

　Storage I/O Control(SIOC)とは、仮想マシンごとにシェア値による優先順付けを行うことによりI/Oキュー深度に大小を持たせ、発行できるI/O数、すなわちI/O性能に差を持たせる機能です。これにより、同一データストアにある仮想マシンにI/O性能上の優先順位を付けて、より重要な仮想マシンにより多くI/O処理を行わせることが可能になります（図4.13）。

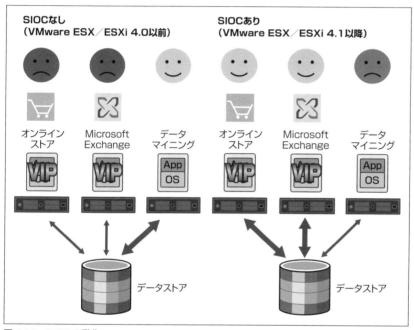

図4.13　SIOCの動作

■SIOC アーキテクチャ

　SIOCを使わなくてもディスクI/Oに対するシェア値を設定することは可能ですが、この場合は、I/Oキューが同一ESXiホストの仮想マシン間でのみ調整され、複数ホスト間では相対的なI/O配分が行われません。そのため、同一データストア上の仮想マシンが複数のESXiホストで動作している場合、それぞれの仮想マシンに同じディスクシェア値を設定しても、仮想マシンの配置によってスケジューリング結果が大きく左右され、データストアから見た仮想マシンごとのI/O数には、大きなばらつきが発生してしまいます。

　SIOCを用いてディスクI/Oのシェア値を設定すると、データストアに対して発行するI/Oキューが複数のホスト間で調整されるので、より管理者の意図通りにI/O配分が行われます（図4.14）。

4.3 Storage I/O Control（SIOC）

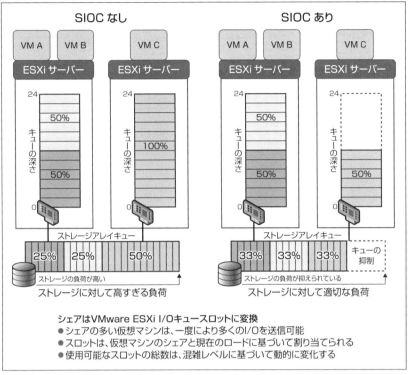

図 4.14　I/O キューコントロール

■SIOC 設定

SIOC は、データストア単位で有効/無効が設定できます。有効にした場合、そのデータストア上に存在する仮想マシンが、I/O コントロールの対象になります（図 4.15）。

図 4.15　SIOC の設定

105

■SIOC の動作概要

SIOC の大まかな動作は次のとおりです。

- SIOC は、ESXi ホストとストレージ間のレスポンス時間があらかじめ設定された輻輳しきい値を上回った場合に動作します。そのため、輻輳しきい値を低く設定するとレスポンス時間重視、高く設定するとスループット重視になります
- I/O リソース要求が競合しない場合は、CPU におけるシェア値の考え方と同様、必要な I/O が制限されずに割り当てられます
- シェア値、制限値、現在の I/O リソース利用量に応じて、各 ESXi ホストから発行可能な I/O キュー値が算出され、その後、ESXi ホストのローカルスケジューラによって実際の I/O キュー量が決定されます

最近では、SSD などの低遅延デバイスの普及により、適切な輻輳しきい値を決定することが難しくなっています。そのため vSphere 5.1 以降では、SIOC における自動的なしきい値（ピークスループットの割合）算出のしくみが提供されています（図 4.16）。

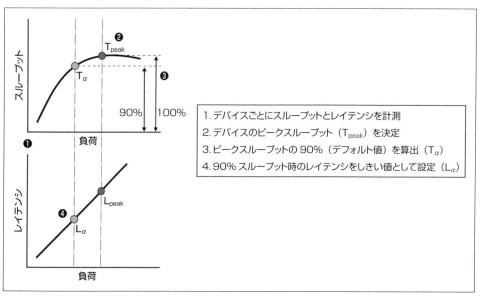

図 4.16　輻輳しきい値の自動計算

■SIOC の効果

次に、SIOC を有効／無効にした際の、ベンチマークプログラムの計測結果を示します（表 4.5）。この例では仮想マシン 1 と仮想マシン 2 は、それぞれ別の ESXi ホスト上に構成されています。

4.4 Storage APIs for Array Integration（VAAI）

表 4.5 SIOC の効果 1

16KB ランダム読み込み	SIOC なし		SIOC あり	
	IOPS（I/O 数）	I/O レイテンシ（ms）	IOPS（I/O 数）	I/O レイテンシ（ms）
仮想マシン 1（シェア 1000）	1500	20	1080	31
仮想マシン 2（シェア 2000）	1500	21	1900	16

　これを見ると、SIOC を有効にした方では、それぞれの仮想マシンでシェア値の比率に近い I/O 数を実行できていることがわかります。

　もう 1 つ例を見てみましょう。SQL サーバーを構成した仮想マシン 1 と仮想マシン 2 に、サンプルとして受発注のトランザクションをかけた様子を示したものです（表 4.6）。

表 4.6 SIOC の効果 2

SQL サーバー	SIOC なし		SIOC あり	
	1 分あたりの処理件数	実行時間（ms）	1 分あたりの処理件数	実行時間（ms）
仮想マシン 1（シェア 500）	8800	213	7000	275
仮想マシン 2（シェア 2000）	8500	220	12400	150

　この例では、SIOC を有効にした結果、シェアの高い仮想マシン 2 でのトランザクションの処理数が増加し、実行時間も短くなっています。さらに、仮想マシン 1 と仮想マシン 2 を合わせたトランザクションの合計数も増加しています。このように、SIOC を適切に設定して利用すると、仮想マシンの I/O を管理し、重要なサーバーに I/O キャパシティをより多く割り当て、システム全体のパフォーマンスを向上することが可能です。

　ただし、SIOC によって総 I/O 数やスループット上限値が増加するわけではないことに注意してください。I/O キュー配分が変わった結果、これらが増加する場合もありますが、SIOC はあくまで仮想マシン間での I/O 優先度をコントロールして、QoS レベルを向上する機能です。

4.4　Storage APIs for Array Integration（VAAI）

　仮想ディスク（VMDK）に関するストレージ操作では、クローンや Storage vMotion など、大量のデータコピーを行う処理が少なくありません。また、クラスタファイルシステムである VMFS では、その管理データの整合性を担保するしくみとして SCSI Reservation を利用しています。

　これらの処理は、ストレージシステムが持つさまざまな機能を組み合わせることによって、効率化、高速化できる可能性があります。vSphere では、ストレージシステムと ESXi ホストが協調してこれらの処理を行えるように、API や機能、SCSI コマンドセットの拡張を行っています。これが VAAI です。対応ストレージシステムの機能と VAAI を組み合わせると、より効率的なシステム構成が可能となります。

　VAAI によって期待できる効果としては、次のようなものが挙げられます。

- VMFS ／ NFS データストアのパフォーマンス向上
- テンプレートからの新規仮想マシン展開の高速化
- 仮想マシン／テンプレートからのクローン作成の高速化
- Storage vMotion による仮想マシンのストレージ移行の高速化
- シンプロビジョニングディスクおよびシックプロビジョニングディスク（Lazy Zeroed）への書き込みの高速化
- シックプロビジョニングディスク（Eager Zeroed）作成の高速化
- 大規模データストアの作成と多数の仮想マシンによる共有
- LUN シンプロビジョニングの効率的な利用

VAAI には、次の 3 つの「プリミティブ」と呼ばれる機能があります。

- ATS（Atomic Test & Set）
- Clone Blocks ／ Full Copy ／ Extended Copy
- Write Same ／ Block Zero

■ATS（Atomic Test & Set）

複数ホストから同時に読み書き可能な VMFS では、メタデータと呼ぶ管理情報の一貫性を保証するため、ディスク上にロック情報を多数保持しています。これらのロック情報は、複数ホストが同時に更新すると不都合が生じるため、一意性を保証する必要があります。

VMFS3 ではこれを、SCSI Reservation による LUN 全体に対する排他的アクセス機構を利用して実現しています。しかし、これは対象 LUN 全体に作用してしまうため、あるホストがロックを取得している間は他ホストの I/O 処理が阻害されます。さらに、ディスクロック自体は 1 セクタ（512 バイト）程度の小さな領域なので、このデータを保護するために LUN 全体にロックをかけるというのは効率的ではありません。

ATS プリミティブは、ロック対象セクタのみを対象に排他処理を行う新しいしくみです。対応ストレージと組み合わせて使用すると、非常に高いスケーラビリティを実現できます。

4.4 Storage APIs for Array Integration（VAAI）

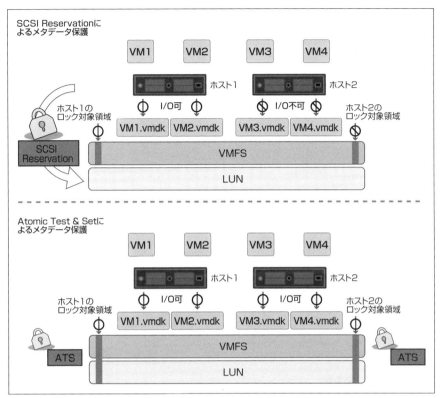

図 4.17　ATS のしくみ

■Full Copy

　Storage vMotion や仮想マシンのクローン操作には、仮想ディスクの大量のコピー処理が伴います。これは、VMkernel によりソフトウェアレベルで実装されており、CPU やメモリ、FC HBA などのコンピューティングリソースを非常に長い時間占有してしまいます。

　Full Copy プリミティブは、このブロックコピー作業を ESXi ホストではなくストレージシステムにオフロードすることにより、効率的な動作を実現する機能です。さらに、リソースのオフロードだけでなく、ストレージシステムが持つ独自機能、たとえば重複ブロックの削除や、ゼロ領域を実際には書き込まないシンプロビジョニングなどの効率化も期待できます。

■Zero Blocks ／ Write Same

　VMFS 上に書き込まれた領域を再利用する際のデータ漏えいリスクを回避するために、仮想ディスクの利用前には必ずブロックのゼロ初期化が行われています。さらに、MSCS を利用する際には、事前にゼロ初期化された仮想ディスク（Eager Zeroed Thick）を利用する必要があります。

　Zero Blocks プリミティブでは、この特定領域のゼロ初期化をストレージシステムへオフロードし、Full

109

vSphereによるストレージの仮想化とリソース管理

Copy 同様、ESXi ホスト側のコンピューティングリソースを解放します。この Zero Blocks 機能については、Write Same コマンドとして、T10 ワークグループによる SBC-3 の標準化が完了しています[7]。

■制限事項

次のような場合は、VAAI によるハードウェアへのオフロードが利用できず、vSphere を介する「ソフトウェアデータムーバー」が利用されるため、処理性能の向上などが見込めないので注意が必要です。

- データをブロックサイズの違う VMFS に移動する場合（例：VMFS3 のデータを VMFS5 に移動する場合）
- シック形式のディスクからシン形式のディスクに移動する場合
- RDM のディスクから非 RDM のディスクに移動する場合
- VMFS が、異なる 2 つ以上のアレイの複数エクステントで構成されている場合
- アレイ間クローニングを実施する場合
- 要求された論理アドレス、転送長が、ストレージデバイスの最小アライメントと一致しない場合

4.5 vSphere Flash Read Cache（vFRC）

4.5.1 vFRC とは

vSphere Flash Read Cache（vFRC）とは、ESXi ホストに搭載されたフラッシュデバイスを、高性能な読み取りキャッシュレイヤーとして利用し、アプリケーションの読み取り性能を向上する機能です。vFRC は仮想マシンに対して完全に透過的に扱われるため、ゲストエージェントなどは不要です。

vFRC リソースは、個々の仮想マシンディスク（VMDK）にフラッシュリソースとして割り当てるだけでなく、ホストに対するスワップキャッシュ機能として利用することも可能です。また、vMotion の処理中にも一貫した読み取りキャッシュ機能として利用され、DRS と連携することで初期配置も可能です。

【7】 T10 技術委員会は規格策定委員会であり、SCSI 規格の策定を行っています。SBC-3（SCSI-3 Block Commands）で Write Same コマンドの標準化が規定されています。

4.5 vSphere Flash Read Cache（vFRC）

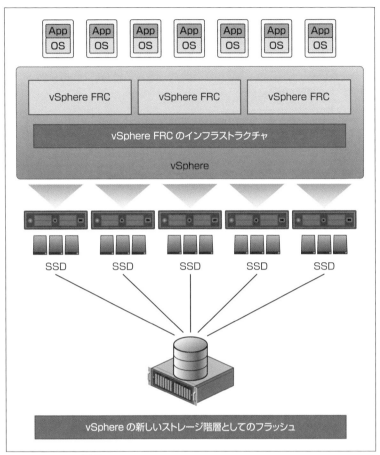

図 4.18 vFRC の概要

4.5.2 vFRC アーキテクチャ

通常のキャッシュ機能を利用しており（vFRC を無効にしている場合）、キャッシュ用ブロックサイズを 64KB に設定している状態で、4KB の Read I/O が発生したとします。最初の読み込み時はキャッシュ上にデータがないため、まず VMDK にアクセスしてこのデータを取得しますが、その際、キャッシュ上には 64KB ブロックが確保されます。データ自体は 4KB であるため、残りの 60KB 分は無効な領域となってしまうわけです。ブロックサイズの設定を仮想マシン単位（VMDK 単位）で行うことが推奨される大きな理由は、ここにあります。

■キャッシュデータ放棄のタイミング

キャッシュデータは次のタイミングで放棄されるため、注意が必要です。

- 仮想マシンの再起動（パワーオフとパワーオン）を実施したとき＜キャッシュは再作成される＞
- 仮想マシンをサスペンドしたとき
- メモリ同期を行わない vMotion を実施したとき
- スナップショットのマージを実施したとき
- スナップショットによって仮想マシンの状態を戻したとき

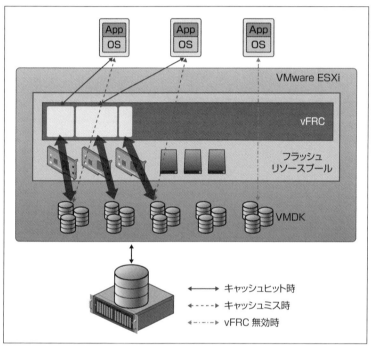

図 4.19　vFRC のキャッシュ機構

 他機能との相互運用性

vFRC を利用する場合、vSphere の次の機能との相互運用性を理解しておく必要があります。

- vMotion
- vSphere HA
- vSphere DRS

■vMotion との相互運用性

vMotion 実施時に vFRC を移行するオプションを選択した場合、vMotion はフラッシュメモリを移行するために、vMotion without Shared Storage（「7.4　vMotion without Shared Storage」を参照）に切り替わります。

4.5 vSphere Flash Read Cache（vFRC）

vMotion の移行ワークフローには、vFRC コンテンツの整合性を保つため、新たなチェックポイントが準備されています。移行の前に vCenter が、ターゲット側ホストの vFRC モジュールのバージョンや、VMFS のリソース容量（受け入れ可能かどうか）をチェックします。

■vSphere HA との相互運用性

vFRC の状態は、ゲスト OS や ESXi ホストのライフサイクルにより保証されません。HA が作動した際は、次のように動作することを理解しておく必要があります。

- **仮想マシン障害時**
  HA が作動し、同じ ESXi ホスト上で仮想マシンが再起動され、キャッシュは再構成されます（キャッシュ内容はクリアされます）

- **ホスト障害時**
  再起動先のホストに十分なキャッシュリソースが存在する場合のみ HA が作動し、異なるホスト上で仮想マシンが再起動されます[8]

■vSphere DRS との相互運用性

仮想フラッシュリソースはホストレベルで管理されているため、DRS によるリソース負荷分散の対象外となります。

【8】 アドミッションコントロールのポリシーも適用されます。

Chapter 5

vSphereによるネットワークの仮想化とリソース管理

CHAPTER 5 vSphereによるネットワークの仮想化とリソース管理

　この節では、vSphere の重要な要素である仮想ネットワークについて、ネットワークの仮想化のしくみ、アーキテクチャおよび機能を詳細に説明します。vSphere のネットワーク環境では、自身の持つ仮想ネットワーク機能について理解することはもとより、ESXi ホストと外部の物理ネットワーク機器との接続方法についても考慮が必要です。

　vSphere 仮想基盤では、複数の仮想マシンが同じ物理ネットワークアダプタ(物理NIC)を共有しているため、単一の物理 NIC の障害が複数の仮想マシンに影響を及ぼします。vSphere はネットワークの可用性を維持するための機能を有しており、本章では、vSphere の仮想ネットワークの可用性機能を理解し、仮想マシンの停止を引き起こさないように構成を行うための方法や、トラブルシューティング機能についても解説します。

5.1　ネットワークの仮想化

　ESXi ホスト上の複数の仮想マシンから、物理ネットワークと同じように、仮想マシン間または仮想マシンと外部のネットワークの通信を行うために、vSphere ハイパーバイザー内部に仮想的なネットワークを生成します。

　vSphere の仮想ネットワークでは、ハイパーバイザー上にソフトウェアによる仮想的なレイヤー2スイッチ(仮想スイッチ)および仮想マシンごとにソフトウェアによる仮想的なネットワークアダプタ(仮想NIC)を生成します。仮想 NIC と仮想スイッチとをハイパーバイザー内部でソフトウェア的に接続することにより、「仮想的なネットワーク」が構成されます。

　仮想スイッチに対し、ESXi ホストが内蔵する物理 NIC をソフトウェア的に接続し、外部ネットワークへのアップリンクとして利用します。物理 NIC から物理スイッチにイーサネットケーブルを物理的に接続することにより、仮想マシンから外部のネットワークに接続することが可能になります。図 5.1 に、vSphere の仮想ネットワークアーキテクチャを示します。

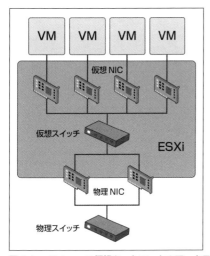

図 5.1　vSphere の仮想ネットワークのアーキテクチャ

5.1.1 仮想 NIC

仮想 NIC とは、物理的には存在しない、ソフトウェアによる仮想的な NIC です。仮想マシンごとに個別に仮想 NIC を 1 つまたは複数個割り当て、ゲスト OS はこれをネットワークの通信に利用します。仮想マシンごとに最大 10 ポートまで設定可能です。

仮想 NIC を用いてレイヤー 3 通信を行うための IP アドレスはゲスト OS で設定します。レイヤー 2 通信のために必要な仮想 NIC の MAC アドレスは、vSphere により一意の値が仮想マシン初期起動時に付与されます。これにより仮想 NIC は、ゲスト OS からは物理 NIC と同様に認識され、ゲスト OS 内部のネットワークスタックを使用して、外部と通信することが可能になります。

仮想ネットワークでは、ESXi ホスト上の物理 NIC は、仮想スイッチの単なるアップリンクとして扱われ、仮想マシンからは MAC アドレスが隠蔽されます。

仮想 NIC は純粋なソフトウェアであり、物理的な障害を起こすことはありませんので、NIC の物理的な耐障害性を目的としたチーミングを行う必要はありません。一方 ESXi ホストに接続された物理 NIC の耐障害性を担保するには、物理 NIC のチーミングが必要です。詳細については 5.2 節で解説します。

VMware には 00:50:56 の OUI が割り当てられており、これを使って MAC アドレスは仮想 NIC ごとに自動生成されます。手動で固定の MAC アドレスを割り当てることもできるので、指定する場合はアドレスが重複しないように注意してください。VMware の OUI を使用する場合のアドレスは、以下のとおりです。

- 00:50:56:00:00:00 – 00:50:56:3F:FF:FF —— 手動設定用 MAC アドレス
- 00:50:56:40:00:00 – 00:50:56:FF:FF:FF —— 自動生成される MAC アドレス

自動生成された MAC アドレスは、仮想マシンの電源オン／オフや移行では通常は変更されませんが、その仮想マシンから別の仮想マシンのクローンを作成したときに、作成されたクローンには新しい MAC アドレスが生成されます。もし手動で MAC アドレスを設定した仮想マシンのクローンを作った場合は、クローン側でも同じ MAC アドレスが付与されますので、重複に注意が必要です。

仮想マシンで使われる主な仮想 NIC タイプには次のものがあり、仮想マシンを作成または仮想 NIC を追加する際に選択できるようになっています。

- E1000 —— Intel 82545EM ギガビット NIC のエミュレートバージョンです。この NIC 用のドライバはすべてのゲスト OS に含まれているわけではありません。通常は Linux バージョン 2.4.19 以降、Windows XP Pro x64 版以降、および Windows Server 2003（32 ビット）以降に E1000 ドライバが含まれています。
- E1000e —— Intel 82574 ギガビット NIC をエミュレートしています。E1000e はハードウェアバージョン 8 以降の仮想マシンでのみ利用できます。Windows 8 以降の (Windows) ゲスト OS のデフォルトの vNIC です。Linux ゲストの場合、E1000e は UI から使用できません。
- フレキシブル —— 仮想マシンの初期起動時には Vlance アダプタ (AMD 79C970 PCnet32-LANCE NIC のエミュレートバージョン) として認識されますが、VMware Tools インストール後は VMXNET アダプタと

して機能します。

- VMXNET3 ── vSphere 仮想環境のみで利用できる準仮想化ドライバです。ジャンボフレームやハードウェアオフロード機能、マルチキューサポートおよび MSI ／ MSI-X 割り込み配信などの多くの機能を提供し、高い性能を実現します。

仮想 NIC の（スペック上の）リンクスピードは、vSphere の内部では実際の転送速度には影響を与えません。vSphere 内部の転送速度は ESXi ホストのハードウェア性能や負荷状況に依存します。

VMXNET3 は仮想化環境専用の準仮想化ドライバであり、多くの OS のインストールディスクには同梱されていないため、ゲスト OS の初期インストール時には、VMXNET3 デバイスを認識しない場合があります。デバイスを認識させるためには、VMware Tools をインストールする必要があります（一部の Linux ディストリビューションでは VMXNET3 のドライバが同梱されており、VMware Tools を導入することなく VMXNET3 が利用可能です）。

VMXNET3 を選択することで、各種オフロードなどの付加的な機能が利用でき、かつ準仮想化機能により通常は最も高いパフォーマンスを発揮しますので、VMware Tools をインストールし、VMXNET3 を選択することが推奨されます。

オフロード機能とは、ネットワーク通信の際に OS 上で行っていた処理を、物理 NIC 側に処理させる（オフロードする）機能であり、オフロード機能を利用することにより、ゲスト OS に割り当てる CPU リソースを削減し、ESXi ホストの負荷を低減することが可能になります。VMXNET3 がオフロードできるネットワーク処理は、チェックサム計算、TCP セグメンテーション処理、VLAN タギング処理など多岐にわたります。

5.1.2 仮想スイッチ

仮想スイッチは、vSphere 仮想化レイヤー上に存在するソフトウェア L2 スイッチです。仮想 NIC と物理 NIC 間の仮想的なネットワークを生成し、ネットワークの通信を行います。物理 NIC は仮想スイッチのアップリンクとして動作します。

物理スイッチと異なり、仮想スイッチは接続されている仮想 NIC の MAC アドレスを認識しているので、MAC アドレス学習を行う必要はなく、自身の MAC アドレステーブルに格納します。また、仮想スイッチ間をダイレクトに設定することができないので、設定ミスなどによるトポロジーの変更が起こることはなく、スイッチの独立性が保たれています。

仮想スイッチは、仮想マシン間および仮想マシン－外部ネットワーク間のトラフィックのみ転送し、仮想スイッチ間のトラフィックはアップリンク経由で転送されないので、ネットワークのループによりフレームが永遠に回り続ける「ブリッジングループ」は発生しません。

vSphere が提供する仮想スイッチには、標準仮想スイッチ（vSphere Standard Switch）と分散仮想スイッチ（vSphere Distributed Switch）の 2 種類があります（図 5.2）。

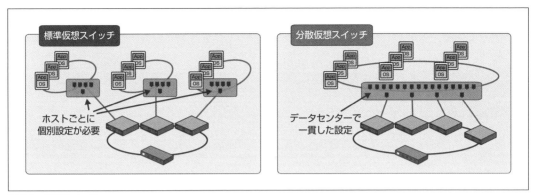

図 5.2　仮想スイッチ

■標準仮想スイッチ（vSphere Standard Switch）

標準仮想スイッチは、ESXiホスト単位で設定する仮想スイッチです。ESXiまたはvCenter Server上で設定を行うことができます。

ESXiのインストール時に、標準仮想スイッチ vSwitch0 が自動的に作成され、管理ネットワーク（VMkernelと外部間の管理用ネットワーク）と仮想マシン用のネットワークが利用できます（図5.3）。

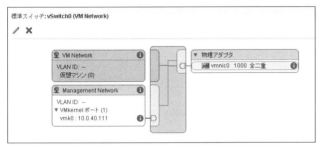

図 5.3　VMware ESXi をインストールした直後の標準仮想スイッチ

■分散仮想スイッチ（vSphere Distributed Switch）

分散仮想スイッチは、複数のESXiホストにまたがって論理的に1つの（巨大な）スイッチとして構成される仮想スイッチです。管理の一元性を提供すると共に、スケーラビリティと粒度の細かい監視を両立しています。また、分散仮想スイッチのみで使用できる多くの重要な機能があります。これらについては、次節以降で説明します。

表5.1に標準仮想スイッチと分散仮想スイッチの機能の比較を示します。

CHAPTER 5　vSphereによるネットワークの仮想化とリソース管理

表 5.1　標準仮想スイッチと分散仮想スイッチの機能比較

カテゴリ	機能	標準仮想スイッチ	分散仮想スイッチ
管理	管理の統合	No	Yes
	設定のバックアップとリストア	No	Yes（5.1以降）
	設定のロールバックとリカバリ	No	Yes（5.1以降）
	Syslog	Yes	Yes
スイッチング	レイヤー2スイッチング	Yes	Yes
	802.1Q VLAN タグ	Yes	Yes
	Allowed VLAN	No	Yes
チーミング	チーミング（ソースポートID）	Yes	Yes
	チーミング（ソースMACアドレス）	Yes	Yes
	チーミング（IP Hash）	Yes	Yes
	チーミング（Load Based Teaming）	No	Yes
リンクアグリゲーション	リンクアグリゲーション（スタティック）	Yes	Yes
	リンクアグリゲーション（LACP v1）	No	Yes（5.1以降）
	リンクアグリゲーション（LACP v2）	No	Yes（5.5以降）
トラフィック制御	TX Rate Limiting	Yes	Yes
	RX Rate Limiting	No	Yes
	Network I/O Control バージョン2	No	Yes（5.1以降）
	Network I/O Control バージョン3	No	Yes（6.0以降）
	トラフィックマーキング（CoS、DSCP）	No	Yes（5.5以降）
セキュリティ	Port Security	Yes	Yes
	BPDU フィルター	Yes（5.1以降）	Yes（5.1以降）
	Private VLAN	No	Yes
	トラフィックフィルタリング	No	Yes（5.5以降）
モニタリング	tcpdump-uw	Yes	Yes
	pktcap-uw	Yes（5.5以降）	Yes（5.5以降）
	SPAN	No	Yes
	RSPAN/ERSPAN	No	Yes（5.1以降）
	IPFIX（NetFlow Version10）	No	Yes（5.1以降）
拡張	サードパーティ製スイッチ	No	Yes
ネットワーク仮想化	VXLAN	No	Yes（5.1以降）

　表の中で、（6.0以降）などの括弧内に書いてある番号が、新機能として実装されたvSphereのバージョンであり、網掛けのセル部分が分散仮想スイッチ固有の機能です。特に管理、トラフィック制御、およびネットワーク仮想化に伴い必要とされる各種機能が分散仮想スイッチに実装されており、以下のような要件がある場合には分散仮想スイッチの実装が適していると言えます。

- 複数のESXiホストで使用するネットワークを効率的に管理する
- 分散仮想スイッチ固有の機能を使用する

5.1 ネットワークの仮想化

- 広帯域ネットワークに各種トラフィックを集約して使用する
- VMware NSX（詳細は第15章で解説）を導入する

分散仮想スイッチの管理画面では、分散仮想スイッチにつながるすべてのESXiホストと物理NIC、仮想マシンを表示し、構成の確認や設定の変更もこの画面から一元的に行うことができます。標準仮想スイッチのように個々のESXiホストの設定画面で設定を繰り返し実施する必要がありません。このため、大規模な仮想環境では分散仮想スイッチを使うことで、管理性を大幅に向上させることができます。

また、vMotionによって仮想マシンを他のESXiホストに移行しても、仮想マシンの仮想NICは同一の分散仮想スイッチおよび仮想ポートへの接続が維持されます。論理的には、vMotionを実行しても仮想マシンはホスト間を移行していないことになります。このため、標準仮想スイッチではできない、仮想マシンネットワークの統計情報（送受信パケット数など）や各種ステート情報（ポートのリンクアップ／ダウンなど）の継続的な維持が可能です。

なお、分散仮想スイッチにはバージョンが存在し、分散仮想スイッチを作成する際に選択します。vSphere 6.0にて提供された分散仮想スイッチの新機能を利用する場合は、分散仮想スイッチバージョンも6.0を選択する必要があります。分散仮想スイッチバージョンとvSphereのバージョンごとに互換性があります（**表5.2**）。

表5.2 仮想スイッチバージョンごとの新機能の例

仮想スイッチバージョン	追加された新機能	vSphereバージョン互換
分散仮想スイッチ6.0.0	• Network I/O Control バージョン3 • IGMP/MLD スヌーピング	vSphere 6.0 以降
分散仮想スイッチ5.5.0	• トラフィックのフィルタリングとマーキング • 機能強化されたLACPサポート	vSphere 5.5 以降
分散仮想スイッチ5.1.0	• 管理ネットワークのロールバックとリカバリ • 健全性チェック • 機能強化されたポートミラーリングおよびLACP	vSphere 5.1 以降
分散仮想スイッチ5.0.0	• Network I/O Control 内のユーザー定義のネットワークリソースプール • ネットフロー • ポートミラーリング	vSphere 5.0 以降

5.1.3 仮想スイッチの構成

前述のとおり、vSphere仮想ネットワーク環境では、物理NICは仮想スイッチのアップリンクとして機能します。仮想スイッチに接続する物理NICの構成には、以下の3つがあります。

- シングルNIC構成
- マルチNIC構成
- 内部スイッチ構成（物理NICを接続しない）

シングル NIC 構成およびマルチ NIC 構成は、仮想マシンが外部ネットワークと通信できるようにするために必要な構成で、仮想スイッチのアップリンクに物理 NIC を割り当てます。マルチ NIC 構成を取ることで、物理 NIC によるチーミングを組むことができます（NIC チーミングについては後述）。

内部スイッチ構成は、同一 ESXi ホスト上の仮想マシン間を接続するためだけに使用する構成で、仮想スイッチに物理 NIC を割り当てません。

また、仮想スイッチに設定できるポートには図 5.4 のような種類があります。

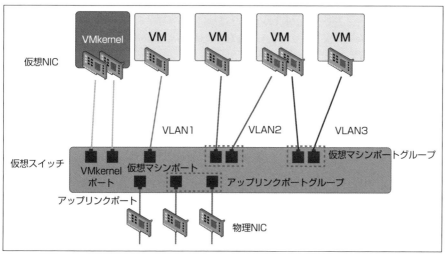

図 5.4　仮想スイッチの構成

■ポートグループ

ポートグループは、仮想スイッチのポートをグループ化するために用いられます。ポートグループごとに異なるネットワークポリシーや VLAN を設定することができます。仮想スイッチでは、通常の物理スイッチ設定のようなスイッチのポート側を設定するのではなく、あらかじめ設定されたポートグループに仮想 NIC を接続します。

標準仮想スイッチでは、接続した仮想 NIC に自動的にポートが割り振られ、ポートの位置を特定するポート ID は存在しません。ポートグループは、仮想スイッチ内でポート設定のためのテンプレートとしての役割を担っています。

分散仮想スイッチでも、ポートグループを作成して仮想 NIC に指定するという点は同じですが、個々の仮想ポートを意識して運用することが可能です。分散仮想スイッチ上のポートグループは、分散ポートグループ（DV ポートグループ）と呼びます。

分散仮想スイッチでは、仮想 NIC が接続されたポート ID や統計情報を確認できます。仮想 NIC でネットワークラベルを指定する際も、標準仮想スイッチと同じようにポートグループを指定でき、さらに直接ポート ID を入力することもできます。仮想ポート ID は、分散仮想スイッチ上に接続されたすべての ESXi ホストにまたがって一意な ID です。

前述のとおり、vMotionによりESXiホストを移行した場合でも、仮想NICに接続したポートIDは維持されるため、仮想ネットワークの観点では移動していないということを意味します。

標準仮想スイッチでは、仮想スイッチ単位およびポートグループ単位で**表5.3**に示すようなプロパティを指定できます。一般に、ネットワークにかかわる設定の多くはポートグループのプロパティで設定します。分散仮想スイッチにおいては、仮想スイッチ単位では設定できず、ポートグループもしくは個々のポートで設定が可能です。

表5.3　ポートグループのプロパティ

分類	設定内容
全般	● ネットワークラベル ● VLAN ID（任意）
セキュリティ	● 無差別モード ● MACアドレス変更 ● 偽装転送
トラフィックシェーピング	● 平均バンド幅 ● ピークバンド幅 ● バーストサイズ
NICチーミング	● ロードバランシング ● ネットワークのフェイルオーバー検出 ● スイッチへの通知 ● フェイルバック ● フェイルオーバー順序

一般的な運用手法として、VLANごとにポートグループを設定しますが、「ポートグループ = VLAN」ではありません。ポートグループでVLANを設定しないことも可能です。また、同じVLANのポートグループを2つ作成し、物理NICチーミングのアクティブ／スタンバイを逆に設定して、2つのポートグループ間でトラフィックを分散させることも可能です。

■VMkernel ポート

VMkernelが使用するネットワークトラフィックの送受信に使用します。たとえば、iSCSIやNFSのようなIPストレージへのI/OやvMotion、vSphere FT、vSphere HAなど、vSphereの機能のためのESXiホスト間の通信で使用します。

■アップリンクポート

物理NICと接続し、外部ネットワークと通信を行います。アップリンクポートがない場合は、前述の内部スイッチ構成になります。分散仮想スイッチでは、アップリンクポートのポートグループであるアップリンクポートグループを作成して、グループ内のすべてのポートにポリシーを適用できます。

5.2 仮想ネットワークの機能と設計のポイント

　ESXiホスト上の仮想ネットワークには、その上で複数の仮想マシンやvSphereが送受信する通信が混在するため、仮想ネットワークに予期せぬ問題が発生すると、大きな影響を与えます。

　たとえば、単一の物理NICの障害により複数のサービスが停止したり、帯域不足で多くのサービスに影響を与えてしまうケースが考えられます。また、仮想ネットワークと物理スイッチの両方の構成に一貫性が必要であるため、仮想ネットワークの構成変更が必要な場合に、安易に変更することができないといった状況になります。これらは事前に適切な設計を行うことで、かなりの部分を回避できます。

　継続的な運用と管理を考慮すると、仮想ネットワークの設計において重要なポイントは、耐障害性、柔軟性、帯域確保になります。前述したような問題においても、耐障害性や帯域が十分に確保されていればサービスへの実質的な影響を回避できますし、柔軟性を備えたネットワークであれば、仮想化対象のVLANやDMZの追加などの要件の変化にも対応しやすくなります。

5.2.1 耐障害性と帯域の確保

　vSphereのNICチーミング機能によって、仮想ネットワークの耐障害性と十分な帯域の確保の両方が可能になります。NICチーミングとは、ESXiホストに搭載された複数の物理NICを仮想的なNICとして束ねる機能です。

　NICチーミングには冗長化とロードバランシングという2つの目的があります。冗長化は、チーム内の物理NICに障害が発生したときに、残りの物理NICに通信をフェイルオーバーすることによって実現します。ロードバランシングは、チーム内の複数の物理NICで通信を適切に分散することによって、必要とする帯域確保を可能にします。NICチーミングの冗長化とロードバランシングの機能を有効に利用するためには、適切な数の物理NICを搭載する必要があります。また、物理NICの接続先を複数の物理スイッチに分散するなど、ネットワーク構成も重要になります。

5.2.2 柔軟性

　仮想環境においては、さまざまな用途やポリシーを持つ仮想マシンを単一のESXiホストに統合するので、必然的にネットワークセグメントやネットワークポリシーの異なる仮想マシンが同一の仮想ネットワーク上に混在することになります。そのため、設計段階から柔軟性の高いネットワーク構成を検討する必要があります。

　物理ネットワーク環境では、少数のネットワークデバイス上に多数のネットワークセグメントを収容するために、タグVLANを使用するのが一般的です。仮想ネットワークでも同様に、仮想スイッチでタグVLANを使用し、物理スイッチとの間でVLANを構成することが可能です。これによって、物理ネットワークトポロジーの変更を行うことなく、新たなVLANの追加や、ESXiホストの拡張が行えます。

このような点を勘案し仮想ネットワークを設計するためには、仮想ネットワークと物理ネットワークとの整合性も重要です。そのためには、ESXiホスト担当者とネットワーク担当者間のコミュニケーションや、責任分界点の簡素化と明確化も重要になります。

5.2.3 NIC チーミング

vSphereの仮想ネットワーク環境では、NICベンダーが提供するソフトウェア（一般にベンダー間で互換性のない）ではなく、vSphereの標準機能でチーミング機能を提供します。

vSphereでは、NICチーミングは、単一の仮想スイッチに複数の物理NICを割り当てることにより自動的に構成されます。物理NICでチーミングが構成されるため、ゲストOSでNICチーミングを行う必要はありません（図5.5）。

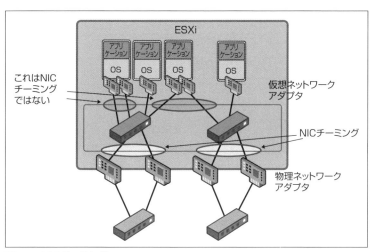

図 5.5　NIC チーミング

チーミングによる物理NICの冗長化では、障害の検知方法を検討する必要があります。検知の方法には、vSphereが持つ機能の他に、物理スイッチの機能を併用する方法もあります。検知の方法によって、検知可能な障害ポイントや検知の迅速性に違いがあります。

仮想スイッチまたはポートグループの設定においては、以下の検出方法が選択可能です。

■ネットワークのフェイルオーバー検出 ──［リンク状態のみ］

物理NICがリンクアップしているかどうかによって障害を検知する方法です。この検知方法では、物理NICや物理スイッチの障害、ケーブルの異常などでリンクがダウンすると障害が発生したと見なし、フェイルオーバーを行います。物理スイッチより上位のネットワークに障害が発生した場合、物理NICのリンクはアップしたままなので、フェイルオーバーが行われません（図5.6）。

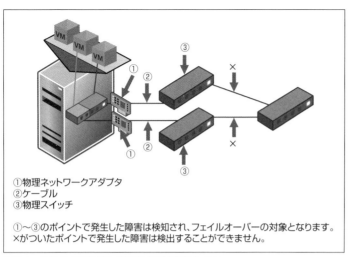

図5.6 ［リンク状態のみ］で検出される障害ポイント

■ネットワークのフェイルオーバー検出 ——［ビーコンの検知］

　リンク状態のみでは検知できない上位ネットワークの障害も検知する必要がある場合、［ビーコンの検知］を利用できます。この検知方法では、NICチーミングを構成するすべての物理NIC間で死活を確認するために、ビーコンと呼ばれるイーサネットブロードキャストフレームを定期的に送受信します。

　ビーコンの検知を利用する場合、障害が発生した物理NICを特定するために、物理NIC間のハートビートを監視するため、3枚以上の物理NICでチーミングを構成することが推奨されます[1]。また、障害と見なすまでにかかる時間が若干長く、構成上の制約が大きいため、後述の物理スイッチにおけるトランクフェイルオーバーの機能を推奨します。

■トランクフェイルオーバー（リンクステートトラッキング）

　トランクフェイルオーバーは、アップリンクポートがリンクダウンした場合、連動して指定ポートのリンクをダウンさせる物理スイッチの機能で、企業向けのLANスイッチでは比較的よく見られる機能です。この機能を使用すると、エッジの物理スイッチのアップリンクポートがダウンした場合に、ESXiホストが接続された物理ポートをダウンさせることができます。仮想ネットワークではこの機能を併用することで、上位ネットワークも含めた検知ができ、リンクダウンによって瞬時にフェイルオーバーすることができます（図5.7）。

---

[1] 2枚構成でもビーコン検知の設定は可能ですが、ネットワーク通信の障害が検出された場合、どちらのNIC経由の障害か特定できないため、NICのフェイルオーバーではなく、ショットガンモード（2つのNICから同じトラフィックを同時に送信する）で送信されます。

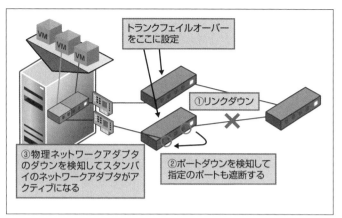

図 5.7　トランクフェイルオーバーの動作

なお、この機能を使う場合、各物理 NIC は異なる物理スイッチに接続するように構成します。

■物理スイッチへの通知とフェイルバックの指定

　障害検知の方式に加えて、物理スイッチへの通知とフェイルバックの指定が可能です。スイッチへの通知は、フェイルオーバー発生後に、仮想マシンの MAC アドレスを送信元 MAC アドレスに設定した Reverse ARP を物理スイッチに対して送信することで、物理スイッチの MAC アドレステーブルを更新し、新しいポートで直ちに通信が継続できるようにする機能です。フェイルバックは障害復旧時にアクティブな物理 NIC のフェイルバックを自動で行う機能です。

5.2.4　ロードバランス

　NIC チーミングのロードバランシング機能によって、チーミングされた複数の物理 NIC の帯域を有効に利用できるようになります。ロードバランスのアルゴリズムには以下の5つのタイプがあります。仮想スイッチは、選択したアルゴリズムのタイプに応じて、Ethernet フレーム（パケット）を送信する物理 NIC を決定します。

■発信元の仮想ポート ID ベース

　ロードバランシング設定のデフォルトで、仮想スイッチが仮想 NIC に対して割り当てたポート固有の ID（仮想ポート ID）ごとに、使用する物理 NIC を自動で割り当てるアルゴリズムです。仮想 NIC ごとに使用する物理 NIC が決まるため、仮想マシンの数が多くなればロードバランスが有効に働きますが、数が少ない場合は特定の物理 NIC に転送処理が偏ることがあります。また、発信元の仮想ポート ID ベースのロードバランスにおいては、接続する物理スイッチのリンクアグリゲーションの設定は不要です。

■発信元 MAC ハッシュベース

　仮想 NIC が持つ MAC アドレスのハッシュの結果を利用して、使用する物理 NIC を割り当てるアルゴリズムです。仮想 NIC ごとに使用する物理 NIC が決まるため、結果的にポート ID ベースとロードバランスの有効性は同じです。ハッシュ計算のために ESXi ホストの CPU リソースを若干消費します。また、発信元 MAC ハッシュベースのロードバランスにおいては、接続する物理スイッチのリンクアグリゲーションの設定は不要です。

■IP ハッシュベース

　発信元 IP アドレスと送信先 IP アドレスのハッシュの結果を利用して、使用する物理 NIC を割り当てるアルゴリズムです。1 台の仮想マシンでも、送信先が複数あれば通常は複数の物理 NIC に分散され、ロードバランスの有効性は最も高くなります。物理スイッチの複数のポートで同一 MAC アドレスを送信元とするフレームを受信するため、物理スイッチでの MAC アドレステーブルの過度の更新を避けるために、リンクアグリゲーションを有効にする必要があります。

　そのため、物理 NIC の接続先を複数の物理スイッチに分散する場合は、物理スイッチ間でスタック接続やスイッチクラスタなどを構成する必要があります。分散仮想スイッチ 5.1 以降では、LACP を用いて分散仮想スイッチと物理スイッチのリンクアグリゲーションを構成することも可能です。

■物理 NIC 負荷ベース（LBT：Load Based Teaming）

　初期状態では、発信元の仮想ポート ID ベースで、仮想 NIC と物理 NIC の対応付けを行います。物理 NIC の負荷を定期的に確認し、必要に応じて対応付けを更新します。これにより、各仮想ポートの負荷状況に応じた、より均等なロードバランシングを実現できます。ギガビットと 10 ギガビットの物理 NIC が混在する場合には、リンク速度が考慮されるため特に有効です。分散仮想スイッチでのみ選択可能なアルゴリズムです。また、物理 NIC 負荷ベースのロードバランスにおいては、接続する物理スイッチのリンクアグリゲーションの設定は不要です。

■明示的なフェイルオーバー順序を使用

　ポートグループごとにアクティブ／スタンバイのネットワークアダプタを手動で指定する方法です。この方法では、物理 NIC の帯域を特定のポートやポートグループに占有させたい場合にも、仮想スイッチを分ける必要がありません。また、平常時にどのトラフィックがどの物理 NIC を通過しているかを把握することができます。VMkernel ポートに対して物理 NIC を占有させる目的で使用されることが多くあります。ポートグループごとに異なる物理 NIC をアクティブなアダプタとして指定することで、トラフィックの分散効率を高めることが可能です。また、明示的なフェイルオーバー順序を使用した場合のロードバランスにおいては、接続する物理スイッチのリンクアグリゲーションの設定は不要です。

　各ロードバランス手法の特徴を表 5.4 に示します。

5.2 仮想ネットワークの機能と設計のポイント

表 5.4 各ロードバランス手法の特徴

ロードバランス手法	分散効率	仮想 NIC あたりの最大転送量	VMware ESXi の内部処理	物理スイッチの構成
発信元の仮想ポート ID	普通	物理 NIC 1 ポート分	少ない	リンクアグリゲーション無効
発信元 MAC ハッシュ	普通	物理 NIC 1 ポート分	普通	リンクアグリゲーション無効
IP ハッシュ	よい	チームされた全物理 NIC ポート分	普通	リンクアグリゲーション有効
物理 NIC 負荷	よい	物理 NIC 1 ポート分	普通	リンクアグリゲーション無効
明示的なフェイルオーバー	劣る	物理 NIC 1 ポート分	少ない	リンクアグリゲーション無効

5.2.5 VLAN

仮想ネットワークで複数の VLAN を使用する方法として、以下の 3 種類の設計が選択できます。

- EST（External Switch Tagging）
  ESXi ホストの物理 NIC が接続された物理スイッチのポートをポート VLAN（アクセスポート）に設定します。物理 NIC が割り当てられた仮想スイッチは、その VLAN セグメントとなります。

- VST（Virtual Switch Tagging）
  物理スイッチでタグ VLAN（トランクポート）を設定し、802.1q トランクで仮想スイッチと接続して、仮想スイッチのポートグループに VLAN を割り振ります。

- VGT（Virtual Guest Tagging）
  物理スイッチでタグ VLAN を設定し、仮想スイッチでは VLAN タグを操作せず、VLAN タグが付いたまま仮想マシンにフレームを転送します。ゲスト OS 内で VLAN タグの付け外しを行います。なお、ゲスト OS で VLAN ID を指定するには、E1000 もしくは VMXNET3 を選択する必要があります。

VLAN 構成に関して最も柔軟性が高いのは VST であり、多くの場合は最適な選択肢となります。特に物理サーバーのスロット数などの制限により物理 NIC 数が少ない場合、複数の VLAN を統合するには VST の利用を検討する必要があります。EST は、物理スイッチ側でタグ VLAN の設定ができない（許可されない）場合などに用いられる方法です。仮想スイッチ内部での VLAN のタグ処理に関しては、EST、VST、VGT でそれぞれ異なりますが、最も利用される VST のタグ処理は仮想スイッチで実行されます（図 5.8）。

CHAPTER 5　vSphereによるネットワークの仮想化とリソース管理

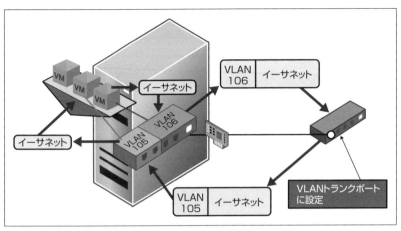

図5.8　VLANの構成

　VLANの設定は、ポートグループのプロパティで設定します。標準仮想スイッチの場合、プロパティにはネットワークラベルとVLAN IDを設定できます。VLAN IDはネットワーク設定で割り当てられている番号を割り振りますが、いくつかの特殊番号が用意されています。分散仮想スイッチの場合には、VLANタイプを指定します（表5.5）。

表5.5　仮想スイッチのVLAN IDの利用

	標準仮想スイッチ（VLAN IDを指定）	分散仮想スイッチ（VLANタイプを指定）
EST	0または空白	[なし]を選択
VST	1～4094	VLANを選択し、IDを入力
VGT	4095またはALL	VLANトランクを選択し、トランク範囲を入力

　仮想マシンに構成された仮想NICへVLANを割り当てるには、仮想NICをVLANが割り当てられたポートグループに所属させます。

5.3　ネットワークトラフィックのコントロール

　NICチーミングやロードバランシング機能によって、ネットワークの耐障害性と帯域確保が可能になりますが、さらに効率的なトラフィックコントロールの方法がいくつかあります。目的に応じた機能を使うか、複数の機能を組み合わせて使います。

- トラフィックシェーピング
- Network I/O Control
- トラフィックのフィルタリングとマーキング

5.3.1 トラフィックシェーピング

トラフィックシェーピングは、仮想スイッチ単位もしくはポートグループ単位で、平均バンド幅、ピークバンド幅、バーストサイズに上限を設定して、帯域幅を制限します。標準仮想スイッチおよびポートグループは出力トラフィックのみに、分散仮想スイッチおよび分散ポートグループは入力および出力トラフィックに適用できます（図5.9）。

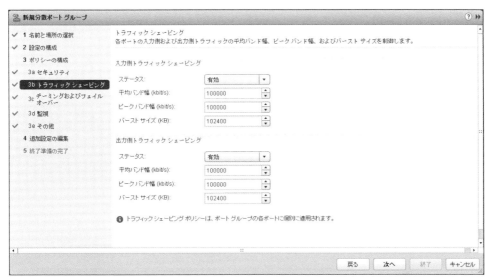

図5.9 入力側および出力側トラフィックシェーピング（分散ポートグループ）

5.3.2 Network I/O Control

Network I/O Controlは、分散仮想スイッチのみで提供する機能で、複数のトラフィックフローが同じ物理リンクを共有している場合に、トラフィックタイプごとに帯域をコントロールするものです。分散仮想スイッチバージョン5.5までのNetwork I/O Controlバージョン2は、以下の機能が提供できます。

- トラフィックタイプに分類・分離
- 競合が発生した場合に帯域が公平にシェアされるように分散
- 帯域の制限
- 物理NICの帯域利用状況に応じて動的に仮想マシンのポートと物理NICの対応付けを変更するロードベースチーミングポリシー

さらに分散仮想スイッチバージョン6.0のNetwork I/O Controlバージョン3から、以下の機能が追加されました。

CHAPTER 5　vSphereによるネットワークの仮想化とリソース管理

- トラフィックタイプに対して帯域を予約
- 仮想マシン単位で帯域を予約
- DRSを使って仮想マシンの帯域予約に対応できるESXiホストへ移行

Network I/O Controlは、分散仮想スイッチ作成時、もしくは分散仮想スイッチのアクションメニューで設定の編集から有効／無効を設定することができます。

Network I/O Controlを有効化すると、以下の定義済みのシステムトラフィックタイプが有効になります。特定の分散仮想スイッチを選択し、［管理］-［リソース割り当て］-［システムトラフィック］から確認できます（図5.10）。

- vSphere Fault Tolerance トラフィック
- NFS トラフィック
- iSCSI トラフィック
- vMotion トラフィック
- vSphere Data Protection トラフィック（分散仮想スイッチバージョン 6.0 から追加）
- vSphere Replication（VR）トラフィック
- Virtual SAN トラフィック（分散仮想スイッチバージョン 5.5 から追加）
- 仮想マシントラフィック
- 管理トラフィック

図 5.10　Network I/O Control の定義済みシステムトラフィックタイプ画面

5.3 ネットワークトラフィックのコントロール

　特定のトラフィックタイプを選択し、シェア、予約、制限のパラメータを変更することができます。制限は、特定のトラフィックタイプごとに帯域制限を設定できます。シェアは、すべてのタイプのトラフィックの帯域合計が物理 NIC の帯域を超えている状態のときに、シェア値に基づいて帯域の優先度を制御するもので、[低]は 25、[標準]は 50、[高]は 100、[カスタム]は 1 から 100 の間で指定します。予約は、特定のトラフィックタイプに帯域の予約ができます。

　また、CPU やメモリのリソースプール同様、Network I/O Control の機能でネットワークリソースプールが提供されています。システムトラフィックタイプのうち、仮想マシントラフィックタイプについて割り当てた予約帯域以下の値を、分散ポートグループや特定の仮想マシンに割り当てることができます。システムトラフィックは物理 NIC 単位で制御が行われ、1 つの物理 NIC の帯域幅の 75% 以下を予約で設定できます。ネットワークリソースプールは、その予約された帯域と分散仮想スイッチに接続されたアクティブな物理 NIC 本数の和になります。次の例では 1.5Gbps 分がネットワークリソースプールで利用可能で、帯域の予約を分散ポートグループもしくは特定の仮想マシンの仮想 NIC に適用できます（図 5.11）。

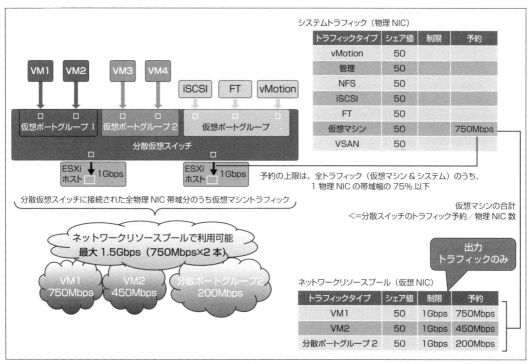

図 5.11　システムトラフィックのネットワークリソースプールの関係

　分散ポートグループをネットワークリソースプールにマッピングする場合は、[管理]-[リソース割り当て]-[ネットワークリソースプール]から、ネットワークリソースプールを新規作成します（図 5.12）。特定の分散ポートグループの[設定の編集]から、作成したネットワークリソースプールを選択します（図 5.13）。

CHAPTER 5 vSphere によるネットワークの仮想化とリソース管理

　分散仮想スイッチバージョン 5.5 ではネットワークリソースプールで QoS タグとして CoS 値を設定できましたが、分散仮想スイッチバージョン 6.0 ではポートグループのトラフィックのフィルタリングとマーキング機能で設定します。

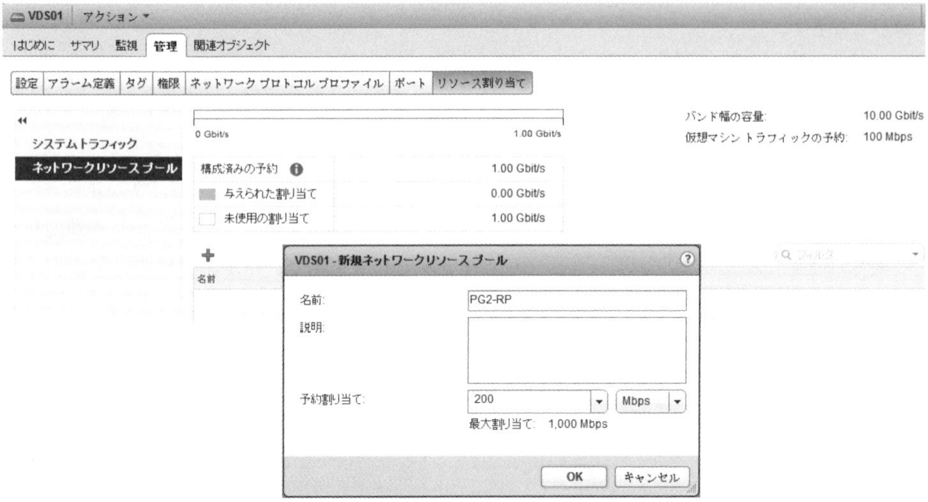

図 5.12　新規ネットワークリソースプールの作成

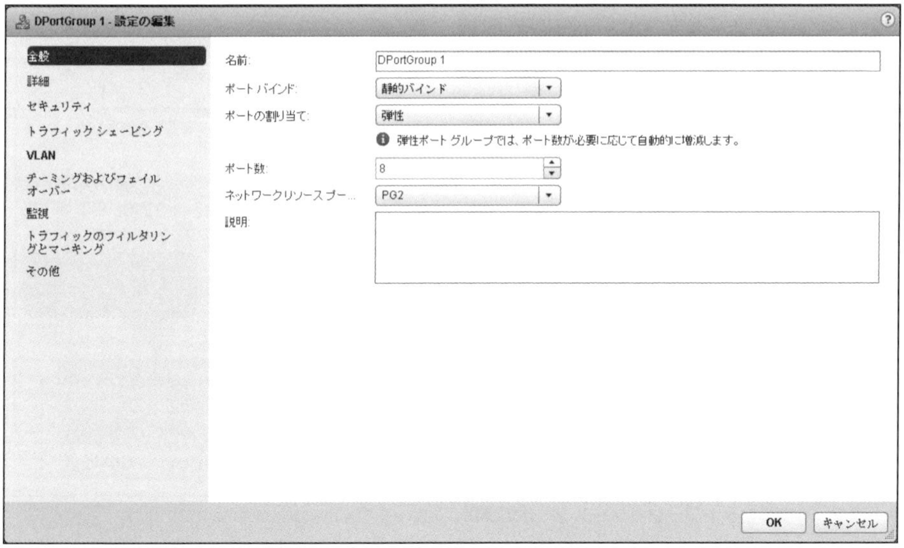

図 5.13　分散ポートグループをネットワークリソースプールにマッピング

　個々の仮想マシンにシェア、予約、制限を設定する場合は、特定の仮想マシンのネットワークアダプタの設定を変更します（図 5.14）。

5.3 ネットワークトラフィックのコントロール

図 5.14　仮想マシンの Network I/O Control 設定画面

Network I/O Control が制御するトラフィックは出力のみです。

5.3.3　トラフィックのフィルタリングとマーキング

分散仮想スイッチバージョン 5.5 から、不要なトラフィックや攻撃から仮想ネットワークを保護するフィルタリングと、特定のトラフィックに QoS タグを適用するマーキングが可能になりました。

設定は、分散ポートグループもしくはアップリンクポートグループで有効／無効にすることができます（図 5.15）。有効にすると、詳細な設定ができます。

CHAPTER 5　vSphere によるネットワークの仮想化とリソース管理

図 5.15　トラフィックフィルタリングとマーキングの有効／無効

フィルタリングは、アクション、トラフィック方向、トラフィックタイプを組み合わせて設定します（**図 5.16**）。

- アクション ── 許可、ドロップ、タグ（後述）
- トラフィック方向 ── 入力側、出力側、双方向
- トラフィックタイプ（図 5.17）
  - システムトラフィック修飾子。仮想インフラストラクチャのデータタイプ（Fault Tolerance、NFS、iSCSI、vMotion、vSphere Replication、データ保護−バックアップ、仮想 SAN、仮想マシン、管理のいずれか）を選択
  - MAC 修飾子。IPv4、IPv6、ARP プロトコルのソース・ターゲット MAC アドレス、もしくは VLAN ID を指定
  - IP 修飾子。ICMP、TCP、UDP のプロトコルの IP バージョンやソース・ターゲットのポート番号、もしくは IP アドレスを指定

5.3 ネットワークトラフィックのコントロール

図 5.16　トラフィックのフィルタリング

図 5.17　トラフィックのフィルタリングの修飾子

　マーキングは、アクションとして［タグ］を選択後、CoS 値や DSCP 値を入力し、フィルタリング同様に、トラフィック方向とトラフィックタイプとしてシステムトラフィック修飾子、MAC 修飾子、IP 修飾子を組み合わせて設定します（図 5.18）。

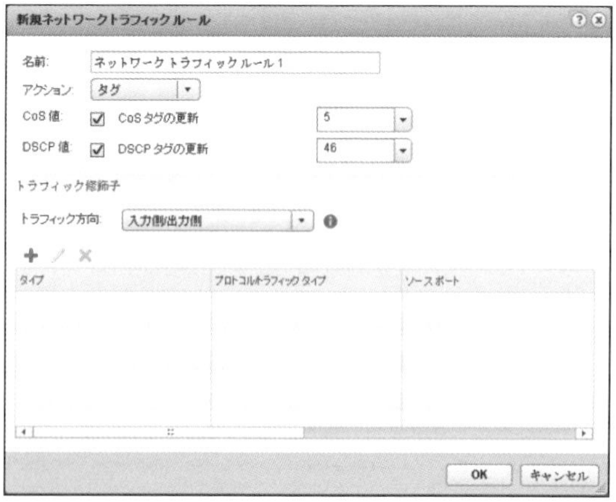

CHAPTER 5　vSphere によるネットワークの仮想化とリソース管理

図 5.18　トラフィックのマーキング

5.4　ネットワーク構成のバックアップと復旧

　分散仮想スイッチの構成情報は、vCenter Server 上で一元管理されます。これにより複数の ESXi ホストにわたって一貫した仮想スイッチ構成を実現できる反面、何かのトラブルにより vCenter Server 上の情報が失われた場合、分散仮想スイッチが構成できないケースが起こる可能性があります。
　このようなことを事前に防止するために、分散仮想スイッチの設定情報をバックアップする機能（設定のエクスポート）および復旧する機能（設定のインポート）や、管理ネットワークのロールバックやリストアの機能が用意されています。

5.4.1　分散仮想スイッチ設定のエクスポートとインポート

　分散仮想スイッチを利用すると、分散仮想スイッチおよび分散ポートグループの設定情報のエクスポート（バックアップ）やインポート（復旧）が可能になります。管理者は分散仮想スイッチと分散ポートグループの設定情報を任意の場所にエクスポートし、障害の際に以前の設定にインポートで戻したり、テンプレートとして利用して新しい分散仮想スイッチを容易にクローンしたりすることが可能になります（図 5.19）。

5.4 ネットワーク構成のバックアップと復旧

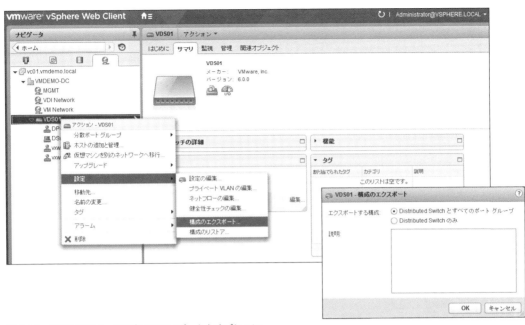

図 5.19　分散仮想スイッチ設定のエクスポートとオプション

5.4.2 管理ネットワークのロールバックとリストア

　vCenter Server と ESXi ホストとの接続が、管理ネットワークの設定ミスなどで失われると、標準仮想スイッチの管理ネットワークを再構成する必要があるなど、復旧に時間を要することがあります。vSphere 5.1 以降からは、管理ネットワークの構成情報の保存ができます。また、以前の構成を利用したロールバックとリストア機能により、管理ネットワークを速やかに復旧できます。復旧手段としては、以下の「自動」「手動」の 2 つの方法が提供されています。

- 自動 ── 設定ミスを検出した時点で、整合性のあるチェックポイントに自動的にロールバック（ESXi ホストレベルおよび分散仮想スイッチレベルで可）
- 手動 ── DCUI から分散仮想スイッチの管理ネットワーク設定をリストア

　自動ロールバックはデフォルトで有効です（vSphere Web Client の詳細設定 config.vpxd.network.rollback パラメータで無効にすることが可能）。ESXi ホストが vCenter への接続を失うような変更が意図せずに行われた場合や、分散仮想スイッチおよび分散ポートグループ、分散仮想スイッチポートに対して誤った設定が行われた場合に、直前の整合性のある設定に自動でロールバックします。
　手動リカバリは、ホストの DCUI に接続して、分散仮想スイッチの管理ネットワーク構成を手動で修正し、vCenter Server への接続性を復旧するための簡易な手段を提供します（図 5.20、図 5.21）。

CHAPTER 5 vSphere によるネットワークの仮想化とリソース管理

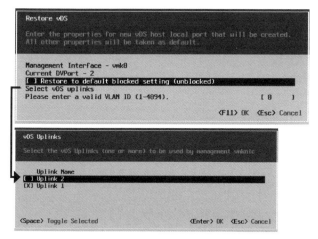

図 5.20　DCUI からのネットワークリストア

図 5.21　DCUI からの分散仮想スイッチリストアオプション

5.5　仮想ネットワークのトラブルシューティング

　分散仮想スイッチには、「見えない」仮想ネットワーク環境を可視化することを目的とした機能があります。本節では、同一 ESXi ホスト内に閉じた仮想マシン間または仮想マシン−仮想スイッチ間の通信に対しても、物理環境と同様のトラブルシューティングを行う方法について解説します。

5.5.1　物理ネットワークとの整合性

　ESXi ホストは、物理 NIC を介して物理スイッチに接続します。物理スイッチとのレイヤー 2 レベルでの接続性チェックツールとして利用できるのが、Cisco Discovery Protocol（CDP）と Link Layer Discovery Protocol（LLDP）です。

　CDP や LLDP は、仮想スイッチのアップリンクポートと、対向の物理スイッチのポートとの接続情報（どのポートとどのポートがつながっているか）を提供します。これらの情報は、物理構成が設計どおりであるかを確

認したり、ネットワーク接続に問題がある場合にレイヤー1（物理層）からレイヤー2レベルまでの疎通が正常かをトラブルシュートする目的にも利用できます。CDPやLLDPによって、仮想スイッチと物理スイッチの両方がお互いの接続ポート情報を参照できます。

vSphereは以前から標準仮想スイッチと分散仮想スイッチの両方でCDPに対応しており、分散仮想スイッチバージョン5.0以降でLLDPに対応しました。分散仮想スイッチでCDPまたはLLDPの有効化／無効化と操作モードを設定する場合は、分散仮想スイッチの［設定の編集］で行います。

5.5.2 健全性チェック

健全性チェックは、物理ネットワークと仮想スイッチの間で行われる各種パラメータ設定のミスマッチなど、設定ミスに伴うトラブルシューティング工数を削減する目的で、分散仮想スイッチバージョン5.1にて実装された機能です。

健全性チェックは以下の2種類の設定ミスを確認できます。

● VLANおよびMTU

仮想スイッチと物理スイッチの間でのタグVLAN（どのリンクにどのVLANタグ付きフレームを通すか）およびMTUの設定ミスマッチを検出します。動作条件として、分散仮想スイッチにおいて、2つ以上のアクティブなアップリンクを持っている必要があります。

● NICチーミングおよびフェイルオーバー

物理スイッチポートのリンクアグリゲーション設定と、分散仮想スイッチのIPハッシュ、NICチーミングタイプ設定のミスマッチを定期的に探して検出します。動作条件として、アクティブなアップリンクが2つ以上あり、2台以上のホストで分散仮想スイッチが構成されている必要があります。

健全性チェックの結果は**図5.22**のように確認でき、ポリシー違反の場合はアラームのメッセージも通知されます。設定は、［VLANおよびMTU］と［チーミングおよびフェイルオーバー］の2つに対して有効／無効を選択するだけで完了します（**図5.23**）。

CHAPTER 5　vSphereによるネットワークの仮想化とリソース管理

図 5.22　健全性チェックステータス

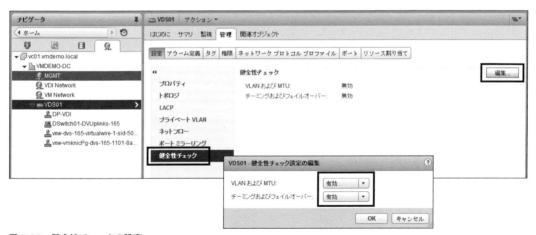

図 5.23　健全性チェックの設定

5.5.3　ポートミラーリング

　ポートミラーリング機能は、分散仮想スイッチ上の特定のポートに流れるパケットを、指定したポートに複製して出力する機能です。ネットワーク通信に不具合がある場合、通信の一連の流れを追う方法として有効です。ポートミラーリング機能では、必要なポートのトラフィックだけを選んで収集することが可能で、分散仮想

スイッチごとに設定します。

設定はウィザード形式で、ミラーセッションタイプとして分散ポートミラーリング、リモートミラーリングソース、リモートミラーリングターゲット、カプセル化されたリモートミラーリング（L3）ソース、分散ポートミラーリング（レガシー）の5つから選択できます（図5.24）。

図 5.24　ポートミラーリングの種類

- 分散ポートミラーリング
  アップリンクポート以外の分散仮想ポート（dvPort）間でパケットをミラーリングします。同じホスト上にミラーリングのソースとターゲットポートが存在する形式になります。

- リモートミラーリングソース
  アップリンク以外の分散仮想ポートからアップリンクにパケットをミラーリングする形式です。ミラーの宛先は、アップリンクの先にある別の分散仮想スイッチの分散ポート、または物理デバイスになります。

- リモートミラーリングターゲット
  指定したVLANのトラフィックをアップリンク以外の分散ポートにミラーリングする形式です。各VLANの入力（Ingress）トラフィックがミラーリングの対象になります。

- カプセル化されたリモートミラーリングソース
  アップリンク以外の分散ポートから指定したIPアドレス宛にパケットをミラーリングする形式です。ミラーパケットはGREヘッダーでカプセル化され、IPルーティングで遠隔のIPアドレス宛に転送されます。

- 分散ポートミラーリング（レガシー）
  分散ポートからのミラーリングの宛先として、分散仮想ポートとアップリンクポートを1つのミラーリングセッション内で同時に指定できるミラーリング形式です。この方式は前述の4つのミラーリングセッションで代替され、将来的にはサポートから外れる可能性があります。

5.5.4 分散仮想スイッチのフローモニタリング（NetFlow）

　NetFlowは、IPアドレスやポート番号などのパラメータを組み合わせ、ネットワーク上を流れるパケットをフローとして識別し、フロー単位でトラフィック情報を収集するためのプロトコルです。NetFlowに対応したネットワーク機器が、NetFlowコレクタと呼ばれる収集ツールにフローデータを送信し、コレクタはフロー情報を集約／分析します。分散仮想スイッチを利用すると、仮想環境内で閉じたネットワークのフロー分析も可能になります。分散仮想スイッチバージョン5.5以降は、NetFlow Version 10に相当するIPFIXに対応しています。

　NetFlowは、分散仮想スイッチごとに構成し、フローレコードの送信先となるコレクタのIPアドレスやポート番号、送信元として付与する分散仮想スイッチのネットフロー用IPアドレスなどを設定します。実際にフローレコードを送信するかどうかは、個別のアップリンクやポートグループ単位でNetFlowを有効にすることで制御が可能です（図5.25、図5.26）。

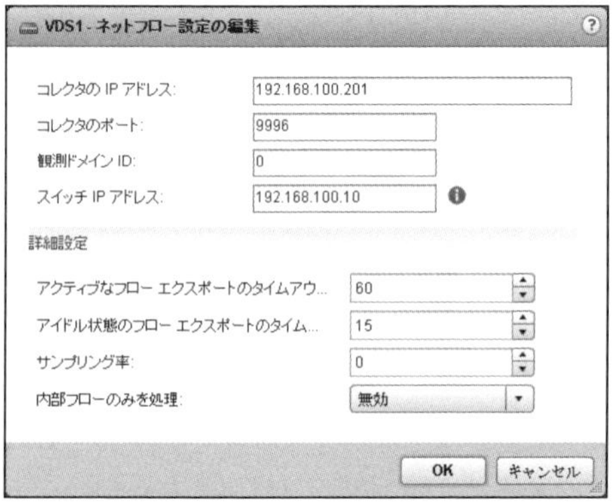

図5.25　分散仮想スイッチNetFlow設定の編集

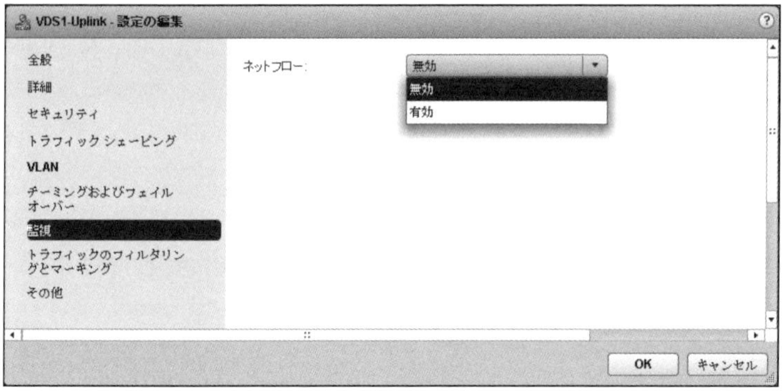

図5.26　分散ポートグループのNetFlow有効／無効

5.5.5 パケットキャプチャとトレース

ESXi ホスト上でパケットキャプチャとトレースを提供するコマンドラインである、pktcap-uw ユーティリティが vSphere 5.5 で追加されました。以前は VMkernel アダプタからのトラフィックのみキャプチャが可能だった tcpdump-uw に代わるもので、VMkernel アダプタに加え、物理ネットワークアダプタ、仮想ポート、標準仮想スイッチおよび分散仮想スイッチの受信側・送信側、各種ネットワークスタックを通過するパケットやドロップパケットなどをキャプチャできます。

COLUMN
ネットワーク新機能〜マルチプル TCP/IP スタック〜

ここでは第 5 章の補足として、vSphere のネットワーク新機能であるマルチプル TCP/IP スタックについて解説します。

ESXi 5.1 以前では、VMkernel ネットワークの TCP/IP スタックは、単一のデフォルト TCP/IP スタックのみで構成されており、すべての VMkernel ポート（vmkX）が同一の TCP/IP スタックを共有していました（図 5.27）。

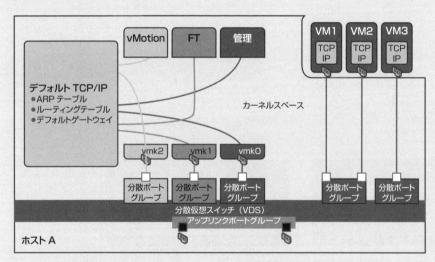

図 5.27　単一 TCP/IP スタックのアーキテクチャ（ESXi 5.1 以前）

ESXi 5.5 以降では esxcli コマンドを、ESXi 6.0 では GUI を使用して、複数の TCP/IP スタックを作成できるようになりました。それぞれのスタックは別々に動作します（図 5.28）。

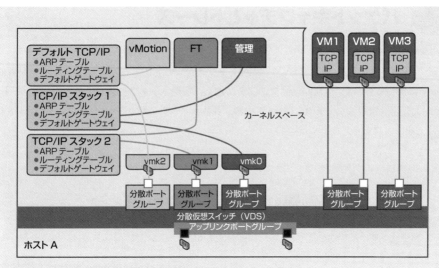

図 5.28　マルチプル TCP/IP スタックのアーキテクチャ

各スタックごとに用意されるリソースは以下のとおりです。

- メモリーヒープ
- ARP テーブル
- ルーティングテーブル
- デフォルトゲートウェイ

ESXi 5.1 以前の単一の TCP/IP スタックで、管理ネットワークとは異なるセグメントで vMotion ネットワークを構成する場合は、管理ネットワークと vMotion ネットワークを別々に構成していましたが、TCP/IP スタックが 1 つであるため、デフォルトゲートウェイは 1 つしか設定できませんでした（**図 5.29**）。

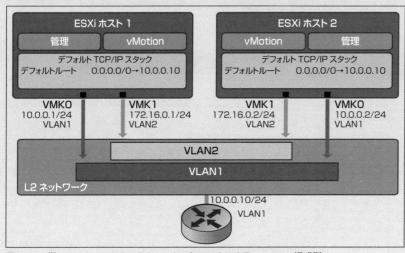

図 5.29　単一の TCP/IP スタックと L2 ネットワークによる vMotion 構成例

5.5 仮想ネットワークのトラブルシューティング

ESXi 6.0 では、vSphere Web Client を使用して、vMotion 用などの VMkernel ネットワーク作成時に別の TCP/IP スタックを利用する VMkernel ネットワークを構成することが可能です。図 5.30 のように管理ネットワークと vMotion 用ネットワークとで別々の VLAN に接続し、かつ別々のデフォルトゲートウェイを設定できます。これにより、vSphere 6.0 で拡張された Long Distance vMotion のように、vMotion ネットワークが異なるセグメント上にある ESXi ホストへ vMotion を行うための構成にも柔軟に対応できます。

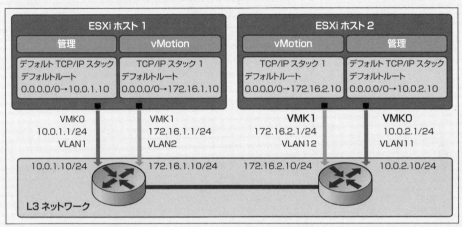

図 5.30　複数 TCP/IP スタックと L3 ネットワークによる vMotion 構成例

vMotion 用ネットワークをデフォルト TCP/IP スタック以外で構成する場合は、vSphere Web Client から対象の ESXi ホストを選択し、[管理] − [ネットワーク] − [VMkernel アダプタ] − [ホストネットワークの追加]で各種の設定と、[ポートのプロパティ]ページで、VMkernel アダプタの設定時に、TCP/IP スタックとして[vMotion]を選択します（図 5.31）。

図 5.31　マルチプル TCP/IP スタックの場合の vMotion 用ネットワーク設定画面

147

vSphereによるネットワークの仮想化とリソース管理

なお、vSphere 5.5 以降でネットワーク仮想化ソリューションの VMware NSX（詳細は第 15 章で解説）を使用する場合は、VXLAN カーネルモジュールがインストールされ、VMkernel ネットワークが作成されますが、デフォルトの TCP/IP スタックは使用されず、VXLAN 専用の TCP/IP スタックが自動的に構成されます。

Chapter 6

仮想マシンの作成と管理

CHAPTER 6 仮想マシンの作成と管理

　仮想マシンとは、コンピュータを構成する主要な要素である BIOS、CPU、メモリ、ディスク、ネットワーク
アダプタなどを vSphere 上で定義し、x86 アーキテクチャを再現した仮想的なコンピュータです。

　vSphere 上で動作する仮想マシンは、以下のような特長、メリットがあります。

- CPU はエミュレーションではなく、ネイティブな x86 CPU 命令を実行するため高速に動作する
- 物理ハードウェアの違いを隠蔽し、常に同じ構成を持つ仮想的なハードウェア環境を提供する。仮想マシ
  ン上で構成した OS イメージは、物理環境の違いに対する汎用性があり、どのような構成の物理ハードウェ
  ア上でも同じように動作する
- vSphere 上で自由に作成、構成変更、コピー、移行ができる
- vSphere の機能と連携し、ゲスト OS 上で操作することなく、自動的にパワーオン、シャットダウン、スク
  リプトの実行などの操作ができる
- vSphere のネイティブなスナップショットが取得でき、Windows ゲストの場合は VSS と連携し、ファイル
  システムレベルの整合性がとれる
- ゲスト OS の種類に依存せず、汎用的なバックアップが取得できる（第 10 章参照）

　本章では、上記のような多くのメリットがある仮想マシンについて、それらをいかに実現し、有効活用でき
るかについて解説します。

　加えて、仮想マシンの仮想的なハードウェア構成と、仮想マシンの実体である構成ファイル群、仮想マシン
の機能を強化するソフトウェア「VMware Tools」、スナップショット、テンプレートについて概説します。

　また、仮想マシンを作成する方法や、起動／停止といった基本操作に加え、物理マシンや別の仮想マシンを
vSphere 用の仮想マシンへ変換、移行する方法についても解説します。

6.1　仮想マシンとは

　本節では、仮想マシンと仮想ハードウェア、仮想マシンを構成するファイルの種類とその役割、また、仮想
マシンと vSphere とを連携し、機能を強化する VMware Tools について解説します。

6.1.1　仮想マシンのハードウェア構成

　仮想マシンとは、vSphere の仮想化技術により、特定のベンダーやハードウェア構成に依存しない汎用的な
x86 アーキテクチャをソフトウェア的に生成し、vSphere 仮想化レイヤー上で OS やアプリケーションを実行す
る環境です（**図 6.1**）。

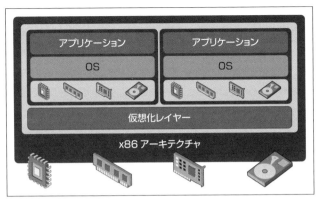

図6.1　仮想マシン

　仮想マシンにOSやアプリケーションをインストールすることで、物理マシンと同様にシステムを構成することが可能です。仮想マシンはCPU、メモリ、ディスク、ネットワークなどの仮想デバイスなどから構成されています。

　第4章と第5章で解説したように、仮想HBAやNICは、物理的なHBAやNICのエミュレーション、もしくは仮想環境特有の準仮想化デバイスです。ゲストOSのデバイスマネージャーなどからデバイス情報を参照すると、仮想的なデバイス構成を確認することができます。デバイスマネージャーで表示されるデバイス種別を確認すると、CPU以外は物理環境のデバイスとはまったく異なるvSphereによる仮想的なハードウェアで構成されていることがわかります（**図6.2**）。

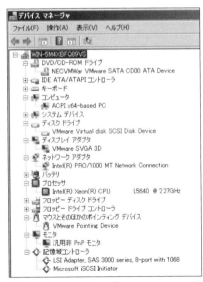

図6.2　デバイスマネージャー

CHAPTER 6　仮想マシンの作成と管理

図6.2のように、仮想マシンは物理的なハードウェア構成に依存せず、仮想マシンを構成する各種デバイス（BIOS、チップセット、HBA、ハードディスク、NICなど）は、どのような物理環境でも常に同一の構成となります。

仮想マシン上の仮想デバイス（HBAやNICなど）は、一般的なOSが標準でサポートする物理デバイス（Intel E1000など）をエミュレーションして動作します。ゲストOSでは、これら一般的なデバイス用のドライバをインストールするだけで、仮想化レイヤーにより隠蔽された物理NICやストレージデバイスにアクセスすることができます。

そのため、ゲストOS上では物理NICやHBA用のデバイスドライバ、マルチパスソフトウェアを用意する必要がなく、物理環境に制約されません。これがvSphere上で非常に多くのゲストOS種別をサポートできる理由です[1]。

第4章と第5章で解説したように、仮想デバイス（SCSI HBA、NIC）にはいくつか種類があります。vSphere仮想環境のみで使用できる準仮想化デバイスも用意されており、後述するVMware Toolsとともにインストールされるデバイスドライバで利用可能になります。仮想ハードウェアを構成するCPU、メモリ、ハードディスク、NICなどの多くは、Web Clientなど各種ツールを利用して簡単に構成を変更することができます。

一方、これらの仮想デバイスは、仮想マシン1台あたりで構成可能な仮想PCIスロット、CPU数、メモリ容量など最大構成サイズに上限があります。このような仮想ハードウェアのスペックは、vSphereのバージョンアップごとに進化しており、仮想ハードウェアバージョンとして定義されています[2]。

仮想ハードウェアバージョンごとに、構成上の制限、利用できる機能、サポートするvSphereのバージョン、およびvSphere Clientからの作成の可否に違いがあり、ユーザーの環境や必要とされる機能により、適切なバージョンを選択する必要があります。仮想ハードウェアバージョンごとのvSphereとの互換性について表6.1に示します。

表6.1　ESXiと仮想ハードウェアバージョンの対応

ESXi／ESX バージョン	ハードウェアバージョン 11	10	9	8	7	4	互換性のあるvCenter Serverのバージョン
ESXi 6.0	作成、編集、実行	作成、編集、実行	作成、編集、実行	作成、編集、実行	作成、編集、実行	作成、編集、実行	vCenter Server 6.0
ESXi 5.5	サポート対象外	作成、編集、実行	作成、編集、実行	作成、編集、実行	作成、編集、実行	作成、編集、実行	vCenter Server 5.5
ESXi 5.1	サポート対象外	サポート対象外	作成、編集、実行	作成、編集、実行	作成、編集、実行	作成、編集、実行	vCenter Server 5.1
ESXi 5.0	サポート対象外	サポート対象外	サポート対象外	作成、編集、実行	作成、編集、実行	作成、編集、実行	vCenter Server 5.0
ESXi／ESX 4.x	サポート対象外	サポート対象外	サポート対象外	サポート対象外	作成、編集、実行	作成、編集、実行	vCenter Server 4.x
ESX 3.x	サポート対象外	サポート対象外	サポート対象外	サポート対象外	サポート対象外	作成、編集、実行	vCenter Server 2.x以降

---

[1] vSphereのバージョンによりサポートするゲストOSの種類は異なります。最新情報は「VMware Compatibility Guide」を参照してください。http://www.vmware.com/guides（英語）

[2] 仮想ハードウェアバージョンごとのサポート仮想デバイスの種別および最大構成サイズについては、下記ナレッジベースを参照してください。http://kb.vmware.com/kb/2051652（英語）

ESXiの各バージョンでは、サポート対象外の仮想ハードウェアバージョンの仮想マシンをパワーオンしたり、移行することはできません。したがって、仮想マシンのバージョンを選択する場合は、その仮想マシンが稼働する可能性のあるESXiのバージョンに留意し、サポートされる仮想ハードウェアバージョンを必ず選択してください。詳細は以下のナレッジベースを参照してください。

- http://kb.vmware.com/kb/1003746（英語）
- http://kb.vmware.com/kb/2007240（英語）

6.1.2 仮想マシンを構成するファイル群

仮想マシンは、仮想ハードウェアの構成を定義したファイルや、仮想マシン上のデータを記録する仮想ハードディスク、仮想マシンのある特定時点の状態を記録するためのスナップショット（後述）など複数のファイルで構成されています。ファイルの種類とその役割は、以下のとおりです。

- **VMX ファイル**
  仮想マシンのさまざまな構成の詳細や割り当てられた仮想ハードウェアについて記述されています。仮想マシンがテンプレート（6.3.3 項を参照）に変換された場合は、拡張子が VMX から VMTX に変更されます。

- **VSWP ファイル**
  ホストレベルスワップが発生した際に、仮想マシンのメモリをスワップアウトする先のファイルです。

- **VMDK および -flat.VMDK ファイル**
  ＜仮想マシン名＞-flat.vmdk ファイルは、仮想マシンの仮想ハードディスクドライブの内容が保存されています。
  ＜仮想マシン名＞.vmdk ファイルには、関連する＜仮想マシン名＞-flat.vmdk ファイルに関するすべての情報が記述されています。

- **VMDK 差分ファイル**
  ＜仮想マシン名＞-######-delta.vmdk ファイルには、スナップショットが作成された時点からの仮想マシンディスクの内容が保存されています。
  ＜仮想マシン名＞-######.vmdk ファイルには、関連する＜仮想マシン名＞-######-delta.vmdk ファイルに関するすべての情報が含まれます。

- **VMSD ファイル**
  仮想マシンのスナップショットに関する情報とメタデータがまとめて保存されています。

- VMSN ファイル
スナップショットが作成された時点の、仮想マシンのメモリ状態が保存されています。

- NVRAM ファイル
仮想マシンの BIOS 設定が保存されています。

- ログファイル
vmware(-x).log ファイルには、仮想マシンの主要なアクティビティのログが保存されています。

これらのファイルは、データストアの仮想マシンフォルダ（/vmfs/volumes/＜データストア名＞/＜仮想マシン名＞）に配置されており、Web Client のファイルブラウザ（図6.3）やウェブベースのデータストアブラウザで確認することが可能です（図6.4）。

図6.3　ファイルブラウザ

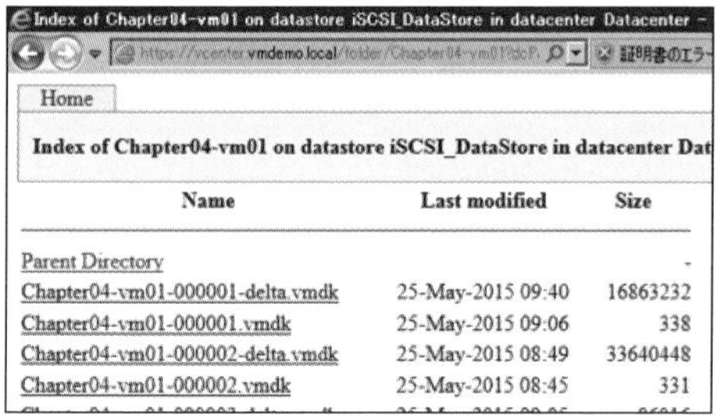

図6.4　ウェブベースのデータストアブラウザ

6.1.3　VMware Tools

VMware Tools は、仮想マシンで稼働するゲスト OS に対し、パフォーマンスを最適化する機能や各種デバイスドライバ、ESXi ホストとの時刻同期といった機能を強化するソフトウェアです。VMware Tools は、仮想マシンを作成し、ゲスト OS をインストールした後で、Web Client からインストールすることができます。以下は、VMware Tools が提供する主な機能です。

- パフォーマンスの向上
  - vSphere 環境に最適化された準仮想化ドライバ（VMXNET3、VMware 準仮想化 SCSI アダプタ）
  - グラフィックスの向上（リモートコンソールおよび画面解像度、3D 表示）
  - 効率的なメモリ管理を実現するバルーンドライバ

- 操作性の向上
  - 管理 PC の画面とリモートコンソールのシームレスな画面移動を提供するマウスドライバ
  - ゲスト OS のパワーオン／オフ時のカスタムスクリプトの実行
  - RDP でのマルチメディアリダイレクト機能

- 信頼性の向上
  - VMware ESXi とゲスト OS のハートビート
  - スナップショット作成時のファイルシステムの整合性を確保する VSS ドライバ
  - ゲスト OS と VMkernel との定期的な時刻同期

- 情報の精度の向上
  - ゲスト OS の情報の取得（Web Client で確認できる IP アドレスなど）

VMware Tools はインストールする OS の種類によって、インストール先のパスや実装される機能が異なります。Windows では、デフォルトで C:¥Program Files¥VMware¥VMware Tools にインストールされ、VMTools、VMware スナップショットプロバイダ、Virtual Disk といったサービスが登録されます。なお Linux では、ディストリビューションに応じた形式でインストールされ、chkconfig に登録されたランレベルに応じて、プロセスやカーネルモジュールが稼働します。

6.2　仮想マシンの作成

本節では、vSphere で稼働する仮想マシンの作成方法と、仮想マシンのパフォーマンスや機能を向上させる VMware Tools のインストール方法について解説します。

CHAPTER 6 仮想マシンの作成と管理

　仮想マシンを作成するためには、Web Client、vSphere Client、コマンドラインからの操作など複数の手法が存在します。ここではWeb Clientを利用した一般的な仮想マシン作成手法を解説します。
　ただし、6.1.1項で解説したように、vSphere Clientでは構成できる仮想ハードウェアバージョンに制限がありますので注意してください。詳細は以下のナレッジベースを参照してください。

- http://kb.vmware.com/kb/2007240（英語）

　Web Client 6.0が対応するブラウザは**表6.2**のとおりです[3]。なお、Web Client 6.0には、Adobe Flash Player 16以降が必要です。本書執筆時点では、LinuxシステムシステムAdobe Flash Playerの最新バージョンは11.2であるため、Web Client 6.0の稼働要件を満たしていません。そのため、Linuxプラットフォームでは、Web Clientを実行することはできません。

表6.2　Web Client 6.0の対応ブラウザ

OS	ブラウザ
Windows	• Microsoft Internet Explorer 10.0.19以降 • Mozilla Firefox 34以降 • Google Chrome 39以降
Mac OS	• Mozilla Firefox 34以降 • Google Chrome 39以降

　仮想マシンを作成し、仮想基盤としてサービスが提供できるようになるまでの大まかな手順は次のとおりです。

- 仮想マシンの作成（CPU、メモリ、ディスクサイズなどの設定）
- ゲストOSのインストール
- VMware Toolsのインストール（vSphereとの連携）

　また、既存の物理環境や他社製品の仮想マシンやバックアップイメージをvSphere用の仮想マシンに変換、移行する方法については、6.4節で解説します。

仮想マシンの作成（CPU、メモリ、ディスクサイズなどの設定）

Web Clientを利用した一般的な仮想マシンの作成手法は次のとおりです。

1. Web Clientホーム画面の［仮想マシンおよびテンプレート］をクリックします（図6.5）。

【3】 表6.2のOSとブラウザのバージョンはテスト済みであり、Web Clientでサポートされています。最高のパフォーマンスを得るには、Google Chromeを使用してください。

6.2 仮想マシンの作成

図 6.5　Web Client ホーム画面

2. 左側のナビゲータのデータセンターを右クリックし、メニューから［新規仮想マシン］を選択して［仮想マシンの作成］をクリックします（図 6.6）。

図 6.6　新規仮想マシン作成の右クリックメニュー

3. 仮想マシンの作成は、ウィザード形式で行います。［新規仮想マシン］ウィザードが表示されたら、必要事項を入力あるいは選択して仮想マシンを作成します。［1a. 作成タイプの選択］画面で、仮想マシンの作成タイプとして、デフォルトで選択されている［新規仮想マシンの作成］を選択し、［次へ］をクリックします。
4. ［2a. 名前とフォルダの選択］画面で、仮想マシンの名前（任意。日本語入力可能）を入力し、仮想マシンの格納先となるデータセンターまたは仮想マシンフォルダを選択し［次へ］をクリックします。

157

CHAPTER 6　仮想マシンの作成と管理

5. ［2b. 計算リソースの選択］画面で、仮想マシンを配置するESXiホスト、クラスタあるいはリソースプールを選択し、［次へ］をクリックします。

6. ［2c. ストレージの選択］画面で、仮想マシンを配置するデータストアを選択します。必要に応じてストレージポリシーを選択し、［次へ］をクリックします。

7. ［2d. 互換性の選択］画面で、前節で解説した仮想ハードウェアバージョンである「互換性」をドロップダウンメニューで選択します。図6.7のように、このメニューではESXiとの互換性をわかりやすくするために、仮想ハードウェアバージョンではなく、そのバージョンをサポートする最も低いESXiのバージョンが表示されます。これにより、仮想マシンがそのバージョンのESXi上で稼働できることを確認できます。互換性の観点から、ここではこの仮想マシンが稼働する可能性がある最も低いESXiのバージョンを選択する必要があります。

図6.7　互換性の選択

8. ［2e. ゲストOSを選択］画面で、仮想マシンにインストールするゲストOSを選択します。Windows、Linuxなどの中から、インストールする予定のゲストOS種別を選択し、さらにOSのディストリビューションやバージョン、ビット数といった詳細を選択し、［次へ］をクリックします。選択したOS種別に応じてvSphereはそのOS種別に適した設定で動作します。たとえば「12.5　仮想化のオーバーヘッドと対応策」で後述するように、ゲストOSの種類により、適切な仮想マシンモニターモード（ハードウェア仮想化支援機能を使うかどうか）を選択します。したがって、ここでは正しいOS種別、バージョン、ビット数を選択してください（図6.8）。

6.2 仮想マシンの作成

図 6.8　ゲスト OS のバージョンの選択

9. ［2f. ハードウェアのカスタマイズ］画面で、仮想マシンの仮想ハードウェアの構成を設定します。ここでは、仮想 CPU 数（およびコア数）、メモリサイズ、ディスクサイズやフォーマットなど、実装するサービスの性能要求を満たすよう慎重に設定してください。設定した構成値は後で変更することも可能です（仮想マシンの主要な構成値の他、必要に応じて Storage DRS ルールなどの設定を行います。Storage DRS については、8.3 節を参照してください）。

図 6.9 のように、［仮想ハードウェア］タブで上記の仮想マシンのハードウェアを構成します。

図 6.9　［仮想ハードウェア］タブ

10. 図 6.10 のように、[仮想マシンオプション]タブでは、仮想マシンのアクセラレーション機能の無効化やデバッグと統計のレベル、スワップファイルの場所などを指定することが可能です。

    スワップファイルとは、3.2.3 項で解説した「ホストレベルスワップ」の出力先です。デフォルトでは 6.1.2 項で解説した仮想マシン構成ファイルと同じ場所に置かれますが、スワップイン／スワップアウトの速度向上のため、SSD 領域などを設定することも可能です。

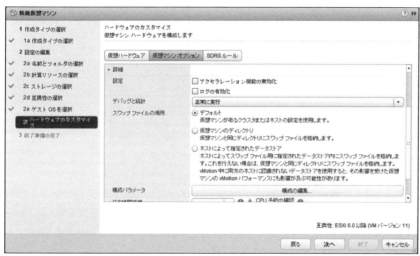

図 6.10　[仮想マシンオプション]タブ

11. [3. 終了準備の完了]画面で、新規仮想マシンに関する概要情報が表示されます。この画面で設定の間違いなどを見つけた場合は、[戻る]ボタンで前画面に戻り、設定をやり直すことが可能です。正しく設定値が入力されていることを確認して[終了]ボタンをクリックすると、仮想マシンが作成されます（図 6.11）。

図 6.11　終了準備の完了

6.2 仮想マシンの作成

6.2.2 ゲスト OS のインストール

前項で作成した仮想マシンを操作し、ゲスト OS をインストールするための手順を解説します。

1. まず、左側のナビゲータから仮想マシンを右クリックし、表示されたメニューから［電源］をポイントし［パワーオン］をクリックします（図 6.12）。

図 6.12 仮想マシンの［パワーオン］

2. 次に中央の［仮想マシンのハードウェア］を展開し CD ／ DVD ドライブの［切断状態］の右側のアイコンをクリックします（図 6.13）。

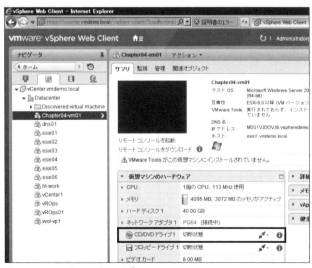

図 6.13 CD ／ DVD ドライブ

161

3. 図6.14のようにプルダウンメニューが表示されます。ここではゲストOSのインストール用DVD（またはISOイメージ）の場所を指定します。［ホストCDデバイスに接続…］を選択すると仮想マシンが動作しているESXiホスト上の物理CDドライブを指定する画面になります。ここでは、［データストアのCD／DVDイメージに接続］を選択します。

図6.14　データストアのCD／DVDイメージに接続

4. ［ファイルの選択］ウィンドウが表示されますので、ゲストOSのISOイメージが保存されているデータストアおよびフォルダを展開します。ISOイメージを選択して［OK］をクリックします。
5. ［サマリ］タブ画面の上部にある仮想マシンの縮小画面あるいは［リモートコンソールの起動］をクリックします。縮小画面をクリックした場合は、ブラウザで新しい別のタブが開きます。［リモートコンソールを起動］をクリックした場合は、ブラウザの別ウィンドウまたはタブでリモートコンソール専用クライアントが起動します。

　リモートコンソールを起動するためには、事前に［リモートコンソールをダウンロード］をクリックし、ウェブブラウザを実行しているデスクトップ環境にVMware Client Integration Plug-inをインストールする必要があります（図6.15）。

6.2 仮想マシンの作成

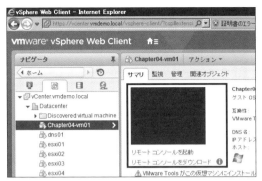

図6.15 リモートコンソールの起動

6. ゲストOSのインストール画面が表示されたら、OSごとの手順に従ってインストールしてください（図6.16）。

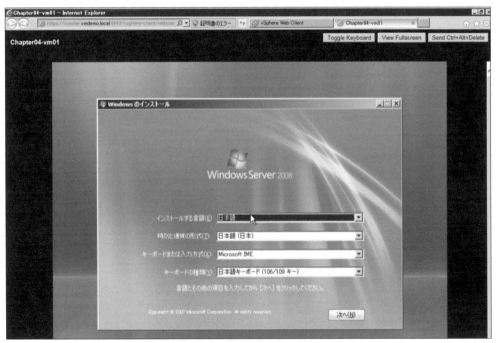

図6.16 Windows Server 2008 インストール画面

　Web Client 6.0で標準となっているHTML5ベースのWebMKSコンソールでは、absolute mouseと呼ばれるマウス機能を利用しています。このabsolute mouseでは、正常なイベント伝達にVMware Toolsを必要とするため、仮想マシン作成時の初期段階などVMware Toolsが未インストールの状態では、マウス操作が困

難となります。この事象を回避するためには、仮想マシンの作成時に「仮想USBコントローラ」を構成する必要があります。これにより、VMware Toolsが未インストールの環境でも、仮想マシンで正常にマウスを操作できます。

VMware Toolsのインストール後に不要となった「仮想USBコントローラ」は、構成時と同様に簡単に削除することが可能です。

6.2.3 VMware Toolsのインストール

6.1.3項で解説したように、VMware ToolsはvSphereと連携し、パワーオン、シャットダウン、スナップショットの整合性維持など、より進んだ機能を提供する他、仮想環境特有の準仮想化デバイスドライバを含んでおり、第12章で後述するパフォーマンスの最適化を実現します。

仮想マシンでゲストOSのインストールが完了した後、VMware Toolsをインストールします。なお、図6.17のように、Web Clientの仮想マシンのサマリ画面に「VMware Toolsがこの仮想マシンにインストールされていません」という警告が表示がされている場合は、VMware Toolsがインストールされていない状態です。

図6.17　VMware Toolsの状態

ここでは仮想マシンに、VMware Toolsをインストールする方法を解説します。

1. 左側のナビゲータからVMware Toolをインストールする仮想マシンを右クリックし、表示されたメニューから[ゲストOS]をポイントし[VMware Toolsのインストール]をクリックします。あるいはサマリ画面中央の[VMware Toolsのインストール]をクリックします。
2. [VMware Toolsのインストール]ダイアログが表示されたら[マウント]をクリックします。
3. マウントが正常に完了するとOSの種類に応じたVMware Toolsのインストールイメージが、ゲストOS上の仮想DVDドライブにマウントされます。Windowsゲストの場合は、自動再生ダイアログボックスが表示されます（図6.18）。

6.2　仮想マシンの作成

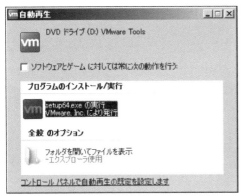

図6.18　自動再生

ここからはWindowsゲストを例にVMware Toolsのインストール手順を解説します。Linuxなどの他のOSの場合は、マウントパスにインストールモジュールが表示されるため、OSの種類に応じてインストールしてください[4]。

VMware Toolsは、vSphereでサポートされているゲストOSであればインストールすることができます。サポートされていないゲストOSについては、ソースコードからコンパイルしてからインストールすることも可能です。詳細については以下のナレッジベースを参照してください。

- http://kb.vmware.com/kb/1018414（英語）

4. Setup64.exeをクリックすると[VMware Toolsセットアップ]ダイアログが表示されます。[次へ]をクリックします。
5. [セットアップの種類の選択]画面で[標準]を選択し、[次へ]をクリックします。ユーティリティあるいは一部のドライバをインストールしないなど特別な設定が必要な場合は[カスタム]を選択します。なお、全機能をインストールする場合は[完了]を選択します。
6. [VMware Toolsのインストール準備完了]画面で[インストール]をクリックし、インストールを開始します。
7. インストールが完了したら、[完了]をクリックします。
8. 最後に再起動を促すダイアログボックスが表示されるので[はい]をクリックし、ゲストOSを再起動します。以上でVMware Toolsのインストールは完了です（図6.19）。

---

[4] LinuxゲストへのVMware Toolsのインストール方法については、以下KBを参照してください。
　　http://kb.vmware.com/kb/1018392（英語）
　　http://kb.vmware.com/kb/1022525（英語）
　　http://kb.vmware.com/kb/2004754（英語）

CHAPTER 6　仮想マシンの作成と管理

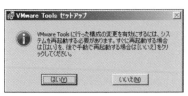

図 6.19　再起動

6.3　仮想マシンの管理

　本章のはじめに述べたように、vSphereの仮想マシンでは、物理環境と比べて多くのメリットがあります。本節ではこれらのメリットの一部である、起動／停止といった仮想マシンの基本操作や、仮想マシンの特定時点の静止点を記録するスナップショット、仮想マシンを迅速に展開できるクローン、テンプレートについて解説します。

　仮想マシンの操作では、Web Clientのナビゲータで対象の仮想マシンを右クリック、あるいは仮想マシンをクリック後に、仮想マシン名の横に表示されるアクションをクリックしてメニューを表示します（図6.20、図6.21）。右クリックメニュー、アクションメニューともにできる機能は同じですが、以降は右クリックメニューの操作を利用して解説します。

図 6.20　右クリックメニュー

図 6.21　アクションメニュー

6.3.1 仮想マシンの起動／停止

　仮想マシンは物理マシンと同様に、電源のパワーオン、パワーオフ、再起動などの操作が可能です。仮想マシンの起動／停止に関するメニュー、およびその操作内容は以下のとおりです。

- パワーオン ―― 仮想マシンの電源を投入する
- パワーオフ ―― 仮想マシンの電源を切断する
- サスペンド ―― 仮想マシンを一時的に停止しサスペンド状態にする
- リセット ―― 仮想マシンを（仮想マシン的に）ハードウェアリセットする
- ゲストOSのシャットダウン ―― 仮想マシンで稼働しているゲストOSをOSの機能を使ってシャットダウンする
- ゲストOSの再起動 ―― 仮想マシンで稼働しているゲストOSをOSの機能を使って再起動する

　左側のナビゲータから仮想マシンを右クリックし、表示されたメニューから［電源］をポイントし表示されたアクションをクリックします。

6.3.2 スナップショット

　仮想マシンのスナップショットは、仮想マシンのある特定時点の状態およびディスク領域をオンラインで保持できる、仮想環境ならではの非常に便利な機能です。

　特定時点の状態には、仮想マシンの電源状態（パワーオン、パワーオフ、サスペンドなど）および稼働中のCPU、メモリの状態、ディスク領域が含まれます。また、保持されるディスク領域には仮想マシンを構成するvmdkファイルが含まれます。

　スナップショットを利用することで、仮想マシンをスナップショット取得時の状態に簡単にロールバックすることが可能となり、更新プログラムの適用やアプリケーションの開発テストなど、さまざまなシーンで活用できます。

　図6.22はスナップショットの利用例です。パッチやアプリをインストールする前に、スナップショットを取得することで、なんらかの問題が発生した場合にロールバックを可能にします。

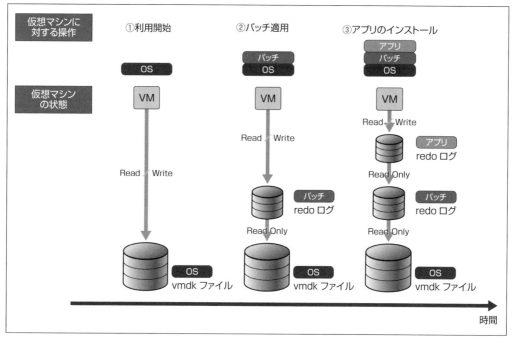

図 6.22　スナップショットの利用例

1. 仮想マシンの利用を開始します。
2. パッチを適用する前にスナップショットを作成します。スナップショットを作成した時点で、redo ログと呼ばれる差分ファイルが作成され、パッチ適用を含む以降のディスクへの書き込みは redo ログに対して行われます。
3. アプリケーションをインストールする前にスナップショットを作成します。スナップショットを作成した時点で、新たな redo ログが作成され、アプリケーションのインストールを含む以降のディスクへの書き込みは redo ログに対して行われます。

このようにスナップショットは複数世代（仮想マシンの現時点を含む 32 世代まで）作成することが可能です。

■スナップショットの作成

仮想マシンのスナップショットに関するメニューおよびその操作内容は以下のとおりです。

- スナップショットの作成 —— 仮想マシンのスナップショットを作成する
- 最新のスナップショットに戻す —— 最新のスナップショットを取得した時点へ仮想マシンを戻す
- スナップショットの管理 —— 作成済みのスナップショットの状態への移動や、スナップショットの削除を行う
- 統合 —— 複数のスナップショットを統合する

6.3 仮想マシンの管理

ここでは仮想マシンのスナップショットの作成と管理についての操作を解説します。

1. 左側のナビゲータから操作する仮想マシンを右クリックし、表示されたメニューから［スナップショット］
をポイントします（図6.23）。

図6.23　スナップショット

2. ［スナップショットの作成...］を選択すると、スナップショットの［名前］と［説明］を入力するダイアログボックスが表示されます。必要事項を入力して［OK］をクリックします。このとき［仮想マシンのメモリのスナップショット］にチェックを入れると、ゲストOSが稼働している状態でのメモリ内部を含めたスナップショットが作成されます。

3. 図6.24で［スナップショットの管理］メニューを選択すると、任意のスナップショットへの移動やスナップショットの削除が可能です。

図6.24　スナップショットの管理

169

CHAPTER 6　仮想マシンの作成と管理

■スナップショットの統合

スナップショットを削除すると、redo ログファイルに対して書き込まれた変更点は、ベースディスク（VMDK ファイル）あるいは別の redo ログファイルに統合されます。しかし、なんらかの理由によりスナップショットの統合が失敗した場合、スナップショットマネージャの表示からは消えるものの、redo ログファイル（xx-delta.vmdk）がストレージ上に残ることがあります。この問題は、次のようなトラブルを引き起こすことがあるため、図 6.23 のメニュー ［統合］ の操作により統合を強制することで、トラブル解消に役立てることができます。

- スナップショット記述ファイル（.vmsd）は正しくコミットされているが、スナップショットマネージャーはすべてのスナップショットは削除されていると、間違って報告している
- スナップショットファイル（-delta.vmdk）が依然として仮想マシンの一部である
- スナップショットファイルが増大し続けていて、データストアを圧迫している

6.3.3　テンプレートとクローン

6.1.2 項で解説したとおり、仮想マシンのイメージは VMDK という単一のファイルなどにパッケージ化されているため、それらをコピーすることにより、簡単に仮想マシンの「クローン」を作成することが可能です。

単にクローンするだけでなく、同じような仮想マシンのイメージを大量に作成したい場合は、元の仮想マシンのイメージをゴールデンマスター（ひな形）として「テンプレート」化し、同様の仮想マシンを任意に作成することが可能です。仮想マシンから「テンプレート」に変換する操作により、テンプレート化が行われます。

テンプレート、クローンを利用して、仮想マシンを単純にコピーした場合、ホスト名、IP アドレスなど本来ユニークでなければならない設定情報を含め、仮想マシンがすべて複製されます。複製による問題を解消するため、クローンされた仮想マシンの設定情報をユニークな値に変更する「カスタマイズ仕様」というしくみが用意されています。カスタマイズ仕様を利用することで、ホスト名、ネットワーク、OS ライセンス情報などをカスタマイズすることが可能になります。

■仮想マシンとテンプレートとの相違点

仮想マシンをクローンすることにより簡単に複製（クローン）が作成できるため、障害時のトラブルシューティング環境の再現やアプリケーションの動作テスト環境の構築などを簡単に作成することができます（図 6.25）。

図 6.25　クローン

テンプレートは、OS、パッチ、アプリケーションなど、ベースラインとなる設定をした仮想マシンをゴールデンマスターとして登録し、仮想マシンの展開を迅速化できる機能です（図6.26）。

図6.26　テンプレート

クローンの作成は、仮想マシンまたはテンプレートのいずれからも実施可能です。なお、テンプレートは仮想マシンと異なり、パワーオンしたり構成を変更したりすることができません。この制限により、テンプレートはイメージが変更されない状態を保証しています。

パッチを適用するなど、テンプレートのイメージに修正が必要な場合、テンプレートを仮想マシンに変換した後、パワーオンしてパッチの適用などの修正を行います。その後、仮想マシンをパワーオフし、再度テンプレートへ変換します。

テンプレートは、仮想マシンと同様にESXiホストに登録されており、仮想マシンへのクローン時には、コールドマイグレーションの機能を利用して展開先のホストへコピーされ、カスタマイズされます。

ESXiホストがメンテナンスモードに移行したり、障害などで利用できなくなった場合は、テンプレートは、vCenter Serverにより自動的に別ホストにコールドマイグレーションされます（一方、電源オンの仮想マシンは、vSphere HAを有効化しない限りフェイルオーバーされないため、他のホスト上でパワーオンしたり、クローンしたりすることはできません）。

このように、テンプレートはESXiホストの状態にかかわらず、常に仮想マシンの展開に利用できるため、汎用的に利用することが可能です。

仮想マシンからクローンを作成する場合と、テンプレートからクローンを生成する場合の動作の違いについて表6.3にまとめます。

表6.3　仮想マシン、テンプレートからクローンの違い

	仮想マシン	テンプレート
フォーマット	通常の仮想マシン（パワーオン、パワーオフ問わず）	通常の仮想マシンをテンプレート形式に変換したもの
再利用性	パワーオン中にホストに障害が発生した場合など、再利用できない場合がある	常に再利用可能
イメージの不変保持性	パワーオン時は変更される	常にパワーオフで変更されない
カスタマイズ仕様	可	可
コンテンツライブラリの登録（後述）	不可	可

■カスタマイズ仕様

カスタマイズ仕様とは、IPアドレスやホスト名などのOS上の設定値やデータのカスタマイズ方法を指示するデータの集まりで、あらかじめvCenter Serverに登録しておくか、クローン時に動的に作成することにより利用可能となります。

カスタマイズ仕様は、カスタマイズの用途に応じて複数保存することができます。カスタマイズ仕様を利用することにより、仮想マシン展開時にホスト名の競合や設定値の入力ミスを防止できるなどのメリットがあります。

Windows ゲスト用のカスタマイズ仕様では、以下のような OS の設定情報やデータの変更が可能です。一度作成したカスタマイズ仕様は、カスタマイズ仕様マネージャで変更することが可能です。

- OS への登録情報（名前、組織）
- コンピュータ名
- Windows のライセンスキー
- 管理者パスワード
- タイムゾーン
- ユーザーが初めてログインしたときに実行するコマンド
- ネットワークの構成（IP アドレス、デフォルトゲートウェイ、DNS サーバーなど）
- 所属するワークグループまたは AD ドメイン名
- 新規 SID の生成

ゲスト OS をカスタマイズするためには、VMware Tools、仮想ディスクおよび OS に関して以下のような要件があります。

- **VMware Tools の要件**
  仮想マシンまたはテンプレートに最新バージョンの VMware Tools がインストールされている必要があります。

- **仮想ディスクの要件**
  カスタマイズ対象のゲスト OS は、仮想マシン構成で SCSI ノード 0:0 として接続されたディスクにインストールされている必要があります。

- **Windows の要件**
  Windows のゲスト OS をカスタマイズするためには、vCenter Server の稼働する Windows Server に Microsoft Sysprep ツールをインストールするか、vCenter Server アプライアンスに Microsoft Sysprep をアップロードする必要があります。Sysprep を格納する場所およびバージョンについては、以下のナレッジベースを参照してください。

  - http://kb.vmware.com/kb/2004013（英語）
  - http://kb.vmware.com/kb/1005593（英語）
  - http://kb.vmware.com/kb/2078575（日本語。最新情報でない場合があります）

- **Linux の要件**

Linux のゲスト OS をカスタマイズするためには、ゲスト OS に Perl がインストールされている必要があります。なお、Linux のゲスト OS のカスタマイズは、複数の Linux ディストリビューションでサポートされています。

ここでは、Windows OS を例に［カスタマイズ仕様マネージャ］をクリックした際の操作について解説します。

1. Web Client のホーム画面で、［カスタマイズ仕様マネージャ］をクリックします。
2. ＋印のついた「新規仕様を作成」アイコンをクリックします（図 6.27）。［新しい仮想マシンゲストカスタマイズ仕様］ウィンドウが表示されます。

図 6.27　新規仕様の作成

3. ［1. プロパティの設定］画面で、カスタマイズ仕様の名前を入力し、ターゲットの OS を選択して［次へ］をクリックします。
4. ［2. 登録情報の設定］画面で、ゲスト OS の登録情報を入力して［次へ］をクリックします。
5. ［3. コンピュータ名の設定］画面で、コンピュータ名の命名ルールを選択して［次へ］をクリックします。なお、命名ルールは次のものを選択できます。

- ［名前を入力してください］
  ウィザードで入力した名前が仮想マシンのコンピュータ名として設定されます。

- ［仮想マシン名を使用］
  vCenter Server で設定されている仮想マシン名がコンピュータ名として設定されます。

- ［クローン／デプロイウィザードに名前を入力］
  仮想マシンのクローン／デプロイのウィザードで入力した名前がコンピュータ名として設定されます。

6. ［4. Windows ライセンスの入力］画面で、ゲスト OS の Windows のライセンスキーを入力して［次へ］をクリックします。

7. [5. 管理者パスワードの設定]画面で、管理者のパスワードを入力して[次へ]をクリックします。
8. [6. タイムゾーン]画面で、タイムゾーンを選択して[次へ]をクリックします。
9. [7. 1回実行]画面で、ゲストOSにユーザーが初めてログオンしたときに実行するコマンドを入力します。コマンドを実行しない場合は未設定のまま[次へ]をクリックします。
10. [8. ネットワークの構成]画面で、ゲストOSのネットワークの構成を設定して[次へ]をクリックします。個別にIPアドレスやDNSなどを設定する場合は、[カスタム設定を手動で選択]をクリックして適宜設定します。
11. [9. ワークグループまたはドメインの設定]画面で、所属させたいワークグループまたはドメイン名、および管理者アカウントとパスワードを入力して[次へ]をクリックします。
12. [10. オペレーションシステムのオプションの設定]画面で、新規セキュリティID(SID)生成の有無に応じてチェックボックスをクリックし、[次へ]をクリックします。
13. [11. 終了準備の完了]画面で、サマリを確認して[終了]をクリックします。

■仮想マシンからのクローン作成

仮想マシンのクローン作成に関するメニューおよびその操作内容は以下のとおりです。

- **このテンプレートから仮想マシンを新規作成**
  指定したテンプレートをクローンし、新規仮想マシンを作成します(新規仮想マシンができます)。

- **仮想マシンにクローン作成**
  指定した仮想マシン(またはテンプレート)のクローンを作成します(新規仮想マシンができます)。

- **テンプレートにクローン作成**
  指定した仮想マシンのクローンを作成後、テンプレートに変換します(新規テンプレートができます)。

- **ライブラリにクローン作成**
  指定したテンプレートのクローンをコンテンツライブラリに作成します(新規クローンが作成され、コンテンツライブラリに登録されます)。

操作する仮想マシンを右クリックし、表示されたメニューから[クローン作成]をポイントし、上記のメニューのうちいずれかを選択します。

ここでは[仮想マシンにクローン作成]をクリックした際の操作について解説します。

1. [既存の仮想マシンのクローン作成]ウィンドウが表示されますので、[1a. 名前とフォルダの選択]画面で、仮想マシンの名前の入力し仮想マシンの場所を選択して[次へ]をクリックします。
2. [1b. 計算リソースの選択]画面で、仮想マシンを稼働させるターゲット(ESXiホスト、クラスタ)を選択し、

[次へ］をクリックします。
3. ［1c. ストレージの選択］画面で、仮想マシンの構成ファイルとディスクファイルを保存するデータストアを選択し［次へ］をクリックします。
4. ［1d. クローンオプションの選択］画面で、クローン作成時に OS や仮想ハードウェアのカスタマイズを同時に実施する場合は、必要なオプションを選択して［次へ］をクリックします。ここで［オペレーティングシステムのカスタマイズ］を選択すると、前述のカスタマイズ仕様を適用することができます。また、仮想マシンのクローン終了後に自動的にパワーオンしたい場合は、［作成後に仮想マシンをパワーオン］にチェックを入れます。
5. ［2. 終了準備の完了］画面で、作成するクローンのサマリを確認して［終了］をクリックします。

6.3.4 コンテンツライブラリ

コンテンツライブラリは、vSphere 6.0 から提供されている機能で、ISO イメージ、スクリプト、テンプレートなどをライブラリ化し、複数の vCenter Server 間で共有して利用できるようにするしくみです。

ある vCenter Server 上でコンテンツライブラリを「公開」することにより、他の vCenter Server はそれを「購読」することが可能になります。購読されたコンテンツライブラリは、公開側 vCenter Server から購読側 vCenter Server に「同期」され、完全に同一のイメージが保持されます（図 6.28）。

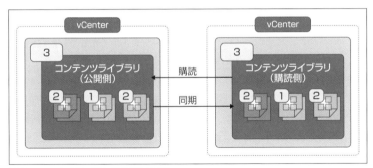

図 6.28　コンテンツライブラリの同期

コンテンツは、購読を開始した時点で同期されます。その後、公開側のコンテンツが更新された場合は、定期的（1 日 1 回）あるいは手動で購読側に同期されます。

コンテンツライブラリを利用することで、複数の vCenter Server インスタンスが存在する環境における vSphere 管理者の工数を大幅に削減できます。個々の vCenter Server インスタンスに対し個別のテンプレートを準備することなく、すべての vCenter Server で同期された同一のテンプレートを利用することが可能になるためです。

仮想マシンの作成と管理

6.4 物理マシン、仮想マシン、ディスクイメージから仮想マシンへのインポート

VMware が提供する vCenter Converter Standalone（vCenter Converter）というツールを利用すると、Windows や Linux などさまざまな種類の物理マシンや、Microsoft Hyper-V など他の仮想化ソフトウェアの仮想マシン、Norton Ghost などのバックアップソフトウェアのイメージを vSphere 環境へインポートし、新たに仮想マシンを作成することが可能です。

vCenter Converter は、VMware より無償で提供されています。以下の VMware のサイトより入手可能です。

- http://www.vmware.com/download/

一般的に、物理マシンから仮想マシンへの変換を P2V（Physical to Virtual）、仮想マシンから仮想マシンへの変換を V2V（Virtual to Virtual）、ディスクイメージから仮想マシンへの変換を I2V（Image to Virtual）と呼ぶため、本書でも同様の呼称を使用します。

6.4.1 インポートの種類（P2V、V2V、I2V）

vCenter Converter は、仮想マシンのインポート元（以下ソースと呼ぶ）として、物理マシン、仮想マシン、イメージファイルを選択できます。ソースの OS、アプリケーション、データをそのままインポートし、vSphere の仮想マシンとして稼働できるように、一部の仮想デバイスの変換のみを行います。

V2V では、他の仮想化ソフトウェアの仮想マシンを vSphere にインポートしたり、vSphere で構築済みの仮想マシンの仮想ハードウェアのバージョンを変更したりすることができます。表6.4 に、vCenter Converter で指定可能なソースを変換方法（P2V、V2V、I2V）ごとに示します。本書執筆時点の情報となるため、最新の情報は、VMware 社のホームページで公開されているリリースノートを確認してください。

- **VMware vCenter Converter Standalone のドキュメント**
  http://www.vmware.com/jp/support/support-resources/pubs/converter_pubs（日本語）

6.4　物理マシン、仮想マシン、ディスクイメージから仮想マシンへのインポート

表 6.4　変換の種類とソース

種類	ソース	用途
P2V	Windows ● Windows Server 2003 R2 SP2（32 ビット、64 ビット） ● Windows Vista SP2（32 ビット、64 ビット） ● Windows Server 2008 SP2（32 ビット、64 ビット） ● Windows Server 2008 R2（64 ビット） ● Windows 7（32 ビット、64 ビット） ● Windows 8（32 ビット、64 ビット） ● Windows 8.1（32 ビット、64 ビット） ● Windows Server 2012（64 ビット） ● Windows Server 2012 R2（64 ビット） Linux ● CentOS 6.x（32 ビット、64 ビット） ● CentOS 7.0（64 ビット） ● Red Hat Enterprise Linux 4.x（32 ビット、64 ビット） ● Red Hat Enterprise Linux 5.x（32 ビット、64 ビット） ● Red Hat Enterprise Linux 6.x（32 ビット、64 ビット） ● Red Hat Enterprise Linux 7.x（64 ビット） ● SUSE Linux Enterprise Server 9.x（32 ビット、64 ビット） ● SUSE Linux Enterprise Server 10.x（32 ビット、64 ビット） ● SUSE Linux Enterprise Server 11.x（32-bi、64 ビット） ● Ubuntu 12.04（32 ビット、64 ビット） ● Ubuntu 14.x（32 ビット、64 ビット）	● サーバーハードウェアの保守切れに伴うリプレイス ● 仮想環境の集約 ● 物理サーバーに対する作業検証（パッチ適用、アップグレード、構成変更など） ● 災害対策
V2V	VMware デスクトップ製品 ● Workstation 10.x、11.0 ● Fusion 6.x、7.0 ● Player 6.x、7.0 VMware vCenter 仮想マシン ● vSphere 6.0 ● vSphere 5.5 ● vSphere 5.1 ● vSphere 5.0 ● vSphere 4.1 ● vSphere 4.0 Microsoft 仮想マシン ● Microsoft Virtual PC 2004、Microsoft Virtual PC 2007（.vmc） ● Microsoft Virtual Server 2005、2005 R2（.vmc） Hyper-V サーバー仮想マシン（Windows Server 2008 R2 上で稼働する Hyper-V サーバーの場合、下記ゲスト OS がインストールされており、かつパワーオフした仮想マシン。それ以外の Hyper-V サーバーをソースとする場合、仮想マシンをパワーオンして変換する必要がある） ● Windows Server 2003（x86 および x64）SP1、SP2 ● Windows Server 2003（x86 および x64）R2 SP1、SP2 ● Windows Server 2008（x86 および x64）SP2 ● Windows Server 2008（x86 および x64）R2 ● Windows Server 2008（x86 および x64）R2 SP1 ● Windows 7（Home エディションを除く） ● Windows Vista SP1、SP2（Home エディションを除く）	● 仮想環境の変更 ● 仮想ハードウェアのバージョン変更

仮想マシンの作成と管理

種類	ソース	用途
I2V	Acronis • Acronis True Image Echo 9.1、9.5、 • Acronis True Image Home 10、11（.tib） Symantec • Symantec Backup Exec System Recovery（旧 LiveState Recovery）6.5、7.0、8.0、8.5 • LiveState Recovery 3.0、6.0（.sv2i 形式のみ） • Norton Ghost version 10.0、12.0、14.0（.sv2i 形式のみ） Paralles • Parallels Desktop 2.5、3.0、4.0（.pvs、.hdd）（圧縮ディスクは未サポート） • Parallels Workstation 2.x（.pvs）（圧縮ディスクは未サポート、Parallels Virtuozzo Containers は未サポート） StorageCraft • StorageCraft ShadowProtect Desktop、ShadowProtect Server、ShadowProtect Small Business Server (SBS)、ShadowProtect IT Edition、versions 2.0、2.5、3.0、3.1、3.2（.spf）	イメージバックアップからのリストア

6.4.2 インポートの手順

　vCenter Converter は、物理マシンをインポートするために必要となる複雑な手順を自動化し、簡単なウィザード操作で変換を実現するツールです。本項では、vCenter Converter のインストール方法と、物理マシンを仮想マシンに変換する手順を解説します。

　vCenter Converter は複数のコンポーネントで構成されており、これらのコンポーネントのすべてを同一のマシンにインストールして構成することも、サーバーとクライアントを別々のマシンで構成することも可能です。各コンポーネントおよび役割は以下のとおりです。

- Converter Standalone Server ── 仮想マシンのインポート、エクスポート
- Converter Standalone Agent ── ソースのマシンにインストール（Windows のみ）
- Converter Standalone Client ── ユーザーインターフェイス

■Converter Standalone モジュールのインストール

　Converter Standalone Client は Windows プラットフォームにインストールし、物理環境などを vSphere へインポートし、変換に必要な操作を行うコンソールです。

　Converter Standalone Server は、Agent 経由で物理マシンやバックアップファイルからシステムのイメージをインポートし、仮想デバイスドライバの変換を行い、vSphere へインポートするエンジンです。特に理由がなければ、Converter Client と Server は同一プラットフォームにインストールします。

　Converter Standalone Agent は、ソース（移行元）の Windows システムにインストールし、Converter Server と連携してソースのディスク内容をインポートします。

　Converter Standalone がインストール可能な Windows は以下のとおりです。

- Windows Server 2003 R2 SP2（32 ビットおよび 64 ビット）
- Windows Vista SP2（32 ビットおよび 64 ビット）
- Windows Server 2008 SP2（32 ビットおよび 64 ビット）
- Windows Server 2008 R2（64 ビット）
- Windows 7（32 ビットおよび 64 ビット）
- Windows 8（32 ビットおよび 64 ビット）
- Windows 8.1（32 ビットおよび 64 ビット）
- Windows Server 2012（64 ビット）
- Windows Server 2012 R2（64 ビット）

通常は、Converter Client および Server をインストールする専用の PC（仮想マシンでも可）を用意し、ソース（移行元）の物理マシンまたはバックアップイメージを指定し、ターゲット（移行先）の vCenter Server および ESXi ホストを指定し、インポートを行います。

Converter Client、Server、Agent とも以下のような同じ手順でインストールします。

1. VMware のウェブサイトからインストーラ（VMware-converter-6.x.x-<xxxx>.exe）をダウンロードし、Windows デスクトップ上でダブルクリックします。インストーラの起動後、表示される Welcome 画面の [Next]をクリックします。
2. End-User Patent Agreement の内容を確認し、[Next]をクリックします。
3. End-User License Agreement の内容を確認し、[I agree to the terms in the License Agreement]を選択して[Next]をクリックします。
4. インストール先を指定し、[Next]をクリックします。
5. インストールする種類を選択します。Client、Server、Agent のすべてのコンポーネントを同一マシン上にインストールする [Local Installation]を選択します。ソースに Agent のみをインストールする場合は、[Client-Server installation(advanced)]を選択して[Next]をクリックします（図 6.29）。

CHAPTER 6 仮想マシンの作成と管理

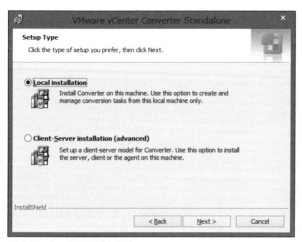

図 6.29　セットアップタイプ

6. ［Install］をクリックします。
7. インストールの経過を表示する画面が表示されます。
8. インストールの完了後、［Finish］をクリックします。［Run Converter Standalone Client now.］のチェックボックスがオンの場合は、インストールの終了後に vCenter Converter が起動します（図 6.30）。

図 6.30　インストール完了画面

■インポート、変換処理の実行

vCenter Converter を利用し、ソースから vSphere にインポートする手順について解説します。以下はある vSphere 仮想マシンをソースとし、仮想ハードウェアバージョンを変更し、別の仮想マシンとして vSphere にインポートする、というシナリオです。

1. デスクトップあるいはスタートメニューから［VMware vCenter Converter Standalone］を起動し、ウィンドウ左上の［Convert machine］をクリックします（図 6.31）。

6.4 物理マシン、仮想マシン、ディスクイメージから仮想マシンへのインポート

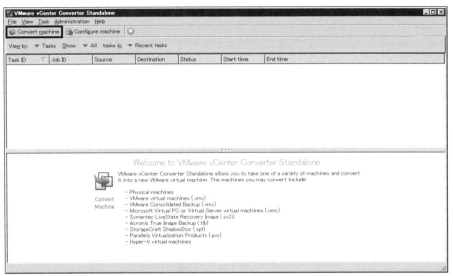

図 6.31　メイン画面

2. ソースの仮想マシンを管理する vCenter Server のサーバー情報を指定します。[Select source type] ドロップダウンメニューから [VMware Infrastructure virtual machine] を選択します。この例では、ソースの仮想マシンを管理している vCenter Server のホスト名と、ユーザー ID とパスワード（[Server] [User name] [Password]）を入力し、[Next] をクリックします（**図 6.32**）。

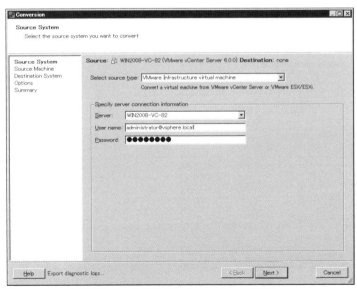

図 6.32　ソースの仮想マシンを管理する vCenter Server の指定

181

3. ソースの仮想マシンを選択し、[Next]をクリックします（図6.33）。

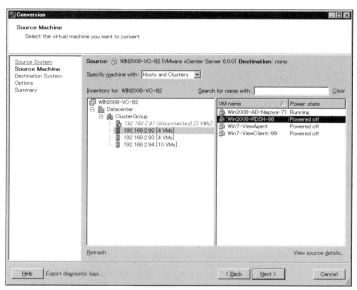

図 6.33　ソースの仮想マシンの選択

4. ターゲット（インポート先）の仮想マシンを管理する vCenter Server を指定します（図6.34）。

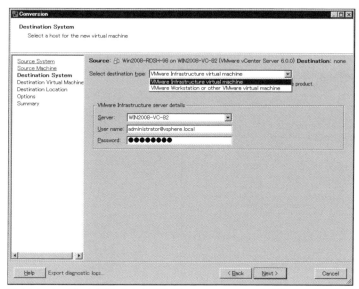

図 6.34　ターゲット仮想マシンを管理する vCenter Server の指定

5. ターゲットにインポートし、新規に生成する仮想マシン名を入力し、配置先のフォルダを指定し、[Next]をクリックします（図6.35）。

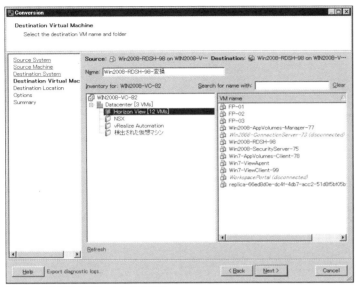

図6.35　変換後の仮想マシン名の指定

6. ターゲット上に新規に生成する仮想マシンの配置先ESXiホスト、データストア、仮想ハードウェアのバージョンを指定し、[Next]をクリックします（図6.36）。

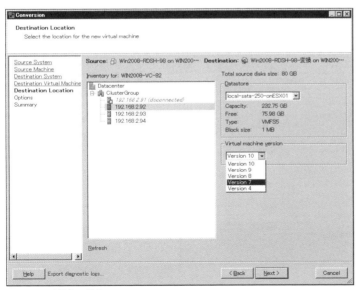

図6.36　変換先の指定

7. 仮想マシンの構成情報（仮想CPU数、メモリ、ディスクサイズ）は通常ソースを引き継ぎますが、変更したい場合はオプションを変更し、[Next]をクリックします（図6.37）。

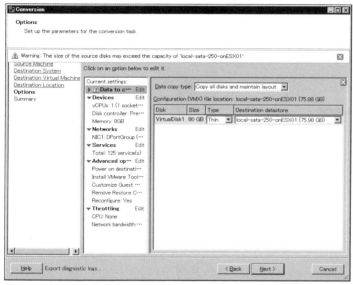

図6.37　オプションの変更

8. サマリを確認し、[Finish]をクリックすると、変換が開始します（図6.38）。

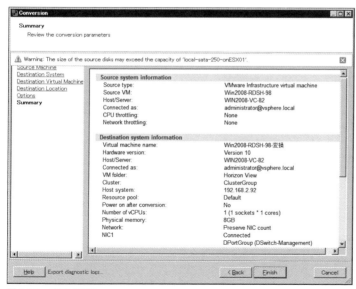

図6.38　サマリ画面

6.4 物理マシン、仮想マシン、ディスクイメージから仮想マシンへのインポート

インポートには数時間要する場合があります。進行状況は画面で確認することができます（図6.39）。

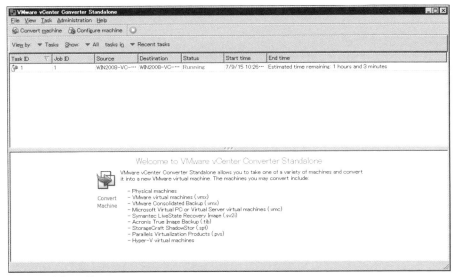

図6.39 変換の開始

9. ［Status］欄が「Completed」と表示されたら変換は完了です（図6.40）。

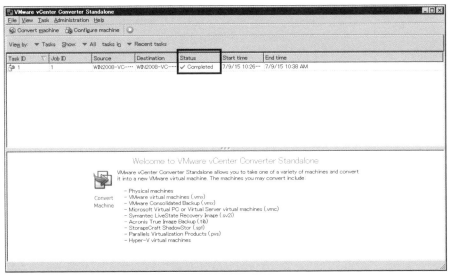

図6.40 変換の完了

Chapter 7

ライブマイグレーション

CHAPTER 7　ライブマイグレーション

　vSphere vMotion（以下 vMotion）とは、ESXi ホスト間やデータストア間など異なる物理リソース間で仮想マシン（または仮想ディスク、またはその両方）をオンラインで移行させる一連の機能で、一般的には「ライブマイグレーション」と呼ばれます（**表 7.1**）。

　物理環境では、ハードウェアやストレージ上で OS やアプリなどのサービスが直接動作しているため、ハードウェアやストレージのメンテナンス時には OS を停止する必要があります。vSphere 仮想環境では、vMotion の機能を利用することによりサービスを停止することなく物理ホストやストレージのメンテナンスを行うことが可能になります。

　vSphere 6.0 では、vCenter Server 間の vMotion や ESXi ホスト間のネットワーク往復遅延時間が 150ms まで許容可能な Long Distance vMotion など、有用な機能が追加されています。

表 7.1　vMotion の種類

vMotion の種類	機能
vMotion	異なる ESXi ホスト間で仮想マシンを移行
Long Distance vMotion	物理的に遠く離れた ESXi ホスト間で仮想マシンを移行
Storage vMotion	異なるデータストア間で仮想ディスクを移行
vMotion without Shared Storage	異なる ESXi ホストやデータストア間で仮想マシンと仮想ディスクを同時に移行
Cross vCenter vMotion	異なる vCenter Server 間で仮想マシンを移行
Cross vSwitch vMotion	異なる ESXi ホストおよび仮想スイッチグループ間で仮想マシンを移行

※すべての vMotion 機能で仮想マシンは動作したまま移行できます。

　図 7.1 のように、vMotion により物理リソースや vCenter Server、仮想スイッチ間での移行が可能になり、サービス停止なしに移行できる範囲が劇的に向上しています。本章では、多様な vMotion の種類や、しくみ、メリットなどを解説します。

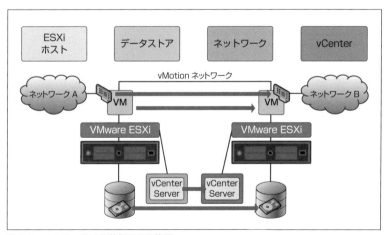

図 7.1　vMotion により移行できる範囲

7.1 vSphere vMotion

7.1.1 vMotion とは

vMotion とは、ある ESXi ホスト上で動作している仮想マシンを、動作させたまま別の ESXi ホストに動的に移行する機能です。この機能を使用すると、ある ESXi ホストで動作している仮想マシンを別の ESXi ホストへ移行する際に、仮想マシン上で動作している OS やアプリケーションは停止することなく動作し続けます。またネットワーク経由でこの仮想マシン上のサービスに外部からアクセスしている場合は、セッションが切断されることなくサービスの利用を継続することが可能です（図7.2）。

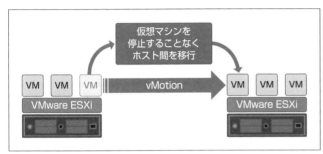

図 7.2　vMotion の概要

vMotion の際には、仮想マシン内のメモリや、仮想マシンを定義および識別するすべての情報が転送されます。メモリの内容には、トランザクションデータの他、OS やアプリケーションがメモリ上に保持するビット情報が含まれます。ステータスに保存される定義情報および識別情報には、BIOS、デバイス、CPU、仮想 NIC の MAC アドレス、チップセットの状態、レジスターなど、仮想マシンのハードウェアコンポーネントにマッピングされるすべての情報が含まれます。

また 7.1.2 項で説明するとおり、vMotion 中の仮想マシンのパフォーマンス低下や切り替え時のインパクトは非常に小さいため、vMotion によるサービスへの影響は小さなものとなります。

7.1.2 vMotion のしくみ

vMotion の処理において、移行元と移行先 ESXi ホスト間でどのようなやりとりが行われ、仮想マシンがどのようにして別の ESXi ホストに移行するのか、そのしくみについて説明します（図7.3）。

CHAPTER 7　ライブマイグレーション

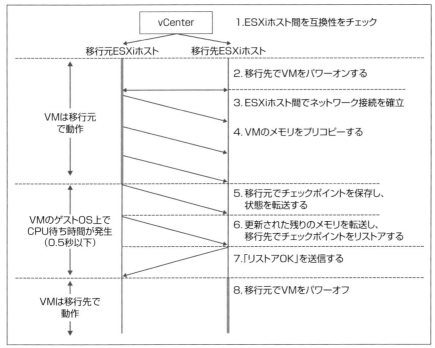

図7.3　vMotion による移行の流れ

1. 移行元と移行先のホスト間で vMotion 可能かどうか、vCenter Server が互換性チェックを行います。
2. 移行先の ESXi ホスト上で空の仮想マシンを生成し、電源をオンします
3. 移行元と移行先の ESXi ホスト上で vMotion のコードを起動し、ネットワーク接続を生成します。
4. 移行元の ESXi ホストで稼働している仮想マシンのメモリを移行先の ESXi にコピーする処理を開始します。仮想マシンを動作させたままメモリをコピーするため、移行元の仮想マシンではコピー中にもメモリが変更されますが、コピー処理中に変更されたメモリの内容（差分）は最初のコピーの終了後に再度コピーされます。差分のサイズがしきい値より小さくなるまで何度かコピー処理（プリコピー）が行われます。
5. 移行元の仮想マシンのチェックポイントを保存します。チェックポイントとは、仮想マシンのすべてのデバイスの状態、CPU のレジスター、メモリのスナップショットのことです。保存したチェックポイントを移行先に転送します。
6. 更新されたメモリの差分を転送し、移行先ホストでチェックポイントをリストアします。
7. 移行先の ESXi ホストから移行元の ESXi ホストに「リストア OK」メッセージを送信します。
8. 移行元 ESXi ホストで仮想マシンをパワーオフします。

vMotion のホスト切り替え時に仮想マシンは非常に短い時間静止しますが、静止する時間の長さを左右するのは、差分メモリ（6. に該当）の最終コピーです。vSphere 5.0 以降では、差分メモリサイズをできるだけ小さくし、静止時間を短くするために、Slow Down during Page Send（SDPS）という技法を使用しています。

7.1　vSphere vMotion

　SDPS により、「転送されるメモリサイズ」より「仮想マシン上で変更されるメモリサイズ」が大きい場合、vSphere は仮想マシンのメモリの変更を少なくするために CPU のクロックをスローダウンします。これによって転送するデータのサイズを少なくすることが可能になり、結果として vMotion に伴う静止時間を（通常は 0.5 秒以下に）短縮することに成功しています。

7.1.3　Long Distance vMotion

　vSphere 6.0 では Long Distance vMotion 機能が追加されました。Long Distance vMotion とは物理的に遠距離な ESXi ホスト間での vMotion であり、通常の vMotion と異なる点は、ESXi ホスト間の vMotion ネットワークの往復遅延時間（RTT）が 150ms まで許容されることです。

　Long Distance vMotion を使用することにより、物理的に離れた距離にあるデータセンター間でも無停止で仮想マシンを移行することができるため、データセンターのメンテナンスや移行、災害対策に利用することができます。また、複数データセンターをまたがるクラスタを作成し、アクティブ−アクティブなデータセンター構成といった、極めて高い可用性を持つシステムを構築することができます。これにより、データセンター間で負荷分散や災害対策を行うことも可能になります。

7.1.4　vMotion のメリット

　仮想マシンの電源を止めることなく、ESXi ホスト間の移動ができる vMotion には、さまざまなメリットがあります。ここでは代表的な 2 つのメリットについて解説します。

■サービスの計画停止の削減

　物理ホストの BIOS ／ファームウェアのアップデートや CPU およびメモリの増強といったメンテナンス作業を行うためには、通常、物理ホストの電源をオフにする必要があります。そのため、そのホスト上で動作しているサービスも停止が必要となり、一般的にはこの作業を計画停止と呼んでいます。

　vSphere 環境上では、vMotion を利用することによって計画停止したい ESXi ホスト上で動作している仮想マシン群を停止することなく、他の ESXi ホストに退避することが可能です。いったん他の ESXi ホストに仮想マシンを退避してしまえば、停止予定の ESXi ホスト上では仮想マシンはまったく動作していない状態であり、サービスを停止することなく物理ホストの停止を伴うメンテナンスを行うことが可能となります。したがって、実質的にサービスの計画停止を削減することができます。これは vMotion を利用しないと実現できない非常に大きなメリットと言えます。

■ESXi ホスト間のロードバランス

　多くの場合、ESXi ホスト上で動作する各仮想マシンの負荷にはばらつきがあります。ある ESXi ホストでは仮想マシン同士がホストのリソースを奪い合い、結果として十分なリソースが得られない状態であるのに対

191

し、別のESXiホストではリソースが使われないまま空いていて、無駄が生じているという状態が起こりえます（図7.4）。

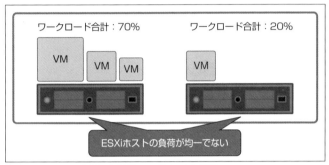

図7.4　ESXiホスト間で負荷がアンバランスな状態

　このような場合、負荷の高い仮想マシンを高負荷状態のESXiホストから低負荷状態のESXiホストにvMotionで移行することにより、2つのホスト間で負荷を平均化することが可能です（図7.5）。

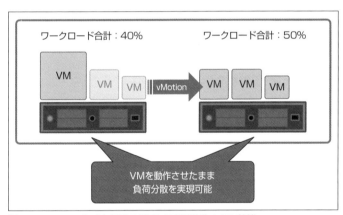

図7.5　vMotionにより負荷のバランスが平均化された状態

　vSphereには、vMotionを利用して自動的な負荷分散を行う機能「vSphere Distributed Resource Scheduler（DRS）」があります。詳しくは「8.2　vSphere DRSによるリソース利用の最適化」を参照してください。

7.2　vMotionの要件および制限事項

　vMotionを使用するには、ホストを正しく構成する必要があります。以下のことを確認します。

7.2 vMotion の要件および制限事項

- 各ホストに vMotion の正しいライセンスがあること
- 各ホストで vMotion の共有ストレージ要件を満たしていること
- 各ホストで vMotion のネットワーク要件を満たしていること

7.2.1 vMotion の共有ストレージ要件

vMotion を使用するには、移行元ホストと移行先ホストの両方から仮想マシンのディスク領域（仮想ディスク）にアクセスできるようにするため、仮想ディスクの格納先として共有ストレージが利用できるよう、ESXi ホストを構成します。

vMotion での移行時に、移行する仮想マシンは、移行元ホストと移行先ホストの両方からアクセスできるストレージに配置されている必要があります。vMotion 用に構成されているホストは、共有ストレージを使用する必要があります。vMotion に対応する共有ストレージの種別については、第 4 章の表 4.3 を参照してください。

vMotion を使用して Raw Device Mapping（RDM）ファイルを持つ仮想マシンを移行する場合は、参加するすべてのホストで RDM の一貫した LUN ID を維持するようにしてください。

7.2.2 vMotion のネットワーク要件

vMotion での移行を行うには、移行元ホストと移行先ホストに、正しく構成された VMkernel ポートが必要です。

vMotion トラフィック用に少なくとも 1 つの VMkernel ポートを組み込んで各ホストを構成します。セキュアなデータ送信を確保するには、vMotion ネットワークをセキュアなネットワークにし、信頼できる相手だけがアクセスできるようにする必要があります。帯域幅を追加すると、vMotion のパフォーマンスが飛躍的に向上します。共有ストレージを使用せずに、vMotion を使用して仮想マシンを移行するときは、仮想ディスクの内容もネットワーク経由で転送されます[1]。

■ネットワークの構成

vMotion 対応ホストで、vMotion および仮想マシン用ネットワークを以下のように構成します。

- 各ホストで、vMotion 用に VMkernel ポートグループを構成します。vMotion トラフィックが異なるサブネットを経由するようにするには、ホスト上で vMotion TCP/IP スタックを有効化します（第 5 章のコラムを参照）
- ネットワーク用に標準仮想スイッチを使用している場合は、仮想マシンポートグループに使用されているネットワークラベルがホスト間で一貫していることを確認します。vMotion での移行時に、vCenter Server は、一致するネットワークラベルに基づいて仮想マシンをポートグループに割り当てます

【1】 vMotion のネットワークトラフィックは暗号化されていません。vMotion 専用で使うためのセキュアなプライベートネットワークをプロビジョニングする必要があります。

■vMotion 同時移行の要件

vMotion ネットワークは、vMotion の同時セッションごとに 250Mbps 以上の専用の帯域幅を確保する必要があります。帯域幅が大きいほど、移行は早く完了します。

■複数 NIC による vMotion

1つ以上の NIC を標準仮想スイッチまたは分散仮想スイッチに追加することにより、vMotion 用に複数の NIC を構成できます。複数の NIC を構成することにより、vMotion ネットワークの帯域を拡大し、vMotion を早く完了させることができます。詳細については次のナレッジベースを参照してください。

- http://kb.vmware.com/kb/2007467（英語）

7.2.3 MSFC 構成の仮想マシンの vMotion

vSphere 6.0 より、ESXi ホスト間で MSFC を構成している仮想マシンの vMotion が可能になりました。サポートする構成は、ゲスト OS は Windows Server 2008 以降、仮想ハードウェアバージョンは 11 のみ、および物理互換モードの RDM のみです。詳細は次のナレッジベースを参照してください。

- http://kb.vmware.com/kb/1037959（英語）

7.2.4 vMotion の仮想マシンの要件および制限事項

vMotion を使用して仮想マシンを移行するには、その仮想マシンが、特定のネットワーク、ディスク、CPU、USB、および他のデバイスの要件を満たしている必要があります。

vMotion を使用する場合、次の仮想マシンの条件と制限が適用されます。

- 移行元と移行先の管理ネットワーク IP アドレスファミリが一致する必要があります。たとえば、IPv4 アドレスを使用して vCenter Server に登録されているホストの仮想マシンを、IPv6 アドレスで登録されているホストへ移行させることはできません
- 仮想 CPU パフォーマンスカウンタが有効になっている場合は、互換性のある CPU パフォーマンスカウンタを持つホストにのみ仮想マシンを移行できます
- 3D グラフィックを有効にした仮想マシンを移行できます。3D レンダラが[自動]に設定されている場合は、仮想マシンは移行先ホストに存在するグラフィックレンダラを使用します。レンダラはホストの CPU または GPU グラフィックカードにできます。3D レンダラを［ハードウェア］に設定した仮想マシンを移行するには、移行先ホストに GPU グラフィックカードが必要です
- ホストの物理 USB デバイスに接続されている USB デバイスを使用する仮想マシンは移行できます。vMotion 用にデバイスを有効にする必要があります

- vMotion は、移行先ホストからアクセスできない物理デバイスにアタッチされている仮想デバイスを使う仮想マシンの移行はできません。たとえば、移行元ホストの物理 CD ドライブにアタッチされている仮想 CD ドライブを使用する仮想マシンは移行できません。これらのデバイスは、仮想マシンの移行前に切断する必要があります
- vMotion は、vSphere ／ Web Client が動作するクライアント PC の物理デバイスにアタッチされている仮想デバイスを使う仮想マシンの移行には使用できません。これらのデバイスは、仮想マシンの移行前に切断する必要があります
- 移行先ホストでも vSphere Flash Read Cache（vFRC）が提供される場合は、vFRC を使用する仮想マシンを移行できます。移行時に仮想マシンのキャッシュの移行または破棄（キャッシュサイズが大きい場合など）を選択できます
- 仮想マシンのネットワークは、移行元と移行先で同一ネットワークセグメントである必要があります。移行元または移行先でアップリンクのない仮想スイッチに接続されている仮想マシンを移行することはできません

7.2.5 仮想マシンのスワップファイルの場所の互換性

仮想マシンのスワップファイルの場所は、仮想マシンのホストで実行されている ESXi のバージョンによって、vMotion の互換性にさまざまな影響を与えます。

仮想マシンスワップファイルを仮想マシン構成ファイルと一緒に保存するか、そのホストに指定されたローカルスワップファイルデータストアに保存できます。

vMotion での移行時に、移行先ホストで指定されたスワップファイルの場所が、移行元ホストで指定されたスワップファイルの場所と異なっている場合、スワップファイルが新しい場所にコピーされます。この処理により、vMotion での移行に時間がかかることがあります。移行先ホストが指定されたスワップファイルの場所にアクセスできない場合は、仮想マシンの構成ファイルと同じ場所にスワップファイルが格納されます。

7.2.6 Long Distance vMotion の要件

Long Distance vMotion を利用することにより、往復遅延時間の長いネットワークで隔てられたホストやサイト間で信頼性の高い移行を実行できます。Long Distance vMotion は、適切なライセンスがインストールされていれば有効になるため、ユーザーによる構成は必要ありません。通常の vMotion と異なる要件は次のとおりです。

- ホスト間の往復遅延時間は、最大 150ms に設定する必要があります
- ライセンスが Long Distance vMotion に対応している必要があります
- 仮想ディスクデータの転送用ネットワークは、Provisioning TCP/IP スタック上に構成し、かつ移行先ホストが Provisioning TCP/IP スタック経由で接続可能である必要があります（TCP/IP スタックについては第5章を参照）。

CHAPTER 7 ライブマイグレーション

7.3 Storage vMotion

　Storage vMotion は、仮想マシンの仮想ディスクを、オンラインのままで別のデータストアに移行する機能です。vMotion と類似していますが、vMotion は仮想マシンが動作している ESXi ホストを移行するのに対し、Storage vMotion は仮想ディスクが格納されているデータストアを移行します。

　Storage vMotion は、移行時に仮想マシン構成ディスク (.vmx など) および VMDK ファイルを同一のデータストアに配置することも、異なるデータストアに配置することも可能です (VMDK が複数ある場合は、それぞれを別々のデータストアに配置することも可能です)。

　また、移行元と移行先のストレージタイプには依存せず、vSphere からアクセス可能であれば、あらゆるストレージタイプ間で移行可能です。また Storage vMotion の際に、VMDK のプロビジョニングタイプ (シンプロビジョニング、シックプロビジョニングなど) を変更することも可能です。

7.3.1 Storage vMotion のしくみ

Storage vMotion 処理のステップは以下のとおりです。（図 7.6）

1. ストレージ移行を初期化します。
2. VMkernel データムーバーまたはストレージの VAAI を使用し、データをコピーします。
3. 新しい仮想マシンのプロセスを実行します。
4. ミラードライバを使用し、移行先データストア上の仮想ディスクにコピー済みのファイルブロックへ、I/O コールをミラーします。
5. 新しい仮想ディスクへのアクセスを開始するように、移行先仮想マシンプロセスへ切り替えます。

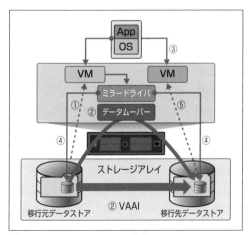

図 7.6　Storage vMotion の動き

7.3.2 Storage vMotion のメリット

Storage vMotion には以下のメリットがあります。

■データストア間の仮想ディスクの移行

Storage vMotion は仮想ディスクのデータストア間の移行を行えます。移行元と移行先データストアが同一のストレージ筐体内にあり、かつVAAIが有効化されている場合は、VAAIによりディスクコピーを高速化し、オフロードすることが可能です。

■データストアのアップグレード

Storage vMotion では、バージョンの異なるVMFS間で仮想ディスクの移行が可能です。古いバージョンのVMFS上に格納されている仮想ディスクを、いったん別のデータストアに Storage vMotion で移行することにより、古いバージョンのVMFSを空にします。その後VMFSを新しいバージョンにアップグレードすることにより、VMFSを安全にアップグレードすることが可能です。

■ストレージのメンテナンスと再構成

Storage vMotion を使用することにより、仮想ディスクを対象のストレージデバイスの外に移行できるため、仮想マシンのダウンタイムを発生させずに、ストレージデバイスの保守または再構成が可能です。

■ストレージ間のロードバランス

Storage vMotionを使用することにより、仮想ディスクを別のストレージボリュームに手動で再配分し、キャパシティのバランスを調整したりパフォーマンスの向上をさせることが可能です。

■プロビジョニングタイプ変更

Storage vMotion の際に、仮想ディスクのプロビジョニングタイプを変更したり、肥大化したシンプロビジョニングディスクをスリム化することが可能です。これによりストレージ使用量を削減することができます。

7.3.3 Storage vMotion の要件および制限事項

仮想マシンディスクを Storage vMotion で移行するには、仮想マシンとそのホストがリソース要件および構成要件を満たしている必要があります。Storage vMotion には、以下の要件および制限事項があります。

- 仮想マシンディスクは、通常モードになっているか、Raw Device Mapping（RDM）で構成されている必要があります。仮想互換モード RDM では、移行先が NFS データストアでない場合、マッピングファイルを移行したり、シックプロビジョニングまたはシンプロビジョニングされているディスクを移行中に変換した

りできます。マッピングファイルを変換すると、新しい仮想ディスクが作成され、マップされたLUNの情報がこのディスクにコピーされます。物理互換モードのRDMでは、マッピングファイルのみ移行できます
- VMware Toolsのインストール中に仮想マシンを移行する操作はサポートされません
- VMFS3データストアは大容量の仮想ディスクをサポートしていないため、2TBを超える仮想ディスクをVMFS5データストアからVMFS3データストアに移行することはできません
- 仮想マシンを実行しているESXiホストには、Storage vMotionを含むライセンスが必要です
- ESX／ESXi 4.0以降のホストでは、Storage vMotionでの移行を実行するのに、vMotion用の構成は不要です
- 仮想マシンを実行しているホストが移行元および移行先の両方のデータストアにアクセスできることが必要です

7.4 vMotion without Shared Storage

vMotion without Shared Storageとは、ESXiホスト間で仮想マシンを移行し、同時に仮想ディスクが格納されているデータストアを移行する機能です。

7.4.1 vMotion without Shared Storageのメリット

vMotion without Shared Storageは、これまでのvMotionおよびStorage vMotionの制限を大きく緩和する、適用範囲の広いライブマイグレーション機能です。

図7.7のように、vMotionとStorage vMotionで移行を行うためには、ホストまたはストレージのいずれかが必ず共有されていなければならず、ホストもストレージもまったく共有されていないノード間ではライブマイグレーションを行うことはできません（コールドマイグレーションは可能）。

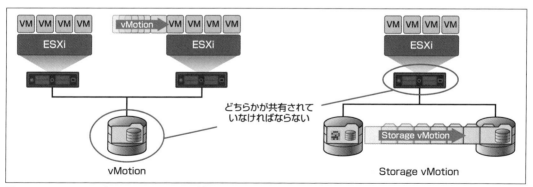

図7.7 vMotionおよびStorage vMotionの制限

一方 vMotion without Shared Storage は、図 7.8 のように、移行元と移行先で、ホストとストレージのどちらも共有されていない場合でも、ライブマイグレーションが可能です。

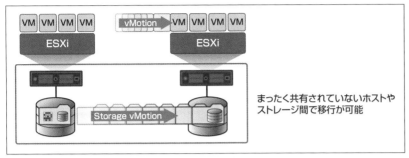

図 7.8　vMotion without Shared Storage のメリット

vMotion without Shared Storage を利用すると、従来は不可能だった以下のような環境でライブマイグレーションを行うことが可能になります。

- スタンドアロンホスト間の移行 ── まったく共有ストレージのない、ローカルストレージだけのホスト間で、ライブマイグレーションが可能
- 異なるクラスタ間の移行 ── 同じデータストアが共有されていないクラスタ間で、ライブマイグレーションが可能

7.4.2　vMotion without Shared Storage の要件および制限事項

共有ストレージを使用せずに仮想ディスクを vMotion で移行するには、仮想マシンとそのホストがリソース要件と構成要件を満たしている必要があります。vMotion without Shared Storage には以下の要件および制限があります。

- ホストに vMotion のライセンスが適用されていること
- ホストは ESXi 5.1 以降を実行していること
- ホストは vMotion のネットワーク要件を満たしていること
- 仮想マシンは適切に vMotion 用に構成されていること
- 仮想ディスクは、通常モードになっているか、Raw Device Mapping（RDM）であること
- 移行先ホストには、移行先データストアへのアクセス権限が割り当てられていること
- RDM を使用する仮想マシンを移動するときに、それらの RDM を VMDK に変換しない場合は、ターゲットホストには RDM LUN に対するアクセス権限が割り当てられていること

7.5 Cross vCenter vMotion

　Cross vCenter vMotion とは、ある vCenter 管理配下にある仮想マシンを、他の vCenter 配下の ESXi ホストやデータストア上に vMotion で移行する機能で、vSphere 6.0 より導入されました。

　Cross vCenter vMotion を使用することで、異なる vCenter 配下の ESXi ホスト間の移行が可能になります。その際に、仮想ディスクがそれらの ESXi ホスト間で共有されているデータストア上に配置されている場合は、仮想ディスクの場所は移行せず ESXi ホストのみ移行することが可能です。ESXi ホスト間で共有されていないデータストア上に仮想ディスクが存在する場合は、仮想ディスクも同時に移行します（図7.9）。

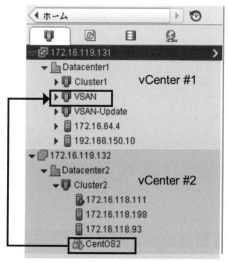

図 7.9　Cross vCenter vMotion の概要

　Cross vCenter vMotion により、仮想マシンの uuiduuid.bios と vc.uuid は保持され、uuid.location は変更されます。

7.5.1 Cross vCenter vMotion のメリット

　仮想基盤を段階的に導入しているユーザー環境では、基盤の世代ごとに異なる vCenter Server インスタンスが構築されているケースがあります。このような環境で仮想マシンを異なる vCenter 配下の基盤に移行するためには、従来は Virtual to Virtual(V2V) 移行ツールを使用するなどの手間を必要としました。Cross vCenter vMotion を利用することにより、異なる vCenter 配下の仮想基盤間で容易に移行することが可能になります。

7.5 Cross vCenter vMotion

7.5.2 Cross vCenter vMotionの要件および制限事項

vCenter Server インスタンス間の移行を有効化するには、システムが以下の要件を満たしている必要があります。

- 移行元および移行先の vCenter Server インスタンスと ESXi ホストは、6.0 以降でなければなりません
- 移行元および移行先の vSphere には適切なライセンスが付与されている必要があります
- 移行元 vCenter Server が移行先 vCenter Server を認証できるように、両方の vCenter Server インスタンスが拡張リンクモードになっており、同一の vCenter Single Sign-On ドメインに属している必要があります
- vCenter Single Sign-On トークンを正確に検証するには、両方の vCenter Server インスタンスの時刻が互いに同期されている必要があります
- 仮想ディスクの移行は行わず、仮想マシンのみ移行する場合は、仮想ディスクが格納されているデータストアは、両方の vCenter Server インスタンスからアクセス可能である必要があります

■vCenter Server インスタンス間の vMotion 時のネットワーク互換性チェック

vCenter Server インスタンス間の仮想マシンの移行では、仮想マシンが新しいネットワークに移動します。移行プロセスでは、移行元ネットワークと移行先ネットワークが類似しているかどうかを確認するチェックが実行されます。

vCenter Server では、多数のネットワーク互換性チェックが実行され、以下の構成の問題が回避されます。

- 移行先ホストの MAC アドレスの互換性
- 分散仮想スイッチから標準仮想スイッチへの vMotion
- 異なるバージョンの分散仮想スイッチ間の vMotion
- 内部ネットワーク (物理 NIC のないネットワークなど) への vMotion
- 適切に機能していない分散仮想スイッチへの vMotion

また、vCenter Server では以下の問題のチェックは実行されず通知も行われません。

- 移行元分散仮想スイッチと移行先分散仮想スイッチが同じブロードキャストドメインにない場合、仮想マシンは移行後にネットワーク接続を失うかどうか
- 移行元分散仮想スイッチと移行先分散仮想スイッチで同じサービスが構成されていない場合、仮想マシンは移行後にネットワーク接続を失う可能性があるかどうか

■vCenter Server システム間の移行時の MAC アドレスの管理

vCenter Server インスタンス間で仮想マシンを移動する場合、ネットワークにおけるアドレス重複とデータ

201

CHAPTER 7 ライブマイグレーション

損失を回避するために、MACアドレスの移行が処理されます。

複数のvCenter Serverインスタンスが存在する環境では、仮想マシンが移行されるときに、そのMACアドレスは移行先vCenter Serverに転送されます。移行元vCenter ServerはMACアドレスをブラックリストに追加して、新しく作成された仮想マシンにそのMACアドレスが割り当てられないようにします。

7.6 EVCによるvMotion互換性の拡張

x86 CPUでは通常CPU世代ごとにサポートする命令セットが異なります。x86 CPU上で動作する一般的なアプリケーションでは、起動時にサポートされる命令セットを確認し、その命令セットのみを使用するようにプログラミングされています。このような命令セットの確認は通常アプリケーションの起動時にのみ行われ、アプリケーションの実行中にサポート命令セットが変わってしまうことは想定されていません。

したがって、仮にvMotionにより、異なる命令セットをサポートするESXiホスト間を仮想マシンが移行できてしまうと、アプリケーションはサポート命令セットが変更されたことを正しく認識できず、予想外の障害が発生する可能性があります。そのため、vCenter Serverは異なる命令セットを持つESXiホスト間でのvMotionを行わないようにブロックします。

このような、CPU命令セットが異なる物理ホスト間ではvMotionができないという制限は、EVC(Enhanced vMotion Compatibility)という機能を利用することにより緩和することが可能です[2]。

EVCはvSphereクラスタ単位で構成します(vSphereクラスタについては、第8章で解説します)。EVCを有効化したクラスタに属するホストでは、指定した互換性レベルの命令セットのみ仮想マシンに通知し、互換性のない命令セットをマスクします。仮想マシン上のOSやアプリケーションは、マスクされた命令セットはサポートされていないと認識し、互換性のある命令セットでのみ動作します。これにより、EVCクラスタのESXiホスト間ではCPU命令セットレベルの互換性が維持され、vMotionが可能になります[3]。

vSphereクラスタ上でEVCを有効化することにより、導入時期が異なるなどの理由によってさまざまな世代の物理CPUのESXiホスト間でもvMotion可能になります[4]。

【2】　仮想マシンにカスタムのCPU互換性マスクを適用することによって仮想マシンから物理CPUの機能を隠すこともできますが、この方法は推奨しません。VMwareは、CPUベンダーやハードウェアベンダーとのパートナーシップを通じて、広範なプロセッサ全体でvMotionの互換性を維持できるよう努力しています。

【3】　vMotionで移行するESXiホスト間で、CPUのクロック周波数、キャッシュサイズ、コア数は移行元と移行先の物理CPU間で異なっても構いません。ただし、vMotion互換であるためには、CPUが同一ベンダー（AMDまたはIntel）であることが必要です。

【4】　EVCは、vMotionの互換性に影響を与える物理CPU命令のみをマスクします。EVCを有効にしても、プロセッサ速度の向上、CPUコア数の増加、またはハードウェア支援仮想化のサポートといったメリットが仮想マシンから失われることはありません。

202

7.6　EVC による vMotion 互換性の拡張

7.6.1　EVC の要件

EVC クラスタのホストと既存の EVC クラスタに追加するホストは EVC 要件を満たしている必要があります。

- 有効にしようとする EVC モードよりも優れた機能セットを持つホストで実行されているクラスタ内のすべての仮想マシンがパワーオフされているか、クラスタの外に移行されている
- クラスタ内のすべてのホストが**表 7.2** の要件を満たしている

表 7.2　EVC の要件

要件	説明
サポートされている ESX ／ ESXi のバージョン	ESX ／ ESXi 3.5 Update 2 以降
vCenter Server	ホストが vCenter Server システムに接続されている必要がある
高度な CPU 機能の有効化	BIOS で次の CPU 機能を有効にする（使用できる場合）[5] • ハードウェア仮想化のサポート（AMD-V または Intel VT） • AMD No eXecute（NX） • Intel eXecute Disable（XD）

---

[5]　ハードウェアのベンダーによっては、BIOS の特定の CPU 機能がデフォルトで無効になっていることがあります。このため EVC 互換性チェックで、特定の CPU に存在するはずの機能が検出できず、EVC の有効化に問題が発生することがあります。互換プロセッサのシステムで EVC を有効にできない場合は、BIOS ですべての機能が有効になっていることを確認します。

203

7.6.2 サポートされる CPU 種別と EVC モード

サポートされる CPU 種別と EVC モードを表 7.3 と表 7.4 に示します。最新情報は http://kb.vmware.com/kb/1003212 で確認してください。

表 7.3 Intel CPU で設定可能な EVC モード

アーキテクチャ	CPU 種別	Merom	Penryn	Nehalem	Westmere	Sandy Bridge	Ivy Bridge	Haswell
Intel Xeon Core 2 (Merom)	DC Xeon 3000 QC Xeon 3200 QC Xeon 5300 DC Xeon 7200 QC Xeon 7300		×	×	×	×	×	×
Intel Xeon 45nm Core 2 (Penryn)	DC Xeon 3100 QC Xeon 3300 DC Xeon 5200 QC Xeon 5400 Xeon 7400			×	×	×	×	×
Intel Xeon Core i7 (Nehalem)	Xeon 3500 Xeon 5500 Xeon 7500 Xeon 3400				×	×	×	×
Intel Xeon 32nm Core i7 (Westmere)	32nm Core i3 32nm Xeon 3400 32nm Core i5 Xeon 3600 Xeon 5600 Xeon E7-2800 Xeon E7-4800 Xeon E7-8800	○	○	○		×	×	×
Intel Sandy Bridge	Xeon E3-1200 Xeon E5-2600 Xeon E5-4600				○		×	×
Intel Ivy Bridge	Xeon E7-8800 v2 Xeon E7-4800 v2 Xeon E7-2800 v2 Xeon E3-1200 v2					○		×
Intel Haswell	Xeon E7-8800 v3 Xeon E7-4800 v3 Xeon E5-4600 v3 Xeon E5-2600 v3 Xeon E5-1600 v3 Xeon E5-1200 v3						○	○

204

7.6　EVC による vMotion 互換性の拡張

表 7.4　AMD CPU で設定可能な EVC モード

アーキテクチャ	CPU 種別	サポートされる EVC モード					
		Rev. E Gen 1	Rev. F Gen 2	Grayhound Gen 3	Grayhound Gen 3（3D Now! 未対応）	Bulldozer Gen 4	Piledriver
Rev. E Gen 1	Opteron 250 Opteron 850 Opteron 160/170 Opteron 260/270 Opteron 860/870		×	×	×		
Rev. F Gen 2	Opteron 1200 Opteron 2200 Opteron 8200	○				×	×
Grayhound Gen 3	Opteron 1300 Opteron 2300 Opteron 8300 Opteron 2400 Opteron 8400 Opteron 4100 Opteron 6100		○	○	○		
Bulldozer Gen 4	Opteron 4200 Opteron 6200		×				
Piledriver	Opteron 3300 Opteron 4300 Opteron 6300					○	○

205

Chapter

8

vSphereクラスタによる動的配置とリソース利用の最適化

CHAPTER 8　vSphere クラスタによる動的配置とリソース利用の最適化

8.1　vSphere クラスタ

　vSphere クラスタとは、1つのユニットとして連携する ESXi ホスト（またはデータストア）と、それに関連する仮想マシンの集合体です。あるクラスタに1台のホストを追加すると、そのホストのリソースはそのクラスタのリソースの一部になります。クラスタは、すべてのホストのリソースを管理します。

　複数のホストを組み合わせるクラスタと、複数のデータストアを組み合わせるデータストアクラスタの2種類のクラスタが利用可能です。

　本章では、主にリソースを有効活用するための DRS クラスタを説明し、高可用性を実現する HA クラスタについては、第9章で説明します。またデータストアクラスタについては、「8.3　データストアクラスタと Storage DRS」で説明します。

　クラスタにより実現できる項目と、それに対応する vSphere の機能は、表8.1 のとおりです。

表 8.1　vSphere クラスタの機能

項目	vSphere の機能
複数の ESXi ホストの物理リソースの統合および再配分	リソースプール
ESXi ホスト間のロードバランス	vSphere DRS
複数の ESXi ホストの消費電力の最適化	vSphere DPM
ESXi ホストや他のコンポーネントの高可用性	vSphere HA および FT
異なる CPU 種別間の vMotion	Enhanced vMotion Compatibility（EVC）
Software-Defined Storage	Virtual SAN
ハードウェア構成のチェック	ホストプロファイル

8.2　vSphere DRS によるリソース利用の最適化

　本節では、vSphere のクラスタ機能の一部である vSphere Distributed Resource Scheduler（DRS）について説明します。DRS は vSphere HA と並び、vSphere の機能の中で最も多く使われている機能のうちの1つです。

　DRS を有効化することで、クラスタ内の各 ESXi ホストが持つ物理 CPU ／メモリリソースを1つの大きなかたまりとして集約して仮想マシン間で柔軟に共有し、動的に割り当てることでリソースを効率的に利用することが可能になります（図8.1）。

8.2 vSphere DRS によるリソース利用の最適化

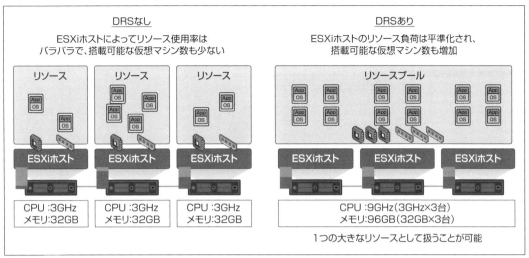

図 8.1 DRS クラスタによるリソースの集約

また、仮想マシンのリソースの負荷状況を定期的に監視し、ESXi ホスト間で負荷のばらつきが大きい場合には自動的に仮想マシンの配置を最適化することで、仮想マシンに供給するリソースの不足によってパフォーマンスが劣化することを防止します。

DRS の主な役割は以下のとおりです。

- 物理 CPU ／メモリリソースの集約と柔軟な分配
- 仮想マシンに供給するリソースの不足によるパフォーマンス劣化の防止
- 仮想マシン統合率の向上

以降では、上記の役割を果たす機能について詳細に説明します。

8.2.1 リソースプール

リソースプールとは、DRS クラスタによって集約した物理リソースを共有し、動的に割り当てるしくみです。DRS クラスタに属する各 ESXi ホストの持つ物理 CPU およびメモリリソースをリソースプールとして集約し、各仮想マシン間で共有して、動的に割り当てを行います。リソース割り当ての優先順位は、「予約」「制限」「シェア」というポリシーの設定により実現します（図 8.2）。

CHAPTER 8　vSphere クラスタによる動的配置とリソース利用の最適化

図 8.2　リソースプールの作成

リソースプールの特徴は以下のとおりです。

- 「予約」「制限」「シェア」によるリソース配分
- 階層構造による柔軟な管理
- アクセスコントロールと権限委任

■ルートリソースプール

　クラスタに対して DRS を有効化すると、クラスタ内の全 ESXi ホストの持つ物理 CPU およびメモリを集約したルートリソースプールが作成されます。ルートリソースプールは、DRS クラスタへの ESXi ホストの追加・削除により、動的に拡大・縮小することが可能です。

　ESXi ホストの持つ物理リソース量は、CPU についてはソケット数×コア数×クロック周波数(MHz)、メモリについては物理メモリサイズ(GB)でカウントされます。物理メモリ 96GB のメモリリソースを持つ 3 台の ESXi ホストで構成される DRS クラスタの場合、ルートリソースプールは 288GB のメモリリソースを持つことになります(図 8.3)。

図 8.3　ルートリソースプール

8.2 vSphere DRS によるリソース利用の最適化

■予約、制限、シェアによるリソースの割り当て設定

リソースプールでは、CPU とメモリリソースに対して「予約」「制限」「シェア」の設定を行うことでより柔軟なリソース管理を可能にします（表 8.2）。

表 8.2　リソース配分の設定と効果

設定	効果
予約	仮想マシンまたはリソースプールに割り当てられるリソース量の最小値。仮想マシンまたはリソースプールが要求した場合は、必ずその値以上のリソースが割り当てられる
制限	仮想マシンまたはリソースプールに割り当てられるリソース量の最大値。仮想マシンまたはリソースプールが要求しても、その値より大きなリソースは割り当てられない
シェア	仮想マシンまたはリソースプール間での、リソース割り当ての優先順位の相対的な比率。仮想マシン間でリソースに対する要求が競合した場合にのみ、シェア値に比例してリソースが割り当てられる。通常は「高」「標準」「低」で指定され、4：2：1 の割合で計算される。また「カスタム」を指定して数値を設定することも可能
拡張可能な予約	仮想マシンの起動時に、設定された予約リソースを自身のリソースプールで確保できない場合に、親リソースプールの空きリソースを利用可能であると認識してリソース予約を行う

※詳細は「3.3　リソースアロケーションの優先順位付け」を参照してください。

シェアの値を「高」「標準」「低」で設定した場合のシェア値は**表 8.3**、**表 8.4** のとおりになります。

表 8.3　仮想マシンのシェア値

設定	CPU シェア値	メモリシェア値
高	仮想 CPU あたり 2,000	割り当てメモリ 1MB あたり 20
標準	仮想 CPU あたり 1,000	割り当てメモリ 1MB あたり 10
低	仮想 CPU あたり 500	割り当てメモリ 1MB あたり 5

表 8.4　リソースプールのシェア値

設定	CPU シェア値	メモリシェア値
高	8,000	327,680
標準	4,000	163,840
低	2,000	81,920

シェア値が設定されていた場合のリソース割り当てサイズの計算式は、以下のとおりです。

$$リソースの割り当てサイズ = \frac{設定されたシェア値}{同階層のシェア値合計} \times リソースプールの総リソースサイズ$$

288GB のメモリリソースを持つルートリソースプールに 2 つのリソースプールを作成し、それぞれシェア値を設定した場合の例を**図 8.4** に示します。

CHAPTER 8　vSphereクラスタによる動的配置とリソース利用の最適化

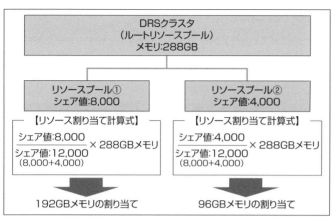

図8.4　シェア値の設定

■リソースプールの階層化

リソースプールでは、同一の階層化レベル（兄弟プール）と異なる階層化レベル（親子プール）を柔軟に組み合わせて構成することが可能です（図8.5）。

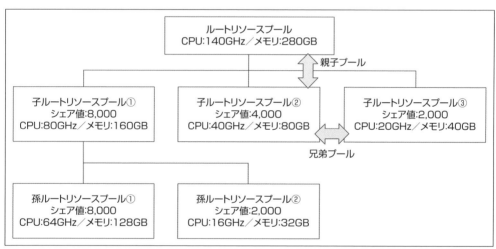

図8.5　リソースプールの階層化構造

　図8.5のルートリソースプール配下にある子リソースプール①、②、③は兄弟プールであり、兄弟間の相対的なシェア値に従ってCPUとメモリのリソースが割り当てられます。さらに孫リソースプールでは、親である子リソースプールのリソースを引き継ぎ、孫リソースプール兄弟間でリソースを分け合います。

8.2.2 vSphere DRSによる仮想マシン配置の自動最適化

vSphere DRSとは、DRSクラスタを構成するESXiホスト間で仮想マシンをvMotionで自動的に移行することにより各ESXiホストの負荷を平準化するメカニズムです。vSphereクラスタに対してDRSを有効化することにより、DRSクラスタとなります。

仮想マシンのリソース要求に対して、ESXiホスト側で十分に物理リソース量を供給できない場合は、仮想マシンのパフォーマンスの劣化につながります。図8.6のように、ESXiホスト間の負荷の不均衡(あるホストでは負荷が高く、別のホストでは低いといった状態)をなくし、すべてのESXiホストにおいて仮想マシンからのリソース要求を十分に満たすことにより、仮想マシンのパフォーマンス劣化の防止を実現します。

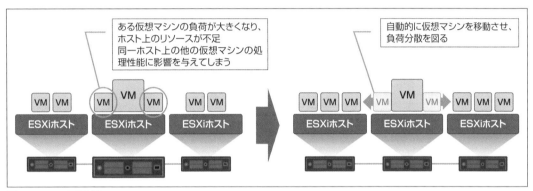

図8.6　DRSの動作概要

前述のように、ESXiホスト間の負荷の不均衡を解消する方法として、vMotionを利用します。DRSでは、ESXiホストのリソース負荷状況を定期的(デフォルトで5分間)に監視し、一定のしきい値を上回る不均衡が検出された場合に、自動的にvMotionを実施することでホスト間の負荷の平準化を行います。

DRSの概要と特徴は以下のとおりです。

- 自動化レベルを「完全自動化」「一部自動化」「手動」の3段階で設定
- 仮想マシンの自動的な移行に対する積極性を5段階で設定
- ESXiホストをメンテナンスモードに移行する際に、仮想マシンを自動的に他のホストへ退避
- vCenterのアラームで、DRSの発動を監視することが可能

■DRSの自動化レベル

DRSの自動化レベルでは、起動時および起動後の仮想マシンを配置する際に自動化する範囲を設定することができます。自動化レベルには以下の3種類があります(表8.5)。

CHAPTER 8　vSphere クラスタによる動的配置とリソース利用の最適化

- **手動**

  仮想マシンの起動時に、適切な配置先の ESXi ホストを推奨します。

  クラスタ内の ESXi ホスト間でリソース負荷の不均衡が発生した場合は、推奨する移行先ホストが表示されます。推奨された移行を実行するためには、利用者が必ず手動で推奨を承認する必要があります。

- **一部自動化**

  仮想マシンの起動時に、適切な ESXi ホストに仮想マシンを自動的に配置します。

  クラスタ内の ESXi ホスト間でリソース負荷の不均衡が発生した場合は、推奨する移行先ホストが表示されます。推奨された移行を実行するためには、利用者が必ず手動で推奨を承認する必要があります。

- **完全自動化**

  仮想マシンの起動時に、適切な ESXi ホストに仮想マシンを自動的に配置します。

  クラスタ内の ESXi ホスト間でリソース負荷の不均衡が発生した場合は、自動的に最適な ESXi ホストへ仮想マシンが再配置(移行)されます。

表 8.5　DRS の自動化レベル

自動化レベル	起動時の初期配置	起動後の移行
手動	推奨ホストを表示	推奨する移行先ホストを表示
一部自動化	自動で配置	推奨する移行先ホストを表示
全自動	自動で配置	自動で移行

■DRS のアルゴリズム

　DRS による仮想マシン配置の最適化は、ある ESXi ホストのリソース使用率(たとえば CPU 使用率)が 80% を超えたら自動的に仮想マシンが vMotion で移行するといった単純なアルゴリズムではありません。DRS では、ESXi ホスト間のリソース使用率の差異や負荷の不均衡を統計的手法(標準偏差[1])で判断します(図 8.7)。

【1】　標準偏差とは、集団の中で値のばらつきがどれだけあるかを表す統計学用語です。

8.2 vSphere DRS によるリソース利用の最適化

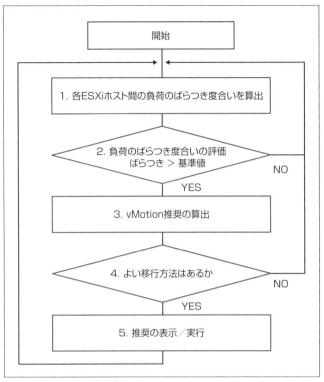

図 8.7　DRS のアルゴリズム

1. 各 ESXi ホスト間の負荷のばらつき度合いを算出

各 ESXi ホストの負荷状況を算出し、ESXi ホスト間の負荷のばらつき度合いを標準偏差として計算します[2]。

$$ESXiホスト間の負荷の標準偏差 = \sqrt{\frac{(仮想マシンの負荷 - 平均値)^2 + (仮想マシンの負荷 - 平均値)^2 \cdots}{ESXiホストの台数}}$$

2. 負荷のばらつき度合いの評価

算出した負荷のばらつき度合いが、基準値より大きいかどうかをチェックし、基準値を超える場合は直ちに最適化すべきと判断します。

基準値は、ESXi ホスト数や後述する移行のしきい値から算出されます。図 8.8 の例では、基準値が「ターゲット」、負荷のばらつき度合いが「現在」として表示されており、ターゲット<現在となるため、基準値を超えていると判断されます。

【2】 DRS では、ESXi ホスト間の負荷のばらつき度合いを定期的 (デフォルトでは 300 秒ごと) に計算します。また、クラスタへの ESXi ホスト追加や、メンテナンスモードの有効化／無効化のタイミングで再計算が実施されます。

215

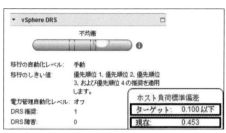

図 8.8　ESXi ホスト間の負荷のばらつき

3. vMotion 推奨の算出

　負荷状態のばらつき度合いを最小化し、リソースの効率性を高めるための移行パスを探索します。vMotionにかかるコストと vMotion 後に得られるパフォーマンスメリットを考慮し、メリットが上回る場合のみを推奨します。また、推奨値の算出には後述のアフィニティルールも考慮されます。

4. よい移行方法はあるか

　算出された移行パスに優先順位を付け、移行のしきい値設定と組み合わせて推奨として表示／実行するべきかを判断します。優先順位が高い推奨であるほど、パフォーマンスメリットの効果を大きく見込むことができます。

　移行のしきい値が保守的に設定されている場合は、優先順位が高い推奨のみを表示／実行し、逆に、移行のしきい値が積極的な場合は、優先順位が低い推奨も表示／実行するようになります（表 8.6）。

表 8.6　移行のしきい値と優先順の関係

移行のしきい値	実行される優先順位	優先順位の意味と効果
レベル 1 [3]（保守的）	優先順位 1 のみ	優先順位 1 は、以下の必須の推奨 ● ESXi ホストがメンテナンスモードおよびスタンバイモードに入る場合 ● アフィニティルールに従う場合 ● 予約がホストのキャパシティを超える場合
レベル 2（やや保守的）	優先順位 1 と 2	負荷のばらつきがやや改善する移行
レベル 3 [4]（中間）	優先順位 1 ～ 3	負荷のばらつきが中程度改善する移行
レベル 4（やや積極的）	優先順位 1 ～ 4	負荷のばらつきがよく改善する移行
レベル 5（積極的）	優先順位 1 ～ 5（すべての優先順位）	負荷のばらつきが大幅に改善する移行

5. 推奨の表示／実行

　移行のしきい値と優先順位から推奨の移行であると判断された場合は、移行パスが表示／実行されます。vMotion が自動的に実行されるかどうかは、自動化レベル（表 8.5 を参照）の設定に依存します。

【3】　移行のしきい値がレベル 1 で設定されている場合、仮想マシンは自動的に移行しません。
【4】　移行のしきい値のデフォルト値はレベル 3 になります。

8.2.3 アフィニティルール

DRSでは、アフィニティルールを設定することで、ESXiホストと仮想マシン、または仮想マシン間で依存関係を定義し、仮想マシンの配置を制御することが可能です。アフィニティルールには以下の3つの種類があります（図8.9、表8.7）。

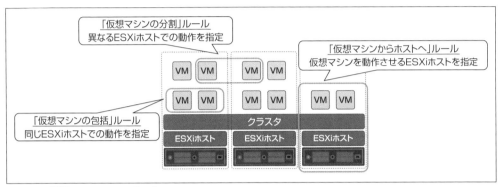

図8.9　3種類のアフィニティルール

表8.7　アフィニティルールの特徴と利用シーン

アフィニティルール	特徴	利用例
仮想マシンの包括 （アフィニティ）	同じESXiホストでの動作を指定	● 仮想マシン間のネットワーク通信が同一ホスト上の仮想スイッチのポートグループ内で閉じ、ネットワーク通信の性能とセキュリティの向上が期待できる場合 ● 同じ種類のOSを同じESXiホスト上で稼働させることでメモリ共有を期待する場合
仮想マシンの分割 （アンチアフィニティ）	異なるESXiホストでの動作を指定	● 複数の仮想マシンがクラスタソフトにより構成されており、可用性の観点から別々のESXiホストで稼働させる必要がある場合 ● 仮想マシンがESXiホストのネットワークキャパシティを使い切ってしまうような極端にネットワークI/Oが高い仮想マシンが複数稼働する場合
仮想マシンからホストへ （ホストアフィニティ）	仮想マシンを動作させるESXiホストを指定	● 仮想マシン上で実行しているソフトウェアが、物理CPUにライセンスされているため、他のESXiホストで動作させるには追加ライセンスが必要となる場合

8.2.4 vSphere DPMによる消費電力の最適化

vSphere Distributed Power Management（DPM）とは、DRSの拡張機能であり、DRSクラスタ内の全ESXiホストの負荷の総量に応じて、クラスタ内でパワーオンするESXiホストの数をコントロールする機能です。

夜間など、クラスタ内の全ホストの負荷の総量が低いときは全仮想マシンで必要なリソースの総量は低くなるので、リソースを供給するホストの台数は少なくて済みます。このような場合、仮想マシンが動作するホストを片寄せし、他のホストは仮想マシンが動作していない状態にします。そのホストを自動的にスタンバイモードに移行し、クラスタ全体の物理ホストの消費電力の抑制を実現します（図8.10）。

vSphere クラスタによる動的配置とリソース利用の最適化

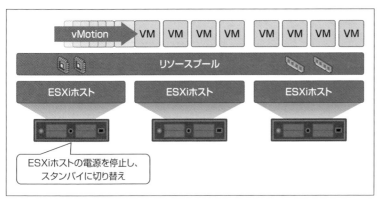

図 8.10　DPM による消費電力の抑制

　DPM では、クラスタ内で動作する仮想マシンの CPU やメモリリソースの需要を監視します。そして、クラスタ内に十分な空きリソースがある場合は、ESXi ホストをスタンバイモードにして仮想マシンを別の ESXi ホストに移行させた後、ホストをシャットダウンします。仮想マシンのリソース需要が増大した場合は、ホストを自動的にパワーオンし、必要なリソースを供給します。

■電力管理の自動化レベル

　仮想マシンの移行および ESXi ホストのスタンバイを自動化するかどうかについては、自動化レベルで設定することが可能です（表 8.8）。

表 8.8　DPM の自動化レベル

自動化レベル	動作
オフ	DPM の機能は無効
手動	仮想マシンの移行および ESXi ホストの電源操作に関する推奨が作成されるが、自動的に実行はされない
自動	仮想マシンの移行および ESXi ホストの電源操作が自動的に行われる

 **DRS のメリットと活用方法**

　本項では、DRS およびリソースプールによるさまざまなメリットを説明します。

■仮想マシンの配置の自動化による管理工数の削減とパフォーマンスの向上

　DRS は、各 ESXi ホスト間のリソース負荷状況を監視して、負荷のばらつき度合いが基準値を超える場合は自動的に仮想マシンを別の ESXi ホストに移行します。そのため、負荷の監視および vMotion の手動実行といった運用管理コストの低減、さらには ESXi ホスト間のリソース使用率の平準化による仮想環境のパフォーマンス向上を実現します。

8.2 vSphere DRS によるリソース利用の最適化

■リソースの統合管理

DRS を有効化してクラスタ内の ESXi ホストのリソースを集約することで、システムの管理者は個々の ESXi ホストのリソース残量を個別に管理する必要がなく、DRS クラスタ全体のキャパシティの管理に集中することができます。

また、仮想環境に仮想マシンを搭載するたびに、すべての ESXi ホストのリソース残量を確認し、どの ESXi ホスト上で動作させるべきかといった判断を行うことなく、仮想マシン起動時に自動的に最適な配置を構成することが可能になります。

■統合率の向上によるハードウェア投資コストの削減

DRS による自動負荷平準化機能を利用していない場合は、あるホスト上の仮想マシンのリソース負荷が急激に高くなった際に、その ESXi ホストのみで必要なリソースを供給する必要があります。そのため、最も負荷が高くなるピーク時を常に考慮して仮想マシンの統合率を決定する必要があるため、統合率[5]も保守的になりがちです。

自動負荷平準化を利用し、複数の ESXi ホストによるリソースプールを利用することにより、あるホスト上で負荷が高騰しても、自動的にクラスタ全体で負荷を平準化できます。常に負荷が平準化されるため、クラスタ内の特定ホスト上で物理リソースが枯渇することはなく、常に全ホストでリソースに空きがある状態となることが期待できます（図 8.11）。

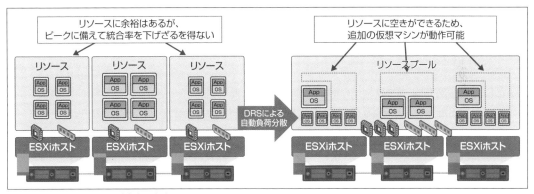

図 8.11　DRS 利用による統合率の向上

こうして空いたリソースを使用して仮想マシンを追加で起動すれば、ESXi ホスト 1 台でより多くの仮想マシンを実行でき、統合率が向上します。これにより、ハードウェアへの投資コストを抑えることが可能になります。VMware の顧客調査によると、DRS を導入することにより、ホスト 1 台あたりの仮想マシンの統合率が 20 〜 40% 向上したという調査結果を得ています。

【5】　統合率は、1 台の ESXi ホスト上で稼働する仮想マシン数を 1 で割った数値になります。1 台の ESXi ホスト上で 10 台の仮想マシンが動作する場合は統合率が 10 となり、統合率が大きいほど仮想化の恩恵が高いと言えます。

CHAPTER 8　vSphere クラスタによる動的配置とリソース利用の最適化

■ソフトウェアライセンスコストの削減

　有償のソフトウェアライセンスは、インスタンスに対して課金されるケースと、ソフトウェアを実行している物理 CPU（またはソケット）に対して課金されるケースが一般的です。物理 CPU に対して課金されるケースでは、クラスタを構成して vSphere HA や vMotion を利用し、仮想マシンを他の ESXi ホストを移行すると、ソフトウェアは物理 CPU に対して課金されるので、移動先の物理 CPU にもライセンスが必要になる場合があります。

　「8.2.3　アフィニティルール」で解説したように、DRS ではアフィニティルールによりソフトウェアが動作している仮想マシンを特定の ESXi ホストでのみ動作させることが可能です。したがって、アフィニティルールを適用した ESXi ホストに対してのみライセンスを購入すればよいということになります（図 8.12）。

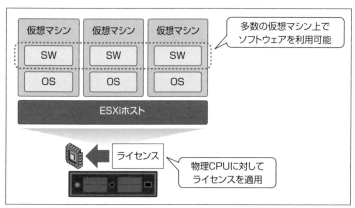

図 8.12　アフィニティルールによるライセンスコストの削減

　また CPU 課金ライセンスでは、ライセンスは物理 CPU に対して課金され、インスタンス数には課金されないので、同一 ESXi ホスト上で複数のソフトウェアインスタンスを実行させることも可能となり、インスタンスあたりのソフトウェアライセンスコストの削減につながります[6]。

■消費電力の最適化

　「8.2.4　vSphere DPM による消費電力の最適化」で解説したとおり、DPM の機能を利用することでクラスタ全体の消費電力を抑えることが可能です。

---

[6]　ライセンスの考え方はアプリケーションを提供するベンダーによって異なるため、ベンダーのライセンスポリシーに従ってください。

8.3 データストアクラスタと Storage DRS

データストアクラスタとは、複数のデータストアのリソース（容量およびI/O性能）を集約し、あたかも1つの巨大なデータストアリソースとして扱う機能です。Storage I/O Control[7]やStorage DRSによる自動負荷分散機能によって、ホストと同様にデータストアでもリソース利用の最適化が実現できます。本節では、データストアクラスタの持つ機能とそのメリットについて解説します。

8.3.1 データストアクラスタのしくみ

前述のとおり、データストアクラスタにより、複数のデータストアを1つの巨大なストレージリソースとして扱うことで、リソース利用の最適化を実現することが可能になります。データストアクラスタによって、データストア間のI/O負荷分散や仮想ディスクによるデータストア使用率が平準化されるので、リソース利用の最適化に役立ちます（図8.13）。

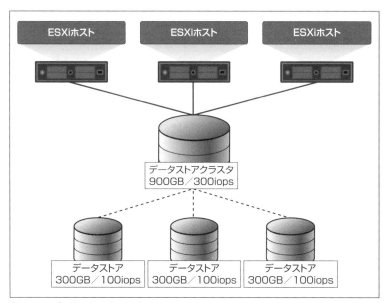

図8.13 データストアクラスタ

【7】 Storage I/O Control の詳細については「4.3 Storage I/O Control（SIOC）」を参照してください。

CHAPTER 8　vSphere クラスタによる動的配置とリソース利用の最適化

8.3.2　Storage DRS によるリソース利用の最適化

　Storage DRS とは、データストアの容量や I/O 負荷に基づいて仮想ディスクを初期配置したり、過去の統計情報に基づいて仮想ディスクを他のデータストアへ自動的に移行させることで、ストレージの I/O 負荷分散と使用量平準化を自動的に行う機能です。

■初期配置の自動化によるリソース利用の最適化

　Storage DRS を利用することでデータストアのキャパシティや I/O 負荷を考慮して、仮想マシンの初期配置のデータストアを選択します。初期配置による負荷分散は、以下のタイミングで行われます。

- 仮想マシンが作成、またはクローンされるとき
- 仮想マシンのディスクがデータストアクラスタに移行されるとき
- 既存の仮想マシンに新規のディスクが追加されるとき

■Storage DRS の自動化レベル

　Storage DRS は、Storage vMotion を自動的に行うことによってデータストア間で仮想ディスクを動的に移行します。仮想ディスクの移行に関する推奨を自動的に適用するかどうかは、データストアクラスタの自動化レベルとして設定できます（表 8.9）。

表 8.9　Storage DRS の自動化レベル

自動化レベル	内容
自動化なし（手動モード）	移行の推奨が表示されるが、手動で承認するまで実行されない
完全自動化	推奨される移行が自動的に実行される

■しきい値による積極性の設定

　Storage DRS では、データストアの領域使用率と I/O 待ち時間にしきい値を設定することで、Storage DRS の積極性を設定することが可能です。しきい値を上げて積極性を低く設定すると、仮想ディスクの移行頻度が低下しますが、負荷や使用率の平準化も同時に低下します。逆にしきい値を下げて積極性を高くした場合は、移行頻度が上昇し負荷や使用率の平準化も向上します。

　Storage DRS の積極性レベルには、表 8.10 に示すしきい値を設定できます。

表 8.10　Storage DRS の積極性レベルの設定

設定値	内容
領域使用率	データストアが設定した使用率を超えた場合、移行に関する推奨が作成される[8]
I/O 待ち時間	過去 24 時間に測定された I/O 待ち時間の 90 パーセンタイル[9]の値がしきい値を超えた場合、移行に関する推奨が作成される

[8]　自動化レベルが「全自動」で設定されている場合は、移行が自動的に実行されます。
[9]　パーセンタイルとは、データを小さいものから順に並べて何パーセント目にあたるかを示す統計学用語です。90 パーセンタイルであれば最小値から数えて 90％ に位置する値になります。

■データストアのメンテナンスモード

データストアクラスタを構成することにより、クラスタ内のデータストアをメンテナンスモードに移行することが可能になります。あるデータストアをメンテナンスモードに切り替えると、そのデータストアに格納されている仮想ディスクに対し、他の移行可能なデータストアへの推奨が作成され、自動化レベルに応じて移行が自動的に実行されます。

全仮想ディスクの移行後は、空となったデータストアを構成するストレージに対して（バージョンアップなどの）メンテナンス作業が行えます。つまり、仮想マシンのサービスを停止することなくデータストアのメンテナンスが可能になります[10]。

■アンチアフィニティルールの構成

Storage DRS では、DRS と同様に、仮想ディスクの配置に関するアンチアフィニティルールを設定することができます。アンチアフィニティルールは、同一仮想マシンの複数仮想ディスク間、または複数仮想マシン間で設定可能です。

Storage DRS にアンチアフィニティルールを設定することによって特定の仮想ディスク同士を常に異なるデータストア上に配置することができ、I/O 負荷を分散させることが可能になります。

- 仮想マシン内のアンチアフィニティルール

    仮想マシンを構成する仮想ディスクが複数存在する場合は、デフォルトでは同じデータストアに配置されますが、仮想マシン内のアンチアフィニティルールを設定することにより、ある仮想マシンの全仮想ディスクを、異なるデータストアに配置できます。

    利用例としては、データベースの「OS 領域」、「Redo 領域」、「データ領域」を別々の仮想ディスクで構成し、アンチアフィニティルールによりデータストアを分散させることにより、データベースの I/O 負荷を分散させ、データベースのパフォーマンスを最大化することなどが挙げられます（図 8.14）。

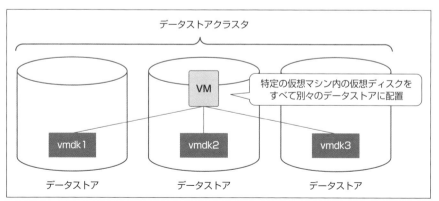

図 8.14　仮想マシン内のアンチアフィニティルール

【10】データストアのメンテナンスモードでは、ISO ファイルやテンプレートの移行に関する推奨は作成されません。

- 仮想マシン間のアンチアフィニティルール

  複数の仮想マシンを異なるデータストアに配置します。仮想マシン同士を分散配置することで、障害時の可用性が向上します。

  たとえば、複数インスタンスによる並列型のシステム（ウェブサーバーなど）を構成している場合は、各インスタンスの仮想ディスクを異なるデータストアに配置することで、ロードバランスを図るだけでなく、ストレージ障害による影響を最小化することが可能になります（図8.15）。

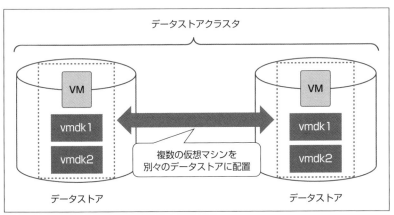

図8.15 仮想マシン間のアンチアフィニティルール

8.3.3 データストアクラスタの要件

データストアクラスタ機能を正しく利用するには、データストアクラスタに関連付けられたデータストアおよびESXiホストが以下の要件を満たしている必要があります。

- NFSおよびVMFSデータストアを同一のデータストアクラスタ内に組み合わせることはできない
- データストアクラスタ内のデータストアに接続されるすべてESXiホストは、ESXi 5.0以降のバージョンである必要がある
- 複数のデータセンターで共有されているデータストアは、データストアクラスタに含めることができない
- ハードウェアアクセラレータ機能が有効化されたデータストアと、有効化されていないデータストアを、同一のデータストアクラスタ内に含めないことが推奨される

Chapter

9

vSphere クラスタによる高可用性機能

CHAPTER 9 vSphere クラスタによる高可用性機能

vSphere によってクラスタを構成することで得られるメリットは、リソース利用の最適化だけではありません。クラスタ内の ESXi ホストまたはリソースに冗長性を持たせることによって、ESXi ホストの障害に対しても高可用性が実現できます。

このような、vSphere クラスタで高可用性を実現する技術が vSphere High Availability（HA）および vSphere Fault Tolerance（FT）です。vSphere HA ／ FT 以外にも、vSphere にはストレージマルチパスや NIC チーミングなどさまざまな高可用性機能が実装されています（図 9.1）。

本章では、vSphere クラスタによって実現される高可用性の詳細について解説します。

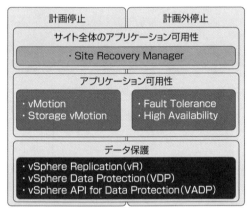

図 9.1　可用性とデータ保護のソリューション

9.1　vSphere High Availability（HA）

vSphere High Availability（HA）は 2 台以上の ESXi ホストでクラスタを構成し、ある ESXi ホスト上でハードウェア障害が発生した場合に、そのホスト上で稼働していた仮想マシンを、正常動作している他の ESXi ホスト上で再起動させることにより、仮想マシンの稼働を回復させることによって高可用性を実現する機能です。物理的な障害が発生したホスト上で稼働していた仮想マシンは、vSphere HA によって速やかに他のホスト上で再起動されるので、物理ホストの復旧を待たずに仮想マシンのサービスを復旧することができます。

vSphere 6.0 では、ストレージ接続障害に対するリカバリ機能が追加されました。データストアへの永続的デバイス損失（PDL）または全パスダウン（APD）が検出された場合、仮想マシンを他のホストにフェイルオーバーすることにより、ストレージ接続を回復します。

さらに、仮想マシン上の VMware Tools プロセスのハートビート監視により仮想マシンの死活監視を行うことにより、OS 障害時にも仮想マシンの再起動を行うことができます。

vSphere HA の優れた特徴の 1 つとして、vSphere HA で保護される仮想マシンおよびゲスト OS やアプリケーションは、一般的な高可用性クラスタソフトウェアと異なり、クラスタソフトウェアに対応した特別な構成を行う必要がないことが挙げられます。vSphere HA では、クラスタ上で vSphere HA を有効にするだけでクラスタ全体の高可用性を向上させ、そのクラスタで稼働するすべての仮想マシンを保護することができます。

9.1 vSphere High Availability（HA）

これまで、アプリケーションやコストの都合で高可用性クラスタソリューションを利用することができなかったシステムに対して高可用性を簡単に実現することが可能です。vSphere HA のしくみをより詳しく知ることで、効果的な運用を行うことができます。

9.1.1 vSphere HA の構成

vSphere HA は vSphere クラスタを構成する際にオプションを有効にするだけで構成できます。

クラスタに属する ESXi ホストの死活については、ESXi ホストの管理ネットワークによるハートビートと、共有データストア上へのアクセスの可否（データストアハートビート）に基づいて判別されます。

データストアハートビート機能により、ホスト障害とネットワーク障害の識別ができ、vSphere 4.1 以前に比べて可用性のレベルが向上しています。

vSphere 6.0 では、仮想マシンのコンポーネントを保護する vSphere VM Component Protection（VMCP）機能により、ESXi ホストから物理ストレージまたはデータストアへのパスがすべてダウンした状態（All Path Down：APD）や永続的にデバイスを消失した状態（Permanent Device Loss：PDL）時においても、仮想マシンのフェイルオーバーが可能になり、vSphere HA により保護されるデバイス種別がさらに増えました。

vSphere HA を構成するための要件は以下のとおりです。

- vCenter Server
- 2台以上の ESXi ホストで構成される vSphere クラスタ（すべてのホストに vSphere HA のライセンスがあること）
- 仮想マシンの格納領域として、クラスタ内のすべての ESXi ホストからアクセス可能な共有ストレージ（VSAN、VVol、FC、iSCSI、NAS など）
- ハートビートをやりとりするためのネットワーク（管理ネットワークを使用）
- ハートビートデータストアとして使用するための2つ以上のデータストア

また、VMCP を使用する場合はさらに以下が必要となります。

- ESXi ホストで APD タイムアウト機能を有効にする
- ESXi 6.0 以降のホストでクラスタが構成されている（APD、PDL を検知する場合のみ）

vCenter Server は、HA エージェントのインストールやフェイルオーバーキャパシティの算出など、構成に必要な処理のみを行います。そのため、vCenter Server に何らかの障害が発生して正常に動作していない場合でも、vSphere HA は正常に動作し続け、vCenter Server が単一障害点になることはありません。

実際の死活監視やフェイルオーバーの実行は、クラスタに属する ESXi ホスト上で直接動作する HA エージェントが行います。ESXi ホストを vSphere HA クラスタに追加すると、vCenter Server によって HA エージェントがインストールされ、クラスタ内の他の HA エージェントと通信できるよう構成されます。

■vSphere HA と Virtual SAN の同時使用について

vSphere HA を Virtual SAN（VSAN）と同時に使用する場合、HA クラスタを構成するために必要な ESXi ホストの最小数は 3 台となります。

ハートビートネットワークは、管理ネットワークから VSAN ネットワークへ変わります。vSphere HA と VSAN は同一の 8182 ポートのネットワークを使用し、デフォルトの隔離アドレスは VSAN クラスタではない場合と同じルールが適用されます。

Virtual SAN については「16.2 Virtual SAN」で詳細を解説します。

9.1.2 vSphere HA の各コンポーネント

本項では、HA クラスタを構成する各コンポーネントについて解説します。図 9.2 は 2 台のホストで構成された HA クラスタです。

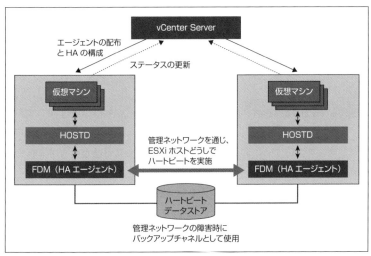

図 9.2　vSphere HA の構成

vSphere HA の主要なコンポーネントは以下になります。

- FDM（HA エージェント）
- HOSTD エージェント
- vCenter Server
- ハートビートデータストア（「9.1.4　ハートビートデータストア」で解説）

9.1　vSphere High Availability（HA）

■FDM

　vSphere HA において最も重要なコンポーネントの 1 つが Fault Domain Manager（FDM）です。FDM は vSphere 5.0 から新規に採用されたアーキテクチャで、従来のマルチキャストで通信を行う Automated Availability Manager（AAM）から変更されました。

　FDM（HA エージェント）は HA クラスタ内の各ホストで動作し、ホストのリソース情報や仮想マシンの状態、クラスタの詳細設定をクラスタ内の他のホストに伝達するなど、多くの役割を担います。クラスタ内でのハートビートのやりとり、ホストや仮想マシンの死活監視、ネットワーク監視、ストレージの APD や PDL の監視、仮想マシンの再起動、ロギングなども行います。

■HOSTD エージェント

　ESXi ホスト上で最も重要なエージェントの 1 つが HOSTD エージェントです。HOSTD は、vSphere Client や API から ESXi に接続して操作するために使用されるインターフェイスです。このエージェントは仮想マシンのパワーオンなどを行います。FDM は HOSTD や vCenter Server と直接やりとりをします。AAM とは異なり vSphere 5.0 以降の HA では vCenter Server Agent（vpxa）に依存しません。

■vCenter Server

　vCenter Server はクラスタのコアとなるコンポーネントで、HA クラスタにおいて以下の重要な役割を担います。

- HA エージェントの構成
- クラスタ構成変更の通知
- 仮想マシンの保護

　vCenter Server は ESXi ホスト上で FDM エージェントを構成し、HA クラスタの構成変更をマスターホストに通知します。マスターホストについては次の項で解説します。

9.1.3　HA クラスタを構成する各ホストの役割

　HA クラスタは 1 台のマスターホストと複数のスレーブホストで構成されます（**図 9.3**）。

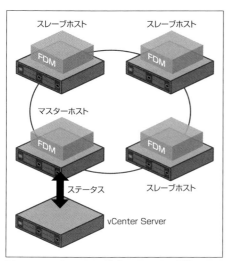

図 9.3　HA クラスタを構成するホストの種類

マスターホストの役割は以下のとおりです。

- すべてのスレーブホストを監視する。スレーブに障害が発生した場合は仮想マシンをフェイルオーバーする
- 仮想マシンの状態を VMware Tools によって監視し、障害時は仮想マシンをリセットする
- 保護対象の仮想マシンのリストを管理する。仮想マシンの電源オン・オフ時にリストをアップデートする
- スレーブホストとハートビートを交換する（ハートビートはマスターとスレーブ間で Point to Point で通信する）
- HA クラスタの構成管理を行う。構成変更時はスレーブに情報を通知する
- クラスタの状態を定期的に vCenter Server にレポートする

スレーブホストの役割は以下のとおりです。

- ローカルで動作している仮想マシンの実行状態を監視する。また、仮想マシンのステータスが変化したときにマスターホストへ通知する
- マスターホストを監視する。マスターホストに障害が発生した場合や、ネットワークパーティション（後述）が発生した場合は、スレーブホストの中からマスターホストを 1 台選出する

■マスターホストの選出プロセス

vSphere クラスタで vSphere HA を有効にすると vCenter Server が各 ESXi ホストに HA エージェントを配布インストールします。その後、マスター選出プロセスを経て 1 台のマスターホストが選出され、残りのホストはスレーブホストとして動作します。

9.1 vSphere High Availability (HA)

マスターホストには、HA クラスタ内の ESXi ホストのうち、アタッチされているデータストア数が最大のホストが選出されます。複数の ESXi ホストがマスターホスト候補となる場合は、Management Object ID (MOID) が ASCII 順で最も高いホストがマスターホストになります。たとえば、MOID が host-99 と host-100 がある場合は、9 は 1 より ASCII 順で上位に位置づけられるため、host-99 がマスターホストに選ばれます。MOID は ESXi ホストの /etc/opt/vmware/fdm/hostlist の 1 行目に記述されています。

マスターホスト選出のプロセスは、クラスタで vSphere HA が有効化されたとき以外にも以下の条件で実行されます。

- マスターホストの障害発生時（HA クラスタ全体でマスターホストが不在となる）
- 管理ネットワークのパーティション（分断）発生時（片側のパーティションでマスターホストが不在になる）

HA クラスタ内でマスターホストが選出されると、HA クラスタのステータスを HA エージェントが vCenter Server に通知します。これにより、vCenter Server 上で各ホストがマスターホストなのか、スレーブホストなのかを確認することができます（図 9.4）。vCenter Server はマスターホストとの間でのみ更新を行いますが、マスターホストがスレーブホストと通信できない場合、vCenter Server は原因をスレーブホストに問い合わせます。

図 9.4　ホストの vSphere HA 状態の確認

9.1.4　ハートビートデータストア

vSphere 5.0 から管理ネットワークを通じたハートビートに加え、管理ネットワーク障害時のバックアップチャネルとして、ハートビートデータストアが追加されました（図 9.5）。

CHAPTER 9 vSphereクラスタによる高可用性機能

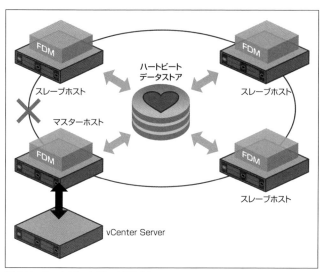

図9.5　ハートビートデータストア

　これにより、ネットワーク隔離（物理NIC障害などによりホストがネットワークと切断されること）やネットワークパーティション（管理ネットワーク内の通信障害により管理ネットワークが分断されること）が発生しても、ハートビートデータストア内に格納された情報（FDM状態ファイル。後述）を利用することで、障害の種別や状態の判別をより細やかに行うことができ、それに対応する最適なアクションが実施できます。

　ハートビートデータストアは、ネットワークハートビート不通時にホスト障害とネットワーク障害との識別を行うためにのみ使用され、ストレージパスに対する死活監視は行いません。ハートビートデータストアは、ESXiホストにアタッチされたデータストアの中から2つ以上指定します（図9.6）。

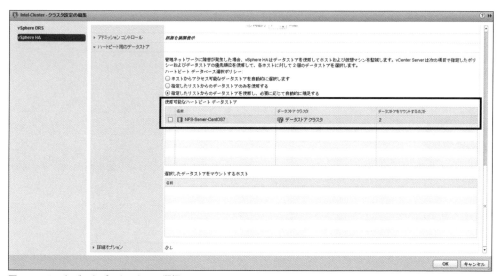

図9.6　ハートビートデータストアの選択

232

9.1 vSphere High Availability（HA）

ハートビートデータストアは詳細オプションdas.heartbeatDsPerHostを設定することにより、デフォルトで2台、最大5台までのデータストアを、ハートビートデータストアとして構成できます。HAクラスタにおいてVSANを使用する場合はVSANのデータストアはデータストアハートビートとして使用することはできません。

■FDM 状態ファイル

FDM状態ファイルはハートビートデータストア上に格納され、各ESXiホストの状態や、クラスタ上で稼働しているすべての保護対象の仮想マシンの情報が格納されています。このファイルの内容を基に、HAクラスタは障害発生時に適切なフェイルオーバーを実行します。

ハートビートデータストアを使用したホストおよび仮想マシンの死活監視はハートビートデータストアに格納されるFDM状態ファイル（図9.7）によって実現されます。

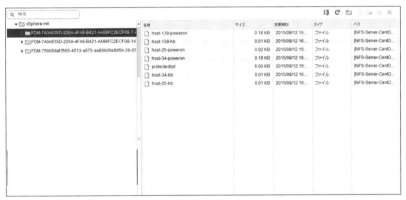

図 9.7　ハートビートデータストア上の FDM 状態ファイル

表 9.1　FDM 状態ファイル

ファイル名	用途	配置場所	説明
host-X-hb（host-Xはホストの MOID）	ホストの死活監視で利用	ハートビートデータストアの /.vSphereHA/FDM-xxx フォルダ内に、クラスタに属しているESXi ホストごとに存在	マスターによるホストの死活判定のため、ホストが生きている間はそのホストでロックが保持される（VMFS）、またはタイムスタンプがアップデートされる（NFS）
host-X-poweron（host-Xはホストの MOID）	そのホストで動作しているパワーオン中の仮想マシンのリスト	ハートビートデータストアの /.vSphereHA/FDM-xxx フォルダ内に、クラスタに属しているESXi ホストごとに存在	ホストが隔離された場合は、そのホストによってビットが立てられ、マスターで隔離状態を確認できる
Protectedlist	そのデータストアに格納されている全保護対象仮想マシンのリスト	ハートビートデータストアも含む全データストアの /.vSphereHA/FDM-xxx フォルダ内	ネットワークパーティション時には、複数のマスターからロック競争がかけられ、勝利した方が仮想マシンの保護を行う。ホスト単体の隔離時には、マスターによってロックがかけられる。隔離されたホストはprotectedlistにロックがかかっていること（つまりマスターが隔離を認識したこと）を確認し、（マスターによってフェイルオーバーが起動できるよう）仮想マシンのロックを外す

233

CHAPTER 9 vSphere クラスタによる高可用性機能

9.1.5 ホスト障害とネットワーク障害への対応

　vSphere 5.0からハートビートデータストアを利用することにより、ホスト障害とネットワーク障害の識別が可能となり、より粒度の高い障害点の検出とフェイルオーバー動作が可能になり、仮想マシン保護のサービスレベルが向上しています。

　図9.8は、vSphere HAにより障害点を識別するフローチャートです。

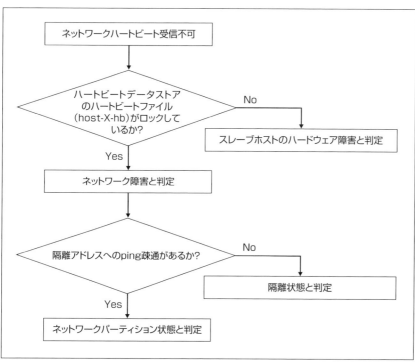

図9.8　マスターホストが障害点を判別する流れ

　隔離アドレスとは、pingのターゲットアドレスで、あるホストがマスターとのネットワークハートビートを失い、ネットワーク障害と判定された際に、ネットワーク隔離とネットワークパーティションを識別するために使用します。デフォルトではESXiホストの管理ネットワークのデフォルトゲートウェイのアドレスです。デフォルトゲートウェイ以外のアドレスを隔離アドレスに指定する場合は、詳細オプション das.usedefaultisolationaddress に False を設定します。隔離アドレスを複数設定するには、das.isolationAddressX（Xは1～9）を設定します。詳細は以下のナレッジベースを参照してください。

- http://kb.vmware.com/kb/1002117（英語）

9.1 vSphere High Availability（HA）

詳細オプション das.config.fdm.isolationPolicyDelaySec により、ホスト隔離への対応が実行されるまでの待機時間を設定できます(最小値は 30 秒)。vSphere HA の詳細オプションについては、以下のナレッジベースを参照してください。

- http://kb.vmware.com/kb/2033250（英語）

■ホスト障害時のリカバリ動作

スレーブホストにホスト障害が発生したとマスターホストが判断すると、そのホストで稼働する仮想マシンを他のホストで再起動させようとします(フェイルオーバー先ホストは、vSphere HA のオプションと後述のアルゴリズムにより決定されます)。

マスターホストに障害が発生した場合は、いったん正常稼働中のスレーブホストの中からマスターを再選出し、再選出された新しいマスターにより旧マスター上の仮想マシンのフェイルオーバーを試みます。

したがって、スレーブホスト障害と、マスターホスト障害時では、仮想マシンの再起動開始に要する時間が異なることに注意してください。以下は、ホスト障害時の仮想マシンの再起動ワークフローが開始されるのに要する時間の概算値、および、vCenter Server にホストの状態変更がレポートされるのに要する時間の概算値です。仮想マシンの電源、ゲスト OS およびアプリケーションの起動時間は含まれていませんので注意してください。

- **仮想マシンの再起動ワークフローが開始されるのに要する時間（概算値）**
  - マスターホストの障害 —— 35 秒以上
  - スレーブホストの障害 —— 18 秒

- **vCenter Server にホスト状態の変更がレポートされるのに要する時間（概算値）**
  - マスターホストの障害 —— 25 秒
  - スレーブホストの障害 —— 18 秒

再起動先のホストを選択するアルゴリズムと、再起動方法は以下のとおりです。

① フェイルオーバー可能な空き容量のあるホストのうち、「再起動待ち」の仮想マシン数が最も少ないホストを選択します。
② ①の条件を満たすホストが複数ある場合は、空き容量の最も大きいホストを選択します。
③ ①〜②を全フェイルオーバー対象の仮想マシンに対して行い、ホストごとにパワーオンする仮想マシンのリストを作ります。
④ リストに従い、各ホスト上で仮想マシンのパワーオン操作を並列実行（最大 32 台）します。
⑤ ホストでの再起動に失敗した場合は、一定時間待機後、別のホスト上で再起動を試みます（デフォルトでは最大 6 回まで）。

235

CHAPTER 9　vSphereクラスタによる高可用性機能

なお、上記アルゴリズムでフェイルオーバーする仮想マシンは、障害の起きたホスト上で実行中だった仮想マシンのみです。パワーオフ状態だった仮想マシンは、vCenter Serverにより他のホストにコールドマイグレーションされます。移行先ホストはランダムに決められます。

また、アドミッションコントロール (9.1.8項) でフェイルオーバー先のホスト (フェイルオーバーホスト) が明示的に指定されている場合は、上記のアルゴリズムには従わず、指定されたホスト上で再起動を試みます。ただしフェイルオーバーホストに十分な空きリソースがない場合は、他のホスト上で再起動を試みます。したがってフェイルオーバーホストの設定は、必ずそのホスト上に再起動されることを保証するものではないことに注意してください (フェイルオーバーホストの詳細は、9.1.8項を参照してください)。

■仮想マシン再起動の優先順位

ホスト障害時に再起動する仮想マシンの優先順位付けを行うことが可能です。vSphere HA は、最初に高優先順位の仮想マシンを再起動し、続いてより低い優先順位の仮想マシンを再起動します。これを、全仮想マシンが再起動し終わるか、クラスタ上のリソースがなくなるまで試みます。

もし高優先順位の仮想マシンのパワーオンに失敗した場合は、引き続き低優先順位の仮想マシンの再起動を行います。したがって、仮想マシン再起動の優先順位は、稼働マシンの起動順序を保証するものではないことに注意してください。

■ネットワークパーティション時のリカバリ動作

ネットワークパーティション状態とは、管理ネットワークの一部で障害が発生したため、管理ネットワークが分断された状態です。

ネットワークパーティションが発生すると、マスターホストはネットワーク的に分断された先にあるスレーブホスト (群) との通信は途絶えますが、マスターからハートビートデータストアへはアクセス可能で、かつ分断されたスレーブホストから (通常は複数ある) 隔離アドレスへの ping が疎通できる状態になります。

ネットワークパーティション状態では、ESXi ホストの物理デバイス (NIC など) に問題はないが、管理ネットワーク上のネットワークトポロジーの一部で障害が発生していると考えられます。たとえば、異なるブレードシャーシをまたいで HA クラスタを組んでいて、上位のスイッチへのパスに障害が発生した (ケーブルや上位スイッチポートに障害が発生した) 場合です (図9.9)。

9.1 vSphere High Availability（HA）

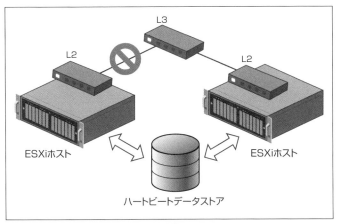

図 9.9　ネットワークパーティション状態

　このような状態では、分断された先にある ESXi ホストおよび物理 NIC は健全と考えられ、これらのホスト上の仮想マシンも正常に稼働している可能性が高いため、仮想マシンの他のホストへのフェイルオーバーは行われません。

　ネットワークパーティション時には、分断されたネットワークパーティションのうち、マスターホストと通信できないパーティションでは、マスターホスト選出プロセスを経てスレーブホストの中から（パーティションごとに）1台がマスターに選出されます。その後、それぞれのネットワークパーティションごとに、それぞれのマスターにより vSphere HA の通常の監視活動が継続されます。

　ただし、vCenter Server も管理ネットワークに属しており、分断された複数の管理ネットワークパーティションに存在している複数のマスターのうちの1台にしか接続できません。したがって、最初に見つけたマスターホストからの情報のみを受信します。

　その後、ネットワーク障害が回復すると、1つのマスターを残して、他はスレーブに降格し、通常の HA クラスタの動作に戻ります。ネットワークパーティション状態が発生してから vCenter Server にホスト状態の変更がレポートされるのに要する時間は約 15 秒（概算値）です。

■ホスト隔離時のオプションとリカバリ動作

　ホスト隔離状態とは、マスターとの通信だけでなく、当該ホストから隔離アドレスへの通信も途絶え、管理ネットワーク上ではそのホストが完全に孤立した状態を指します。具体的には、当該ホストの物理 NIC もしくは直結しているスイッチへのパスに障害が発生したと考えられる状態です（図 9.10）。

vSphereクラスタによる高可用性機能

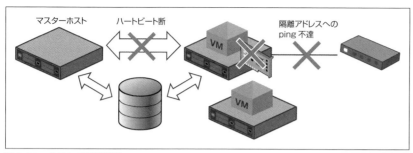

図9.10　ホストの隔離状態

　このような状態が発生した場合、当該ホスト上の仮想マシンをフェイルオーバーすべきかどうか判断が難しくなります。なぜなら、障害が発生した物理NICは管理ネットワーク用の物理NICであり、仮想マシン用の物理NIC（あるいは仮想ディスクがIPストレージ上にある場合、IPストレージ用物理NIC）に障害があるかどうかわからないからです。

　もし管理ネットワークと、仮想マシンおよびIPストレージネットワークが物理的に分離されており、同時に障害が発生する可能性が低いとすると、管理ネットワークへの障害が発生したとしても仮想マシンネットワークやストレージへのアクセスには問題がない（つまり仮想マシンは正常に稼働している）と考えられるため、必ずしも仮想マシンをフェイルオーバーする必要はありません（逆にフェイルオーバーするとシステム停止が発生してしまいます）。

　このように、管理ネットワークの物理NICが、仮想マシンやIPストレージ用ネットワークと物理的に同一であるかどうかが、仮想マシンをフェイルオーバーすべきかどうかを決定するポイントとなります。

　物理NICやネットワーク構成によりフェイルオーバーの動作を選択できるようにするため、以下のような[ホスト隔離への対応]オプションが用意されています（かっこ内は、vSphere Clientにおけるオプション名です）。

- 無効化（パワーオンのままにする）
  ホスト隔離が検出された場合でも、仮想マシンは当該ホスト上で稼働し続ける

- 仮想マシンをシャットダウンして再起動（シャットダウン）
  ホスト隔離が検出されると、当該ホスト上の仮想マシンをシャットダウンする。シャットダウン後に隔離されていない他のホストに仮想マシンをフェイルオーバーする。シャットダウンプロセスを経るため、仮想ディスクへのアクセスが正常であれば、ディスクの整合性は保たれるが、フェイルオーバーに時間を要する。300秒以内にシャットダウンできない場合は、仮想マシンはパワーオフされる。正常にシャットダウンプロセスが実行できるようにするためには、ゲストOS上にVMware Toolsをインストールしておく必要がある。

- 仮想マシンをパワーオフして再起動（パワーオフ）

  ホスト隔離が検出されると、当該ホスト上の仮想マシンをパワーオフする。パワーオフ後に、隔離されていない他のホストに仮想マシンをフェイルオーバーする。仮想マシン稼働中にパワーオフされるため、ディスク整合性は保たれずデータ損失が起きる可能性があるが、迅速にフェイルオーバーする

HAクラスタに属するESXiホスト上でホスト隔離が検出されると、［ホスト隔離への対応］オプションに従って、当該ホスト上の仮想マシンはフェイルオーバー動作に入ります（またはそのまま稼働し続けます）。

vSphere 5.0以降では、ホスト隔離への対応はデフォルトで［パワーオンのままにする］（無効化）が選択されていますので、デフォルトでは仮想マシンのフェイルオーバーは実行されません。

図9.11は、ホスト隔離への対応の設定画面です。仮想マシンごとにオプションを設定することが可能です。

図9.11 ［ホスト隔離への対応］オプション

ホスト隔離状態が発生してから仮想マシンの再起動プロセスが開始されるのに要する時間は約15〜30秒（概算値）で、vCenter Serverにホスト状態の変更が通知されるのに要する時間も同じく約15〜30秒（概算値）です。

■ コンポーネント障害ごとのマスターの再選出とリカバリ動作のまとめ

ホストやネットワーク障害の他に、HAエージェント障害やvCenterとの通信不可など、いくつかの障害のパターンがあります。パターンごとのマスター選出と仮想マシンのフェイルオーバーの有無を表9.2に示します。

表9.2 コンポーネントごとのマスターの再選出とリカバリ動作

事象	ホスト種別	マスター（再）選出の有無	仮想マシンフェイルオーバーの有無
ネットワークパーティション状態	マスター	あり	なし
	スレーブ	あり	なし
ホスト隔離状態	マスター	あり	なし※
	スレーブ	なし	なし※
ホスト障害／PSOD（パープルスクリーン）	マスター	あり	あり
	スレーブ	なし	あり
HAエージェント障害	マスター	あり	なし
	スレーブ	なし	なし
vCenter Serverとの通信不可	マスター	なし	なし
	スレーブ	なし	なし
ハートビートデータストアへのアクセス不可	マスター	なし	なし
	スレーブ	なし	なし

※：ホスト隔離への対応オプションで［パワーオフ］または［シャットダウン］を選択した場合はフェイルオーバーを実行可能です。

CHAPTER 9　vSphere クラスタによる高可用性機能

9.1.6　ストレージ障害への対応

　ユーザーからの数多くのリクエストにより、vSphere 6.0 から、ストレージへのアクセス障害に対する対応機能が実装されました。仮想マシンのコンポーネント保護（VMCP）が有効になっている場合は、vSphere HA はデータストアのアクセス障害を検出して、影響を受ける仮想マシンの自動リカバリを実行できます。

■ストレージアクセス障害の種類

　ストレージへのアクセス障害の発生頻度は高くありませんが、発生した場合の影響度は非常に高いと言えます。ストレージへのアクセス障害は、単にアレイ装置の故障だけでなく、ネットワークやスイッチの障害、アレイや NFS サーバーの設定ミス、電源系の障害など、多くの場合に起こりえます。
　ストレージへのアクセス障害は、以下のように永続的なデバイス損失（Permanent Device Loss：PDL）と、全パスダウン（All Path Down：APD）の 2 つに分類できます。

- PDL ── ストレージへの接続が永続的に失われたと見なされる状態
  - 該当 LUN に対してアレイから SCSI センスコードが返され、ある種のコードは、ESXi により永続的な障害と見なされる
  - アレイから LUN がアンマップまたは削除されている
  - I/O が直ちに失敗する
  - 障害回復にはシステム管理者による対応が必要

- APD ── ストレージへの接続が一時的に失われたと見なされる状態
  - ネットワーク経由でのストレージへのアクセス時など、（一時的に）ストレージへのアクセスができない状態
  - I/O はタイムアウトにより失敗する
  - 時間の経過により自動的に回復される可能性がある

■データストアへのアクセス障害時のリカバリ動作

　上記のとおり、PDL と APD とでは発生原因が異なります。したがって復旧の見込みも異なり、発生した場合のリカバリ動作も異なります。
　PDL が発生した場合、すなわち PDL シグナル（センスコード）がストレージアレイから発信された場合には、仮想マシンは（後述の［PDL 状態への対応］オプションに従って）直ちに再起動されます。
　APD が検出された場合は、復旧するかしないか、復旧するとすればどれくらいの時間が必要かが不明です。APD が検出された場合は、まずタイマーが作動します。APD が検出されてから APD タイムアウトまで 140 秒待機します。140 秒経過すると APD が宣言され、デバイスは APD タイムアウトしたとマークされます。
　その後、vSphere HA が時間のカウントを開始し、3 分間（デフォルト値、変更可能）待機します。3 分経過後、vSphere HA は後述の対応オプションに従って、仮想マシンを再起動します。最初の 140 秒は APD 宣言

をするかどうか決定するまでの時間で、その後の3分間はAPDの復旧を待つ時間です。

[PDLおよびAPD状態のデータストアへの対応]オプションは以下のとおりです。

- 無効化 —— PDLまたはAPDが発生しても何もしない
- イベントの発行 —— PDLが発生、またはAPDが宣言されるとvCenter Serverへイベントを通知する。仮想マシンは自動で復旧せず、システム管理者が手動で対処する必要がある
- 仮想マシンをパワーオフして再起動 —— PDL発生後、またはAPD宣言後さらに3分間(デフォルト)経過後に、仮想マシンをパワーオフし、異なるホスト上で再起動する。APDについては、さらに「保守的」「積極的」の設定あり(後述)

APDについては、上記の[仮想マシンをパワーオフして再起動]オプションを設定する場合、さらに[保守的]または[積極的]のいずれかのオプションが選択可能です。

- 保守的 —— APDの影響を受けた仮想マシンに対し、他のホストで再起動ができるということをHA側が知り得た場合のみ再起動する
- 積極的 —— APDの影響を受けた仮想マシンに対し、他のホストで再起動ができるかどうかがHA側で不明な場合でも再起動を実施する。この場合、データストア障害を受けた仮想マシンへのディスクアクセスが可能なホストが存在せず、仮想マシンが再起動できないことが起こりえる

もしAPDタイムアウト(140秒)後、すなわちVMCPでAPDが宣言された後に、(デフォルトで3分以内に)APDが解消された場合に、仮想マシンに対してどういう処理を行うかを[APDタイムアウト後にAPDから回復する場合の対応]オプションで設定可能です。オプションは次の2つから選択可能です。

- 無効化 —— APDからの復旧後に何もしない。APD復旧後に仮想ディスクへのアクセスが正常に復旧できていれば、仮想マシンはそのまま処理を継続可能
- 仮想マシンをリセットする —— APDからの復旧後にいったん仮想マシンをリセットする。これにより仮想マシンは再起動プロセスに入る。APDの影響により仮想ディスクへのタイムアウトが発生した場合、アプリケーションが処理を継続できないケースなどで選択するとよい

9.1.7 ゲスト OS とアプリケーション障害への対応

vSphere HAでは、物理ホストやストレージ接続の障害だけでなく、ゲストOSおよびアプリケーションの障害を監視できます。

仮想マシンを監視する場合、監視サービスはゲスト内で実行されるVMware Toolsプロセスから定期的に発信されるハートビートなどを監視することで仮想マシンの死活を監視し、それが一定時間途切れると、そのホスト上で仮想マシンを再起動します。

また、ブルースクリーンなどゲスト OS そのものに障害が発生した場合と、何らかの理由で VMware Tools プロセスのみに障害が発生した場合を区別するために、監視サービスは仮想マシンの I/O アクティビティも監視しています。以下の 3 つの条件を満たした場合は仮想マシンに異常が発生したと見なし、仮想マシンを同一ホスト上で再起動します。

- VMware Tools からのハートビートが停止
- ネットワーク I/O が一定期間停止（デフォルトで 120 秒間）
- ストレージ I/O が一定期間停止（デフォルトで 120 秒間）

仮想マシンの障害が検出され再起動された場合は、障害時の画面のスクリーンショットを取得し、画像ファイルが .vmx と同一のディレクトリの <VM 名 >-< 通し番号 >.png ファイルとして自動的に保存されます（図 9.12）。

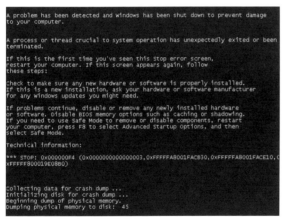

図 9.12　仮想マシン障害時の画面

アプリケーションの監視を有効にするためには、アプリケーションを監視するためのソフトウェアを導入するか、VMware が提供する SDK[1]を使用することにより、アプリケーション監視用のハートビートを生成するようカスタマイズする必要があります。

アドミッションコントロール

vSphere HA によって保護された仮想マシンが、他の ESXi ホスト上で確実にフェイルオーバーできるようにするためには、クラスタの各 ESXi ホストでフェイルオーバー用の予備リソースを確保する必要があります。これをアドミッションコントロールと言い、リソース不足のときには以下の動作が禁止されます。

---

[1] 以下のコミュニティサイトから vSphere Web ServiceSDK をダウンロード可能です。
　　http://communities.vmware.com/community/vmtn/developer/forums/managementapi

9.1　vSphere High Availability（HA）

- 仮想マシンのパワーオン
- ホスト／クラスタ／リソースプールへの仮想マシンの移行
- 仮想マシンの CPU やメモリ予約値の増加

ただし、アドミッションコントロールにより、上記の操作が制限されるのは、障害が発生していない通常動作時のみです。障害発生時には上記の制限は適用されず、クラスタのリソースがなくなるまで、仮想マシンの再起動を試みます。

アドミッションコントロールを行うための予備リソースを確保する方法として、以下の3つのポリシーから選択可能です。

- ホスト障害のクラスタ許容台数
- フェイルオーバーの予備容量として予約されたクラスタリソースの割合
- フェイルオーバーホストの指定

次に、それぞれのポリシーでどのようにリソースが確保されるか解説していきます。

■ホスト障害のクラスタ許容

　［ホスト障害のクラスタ許容］を選択して台数を指定した場合は、指定した台数までのホストに障害が発生してもすべての仮想マシンがフェイルオーバーできるように、仮想マシンのリソース消費をコントロールします。

　何台までのホスト障害であればそのホスト上で動作しているすべての仮想マシンを復旧できるかを判断するため、HA クラスタの現在のリソースの使用状態を基に予備リソースを計算します。この予備リソースをフェイルオーバーキャパシティと呼びます。フェイルオーバーキャパシティを計算するために、スロット、スロットサイズ、スロット数という概念を導入します。

　スロットとは、仮想マシンのリソースサイズを定型化したものです。一般に、消費するリソースの量は仮想マシンごとに異なるため、フェイルオーバーキャパシティを簡単に計算することはできません。その計算を単純化するため、すべての仮想マシンが「スロット」という同一サイズのリソースを使用していると仮定し、各ホストでどれだけの数のスロットが動作可能か（スロット数）、またホスト障害時にクラスタ内の他のホストにどれだけのスロットの余裕があるか判断することで、フェイルオーバーキャパシティを計算します。

　フェイルオーバーキャパシティの計算方法は次のとおりです。

1. スロットサイズの算出

　パワーオン中の仮想マシンのうち、CPU 予約値が最大のものを CPU スロットサイズとします。CPU 予約値が設定されていない場合、32MHz を CPU スロットサイズとします。次に、パワーオン中の仮想マシンのうち、「メモリ予約値＋メモリオーバーヘッド」の合計が最大のものをメモリスロットサイズとします。メモリ予約値が設定されていない場合は、「0MB ＋メモリオーバーヘッド」の合計が最大のものをメモリスロットサイズとします。CPU スロットサイズとメモリスロットサイズを組み合わせて、HA クラスタのスロットサイズとします。スロットサイズは、クラスタの［サマリ］タブの［詳細ランタイム情報］をクリックすることで表示できます（**図9.13**）。

243

図 9.13　スロットサイズ

2. ホストごとのスロット数の算出

ホストごとに、CPU／メモリの物理リソースサイズをスロットサイズで割り（余りは切り捨て）、小さい方をスロット数として算出します（表 9.3）。

表 9.3　各ホストのスロット数の計算（CPU スロットサイズ＝ 2GHz、メモリスロットサイズ＝ 2GB の場合）

	CPU 容量（すべてのコアの周波数を合算）	メモリ容量	スロット数
ホスト 1	9GHz（9／2＝4.5→4）	9GB（9／2＝4.5→4）	4
ホスト 2	9GHz（9／2＝4.5→4）	6GB（6／2＝3）	3
ホスト 3	6GHz（6／2＝3）	6GB（6／2＝3）	3

3. フェイルオーバーキャパシティの算出

まず、HA クラスタ内の ESXi ホストのうち、物理リソースサイズが最大のホストに障害が発生すると仮定します。残りのホストのスロット数を合計し、この数がパワーオン中の仮想マシンの合計より多いかどうか比較します。多い場合は、このホストに障害が発生してもキャパシティに余裕があると判断し、フェイルオーバーキャパシティは 1 台以上と判断されます（図 9.14）。

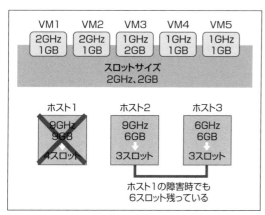

図 9.14　フェイルオーバーキャパシティの計算

9.1 vSphere High Availability（HA）

　さらに、1番目と2番目に物理リソースサイズの大きいESXiホストを除いた残りのホストのスロット数の合計が、パワーオン中の仮想マシンの数より多い場合は、フェイルオーバーキャパシティは2台以上と判断されます。このように物理リソースの多いホストから順番に障害が発生すると仮定し、残りホストの合計スロット数がパワーオン中の仮想マシンの数を下回るまで繰り返します。下回らない最大障害台数が、フェイルオーバーキャパシティとなります。

　フェイルオーバーキャパシティが、オプションで指定したホスト障害のクラスタ許容の数を下回らない限り、仮想マシンの新規のパワーオンなどの操作を許可します。ホストのメンテナンスなど、一時的にリソースが不足している場合には、オプションでアドミッションコントロールを無視して新規に仮想マシンの電源をオンにすることもできます。

■フェイルオーバーの予備容量として予約されたクラスタリソースの割合

　このアドミッションコントロールポリシーでは、クラスタ全体の物理CPUやメモリリソースの合計に対して、ある一定の割合をリカバリ用の予備リソース（フェイルオーバーキャパシティ）として予約します。

　図9.15のように、CPUやメモリごとに値を設定し、フェイルオーバーキャパシティがこの値を下回らないように、仮想マシンのパワーオンなどを制御します。

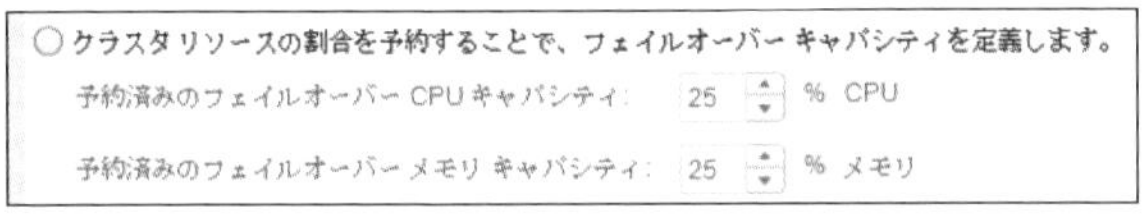

```
○ クラスタリソースの割合を予約することで、フェイルオーバー キャパシティを定義します。
　予約済みのフェイルオーバー CPU キャパシティ：   25  ▲▼  % CPU
　予約済みのフェイルオーバー メモリ キャパシティ： 25  ▲▼  % メモリ
```

図9.15　アドミッションコントロールポリシーの設定

　次の計算式によりCPU／メモリのフェイルオーバーキャパシティを算出します。

A1：パワーオン中の仮想マシンのCPU予約値の合計
A2：パワーオン中の仮想マシンの「メモリ予約値＋メモリオーバーヘッド」の合計値
B1：クラスタ内のホストのCPUリソースの合計
B2：クラスタ内のホストのメモリリソースの合計

- CPU → $(B1 - A1)／B1$
- メモリ → $(B2 - A2)／B2$

　図9.16では、A1／A2はそれぞれ7GHz／6GB、B1／B2はそれぞれ24GHz／21GBなので、フェイルオーバーキャパシティは次のようになります。

- CPU → $(24GHz - 7GHz)／24GHz = 70\%$
- メモリ → $(21GB - 6GB)／21GB = 71\%$

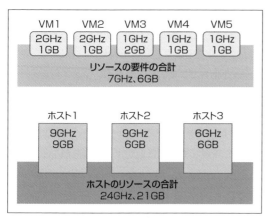

図9.16　フェイルオーバーキャパシティの計算

■フェイルオーバーホストの指定

　このポリシーは最も単純な方法であり、アドミッションコントロールによって仮想マシンの新規パワーオンを制限する代わりに、HAクラスタ内の特定のホストをフェイルオーバー専用のスタンバイホスト（フェイルオーバーホスト）として予約します。いわゆるN＋M（Mは1以上）構成です。フェイルオーバーホストは複数台設定することが可能です。

　指定されたフェイルオーバーホスト上では、仮想マシンのパワーオン、vMotionやDRSによる移行が禁止され、常に仮想マシンが稼働していない状態に保たれます。

　ホスト障害時には、デフォルトではフェイルオーバーホスト上で仮想マシンが再起動されますが、フェイルオーバーホストに障害が発生している、または十分なリソースがないなどの理由により仮想マシンを起動できない場合は、他のホスト上で再起動されます。したがってフェイルオーバーホストの設定は、必ずそのホストで再起動することを保証するものではありません。

　一方、フェイルオーバーホストとDRSのホストアフィニティルール（「8.2.3　アフィニティルール」を参照）と組み合わせることにより、特定ホスト上で必ず再起動させるように設定することが可能です。ただしフェイルオーバーホストに十分な空きリソースがない場合は、仮想マシンの再起動に失敗しますので、フェイルオーバーホストとDRSのホストアフィニティルールを組み合わせる場合は、十分に注意してください。

　このような再起動の失敗を回避する方法として、フェイルオーバーホストを複数台指定することを推奨します。複数台指定した場合は、1台目のフェイルオーバーホストで再起動に失敗しても、2台目のフェイルオーバーホスト上で再起動を試みます。

　［フェイルオーバーホストの指定］オプションを選択するメリットとして、特定のホストが常にスタンバイ状態にあり、大きな物理リソースの空きがあるため、リソース消費量の非常に大きな仮想マシンがクラスタ内に存在する場合でも、その仮想マシンを確実にフェイルオーバーできるという点が挙げられます。また前述のように、DRSのホストアフィニティルールと組み合わせることにより、物理CPUに対して課金されるソフトウェアに必要なライセンス数を節約することが可能になります。

一方、フェイルオーバー対象のホスト数が少ない（～1台程度）ので、全仮想マシンがフェイルオーバーし終えるまでに時間がかかるという注意点があります。

9.2 vSphere Fault Tolerance（FT）

vSphere Fault Tolerance（FT）は、仮想マシンおよび仮想ディスクを完全二重化して、それぞれ別々のESXiホストおよびデータストア上で同期実行させることにより、ホスト障害時に、サービス停止およびデータ損失することなく完全な連続運用を実現する機能です。vSphere 6.0 より vSphere 5.5 までのさまざまな制限事項が大幅に緩和され、最大 4vCPU、64GB メモリまでの仮想マシンに対応し、より広範囲なサービスでの利用が期待できる新機能です。

9.2.1 vSphere FT とは

vSphere FTを有効化することにより、仮想マシンおよび仮想ディスクを二重化しそれぞれ異なるESXiホストおよびデータストア上で同期実行させることにより、片方のESXiホストが何らかの不具合によって停止してしまった場合でも、もう片方のESXiホストで仮想マシンの動作を継続させることが可能です。

vSphere FTは保護対象の仮想マシン（プライマリ）のメモリやディスクの内容を他のESXiホストおよびデータストアへコピーし、まったく同じ状態を持つもう1つの仮想マシンおよび仮想ディスク（セカンダリ）を作成します。プライマリ仮想マシンの処理結果をセカンダリに逐一送信することにより、2つの仮想マシン間で同期をとります（図9.17）。この同期実行の技術を Fast Checkpointing と呼びます。詳細は「9.2.3 vSphere FT のアーキテクチャ」で後述します。クラスタにて FT を有効化できるようにするためには、HA クラスタを構成する必要があります。

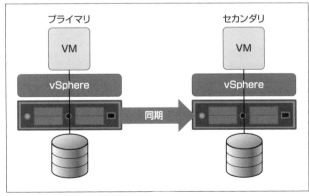

図9.17　vSphere FT 概要

CHAPTER 9 vSphere クラスタによる高可用性機能

■vSphere FT の特長、メリット

vSphere FT には以下のような特長、メリットがあります。

- RPO = 0、RTO = 0、データ損失ゼロの完全な連続運用環境を実現
- 最大 4 仮想 CPU、64GB メモリまでの仮想マシンに対応
- 対応するゲスト OS やアプリケーションに制限なし
- vSphere のほとんどの機能と互換性があり、他の (FT 化していない) 仮想マシンと同様の運用が可能 (vSphere 機能との互換性については 9.2.4 項を参照)
- vSphere のスナップショットに対応し、VDP および VADP によるバックアップが可能
- HA クラスタを構成する ESXi ホストの要件は、EVC 互換性および 10Gb ネットワークのみ。FT 用の特別な互換性や機能は不要
- パワーオン中の仮想マシンに対し、FT の有効化・無効化が可能
- vSphere HA / FT の機能により自律的に動作し、vCenter 障害時でも仮想マシンは保護される

■vSphere FT の設定方法

vSphere HA はデフォルトでは HA クラスタに属する仮想マシン全体を保護しますが、vSphere FT は仮想マシンごとに保護するように明示的に設定する必要があります。

1. vSphere FT を設定するには、Web Client で対象となる仮想マシンを選択し、右クリックメニューあるいは [アクション] メニューから [Fault Tolerance] を選択し、[Fault Tolerance をオンにする] をクリックします (図 9.18)[2]。

図 9.18 Fault Tolerance 設定画面

【2】 Fault Tolerance を有効化できるのは、vSphere HA が有効化されたクラスタ配下の仮想マシンのみです。詳しくは「9.2.4 vSphere FT の要件と制限事項」を参照してください。

9.2 vSphere Fault Tolerance（FT）

2. セカンダリ仮想ディスクなどを配置するデータストアを指定します（図9.19）。ここで配置する3つのファイルの詳細については、「9.2.3　vSphere FT のアーキテクチャ」で後述します。

図9.19　FTファイルおよびセカンダリ仮想ディスクを配置するデータストアの選択

3. セカンダリ仮想マシンを実行する ESXi ホストを指定します。

9.2.2　vSphere FT の動作

ここでは、仮想マシンに対して FT を有効化した場合の保護のしくみおよびホスト障害時のリカバリ動作について説明します。

■vSphere FT の有効化

1. セカンダリ仮想マシンの生成

　パワーオンまたはオフ中の仮想マシンに対し、FT を有効化して FT 保護対象とすることが可能です。仮想マシンに対して FT を有効化すると、その仮想マシンをクラスタ内の他の ESXi ホストへ「vMotion without Shared Storage（「7.4　vMotion without Shared Storage」を参照）」し、仮想マシンおよび仮想ディスクの新しいコピー（セカンダリ仮想マシン）を生成します。通常の vMotion without Shared Storage では、移行完了後に移行元の ESXi ホストおよびデータストアから仮想マシンおよび仮想ディスクを削除しますが、FT では移行元および移行先の仮想マシン（および仮想ディスク）は、それぞれプライマリ仮想マシン、セカンダリ仮想マシンとしてそのまま動作し続けます。これによって、2つの ESXi ホスト上で同じ内容を持つ仮想マシンが生成されます（図9.20の②）。

249

2. 同期実行（Fast Checkpointing）

　FT 保護された仮想マシンにおける処理の実行（OS・アプリの動作、ネットワーク送受信、ディスク I/O など）はプライマリ仮想マシンで行われ、処理により発生したメモリ、ディスク、デバイスなどの変更内容が、FT ログネットワークを介して、セカンダリ仮想マシンに送信され、プライマリ－セカンダリ間で同期がとられます。いわば永遠に続く vMotion のような処理となります。

　このようにプライマリで発生したメモリやディスクなどの内容の変更が、リアルタイムでセカンダリに送られるため FT ログ用として広帯域および低遅延のネットワークが必要となります。FT ログネットワークには 10Gb の帯域が必須です（ネットワークは FT 専用である必要はありませんが、専用であることを推奨します）。

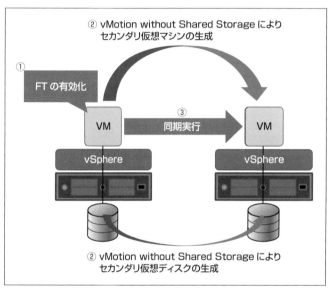

図 9.20　vSphere FT の有効化

■ホスト障害時のリカバリ動作

　ホスト障害などでプライマリ仮想マシンが停止した場合は、すぐさまセカンダリ仮想マシンがプライマリに昇格し、仮想マシンの処理を継続します。このためホスト障害の際にもシステムのダウンタイムやデータ損失をゼロにすることができ、極めて高い可用性を担保します。

　図 9.20 のような構成においてホスト障害が発生した場合、一時的にセカンダリ仮想マシンが存在しない、つまり FT で仮想マシンが保護されていない状態となります。

　もしクラスタが 3 台以上の ESXi ホストで構成されているなど、新規にセカンダリ仮想マシンが生成可能な ESXi ホストが存在する場合は、vSphere HA の機能によりその ESXi ホスト上で新たなセカンダリとして仮想マシンを起動します（図 9.21）[3]。これにより、FT で保護されていない時間をできるだけ短くすることが可能と

【3】新セカンダリ仮想マシンは、旧プライマリ仮想マシンの仮想ディスクから起動することにより生成されます。したがって、FT 有効化（またはプライマリ仮想マシンの配置）の際に仮想ディスク領域として ESXi ホスト上のローカルディスクを設定していた場合は、新しい ESXi ホストからアクセスできないため、新たなセカンダリ仮想マシンは生成されません。

なります。

これらはvSphere HAの機能により実行されるためvCenterは介在しておらず、vCenterに障害が発生している場合でも、FTによる保護は継続されます。

プライマリ仮想マシン、セカンダリ仮想マシンが稼働している2台のESXiホストで同時に障害が発生した場合は、クラスタ内に他に1台以上のESXiホストが生き残っていれば、vSphere HAにより他のESXiホストで仮想マシンを再起動し、プライマリとして実行されます。2台以上のESXiホストが生き残っていれば、さらにセカンダリが起動されます。

このように正常稼働しているESXiホストが存在している限り、vSphere HAおよびFTによる高可用性は担保されます。

ただし、プライマリ仮想マシンまたはセカンダリ仮想マシンの仮想ディスクに障害が発生した場合は、別のデータストアへの仮想ディスクのコピーは行われず、仮想マシンはFT保護されない状態になりますが、残ったもう一方の仮想ディスクにより、仮想マシン自体の稼働は継続されます。このような状態が発生した場合は、いったんFTを無効化してから再度有効化することにより、新しいデータストアを指定し、セカンダリ仮想ディスクを新たに生成してください。

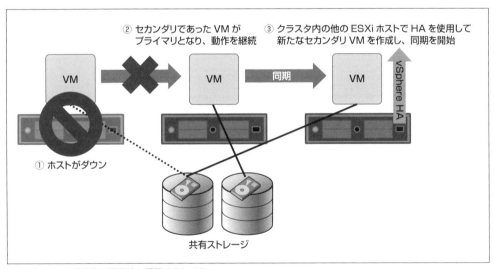

図9.21　FTが継続的に可用性を担保するしくみ

9.2.3　vSphere FTのアーキテクチャ

vSphere 6.0から採用されたFTのアーキテクチャであるFast Checkpointingは、プライマリ仮想マシンのメモリとデータストアへの書き込みの内容を記録し、セカンダリに送信します。FTを有効化する際に、FT保護対象の仮想マシンは通常の仮想マシンの動作に必要なファイルに加えて、「構成ファイル」「タイブレーカファイル」「ハードディスク」を生成します。これら3つのファイルは図9.22のコンポーネントで構成されています。

CHAPTER 9　vSphere クラスタによる高可用性機能

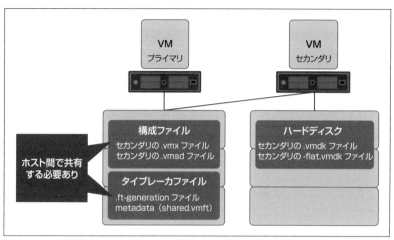

図 9.22　FT 有効化時の各種ファイルの一般的な配置

- **構成ファイル**
  FT 保護対象仮想マシンのスナップショット記述ファイル（.vmsd）と構成ファイル（.vmx）で構成され、FT を有効化した仮想マシンの構成を保存し、フェイルオーバー時に用います。

- **タイブレーカファイル**
  データストアのタイブレーカファイルとして用いられる .ft-generation ファイルと、メタデータである shared.vmft で構成されます。.ft-generation ファイルはスプリットブレインを防止するために使用し、shared.vmft はプライマリ仮想マシンの UUID が変わらないことを保証するために使用します。
  .ft-generation ファイルの中身は空であり、vCenter との通信が行えなくなった（管理ネットワークが切断された）という障害が発生した際に、.ft-generation ファイルのファイル名を変更できた（例：.ft-generation を .ft-generation2 に変更など）ホスト上の仮想マシンがプライマリ仮想マシンとなります。
  shared.vmft には、プライマリ仮想マシンおよびセカンダリ仮想マシン双方の UUID と構成ファイル（.vmx）の場所と、FT が現在有効であるかどうかが記述されています。

- **ハードディスク**
  セカンダリ仮想マシンが動作するための仮想ディスクファイル（-flat.vmdk および .vmdk ファイル）で構成されています。

　仮想マシンに対して FT を有効化する際に、「構成ファイル」および「タイブレーカファイル」の格納場所を指定しますが、これらは必ず共有データストア上に格納する必要があります。同様に、FT 有効化時に「ハードディスク」を格納する場所を指定しますが、可用性の観点において単一のデータストア障害時に、プライマリとセカンダリの仮想ディスクが同時に損失することを防止するために、プライマリ仮想マシンの仮想ディスクと

は別のデータストアを選択することを推奨します。ファイルの作成およびセカンダリ仮想マシンを配置するホストが決定すると、FTが開始されます。

FTの実行中は、プライマリ仮想マシンのディスクI/Oコマンドの同期は、リアルタイムでFTネットワークを通じて行われます。I/Oコマンドは書き込み要求のみプライマリ仮想マシンとセカンダリ仮想マシン間で同期され、読み取りはプライマリでのみ実行します。

メモリやデバイスの状態など、ディスクI/Oコマンド以外の同期は一定の間隔で行われ、その際はいったんすべての仮想CPU、ディスクI/Oコマンドの同期、仮想NICおよびデバイスを非常に短い時間休止させます（これをスタンと呼びます）。休止している間に、以前同期したときと比較してメモリの変更があった部分、およびフレームバッファなどデバイスに関連するデータで変更があった部分を保存し、セカンダリに送信します。その後、仮想CPUやI/Oコマンドの同期およびデバイスを再開させます（**図9.23**）。

このメモリの状態などの同期の間隔は、プライマリで一定時間あたりにどれだけメモリ内容の変更やディスク書き込みが生じたかといった、メモリやディスク内容の変更量やFTネットワークの帯域などを考慮して2ミリ秒から500ミリ秒の間で自動的に決定されます。

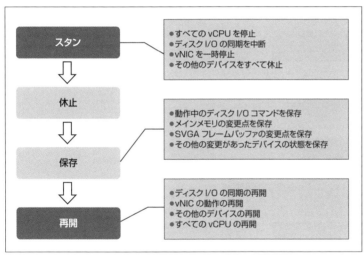

図9.23　ディスクI/Oコマンド以外の仮想マシンの変化の同期方法

プライマリ仮想マシンまたはセカンダリ仮想マシンが実行されているESXiホストのうち、どちらかが故障などによって同期できなくなった場合は、フェイルオーバーが開始されます。

ここでは、プライマリ仮想マシンを実行するESXiホストが停止した場合の動作について説明します（**図9.24**）。

CHAPTER 9　vSphere クラスタによる高可用性機能

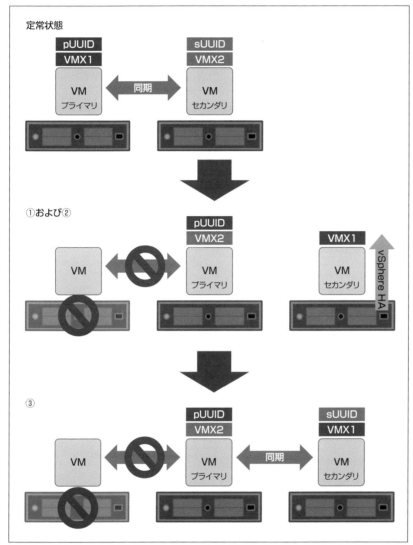

図 9.24　ホスト障害発生時の新たなセカンダリ VM の生成

① 同期できなくなったことを確認すると、タイブレーカファイル内のメタデータ（shared.vmft ファイル）から プライマリ仮想マシンの UUID を取得し、セカンダリに上書きすることにより、セカンダリをプライマリ に昇格させます。これにより、フェイルオーバー時も UUID が保たれることを保証します。

② クラスタ内に正常に起動している ESXi ホストが他にあった場合は、以前のプライマリ仮想マシンの構成 ファイル（.vmx ファイル）を使用して vSphere HA の機能によって仮想マシンを起動し、新しいセカンダリ とします。この際、仮想マシンが起動することが可能かどうかは vSphere HA の動作要件に準拠します。

③ 新たなプライマリ仮想マシンとセカンダリ仮想マシン間で同期を開始します。

■旧FTアーキテクチャ（vLockstep）

vLockstepは、vSphere 5.5以前のvSphere FTのアーキテクチャですが、仮想マシンの詳細オプションvm.useLegacyFtの値をtrueに設定することによりvSphere 6.0でも使用可能です。ただし、vLockstepを使用したFTは、仮想マシンの仮想CPU数が1つの場合でのみ動作し、vSphere 5.5以前での制限事項が適用されます。

旧アーキテクチャでFT保護された仮想マシンは、vSphere 6.0以上の環境でいったんFTをオフにし、再度オンにすることにより、vSphere 6.0 FTにアップグレードすることが可能です。

vSphere FT の要件と制限事項

■要件および制限事項

vSphere FTはクラスタ上で設定する機能ですが、FTを有効化するには以下の要件を満たす必要があります。

- **FTログネットワーク**

  FTログネットワークとして、10Gbネットワークが必須です。ネットワークは専用である必要はありませんが、専用を推奨します。

- **vMotion、vSphere HA の有効化**

  vSphere FTの有効化やフェイルオーバーの際にvMotionおよびHAの機能を使用するため、クラスタでHAを有効化し、かつ各ESXiホストでvMotionを有効化する必要があります。

- **仮想マシンの要件**

  FT保護対象の仮想マシンはメモリ、CPUにおいて構成上の制限を持ちます。FTを有効化するためには、仮想マシンを最大4仮想CPUまで、メモリを最大64GBまでで構成する必要があります。vSphereのライセンス種別により構成可能な仮想CPU数は異なります。
  - vSphere Standard および Enterprise Edition —— 最大2仮想CPUまで
  - vSphere Enterprise Plus Edition —— 最大4仮想CPUまで

- **ESXi ホストの CPU の要件**

  vSphere FTを有効化する仮想マシンが動作するESXiホストのCPUは、CPU同士がvSphere vMotionもしくはEnhanced vMotion Compatibility（EVC）と互換性がある必要があります。また、各ホストの構成で、BIOSのハードウェア仮想化（HV）を有効にしている必要があります。CPUはハードウェアMMU仮想化（Intel EPTまたはAMD RVI）をサポートし、かつ以下の条件を満たす必要があります。

CHAPTER 9 vSphere クラスタによる高可用性機能

- Intel Sandy Bridge 以降（Avoton は非サポート）
- AMD Bulldozer 以降

- **FT を使用するように構成されたクラスタでの制限事項**
FT を使用するように構成されたクラスタでは以下 2 つの制限が個別に適用されます。
  - das.maxftvmsperhost —— クラスタの 1 つのホストで許容される FT 対応仮想マシンの最大数。プライマリ仮想マシンとセカンダリ仮想マシンの両方がこの制限にカウントされます。デフォルト値は 4 です。
  - das.maxftvcpusperhost —— ホストのすべてのフォールトトレランス対応仮想マシンにわたって集計される vCPU の最大数。プライマリ仮想マシンとセカンダリ仮想マシンの両方の vCPU がこの制限にカウントされます。デフォルト値は 8 です。

■vSphere の機能との互換性

vSphere FT と vSphere の機能との互換性は表 9.4 のとおりです。

表 9.4 vSphere の機能との互換性

機能	旧 FT（vSphere 5.5）	FT（vSphere 6.0）
仮想 CPU 数	1	4
クラスタ内のホストの互換性	FT 互換	EVC 互換
FT のホット構成	×	○
HW MMU 仮想化支援	×	○
スナップショット（VADP によるバックアップ）	×	○
準仮想化デバイス	×	○
ストレージ冗長化	×	○
仮想ディスクフォーマット	Eager Zeroed Thick のみ	すべて可
FT ログネットワーク	1Gbps	10Gbps
vSphere HA	○	○
vSphere DRS	フル対応	初期配置のみ
vSphere DPM	○	○
VMware vCenter Site Recovery Manager	○	×
分散仮想スイッチ	○	○
Storage DRS	×	×
VMware vCloud Director	×	×
vSphere Replication	×	×
VSAN／VVols	×	×

Chapter 10
仮想マシンのバックアップと災害対策

CHAPTER 10 仮想マシンのバックアップと災害対策

　仮想マシンを適切にバックアップし、緊急時にいつでも復旧できるようにすることは、仮想基盤管理者に課せられた必須の要件です。

　本章では、vSphereにおける仮想マシンのバックアップ手法が従来の物理環境とどう異なるのか、どのように効果的なバックアップ／リストアができるかを解説し、併せて災害対策手法についても解説します。

10.1　仮想マシンのバックアップ／リストアのアプローチ

　サーバー仮想化の普及に伴い、ミッションクリティカルなシステムの仮想化が進行しており、バックアップに対する重要性は年々増してきています。もし何らかの障害や災害が発生した場合においても、短時間でリストアして業務を復旧できるように、構築当初からバックアップ／リストアの方法を確立させておくことは、仮想環境全体の信頼性を高めるためにも非常に重要な要素となります。本節では、仮想マシンのバックアップ／リストアを行うためのアプローチについて解説します。

　従来の物理環境では、OSは動作する物理サーバーの機種やデバイスに適合して環境構成され、OSやアプリケーションを含むシステムイメージはその物理環境専用でした。したがって、あるシステムから取得したバックアップイメージはその物理環境でしかリストアできず、ハードウェアのサポートやリース切れなどの要因によりイメージを変更することなく物理環境を移行することはほぼ不可能であり、同時にOSやアプリケーションの更新を余儀なくされることがほとんどでした。

　一方、仮想環境においては仮想マシンが単一のファイルとしてカプセル化され、物理環境とは切り離された汎用的なイメージになります。そのため、スナップショットにより整合性を保ちつつ、システム全体のバックアップを容易に取得できるだけでなく、汎用的な仮想マシン上のシステムイメージはどのESXiホスト上でもリストアして復旧させることが可能です。

　仮想環境におけるバックアップには以下のようなさまざまなメリットがあります。

- 仮想環境では、仮想レイヤーで物理ホストのハードウェアの違いに依存しないため、異なる構成の物理ホストにリストアすることが可能
- 物理環境では手間と時間がかかるシステム全体のリストア作業が、仮想環境では仮想ディスクおよび構成ファイルをリストアするだけで復旧が可能となり、復旧が迅速化
- vSphereのスナップショット機能、およびWindows ServerのVSSと連携することにより、ファイルレベルでの整合性（アプリケーションがVSSに対応している場合はアプリデータレベルでの整合性）のあるバックアップを取得することが可能
- 仮想ディスクおよび構成ファイルを別サイトにレプリケートすることで、簡易的な災害対策も容易に実現可能
- 本番環境に影響を与えず、バックアップ／リストアのテストが容易に行える
- VDP（「10.2　vSphere Data Protection（VDP）」を参照）などの単一のアプローチで、さまざまなシステムを統一的にバックアップ／リストアする方法を確立することが容易

258

以降では、仮想マシンのバックアップにおける考慮点や手法について説明します。

10.1.1 仮想マシン内のバックアップ対象領域

仮想マシンのバックアップにおいても、物理環境と同様にシステム領域とデータ領域を分けて考える必要があります（図10.1、表10.1）。

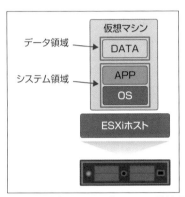

図10.1 仮想マシンのバックアップ対象領域

表10.1 仮想マシンのバックアップ対象領域とバックアップの特性

領域	特性
システム領域	WindowsのCドライブやLinuxの/（ルート）パーティションといったOSやアプリケーションのバイナリや構成情報を格納するシステム領域のバックアップ。初期構築時や、OSやアプリのアップグレード、パッチ適用、構成変更時など、システム変更を実施したタイミングでバックアップの取得を行うことが一般的。バックアップ頻度が少ないため、保管する世代は最新1世代など一般的に少ない傾向
データ領域	データベースやファイルサーバーなどのアプリケーションが生成するデータ領域のバックアップ。バックアップを行うタイミングはデータの変更頻度や重要度に依存し、かつ複数世代取得することが一般的。アプリケーションの運用に影響が出ないように、オンラインでバックアップを行うことが一般的

システム領域とデータ領域を分けてバックアップ設計を行う理由は以下のとおりです。

- バックアップ頻度

  バックアップはシステムやデータが作成・変更されたタイミングで取得する必要があります。OSやアプリケーションのバイナリや設定に変更を加える頻度と、アプリケーションが生成するデータの新規生成、更新の頻度は一般的には異なります。

- リストアの優先度

  仮想マシンに何らかの障害が発生してリストアが必要になった場合は、最初にシステム領域のリストアを行ってから、データ領域のリストアを実施する必要があります。

- 整合性レベル
  システム領域は完全な整合性が必ずしも必要になるとは限りませんが、データ領域は完全な整合性が要求されるケースが多くあります。

10.1.2 バックアップ要件

　仮想マシンのバックアップは、稼働するアプリケーションの特性やサービスレベルなどの要件に従って設計する必要があります。仮想マシン上で稼働するアプリケーションはどの程度の時間停止しても問題ないのか、いつの時点に復旧する必要があるのか、バックアップ時にサービスの停止が可能なのか、など、バックアップにはさまざまな要件が存在します。

　表 10.2 に、主なバックアップ要件を記載します。

表 10.2　仮想環境における主なバックアップ要件

検討項目		内容
サービスレベル	RPO	Recovery Point Objective：目標復旧時点。データ損失を許容する期間
	RTO	Recovery Time Objective：目標復旧時間。障害時に許容する停止時間。バックアップ／リストア手法の選択にかかわる
バックアップ方式	オフライン	バックアップ実行時に OS、アプリケーションの停止が発生
	オンライン	バックアップ実行時に OS やアプリケーションの停止が必要なく、稼働中にバックアップが可能
保存期間と世代		復旧時に、どこの時点のデータまで回復する必要があるか。バックアップデータの格納領域（ストレージなど）の容量に影響を与える
バックアップ粒度	ファイルレベル	ゲスト OS で認識するファイル（テキストや設定ファイルなど）単位でのバックアップ
	イメージレベル	仮想マシンを構成する仮想ディスク単位でのバックアップ
	データストアレベル	複数の仮想ディスクが格納されたデータストア単位でのバックアップ
整合性レベル		OS、アプリケーション、データの整合性を考慮する必要があるか。たとえば、アプリケーションとデータの整合性が必要な場合は、Windows の VSS と連携したバックアップを検討する
コスト		要件を満たすバックアップ手法が想定されるコスト内に収まっているか
その他	遠隔地退避の有無	遠隔地のデータセンターなどにバックアップデータの退避が必要か
	メディア保管の有無	テープなど外部メディアでの保管が必要か

　上記のバックアップ要件を考慮したうえで、バックアップ手法を選択する必要があります。以降では、仮想マシンのバックアップ手法の概要を解説します。

vSphere Data Protection（VDP）

vSphere Data Protection（VDP）は、VMware が提供する仮想マシンのバックアップ機能です（表 10.3）。vSphere 5.1 より VDP の提供が開始されました。

表 10.3　VDP の特徴

特徴	内容
バックアップ単位	イメージレベル、アプリケーションデータレベル
リストア単位	イメージレベル、ファイルレベル、アプリケーションデータレベル
バックアップ方式	オンラインバックアップ
OS、アプリの静止点	可能[1]
差分の取得	可能
重複排除	可能

VDP は、仮想アプライアンスとして提供され、VDP 仮想アプライアンスにより仮想マシンのバックアップを取得します（図 10.2）。

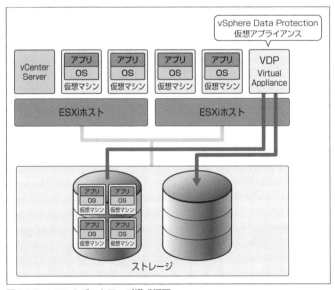

図 10.2　VDP のバックアップ構成概要

VDP に関する詳細は、10.2 節で解説します。

【1】 VMware Tools の VSS ドライバと連携して、OS やアプリの静止点を取得します。特定のアプリケーションは、エージェントを導入することでデータレベルの整合性を実現します。データベースのバックアップ／リストアなど、アプリケーションを意識したオンラインバックアップが可能になります。

CHAPTER 10　仮想マシンのバックアップと災害対策

10.1.4　vSphere Storage API for Data Protection(VADP)

　vSphere Storage API for Data Protection（VADP）とは、vSphere 環境でバックアップ／リストアを実現するためのフレームワーク（API）です。各バックアップ製品ベンダーはバックアップソフトウェアと VADP とを連携させることにより、vSphere 環境での仮想マシンのバックアップ／リストア機能の柔軟性と効率性を向上させています。VADP には以下の機能があり、バックアップソフトウェアによって使用している機能が異なります。

- Change Block Tracking（CBT）
　CBT は、スナップショットで取得した仮想マシンの静止点からトラッキングを行い、変更されたブロックを管理する機能です。トラッキングは、仮想マシンの構成ファイルと同一のフォルダに「＜仮想マシン名＞-ctk.vmdk」というファイルを作成し、トラッキングを実行します。
　CBT の機能を利用することにより、増分／差分バックアップが可能になります。また、変更ブロックのみを転送することでネットワークトラフィックの削減とバックアップ時間の最小化を実現します。さらに、CBT はリカバリ時にも使用され、仮想マシンの障害発生時に変更ブロックのみをリストアすることで、リカバリ時間を大幅に削減します。

- VMware Disk Mount（仮想ディスクのマウントツール）
　VMware Disk Mount は、仮想ディスク（vmdk ファイル）を任意の物理ホストや仮想マシンにディスクとしてマウントさせる機能です。バックアップサーバーなどから仮想ディスクを直接マウントするため、稼働中の仮想マシンの停止やスナップショットなどの操作を必要とせず、仮想マシンのバックアップや特定ファイルのリストアが可能になります。

- Advanced Transport for Virtual Disk
　上記の VMware Disk Mount 機能を利用したバックアップには、「SAN モード」「NBD モード（または LAN モード）」「Hot Add モード」という3つのデータ転送方式があります。それぞれ、バックアップサーバーの構成や、仮想環境を構成するネットワーク・ストレージにより、利用可能な方式が異なります（図10.3、表10.4）。詳細な転送方法の違いについては、「vSphere API/SDK Documentation」の「Virtual Disk Development Kit Documentation の Virtual Disk Programing Guide」、「Virtual Disk Interfaces」の「Virtual Disk Transport Methods」をご参照ください。

10.1 仮想マシンのバックアップ／リストアのアプローチ

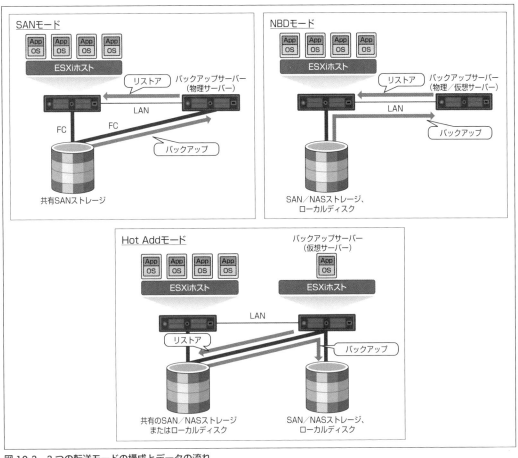

図 10.3　3 つの転送モードの構成とデータの流れ

表 10.4　3 つの転送モードの概要と要件

転送モード	データストア	バックアップサーバー	前提条件、要件
SAN モード	SAN ストレージ	物理	VMFS の LUN をバックアップサーバーに提供
NBD モード	SAN／NAS ストレージ、ローカルディスク	物理／仮想	ESXi ホストとバックアップサーバー間を LAN で接続
Hot Add モード	SAN／NAS ストレージ、ローカルディスク	仮想	バックアップサーバーが稼働する ESXi ホストから対象の仮想ディスクにアクセス可能であること

10.1.5　バックアップソフトウェアのエージェントの利用

　物理環境と同様に、ゲスト OS にバックアップソフトウェア製品のエージェント（バックアップエージェントと呼ばれることが多い）をインストールし、システムやデータ領域のバックアップを取得する方法です（図10.4）。

263

CHAPTER 10 　仮想マシンのバックアップと災害対策

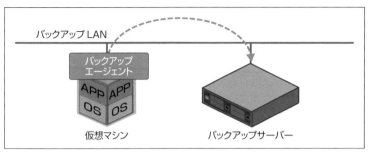

図 10.4　バックアップエージェントを利用したバックアップの流れ

　バックアップエージェントは、ゲスト OS やアプリケーションに対応したものを選択する必要があります。
　バックアップデータはバックアップエージェントが収集し、ネットワーク経由でバックアップサーバーに保存されるため、バックアップ対象の仮想マシンおよびネットワークに負荷がかかります。したがって、夜間などの負荷の低い時間帯にバックアップジョブを実行することが一般的です。
　バックアップソフトウェア製品によっては、さまざまなアプリケーションと連携したしくみにより、粒度の細かいバックアップ／リストア機能を提供しているものもあります[2]。

10.1.6　ストレージアレイ製品の機能との連携

　vSphere の仮想環境と、ストレージアレイ製品が独自に持つスナップショットやクローン、レプリケーションといった機能を連携させ、仮想マシンのバックアップを取得します。この方法は主にストレージ製品の独自機能を利用するため、バックアップで実現可能な要件はストレージ製品が持つ機能に依存します（図 10.5）。

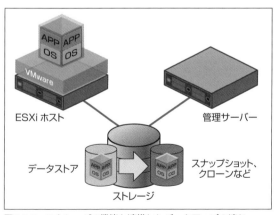

図 10.5　ストレージの機能と連携したバックアップの流れ

---

[2]　VDP にもアプリケーションと連携したバックアップ／リストア機能が備わっています。詳細は 10.2.2 項を参照してください。

ストレージ製品の機能と連携したバックアップのメリットとして、重複排除や差分ブロック転送など、豊富なストレージ機能が利用可能なことが挙げられます。スナップショットや差分バックアップ機能と連携することで、バックアップの高速化を図ることが可能です。

また図 10.5 のように、処理がストレージ筐体に閉じた状態で実行されるので、バックアップ対象の仮想マシンや、ESXi ホスト、SAN ネットワークに負荷がかからないことも大きなメリットです。

注意点として、Virtual Volumes（VVol。16.3 節を参照）に対応していないストレージ製品では、一般的にストレージで管理可能な LUN やボリューム単位でバックアップを行うため、LUN またはボリュームに対する vmdk ファイルの配置設計が複雑になる可能性があります。また、アプリケーションの整合性をどう担保するかなど、いくつか考慮点がありますので、システムやアプリケーションの特性と合わせたバックアップ設計を考える必要があります[3]。

Virtual Volumes（VVol）に対応したストレージ製品では、仮想マシン単位などの柔軟なバックアップが可能である場合があります。詳細はストレージベンダーにお問い合わせください。

10.1.7 スクリプトや手動によるバックアップ／リストア

システムインテグレーターやシステム管理者が独自に作成したスクリプトや、手動によって仮想マシンのバックアップを取得する方法です。具体的には、仮想マシンを構成する vmdk ファイルなどのコピーや、OVF ファイルへのエクスポートなどが挙げられます。

注意点は、OS やアプリケーションの整合性を担保するために仮想マシンの停止が必要になる場合があることです。また、スクリプトの不具合によるメンテナンスが必要であったり、差分／増分バックアップや重複排除といった付加機能がないなどの制限事項が多いケースがあります。

10.2 vSphere Data Protection（VDP）

本節では、1.3.4 項で概説した vSphere Data Protection（VDP）の詳細を解説します。

VMware の製品ダウンロードサイト[4]から OVA ファイルをダウンロードし、vSphere 環境にデプロイすることにより、VDP の仮想アプライアンスが生成されます。生成された仮想アプライアンスに対して初期設定を実施後、仮想マシンごとにジョブを作成し、バックアップを取得します（図 10.6）。

図 10.6　VDP 利用の流れ

【3】 従来のストレージ運用では、仮想ディスク（vmdk ファイル）と LUN やボリュームが密接に紐付いていたため、設計時にさまざまな考慮を行う必要がありました。16.3 節の Virtual Volumes の機能を利用することで、シンプルなストレージ設計と vCenter Server による一元管理、ポリシー制御が可能になります。

【4】 http://www.vmware.com/download

VDP は vSphere と完全に統合されたバックアップソリューションであり、vSphere Web Client から統合管理ができます（図 10.7）。

図 10.7　Web Client に統合された VDP の管理画面

10.2.1　VDP のメリット

VDP は vSphere の標準機能として提供されているバックアップ機能であり、仮想化の特性を生かした以下のようなメリットがあります。

- エージェントレス[5]
- vSphere Essentials Plus Kit 以上のエディションに含まれるため、別途バックアップ製品を購入する必要がない
- vSphere Web Client からの統一された運用管理
- Virtual SAN にも対応可能
- Change Block Tracking（CBT）によるバックアップ実行時間とデータ転送量の削減

---

[5]　SQL Server、Exchange Server、SharePoint などのアプリケーションと連携したバックアップを行う場合は、専用のエージェントが必要です。

10.2　vSphere Data Protection（VDP）

- 重複排除によるバックアップデータサイズの削減
- VADPを利用し、バックアップ対象の仮想マシンやネットワークに負荷をかけずに、バックアップの取得が可能

10.2.2　VDPの主な機能

前述のように、VDPは簡単にデプロイとジョブの作成を行うことができるバックアップソリューションですが、より柔軟かつ機能的なバックアップ／リストアを実現するためのさまざまなしくみを持っています。

本項では、VDPの持つ豊富な機能群について解説します。

■VDP 5.1からの拡張機能

VDP 5.1は、vSphere 5.1と同時にリリースされされましたが、2013年にVDP 5.5、2015年にVDP 6.0とバージョンアップするたびに、大幅な機能拡張が行われています。

5.1から機能拡張された主な機能を以下に紹介します。

- **柔軟なバックアップデータの配置**
  VDP 5.1では、仮想アプライアンスの構成ファイル（vmdkファイルなど）はバックアップ対象の仮想マシンの構成ファイルと同一のフォルダに配置される仕様でした。そのため、バックアップ領域（仮想ディスク）を、バックアップ対象の仮想マシンと異なるデータストアに配置することができませんでした。VDP 5.5からは、バックアップデータを保存する仮想ディスクを任意のデータストアに配置することができるようになりました。

- **ストレージ容量の削減**
  VDP 5.1ではバックアップ対象の最小単位は仮想マシンでしたが、vSphere 5.5からは仮想ディスク単位のバックアップを取得することが可能になり、リストア単位も仮想マシン全体、vmdkファイル、仮想マシン上の個別ファイル単位でのリストアが可能になりました。

- **スケジューリング粒度の向上**
  VDP 5.5からは、多様なアプリケーションやビジネスニーズに対応するため、分単位でバックアップスケジュールを指定することが可能になりました。

- **vCenter Server非依存**
  vCenter Serverが障害で利用できない場合でも、VDPの仮想アプライアンスのウェブコンソールから直接ESXiホストにリストアすることが可能になりました。仮想マシン障害時に迅速なリストアを可能にすることにより、サービスのダウンタイム削減を実現します。

267

■Change Block Tracking

VDPは、前回のバックアップから変更されたデータの差分を記録し、効率的なバックアップ／リストアを可能にするChange Block Tracking（CBT）の機能を有しています。CBTの詳細は、10.1.4項を参照してください。

■重複排除

VDPでは可変長のデータ重複排除機能によって、ストレージの消費を最小化することが可能です。1台の仮想アプライアンスによって保護される全仮想マシンのバックアップデータにわたって重複排除を行うため、大きな重複排除効果を見込むことができます（図10.8）。

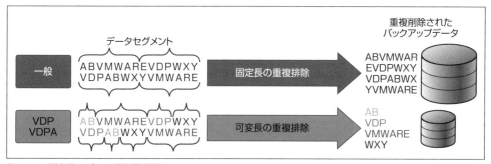

図10.8　可変長のデータ重複排除機能

■アプリケーション対応

ゲストOSに専用のエージェントをインストールすることで、Microsoft社のExchange Server、SharePoint、SQL Serverと連携したバックアップ／リストアが可能になります。データ整合性を維持した状態で、SQL Serverのデータベース単位や、Exchange Serverのメールボックス単位でのバックアップ／リストアを実現します。

■遠隔地へのデータ転送

複数サイトでそれぞれVDPの仮想アプライアンスを構築し、サイト間でバックアップデータの転送を行うことが可能です。バックアップデータを別サイトに退避させることで、簡易的な災害対策を実現できます（図10.9）。

10.2 vSphere Data Protection（VDP）

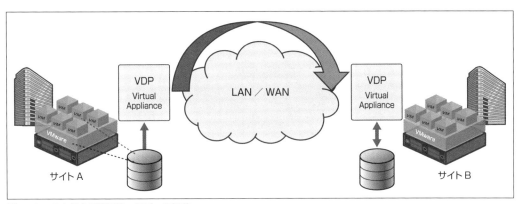

図 10.9　VDP による遠隔地へのデータ転送

遠隔地へのデータ転送におけるメリットは以下のとおりです。

- 重複排除および圧縮されたデータを転送するため、データ転送に必要な帯域を節約することが可能
- AES256 で暗号化されたセキュアなデータ転送
- 1 対 1 のサイト間（1:1）、複数サイトから単体サイト（N:1）、単体サイトから複数サイト（1:N）といったさまざまなサイト構成に対応可能
- スケジュールと保持期間を設定可能
- 転送先として、EMC 社のバックアップソリューションである Avamar や Data Domain を選択可能

10.2.3　VDP を利用したバックアップ／リカバリ

本項では、VDP の利用に関する操作手順や考え方などのノウハウをいくつか紹介します。

■バックアップジョブの作成

VDP によるバックアップジョブの作成は、vSphere Web Client を通じて行います。仮想アプライアンスの初期設定が完了すると、Web Client の左ツリーに［vSphere Data Protection 6.0］という表示列が追加されます。この列をクリックすることで、VDP の管理画面に進みます。

バックアップジョブの作成は、［バックアップ］タブを選択し、［バックアップジョブアクション］から［新規］を選択することで、ジョブ作成のウィザードが開始されます（図 10.10）。

CHAPTER 10　仮想マシンのバックアップと災害対策

図 10.10　バックアップジョブの作成画面

■リテンションポリシーの考え方

VDP でバックアップジョブを作成する際に、リテンションポリシーを設定します。リテンションポリシーとは、バックアップの保持期間や世代管理のために必要となるポリシーです。

- 無期限 —— バックアップデータを無期限で保持
- 期間 —— 日、週、月、年単位で保持期間を指定
- 期限 —— 特定の日付までバックアップデータを保持
- 次のスケジュール —— 固定の保持期間を日、週、月、年単位で指定

■バックアップの実行

バックアップジョブの作成が完了すると、作成したジョブが投入され、設定したスケジュールに従ってジョブが実行されます。即時にジョブを実行したい場合は、VDP 管理画面の［バックアップ］タブで［いますぐバックアップ］を選択することで、手動でのバックアップ実行が可能です。

■仮想マシンのリストア

仮想マシンに障害が発生し、バックアップデータからの復旧が必要になった場合は、VDP 管理画面の［リストア］タブを選択します。画面下部にバックアップ取得済みの仮想マシンの一覧が表示されます。リストアポイントを選択して［リストア］アイコンをクリックすると、リストア可能なバックアップリストが表示されます。

■ファイルレベルのリストア

VDP では、仮想マシンのイメージレベルに加えて、ファイルレベルでリストアすることも可能です。注意点として、ファイルレベルのリストアは Web Client ではなく、仮想アプライアンスの専用ウェブページから実施する必要があります[6]。

---

[6]　アクセス URL は、https://＜仮想アプライアンスの IP アドレス＞:8543/flr/ です。

10.2.4 VDP の制限事項

VDP の主な制限事項は以下のとおりです。

- バックアップ先のストレージ容量として、1台の仮想アプライアンスあたり 8TB まで（8TB を超える場合は、仮想アプライアンスを追加する）
- 最大 24 バックアップジョブまで同時実行可能
- VDP アプライアンス自体やテンプレート、FT のセカンダリ仮想マシンはバックアップ対象にできない
- RDM はサポートされない
- ファイルレベルのリストアを実施する場合は、仮想マシンに VMware Tools がインストールされている必要がある

10.3 vSphere 環境で実現する災害対策

近年の自然災害の多発により、多くの企業が災害対策を真剣に検討し始めています。その一方で、物理環境では、以下のような理由により災害対策の実施が進んでいないのが現状です

- 専用の広帯域ネットワークが必要でコストがかかる
- システム種別ごとに個別の手法が必要
- フェイルオーバーのシナリオおよびテストの実行が困難
- 本番側の設定変更を災害対策側にそのつど反映させることが困難

vSphere 仮想基盤では、システムイメージがカプセル化されている、整合性のあるスナップショットをとることが可能など、物理環境と比較して多くのメリットがあり、vSphere のしくみを利用することにより、容易に災害対策サイトを構築することが可能です。

本節では、災害対策の要件やソリューションを整理すると共に、vSphere 環境で実現可能な災害対策の実現方式を解説します。

CHAPTER 10　仮想マシンのバックアップと災害対策

10.3.1　災害対策の要件とソリューション

災害対策を考えるうえで考慮すべき点の例を表 10.5 に示します。

表 10.5　災害対策の検討事項

検討項目		内容
想定災害範囲		想定する災害の範囲。数キロ～数万キロ（海外）まで
対象システム		災害対策が必要なシステムの選定。一般的にはシステムの重要度によって決定
サービスレベル	RPO	Recovery Point Objective：目標復旧時点。データ損失を許容する期間
	RTO	Recovery Time Objective：目標復旧時間。災害時に許容する停止時間
	切り替え後の SLA	切り替え後に縮退運転が許容できるか
データ転送		リカバリサイトに対してデータを転送する方式。ストレージの同期機能や遠隔地バックアップなど
切り替え手順		手動実行もしくは切り替えの自動化
DC 構成		保護サイトと リカバリサイトの DC 構成。アクティブ-アクティブ、アクティブ-スタンバイなど
ネットワーク	異なるネットワーク	切り替え後に IP アドレスに変更の必要あり
	同一のネットワーク	切り替え後に IP アドレスに変更の必要なし
運用	切り替え訓練	切り替えの訓練を行う頻度や体制など
	メンテナンス	災害対策の環境を日々メンテナンスする必要があるか

災害対策を考えるうえで、コストは非常に重要な要素になります。保護対象の資産や災害時に担保が必要なサービスレベル（RTO／RPO）とコストのバランスを考慮して、最適な災害対策ソリューションを選択する必要があります（図 10.11）。

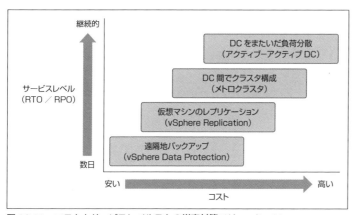

図 10.11　コストとサービスレベルごとの災害対策ソリューション

このように、災害対策を実現する対象システムがどれだけ停止時間を許容できるのか、またかけられるコストはどれくらいなのかを考慮して、災害対策ソリューションを検討する必要があります。

遠隔地バックアップを実現するvSphere Data Protectionについては10.2節で解説しました。次項からは、より安価に仮想マシンのレプリケーションを実現するvSphere Replicationについて解説します。

10.3.2 vSphere Replicationによる仮想マシンの保護

vSphere Replicationは、vSphere 5.0から実装されたレプリケーション機能です。vSphere 5.1以降では標準機能として利用可能なしくみで、サイトレベルの障害に対する仮想マシンの可用性を提供します。そのため、現在運用中のvSphere仮想環境に対して追加で災害対策ソリューションを検討することなく、災害対策を実現することが可能です（図10.12）。

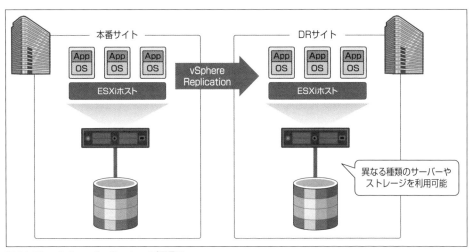

図10.12　vSphere Replicationの概要図

vSphere Replicationのメリットは以下のとおりです。

- ESXiホストのハイパーバイザーで実現するため、ハードウェアに依存しない
- vSphereでサポート対象のゲストOSはすべてレプリケーション対象
- 仮想マシン単位の粒度の細かいレプリケーション
- レプリケーションは変更ブロックのみなので、転送データ量が少なく、狭帯域のネットワークで実装可能（初期レプリケーションは完全同期が必要）
- vSphere Web Clientよる一元管理が可能なため、学習や運用の手間を削減
- レプリケーション先としてVMware vCloud Airを選択可能（vCloud Airの詳細に関しては、第18章を参照）
- 複数時点のスナップショットと、より細かいRPOを設定可能
- Virtual SANに対応

■vSphere Replication 導入フロー

vSphere Replication（VR）は仮想アプライアンスにより実装します。仮想アプライアンスを生成するためには、VMwareのダウンロードサイト[7]からvSphere ReplicationのOVAファイルをダウンロードし、vSphere環境上に展開します。

仮想アプライアンスが展開されると、vSphere Web Clientのホーム画面にvSphere Replicationというアイコンが表示され、ここからレプリケーションの設定を行うことが可能です。仮想アプライアンスの展開後は、リカバリサイトを登録し、仮想マシン単位でレプリケーションの設定を行います（図10.13）。

図10.13　vSphere Replication 導入の流れ

■コンポーネントと構成例

最初にソース（保護）サイト、およびリカバリサイトの両サイトに対して専用の仮想アプライアンス（VRアプライアンス）を展開します。このVRアプライアンスが、レプリケーション環境全体の管理を行います。

実際のデータレプリケーションは、ESXiホストにインストールされているVRエージェントがリカバリサイトへ変更データを送信し、Network File Copy（NFC）サービスを経由してリカバリサイトのデータストアに書き込まれます。

サイト間におけるコンポーネントの配置と動きは、図10.14のとおりです。

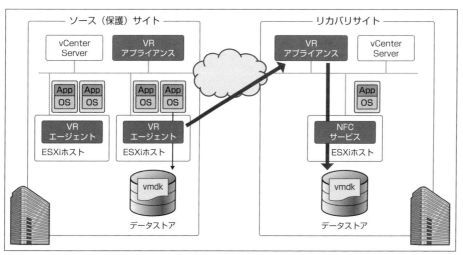

図10.14　vSphere Replication のコンポーネントと構成図

---

[7] http://www.vmware.com/download

10.3　vSphere 環境で実現する災害対策

表 10.6　vSphere Replication のコンポーネント説明

コンポーネント	説明
VR アプライアンス	vSphere Replication のコアコンポーネントであり、vCenter Server あたり 1 台以上の VR アプライアンスが必要。保護サイト－リカバリサイト間でのレプリケーション構成の管理やデータストアのマッピングなど、全体の構成管理を実施
VR エージェント	各 ESXi ホストに事前にインストールされており、仮想マシン内で変更されたデータを、リカバリサイトの VR アプライアンスに送信
NFC（Network File Copy）サービス	VR エージェントと同様に、各 ESXi ホストに事前にインストールされているコンポーネント。保護サイトの VR エージェントから送信されたデータは、VR アプライアンスを通じて対象の ESXi ホストの NFC サービス経由で書き込みが行われる

■vSphere Replication と vSphere Data Protection の違い

　10.2 節で vSphere Data Protection によるバックアップデータを遠隔地に退避させる機能を説明しました。vSphere Replication のレプリケーション機能との相違点を**表 10.7** に示します。

表 10.7　vSphere Data Protection と vSphere Replication の違い

比較対象	vSphere Data Protection	vSphere Replication
レプリケーション対象データ	バックアップデータ	仮想マシン
RPO	24 時間以上	15 分～ 24 時間
RTO	仮想マシンあたり数分～数時間	仮想マシンあたり数分 [8]
保持期間	長期保持が可能。通常は数日～数か月（永久保持も可能）	短期間の保存。最大で 24 世代のレプリカを保存可能
利用例	バックアップデータの長期保存。サービスレベル（RPO ／ RTO）がそれほど高くないシステム向け	仮想マシン単位の災害対策。サイトレベルの災害対策と高いサービスレベル（RPO ／ RTO）に対応
暗号化	可	不可
差分転送	可	可
データ圧縮	可	可

10.3.3　レプリケーションとリカバリの実行

　本項では、vSphere Replication によるバックアップとリカバリの設定と実行手順について紹介します。

■レプリケーションの設定と実行

　OVA ファイルから VR アプライアンスを展開後、仮想マシン単位でレプリケーションの設定を行います。レプリケーションの設定はシンプルであり、仮想マシンあたり数分で設定を終えることが可能です。

1. 保護対象の仮想マシンを右クリックし、［All vSphere Replication Action］から［レプリケーションの構成］を選択します。

---

[8]　リカバリにかかる時間は、仮想マシンの IP アドレス変更要否などのネットワーク環境にも依存するため、一般的と考えられる数値を示しています。

2. レプリケーションのタイプを選択します。vCloud Air を始めとした、vSphere ベースのパブリッククラウドをレプリケーション先として指定する場合は、[Replicate to a cloud provider]を選択します。
3. リカバリ（ターゲット）サイトを選択します。
4. リカバリ（ターゲット）サイトの VR アプライアンスを選択します。
5. レプリケートされる仮想マシンの構成ファイルが配置されるデータストアを選択します。
6. ゲスト OS の静止とネットワーク圧縮の実施の有無を選択します（図 10.15）。

図 10.15 レプリケーションの設定選択画面

- ゲスト OS の静止点

 [静止点を有効にする]にチェックを入れると、ゲスト OS が Windows であれば VSS（Volume Shadow copy Service）と連携して OS（またはアプリ）の静止点を取得します。Linux の場合は、VMware Tools の機能によりファイルシステムレベルの静止点を取得します。Linux OS の静止点は、vSphere 6.0 から提供される機能です。
 ゲスト OS の静止点を取得する 2 つの機能が利用できない場合は、クラッシュコンシステンシーレベルの整合性となります。

- ネットワーク圧縮

 この機能は vSphere Replication 6.0 から提供されています。デフォルトは無効になっていますが、この設定を有効化することで、保護サイト-リカバリサイト間のネットワーク帯域の消費を抑えることが可能です。

10.3 vSphere環境で実現する災害対策

7. Recovery Point Objective（目標復旧時点）と、レプリケーションデータの保存期間を設定します（図10.16）。

図10.16　RPOとインスタンス保持期間の設定画面

- 復旧ポイントオブジェクト（RPO）

この設定では、レプリケーションのスケジュールを、15分から24時間の間隔で指定することが可能です。注意点として、vSphere Replicationでは、設定されたRPOと過去のレプリケーションにかかった時間から次回のレプリケーション開始時間が動的に変化するため、レプリケーションのスケジュールを時刻で設定することはできません。

たとえば、RPOを15分に設定し、過去のレプリケーションが5分かかっている場合には、次回のレプリケーションは前回終了の10分後に開始されます（図10.17）。

図10.17　RPOによるレプリケーションの実行間隔

8. これまで設定したレプリケーションの構成を確認し、[終了]ボタンをクリックします。

9. vCenter Serverの[監視]タブから[vSphere Replication]を選択し、発信側・受信側ともにステータスが「初期完全同期」と表示され、データ同期が開始されたことを確認します。

10. ステータスが「OK」に更新されることを確認します。

CHAPTER 10 仮想マシンのバックアップと災害対策

以上で、vSphere Replication によるレプリケーション設定は完了です[9]。

■レプリケーション時間の見積もり例

図10.17に示したように、過去のレプリケーション時間によってスケジュールは動的に変化します。そのため、仮想マシンがレプリケーションにかかる時間を事前に見積もっておくことは、レプリケーションの構成を検討するうえで非常に重要です。

仮想マシンのレプリケーションにかかる時間の見積もり例を以下に示します。

見積もり例

- 仮想マシンサイズ：100GB
- 1日あたりのデータ更新率：10%
- サイト間のネットワークスループット：10Mbps（1.25MB／秒）
- RPO：15分

計算式

1. 1日あたりのレプリケーション回数
   24時間 × 60分 ÷ 15分（RPO）= 96回
2. PRO（15分）あたりのデータ更新率
   0.10（1日あたりのデータ更新率）÷ 96回（1日あたりのレプリケーション回数）≒ 0.00104
3. RPO（15分）あたりのレプリケーションデータサイズ
   100GB（仮想マシンサイズ）× 0.00104（RPOあたりのデータ更新率）× 1024MB／GB ≒ 106MB
4. 1回のレプリケーションにかかる時間
   106MB ÷ 1.25MB／秒（サイト間のネットワークスループット）≒ 85秒

上記は一般的な計算式ですが、データ圧縮の機能を利用することによりレプリケーション時間の短縮が可能である一方、データ更新頻度が高い時間帯はより長いレプリケーション時間が必要になることもあります。システム環境や利用機能によって実際のレプリケーション時間は変動するため、上記の見積もり計算式は参考として使ってください。

■リカバリの実行

障害や災害など、何らかの理由でリカバリサイトへのフェイルオーバーが必要になった場合、vSphere Replication のリカバリを実行します。この操作は、Web Client の画面から数クリックで実施可能です。

vSphere Replication におけるリカバリ手順は以下のとおりです。

---

[9] vSphere Replication の制限事項として仮想マシンがパワーオフの状態だとレプリケーションは動作しません。仮想マシンをパワーオンすることで、初めて初期同期が開始されます。

10.3 vSphere 環境で実現する災害対策

1. リカバリサイトの vSphere Web Client に接続します。
2. vCenter Server を選択し、[監視]タブの[vSphere Replication]をクリックします。
3. [受信レプリケーション]より、リカバリ対象の仮想マシンを右クリックし、メニューから [リカバリ] を選択してリカバリウィザードを開始します。
4. リカバリの実施時点を選択します。
5. リカバリする仮想マシンのフォルダを選択します。
6. リカバリする仮想マシンのクラスタ、ESXi ホスト、またはリソースプールを選択します。
7. リカバリの構成を確認し、[終了]ボタンをクリックします。
8. 更新されることを確認します。

　上記のとおり、仮想マシンのリカバリ操作は非常に簡略化されていますが、災害発生時など緊迫した状態で、仮想マシンの台数分、ミスなく迅速に上記の手順を繰り返し行うのは非常に負担の大きい作業になります。そうした場合にも、10.3.4 項で紹介する Site Recovery Manager を利用することで、リカバリの操作を自動化し、災害時の操作を極力減らすことが可能です。

■フェイルバックの実行

　仮想マシンのリカバリ後は、一時的にリカバリサイトで稼働させることになりますが、ソース（保護）サイトの復旧に伴い、リカバリ前の正常な状態に戻す必要があります。vSphere Replication のフェイルバックでは、リカバリサイトからソース（保護）サイトに向けて手動で逆方向のレプリケーションを構成のうえ、前述したリカバリを再度実行することにより元の状態に戻すことが可能です。
　前述のリカバリ実行後からフェイルバックを実施する手順は以下のとおりです。

1. リカバリサイトの vSphere Web Client に接続します。
2. vCenter Server を選択し、[監視]タブの[vSphere Replication]をクリックします。
3. [受信レプリケーション]より、フェイルバック対象の仮想マシンを右クリックし、メニューから［停止］を選択して同期を停止します。
4. リカバリサイトからソース（保護）サイトに対してレプリケーションを設定します。レプリケーション設定の手順は前述の「レプリケーションの設定と実行」を参照してください【10】。
5. リカバリサイトからソース（保護）サイトへのレプリケーション完了後、ソース（保護）サイトに接続してリカバリを実行します。リカバリ手順は前述の「リカバリの実行」を参照してください。

　以上でフェイルバックの手順は完了です。再度、ソース（保護）サイトからリカバリサイトへのレプリケーション設定を行う場合は、前述の「レプリケーションの設定と実行」の手順を実行してください。

【10】レプリケーション先のデータストアを選択する際、災害前にソース（保護）サイトで動作していた仮想マシン（仮想ディスク）を上書きすることが可能です。上書きを選択した場合、ソース（保護）サイトの仮想マシンをインベントリから削除してください。

CHAPTER 10　仮想マシンのバックアップと災害対策

10.3.4　Site Recovery Managerによる災害対策の自動化

　災害対策の重要性と、そのソリューションであるvSphere Replicationについては前項で解説しました。vSphere Replicationは非常に簡素化された手順を実現しており、復旧時間の短縮が可能ですが、サイトレベルの障害や災害が発生している状況において、冷静にオペレーションを実施することは非常に困難であると言えます。

　そのため、災害対策の検討時には以下の観点を考慮に入れる必要があります。

- 誰がフェイルオーバーの操作をするか
- オペレータは作業が可能な状態にあるか
- 手順は確実に復旧できることが担保されているか
- システム変更に伴う手順の見直しが、プランに反映されているか

　上記の考慮点を踏まえ、災害対策のリカバリプランは誰が実施しても簡潔で同じ結果を得られる手順にする必要があります。

　VMware Site Recovery Manager（SRM）では、災害対策の復旧オペレーションを自動化し、災害時に数クリックで切り替えを実現できます。SRMが持つ機能とメリットは以下のとおりです。

- リカバリ手順の簡素化・自動化　——　あらかじめリカバリ手順をデータベース化しておくことで、災害時のリカバリを自動化する。リカバリ時に必要となる仮想マシンのIPアドレス変更処理も自動化可能
- リカバリテストの実施　——　事前に登録したリカバリ手順を、何度も繰り返しテストすることが可能
- レプリケーション機能と連携　——　vSphere Replicationによるホストベースのレプリケーション、もしくはストレージのデータ同期機能によるアレイベースのレプリケーション[11]と連携して復旧の自動化を実現（図10.18）

【11】アレイベースのレプリケーションでは、SRM対応のストレージを利用することが前提になります。

10.3 vSphere環境で実現する災害対策

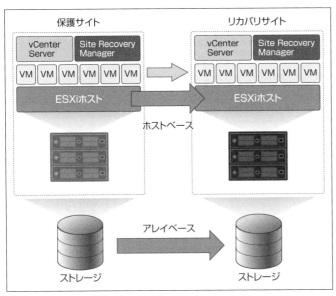

図10.18 SRMの概要

■リカバリ手順の簡素化・自動化

SRMを使用せずVDPなどの通常の遠隔バックアップによる災害対策でリカバリするプロセスと、SRMを利用したリカバリプロセスでは、災害時の対応時間、手順の信頼性に大きな違いがあります（図10.19）。

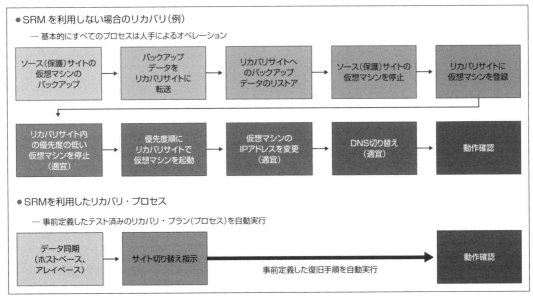

図10.19 SRMの利用有無によるリカバリプロセスの違い

■リカバリテストの実施

システムの導入当初にリカバリテストを実施した後も、日々の運用業務に災害対策のリカバリテストを取り入れることは非常に重要です。しかし、リカバリテストには多くの準備時間と作業工数が必要となるため、忙しい運用業務の中で後回しにされることも多いのが現実です。

さらに、システムのアップグレードや環境の変更の際にはリカバリ手順の更新が必要となりますが、毎回漏れなく手順の更新を行うためには変更管理プロセスの厳重な管理と適用が必要になります。

SRMには事前に定義したリカバリ手順をテスト実行する機能があり、運用中に生じる本番環境とリカバリ手順のギャップを最小化し、災害時のリカバリに対する信頼性を高めることが可能です（図10.20）。

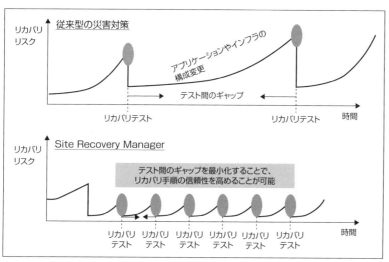

図10.20　SRM導入によるリカバリ手順の信頼性向上

10.3.5　SRM 6.1の新機能

2015年9月にリリースされたSRM 6.1では、重要な機能がいくつか追加されています。主な新機能には以下のものがあります。

■VMware NSXへの対応

ネットワーク仮想化を実現するVMware NSX（第15章を参照）と連携し、リカバリもしくは移行後のネットワークとセキュリティのマッピングを自動化することができるようになりました。具体的には、Cross-vCenterの論理スイッチを作成することで、IPアドレスやポートグループなどが自動的にマッピングされます。これにより、災害復旧やデータセンター移行をより迅速に行うことができるようになります。

10.3 vSphere 環境で実現する災害対策

■ストレッチクラスタと vMotion によるアプリケーションの無停止移行に対応

新たにメトロエリア（物理的に離れた距離間を結ぶエリア）のストレッチストレージクラスタ（EMC VPLEX、IBM SVC など）がサポートされました。また、Cross-vCenter vMotion を使ったサイト間でのワークロードの移行を SRM でオーケストレーションできるようになりました。

従来よりもずっと容易にアプリケーションを無停止でサイト間移動させることが可能になりました。このようなソリューションは、復旧処理を伴わないので、Disaster Recovery ではなく Disaster Avoidance（災害回避）と表現することもあります。

Chapter 11
vSphereの設計の ベストプラクティス

vSphere の設計のベストプラクティス

本章では vSphere を用いたデータセンターのあり方と、vSphere 環境を構成する重要な要素である vCenter Server、ESXi ホスト、ストレージ、ネットワーク、クラスタに関する設計上のベストプラクティスについて説明します。

11.1 仮想基盤の全体設計

近年のデータセンターの構成や運用形態は複雑化しており、従来の単一のデータセンターで限られた運用管理者がアクセスするという構成の仮想環境だけでなく、複数データセンターの併用、プライベートクラウド化による仮想マシン利用者自身による仮想マシン運用など多数の考慮が必要な構成・運用が必要とされる vSphere 基盤も増えてきています。

本節では、vSphere の設計の前に必要となる、データセンター全体の構成や利用方針についての指針を説明します。

11.1.1 データセンターの設計

本項では、仮想基盤の設計において前提となるデータセンター全体の設計指針について説明します。一般的な仮想基盤では単一のデータセンター施設内で構築を行うことが多く、この場合は vSphere 基盤としてデータセンターレベルで考慮することは多くありません。

しかし近年では、VXLAN、Cisco OTV（Overlay Transport Virtualization）や VPN による L2 延伸、ネットワーク帯域の増大、複数センターにわたるストレージのクラスタ構成、パブリッククラウド利用の増加など、データセンターを取り巻く環境は複雑化しており、それに伴いデータセンターのあり方も多様化しています。

また東日本大震災など昨今の大規模災害の教訓から、企業の存続のために災害対策はもはや避けては通れません。加えて、IT 投資における CAPEX（設備投資コスト）／ OPEX（運用コスト）の効率化のため、導入したシステムのリソースを最大限に活用するための設計が求められるケースもあり、災害対策用のデータセンターを単なるスタンバイシステムあるいは開発・テスト用として利用するのではなく、複数のデータセンター間でアクティブ−アクティブに本番システムを稼働させる構成や、本番データセンターの法廷点検などのメンテナンス時に災対データセンターに計画移行させて業務を継続する構成も可能です（図 11.1）。

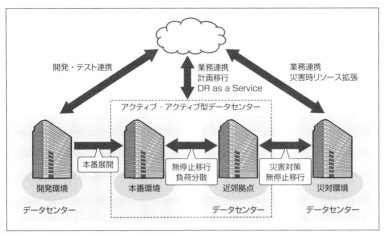

図 11.1　複数データセンターの連携例

　こういったケースでは、設計する環境のデータセンターの要件や用途、そして仮想マシンの移行要件や頻度を確認し、特に性能や運用のボトルネックになりやすい回線遅延要件やルーティング要件などネットワーク側の制約事項がデータセンター要件に適合するかを確認してください（表11.1）。

表11.1　仮想マシンの想定ユースケースに対する各要件とデータセンター連携機能の例

想定ユースケース（例）	移行頻度	移行方向	回線遅延要件	停止要件	データセンター連携機能	vCenter Server分離要件
複数データセンターによる負荷分散	高	双方向	10ms以内	無停止	vMotion または Long Distance vMotion	分離不可
計画移行（メンテナンス対応など）	中	双方向	100ms以内（無停止の場合）	無停止	Cross vCenter vMotion（サービス無停止）、Site Recovery Manager（サービス停止あり）	分離必須
本番展開	低	片方向	なし	停止あり	vCloud Connector、OVF Export／Import	要件なし
大規模障害時の切り替え	低	双方向	なし	停止あり	Site Recovery Manager	分離必須

　vCenter Server の設計については、利用する機能やテクノロジーにより vCenter Server インスタンスの分離（複数 vCenter インスタンス、あるいは単一の vCenter インスタンスで基盤全体を管理するか）が必須、あるいは分離が不可のケースもありますので、用途とデータセンターの構成により vCenter Server の構成が決まります。

- 物理ロケーション
- データセンターの位置づけ（プライマリ／セカンダリ、本番／開発、両系アクティブなど）

CHAPTER 11 vSphereの設計のベストプラクティス

- サイト間の回線（帯域、遅延、品質など）
- ユーザーアクセス経路（vCenter Serverへのアクセス有無、ユーザーポータルからの展開など）
- 災害対策（RPO／RTO、計画切り替え要件、災対用システムの平常時用途など）

複数データセンターで業務を稼働させる場合は、複数データセンターで負荷分散を実施するケースと、データセンターごとに稼働させる業務グループを決めて双方向にアクティブ－スタンバイ方式をとる構成が考えられます。前者の場合は回線遅延の制限も大きく、また原則としてストレージ製品がメトロクラスター[1]に対応している必要があります。代わりにデータセンターをまたいだvSphere HAなどの高可用性構成をとることで、電源障害によるセンター停止時やストレージ筐体障害時など、大規模な障害が発生しても対向データセンターで自動再起動できるなどの可用性向上のメリットが得られます。

vSphere HAは比較的実装が容易ですが、データセンター間のネットワーク遅延が大きい場合は、データセンターを移行させた際に配置されるストレージやネットワークルーティングを移行先センター側ですべて統一するように工夫しないとパフォーマンスに大きな影響が出る可能性があるため、運用において考慮が必要となります。

11.1.2 サービスレベルと利用者の整理

vSphere環境の設計で重要となるのが、サービスレベルの定義です。可用性、リソースの利用方針、ストレージパフォーマンスの要件、バックアップの要件、計画停止の可否、災害対策のRPO／RTOなどを整理し、Service Level Agreement（SLA）を定義することで、vSphere環境で必要なクラスタやストレージ構成、各種ソリューションの組み合わせが決まります。

主なサービスレベルを以下に紹介します。

■RTO（障害時の業務停止許容時間）

ESXiホスト障害時などでアプリケーションが停止した際に、復旧までに必要な時間の許容限度のことです。構成や稼働するミドルウェアやアプリケーションのサイズなどにも依存しますが、概ね以下のような判断基準が一般的です。

- 無停止もしくは1分以内の復旧 ── アクティブ－アクティブ型の無停止ソリューション、もしくはHot Standby／Shared Nothing型の短時間フェイルオーバーソリューション、vSphere FTによる仮想マシンの完全二重化
- 5分以内の復旧 ── ゲストOSでのアクティブ－スタンバイ型のクラスタウェア
- 10分以内の復旧 ── vSphere HAでの仮想マシン再起動

【1】 物理的な距離が100km程度までの遠距離間のクラスター。

■障害監視の範囲

障害を監視し、可用性を提供する対象としてアプリケーションやミドルウェアのプロセス、ゲスト OS、ESXi ホスト、ストレージなどの各レイヤーでどのような監視が必要かを検討します。vSphere HA は仮想環境で優れた可用性を提供する機能です。ゲスト OS に依存せずに保護できる一方、vSphere HA で監視できないコンポーネントについては個別に高可用性機能の実装を検討する必要があります。

この場合はゲスト OS 単位での実装が必要になる場合があるため、構築および運用保守の負荷が上昇する点に留意し、本当に必要な監視レベルがどこまでかを検討します。

- OS 内のプロセス稼働の監視および障害時のフェイルオーバーが必要 ── vSphere HA 単体では監視できない範囲のため、vSphere HA と連携するアプリケーション監視ソフトウェア、または別途ゲスト OS 上で稼働するクラスタウェアやミドルウェア製品の可用性機能の利用が必要
- ゲスト OS の障害(BSoD、カーネルパニックなど)の監視が必要 ── vSphere HA の仮想マシン監視が可能。きめ細かい設定や条件付けが必要な場合はゲスト OS 上で稼働するクラスタウェアなどの利用を検討
- ESXi ホストの障害 ── vSphere HA で監視および可用性を提供

■災害対策の要件

災害時の業務継続のため、どのような要件があるかを検討します。対象となる業務、RTO ／ RPO、ディスク／仮想マシン／システム間の整合性要件などにより、利用するソリューションや設定、データストアの配置設計が異なります。

vSphere には標準機能として、vSphere Replication（10.3.2 項参照）、vSphere Data Protection（10.2 節参照）、および VMware Site Recovery Manager（10.3.4 項参照)が災害対策製品として利用可能です。

- RPO が 5 分以内、もしくは仮想マシン間のデータ整合性が必要 ── ストレージレイヤーもしくはサードパーティ製の整合性を担保した外部データ転送ソリューションの利用が必要
- RPO が 15 分以内、かつ仮想マシン間のデータ整合性は不要 ── vSphere Replication の利用も可能
- RTO が 6 時間以内 ── Site Recovery Manager の利用や災対切り替え用のジョブフローが必要(仮想マシン数や関連する DR フローにも依存)
- RPO が 24 時間以内、かつ仮想マシン間のデータ整合性は不要 ── 稼働中のデータレプリケーション以外にも、バックアップデータの遠隔転送などによる復旧が検討可能。たとえばアプリケーションサーバーでシステムとミドルウェアが起動すればよく、内部データの RPO は問わないなど。vSphere Data Protection の遠隔地へのデータ転送機能が利用可能

■複数データセンターによる可用性の提供

アクティブ–アクティブ型の複数データセンター構成において、大規模災害やデータセンターの電源障害、ストレージ筐体障害など、データセンター全体あるいはvSphere仮想環境全体の障害などの大規模障害時に、データセンターをまたいで自動フェイルオーバーする要件がある場合、vSphere環境でも特有の設計が必要となります。

- vSphereクラスタ —— vSphere HAを利用する必要があるため、複数データセンターをまたいだストレッチクラスタ構成で、同一vCenter Serverから同一のvSphereクラスタ内に各データセンターのホストを所属させる
- ストレージ —— 各データセンターのストレージ筐体でミラーリングを実施し、どちらのデータセンターからでも同時にI/Oが発行可能
- ネットワーク —— 仮想マシンが接続するサービス用ネットワークは、VXLANの利用など低レイテンシ環境においてL2延伸を実施し、どちらのデータセンターからでも同一ネットワークセグメントにアクセス可能

■データセンター計画停止時の対応

法定点検などのデータセンター計画停止時にサービスを継続する要件がある場合、サービスの無停止もしくはいったん停止しての対向データセンターへの移行が必要となります。構成により採用可能な手法が異なるため、以下にその例を挙げます。

- 無停止での移行が必要 —— vMotionまたはCross vCenter vMotion（7.5節参照）による移行が必要。Cross vCenter vMotionの場合、Web Clientからのオペレーションが必要かどうかにより、Platform Service Controller（1.2.3項参照）の構成に影響。またストレージがミラーリングされておらずvMotion時にデータストアの移行が発生する場合（vSphere without Shared Storage、7.4節参照）は移行時間が長くなるため、運用上の考慮が必要
- 移行時の停止が可能 —— vSphere Replicationまたはストレージのレプリケーション機能などの遠隔コピー機能をベースにした災害対策のしくみを流用し、移行方法の検討が可能。被災時のフェイルオーバーに比べてRTOは短い傾向にあるため、移行の自動化はほぼ必須

■データセンターおよびvSphere設計に影響を及ぼすSLAの例

これまでの議論を含め、データセンターやvSphere環境の全体設計に影響を及ぼす代表的なSLAの例を以下の表11.2にまとめます。

11.1 仮想基盤の全体設計

表 11.2　SLA の代表的な項目

SLA 項目	例	設計検討項目
可用性	ホスト／ゲスト障害時は 10 分以内に業務を復旧。アクティブ-アクティブ型冗長化により、障害時にも無停止で業務を継続	vSphere HA で対応可能か、ゲスト OS レイヤーでの可用性が必要か
障害監視範囲	ホストのみ監視、OS 内プロセス監視	同上
ESXi ホストのメンテナンス要件	ESXi ホストのメンテナンス時にもシステムは稼働を継続	vMotion の利用可否、DRS 自動化設計
ストレージのメンテナンス要件	ストレージメンテナンス時には該当するシステムのみ停止が可能か	Storage vMotion の 利 用 可 否、vSphere データストア設計、保守運用設計
リソース利用ポリシー	CPU、メモリなどのリソースの利用を完全に保証する。CPU はコア数の 2 倍までオーバーコミット可能、メモリは搭載量の 1.2 倍までオーバーコミット可能	リソース予約、クラスタ設計、リソース見積もり
バックアップ要件	月次でシステムバックアップを取得。OS は停止しない	バックアップソリューションの選択
バックアップ方法	VADP 対応ソフトウェアによる仮想マシン単位のバックアップ、ストレージ機能による LUN コピー	バックアップソリューションの選択
災害対策要件	RPO が 1 時間以内、RTO が 4 時間以内のリカバリ	遠隔データコピー機能の選定、SRM の利用
データセンターを越えたフェイルオーバー	保護サイトの障害時に、自動で対向サイトへフェイルオーバー	クラスタ設計、ネットワーク設計
データセンター計画停止時の対応	保護サイトの計画停止時には無停止で対向サイトへ移行	クラスタ設計、ネットワーク設計

11.1.3　リソース割り当てポリシーの設計

この章では、上記の SLA の中でもクラスタ構成に大きくかかわるリソース割り当てポリシーを検討します。

■リソース割り当てのオーバーコミット

vSphere 基盤では CPU、メモリが仮想化されて物理リソースを任意の仮想マシンにアロケートするとともに、物理リソース量よりも多くの仮想リソースを割り当てる、オーバーコミットが可能となります。

オーバーコミットにより物理リソースを有効活用し、コスト効果を高めることができますが、同時に個々の仮想マシンのリソース利用率のピークが重なった場合などには、物理リソースが枯渇してパフォーマンスに影響を与える危険性があります。

そのため、各仮想マシン上で稼働するアプリケーションの重要度や特性に基づき、オーバーコミットを許容するか、物理リソースが確実にアロケートされることを保証する必要があるかという SLA を定義し、それに応じて設計を検討する必要があります。

またオーバーコミットによるコスト効果は、必要な物理リソースの削減にとどまらず、ESXi ホスト台数を減らすことによるソフトウェアライセンスコストの削減や、容量課金のストレージ機能を利用している場合はストレージコストの削減が期待できます。

では、実際にオーバーコミットの可否は、どのように考慮すればよいでしょうか？ そのためには、CPU、メ

CHAPTER 11 vSphere の設計のベストプラクティス

モリ、ストレージのピーク性やリソース逼迫時の影響などの特性を理解する必要があります。

■CPU

　CPU は最もピーク性が激しく、リソース不足時の影響はメモリやストレージに比べると小さく、またピークが収まれば低下していたパフォーマンスも定常状態への復帰が期待できるため、オーバーコミットが最も容易なリソースと言えます。

　一方、キャパシティの管理についてはピーク性の激しさからシンプルなグラフなどでは判断が難しいケースも多く、vRealize Operations Manager（第 13 章参照）などの仮想環境のパフォーマンス・キャパシティ管理ツールの活用が重要なポイントとなります。

■メモリ

　メモリはピーク性が低く、いったん割り当てたメモリはなかなか解放されない特性があります。またメモリリソースが不足した際には ESXi によるホストレベルスワップ（3.2.3 項参照）が発生する可能性があるため、パフォーマンスが劣化する危険性が高く、ピークが収まった後にもスワップアウトしたメモリ再利用時にスワップインが完了するまで劣化した仮想マシンパフォーマンスが復旧しないなど、リソース不足時の影響は CPU に比べて非常に大きいと言えます。

　そのため一般的に、メモリをオーバーコミットするケースは少ないですが、仮想マシンのメモリサイズに対して実際の物理メモリ消費量が大幅に少ないケースなどでは非常に有効な手段となります。

■ストレージ

　ストレージ容量はピーク性がほぼなく、仮想マシンの削除をしない限り、基本的に増加する一方であるリソースです。データストアの使用量が 100% に達すると、そのデータストア上の全仮想マシンが停止するなどの危険性があり、また仮想マシンの停止・削除またはデータストアの拡張以外にリソース不足を解消する手段がないため、CPU・メモリに比べてもリソース不足時の影響は大きいと言えます。

　一方で、仮想マシンの初期展開時には、割り当てた仮想ディスクサイズに対してゲスト OS のディスク使用量は小さい傾向にあり、また CPU やメモリに比べると使用率の増加も穏やかであり、仮想マシン追加時以外には急激に使用量が高騰することがないため、オーバーコミットがしやすいという特徴があります。

■まとめ

　以上をまとめると表 11.3 のようになります。

表 11.3　リソースごとのオーバーコミットの考え方

リソース	ピーク性	不足時の影響	リソース割り当てポリシー例
CPU	激しい	中：CPU 負荷が下がるまでパフォーマンスに影響あり。ピークは比較的短時間で、解消後はパフォーマンスが復旧	● コア数の 2 倍（HyperThreading 分まで）オーバーコミット ● コア数の 4 倍（HT × 2 倍）までオーバーコミット
メモリ	多少の増減あり	大：スワップ発生によりパフォーマンスが大幅に劣化。ピークは比較的長く、解消後もしばらくパフォーマンス低下が継続	● オーバーコミット不可 ● 物理メモリの 1.5 倍までオーバーコミット
ストレージ	徐々に増加。減ることはまれ	大：仮想マシン停止の危険性あり。不足解消にはオペレーションが必要であり、解消後も仮想マシン再起動などの対応が必要なケースも	Thin Provisioning によりオーバーコミット

　これらの特性を踏まえ、システムごとのサービスレベルに応じてリソース割り当てポリシーを決定します。また、複数のリソース割り当てポリシーを適用する際に、クラスタごとにポリシーを分割して適用するか、同一クラスタ下でリソースプールとして分割適用するかを併せて検討します。この点については次の項で解説します。

11.1.4　仮想データセンター、クラスタの構成

　これまでに、データセンター全体の考え方、サービスレベルの定義、リソース割り当てポリシーの考え方について解説してきました。では実際に vSphere 環境の設計で大きなポイントとなる、仮想データセンターとクラスタの構成をどのように考えればよいかをこの項で説明します。

■仮想データセンター

　仮想データセンターとは、vCenter Server で管理される最上位のインベントリであり、仮想データセンターにはクラスタ、ESXi ホスト、リソースプール、仮想マシンなど他のインベントリを内包することができます。仮想データセンター間での物理リソースコンシューマー[2]の設定は制限されるため、仮想環境の論理的な境界としての役割を持ちます。

　例として、仮想データセンターをまたいだクラスタやデータストアクラスタ、分散仮想スイッチの構成はできません。したがって、複数のクラスタを構成する場合に、クラスタ間でデータストアクラスタや分散仮想スイッチを共有する場合は、該当クラスタを同一仮想データセンターに所属させる必要があります。

　ユーザー権限の観点でも、vCenter Server を除けば最も大きな単位で管理されるインベントリであり、単一 vCenter Server 配下で管理者の異なる複数システムを運用する場合、たとえば本番運用者のみが管理する本番クラスタと、アプリ開発チームもアクセスする開発クラスタを単一 vCenter Server で運用する場合などでは、誤操作による仮想マシンのシステム間移動やアクセス範囲の分割のため、仮想データセンターを分けることを検討してください。

【2】　仮想マシンや仮想スイッチなど、物理リソースを消費するオブジェクト。物理リソースを提供する側（ホスト、データストアなど）はコンテナと言います。

CHAPTER 11　vSphere の設計のベストプラクティス

　その他、仮想データセンターを分割する基準としては、物理拠点、稼働する仮想マシンの種別（サーバー系とデスクトップ系など）、災害対策要件、構成の上限があります（図 11.2）。

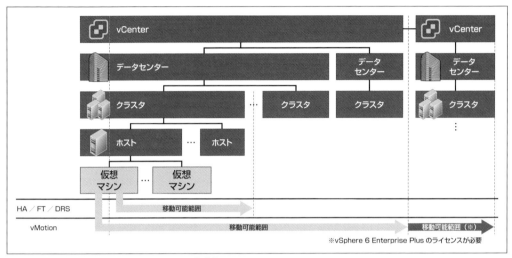

図 11.2　vSphere インベントリと vMotion 移動範囲

■複数の ESXi ホスト

　仮想データセンターの構成が決定した後に、クラスタレベルの構成を検討します。vSphere クラスタ（以下クラスタ）とは、複数の ESXi ホストを 1 つのリソースとして束ねたインベントリです。クラスタを単位として、vSphere HA、DRS、VSAN、EVC のなどの機能を提供しており、可用性、負荷平準化を検討する単位となるため、結果としてサービスレベルを定義する境界となります。

　HA ／ DRS クラスタを構成することにより、フェイルオーバー用の予備リソースを有効活用でき、可用性やパフォーマンスの自動管理を提供する単位となるため、リソースの有効活用、および仮想環境の運用管理を簡素化できます。したがって、クラスタを構成する ESXi ホストの台数はできるだけ大きくするのが原則です。そのうえで、ここで説明する要件に応じてクラスタ分割を検討します。

　クラスタの設計ベストプラクティスとしては大きく以下の 3 点が挙げられます。

- クラスタ境界
- クラスタサイジング
- 管理クラスタの構成

　また、クラスタを設計する際には以下の要件を考慮します。

- コスト
- リソース割り当てポリシー

294

11.1 仮想基盤の全体設計

- 可用性
- 拡張性(クラスタあたりのホスト数、接続 LUN 数の最大値など)
- 機器構成(ホストあたりのリソース、CPU 世代、CPU 種別など)
- ソフトウェアライセンス(クラスタに属する ESXi ホストの物理 CPU 単位で課金される場合)

　あまりにクラスタを細かく分割すると、リソースが有効活用できない、オペレーションが煩雑化するといった弊害が発生する可能性があるため、クラスタ分割は必要最低限に抑えてください。

　また一般的に性能や冗長性とコストはトレードオフの関係にあります。待機系ホストの数、リソース保証(仮想マシンやリソースプールに予約を設定)の有無などを検討してください。

■クラスタ境界の決定

　vSphere では CPU、メモリ、ストレージ、ネットワークなどの物理リソースを共有リソースとして管理します。クラスタによるリソース管理対象は、主に CPU とメモリです。また、リソースプールも通常はクラスタ単位で作成するため、クラスタごとに CPU とメモリのアロケーションを調整することになります(**表 11.4**)。

表 11.4　各リソースの境界

	CPU	メモリ	ストレージ	ネットワーク
リソース共有単位	クラスタまたは ESXi	クラスタまたは ESXi	データストアまたはデータストアクラスタ	標準仮想スイッチまたは分散仮想スイッチ
クラスタをまたいだ共有	不可	不可	可能	分散仮想スイッチは可能

　データストアとデータストアクラスタ、および分散仮想スイッチはクラスタにまたがって仮想データセンター単位で構成できます。よって、これらについてはクラスタ単位で作成するのか、クラスタをまたいで共有するのかを検討します。基本的にはクラスタ構成とリソース分割の境界線の単純化を優先し、CPU やメモリと同様にデータストアや分散仮想スイッチについても、クラスタ単位で構成する方針にするとわかりやすいでしょう。

　ただし、クラスタをまたいでの vMotion が定常的に発生する、ネットワーク管理をシンプルにするために分散仮想スイッチは 1 つのみで管理する、などの要件がある場合はこの限りではありません。

　vSphere 6.0 からは仮想スイッチをまたいだ vMotion が可能になったため、vMotion 要件として同一の分散仮想スイッチにホストが所属している必要はありません。

　また、vSphere HA もしくは DRS を利用する場合、原則として仮想マシンはクラスタ内の全ホストから共有されるデータストアに配置される必要があるため、データストアの接続構成によってもクラスタは分割されます。

　なお Virtual SAN(VSAN、16.2 節参照)を構成する場合は、VSAN データストアはクラスタ内で 1 つしか構成できない点に注意してください。VSAN データストアを分けて仮想マシンをデプロイしたい場合は、ESXi ホストも含めクラスタを分割する必要があります(**図 11.3**)。

295

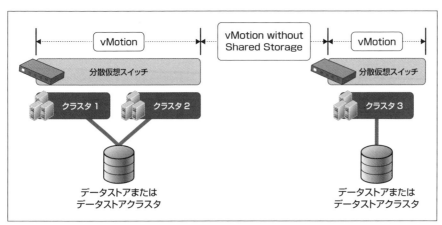

図 11.3　クラスタとデータストア、仮想分散スイッチの構成例

またクラスタの境界を検討する際には、可用性とリソースの両面で検討を行ってください。具体的には、可用性の境界には vSphere HA および FT の有効／無効およびアドミッションコントロールによるフェイルオーバーキャパシティポリシーの違いがあり、リソースの境界には DRS 有効／無効や自動化設定、オーバーコミットポリシーの違いや利用するデータストアの性能などがあります。後者についてはリソースプールを活用することである程度制御することも可能です（表 11.5、表 11.6）。

表 11.5　可用性によるクラスタ分割例

	本番クラスタ	開発クラスタ
用途	本番サービス稼働	業務開発、テスト用
HA	HA 有効、アドミッションコントロール有効	HA 有効、アドミッションコントロール無効
FT	重要な仮想マシンを FT で保護	利用しない

表 11.6　リソース割り当てポリシーによるクラスタ分割例

	Tier1 クラスタ	Tier2 クラスタ
用途	基幹業務稼働	業務開発、テスト用
CPU オーバーコミット	あり（Hyper-Thread まで）	あり（コア数の 4 倍まで）
メモリオーバーコミット	なし	あり（物理メモリの 1.5 倍まで）
データストアオーバーコミット	なし（Thick Provisioning）	あり（Thin Provisioning）
DRS 自動化	手動	完全自動化
リソース予約	重要な仮想マシンは予約を設定	なし
利用ストレージ	FC（オールフラッシュ）	NFS（ハードディスクベース）

■ **クラスタサイジング**

クラスタのサイジングとは、クラスタあたりの ESXi ホスト台数、またホストあたりのリソースのサイズを見積もり、構成を確定させることを示します。前項でクラスタの境界について解説しましたが、クラスタを細か

11.1　仮想基盤の全体設計

く分割した場合、リソースの効率的な利用が進まなくなるだけでなく、構成や運用レベルが異なる複数のクラスタが乱立し、結果として仮想基盤のサイロ化を招きやすくなります。

　また利用する機能によっては、必要な ESXi ホスト数が指定されている場合があります。たとえば vSphere HA では 2 ホスト以上、VSAN では 3 ホスト以上が必要となり、NSX（第 15 章参照）では Controller の冗長化のため 3 ホスト以上の構成が推奨されます。また運用時の考慮を含めると、さらに 1 ホスト追加して構成することが望ましいです。

　前項ではクラスタの境界の考え方を解説しましたが、ここでは具体的にクラスタに求められる要件をベースにサイジングと構成を検討します（**表 11.7**）。

表 11.7　クラスタの構成要件

項目	例
サービスレベル	クラスタごとに HA の設定や DRS の自動化レベルを変更する。ネットワークやストレージの構成が物理的にも分離されている（Platinum ストレージは FC ／ All-Flash、Gold ストレージは VSAN ／ Hybrid など）
管理者、利用者	クラスタ #1 は業務グループ A、クラスタ #2 は業務グループ B など
用途	本番業務用と開発テスト用、本番業務用と基盤管理用、サーバー用途と VDI など
導入時期、バージョン	ESXi のバージョンが異なるクラスタや、CPU メーカー、CPU の世代が異なる ESXi ホストを混在させない場合。また導入時期によりコア数や搭載メモリ量に大幅な差異があり、同一クラスタではリソースが有効活用できない場合など
ソフトウェア要件（搭載アプリケーション）	CPU ソケットやコアに対して課金されるライセンス体系で、クラスタを分割することで課金対象をそのクラスタにのみ限定できる場合、そのアプリケーションを 1 つのクラスタに集約することを検討する。この場合、CPU 能力を対象アプリケーションに占有させてライセンス効率を最大化させるため、他のソフトウェアや用途の仮想マシンを混在させない場合がある
制限（ホスト数、仮想マシン数、LUN 数）	クラスタあたりのホスト数は 64、仮想マシン数は 8,000、データストアは 256LUN（1LUN あたり 4 パスまでの場合）が構成上限となる（厳密にはデータストアの上限はホストあたりだが、クラスタ内のホストはデータストアを共有することを推奨しているため、実質はクラスタあたりの上限と考える）
利用する機能	NSX の利用（NSX Controller は冗長性担保のため 3 ノード以上で構成されることが推奨。よって、可用性の観点から Controller が稼働する ESXi は 3 ホスト以上が推奨）、VSAN の利用（最低 3 ノードで、利用する仮想マシンの FTT ＋ 2 ノードが必要）

■管理系クラスタの構成

　vCenter Server や Update Manager、NSX Manager、SRM Server、サードパーティ製管理ソフトウェア用仮想マシンなど、基盤管理用の仮想マシンが多数存在する場合は、本番業務用仮想マシンとのリソース競合や同時障害などを避けるために、管理系専用のクラスタを準備することを検討します。

　これにより、管理系の仮想マシンに対しても vSphere HA による可用性を提供しつつ、本番業務系の仮想マシンとのリソース競合を避けることが可能となります。また、管理系クラスタについては余剰リソースを活用して、本番展開前の仮想マシンの準備や、物理から移行した仮想マシンの一時的な配置用途など、柔軟に活用することができます。

　一般的に、管理系クラスタは本番業務用のクラスタよりもリソース要件は緩く、オーバーコミットなどによるリソースの有効活用が可能ですが、基盤の構成や運用に大きく影響する仮想マシンについては十分なリソースを割り当てる必要があるので注意してください。たとえば、vSphere Replication サーバーの CPU 性能が不

297

CHAPTER 11 vSphere の設計のベストプラクティス

足する場合は、Replication の RPO が維持できなくなる可能性があります。

ここまで説明したように、クラスタを分割する差異は、クラスタに求められる要件を整理して慎重に検討します。要件に応じてクラスタを分割する例を表 11.8 に示します。

表 11.8　クラスタ分割例

	クラスタ 1	クラスタ 2	クラスタ 3
用途	Tier-1、アプリケーション	Tier-2、アプリケーション	管理系、ソフトウェア
方針	性能、可用性を重視	可用性は重視、性能はコストとバランス	最低限の可用性を確保し、コストを最大化
vSphere HA	有効	有効	有効
アドミッションコントロール	有効化、フェイルオーバーホスト指定	有効化、障害許容ホスト台数：1 台	なし
FT	DB サーバーを FT で保護	なし	なし
リソース割り当てポリシー	CPU、メモリはオーバーコミットしない。ストレージは Thick Provisioning を採用	CPU はコア数の 2 倍 (Hyper Thread) までオーバーコミット。ストレージは Thin Provisioning により容量をオーバーコミットする	CPU をコア数の 4 倍までオーバーコミット。メモリは搭載メモリの 1.5 倍までオーバーコミット。ストレージは Thin Provisioning により容量をオーバーコミットする
DRS	手動	完全自動化	完全自動化
ストレージプロファイル	Platinum	Gold	Silver
データストア	FC ／ All-Flash	VSAN ／ Hybrid	NFS ／ハードディスク

■リソースプールの活用

ここまではクラスタを分割する際の考え方について解説してきましたが、異なるリソース割り当てポリシーの混在など性能面での考慮については、リソースプールを活用することでクラスタを集約できる可能性があります。

またクラスタは、構成するホスト数の台数が多い方がリソース効率は向上しますが、一般的には仮想環境を利用するユーザーはもっと小さい単位でリソースを使用するため、要件によってはクラスタ内でリソースをさらに分割する必要が出てきます。こういったケースでもリソースプールの利用を検討します。

リソースプールはプール単位でシェア値、リソースの予約、制限が設定できるため、リソース割り当てポリシーで SLA が分かれている複数システムを混在させる際に非常に効果的です。また、クラウドサービスメニューにおける SLA の定義にも活用できます。

たとえば、リソースプールに CPU とメモリの予約・制限を設定してユーザーに割り当てることで、ユーザーはその決められたリソースの中で柔軟に仮想マシンを構成することが可能となります。予約と制限を同時に設定することで、固定のリソースをプールに割り当て、あたかも物理 CPU とメモリが占有割り当てされたかのように振る舞うことが可能となります (図 11.4)。

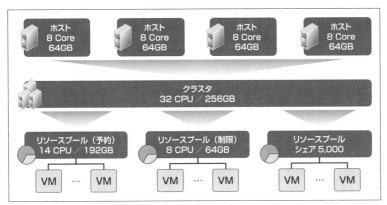

図 11.4　リソースプールによる設定例

なおリソースプールの活用はクラスタ内のリソース管理に非常に有効な方法ですが、使用に際しては以下の点を考慮する必要があります。

- リソースプールと仮想マシンを同じ階層に作成しない。同じ階層に作成した場合、仮想マシンとリソースプールが同じレベルで、シェア値によるリソースが割り当てられるため、リソースプール内の仮想マシンが使えるリソースが極端に小さくなる可能性がある
- 階層を深くしすぎない。リソースプールは階層構造を構成することが可能だが、複数階層のリソースプールは仮想マシンあたりに割り当てられるリソース量の追跡することが困難になる。通常は 1 階層を基本とし、必要に応じて 2 階層程度までを検討する
- フォルダの代用として使用しない。視認性以外にもリソースプール単位でシェアが設定されるため、予期せぬパフォーマンスのブレが発生する可能性がある。視認性、管理性の向上が目的であれば、フォルダを使用する
- クラスタ内でリソースプールを構成する場合は、DRS が有効化されている必要がある（手動モードで可）
- リソースプールのリソースアロケーションの調整対象は CPU とメモリのみであり、ストレージやネットワークについては後述する SIOC、NIOC で検討する

11.2　vCenter Server 構成と ESXi の設計

　vCenter Server は仮想基盤管理の要となる製品です。vMotion、HA、DRS、DPM、分散仮想スイッチ、データストアクラスタ、Virtual SAN などの vSphere の主要な機能は vCenter Server からのみ構成・管理できます。さらに、仮想基盤の障害監視やパフォーマンス監視、統計情報の取得など、運用上必要となる機能を提供しています。
　また近年では vRealize Operations Manager や vRealize Automation（17.3 節参照）などのキャパシティ管理、

運用自動化ソフトウェアや、NSXなど仮想基盤を拡張するソフトウェア製品もVMwareおよびサードパーティから数多くリリースされており、その大半はvCenter Serverと連携します。

そのため、vCenter Serverを環境の規模や特性に応じて適切に構成・運用することは、仮想基盤管理の観点で非常に重要です。またvCenter Serverが障害になった場合、稼働するサービスへの影響はないものの仮想基盤の運用に大きな影響が出るため、可用性およびバックアップ方法の検討も必要となります。

また、ESXiホストのハードウェア選定と構成も可用性と運用に影響が出るため、ここで併せて解説します。

11.2.1　vCenter Server 構成方針とサイジング

ここでは、vCenter Serverの構成について解説します。vCenter Serverは物理マシンに導入する方法と、仮想マシンとして導入する方法の2種類のデプロイ方法がありますが、近年では可用性や拡張性や利便性の観点から仮想マシンとして導入するパターンが大半であり、VMware社の推奨でもあります。以下は仮想マシンでの構成を前提とします。

■Platform Services Controller の機能と配置

vCenter Server 6.0は、Platform Services Controller（PSC）とvCenter Server本体の2つのモジュールで構成されます（1.2.3項参照）。

PSCはvCenter Server 6.0で追加された新しいコンポーネントで、vCenter Server 5.5におけるSingle Sign-Onサービスにローカル認証局およびライセンス管理機能を追加したものです。これにより、複数vCenter Server構成におけるアカウント認証情報管理やライセンス管理が容易かつ柔軟になりました。また、SSL証明書のローカル認証局の機能を備えることで、Web Clientを利用する際のSSL証明書エラーを回避し、より安全に運用することが可能となります（図11.5）。

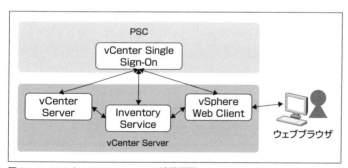

図11.5　PSCとvCenter Serverの連携概要

PSCの配置モードにはいくつかのパターンがあり、拡張リンクモードを使用するか否かにより異なります。拡張リンクモードとは、複数vCenter Serverを単一のSSOドメインで管理する構成のことで、以下のような特徴があります。

- 単一の Web Client コンソールで複数 vCenter Server を管理可能
- 複数 vCenter Server のライセンスを一括管理可能
- Cross vCenter vMotion を GUI から実行可能

　拡張リンクモードを使用しない場合は、vCenter Server と同一仮想マシンで PSC をデプロイする組み込み型 PSC が推奨となります。単一物理拠点で単一 vCenter Server で仮想環境を管理する場合や、各拠点で独立してコンソール接続して運用するケースなどが挙げられます。複数の vCenter Server を運用する際に拡張リンクモードのメリットは得られませんが、Cross vCenter vMotion は API を利用することで実行可能です（図11.6）。

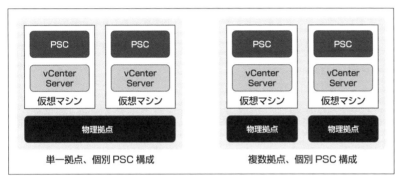

図 11.6　拡張リンクモードを使用しない場合の構成例

　複数の vCenter Server を構成して拡張リンクモードを使用する場合は、単一の PSC を複数の vCenter Server で共有する構成と、複数の PSC を相互にレプリケーションする構成がとれます。前者は主に単一拠点内において拡張リンクモードを構成する場合、後者は遠隔拠点間で拡張リンクモードを構成する場合に有効です（図 11.7）。

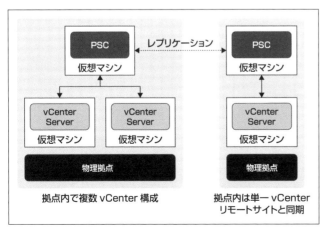

図 11.7　拡張リンクモードを利用する場合の構成例

CHAPTER 11 vSphere の設計のベストプラクティス

　その他、Web Client への同時アクセスが非常に多いケースで、PSC の負荷が高くなることが想定される場合などでは、拠点内で複数 PSC を構成してレプリケーションしながら、vCenter Server から PSC へのアクセスはロードバランサーを利用して負荷分散する構成もサポートされます。これらの PSC の構成については、関連するナレッジベースに詳細が記載されていますので参考にしてください。

- http://kb.vmware.com/kb/2108548（英語）
- http://kb.vmware.com/kb/2113690（日本語。最新でない場合があります）

■vCenter Server の種類と展開方法

　vCenter Server は Windows Server にインストールするタイプと、仮想アプライアンス（VA）の 2 種類があります。vCenter Server Appliance とは、Linux をベースとして OS 上に PSC および vCenter Server が事前インストールされたアプライアンスで、Windows 版とほぼ同様の仕様となります。Windows 版と仮想アプライアンス版の比較は表 11.9 のとおりです。

表 11.9　vCenter Server の種類と比較

	Windows 版	仮想アプライアンス版
vCenter Server ごとのホスト数	1,000	1,000
vCenter Server ごとのパワーオン仮想マシン数	10,000	10,000
拡張リンクモード	可能	可能
組み込みデータベース	vPostgres（20 ホスト、200 仮想マシンまで）	vPostgres（最大構成まで可能）
利用可能な外部データベース	SQL Server、Oracle Database	Oracle Database
その他の特徴	任意のソフトウェアやツールを導入可能。vCenter Server から PowerCLI などによる自動化が可能	追加のソフトウェア導入は不可。vCenter Server からの CLI 実行は vSphere CLI のみ実行可能

　また、PSC と vCenter Server でそれぞれ Windows 版とアプライアンス版を選択することが可能であり、たとえば、メンテナンスの余地があまりない PSC はアプライアンスを利用し、vCenter Server は Windows を利用する、といった構成も可能です（図 11.8）。

図 11.8 異なる種類の OS を混在させて vCenter Server を構成する例

■ vCenter Server のデータベースの配置

vCenter Server のデータベースとして、vCenter に同梱された vPostgres データベースを利用するか、外部の商用データベースを利用するかの選択があります。

ただし、Windows 版の vCenter Server 同梱のデータベース (vPostgres) を利用する場合は、管理できる上限がホスト 20 台または仮想マシン 200 台までであることに注意してください。アプライアンス版の vPostgres を利用する場合は、この制限はなく、vCenter Server 自体の最大構成まで対応可能です。また同梱のデータベースを利用する場合はスキーマなどのカスタマイズは不可であり、必ず vCenter Server と同一仮想マシンにインストールされるという制限もあります。

Windows 版の vCenter Server で外部データベースを利用する場合は、データベースのインストール先を vCenter Server システム上か、別のシステム（仮想マシンまたは物理）のどちらかを選ぶことができます。

ただし、別システム上にデータベースを配置した場合は、vCenter Server より前にデータベースを必ず先に起動させるなどの運用上の考慮が発生する点に注意してください。仮想アプライアンス版で外部データベースを利用する場合は、アプライアンスに追加でソフトウェアを導入することができないため、必ず別のシステムにデータベースを導入して構成します。

■ vCenter Server のサイジング

vCenter Server のサイジングにおいて検討すべき要素は以下のとおりです。

- CPU、メモリ
- vCenter Server のデータベースの容量

CPU とメモリについては、管理する仮想環境の規模に応じて見積もります。また、外部データベースを vCenter Server と同じノードに導入する際は、規模に応じて必要な CPU 数とメモリサイズを見積もり、その分を追加する必要があります（要件については第 2 章を参照してください）。

CHAPTER 11　vSphereの設計のベストプラクティス

　vCenter Serverのデータベースの容量に影響を与える主な要素は、パフォーマンスデータおよびロールアップの粒度です。その容量はvCenter Serverで管理するESXiホスト数と仮想マシン数、およびパフォーマンスデータ（およびそれらをロールアップする際の）統計レベルで増減します。パフォーマンスデータはデフォルト設定では1年間で削除されるので、1年分の見積もりに基づいて容量を決定してください。

　パフォーマンスデータの見積もりはvSphere Web Client経由で確認できます（図11.9）。

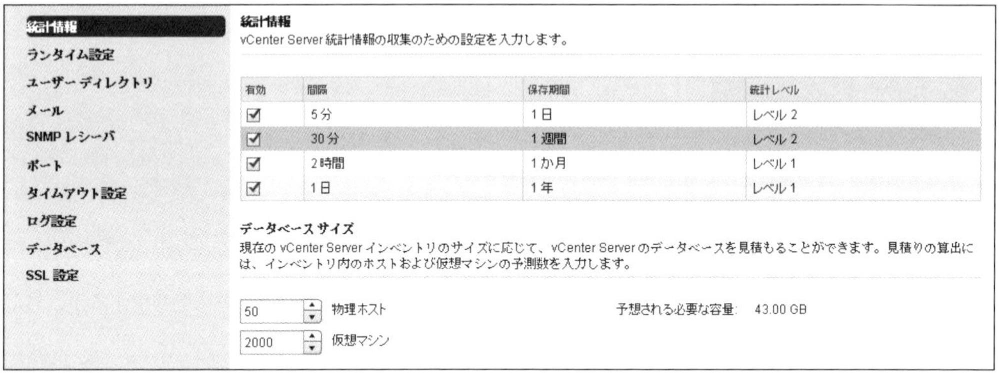

図 11.9　パフォーマンスデータ見積り画面

■vCenter Serverの可用性

　vCenter Serverが停止しても仮想マシンの稼働には影響を与えませんが、vSphereの主要な機能が利用できなくなります。またvCenter Serverに接続して稼働する仮想基盤管理ソフトウェアの利用も不可能となります。

　vCenter Server停止時に利用できなくなる機能、操作は以下のとおりです。

- vMotion系全般の実行
- 仮想マシンのクローニング、テンプレートからのデプロイ
- vSphereクラスタの構成変更
- DRS／DPMの利用（設定変更だけでなく、機能自体が動作しなくなる）
- HA発動時のホストアフィニティ（Loose）の反映
- 分散仮想スイッチの作成、構成変更
- スナップショットの取得、管理
- ホストや仮想マシンのタスク、統計情報の記録
- 障害やパフォーマンスに基づくアラームの発報
- スケジュールタスクの実行
- ユーザーの権限管理と監査証跡の取得

　vCenter Server停止時にも継続される機能、操作は以下のとおりです。

11.2 vCenter Server 構成と ESXi の設計

- 仮想マシンの稼働
- ESXi に直接接続してのホスト単体操作（仮想マシン起動停止、ホスト構成変更など）
- 分散仮想スイッチのネットワークトラフィック
- HA ／ FT のフェイルオーバー
- HA 発動時のホストアフィニティ（Strict）の反映

vCenter Server の可用性を高める手段として、ここでは 2 つの構成を紹介します。

- **vSphere HA**

    vCenter Server の可用性を最も低コストでシンプルに実現する方法として、vSphere HA の利用が有力な候補となります。vSphere HA は vCenter とは独立して動作するので、vCenter Server が稼働するホストまたは vCenter Server 自体の停止が発生しても、vCenter Server 仮想マシンのフェイルオーバーは実行可能です。

- **Microsoft Cluster Service（Windows Failover Cluster）**

    vSphere 6.0 では、vCenter Server の可用性を実現するための選択肢として、Microsoft Cluster Service（MSCS）がサポートされています。この構成では、複数の vCenter Server インスタンスが MSCS クラスタに存在しますが、MSCS により一度に起動するインスタンスは 1 つに限定され、アクティブなインスタンス障害時にはスタンバイのノードでインスタンスが起動してサービスを復旧します。

    なお、MSCS は Windows 版 vCenter Server でのみ実装可能であり、仮想アプライアンス版はサポートしていません。また、vCenter Server のバージョンにより、MSCS によるサポートの可否は異なります。詳細は以下のナレッジベースを参照してください

    - http://kb.vmware.com/kb/1024051（英語）

vCenter Server 6.0 ではウォッチドッグプロセスによるサービス監視が実装されており、Windows 版と仮想アプライアンス版ともにデフォルトで有効化されます。

OS 上で動作するウォッチドッグプロセスにより、vCenter Server のプロセス状態および API のステータスを確認し、vCenter サービスが停止していると判断した場合は、OS 内でプロセスの再起動を 2 回まで試行し、それでも問題が解決しなければ OS を再起動します。

- **PID ウォッチドッグ**

    vCenter サービス（vpxd）プロセスが稼働していることを確認します。この監視はプロセステーブルの確認のみを実施し、プロセスがサービスリクエストに応じる準備ができているかどうかは判断しません。

- API ウォッチドッグ

  vCenter Server のサービスに対する API のステータスを確認します。

■vCenter Server のネットワークセグメント

vCenter Server は、複数のネットワークセグメントに接続して ESXi を管理する環境（Multi-Homed）をサポートしていません。vCenter Server から ESXi に接続するためのセグメントは必ず 1 つのみとし、複数セグメントにまたがる ESXi 群を管理する際は、必ずそのセグメントからルーティングして接続させる必要があります（図 11.10）。

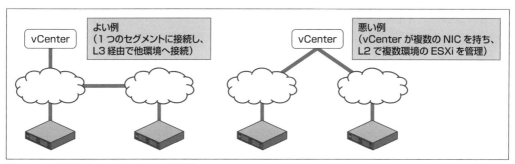

図 11.10　複数セグメントの ESXi への接続例

11.2.2　ESXi の設計方針とサイジング

データセンターやクラスタの構成を検討し、vCenter Server の配置が終了した後に、それぞれの構成要素の設計に入ります。ここでは、クラスタを構成する主要な要素である ESXi ホストの設計について説明します。

■物理サーバー機器の選定

ここで言う物理サーバーとは、ESXi をインストールするハードウェアを指します。機器を選定するにあたっては、VMware から提供しているハードウェア互換性リスト（VMware Compatibility Guides：VCG）を確認し、互換性のある機器を選択する必要があります。

- http://www.vmware.com/resources/compatibility/search.php（英語）

物理サーバー機器を選択する際には、構成要素である CPU、メモリ、NIC、HBA が要件および互換性を満たすかを確認しながら選定します。物理サーバーの形状としては、一般的にラックマウント型、ブレード型の 2 種類が採用されることが多いですが、近年ではモジュラー型と呼ばれる新しい小型の物理サーバーも増えてきています。

11.2 vCenter Server 構成と ESXi の設計

- **ラックマウント型**

  1台の物理サーバーが1つの筐体で構成されるタイプです。一般的に1U〜2Uの形状が多いですが、4U以上の形状も存在し、サイズによって搭載できるディスクの本数や拡張カードの数が異なります。

  特徴としては、1つの筐体で1台の物理サーバーが完結しているため、物理サーバーを構成するコンポーネントもサーバー単位で独立しており、物理サーバー間の相互干渉が起きない点があります。またPCIeカードやハードディスクなどのオプションも豊富なため、I/Oスロットや内蔵ディスクを多数必要とする構成などの要件にも対応できます。

- **ブレード型**

  エンクロージャまたはシャーシと呼ばれる4U〜8U程度の筐体に複数のブレードモジュールを搭載します。電源、ファン、ネットワークスイッチモジュール、I/Oモジュールを共用することにより、省スペース、省電力、ケーブル数の削減、管理の容易性などを実現しています。電源や管理モジュールなど共用されるコンポーネントがあるため、その箇所の障害時には接続する全ブレードに影響が出る可能性があります。ブレード単体でのオプションは少なく、I/Oスロット数が限定されていたり、ローカルディスクを搭載できない機種があるなど、細かい要件への対応が難しい場合があるという特徴があります。

- **モジュラー型**

  近年増えてきている新しいタイプのブレード型物理サーバーです。基本となる考え方はブレード型と同じですが、ブレード型よりも小型で物理サーバーあたりの機能やオプションを限定したモジュール（カートリッジと呼ぶ製品もある）を使用し、ベースとなるエンクロージャも2Uの小型エンクロージャに4〜8台のモジュールを搭載するスペース効率の高いコンピューティング専用のシステムから、8Uの大型エンクロージャにディスクおよびストレージコントローラ、ネットワークシステムなどもすべて統合した垂直統合型の製品など、さまざまな製品が出ています。VMware EVO:RAIL はこのタイプです。

■ESXi ホストのサイジング

ESXi ホストのサイジングについては、クラスタのリソース割り当てポリシーおよび稼働する仮想マシンの必要リソース量や、ネットワークおよびストレージとの接続設計によりCPU、メモリ、HBA数、NIC数が確定します。

ここでは、各コンポーネントの構成・選定の考え方について説明します。

- **CPU**

  一般的にビジネス目的の物理サーバーであれば、2ソケットまたは4ソケットの機種を選択するケースが大半です。ソケットあたりのコア数が多ければ仮想マシンの統合率も高くなり、必要な仮想CPU数の多い仮想マシンも搭載しやすくなります。

  またvMotionの互換性を提供するため、1つの環境においてはIntel、AMDといったCPUベンダーはそろえることを強く推奨します。またクラスタ内のCPU世代も同一であることが望ましいですが、導入時期

CHAPTER 11　vSphere の設計のベストプラクティス

の違いなどにより複数世代の CPU がクラスタ内で混在する場合は、vMotion および DRS 機能を提供するため、EVC 機能により CPU 世代にマスキングをかけます。

物理サーバーに搭載可能な CPU コア数が多い場合は、一般的に物理サーバー単位のソフトウェアライセンスが増える場合があるという点に注意し、オーバーサイジングにならないようにメモリとのバランスをとってコア数を確定してください。

- メモリ

  メモリは仮想基盤において一般的に不足になりがちで、統合率を上げていくにあたって最も制約となりやすいリソースになります。スモールスタートなどで導入時のメモリサイズを抑えたい場合は、できるだけメモリスロットを空けておき、将来的な拡張性を確保することを推奨します。

- HBA

  FC-SAN や iSCSI ハードウェアイニシエータを利用する場合は、必要な帯域と共にパス冗長性を確保するため、複数カードによる冗長化を検討します。単一のマルチポートカードによりポートレベルの冗長化を実装する場合は、カードのチップ障害などにより、複数ポートが同時に停止するケースがあることも念頭において検討してください。

- NIC

  仮想マシンが使用する帯域やネットワークストレージが使用する帯域以外に、vSphere の機能（vMotion、vSphere Replication、Virtual SAN、vSphere FT など）で必要となる帯域を考慮して構成を検討します。帯域としては 1Gbps または 10Gbps が主流で、vSphere 6.0 では 40Gbps の NIC もサポートしていますが、本書執筆時点ではまださほど普及はしていません。

  近年では FC over Ethernet（FCoE）という NIC を使用して FC のストレージに接続するストレージプロトコルも増えてきており、また NFS ストレージが高速化し、Virtual SAN など I/O もすべて NIC を経由するストレージの利用も増えてきていますが、こういったケースでは 10Gbps が強く推奨（または必須）されます。また、複数仮想 CPU の仮想マシンを vSphere FT により保護する際は、FT 用のネットワークは 10Gbps が必須条件となります。

  NIC 冗長化の考え方は HBA と同様です。vSphere Enterprise Plus を利用する環境であれば、分散仮想スイッチと Network I/O Control（NIOC、5.3.2 項参照）によるネットワーク QoS の管理が容易なため、10Gbps を最小の 2 ポートだけ搭載し、NIOC により各トラフィックの帯域と QoS を自動で調整する構成も増えてきています。

- ローカルディスク

  一般的には ESXi のブート用に使用します。また Virtual SAN を利用する場合はローカルディスク（SSD 含む）の構成が I/O パフォーマンスとデータストア容量に大きく影響するため、見積もりには注意してください。

■ESXi の配置先

ESXi の配置先としてはローカルディスク、SAN ストレージ、USB もしくは SD カード、インストール不要の Auto Deploy の 4 種類を主に選択可能です。

それぞれに**表 11.10** のような特徴があり、インストール要否、デフォルトスクラッチパーティション、ブート方法が異なります。

表 11.10　ESXi の配置先

導入先	インストール	スクラッチパーティション	ブート方法	備考
ローカルディスク	必要	導入時に自動作成	ローカルブート	
SAN ストレージ	必要	導入時に自動作成	SAN ブート	
USB ／ SD カード (ESXi Installable)	必要	別ディスクに作成必須	ローカルブート	
USB ／ SD カード (ESXi Embedded)	不要	別ディスクに作成必須	ローカルブート	OEM サーバーベンダーから提供
Auto Deploy	不要	別ディスクに作成必須	PXE ブート	別途 Auto Deploy サーバーの構成が必要

■vCenter Server との接続

vCenter Server から ESXi に接続する場合、IP アドレス指定と FQDN 指定の 2 種類があり、指定方法により vCenter Server のインベントリの見え方が異なります。IP アドレスを指定した場合はインベントリにも IP アドレスで ESXi が登録され、ホスト名を指定した場合は FQDN で ESXi が登録されます。この登録名はユーザーが変更することはできません。

IP アドレス、ホスト名の選択と構成には主に**表 11.11** の 3 パターンがあり、それぞれに特色と考慮点がありますので、適切な方法を選択してください。一般的には、DNS サーバーを冗長化させて可用性を担保したうえで、DNS 解決によるホスト名指定が管理の容易性の観点から推奨となります。

表 11.11　ホスト名指定の種類

ESXi 指定方法	インベントリ登録名	Hosts ファイル管理	DNS 名前解決および冗長性
IP アドレス	IP アドレス	不要	不要
ホスト名（Hosts ファイル）	FQDN	必要	不要
ホスト名（DNS）	FQDN	不要	必要

なお、vSphere の機能の中には ESXi ホストの名前解決が必要な場合があります。詳細は以下のナレッジベースを参照してください。

- http://kb.vmware.com/kb/1003735（英語）

CHAPTER 11　vSphereの設計のベストプラクティス

11.3　ネットワークの設計

　ここでは、仮想環境におけるネットワーク設計のベストプラクティスについて解説します。また、物理環境との接続における考慮点も併せて解説します。

　ネットワーク設計をおろそかにすると、NIC障害時の冗長性が担保されず、NIC障害による多数の仮想マシンへの影響、帯域不足によるパフォーマンスの低下、仮想環境拡張時の制約発生（帯域不足、VLAN数の制限など）などが発生する恐れがあります。

　一般にネットワークは一度構成するとなかなか構成変更が難しく、仮想環境外部の物理スイッチにまで影響が出ることが多いため、物理環境の制約事項などをしっかりと確認したうえで適切な設計を実施する必要があります。

　ここでは、図11.11のフローでネットワークを設計することを前提として解説します。

図11.11　ネットワーク設計フロー

11.3.1　物理ネットワークの調査

　仮想環境のネットワーク設計は、物理ネットワーク環境に依存します。たとえば、ESXiホスト用の物理NICに10Gbpsのカードを採用したとしても、接続先のスイッチが1Gbpsにしか対応していなければ有効活用することはできません。また、VLANの構成についても物理ネットワーク側の設定に合わせる必要があります。

　こういった点を考慮して、vSphereのネットワーク設計をするためには、まず物理環境を含めたネットワークの前提条件や要件を確認し、整理することが重要です。

　既存のデータセンターに仮想環境を構築する場合は、上位ネットワークの帯域やVLANの使用可否など、既に何らかの制約がある可能性があります。また、新規データセンターに構築する場合は、物理ネットワークの設計と仮想ネットワークの担当者が別であることが多々あります。

　物理環境のネットワークと仮想環境のネットワークの整合性をとり、設計すべき内容が漏れなく検討されるように、物理ネットワークの担当者と緊密な連携が必要となる点に注意してください。仮想環境のネットワークを設計するうえで、あらかじめ確認が必要な項目として主に表11.12のようなものが挙げられます。

11.3 ネットワークの設計

表 11.12 ネットワーク設計時に必要な項目一覧

概要	要件例
対向物理スイッチの構成および機能	48 ポートスイッチ × 2 台、LACP およびスタッキング、Private VLAN 対応、各種 QoS 機能あり
対向物理スイッチの帯域と空きポート数	10Gbps × 16 ポート、1Gbps × 8 ポート
対向物理スイッチの可用性設定および要件	スタッキングの有無、LACP の要否
上位ネットワークの帯域	対向物理スイッチは 10Gbps、上位ネットワークへは 2Gbps で接続
VLAN 使用の有無および設定	ESXi とはタグ VLAN で接続、仮想スイッチでタギング。Private VLAN は利用しない
セグメントの数と種類	業務用セグメント数、管理用セグメント数、データセンターローカルのセグメントやセンター間で接続されているネットワークなど
物理スイッチ側での帯域制御の有無	管理用セグメントは 10Gbps のネットワークを 2Gbps に制限
ジャンボフレームの有無	vMotion 用セグメントのみ MTU 9000
ディスカバリプロトコル (CDP または LLDP)	Cisco Discovery Protocol
ポートミラーリング要件	侵入検知のために特定の仮想マシンで関連業務ポートのパケットをキャプチャする必要あり
QoS 要件 (CoS、DSCP の利用有無)	Class of Service による VLAN 優先制御を実施

また仮想ネットワークの設計にかかわる仮想基盤の構成としては以下のようなものがあります。

- 分散仮想スイッチの利用有無
- ネットワークストレージの利用有無 (NFS ／ iSCSI ／ FCoE)
- vSphere 機能の使用 (vSphere HA、vMotion 頻度、Long Distance vMotion、Storage vMotion、DRS 設定、vSphere FT、Virtual SAN、vSphere Replication)

上記の項目で決まっていないものがある場合は、設計のやり直しの要因となり得るため、仮想ネットワークの設計段階で可能な限り決定するように注意してください。

特に、ネットワーク帯域およびポート数が確定していない場合は、ESXi ホスト側の NIC 数に大きく影響します。また 1Gbps と 10Gbps が混在する場合は、ESXi でサポートされる最大ポート数に注意してください。vSphere 6.0 におけるポート数の上限は表 11.13 のとおりですが、使用する NIC のメーカーや使用するドライバにより異なりますので、特に上限近くのポート数を搭載することを検討している場合は、詳細について構成の上限マニュアルを確認してください。

CHAPTER 11 vSphereの設計のベストプラクティス

表11.13 帯域とポート数上限

帯域	ポート数上限
1Gbps	32ポート
10Gbps	16ポート
40Gbps	4ポート
1Gbps + 10Gbps	10Gbps x16ポート + 1Gbps x4ポート

11.3.2 仮想ネットワークの設計方針

　仮想ネットワークを設計するにあたって、構成や要件が明確になったところで、仮想ネットワークを設計します。仮想ネットワークの設計では、仮想スイッチの選択や構成を中心に検討し、その後チーミングを中心とした可用性と負荷分散の設計、ポートグループの構成やネットワークQoSの設計を実施しますが、この項では仮想スイッチの構成を中心に、どのような仮想ネットワークの全体像を描けばよいかを解説します。

■仮想スイッチの選択と構成

　仮想ネットワークの設計は、利用する仮想スイッチが標準仮想スイッチ（VSS）か分散仮想スイッチ（VDS）かにより大きく異なります。分散仮想スイッチは仮想環境を運用するにあたり有用となる機能が多く含まれた高機能な仮想スイッチであるため、利用できる環境であれば積極的に利用することで仮想ネットワークの構成の選択肢が増えます。その一方でvCenter Serverによる構成や管理が必要なコンポーネントとなるため、vCenter Server障害時に備えてバックアップを取得するなどの考慮が必要となります。

　仮想スイッチの選定基準としては以下が挙げられます。

- ライセンス（分散仮想スイッチはEnterprise Plusエディションのみ利用可能）
- 分散仮想スイッチに特有な機能の利用要否（NIOC、Private VLAN、QoS機能、NSXなど）
- ESXi ホスト数
- 物理NICポート数

　分散仮想スイッチのメリットとしては以下のような点が挙げられますので、特に標準仮想スイッチである必要がない場合は、分散仮想スイッチの利用を基本方針とすることを推奨します。

- 複数のESXiにまたがって一貫した仮想スイッチの構成ができるため、運用管理や設定の維持が容易かつ確実
- ポート単位のブロックなどの制御が可能
- 物理スイッチで採用されるような高度な機能が利用可能
    - Allowed VLAN、Private VLAN
    - 入出力トラフィックシェーピング（標準仮想スイッチでは出力のみ）

- NIOC
- Load Based Teaming
- ポートミラーリング、NetFlow
- ホストレベルのパケットキャプチャ、トラフィックのフィルタリング（ACL）
- CoS、DSCPマーキング

　分散仮想スイッチはEnterprise Plusエディションのライセンスが必要ですので、Enterpriseエディション以下のライセンスで利用する場合は、標準仮想スイッチのみでの構成となります。分散仮想スイッチが利用可能な構成の場合は以下の3パターンの選択肢が考えられます。

- 標準仮想スイッチのみでの構成
- 分散仮想スイッチと標準仮想スイッチを組み合わせた構成
- 分散仮想スイッチのみの構成

　分散仮想スイッチ特有の機能を利用する要件がある場合や、ESXiホスト数が多く標準仮想スイッチを個別に定義するコストと設定ミスのリスクを軽減したい場合などのケースでは、分散仮想スイッチのみで仮想ネットワークを構成するか、標準仮想スイッチと分散仮想スイッチを組み合わせて構成することになります。

　ただし、各仮想スイッチは必ず特定の物理NICを占有する形で構成されるため、標準仮想スイッチと分散仮想スイッチを混在させる場合は、ESXiホストに物理NICポートが最低でも2ポート、NICチーミングを考慮すると4ポート必要となる点に注意してください（図11.12）。

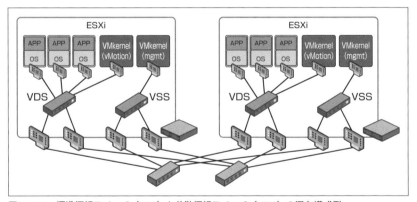

図11.12　標準仮想スイッチ（VSS）と分散仮想スイッチ（VDS）の混在構成例

　標準仮想スイッチと分散仮想スイッチを混在させるケースとしては、比較的負荷が小さく帯域制御などが不要な監視用ポートグループや、vCenter Server障害時にもホスト管理のために使用する管理ネットワークポートを標準仮想スイッチで構成し、バーストトラフィックが発生しやすいvMotion、Virtual SAN、vSphere FT用VMkernelポートや、ネットワーク品質の管理が必要な各サービス用ポートグループを分散仮想スイッチで

CHAPTER 11　vSphere の設計のベストプラクティス

構成するケースが挙げられます。

この構成パターンは vSphere 5.5 以前はよく見られた構成ですが、近年では分散仮想スイッチの安定化、10Gbps の普及などにより分散仮想スイッチのみで構成する設計も増えてきています。

ESXi ホストに搭載されているポートが 2 ポートのみの場合は、NIC チーミングも考慮すると標準仮想スイッチあるいは分散仮想スイッチのどちらか 1 つのみで構成する必要があります。近年では 10Gbps × 2 ポートのみで構成されるケースも増えてきており、こういったケースでは分散仮想スイッチを 1 つのみ作成し、NIOC などの QoS 機能を活用して複数トラフィックの負荷を制御しながら合計 20Gbps の帯域を活用するような設計が必要となります（図 11.13）。

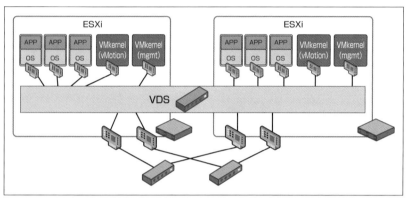

図 11.13　分散仮想スイッチ（VDS）のみでの構成例

利用する物理 NIC がすべて 1Gbps のみで構成される場合は、①用途別に NIC を分けて複数の標準仮想スイッチを構成する、②あるいは単一の分散仮想スイッチに全 NIC を接続させたうえで、ポートグループ単位で利用するアップリンクを選択する、という構成が一般的な設計となります。

この場合、1Gbps 帯域を使い切ることが想定されるトラフィックについては、物理 NIC を専用で割り当てることが推奨されます。代表的なトラフィックとしては以下になります。

- vMotion
- Virtual SAN
- vSphere FT（vSphere 6.0 FT を利用する場合は 10Gbps ネットワークが必須）
- ネットワーク経由でのバックアップを取得する場合のバックアップ用 LAN
- ファイル転送用 LAN
- vSphere Replication

■VLAN の構成

仮想ネットワークにおける VLAN のタギング方法は、主に以下の 3 パターンがあります。

11.3 ネットワークの設計

- External Switch Tagging（EST）
- Virtual Switch Tagging（VST）
- Virtual Guest Tagging（VGT）

詳細は、5.2.5 項の VLAN を参照してください。

この3パターンをまとめたものが**表11.14**となります。物理ネットワーク側での特別な要件がない限りは、構成が柔軟で管理も容易な VST を採用することを推奨します。また、分散仮想スイッチでは同一 VLAN 内のトラフィック制御に Private VLAN の利用も可能です。

表11.14　仮想ネットワークにおける VLAN の選択肢

		EST	VST	VGT
名称	日本語名	外部スイッチタギング	仮想スイッチタギング	ゲスト OS タギング
	英語名	External Switch Tagging	Virtual Switch Tagging	Virtual Guest Tagging
物理スイッチ設定	ポートタイプ	アクセスポート	トランクポート	トランクポート
	VLAN ID	任意の1つの ID	なし、許可範囲のみ設定	なし、許可範囲のみ設定
ポートグループ設定	VLAN タイプ	VLAN アクセス	VLAN アクセス	VLAN トランク
	VLAN ID	一律 0	任意の1つの ID （1～4094）	なし、分散仮想スイッチでは許可範囲が設定可能

■MTU の設定

ジャンボフレームを利用する要件がある場合は、仮想スイッチでMTUを設定します。VMkernel ポートや仮想マシンの MTU が仮想スイッチの MTU よりも大きい場合は、パケットのフラグメンテーションによるパフォーマンス低下や、通信の停止が発生する恐れがありますので、原則として仮想スイッチの MTU は最大の9,000 に設定しておくことを推奨します。

11.3.3　可用性・負荷分散の設計

仮想スイッチの全体構成が固まった後、本項ではネットワークの可用性と負荷分散の設計方針について解説します。ネットワーク可用性と負荷分散は、NIC チーミングを構成したマルチパスによる冗長化がキーポイントとなりますが、この設計は物理スイッチ側の構成に大きく依存します。このため、物理ネットワーク環境を理解しておくことが重要です。

■物理ネットワークの構成

NIC チーミングを検討する際、既存の物理ネットワーク環境がある場合は、それに合わせて仮想ネットワークのチーミングポリシーを選択することが前提となります。仮想基盤および周辺ネットワークを新規構築する環境においては、使用したいチーミングポリシーに物理ネットワーク構成が影響を受けるケースもあります。

一般的な物理ネットワーク構成としては、以下のような3つの構成が考えられます（**図11.14**）。

- 2台の独立スイッチ

  最もシンプルな構成で、2台のL2スイッチ間は各々が対向L3スイッチと接続し、L2スイッチ間の直接接続がないため、上位スイッチの障害はリンクステートトラッキングなどの障害検知機能を使用して検知する必要があります。

- 冗長アップリンク構成

  既存のネットワークとしては最も一般的な構成です。L2／L3間はSTP（Spanning Tree Protocol）が設定されていることが一般的です。上位スイッチの障害停止時間は、STPによるネットワーク構成の収束時間に依存します。

- スタック接続

  複数台のL2スイッチを論理的に1台のL2スイッチに構成し、スイッチをまたぐリンクアグリゲーションを構成可能です。比較的高価なネットワーク機器でしか構成できないため、大規模でミッションクリティカルな環境で採用されている構成です。リンクアグリゲーション機能により、障害時の停止時間は他の構成より短くすることが可能です。

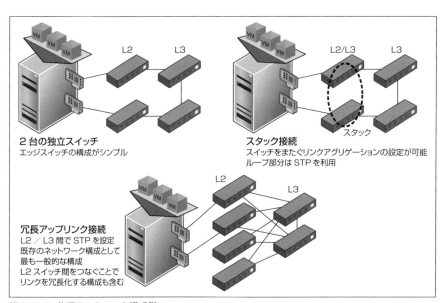

図11.14　物理ネットワーク構成例

■NICチーミングポリシーの選択

物理ネットワーク環境を把握できたら、NICチーミングポリシーを選定します。物理スイッチ構成と選択し得るロードバランス方式の組み合わせは以下の図のようになります（図11.15）。

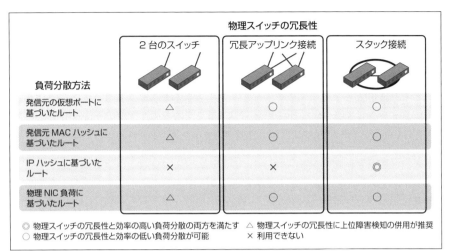

図 11.15　物理スイッチ構成とロードバランシング

　物理スイッチがスタック構成でない場合は、発信元の仮想ポートに基づいたルート（ポート ID ベース）、または発信元 MAC ハッシュに基づいたルート（MAC ハッシュベース）、物理 NIC の負荷に基づいたルート（負荷ベース）のいずれかから選択します。

　この 3 つの中では負荷ベースが最も効率よくロードバランスが可能ですが、分散仮想スイッチのみで利用可能である点に注意してください。

　標準仮想スイッチの場合は、ポート ID ベースまたは MAC ハッシュベースのどちらかを選択することになりますが、この場合はポート ID ベースを使用することをお勧めします。どちらの方式も仮想マシンや VMkernel ポート単位でどの物理 NIC を使用するかを決める方式のため、負荷分散の特徴としては同じですが、MAC ハッシュベースの方がハッシュ計算の CPU 負荷が高いためです。

　なお、いずれの方式も負荷分散という観点では、仮想スイッチ全体で利用できる帯域は全物理 NIC を合算した帯域を利用可能ですが、単一仮想 NIC が利用できる帯域としては 1 ポート分の帯域である、という点に注意してください。たとえば、vMotion 専用に 1Gbps の NIC を 2 ポート割り当てたとしても、1 つの vMotion 用 VMkernel ポートが利用できるのはいずれか片方のポートのみのため、VMkernel ポートとしての帯域は 1Gbps までとなります。

　ただし、この制限は NIC チーミングによる構成の場合です。Multiple-NIC vMotion を構成した場合は、複数 NIC の帯域を単一の vMotion プロセスで利用可能です。詳細は以下のナレッジベースを参照してください。

- http://kb.vmware.com/kb/2007467（英語）
- http://kb.vmware.com/kb/2014840（日本語。最新情報でない場合があります）

　物理スイッチがスタック構成の場合はいずれの方式も選択可能ですが、全アップリンクの帯域を有効活用でき、障害時の引き継ぎも早い IP ハッシュベースを推奨します。この場合、物理スイッチスタックに対してリン

CHAPTER 11　vSphere の設計のベストプラクティス

クアグリゲーションの設定が必要です。なお、スタック構成において IP ハッシュ以外のチーミングポリシーを利用する場合は、物理スイッチにおいてリンクアグリゲーションを設定してはいけないという点に注意してください。

また IP ハッシュ＋リンクアグリゲーションにより負荷分散する場合、仮想スイッチとして利用できる帯域は他の負荷分散ポリシーと同じく利用する全物理 NIC ポート分ですが、単一仮想 NIC が利用できる帯域についても、利用する全物理 NIC ポート分に拡張されるという点があります。すなわち、先の vMotion 用 VMkernel ポートの例であれば、単一 VMkernel ポートが利用できる帯域が 2Gbps となります。

■障害検知の設定

NIC チーミングにおける障害検知の方法としては、**表 11.15** の 3 パターンが挙げられます。いずれのチーミングポリシーにおいても、リンクステータス検知は必ず有効化しておきましょう。また、接続先の L2 スイッチが 2 台の独立スイッチ構成の場合は、物理スイッチ側にリンクステートトラッキングを設定したうえで、仮想スイッチ側にもリンクステートトラッキングを設定します。ビーコン検知は 3 つ以上のアップリンクが推奨ということもあり、現在のネットワーク構成ではあまり使われない構成です。リンクステートトラッキングまたは STP により上位アップリンク障害を検知できれば、選択することはあまりないでしょう。

表 11.15　障害検知方法の種類

方式	メリット	デメリット
リンク状態のみ	● 構成・設定がシンプル ● 実績が豊富	● 上位のネットワークの障害は検知できない ● エッジスイッチの半死状態は検知できない
ビーコン検知	● 上位のネットワークの障害が検知できる ● エッジスイッチの半死状態も検知できる	● 3 つ以上のアップリンクが推奨 ● 障害時の対応が複雑になる傾向がある ● 実績が少ない
リンク状態のみ＋リンクステートトラッキング	● 上位のネットワークの障害が検知できる ● エッジスイッチの半死は状態によって検知できないことがある	エッジスイッチがリンクステートトラッキングをサポートしている必要がある

■ブレード型物理サーバーにおける障害検知

ブレード型物理サーバーでは、一般的にエンクロージャに各ブレードから接続されるブレードスイッチモジュールが搭載されており、このモジュールは基本的にはエッジの L2 スイッチと同じ扱いとなります。ブレードスイッチオプションによっては、ブレードスイッチモジュールが独立したスイッチとして構成されるケースと、スタック接続が可能なケースがあります。それぞれの構成に応じて、必要なチーミングポリシーおよび障害検知を設定してください（**図 11.16**）。

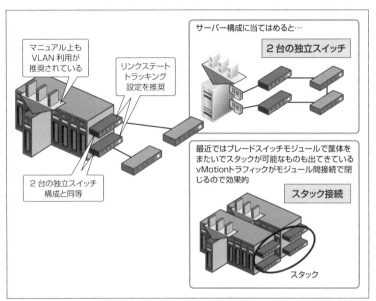

図 11.16　ブレード型サーバーにおけるチーミングの考え方

11.3.4　ポートグループの構成

　仮想ネットワーク全体の構成が固まったら、次は各ポートグループの構成を検討します。ポートグループを検討する際の考慮事項としては、ポートグループの構成単位、各ポートグループのセキュリティの考え方などが挙げられます。

　ポートグループの構成については、一般的によくある VLAN VST 構成の場合はポートグループ = VLAN の構成をとるケースが大半であり、基本はこの構成を推奨します。また、複数のポートグループに同一 VLAN ID を設定する構成も可能ですが、この場合は同じ VLAN の中でどのポートグループに所属するかのポリシーを決めておく必要があります。Private VLAN を使用する場合は、同一 VLAN ID の中で Private VLAN ID が異なるポートグループが複数所属する構成となります。

　ポートグループセキュリティとしては無差別モード、MAC アドレス変更、偽装転送の3種類の設定が可能ですが、こちらは特別な要件がない限りはすべて拒否することを推奨します。しかし、ポートミラーリングによるパケットキャプチャや侵入検知などでは、無差別モードを承諾する必要があります。

11.3.5　ネットワークの QoS

　通常、ネットワーク帯域の割り当ては、前述した物理 NIC の帯域とポート数、およびチーミングによる負荷分散で制御されます。しかし、仮想スイッチ内におけるより細やかなトラフィックの制御が必要な場合は、**表11.16** の機能が使用可能です。

CHAPTER 11　vSphere の設計のベストプラクティス

表 11.16　利用できるトラフィック制御の種類

検討事項	機能説明	標準仮想スイッチ	分散仮想スイッチ
トラフィックシェーピング	ポートグループの帯域使用を抑えることが可能	△（出力のみ）	○
トラフィックのフィルタリング（ACL）	ACL に基づいてトラフィックをフィルタリングすることが可能	×	○
DSCP ／ COS マーキング（QoS）	DSCP ／ COS マーキングにより Priority に基づいた処理を行うことが可能	×	○
NIOC －制限	トラフィックの種類ごとに使用帯域を抑えることが可能	×	○
NIOC －シェア	● トラフィックの種類ごとに競合が発生した場合の使用帯域の使用割合を指定することが可能 ● ある特定の種類のトラフィックに帯域を占有されることがない ● 競合がない場合も帯域を有効活用可能	×	○

　標準仮想スイッチは出力側のトラフィックシェーピングのみ設定可能ですが、その他の機能はすべて分散仮想スイッチのみで対応可能です。

　仮想環境で最もよく利用される機能が NIOC で、他の機能は物理ネットワーク側で利用するなどの要件がある場合に適用します。NIOC の機能は、vSphere および分散仮想スイッチのバージョンにより異なります。機能の詳細については、5.3.2 項を参照してください。

■Network I/O Control

　ネットワークトラフィックの制御を行う機能として、Network I/O Control（NIOC）があります。重要なトラフィックの帯域を制御するために非常に有用な機能であるため、この機能を最大限活用できるように検討することを推奨します。

　NIOC の設定として、大きくシェアと予約、および制限の 3 種類があります。これは CPU やメモリのシェア、予約および制限とほぼ同様で、シェア値による重み付け制御と、最低保証帯域、および最大で利用可能な帯域の制限を実現します。それぞれのメリット、デメリットは表 11.17 のとおりです。

表 11.17　利用できる I/O コントロールの種類

方式	概要	メリット	デメリット
シェア	物理 NIC 上でリソース競合が発生した際に帯域の割り当てを受ける比率	ネットワークパフォーマンスをある程度予測・保証できる	L2 スイッチや NIC 側で帯域制御を実施している場合は帯域を使い切れないため発動しない
予約	帯域幅を予約してサービスレベルを保証	● 最低予約帯域を確保してサービスレベルの保証が可能 ● 仮想 NIC 単位で細かく設定が可能	保証帯域が増えると全体的な帯域の利用効率が低下する
制限	あるチーム内の総帯域において、特定のトラフィックが使用できる上限帯域（Mbps）	● トラフィック種別ごとに隔離することで相互影響を排除できる ● 物理側で帯域制御をかけている場合でも、内部で細かく帯域制御が可能	バーストトラフィックが出せなくなる

表 11.17 のオプションの中では、まずシェアの利用を推奨します。使用帯域を抑制したい場合は制限も利用可能ですが、CPU やメモリと同様に制限を利用すると、瞬間的なスパイクが発生するバースト時に十分な帯域を利用できず、パフォーマンスの低下につながる可能性があります。それに対して、シェアは各トラフィックに対して輻輳が発生した場合に使用帯域の割合を制御でき、帯域が空いているときは制御を実施しないため、ネットワーク帯域を効率よく利用することが可能です。

シェア値の設定については、その仮想環境で同一物理 NIC を利用するトラフィックのシェア値を合算し、必要な帯域が確保できるようなシェア値を設定します。また、vMotion やバックアップジョブ用のネットワークなど帯域は多く使うものの、リソース不足時の優先度が低いトラフィックについては、本番業務用のポートグループよりもシェア値を下げることで、帯域が空いているときには帯域を多く使えて、混雑時には本番業務トラフィックを優先する、という設計が可能です。

■トラフィックシェーピング

帯域制御の最もシンプルな制御方法として、トラフィックシェーピングがあります。これは、各ポートグループが設定した帯域を超えないようにトラフィックを制御するしくみで、平均バンド幅、ピークバンド幅、バーストサイズの 3 種類を設定可能です。

バーストサイズとは、バーストトラフィック発生時に許容される最大サイズで、平均バンド幅で指定されているよりも多くのバンド幅が必要になった場合に一時的にバーストサイズ分まで帯域を増加し、高速に転送できるように制御されます。

標準仮想スイッチでは、これによりポートを共有しているポートグループごとにトラフィック量を制限し、ネットワークの競合を軽減させることができます。しかし設定値が絶対値のため、新規システム追加時などの際にポートグループを追加する際には、既存ポートグループのトラフィックシェーピングの数値を調整する必要があるため、管理が煩雑になりがちです。

そのため、トラフィックシェーピングの利用は、標準仮想スイッチ環境でどうしても設定が必要な場合に限定し、分散仮想スイッチが利用可能な環境での通常の帯域制御については、NIOC による制御を推奨します。

11.4 ストレージの設計

ここでは、ストレージ設計のベストプラクティスについて解説します。また、ストレージやデータストアの構成に加えて、ストレージの I/O 負荷と容量の平準化に有効な vSphere の機能などについても解説します。ストレージ機能の詳細については、第 4 章も参照してください。

原則として、運用上大きなボリュームの方が管理しやすいことを考慮しながら、要件に沿ったデータストア分割を行い、データストア間で生じる利用率や I/O 負荷を平準化するための機能の利用を検討します（図11.17）。

vSphere の設計のベストプラクティス

図 11.17　ストレージ設計のフロー例

また、既存のストレージを利用するケースと、新規にストレージ機器を選定・導入するケースで考慮する順序やベストプラクティスが異なります。実際に設計を行う際には、そのプロジェクトの状況を把握して、それに応じた項目と順番を検討するようにします。

11.4.1 ストレージプロトコルの選定

ESXi で利用できるストレージプロトコルは複数あります。また同じストレージプロトコルでも、各ストレージベンダーから多数の製品が提供されています。では、その中からどのような機器を選ぶべきでしょうか。ESXi で利用できるストレージプロトコルは**表 11.18** のとおりです。

表 11.18　利用できるストレージプロトコルの種類

方式	メリット	デメリット
FC	・実績が最も多い ・高帯域（最大 16Gb ／ポート） ・サードパーティ製 PSA が利用できる	・高価な FC スイッチ ・ポート／スイッチの増設に追加ライセンスが必要な場合がある
NFS	・実績豊富 ・安価な L2 スイッチ ・L2 スイッチのため拡張しやすい ・ファイルシステムで扱いやすい ・ストレージが仮想マシン単位のデータを認識して運用可能	・一部レイテンシの情報を取得できない ・マルチパスを構成しにくい ・FC に比べると高レイテンシ、低帯域になりがち
iSCSI	・実績豊富 ・安価な L2 スイッチ ・L2 スイッチのため拡張しやすい ・サードパーティ製 PSA	・他のプロトコルに比べ CPU 負荷が高い ・現状はパケットロス前提の TCP/IP 上にロスレス前提の SCSI を載せている
FCoE	・ケーブル本数の集約	・実績少なめ ・DCB 対応のスイッチが必要
Virtual SAN (VSAN)	・コストパフォーマンスがよい ・SSD キャッシュにより読み込みが特に速い ・安価にディスクミラーリングが可能	実績はまだ少ない

NFS は VMFS データストアではなく、NFS サーバーの NFS ファイルシステムを ESXi が直接マウントする

11.4 ストレージの設計

形となります。そのため、NFSはNFSサーバーのコントローラが仮想マシンフォルダを認識でき、仮想マシン単位または仮想ディスク単位のバックアップが容易であるなど管理性に優れています。

　FCは最も安定的かつ高速で、VMkernelへの負荷も小さなストレージプロトコルですが、エンタープライズ向けのプロトコルでもあるため、SANスイッチなど関連製品が高価になりがちという特徴があります。

　VSANはvSphere 5.5から実装された新しいしくみで、ESXiホスト上のローカルSSDおよびハードディスクを利用して構成されます。ローカルSSDとハードディスクを組み合わせて比較的安価に、高速かつ大容量のデータストアを構成可能ですが、クラスタ内では1つのVSANデータストアしか構成できない、ホストメンテナンス時の運用に考慮が必要といった運用上の考慮点があります。

11.4.2 データストアの構成とサイジング

　ここでは、データストアの設計を行います。データストアとしては、種類の選択後にサイジングを実施する形で設計を進めます。

■データストアの選択

　データストアには、表11.19に示す3種類の選択肢があります。

表11.19 データストアの種類

	VMFS データストア	NFS データストア	VSAN データストア	RDM
タイプ	データストア	データストア	データストア	直接デバイス
ファイルシステム	VMFS	NFS	VSAN	ネイティブ （例：NTFS、ext3）
主な使用目的	仮想マシン全般	仮想マシン全般、ISOやテンプレートの保管	仮想マシン全般	MSCSなど特殊な用途

　NFSであればNFSデータストア、FC・iSCSI・FCoEであればVMFS、VSANであればVSANデータストアを使用します。また、これらのデータストアは混在して利用することも可能です。たとえば、FC接続のVMFSデータストアを利用している場合でも、ISOイメージやテンプレートの保管場所としてNFSデータストアを使用してコストを抑えるケースもあります。用途に応じて、コストと運用管理との兼ね合いを考えながら適宜使い分けましょう。

■データストアのサイジング

　構築する仮想基盤に最適なパフォーマンスと容量を提供するためには、サイジングは非常に重要なポイントとなります。

　サイジングには容量の観点からのサイジングと、スループットの観点からのサイジングがあります。容量やコストだけでなく、十分な可用性とIOPS性能が担保されるように構成することが、システムの安定稼働のために非常に重要となります。

323

CHAPTER 11　vSphere の設計のベストプラクティス

容量の観点からのサイジング

　容量の観点では、容量不足を起こさないように必要なデータストアの総容量を見積もります。実際には、構築する仮想基盤の特性やデータストアクラスタの利用有無、ストレージ機器の機能の採用状況、定期メンテナンスの頻度などによって、サイジングの観点や方針は異なることがあります。

　まず、データストアの総容量を算出する元となる仮想マシンの使用容量を算出します。これにはゲスト OS に割り当てる分だけでなく、表 11.20 に示すオーバーヘッドや将来の増加分も加算しておきます。

表 11.20　データストアサイジングでの容量加算分

	仮想マシンあたりの必要サイズ	備考
vSwap 領域	割り当てメモリ GB と同じ	高価な共有ディスクの代わりにローカルディスクを利用する構成も可能
サスペンド領域	割り当てメモリ GB －予約メモリ GB と同じ	サスペンド利用を許可する場合
ログ領域	0.1GB	
スナップショット領域	割り当て容量 GB ×世代数	スナップショット利用を許可する場合。最大世代数は 32
将来の増加分	キャパシティ管理ポリシーに依存	デフォルトでは使用率 70% を超えるとデータストアのアラームが発報される

　仮想マシンの正確な使用量を算出できるのは、P2V などで現在のシステムでの使用量が明確な場合や、見積もり時に十分な実績データがあることを前提とします。

　詳細なデータがない場合は、SLA を元にクラス分けして概算します。

　例：大規模 = 300GB ×約 10 仮想マシン、中規模 = 150GB ×約 30 仮想マシン、小規模 = 50GB ×約 100 仮想マシンの場合、総容量は 3,000 + 4,500 + 5,000 = 12.5TB

　VSAN データストアの場合は、ストレージポリシーの Failures To Tolerate（FTT、16.2.1 項参照）によって必要な容量が増えますので見積もり時には注意が必要です。デフォルトの FTT = 1 の場合、仮想ディスクは二重化されるため必要容量が 2 倍になります。

　次に、仮想マシン用データストアのサイズを決定します。データストアを大きくしすぎると、1 つのデータストアあたりの仮想マシン数が増加し、I/O の競合が発生する可能性があります。また、LUN 消失につながる障害が発生した際には、影響を受ける仮想マシンが必然的に多くなります。

　必要なデータストア容量が 10TB を超えるようなケースでは、次に説明するスループットの観点からのサイジングも踏まえて、仮想マシンの I/O パフォーマンスが十分に確保できるサイズのデータストアに分割することも検討してください。

スループットの観点からのサイジング

　スループットの観点では、各仮想マシンの性能が担保できるように、構築する全仮想マシンが必要とする IOPS を見積もり、その性能を満たすようにストレージを構成し、データストアに仮想マシンを配置します。

11.4　ストレージの設計

　まず、仮想マシンが必要とする IOPS を確認します。P2V の場合などシステムの I/O 性能が明確な場合はその値を積算し、それ以外の新規システム構築の場合は想定値を使用して計算します。アプリケーション担当者に必要となる IOPS を確認できる場合はその値も利用して、必要となる総 IOPS を見積もります。

　次に、総 IOPS を賄うためのデータストアの性能を見積もります。一般的なビジネス向けのミッドレンジストレージの場合、ストレージ筐体内で複数のハードディスクを使用して RAID グループを構成することが多いため、LUN の性能は概ねこの RAID グループあたりでどの程度の IOPS を賄えるかに依存します。

　また実際には、多くの I/O がストレージコントローラのキャッシュにヒットして物理ディスクにまで到達しないため、LUN あたりの IOPS 性能としてはキャッシュミス率を加味する必要があります。

　これをまとめると、図 11.18 のような見積もりの流れになります。実際の RAID グループあたりの性能やキャッシュミス率などのデータはストレージベンダーに確認することを推奨します。

データストア内の VM	データストアに要求される IOPS	ストレージのキャッシュミス率	LUN に要求される IOPS	Write ペナルティ (RAID 5)	RAID グループに求められる IOPS
1,000 IOPS ×40VM	4,000 IOPS	20%	Read 400 IOPS Write 400 IOPS	Read 1 Write 4	2,000 IOPS

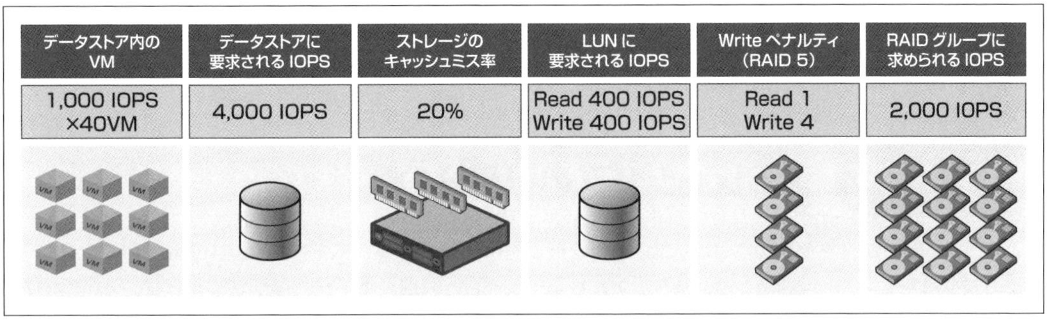

図 11.18　IOPS サイジング例

　近年のエンタープライズ向けのストレージアレイでは、複数の RAID グループをまたいで大きな LUN を構成することで、容量とパフォーマンスを両立したり、LUN が特定の RAID グループに紐づかず、LUN のデータブロックが RAID グループをまたいでストレージ筐体全体に分散する構成や、二次キャッシュとして SSD を利用することでパフォーマンスを向上させるしくみなども実装されており、一概に RAID グループ単位での性能見積もりができないケースも出てきています。

　この場合は、ストレージ筐体全体としての IOPS 性能をベースに検討し、LUN については管理しやすいサイズを算出して同じ性能、同じサイズの LUN を配置することで管理が容易となります。

　本番業務用のデータストアとは別に、管理用のデータストアを準備することを推奨します。特に ISO とテンプレート用には専用のデータストアを準備してください。これらは仮想マシンのデプロイ時に大量の読み込み I/O が発生するため、本番業務用データストアに共存すると、業務パフォーマンスに影響が出る恐れがあります。

■災害対策を考慮したデータストアの配置

　災害対策を検討・設計しており、ストレージ製品の独自のレプリケーション機能を利用する場合、サイト切り替えの最小単位はデータストア単位となる点に注意してください。ストレージのレプリケーション機能は、最低でも LUN 単位、もしくはデータ整合性が必要な LUN 群単位でデータコピーおよび災対時の切り替えを実施す

vSphere の設計のベストプラクティス

るため、そのデータストア上で稼働する仮想マシンは必ず同時にリカバリされることになります。

よって、被災時の災害対策やデータセンター全体のメンテナンス時における計画移行の要件がある場合は、フェイルオーバーの単位を考慮してデータストアに仮想マシンを配置してください。

■データストアと ESXi ホストとの接続構成

データストアのサイジングを検討すると同時に、データストアをどの ESXi ホストと接続するのかを検討する必要があります。まず、vMotion や vSphere HA によるフェイルオーバーは、仮想マシンの移動するホストでデータストアを共有している必要があります。

よって、vSphere クラスタ内でデータストアは全ホストで共有させることを強く推奨します(ESXi のローカルデータストアは除く)。また、クラスタを越えて vMotion させたい場合や、ISO やテンプレートを各クラスタから共有したい場合などでは、クラスタをまたいで仮想マシン間で同一データストアを共有します[3]。ただし、単一の ESXi ホストがマウントできる LUN 数の上限は 256 までで、単一の ESXi ホストが管理可能なストレージパス数は 1024 であるため、この値を超えないように注意が必要です。

11.4.3 ストレージパスの可用性の設計

ここでは、vSphere クラスタにおけるストレージ可用性について解説します。なお、vSphere 環境でストレージの可用性はマルチパスにより実装します。それ以外にストレージ製品の独自機能でスナップショット、バックアップ、レプリケーションなどを併用する方式もあります。

■パス選択ポリシーの選定方針

FC と iSCSI のパス選択ポリシーは、ストレージ製品の認定アレイタイプによって、デフォルトのパス選択ポリシーが自動的に決定されます。ストレージベンダー提供の PSA を導入した場合は、そのベンダー推奨のパス選択ポリシーが選択されていることが多いので、そのまま使用して問題はありません。また推奨パス選択ポリシーがない場合はラウンドロビンを選ぶのが無難です。

NFS は仮想ネットワーク構成(NIC チーミング)に依存します。よって、ストレージ個別のパス選択ポリシーを検討する必要はありません。

FC および iSCSI における vSphere 標準のマルチパス選択ポリシーは表 11.21 の 3 つです。この他に、各ストレージベンダー提供の PSA に、特有のパス選択ポリシーが組み込まれることがあります。

---

[3] コンテンツライブラリ(6.3.4 項)を導入することによりこの制約は緩和可能です。

11.4 ストレージの設計

表 11.21 vSphere 標準のマルチパス選択ポリシー

パス選択ポリシー	概要
Most Recently Used (MRU)	システムブート時に認識された最初のワーキングパスを使用する。このパスが無効となった場合には、ESXi ホストは他のパスにスイッチし、その新しいパスが有効である間そのパスを使用し続ける。アクティブ-パッシブ構成におけるデフォルトのポリシーです。
Fixed（Fixed）	preferred フラグが設定されている場合は、preferred フラグの付いているパスを使用します。設定されていない場合は、固定のパスを使用します。アクティブ-アクティブ構成におけるデフォルトのポリシーです。
Round Robin（RR）	すべての有効なパスからパスの負荷分散を有効にし、デフォルトでは 1,000 IOPS ごとにラウンドロビンで選択されたパスを使用します。

■FC のマルチパス設計

アレイタイプに応じて、フェイルオーバー（冗長構成）とロードバランシング（負荷分散）の観点からパスの数と構成を決定します。なおパスの本数は、LUN あたり 4 パスまでを推奨します。これは ESXi ホストあたりの LUN 数が 256 まで、パス数が 1024 までという制限があるため、たとえば LUN あたり 8 パスで構成してしまうと、LUN 数が 128 でパス数が 1024 に達してしまい、LUN 数が最大まで構成できないためです。

フェイルオーバーの観点では、以下の点について検討します。

- HBA 障害、経路障害（ケーブルやスイッチポート）、コントローラ障害のどこまでを担保する必要があるか
- 何重障害までを担保する必要があるか（多重障害は通常考慮しない）
- 障害発生時の I/O 性能の縮退をどこまで許容するか

ロードバランシングの観点では、以下の点について検討します。

- HBA、経路、コントローラのどれを多重化する必要があるか
- 自動ロードバランスと手動配置によるロードバランスのどちらを採用するか
- サードパーティ製 PSA の利用有無

アクティブ-アクティブ構成、アクティブ-パッシブ構成では、ロードバランスの可否が異なります。

アクティブ-パッシブ構成（MRU）では、最初のワーキングパスのみがアクティブパスとなりますので、LUN ごとに優先パスを選択することはできず、ロードバランスを行うことはできません。一方アクティブ-アクティブ（Fixed またはラウンドロビン）は、すべてのパスがアクティブであり、LUN ごとに優先パスを使い分けるか、自動的にパスを分散することができ、複数パス間にてロードバランスを行うことが可能です（図 11.19 参照）。

327

CHAPTER 11　vSphereの設計のベストプラクティス

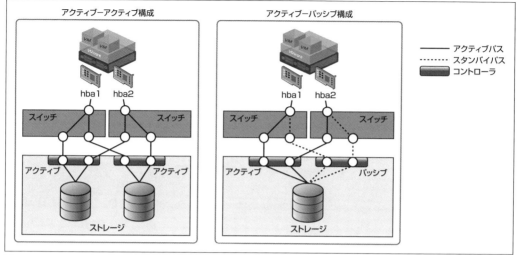

図11.19　FCのマルチパス構成例

■iSCSIのマルチパス設計

　iSCSIのマルチパスはポートバインディングで実現します（4.2.6項を参照）。iSCSIポートバインディングとは、VMkernelポートをiSCSI Software Initiatorと関連付けることでiSCSIトラフィック専用のVMkernelポートとして利用することです。単一アップリンクを持つ2つのポートグループを作成し、VMkernelをそれぞれ1つずつアップリンクとして割り当ててパスの冗長化および負荷分散を行います。

　NICチーミングでiSCSIのパスを冗長化する構成も可能ですが、主に2つの理由で適切ではありません。1つは、iSCSIの送信元が単一のVMkernelポートの場合は、利用できるNICが一時点で1つのみに制限される可能性がある点です。11.3.3項でNICチーミングでも解説しましたが、物理スイッチがスタック構成でない限り、単一VMkernelは1ポート分の帯域しか使用できません。もう1つは、アレイレベルの障害が発生した場合はフェイルオーバーさせることができない可能性があることです。ネットワークレベルの障害は検知できますが、たとえば、ストレージコントローラの障害時にはこれを検知できません。

　ポートバインディングを実施することで、確実な負荷分散とアレイレベルの障害にも対応することが可能となります。

11.4.4　自律型I/O制御機能の構成

　vSphereにはI/Oパフォーマンスの輻輳時に、ストレージへのI/Oを仮想マシンの優先度に応じた割り振りを実施するStorage I/O Control（SIOC、4.3節参照）と、複数のデータストアをクラスタ化し、データストア間の容量や負荷を平準化するStorage DRS（8.3節参照）という2つのI/O制御機能があります。

　また近年のストレージアレイではI/OキャッシュにSSDを搭載し、単一筐体内においてアクセス性能が異なる複数種のドライブプールに対してアクセス頻度や負荷に応じてデータを自律的に配置する自動階層化機能を

備えたものもあります（EMC FASTVP や HP Smart Tiers など）。

ストレージのパフォーマンスを最適化するうえで、これらの自律的 I/O 制御機能をうまく使い分け、選択あるいは共存させることが重要です。

■Storage I/O Control（SIOC）

SIOC の目的は、優先度の低い仮想マシンが多くの I/O キャパシティを消費してしまい、優先度の高い仮想マシンの I/O パフォーマンスが低下する、といった事態を防ぐことです。優先度の低い仮想マシンのバースト I/O を抑制し、重要な仮想マシンの I/O を保護します。

SIOC は Storage DRS やストレージの自動階層化機能と競合するものではないため、要件を満たすのであれば有効化することを推奨します。

SIOC の設計上考慮が必要なのは、データストアの設定するしきい値と、各仮想マシンのシェア値です。

輻輳のしきい値は I/O の状況に応じて自動で制御されるため、システム管理者自身があまり細かく値を設定する必要はありません。もしユーザー側で SIOC を有効化するしきい値となる遅延要件があるようなら、自動制御をオフにして手動でしきい値を入力します。

仮想マシンに設定するディスクのシェア値は、より重要な仮想マシンがわかっているなら他の仮想マシンよりも大きめの値にすることを基本方針として、パフォーマンステストの結果を受けて内容を調整します。

実際には、仮想マシンごとにユーザー部門が異なる、重要度が定義されていないなどにより、仮想マシンの優先度を決められない場合があります。この場合は、すべての仮想マシンに一律で同じシェア値（デフォルトで「中」）を設定しておくとよいでしょう。そうすることで、特定の仮想マシンの I/O オペレーションが暴走した際にも I/O キャパシティが占有されることなく、一定のパフォーマンスを維持することができます。

■Storage DRS

Storage DRS は、VMDK の自動配置をサポートする機能で、仮想マシン作成時や、クローニング時、仮想マシンの Storage vMotion 時に適用されます。Storage DRS は、vSphere クラスタと同様に複数のデータストアを束ねてデータストアを作成し、仮想マシンは個別のデータストアではなく、データストアクラスタを指定してデプロイします。

Storage DRS を使用することにより、各データストアの I/O 負荷や使用容量の平準化が可能となるため、パフォーマンスボトルネックになりやすいデータストアの負荷を平準化し、空き容量の管理も自動化することでトラブルの防止や運用負荷の軽減が期待できます。

DRS とは異なり、自動化ポリシーは手動と完全自動化の 2 種類のみです。手動設定の場合は、DRS と同じく I/O 負荷状況と容量の利用率を監視し、Storage DRS が仮想マシンのデータストア移動の推奨を提示します。完全自動化の場合は、設定したしきい値のポリシー（保守的～積極的の 5 段階）に基づいて Storage vMotion によりデータストアを移行します。

Storage DRS では仮想マシンのアンチアフィニティ、VMDK のアフィニティおよびアンチアフィニティを設定可能です。VMDK のアフィニティはデフォルトの設定で、仮想マシンを構成する VMDK は常に同一のデータストアに配置されます。

CHAPTER 11 vSphereの設計のベストプラクティス

またスケジュール設定により、一定スケジュールで設定を変更することも可能です。たとえば夜間バッチ時にはI/Oパフォーマンスの悪化が生じるがVMDKの移動は発生させたくない場合などで利用することができます。

Storage DRSを運用する際は、ストレージ製品の独自のコピー機能やスナップショットとの併用には注意が必要となります。たとえば、LUNのバックアップを取得後にStorage DRSにより仮想マシンが別のデータストアに移動した後で、何かしらの障害が発生してLUNをバックアップからリストアした場合は、移動後の仮想マシンのVMDKと、リストアしたLUNのVMDKが重複することになります。

次に挙げるストレージアレイの自動階層化機能とも一部競合する部分もあり、これらのストレージ機能への影響も考慮したうえで、利用の可否や手動・完全自動の設定について検討してください。

■ストレージアレイの自動階層化機能

自動階層化機能は、LUNやブロックへのアクセス頻度により、利用するドライブの種類をアレイ側で自動制御し、アクセス頻度やI/O優先度に応じて高速ディスクと低速ディスクを使い分けることで、I/O性能を最適化する機能です。必ずしもLUN群全体の負荷を平準化するわけではない点に注意してください。制御される単位はLUNもしくはLUNのブロック単位で、仮想マシン単位の制御は原則として不可能です（図11.20）。

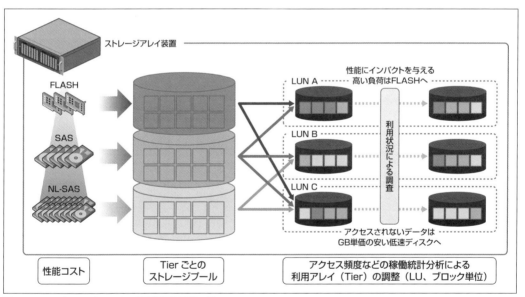

図11.20　ストレージアレイの自動階層化機能の例

■自律型I/O制御機能の構成例

上記のようにストレージの自動管理機能を利用する際は、各機能の特徴や競合に気を付けて構成してください。

たとえば、自動階層化機能は Storage DRS とは一部の機能が競合する点に注意してください。Storage DRS はデータストア間の性能の偏りや移行後の性能劣化を避けるため、基本的に同一性能のストレージアレイで構成することが推奨されます。このため、データ格納領域が自動的に調整されてしまう自動階層化機能はこの推奨を満たさないということになり、状況によっては LUN の内部ブロックの性能が変更されるため、Storage DRS で適切な I/O の性能分析ができなくなり、性能をトリガーとした推奨や移行は機能しなくなります。

以上を踏まえたうえで、図 11.21 と図 11.22 に 2 つの構成サンプルを提示します。

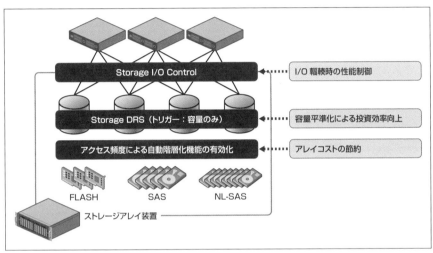

図 11.21　構成例①：コストを最適化しつつ、必要最低限の性能は自動で担保

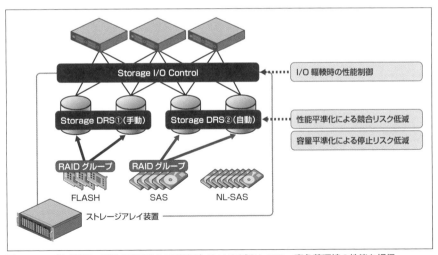

図 11.22　構成例②：設計を単純化して障害ポイントを減らしつつ、高負荷環境の性能を担保

11.4.5 データストアのストレージポリシーの構成

利用するデータストアタイプにより、ストレージポリシーを設定します。特に指定がない場合はデフォルトストレージポリシーを選択しますが、VSAN や Virtual Volumes（VVol、16.3 節参照）を利用する場合はストレージポリシーを指定することにより、仮想マシン単位でストレージの可用性や利用方法、性能を簡単に選択できます。

たとえば VSAN を利用する場合は、主に FTT、ストライプ数、領域の予約などを指定しますが、デフォルトで提供されているポリシーに加えて表 11.22 のようにポリシーを追加し、仮想マシンごとにどのポリシーを利用するかを選択できます。

表 11.22 追加のストレージポリシー

ポリシー	FTT	ストライプ数	領域の予約	vFRC*予約	備考
Virtual SAN Default	1	1	0%	0%	初期設定
【追加例】VSAN Gold	1	3	30%	0%	
【追加例】VSAN Platinum	2	3	50%	30%	

※ vFRC：vSphere Flash Read Cache

11.5 vSphere クラスタの設計

vSphere クラスタは可用性とリソース平準化を提供する仮想基盤の最も重要となるエレメントであり、ESXi ホストおよび仮想マシンの集合体です。要件に合わせてクラスタの機能を活用することで、仮想基盤の可用性と柔軟性、パフォーマンスを高めることが可能です。ここでは、そのクラスタの主要機能である vSphere HA、FT、DRS を中心にクラスタ設計のベストプラクティスについて解説します。

11.5.1 vSphere HA の設計

vSphere HA を活用すると、vSphere の機能により簡単かつ安価に高いレベルの可用性を実現可能です。vSphere HA の設計ベストプラクティスとしては、監視対象をゲスト OS まで含めるか、データストアハートビートの設定、アドミッションコントロールによるフェイルオーバーリソースの確保、といった点が挙げられます。

■ホスト監視と仮想マシン監視

vSphere HA によるフェイルオーバー機能は大きく分けて表 11.23 の 3 つのコンポーネントを監視し、それぞれ障害時のアクションを指定可能です。

11.5 vSphere クラスタの設計

表 11.23　フェイルオーバー監視対象

監視対象	概要	デフォルト
ESXi ホスト	ホスト障害（物理 NIC 障害を含む）を検知した場合、別ホストへフェイルオーバー	有効
データストア	PDL や APD を検出して仮想マシンを別ホストへフェイルオーバー	無効
仮想マシン	仮想マシン障害時に仮想マシンを再起動	無効

　ホスト障害時に仮想マシンをフェイルオーバーする機能は vSphere HA の主要な機能であるため、通常は有効にします。また同時にアドミッションコントロール機能により、クラスタ内にフェイルオーバー用の予備キャパシティを確保しておく必要があります。この点については後述します。

　仮想マシンの障害時に再起動する機能は、仮想マシンの BSoD、カーネルパニックやハングアップなどの OS 障害が疑われる場合に、同一ホスト上でリセットします。この判断基準は、ゲスト OS 内の VMware Tools プロセスと ESXi ホスト（厳密には vSphere HA エージェントである FDM プロセス）間のハートビート、および仮想マシンの I/O アクティビティです。これらをチェックして、仮想マシンが稼働しているかどうかを判断します。

　仮想マシンのハングアップ検知基準は、監視感度により調整が可能です。これは、ハートビート間隔の調整の他に、複数回リセットがかかった際に、ゲスト OS に異常が発生して起動不可であると見なして仮想マシン監視を無効化するまでのしきい値を設定できます。

　この値は環境にも依存しますが、基本は「中」もしくは「低」を選択することを推奨します。「高」の場合は VMware Tools のハートビート断絶検知時間が 30 秒であるため、仮想マシンリセット後の OS 起動および VMware Tools が起動するまでの間にハートビート断絶を誤検知してしまい、OS 起動完了前に再リセットをかけてしまうなどの弊害が発生する危険性があります（**表 11.24**）。

表 11.24　仮想マシン監視の標準感度

	低	中	高
ハートビートロストまでの間隔	2 分	60 秒	30 秒
監視無効化までのしきい値	7 日で 3 回リセットがかかった場合	24 時間に 3 回リセットがかかった場合	1 時間に 3 回リセットがかかった場合

■ハートビート経路の構成と冗長化

　vSphere HA を構成する ESXi ホスト間は、相互にハートビートを送信して相手の生死確認を行っています。ハートビート経路に単一障害点が存在すると、適切な生死確認が実施できずにホスト障害を誤検知してしまう可能性があります。ネットワークハートビートは管理トラフィックを利用して送受信されるため、管理ネットワーク用の物理 NIC、もしくは管理ネットワーク自体を冗長化し、単一ネットワーク障害によるハートビートへの影響を防止してください。

　また、vSphere HA のハートビートはネットワークハートビート以外にデータストアハートビートも併用します。これは、定期的にデータストアのファイルロックを更新することで、ネットワークが分断された際にホスト

自身の障害なのかネットワークの障害なのかを判断する際に利用します。

データストアハートビート用のデータストアは、デフォルトで指定される2つのデータストアで構成されていれば十分です。また、明示的にハートビートに使用するデータストアを選択することも可能です。ただし、NFSやiSCSIなどのネットワークストレージを利用していて、かつアクセス経路が管理ネットワークと同じ物理NICを使用している場合は、ネットワーク障害がデータストアアクセス障害となり、データストアハートビートとして機能しないため注意してください。

■ホスト隔離と隔離時のオプション

ホスト隔離とは、ESXiホストがネットワークと接続できず、ネットワーク的に隔離された状態を指します。

このとき、ホストの生死はハードビートデータストアへのロックにより確認されるので、ネットワークハートビートの不達により、ホスト障害であると誤認識されることはありません。

ホスト隔離が発生する条件として、以下の4つの条件がすべて満たされた場合にESXiは自身が隔離されたと判断します。

- ネットワークハートビート停止
- クラスタ内の他のホストへのPingが不可
  - ネットワークハートビートが切れているが、他ホストへのPing自体が成功する場合は、隔離ではなくFDMエージェントの障害と判断する
- ストレージハートビートが継続
  - ストレージハートビートも断絶した場合は、HAマスターホストは該当ホストは障害になったと判断して仮想マシンの再起動を試みる
- 隔離アドレスへのPingが不達
  - 隔離アドレスはデフォルトではESXiのデフォルトゲートウェイ
  - 隔離アドレスへのPingが通る場合は、自身のネットワーク障害ではなく、ネットワークパーティションと判断する

隔離が発生した場合、ホスト自身は稼働していますが、仮想マシンの取り扱いについては考慮が必要となります。具体的には、管理ネットワークの障害により隔離が発生したとしても、稼働する仮想マシンのネットワークには影響がない場合は、そのまま業務を継続可能です。しかし、管理ネットワークと仮想マシン用のネットワークが同一物理NICを使用するなど、共通部品を使用していて隔離発生時にサービスへの影響が考えられる場合は、隔離時のオプションとしてシャットダウンやパワーオフを設定し、他ホストへフェイルオーバーさせることを推奨します（詳細は9.1.5項を参照）。

■仮想マシンコンポーネント保護（VMCP）

vSphere 6.0から、vSphere HAに仮想マシンコンポーネント保護のためのオプションが追加されました。これは、データストアに関連した障害が発生した際に、仮想マシンのフェイルオーバーを可能とするものです。

vSphere 5.5 以前は、ESXi ホストの物理 HBA 障害によりデータストアへのアクセスが消失した場合でも、ネットワークハートビートが切れない限りはホストの障害とは判断しないため、仮想マシンのフェイルオーバーは実行されず、仮想マシン障害が発生してサービスが停止する可能性がありました。このように、他のホストに仮想マシンをフェイルオーバーすれば、データストアへのアクセスが復活して業務が復旧できる可能性がある状態に陥った際に、ストレージ接続障害を検出して仮想マシンをフェイルオーバーさせるしくみが、仮想マシンコンポーネント保護です（図 11.23）。

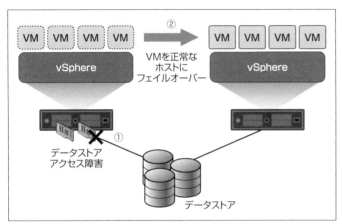

図 11.23　仮想マシンコンポーネント保護のコンセプト

仮想マシンコンポーネント保護が発動する条件は以下の 2 つがあり、それぞれで挙動が異なります（詳細は、9.1.6 項を参照）。

- Permanent Device Loss（PDL）
- All Path Down（APD）

PDL が発生するケースとしては、ストレージ側のデバイス障害が想定されるため、このしくみにより他ホストにフェイルオーバーしても復旧できる見込みは非常に少ないです。しかし、オペレーションミスにより特定ホストのみ LUN マスキングが外れてしまったなどのまれなケースでは、他ホストへのフェイルオーバーにより業務を復旧できる可能性があります。デフォルトでは PDL 発生時のアクションは無効化されていますが、イベントの発行または仮想マシンのパワーオフによるフェイルオーバーが選択可能です。

PDL と異なり、APD が発生するケースとしては、ストレージ側の障害の他にも前述のような ESXi ホストの HBA 障害やネットワーク障害（IP ストレージの場合）なども想定されること、またストレージコントローラ障害時のコントローラフェイルオーバー中の I/O 停止など、一時的な障害ケースもあるため、仮想マシンのフェイルオーバーや APD であると判断するまでの時間を延ばすことで、サービスの復旧を早めることが可能となります。

CHAPTER 11 vSphereの設計のベストプラクティス

　ESXiホストのFDMは、対象データストアへのアクセスがダウンすると、デフォルトで140秒待ってからAPDを宣言します。仮想マシンコンポーネント保護では、APD宣言からAPDへの対応を実行するまでの待ち時間を追加で設定し、追加した待ち時間中にもAPDが解消されなかった場合は、イベントの発行または仮想マシンのパワーオフによるフェイルオーバーが選択可能です。こちらもデフォルトでは無効化されています。

　また、仮想マシンの停止については積極的と保守的の2種類が選択可能です。保守的な停止ポリシーでは、対象の仮想マシンが他のホストで起動したか確認がとれない状況では仮想マシンを停止しません（ネットワークパーティション状態や、vCenter Server障害中など）。一方、積極的な停止ポリシーは、このような状態でも二重起動を避けるために、即座に仮想マシンをパワーオフします。

　これらの対応をまとめたものが、図11.24 および 表11.25 になります。

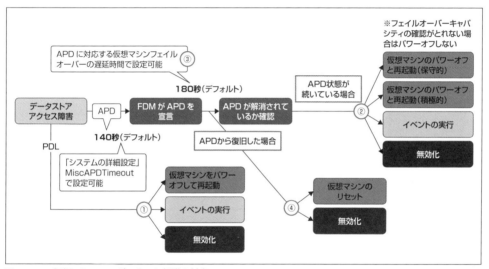

図11.24　仮想マシンコンポーネント保護の対応フロー

表11.25　VMCPのオプション

オプション	説明
①永続的なデバイス損失（PDL）状態のデータストアへの対応	この設定により、PDL障害の場合のVMCPの応答が決まる。[イベントの発行]または[仮想マシンをパワーオフして再起動]を選択できる
②全パスダウン（APD）状態のデータストアへの対応	この設定により、APD障害の場合のVMCPの応答が決まる。[イベントの発行]を設定するか、保守的または積極的なアプローチで[仮想マシンをパワーオフして再起動]をするかのいずれかを選択できる
③APDに対応する仮想マシンフェイルオーバーの遅延時間	この設定は、仮想マシンコンポーネント保護がアクションを実行するまでの待機時間（分単位）
④APDタイムアウト後にAPDから回復する場合の対応	この状況で、仮想マシンコンポーネント保護によって仮想マシンをリセットするかどうかを選択できる

■アドミッションコントロールの利用有無とオプションの設定

アドミッションコントロールとは、ホスト障害時のフェイルオーバーリソースを事前に予約するかを規定する設定です。アドミッションコントロールを有効化することで、そのクラスタでは平常時にアドミッションコントロールポリシーに基づいて一定のリソースをフェイルオーバーキャパシティとして予約し、新規に仮想マシンがパワーオンできないようにするなど、予約分のリソースを利用できないようにします。

これにより、ポリシーで予約設定した分のリソース（フェイルオーバーキャパシティ）が確保されるため、ホスト障害時にリソース不足のために仮想マシンの起動が失敗することを防ぐ一方で、平常時はリソースを最大限に活用できなくなりなす。

そのため、まずはクラスタのリソース利用ポリシーに基づいて、有効化するかどうかを選択する必要があります。特に、可用性が求められる仮想マシンが稼働するクラスタや、ホスト障害時にも縮退を許容しないポリシーのクラスタについては、アドミッションコントロールが必須となります。逆に、開発環境やテスト環境など、リソースを最大限活用するポリシーのクラスタについては無効化することを検討します。また、メンテナンスのため一時的にホストを停止するときなどにリソースが不足しないように、一時的に無効化する場合もあります。

アドミッションコントロールの構成オプションには以下の3つがあります。各オプションの詳細については9.1.8項を参照してください。

- ホスト障害のクラスタ許容（台数指定）
- フェイルオーバーの予備容量として予約されたクラスタリソースの割合（% 指定）
- フェイルオーバーホストの指定（ホスト指定）

各オプションの選択基準は**表 11.26** のとおりです。

表 11.26　アドミッションコントロールのオプション

オプション	メリット	デメリット	適した構成
障害許容台数指定	● フェイルオーバーが保証される ● スロットサイズの調整が可能	リソース効率（最も大きい仮想マシンに合わせてスロットサイズを計算するため。ただし、詳細設定で調整可能）	仮想マシンとホスト構成が均一なクラスタ
クラスタリソースの割合（% 指定）	リソース効率がよい（実際の予約の合計値で計算）	● 適正な % を指定しないとフェイルオーバーキャパシティが不足する可能性がある ● ホスト追加時にメンテナンスが必要	仮想マシン間やホスト間の規模の差が大きく、スロットサイズではキャパシティ無駄が大きくなるクラスタ
フェイルオーバーホスト指定	● 障害時の仮想マシンの挙動の予測が容易 ● 巨大仮想マシンでもフェイルオーバーが保証される ● 再起動先ホストが限定されるため、物理 CPU 単位のライセンスを節約可能	● 待機ホストには vMotion できない、仮想マシンの起動も不可（平常時は空のまま維持） ● 全仮想マシンのフェイルオーバーが完了するのに時間がかかる	明示的な N:1 スタンバイを構成したいクラスタ
無効	リソース利用率（上限まで仮想マシンを起動可能）	フェイルオーバーが保障されない	サービスレベルよりリソース効率を重視するクラスタ

CHAPTER 11　vSphere の設計のベストプラクティス

■仮想マシンの再起動優先度

　仮想マシンの再起動優先度とは、フェイルオーバーされる順序を意味します。特にアドミッションコントロールが無効化されたクラスタでは、再起動される順序が先であるということは、フェイオーバーにより復旧できる可能性が高いことを意味します。

　この優先度は［高］［標準］［低］の3段階しか選べない点に注意してください。また、あくまでクラスタ内の相対値であるため、たとえばクラスタ内の全仮想マシンを［高］に設定した場合は、すべてデフォルトの［標準］のまま設定した場合と挙動は同じになります。

　この再起動優先度を［無効］にした場合は、その仮想マシンは HA により再起動されなくなります。特定のホストでしか稼働させず、HA の対象外としたい仮想マシンにこのオプションを指定することで実現可能です。

　なお、もし［高］の仮想マシンのパワーオンに失敗した場合は、引き続き［標準］や［低］の仮想マシンの再起動を行います。したがって、仮想マシン再起動の優先順位は、複数の仮想マシンからなるマルチレイヤーアプリケーションの起動の順序付けには使用できないので注意してください。

11.5.2　vSphere FT の設計

　vSphere HA による可用性はホスト障害時の再起動を伴うものですが、vSphere FT を利用することで、ホスト障害時にもダウンタイムおよびデータ損失をゼロにして業務を継続することが可能となります。たとえば、ホスト障害時にもセッションを維持したい場合や、再起動に伴う周辺システムとの連携回復が自動では困難なアプリケーションを保護する場合が検討対象となります。

　vSphere 6.0 では、これまで1仮想 CPU のみに制限されていた仮想マシンのサイズが4仮想 CPU にまで拡張され、各種要件や制約事項も大幅に緩和されました（Standard ／ Enterprise エディションの場合は2仮想 CPU まで）。詳細については第9章を参照してください。

　vSphere FT を構成するにあたっての考慮事項は以下のとおりです。

- プライマリとセカンダリの ESXi ホストの周波数が大きく異なると、セカンダリ仮想マシンが頻繁に再起動されることがあります。また、FT の切り替えが発生した際にパフォーマンスの低下が発生する可能性があるため、FT を構成するクラスタ内では CPU のモデル、周波数を可能な限りそろえる
- FT が設定された仮想マシンではメモリがすべて予約されるため、HA のアドミッションコントロールを使用している場合は、フェイルオーバーキャパシティに注意する
- 単一ホストで構成可能な FT 対象の仮想マシンは合計で8仮想 CPU まで
- 10Gbps の FT ログ専用ネットワークを準備する。FT ログ用 VMkernel ポートは vMotion トラフィックとの相乗りを許可しない
- クラスタで仮想マシンコンポーネント保護を有効化していても、FT 対象仮想マシンに対しては適用されない
- VVol、ストレージベースポリシー管理、物理 RDM、Storage vMotion はサポートされない

11.5 vSphere クラスタの設計

また、FT で保護されるのはホスト障害時である点に注意してください。たとえば、ゲスト OS の BSoD やアプリケーション障害については FT ログによりセカンダリ仮想マシンに状態がコピーされ、プライマリ／セカンダリの双方が障害状態となるため、別途プロセス監視など状態監視のしくみと障害検知時の対応の準備が必要です。

11.5.3 vSphere DRS の設計

vSphere DRS を利用することで、ホスト間のリソース利用状況のばらつきをクラスタレベルで平準化し、リソース利用効率を最大化することが可能となります。これにより、管理者はホストレベルでの負荷状況の監視の手間から解放され、運用負荷を大幅に削減することが可能となります。

■DRS 自動化レベルごとの違い

DRS の自動化レベルは手動も選択できるため、自動で vMotion されるのを避けたい環境でも適用が可能です。また、DRS はリソース使用の平準化の他にも、仮想マシン同士および仮想マシン−ホスト間のアフィニティ機能も提供します。

DRS を無効化した場合、ホストをメンテナンスモードに移行する際に稼働する仮想マシンをすべて手動で個別に vMotion で移動させる必要が出てくるなど、運用上の制約が多くなります。このため、vSphere クラスタにおいて DRS を無効化するメリットはなく、自動化が不要であっても手動モードで有効化しておくことを推奨します。

DRS は無効→手動→一部自動化→完全自動化（保守的）→完全自動化（やや保守的〜）の 5 段階で自動化レベルが上がっていきます。これをまとめたものが**表 11.27** となります。

表 11.27 DRS 自動化レベルの違い

DRS 方式	アフィニティ機能	起動ホストの選択	メンテナンス時の自動 vMotion	リソース平準化
完全自動	可能	自動	自動	自動
完全自動（保守的）	可能	自動	自動	推奨提示のみ
一部自動化	可能	自動	手動（推奨の適用）	推奨提示のみ
手動	可能	手動	手動（推奨の適用）	推奨提示のみ
DRS なし	利用不可	手動	手動	実施しない

■DRS 完全自動化

基本的に DRS は完全自動に設定することを推奨します。DRS を完全自動にすることにより、クラスタ内の仮想マシンが負荷状況に応じて自動でバランスされ、結果として利用可能なリソース量が最大化し、各仮想マシンのパフォーマンスが改善・維持されます。また、vSphere HA でホスト障害により仮想マシンがこれまでとは別のホストにフェイルオーバーされた際にも、一時的にばらつきが生じた負荷状況を自動で平準化し、障害時にもクラスタ全体のワークロードバランスが向上します。

CHAPTER 11　vSphere の設計のベストプラクティス

　DRS を完全自動に設定することで、管理者は仮想マシンが稼働するホストを管理する負荷からも解放されますが、一方で、ホスト障害時に影響を受ける仮想マシンを特定する手順については以下の2案から対応を選択します。

- 手動 vMotion、DRS および HA のアラームトリガーと連動し、仮想マシンとホストの関係性を一覧にして出力するスクリプトを実行し、常に最新のインベントリ情報をファイルで保持する
- 障害時には vCenter Server のイベントでフェイルオーバー対象の仮想マシンおよびフェイルオーバー先を確認する

　前者については、以下のような PowerCLI などのスクリプトを準備しておくことで容易に結果をファイルで保管しておくことができます。

ホストごとに所属する仮想マシン一覧を出力する PowerCLI スクリプトの例

```
#Import
Add-PSSnapin VMware.VimAutomation.Core
#Connect to vCenter
Connect-VIServer -Server <Servername or IP> -User <User> -Password <Password>
#get list
$hosts=get-cluster | get-vmhost
Foreach($i in $hosts) {
    write-output "=====Hostname: $i======" >> C:¥scripts¥vm-list-per-host.txt
    get-vmhost $i |get-vm >> c:¥scripts¥vm-list-per-host.txt
}
#Disconnect from vCenter
Disconnect-VIServer -Confirm:$false
```

出力結果

```
========Hostname: esxi5-01=========
Name      PowerState      Num CPUs      Memory (MB)
----      ----------      --------      -----------
vm01      PoweredOn       1             1024
========Hostname: esxi5-02=========
Name      PowerState      Num CPUs      Memory (MB)
----      ----------      --------      -----------
vm02      PoweredOn       1             1024
```

■アフィニティルールの検討

　ソフトウェアライセンス要件や、ホスト間のリソースにばらつきがあるクラスタにおいて起動するホストを限定したいなどの要件がある場合は、「仮想マシンからホスト」のアフィニティルール（仮想マシン－ホスト間ア

11.5 vSphere クラスタの設計

フィニティ）を検討します。

仮想マシン–ホスト間アフィニティには、**表11.28**の4パターンがあります。Strictのアフィニティルールを設定する際は、HAが発動した際にアフィニティルールに合致するホストが稼働していない場合は、仮想マシンを起動しないためサービスに影響が出る可能性があることを考慮してください。

表11.28 アフィニティのパターン

アフィニティ	制約の強度	指定したホスト以外での起動（アフィニティ） 指定したホストでの起動（アンチアフィニティ）
グループ内のホストで実行してください	弱い（Loose）	可能
グループ内のホストで実行する必要があります	強い（Strict）	不可
グループ内のホストで実行しないでください	弱い（Loose）	可能
グループ内のホストで実行することはできません	強い（Strict）	不可

また、仮想マシン間アフィニティでは制約の強度は指定できず、アフィニティかアンチアフィニティのみを選択します。

- 仮想マシン間アフィニティを使用するケース
  - 仮想マシン間の通信が特定のポートグループ内でのみ閉じており、同一ホストで稼働させることで性能向上が期待できる
  - 同種のOSを極力同じESXi上で稼働させて、TPSによるメモリ共有メリットを最大化する[4]
- 仮想マシン間のアンチアフィニティを利用するケース
  - ウェブ／アプリケーションサーバーやOracle RACなど、アクティブ–アクティブのスケールアウト型のクラスタソリューションが構成されているケース
  - 複数の仮想マシンがゲストOS上のクラスタウェアにより構成されており、可用性の観点から稼働するホストを分けたい場合

11.5.4 vSphere DPMの設計

vSphere DPMを利用することで、ワークロードに合わせて起動するホストの台数を最適化することができます。DPMは継続的なワークロードに合わせて稼働するホスト台数を調整し、余分なESXiホストをスタンバイモードで待機させます。クラスタの負荷が高まってくるとスタンバイモードのホストを起動してクラスタのリソースを確保します。

DPMの自動化レベルは「自動」「手動」「オフ」の3段階で設定可能であり、パワーオン／オフの基準については5段階で調整できます。

DPMによる電源管理を自動化する場合でも、特定のESXiホストを対象外とすることもできます。たとえば、

【4】 デフォルトでは仮想マシン間のTPSは無効にされています。

341

CHAPTER 11　vSphereの設計のベストプラクティス

以下のようなESXiホストは対象外にすることを推奨します。

- ホストアフィニティの対象ESXiホスト
- テンプレートが登録されているESXiホスト

また、DPMはスケジュールタスクにより特定の時間帯のみDPMが稼働するように制限することも可能です。これにより、週末や夜間などワークロードが低くなる時間帯のみDPMを有効化し、それ以外の時間帯はワークロードが低くともDPMによる電源管理を実施しないといった設定が可能となります（図11.25）。

図11.25　20:00から8:00のみDPMを有効化する例

またDPMを有効化する際は、必ずDRSを完全自動かつ保守的以外の自動化レベルに設定してください。これにより、DRSによりホスト間で負荷がリバランスされ、スタンバイモードから復帰したESXiホストのリソースを自動的に有効活用することが可能となります。

11.5.5　VMware EVCの設計

VMware EVCは、異なるCPU世代のESXiホスト間でvMotionを可能とするための機能です。EVCが設定されたクラスタでは、新しい世代のCPUを搭載したESXiホストを追加した場合でも、仮想マシンの利用できる命令セットはEVCで設定されたCPU世代に限定され、仮想マシンのvMotionを可能にします。

そのため、vMotionを使用するすべてのクラスタにおいてEVCを有効化することを推奨します。クラスタを新規に構築する場合、導入するホストのCPU世代はすべて同一であるケースがほとんどであるため、EVCは不要と判断しがちですが、将来のクラスタ拡張時や保守交換時にCPU世代やステッピングが変更される可能性が高く、持続的な仮想基盤を運用していくためには必須の機能となります（図11.26）。

11.5 vSphereクラスタの設計

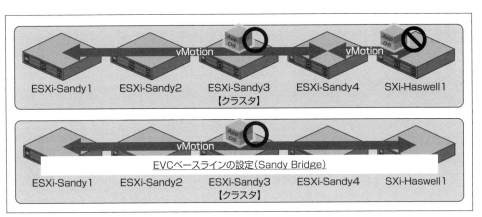

図11.26　EVCによる互換性維持

　EVCを設定する際は、現在クラスタにあるESXiホストのうち、最も古いCPU世代に合わせてベースラインを決定します。これにより、現時点で互換性を確保しつつ、可能な範囲で最新のCPU命令セットも利用可能となります。

　また、EVCはクラスタ内での手動vMotionやDRSのみではなく、クラスタをまたいだvMotionやCross vCenter vMotion時にも有効となります。したがって複数クラスタがある環境では、各クラスタで最新のEVCベースラインとするか、全クラスタで共通のベースラインとするかを、クラスタをまたいだvMotion要件を踏まえて検討してください。

　また、EVCのベースラインを上げる場合は、仮想マシンを停止することなく設定の変更が可能です。ただし、各仮想マシンに変更後のベースラインが適用されるのはパワーサイクルされるタイミングとなります。これには仮想マシンのパワーオフ・オンが必要である点に注意してください（ゲストOSの再起動ではベースラインの変更は適用されません）。

343

Chapter 12

vSphere のパフォーマンスの管理とチューニング

CHAPTER 12　vSphereのパフォーマンスの管理とチューニング

　パフォーマンスの管理やチューニングは、物理環境、仮想環境を問わず、コンピュータ環境における共通の課題です。しかし、マルチレイヤーアプリケーション、ユーザーからの変更要求、仮想インフラにおける仮想化レイヤーでのハードウェアコンポーネントの共有などが要因となって、パフォーマンスの管理は複雑になりがちです。

　vSphere仮想基盤におけるパフォーマンスの問題を解決し、適切に管理するには、まず仮想基盤の物理レイヤーと仮想化レイヤー、および仮想マシン上のOSとアプリケーションの相関関係を理解する必要があります。

　仮想環境でのパフォーマンストラブルシューティングでは、データセンター環境を広く見渡して、体系的な調査によって対象範囲を絞り込み、根本原因を突き止め、さらにそれを取り除く必要があります。

　狭い範囲のコンポーネントのみを対象とした調査や、経験則によるアプローチは、どうしても特定のコンポーネントだけに注目してしまい、偏った判断と対策となりがちです。そのため、実際の問題の原因が別の箇所にあったときに、調査が行きづまってしまうことがあります。

　このようなパフォーマンスの問題に対応するには、経験則などによる原因の特定を避け、論理的なトラブルシューティングのアプローチを駆使し、根本原因を追求する必要があります。

　本章では、vSphere仮想環境における、一般的なパフォーマンス問題の解決のために、監視対象とすべきメトリックと、パフォーマンスの管理、チューニング方法について解説します。

12.1　仮想基盤のパフォーマンス管理とは

　まずは、パフォーマンスの問題とはどういったものを指すのか定義しておきましょう。vSphere環境でのパフォーマンスが問題となるシナリオには、次のようなものがあります。

- SLA（Service-Level Agreement）に適合していない
- ベースラインとしたパフォーマンステストと、現在のパフォーマンスを比較したときに、顕著な差がある
- レスポンスタイムやアプリケーション処理のスループットの劣化がユーザーから報告された
- 物理環境と比較して、仮想環境でのみパフォーマンスの問題が顕著になる

　このようなパフォーマンスの問題が顕在化した場合、次の手順を数回繰り返し、問題箇所を特定して、対応策やチューニングを実施します。パフォーマンスメトリックは、vCenter ServerやvRealize Operations（第13章参照）などのパフォーマンスモニターツールから取得します。

1. 問題の発生箇所を特定する
2. モニターツールなどで現在のパフォーマンスを測定し、そのメトリックを使って目標値を設定する
3. ボトルネックを特定する（アプリケーション、ゲストOS、仮想マシン、ESXiハイパーバイザー、物理環境など）
4. チューニングまたは対応策を実施する

5. 変更後のパフォーマンスを測定し、目標値に達してない場合は、再度ボトルネックを特定する

このように、問題を特定し、物理環境やベンチマークとの比較データを元に、仮想環境の特性を理解した、現実的なパフォーマンスの目標値を事前に設定することは、パフォーマンスチューニングを効率よく実施する上での適切なアプローチと言えます。

12.1.1 考慮すべきパフォーマンス要因とリソース種別

仮想基盤には、IT管理が効率化できるだけでなく、仮想マシン間で物理リソースを共有することによって物理リソースが有効活用できるというメリットがあります。その一方で、共有のためのオーバーヘッドや競合が処理時間の増加を引き起こし、パフォーマンスの問題が発生することもあります。

仮想基盤において、パフォーマンスに悪影響を及ぼす要因には、次のものが挙げられます。

- 物理リソースの共有による競合が発生している
- 仮想マシンなど、処理の実行単位へのリソース割り当て量（または優先順位）の設定が不適切である
- 仮想基盤レイヤー上で、特定の処理を行うためにオーバーヘッドが生じている

仮想マシンのパフォーマンスに影響を与える物理リソースとしては、CPU、メモリ、ストレージ、ネットワークの4つに着目する必要があります。これらのリソースに関する各メトリックとパフォーマンスとの関係を理解することによって、vSphere環境での仮想マシンのパフォーマンスについて、何を基準に判断したらよいか把握できるようになります。リソース種別ごとの具体的な分析方法に関しては、「12.4　パフォーマンスの分析方法と対応策」で取り上げます。

12.1.2 パフォーマンス改善の複雑さ

仮想基盤であるvSphere環境のパフォーマンス改善が複雑になる要因としては、物理環境とは異なり、仮想マシン、ハイパーバイザー、物理ホストなど、複数のレイヤーが存在することが挙げられます（**図 12.1**）。

vSphereのパフォーマンスの管理とチューニング

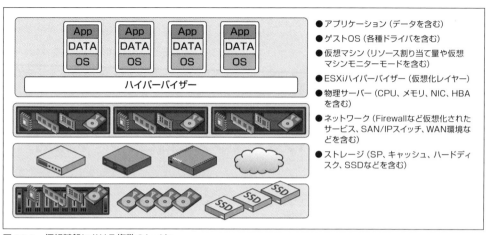

図12.1 仮想基盤における複数のレイヤー

　さらに、仮想環境に限らず発生する、アプリケーションのパフォーマンスの問題も考慮する必要があります。
　たとえば、何らかのサービスがデータベースシステムに接続しているケースを考えてみます。データの変更や、データ量、利用者数の増減などによって、データベースの状態が変化すると、それまで問題が起きていなくても、あるタイミングでパフォーマンス要件を満たさなくなることがあります。この場合、「データベース上に非常に大きなテーブルがあり、アクセスにインデックスが使用されていない」、「多くの利用者が同じテーブルにアクセスして競合が発生している」などがパフォーマンス劣化の原因として一般的に考えられます。また、データベース自体の設計に問題があるために、パフォーマンスが劣化していることもあります。このようなソフトウェア上の問題は、物理環境と同様、仮想環境でも発生します。
　また、「ゲストOSで実行されているアプリケーションの数が多く、メモリリソースが不足している」、「(ゲスト)OS上で動作するドライバの不具合や不適切な設定によりパフォーマンスが劣化している」などの問題も、物理環境と仮想環境の両方で発生し得ます。
　ここに挙げたようなアプリケーション自体の処理の問題、データベースの不適切な設計・設定やデータ量の増加による問題、ゲストOS上のリソースの使用状況や、デバイスドライバなどが原因の問題などは、vSphere環境のパフォーマンスチューニングだけでは解決が難しいので注意が必要です。

12.2　パフォーマンス要因と問題解決のためのアプローチ

　先ほど説明したように、仮想基盤におけるパフォーマンスに影響を与える要因、および介在するリソースは多岐にわたっており、複雑です。
　仮想基盤上の問題に限っても、ハードウェア性能に起因するもの、仮想マシンに割り当てたリソースサイズに起因するもの、同一ホスト上の他の仮想マシンとのリソース競合に起因するものなど、さまざまな要因が考えられます。

ここでは、このような要因を整理し、要因ごとに適した対応策を取るため、パフォーマンス要因と解決のためのアプローチを次の3つに分類します[1]。

- 1次元的要因とアプローチ
- 2次元的要因とアプローチ
- 3次元的アプローチ

12.2.1　1次元的要因とアプローチ

1次元的要因とは、ハードウェアが本来持つパフォーマンス上限（物理コア数、クロック数、ネットワーク帯域などの性能上の上限）や、仮想CPU数など仮想マシンに割り当てた物理リソース量といったハードウェアそのもの、または仮想マシン単体におけるパフォーマンス上の要因を指します。

こういった要因に対処するには、1つのホストで仮想マシンが1つだけ動作している状況を作り、仮想マシン間（または仮想マシンとハイパーバイザー間）で生じる物理リソースアロケーションの競合が発生しない状態にして、仮想マシンのパフォーマンスが期待通り発揮できているかどうかを分析、管理することになります（図12.2）。

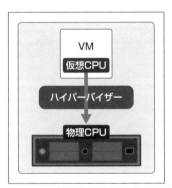

図12.2　1次元的要因（ハードウェアまたは仮想マシン単体）

パフォーマンスに影響を与える主な1次元的要因としては、ハードウェアの性能不足や不適切な設定（必要以上に省電力機能が有効化されているなど）、仮想化オーバーヘッド、仮想マシンへの物理リソース割り当て量の不足（仮想CPU数、メモリサイズが足りないなど）が考えられます。したがってパフォーマンスを改善するには、次のようなアプローチを実施します。

- ハードウェアの省電力機能を無効化し、可能であればIntelターボブーストを有効化する（「12.6.1」参照）

---

[1] ここでは、仮想基盤におけるパフォーマンス要因に限定し、OSやアプリケーションに起因するような、物理環境でも起こり得る問題は取り扱わないものとします。

CHAPTER 12　vSphere のパフォーマンスの管理とチューニング

- 仮想マシンにより多くのリソース（仮想 CPU 数、メモリサイズなど）を割り当てる
- 仮想化オーバーヘッドの少ない設定、または準仮想デバイスに変更する
  例：ハードウェア CPU+MMU を有効化する（「12.5.3」参照）
  　　「待ち時間感度」を有効化する（「12.6.2」参照）
  　　VMXNET3 仮想 NIC を使用する（「12.6.5」参照）
  　　VMware 準仮想化 SCSI アダプタを使用する（「12.6.4」参照）
- ゲスト OS 内部において、仮想化オーバーヘッドによる影響を低減するチューニングを行う（「12.5.5」参照）
- 仮想 CPU 数、メモリサイズを NUMA 最適化する（「12.6.3」参照）
- より性能の高い物理デバイス（サーバー、ストレージなど）に移行する

なお、仮想化オーバーヘッドに関しては、「12.5　仮想化のオーバーヘッドと対応策」にて詳しく解説します。

12.2.2　2次元的要因とアプローチ

2次元的要因とは、単一ホスト上に複数の仮想マシンが共存している状態、すなわち仮想マシン間（または仮想マシンとハイパーバイザー間）でリソースアロケーションのオーバーヘッドや競合が発生し得る状態に起因するパフォーマンス上の要因を指します。

vSphere には、物理リソース競合の度合いを表す、「準備完了」（CPU Ready）や「スワップ待機」（CPU Swap Wait）などのメトリックが提供されているので、これらのメトリックを測定することにより、2次元的要因、すなわちリソース競合が発生しているかどうか、簡単に測定可能です[2]。

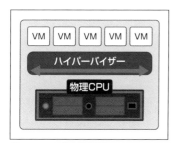

図 12.3　2次元的要因

2次元的な要因に基づくパフォーマンスの問題が観測された場合、問題を解決するには、「リソース競合をできるだけ減らす」、または「仮想マシンのリソース利用の優先順位を上げる」などのアプローチが最適となります。具体的には次のような対策が考えられます。

- 仮想マシンのリソースアロケーションの優先順位を上げる

---

[2]　詳細は「12.3　パフォーマンスモニターツール」を参照してください。

例：シェア値を増やす

　予約値を設定する

　「待ち時間感度」を有効化する（「12.6.2」参照）

- リソース使用率の低い他の ESXi ホスト（またはデータストア）に移行する（vMotion ／ Storage vMotion）
- DRS を有効化し、「完全自動モード」に設定する（「12.6.1」参照）
- 他の仮想マシンとのリソース競合の機会を減らすため、仮想 CPU 数またはメモリ割り当てサイズを適正な値に調整する（「12.4.1」参照）
- 物理リソース量（物理 CPU（ソケット）数、物理メモリサイズ）を増やす
- ハイパースレッディングを有効化する
- 同一ホストやデータストア上で動作する仮想マシン数を減らす
- ストレージについては、Virtual Volumes または Storage I/O Control を導入する
- ネットワークについては、Network I/O Control を導入する

2 次元的要因へのアプローチでは、次のことに注意する必要があります。

- CPU を見かけ上オーバーコミットしていない状態でも、リソースアロケーション競合が発生することがあります（「12.4.1」の「待ち時間」など）ので、オーバーコミットしていないからといって、原因分析の際に 2 次元的要因を排除することは好ましくありません
- どの解決策を適用するかは、ユーザーの環境や運用ポリシーに依存します。いずれの方法も適用できない場合は、運用ポリシーの変更など、運用面での改善策を検討してください

12.2.3　3 次元的アプローチ

　3 次元的アプローチとは、2 次元的要因として説明したような、ホスト上でリソース競合が発生している状態において、パフォーマンスの問題を、ホスト単位ではなく、クラスタ全体の管理によって「自動的に」解決するアプローチです。

　ある ESXi ホスト上でリソース競合が発生した場合、全仮想マシンが要求するリソース総量が、そのホストが提供可能なリソース総量を超えている可能性があります。その場合、ホスト単体で問題を完全に解決するのは困難です。

　このような状態を解決するには、複数のホストで DRS クラスタを構成し、クラスタ全体で利用可能な物理リソースをプール化するという方法があります。これによって、あるホストでリソースが競合したときに、仮想マシンをクラスタ内の他の（リソース競合が発生していない）ホストに vMotion で移行して、リソース競合を解決することができます。

CHAPTER 12　vSphere のパフォーマンスの管理とチューニング

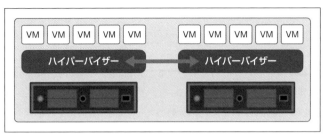

図 12.4　DRS による 3 次元的アプローチ

　DRS による 2 次元的要因の解決アプローチは非常に有効であり、多くの環境で利用されています。DRS クラスタを構成する場合、リソース競合をホスト間で自動的に平準化する（自動的に vMotion を実行する）ために、「完全自動化」モードを有効化してください。
　また vSphere では、DRS の他に下記のような 3 次元的アプローチ機能が提供されています。ユーザー環境やリソース種別的に問題がない場合は、これらの適用も検討してください。

- Storage DRS（8.3 節参照）
- Storage I/O Control（4.3 節参照）
- Network I/O Control（5.3.2 項参照）

12.3　パフォーマンスモニターツール

　仮想基盤におけるパフォーマンスを管理するには、パフォーマンスメトリックを適切にモニターし、かつ問題解決のための適切なアプローチを理解する必要があります。
　ここでは vSphere 環境で利用可能なモニタリングツールを概説し、それぞれ、どのように使い分けることができるかを解説します。
　vSphere 仮想基盤においてパフォーマンスをモニターするツールには、主に次の 3 つがあります。

- ESXTOP
- パフォーマンスチャート（vSphere Web Client）
- vRealize Operations Manager

12.3.1　ESXTOP

　ESXTOP は、ESXi のコンソール、SSH によるリモートシェル、vSphere Management Assistant（vMA）から使用できるツールで、CPU、メモリ、ネットワーク、ストレージのパフォーマンスメトリックを 5 秒間隔でモニターします。

図12.5のように、現在のカウンタ値を文字列ベースで表示するため、最新の状態を確認できる一方、過去の履歴は（CSV出力モードを除き）見ることができないため、現在の状態をリアルタイムでモニターする場合に適しています。

```
 6:32:03am up 24 min, 486 worlds, 2 VMs, 3 vCPUs; CPU load average: 1.01, 1.11, 0.68
PCPU USED(%):   62  70 AVG:  66
PCPU UTIL(%): 100  76 AVG:  88

NAME              %USED   %RUN   %SYS   %WAIT %VMWAIT   %RDY   %IDLE  %OVRLP   %CSTP
VC1.vmlab.local   60.52  43.10   0.00  777.57    0.00  97.30    0.00    2.41   53.99
AD1               19.35  10.73  11.35  538.32    0.00  34.58   55.91    4.76    0.00
system             3.54   9.81   0.00 10553.92      -  79.31    0.00    5.56    0.00
sshd.36400         0.35   0.41   0.00   96.70      -   0.09    0.00    0.14    0.00
vmsyslogd.32997    0.17   0.10   0.00  389.52      -   0.02    0.00    0.00    0.00
nfsgssd.33335      0.06   0.06   0.00   97.07      -   0.03    0.00    0.00    0.00
openwsmand.3513    0.05   0.04   0.00  291.30      -   0.12    0.00    0.00    0.00
sfcb-ProviderMa    0.03   0.00   0.00  972.28      -   0.05    0.00    0.00    0.00
dcbd.34280         0.01   0.03   0.00   97.28      -   0.10    0.00    0.00    0.00
helper             0.01   0.06   0.00 15946.55      -   0.84    0.00    0.02    0.00
vmware-usbarbit    0.00   0.03   0.00   99.78      -   0.01    0.00    0.00    0.00
idle               0.00  59.84   0.00    0.00      - 139.67    0.00    4.33    0.00
drivers            0.00   0.03   0.00 1179.48      -   8.19    0.00    0.00    0.00
```

図 12.5　ESXTOP の画面

12.3.2　パフォーマンスチャート

vSphere Web Client から利用できるパフォーマンスチャートは、最もよく利用されるモニターツールです。図12.6、図12.7のように、パフォーマンスチャートには、「概要」と「詳細」の2つのチャート種別があります。

「概要」チャートは、CPUやメモリなどのキーとなる複数のメトリックチャートを一定期間の範囲（1日間など）で同時に表示することにより、パフォーマンスに関して問題が発生していないかどうか概観するために使用します。

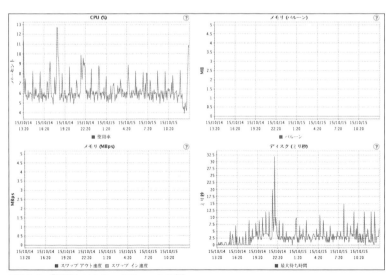

図 12.6　「概要」メトリックチャートの例

CHAPTER 12　vSphere のパフォーマンスの管理とチューニング

一方「詳細」チャートは、CPU などの特定のリソースについて、いくつかのメトリック（使用率、転送速度など）を同時に表示することにより、そのリソースのパフォーマンスを詳細に解析するために使用します。

パフォーマンスに影響を与える主なメトリックについては、「12.4　パフォーマンスの分析方法と対応策」にて詳しく説明しますが、このとき使用するのは主にパフォーマンスチャートの「詳細」チャートです（図 12.7）。

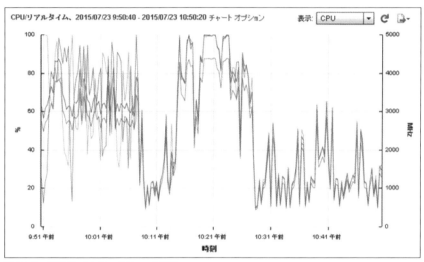

図 12.7　「詳細」メトリックチャートの例

「詳細」チャートのデフォルトの表示モードは「リアルタイム」モードですが、更新間隔は 20 秒です。したがって、1 秒以下などの極めて短期間のパフォーマンスは分析できませんが、分または時間といった単位間隔でのピークや競合の分析に適しているため、一般的な性能のモニターやトラブルシューティングに使用されることが多いです。

なお、パフォーマンスチャートのメトリック履歴では、保存データ量の節約のために、1 日、1 週間、1 ヶ月などの決まった期間を経ると、データ間隔がより大きなレベルにロールアップされます。したがって、1 ヶ月前に起こった仮想マシンのトラブルの原因を細かい時間軸で調べたいケースなど、過去の比較的短い時間範囲での解析を行いたい場合は、必要なデータが失われ、調査が十分に行えないことがあります。そのような場合は、次に紹介する vRealize Operations Manager の導入を検討してください。

12.3.3　vRealize Operations Manager

vRealize Operations Manager（vR Ops）のデータ収集間隔はデフォルトで 5 分間であり、ESXTOP やパフォーマンスチャートよりも長いですが、パフォーマンスチャートと異なりデータ間隔をロールアップすることがなく、全収集期間（デフォルトで 180 日）の履歴を 5 分間隔のまま保持します。したがって、保存されている全期間において、同じ粒度で分析できるので、1 ヶ月前に発生したトラブルの解析など、過去の事例に対して解析可能という特徴があります。

vRealize Operations Manager は、管理パックを導入することにより【3】、仮想基盤だけでなく、物理デバイス、アプリケーション、クラウド基盤など、トータルなシステムに対応する運用管理ツールです。特に、ストレージやネットワークなどの物理デバイス内部で発生している問題、アプリケーションのメトリックなど、通常のアプローチでは測定できないメトリックも調査可能であるという、非常に大きなメリットがあります。

パフォーマンス分析においても、単にメトリックのチャートを表示するだけでなく、ヒートマップ、トップ25チャート、アノマリー分析、トレンド分析、競合分析、レポート機能など、非常にビジュアル的にわかりやすく、豊富な分析機能を持つため、基盤におけるパフォーマンスの分析、トラブルシューティングに最適のツールです。vRealize Operations Manager の詳細については、第13章で解説します。

12.4　パフォーマンスの分析方法と対応策

仮想基盤におけるパフォーマンス管理、分析において、利用者が困難を感じる点として、パフォーマンスに関連するメトリックの種類の多さとその意味のわかりにくさが挙げられます。

本節では、パフォーマンス状況の理解、トラブルシューティングに役立つように、パフォーマンス分析に必要な主なメトリックを、CPU、メモリなどのリソース種別ごとに詳しく解説し、さらに、各メトリックの値が増大する、すなわちパフォーマンスが劣化する原因および解決方法、参考となるしきい値の例を示します。

なお、vSphere で使用されるこれらのメトリック名称は、日常的な表現が多くメトリック名であることがわかりづらいので、以降では「」を付けて記述します（例：「準備完了」、「相互参照」など）。これらのメトリック名は、Web Client のパフォーマンスチャートや vRealize Operations 上で使用されています。

ここでは、主に Web Client のパフォーマンスチャートによるパフォーマンス分析のアプローチについて説明し、ESXTOP や vRealize Operations についてはパフォーマンスチャートのメトリックと関連させながら、随時取り上げます。

12.4.1　CPU

vSphere 仮想基盤において、CPU はオーバーコミットされるケースが多く、システムのパフォーマンスへの影響度が高いリソースです。

CPU では、仮想化技術導入の比較的早い段階で、Intel VT-x に代表されるハードウェア仮想化支援機能が実装されました【4】。その後も、ハードウェア仮想化支援機能は持続的に改良されており、現在ではCPU仮想化のオーバーヘッドは非常に小さなものになっています【5】。

【3】　対応する物理デバイス、アプリケーション、クラウド基盤に関する最新情報は、下記サイトを参照ください。
　　　http://solutionexchange.vmware.com/（英語）

【4】　Intel VT-x 登場以前、VMware ESX Server では、バイナリトランスレーションという技術を使用し、CPU仮想化を実装していました。詳しくは「3.1.2　CPU のハードウェア仮想化支援機能」を参照してください。

【5】　物理基盤と仮想基盤でのパフォーマンス比較例については、下記を参照してください。
　　　http://www.vmware.com/resources/techresources/10295（英語）

CHAPTER 12 vSphere のパフォーマンスの管理とチューニング

仮想化オーバーヘッドについては「12.5 仮想化のオーバーヘッドと対応策」で解説しますので、ここでは仮想化オーバーヘッド以外の仮想基盤特有のパフォーマンス劣化を測定するメトリックについて説明します。

パフォーマンスに影響を与える CPU 要因には、「12.2 パフォーマンス要因と問題解決のためのアプローチ」で説明した 1 次元的要因と 2 次元的要因があり、それぞれの要因について、パフォーマンスへの影響を測定するメトリックが用意されています。次に、代表的なメトリックについて紹介し、パフォーマンスへの影響と取るべき対応策について解説します。

■「準備完了」(CPU Ready)

ホスト上で動作しているすべての仮想マシンの仮想 CPU 数の合計が、ホストの総物理 CPU コア数[6]を超えている場合、仮想 CPU がオーバーコミットされた状態になります。

ESXi は、1 つの物理 CPU に対して、複数の仮想 CPU を一定サイクルに基づいて時系列でスケジューリングします[7]。

ある仮想マシンの仮想 CPU に対し物理 CPU がアサインされているときは、その仮想 CPU で処理を実行できますが、アサインされていないときは、次のスケジューリングサイクルまで、仮想 CPU 上の処理が実行できません。

仮想マシン上の OS またはアプリケーションがアイドル状態の場合は、物理 CPU のアサインを待機していてもまったく問題はなく、そもそもアイドル状態なのでパフォーマンス劣化も発生しません。一方、物理 CPU のアサインを待機中の仮想 CPU に対し、デバイス割り込みへの応答要求などにより、CPU 実行要求が出された場合、次のサイクルまで物理 CPU がアサインされないため、すぐには応答できず、結果として仮想マシンのパフォーマンス劣化が生じます（図 12.8）。

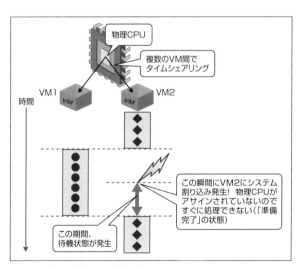

図 12.8 「準備完了」によるパフォーマンス劣化

【6】 ハイパースレッディングが有効化されている場合は論理 CPU 数。ここでは簡単のため、すべて物理 CPU と記述します。
【7】 詳しくは「3.1.1 CPU スケジューリング」を参照してください。

12.4　パフォーマンスの分析方法と対応策

　このように、仮想CPUにてCPU命令が発行されているにもかかわらず、物理CPUがアサインされていないため、処理できないで待機している状態を「準備完了」(CPU Ready)と呼びます。「準備完了」は、CPUがオーバーコミットされた環境では最も頻繁に発生するパフォーマンスの劣化現象ですので、注意深くモニターする必要があります。

　「準備完了」の発生状況は、Web Clientのパフォーマンスチャートでは、図12.9のように、チャートオプションにて「準備完了」をチェックすると、監視が可能です。ESXTOPでは、%RDYというメトリックで表されます(図12.5参照)。

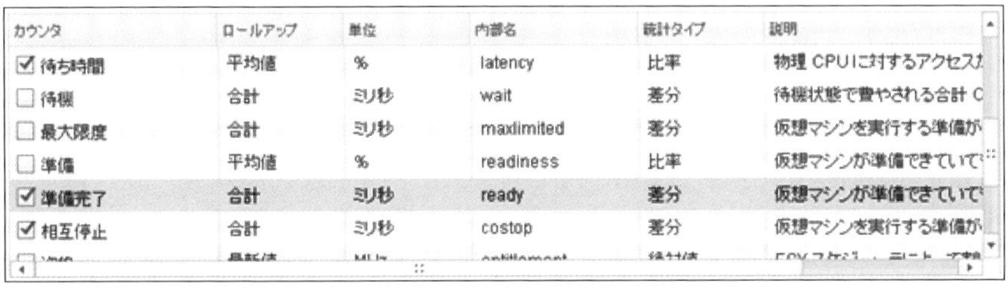

カウンタ	ロールアップ	単位	内部名	統計タイプ	説明
☑ 待ち時間	平均値	%	latency	比率	物理CPUに対するアクセス
☐ 待機	合計	ミリ秒	wait	差分	待機状態で費やされる合計
☐ 最大限度	合計	ミリ秒	maxlimited	差分	仮想マシンを実行する準備
☐ 準備	平均値	%	readiness	比率	仮想マシンが準備できていて
☑ 準備完了	合計	ミリ秒	ready	差分	仮想マシンが準備できていて
☑ 相互停止	合計	ミリ秒	costop	差分	仮想マシンを実行する準備
	最新値	MHz	entitlement		

図12.9　パフォーマンスチャート（CPUカウンタ）の表示オプション

　一般的に、「準備完了」の割合が10%を超えると、仮想マシンのパフォーマンスに影響を与える状態になります。Web Clientのパフォーマンスチャートでは、「準備完了」は、計測間隔(20秒)の間に、仮想CPUがCPU命令実行待ちであった時間としてミリ秒(ms)単位で表示されます。これをパーセントに変換するには、次の式を使用します[8]。

準備完了(%) = 準備完了(ms) ÷ (1000 × 20) × 100

　「準備完了」は、仮想マシン間の物理CPUリソースへのアサイン競合により発生する問題なので、「12.2.2 2次元的要因とアプローチ」で取り上げた「2次元的要因」と言えます。したがって問題を解決するためには、同項に記載した方法(仮想マシンへのリソースアロケーションの優先順位を上げるなど)を検討してください。

■相互停止（Costop）

　1つの仮想マシンに対し複数の仮想CPUを割り当てた場合(マルチ仮想CPU構成)、必ずしも割り当てた数だけ物理CPUがアサインされるとは限らず、通常は空いている物理CPUのみがアサインされます。

　このとき、物理CPUが同時にアサインされた仮想CPUでは処理が進みますが、アサインされていない仮想CPU上では処理が進まず、仮想CPU間で処理のずれが生じます。このような場合、処理のずれを調整するために、先行する仮想CPUを停止した「相互停止」という状態になります[9]。

【8】　詳細は次のナレッジベース記事を参照してください。
　　　http://kb.vmware.com/kb/2002181（英語）

【9】　詳しくは、3.1.1項の「マルチCPU構成時の効率的なスケジューリング(Relaxed Co-Scheduling)」を参照してください。

CHAPTER 12　vSphere のパフォーマンスの管理とチューニング

「相互停止」は、特に仮想 CPU 数の多い「大きな」仮想マシンでのパフォーマンス監視には欠かせないメトリックです。パフォーマンスチャートにて「相互停止」の監視を有効にするには、先ほどの図 12.9 の表示オプションにて「相互停止」にチェックを入れます。なお、このメトリックは、ESXTOP では「%CSTP」で表されています（図 12.5 参照）。

一般的に、「相互停止」が 15% を超えると、仮想マシンのパフォーマンスにクリティカルなレベルで悪影響が出ます。Web Client のパフォーマンスチャートで表示される値は、「準備完了」と同様、計測間隔（20 秒）の間に発生した「相互停止」時間の合計ですので、パーセントに変換するには、次の計算式を使用します。

相互停止（%）＝ 相互停止（ms）÷（1000 × 20）× 100

「相互停止」は「準備完了」と同様に 2 次元的要因で生じるため、この値に問題がある場合は、「12.2.2　2 次元的要因とアプローチ」で紹介した解決方法を検討してください。特に、仮想 CPU 数を過剰に多く割り当てたせいで「相互停止」が発生するケースが多いので、そのような場合は、仮想 CPU 数を適切な値に減らすことを検討してください。

■待ち時間（Latency）

仮想 CPU の処理待ちは、「準備完了」や「相互停止」状態だけでなく、「メモリスワップ完了」や「I/O 完了待ち」などのさまざまな局面において発生します。最も顕著な例がハイパースレッディング有効時の処理待ちです（図 12.11）。

ハイパースレッディング機能が有効化された CPU を搭載した ESXi ホスト上では、物理 CPU 数（コア数）の 2 倍の論理 CPU 数（スレッド数）が利用可能になります。

これによって、見かけ上は、1 つの物理 CPU あたり 2 つの論理 CPU が存在し、同時に 2 つのスレッドが実行可能に見えます。しかし実際には常にこれらが同時に実行できるとは限りません。同時に処理できるのは、それぞれのスレッドでの命令が異なるパイプラインを使用する場合（たとえば一方は整数演算、他方は画像処理など）のみです（図 12.10）。

12.4 パフォーマンスの分析方法と対応策

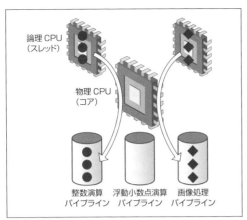

図12.10 2つの論理CPUが異なるパイプラインを使用

1つの物理CPU上の2つの論理CPUに投入されたスレッドが、同一のパイプラインを使用する場合は、2つのスレッドを同時に処理できないので、どちらかのスレッドが先に処理され、もう1つのスレッドは待機状態になります（図12.11）。

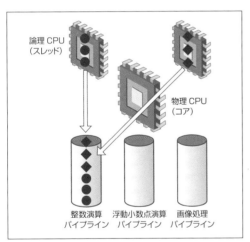

図12.11 2つの論理CPUが同じパイプラインを使用

この状態をWindowsなどのゲストOS上のパフォーマンスモニターツールで見た場合、どちらの処理もCPUにて実行中に見えます（CPU使用率が上昇します）。つまり、ゲストOSからは一方のCPUの命令が待機状態になっている様子をモニターすることができません。しかし、実際にはCPU処理が遅れるため、パフォーマンスの劣化が発生します。またこの状態では、仮想CPUは論理CPUにアサインされた状態なので、CPUアサイン待ちである「準備完了」とも状態が異なり、「準備完了」の測定値は上昇しません。パフォーマンスが期待通りに得られないのに、ゲストOSからのモニター内容やWeb Clientの「準備完了」の値が健全に見えるため、トラ

359

ブルシューティングが困難になりがちです。

このようなハイパースレッディングでの待機状態を含めた、何らかCPU命令実行待ちの状態を測定するメトリックが、「待ち時間」(Latency)です。この値を見れば、単一パイプラインへの複数スレッドの競合などによって発生する性能劣化の有無が判別できます。

「待ち時間」は、Web Clientのパフォーマンスチャートと、vRealize Operationsでモニター可能です[10]。一般的に「待ち時間」が15%を超えると、パフォーマンス上クリティカルな影響を与える可能性があります。

ただし、前述のように、「待ち時間」にはさまざまな状態のCPU命令待ちが含まれているため、「待ち時間」の値が増加する要因は多岐にわたります。「準備完了」や「相互停止」など他のCPU関連のメトリック値や、メモリ関連の「メモリスワップ完了」、ストレージの「I/O完了待ち」などが上昇していないかを確認しながら、根本原因を突き止めることが大切です。

12.4.2 メモリ

x86系CPU（物理CPU）には仮想メモリ機構が実装されており、アプリケーションから見たメモリ空間（仮想メモリ）に対し、物理メモリがページ単位でマッピングされます。その際、仮想メモリの一部には実際の物理メモリがアサインされる一方、他の部分はOSによってディスク上のスワップ領域に待避（スワップアウト）されるという形で、有限な物理メモリを有効活用しています。そして、アプリケーションが物理メモリ上にないメモリページへアクセスしようとしたときは、OSがスワップ領域からそのページを物理メモリ上に書き戻し（スワップイン）します。ただし、スワップインが発生すると、メモリへの書き戻しが終わるまでメモリ内容にアクセスできないため、アプリケーションのパフォーマンスは大幅に劣化します。

さらに、vSphere上では、上記のような物理CPUとOS上で行われる仮想メモリ処理だけでなく、ゲストOSが認識している（仮想マシン上の）物理メモリ（ゲスト物理メモリ）を、物理ホスト上の物理メモリ（ホスト物理メモリ）に変換するという処理も行われています（図12.12）。

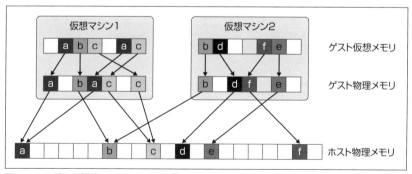

図12.12 ゲスト仮想メモリからホスト物理メモリへのマッピング

【10】vRealize Operationsでは、「CPU競合」(Contention)という名称が使用されています。ESXTOPでは「待ち時間」に相当するメトリックは表示できません。

12.4 パフォーマンスの分析方法と対応策

　ここで注意すべきなのは、ゲスト物理メモリがそのままホスト物理メモリに1対1でアサインされるわけではないことです（図12.12のゲスト物理メモリとホスト物理メモリでは、グレーのマス目の数が異なることに注意してください）。第3章で説明したように、透過的ページシェアリング、バルーニング、メモリ圧縮、ホストレベルスワップといったvSphereのメモリ回収技術により、ホスト物理メモリの消費を要求された量より少なくして、ホスト物理メモリを有効活用しているためです[11]（図12.13では、これらの技術によって節約された分のメモリを、それぞれ「共有」、「バルーン」、「圧縮」、「スワップ済み」と記しています）。

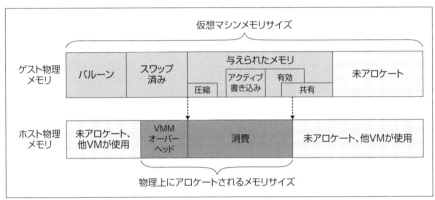

図12.13　ゲスト物理メモリとホスト物理メモリとの関係

　バルーニング、ホストレベルスワップによって仮想メモリ、ゲスト物理メモリのスワップアウトが発生している場合、スワップアウトされたメモリページにアクセスしようとするとCPUにてスワップイン待ちが発生するため、メモリアクセスのパフォーマンスが悪化します。
　ここでは、特に重要なバルーニングとホストレベルスワップにおけるメトリックの調査とパフォーマンス改善方法について説明します。

■バルーニング

　バルーニングは、ゲストOSから見て未使用（インアクティブ）と判断されたメモリ領域を、ゲストOS上のスワップ領域に待避することによりホスト物理メモリ消費を削減する技術です[12]。
　ゲストOSがアプリケーションで使用するメモリを管理している場合、ゲストOSはできるだけインアクティブなメモリを優先的にスワップアウトするしくみを持っています。このため、いったんスワップアウトされたメモリは使用頻度が低いことが多く、再度スワップインする可能性も低いはずです。そのため、バルーニングによってパフォーマンス劣化が生じる可能性は、相対的には大きくありません（図12.14）。

---

[11] 詳しくは、「3.2.3　メモリ回収メカニズム」を参照してください。
[12] 詳しくは「3.2.3　メモリ回収メカニズム」の「バルーニング」の項を参照してください。

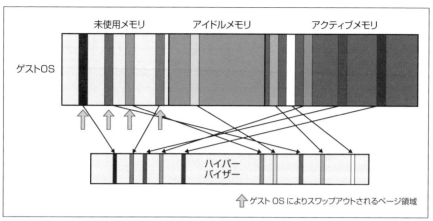
図12.14　バルーニングによるメモリ回収

　一方Java実行環境のように、OSではなく主にアプリケーション（Java VM）がメモリを管理している場合、OSからはスワップアウトしようとしているメモリがインアクティブなメモリかどうかを正しく判断できません。
　したがってJavaアプリケーションが動作しているゲストOS上でバルーニングが発生した場合、パフォーマンス劣化が生じる可能性が高くなります。このような場合は、VMware Toolsのバルーンドライバの無効化を検討してください[13]。

　ゲストOS上でのバルーニング発生の有無、また発生している場合のサイズ（KB）は、Web Clientのパフォーマンスモニターの「バルーン」（vmmemctl）、またはvRealize Operationsの「バルーン（KB）」というメトリックで確認できます。
　一般的に、「バルーン（%）」が10%を超えると、パフォーマンス上クリティカルな影響となる可能性があります。Web Clientでは「バルーン」の値はKBで表されるので、パーセントに変換するには次の式を使用します

バルーン（%）＝ バルーン（KB）÷ メモリサイズ（KB）× 100

　一般的にバルーニングは、メモリがオーバーコミットされている状態で発生します。これは、仮想マシン間のリソース競合によって生じる2次元的要因ですので、バルーニングの発生を防ぐには、「12.2.2　2次元的要因とアプローチ」で紹介した対策が有効です。またJava環境では、VMware Toolsにてバルーニングを無効化することも検討してください。

■スワップイン速度（ホストレベルスワップ）

　vSphereでは、ホスト物理メモリの空き容量の余裕がなくなると、最初にバルーニングによりメモリ回収を

【13】無効化の具体的な方法については、次のナレッジベース記事（KB1002586）を参照してください。
　　　http://kb.vmware.com/kb/1002586　（英語）

行い、ホスト物理メモリの空き容量を増やします。バルーニングが無効化されている場合、またはさらにホスト物理メモリの空き容量が少なくなった場合、vSphereはホストレベルスワップ（VMkernelスワップ）およびメモリ圧縮を用いて、さらなるメモリ回収を行います。

ホストレベルスワップにおいて、ホスト物理メモリ上のメモリページは、ランダムにホストレベルスワップ領域（ゲストOSではなく、ハイパーバイザーによるスワップ領域）にスワップアウトされます（図12.15）。

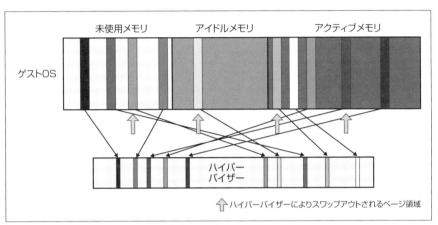

図12.15　ホストレベルスワップによるメモリ回収

ここで注意が必要なのは、ハイパーバイザーはゲストOS上でのメモリのアクティビティを管理しているわけではないため、ゲストOS上で現在、アクティブに使用されているメモリページをスワップアウトしてしまう可能性があることです（図12.15）。

アクティブなメモリ領域は、ゲストOSやアプリケーションから頻繁にアクセスされるため、一度スワップアウトされても再度スワップインされる可能性が高くなります。そして、スワップインの際はCPUにてスワップ待ちが発生します。そのため、ホストレベルスワップが発生すると、メモリアクセスにおける大幅かつ頻繁なパフォーマンス劣化につながることがあります。

このようにホストレベルスワップは、バルーニングと比較してパフォーマンスへの悪影響が大きいので、より注意深くモニターする必要があります[14]。

このように、ホストレベルスワップでパフォーマンス劣化が起こるのは、スワップアウトされたページ領域が再度スワップインされる場合です。したがって注目すべきメトリックは、スワップインの頻度（速度）です。これは、Web Clientでは「スワップイン速度」（SwapinRate）にてモニターできます。

「スワップイン速度」は、ホストレベルスワップによりスワップアウトされたメモリページに対するアクセスが発生し、スワップインを行ったことを示す値なので、このメトリックの増加は明確なパフォーマンス劣化を表します。したがって、この値はできるだけゼロに近づけるようにしなければなりません。

【14】詳しくは、次のナレッジベース記事（KB1002586）を参照してください。
　　 http://kb.vmware.com/kb/2057846（英語）

前述のように、通常、ホスト物理メモリの空き容量が不足した場合、最初に発動するのはバルーニングなのですが、各ゲスト OS 上でバルーンドライバが無効になっている場合、バルーニングができないため、いきなりホストレベルスワップが発生します。

そのため、バルーニングが起きていないのにホストレベルスワップが発生したときは、バルーンドライバが有効になっているかどうか、確認する必要があります。

ホストレベルスワップによるスワップインは、ホスト物理メモリへのリソース競合により生じるものですので、これを改善するには、「12.2.2　2次元的要因とアプローチ」で紹介した対策が有効ですが、その他に、次のアプローチも効果的です。

- ゲスト OS にてバルーニングを有効化する
- ホストレベルスワップ領域を SSD で構成し、スワップイン速度を向上する

12.4.3　ストレージ

ストレージのパフォーマンスが低下すると、「仮想マシンがパワーオンできない」、「ゲスト OS へのログインやトランザクション処理に時間がかかる」、「ゲスト OS の画面の書き換えが異常に遅い」などの明確な症状が現れるのが一般的です。したがって、ストレージのパフォーマンスを健全に保つことは、システム運用において非常に重要となります。

ストレージのパフォーマンス管理において、一般的に利用されるメトリックは、「スループット」(データ転送速度)、「IOPS」(1 秒あたりの I/O 回数)、「レイテンシ」(遅延、または待ち時間)です。仮想基盤においても、ストレージ性能を管理・監視する際、これらのメトリックが使用されます。

スループットや IOPS は、プロトコル、RAID タイプ、スピンドル数またはデバイス種別(ハードディスクかフラッシュデバイスか)によりさまざまに変化します。しかし、これらの値は、ストレージ設計の段階で要件として定義されるのが一般的であり、比較的、明確な目標値が存在することが多いと思います。これらのメトリックについては Web Client などのパフォーマンス測定によって取得し、設計段階における目標値と比較してパフォーマンスを評価してください。

一方、レイテンシは一般的かつ適用範囲の広いメトリックと言えます。そこで本項では、スループットや IOPS が目標値に達しない場合だけでなく、多くのストレージ環境の性能測定について共通に議論できる「レイテンシ」について詳しく取り上げます。

仮想基盤においては、アプリケーションから I/O を発行した場合、仮想 SCSI デバイスから実際の物理ディスクに到達するまでにいくつかのスタックが存在し、それぞれのスタック上で遅延が発生する可能性があります。したがって、ストレージのパフォーマンスを管理するには、仮想基盤におけるストレージスタックの構造、およびそれぞれのスタックに対応するメトリックについて理解しておく必要があります(図 12.16)。

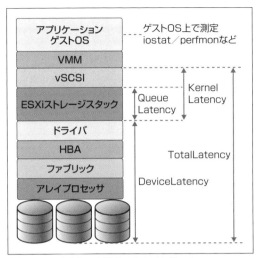

図 12.16　ストレージスタックとメトリック

　通常、仮想マシンのディスク領域（仮想ディスク）はデータストアに格納されていますが、データストア上には他の仮想マシンの仮想ディスクが同居している場合があります。またデータストアは物理ディスクまたは LUN からなります。ストレージのパフォーマンス劣化要因が物理デバイスにあると疑われる場合、物理 HBA から、ストレージ装置上の物理ディスクまでのスタックのそれぞれについて考える必要があります。

　ストレージ性能の測定では、仮想マシン、ESXi ホスト、データストアのそれぞれの観点から測定することが可能です。しかし、仮想マシンはホスト上で他の仮想マシンと物理 HBA を共有しており、データストアは複数の ESXi ホストからアクセスされることがあるため、これらから見たデータには「雑音」(不要な情報)が含まれている可能性があります。一方、物理ホストは図 12.16 のように、CPU、ストレージスタック、HBA の帯域など、ホストを単位とした明確な性能の上限を持つため、ストレージパフォーマンスを監視する場合は、ホストごとの物理ディスクのパフォーマンスをモニターするのが最も効率的です。

　次に、Web Client のパフォーマンスチャートにおいて、ホストを選択しているとき「ディスク」のチャートオプションで選択可能なメトリックを紹介します。

- **コマンド待ち時間（ms）（TotalLatency）**

  ゲスト OS から仮想マシンに発行された、すべての SCSI コマンドの処理に要した平均時間を表します。図 12.16 のように、「コマンド待ち時間」には、仮想 SCSI デバイスから物理ストレージレイヤーまでの間に発生した、すべての待ち時間を含みます。

  「コマンド待ち時間」により、仮想 SCSI デバイスから見た SCSI コマンドの遅延状況がわかりますが、遅延がどこで発生しているかといった、発生点を知ることはできません。

CHAPTER 12　vSphere のパフォーマンスの管理とチューニング

- カーネルコマンド待ち時間（ms）（Kernel Latency）

 ゲスト OS から発行された SCSI コマンドを処理するために、ESXi のストレージスタック、すなわち VMkernel レイヤー部分で要した時間の平均です。

 「カーネルコマンド待ち時間」の値が大きい場合は、VMkernel レイヤーに何らかの問題があることがわかります。たとえばホスト全体の負荷が高まっている（CPU 使用率またはメモリ使用率が高いなど）場合などにこの値が増加するので、トラブルシューティングを行う際には、それらを優先的にチェックする必要があります。

- 物理デバイスコマンド待ち時間（ms）（DeviceLatency）

 ゲスト OS から発行された SCSI コマンドを処理するために、ファブリックおよび物理デバイス上で要した時間の平均です。この値が大きい場合は、ディスク遅延の原因が物理レイヤーにあることがわかります。この場合の物理レイヤーには、物理デバイスドライバからファブリック、アレイ装置の物理ディスクまでを含みます。

 読み取り、書き込みそれぞれのレイテンシを測定したい場合は、「物理デバイス読み取り待ち時間」および「物理デバイス書き込み待ち時間」を使用します。これらのメトリックはそれぞれ、ゲスト OS から発行された読み取り、書き込み SCSI コマンドを処理するために、物理レイヤーで要した時間の平均です。

■物理レイヤーのパフォーマンス分析

　物理レイヤーのどの部分にボトルネックが生じているか、またその原因は何かを突き止めるのは簡単ではありません。仮想基盤における仮想ディスクを構成するエレメントやアクセス経路は複雑であり、多くの要因が考えられるためです（図 12.17）。

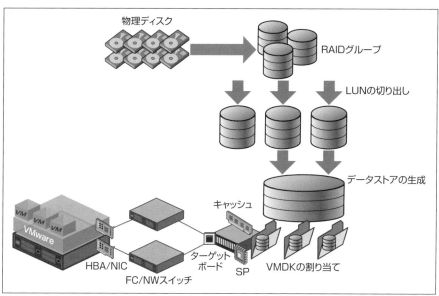

図 12.17　仮想ディスクを構成するエレメントとアクセス経路

12.4 パフォーマンスの分析方法と対応策

　物理レイヤーでのパフォーマンス劣化の要因は、仮想ディスクの配置方法によって、1次元的な要因である場合と2次元的な要因である場合があります[15]。1つのデータストアに配置されている仮想ディスクが1つだけであれば1次元的要因と考えられますが、データストアのLUNが他のLUNと同一のRAIDグループに属している場合は、2次元的要因と言えます。

　アレイ装置に関して言えば、ストレージプロセッサ、キャッシュヒット率、ハードディスク単体(いわゆる玉)がボトルネックになり得ますが、これらは明らかに他のI/O処理と共有されているリソースであり、他のシステムのI/O状況に左右される可能性があります。

　同一データストア上に複数の仮想ディスクが存在する場合、仮想ディスク間でI/O競合が発生し得ますが、これも明確な2次元的な要因です。

　このようなさまざまな可能性を考慮してボトルネックを追求するには、vRealize Operationsを使用してデータストアのI/Oに対するヒートマップを得たり、サードパーティ製管理パックを導入してアレイ装置のストレージプロセッサやキャッシュ、ハードディスク単体に対してモニターする必要があります[16]。

　vSphereのレイヤーで2次元的パフォーマンス要因を解決する方法としては、Storage DRSやStorage I/O Controlの導入が有効です。特に後者は、複数のホスト間にわたって仮想マシンごとにI/Oの優先順位付けをコントロールできるので、非常に効果的に機能します。

　また、1次元的要因である仮想マシン単体のI/O性能を向上するためには、「12.6.4　ストレージのベストプラクティス」で説明するチューニングを行ってください。

12.4.4　ネットワーク

　仮想ネットワークレイヤーおけるパフォーマンスを監視するメトリックには、「スループット」や「パケットドロップ」などがあります。前者は一般的には物理ネットワークの帯域に依存しますが、後者は仮想ネットワークスタック、すなわち仮想スイッチと仮想NICのしくみと密接な関係を持ちます。仮想ネットワークのしくみ上、パケットの受信と送信ではパフォーマンス劣化の原因やボトルネックが違うため、トラブルシューティング方法も異なります。

■ドロップされた受信パケット数(DroppedRx)

　物理環境においては、物理NICがネットワークからパケットを受け取り、CPUに割り込みをかけることにより、OSのネットワークスタックやアプリケーションに受信処理を促します。これに対し仮想マシンでは、物理NICの役割を仮想NICが代行します。ただし、一般的な仮想NICがパケット受信とCPUへの割り込みを行うには、その仮想NICを持つ仮想マシン(仮想CPU)に対し、物理CPUがアサインされた状態でなければいけません。

　物理CPUがアサインされていない場合、仮想NICはパケット受信処理を行うことができず、受信パケット

【15】「12.2　パフォーマンス要因と問題解決のためのアプローチ」を参照してください。
【16】このようなサードパーティ製のモニターツールについては、各ストレージベンダーの情報を参照してください。

CHAPTER 12 vSphere のパフォーマンスの管理とチューニング

をドロップすることがあります。このような状況は「ドロップされた受信パケット」によりモニター可能です。

受信パケットのドロップが観測された場合は、次のアプローチを実施します。

- 仮想 NIC を VMXNET3 に変更する（強く推奨。「12.6.5」参照）
- 仮想マシンへの物理 CPU のアロケーション優先順位を上げる
- 同一ホスト上に存在する仮想マシン数を減らす
- 「待ち時間感度」（「12.6.2」参照）を有効化する

■ドロップされた転送パケット数（DroppedTx）

物理ホストからのパケット送信の帯域は、ホストの物理 NIC の帯域に依存します。物理 NIC から物理スイッチに送られた送信パケットの量に対し、アップリンクの帯域が不十分である場合、送信パケットがドロップすることがあります。

仮想ネットワーク環境においては、物理スイッチの役割を仮想スイッチが行い、アップリンクの役割は物理 NIC が担当することになります。したがってホスト上の全仮想マシンの送信パケットに対し、物理 NIC と物理スイッチ間の帯域が十分でない場合、送信パケットがドロップすることがあります。ホスト上のすべての仮想マシンからの送信パケットを処理するには、仮想スイッチにアタッチされた物理 NIC と物理スイッチ間の帯域が十分に確保されている必要があります。

送信パケットのドロップは、「ドロップされた転送パケット数」によりモニター可能です。送信パケットのドロップが観測された場合は、次のアプローチを実施します。

- 物理 NIC ポートを増やすなどして、帯域を十分に確保する
- 仮想マシン数を減らして、ホスト全体のデータ送信量速度を物理 NIC の帯域範囲に抑える

12.5 仮想化のオーバーヘッドと対応策

Intel ／ AMD CPU のハードウェア仮想化支援機能[17]により、仮想化に伴うオーバーヘッドは年々減少しており、現在では ESXi 上の仮想マシンのパフォーマンスは、物理環境とほぼ遜色のないレベルにまで来ています。

とはいえ、特定の仮想マシンモニターモードと、ゲスト OS 内のある種の処理が重なると、思わぬオーバーヘッドが生まれることがあります。ここでは、どのような処理ではどのようなオーバーヘッドが生じるか、またそのようなオーバーヘッドを CPU のハードウェア仮想化支援機能、および、ゲスト OS のチューニングにより、どのように解決していくか説明します。

物理環境では正常に稼働していたサービスなのに、仮想環境に移行したとたんにパフォーマンス上の問題が

---

[17] 詳しくは「3.1.2 CPU のハードウェア仮想化支援機能」を参照してください。

12.5 仮想化のオーバーヘッドと対応策

発生する、ということがまれに起こります。このようなことがあると、「ハイパーバイザーの不具合ではないか」と考えてしまいがちですが、実際には、もともと物理環境のときから抱えていた問題が、仮想基盤に移行した段階でたまたま顕在化しただけ、というケースがよくあります。

したがって、安易に仮想環境を疑うのではなく、問題の状況を見極め、適切な仮想マシンモニターモードを選択し、ゲストOS、アプリケーションのチューニングによる解決方法がないか慎重に調査することが重要です（これらの具体的な方法については、後述します）。

12.5.1 ハードウェア仮想化支援機能の概要

仮想化のオーバーヘッドとは、本来、1つのOSを単独で動作させることを前提に設計されてきたCPU、メモリ管理ユニット（MMU）、NICなどの物理デバイスに対し、これらを複数のOSで共有し、適切に動作させるために行う「追加の処理」と言えます。そのため、オーバーヘッドの要因を突き止め、適切な対応を取るには、仮想化オーバーヘッドが生じるしくみと、起こり得るケースを正しく理解する必要があります。

先ほど、物理デバイスは1つのOSを単独で動作させる前提で設計されてきたと説明しましたが、最近のCPUやNICなどには、仮想環境のために、複数のOSからの処理をハンドリングする仮想化支援機能が備えられており、仮想化オーバーヘッドは非常に小さくなっています。次に、各物理デバイスで採用されている仮想化支援機能をまとめました（**表12.1**）。

表12.1 ハードウェア仮想化支援機能

仮想化支援機能	特徴	対応するデバイス	デバイス技術	vSphere側のメリット、対応機能
CPU特権命令の仮想化	仮想命令ストリームの安全、効率的、正確な実行	CPU	第1世代 Intel VT-x、AMD-V	特権命令処理の簡素化
メモリ管理の仮想化	メモリ管理と変換の効率化	CPUのMMU	第2世代 Intel EPT、AMD RVI	アドレス変換およびページ処理の高速化
デバイスおよびI/Oの仮想化	仮想マシンと物理デバイスとのI/O要求のマッピング	チップセット、NIC	第3世代 Intel VT-d/VT-c、AMD-Vi、SR-IOV	I/Oの高速化 （VMDirectPath I/O、NetQueue）

これらのハードウェア仮想化支援機能と最新のCPUと組み合わせることにより、仮想化オーバーヘッドを最小限に留めることができるので、可能な限り有効にすることをお勧めします。以降では、これらの技術について、もう少し詳しく説明していきます。

12.5.2 特権命令の仮想化

物理環境では、メモリやNICなどの物理デバイスへのアクセスなどの命令は、OSにより特権的に実行されます。そのため、仮想化技術が広がる以前の古いデバイスは、複数のOSから別々の命令が発せられることを想定しておらず、異なるOSから相互に異なる特権命令を正しく処理することができません。

369

CHAPTER 12　vSphereのパフォーマンスの管理とチューニング

そこで、当初、ESX Serverでは、「バイナリトランスレーション」という技術により、サーバー仮想化を実現していました。これは、ゲストOSのカーネルが発行する特権命令をハイパーバイザーがトラップし、安全な命令にトランスレーションするという技術で、これによって複数のOSを安全に共存させて、実行することが可能になりました。

しかし、このしくみはVMwareが独自に開発したものであったため、仮想化ソフトウェアのエコシステムを拡大するために、Intel、AMDが開発した最初のハードウェア仮想化支援機能がIntel VT-x、AMD-Vです。

これらの技術を使用すると、ゲストOSによる特権命令をCPUがトラップし（VM Exit）、ハイパーバイザーが命令を調停して実行することができ、より簡易に特権命令の処理を実現できます[18]。

VT-xにおける、特権命令の処理に関するオーバーヘッドは次の式で計算されます。

オーバーヘッド ＝ VM Exit コスト × VM Exit 頻度

このような特権命令のオーバーヘッドを削減するには、次のような方法があります。

- VM ExitコストはCPU世代が新しいほど小さくなっているため、できるだけ新しい世代のCPUを採用する
- 後述のハードウェアMMU支援によるアドレス変換によりVM Exit頻度を削減できるため、仮想マシンモニターモードで「ハードウェアCPUおよびMMU仮想化」を選択する

12.5.3　仮想メモリアドレス変換のハードウェア支援

x86系CPUでは、内部のメモリ管理ユニット（MMU）にあるページテーブルという変換機構を用いて、OS上の各プロセスがそれぞれ持っている仮想化ドレスを、物理アドレスに変換します。ページテーブルによる変換では複数のメモリアクセスが発生するため、CPUにはTLB（Translation Lookaside Buffer）という一種のキャッシュ内に仮想アドレスと物理アドレスの変換結果をキャッシュすることにより、アドレス変換の高速化を図っています。

仮想環境ではこのようなアドレス変換に加え、図12.18のように、ゲストOSが認識する物理アドレス（ゲスト物理アドレス）を、さらに実際の物理アドレス（ホスト物理アドレス）に変換する工程が必要です[19]。

ESXiでは、仮想マシンごとに、仮想アドレスをホスト物理アドレスに変換するための「シャドウページテーブル」を保持しています。シャドウページテーブルでは、ゲストOSのカーネルには、自身のページテーブルを管理しているように扱わせながら、ハイパーバイザーがゲストOS上のコンテキストスイッチなどをトリガーとしてゲストOSのページテーブルを実際のページテーブルに反映させることによって、「仮想化アドレス→ホス

【18】詳しくは、次のウェブページなどを参考にしてください。
　　http://www.atmarkit.co.jp/fwin2k/tutor/intelvtx/intelvtx_02.html
【19】詳しくは「3.1.2　CPUのハードウェア仮想化支援機能」を参照してください。

12.5 仮想化のオーバーヘッドと対応策

ト物理アドレス」への変換を実現しています。

しかし、このように、仮想環境ではシャドウページテーブルの管理をソフトウェア的に処理し、その処理のたびに VM Exit が複数回発生することから、TLB により高速にアドレス変換を行える物理環境と比較すると、アドレス変換のオーバーヘッドが大きくなります。このため、ある種のアプリケーションの処理速度が低下することがありました。

これらのオーバーヘッドを削減するために開発されたのが、第 2 世代のハードウェア仮想化支援技術である Intel EPT (Extended Page Table)、AMD RVI (Rapid Virtualization Indexing) です。これらにより、ゲスト物理アドレスからホスト物理アドレスへの変換を、VM Exit することなく、CPU 内部で行うことできるようになりました (図 12.18)。

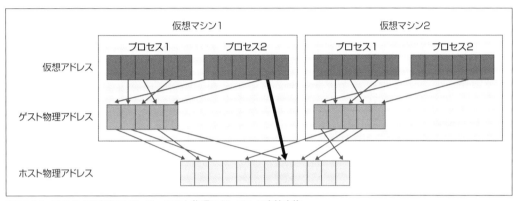

図 12.18 TLB による仮想アドレス→ホスト物理アドレスへの直接変換

従来の TLB ではコンテキストスイッチングが発生すると一貫性を保持するため中身をフラッシュする必要がありました。このしくみは複数のゲスト OS が動作する仮想環境に適さないため、Intel VPID / AMD Tagged TLB が第 2 世代ハードウェア仮想化支援技術に導入され、フラッシュする粒度をゲスト OS 単位とすることにより性能向上を図っています (図 12.18)。

EPT / RVI ではゲスト物理アドレスからホスト物理アドレスへの変換の際に用いられるページテーブルのために複数のメモリアクセスが発生します。ゲスト OS 内において局所性のないメモリアクセスが多発し、TLB が有効にならない場合にハードウェア MMU (EPT、RVI) を有効化してください[20]。

基本的に、仮想マシンモニターモードについては、CPU 世代やゲスト OS の種類により、デフォルトで最適なモードが選択されます[21]。またコンテキストスイッチが発生すると、物理環境と同様にオーバーヘッドが発生するので、できるだけコンテキストスイッチが発生しないように、ゲスト OS 上では余分なサービス、プロセスを停止するようにしてください。

たとえば、物理環境から直接 vSphere に移行 (P2V) したシステムでは、元の物理デバイス (マザーボードや

---

[20] 仮想マシンモニターモードの変更方法は、次のナレッジベース記事を参照してください。
http://kb.vmware.com/kb/1036775 (英語)、http://kb.vmware.com/kb/2095385 (日本語。最新情報でない場合があります)
[21] 詳しくは、「3.1.2 CPU のハードウェア仮想化支援機能」の表 3.1 を参照してください。

CHAPTER 12　vSphere のパフォーマンスの管理とチューニング

HBA など）の監視ツールが導入されていて、定期的なポーリングが発生するケースがあります。このような状態では、コンテキストスイッチのオーバーヘッドのため、パフォーマンスが低下することがあります。その場合、不要な監視ツールなどは削除し、できるだけコンテキストスイッチの発生を抑えると、パフォーマンスが向上することがあります。

12.5.4　ラージページへの対応

x86 系 CPU の TLB は、CPU 内部に実装されたハードウェア変換キャッシュであり、サイズが有限であるため、キャッシュできるアドレスペアの数に制限があります。したがって、データベースや Java アプリケーションなどの大規模なメモリを使用するアプリケーションでは、TLB に収まりきらず、TLB ヒット率が低下し、パフォーマンスが低下することがあります。このようなときは、通常サイズのページ（4KB）ではなく、ラージページ（2MB）を導入すると、キャッシュに必要なページ数を削減し、TLB ヒット率を高めることができます。

Windows Server 2008 以降では、デフォルトでラージページが導入されています。Linux では 64 ビット版（x86_64）利用時、32 ビット版では PAE 動作時にラージページを有効化することが可能です[22]。

12.5.5　I/O 仮想化支援機能

物理 NIC や HBA へのアクセスのオーバーヘッドを削減し、パフォーマンスを向上するためのハードウェア支援機能としては、IOMMU 仮想化機能（Intel VT-d、AMD-Vi）が存在します。チップセットに備えられたこれらの機能は、I/O DMA 転送やデバイス割り込みといった I/O メモリ管理を行うもので、有効化すると、仮想マシンが、仮想デバイスではなく物理デバイス（NIC、HBA、GPU など）に直接アクセスできるようになり、オーバーヘッドが削減されます。

■DirectPath I/O

このような IOMMU 仮想化機能に、vSphere 側では、DirectPath I/O という機能で対応しています。DirectPath I/O のメリットは、仮想マシンから物理デバイスに直接アクセスできるようになることですが、この機能を有効にすると、I/O 性能の向上だけでなく、VMkernel のネットワークスタックをバイパスするため ESXi ホストの CPU 使用率削減に貢献します。

ただし、vMotion、物理 NIC の共有、スナップショット、サスペンド／レジュームなどの機能が利用できなくなりますので、これらの機能が不要で、ESXi ホストの CPU 使用率を削減する必要がある場合のみに使用してください[23]。

---

[22] ラージページによるメモリパフォーマンスの向上については、下記のホワイトペーパーに詳しく記載されています。
　　 http://www.vmware.com/files/pdf/large_pg_performance.pdf（英語）
[23] Cisco UCS など特定のベンダー製品にて vMotion をサポートしている場合があります。詳細はハードウェアベンダーに問い合わせてください。

■Single Root I/O Virtualization（SR-IOV）

SR-IOVは、仮想マシンから直接物理デバイスにアクセスできるという点でDirectPath I/Oに似ていますが、複数の仮想マシンにて物理デバイスを共有できる、ということが相違点です。SR-IOVと後述する「待ち時間感度」機能を併用することにより、ネットワークの遅延を最小化することが可能です。

ただし、SR-IOVを使用するには、Intel VT-d、AMD-Viだけでなく、BIOS、物理NICおよびゲストOSのデバイスドライバがこの機能に対応している必要があります。

なお、SR-IOVはvMotionに対応していません。また、SR-IOVに対応する物理NICでは、1つのNICに対し、仮想マシンに直接物理NICを見せるモードと、vSphere上で仮想スイッチのアップリンクとして使用するモードを共存させることが可能ですが、vSphereによるNICチーミングは後者でのみサポートされます。

12.6　パフォーマンスチューニングの機能とノウハウ

ここまで、さまざまなパフォーマンスに影響を与えるメトリックの測定方法と対応策について解説しましたが、以降では、それ以外のパフォーマンスのチューニング方法について説明します。

なお、パフォーマンスチューニングにあたっては、以下で説明する方法だけを実施するのではなく、前項までに説明したさまざまな要素についても調査、検討してください。パフォーマンスの問題では、思わぬところに原因が潜んでいる場合があります。

12.6.1　ハードウェアおよび vSphere 構成

ここでは、一般的なハードウェアおよびvSphere構成を行うにあたってのベストプラクティスについて列挙します[24]。

- DRSは、仮想マシン間のリソース競合（2次元的要因）を最も効果的かつ根本的に解決する、最善の手段です。CPUをオーバーコミットするなど、リソース競合が起こり得る環境ではDRSを有効化し、「完全自動化」モードに設定することを強く推奨します。DRSによるパフォーマンス改善については、「8.2」および「12.2.3」を参照してください

- vSphereは物理CPUコア構成を意識しており、デフォルトで最適なCPUスケジューリングを行います。仮想マシンに対しCPUアフィニティを設定した場合、この最適化を妨げることがあるため、特別な理由がない限り、CPUアフィニティは設定しないことをお勧めします

- 物理CPUには、最新世代の、できるだけコア数の多いものを推奨します。最新世代のCPUは仮想化オー

【24】その他のパフォーマンスベストプラクティスについての詳細は、次のホワイトペーパーを参照してください。
「Performance Best Practices for VMware vSphere 6.0」http://www.vmware.com/files/pdf/techpaper/VMware-PerfBest-Practices-vSphere6-0.pdf（英語）

vSphere のパフォーマンスの管理とチューニング

バーヘッドが少なく、また、コア数が多い方が NUMA 最適化[25]および CPU リソース競合が削減できます
- 高い CPU パフォーマンスが必要な環境では、ESXi ホストの BIOS 設定にて、できるだけ CPU 省電力機能を無効にするよう推奨します。省電力機能が有効になっていると、仮想マシンの CPU 要求が高まった場合でも、すぐに CPU クロック数が上昇せず、パフォーマンスが向上しないことがあります。また、ターボブースト機能が利用できる機種では、できるだけ有効化してください
- 「12.5 仮想化のオーバーヘッドと対応策」で取り上げたハードウェア仮想化支援機能は、特別な理由がない限り無効化しないでください。また、仮想マシンのモニターモードでも有効化されていることを確認してください（デフォルトでは有効です）
- ハイパースレッディングを有効化すると論理 CPU 数が 2 倍になるため、CPU スケジューリング上有利になります。さらに、仮想 CPU にアサイン可能な論理 CPU が増えるため、「準備完了」によるパフォーマンス低下が防止できます。ただし「12.4.1 CPU」で説明したように、ハイパースレッディングによって CPU 性能が 2 倍になるわけではありません。仮想マシンの 2 つの仮想 CPU を、同一コアにある 2 つの論理 CPU にアサインするような CPU アフィニティは、ハイパースレッディング競合を起こしやすいため好ましくありません
- 物理サーバーの機種によっては、ノードインターリーブ機能を有効にすると NUMA が無効化されるものがあります。NUMA を無効化しないように、ノードインターリーブ機能は必ず無効化してください

12.6.2 待ち時間感度

vSphere 5.5 から導入された仮想マシンの「待ち時間感度（Latency Sensitivity）」機能とは、各仮想化レイヤーにおけるオーバーヘッド（たとえば、CPU スケジューリングのオーバーヘッドやネットワーク遅延）を最小化し、アプリケーションのパフォーマンスを極限まで高める機能です。

■待ち時間感度により有効化される機能

Web Client にて仮想マシンの［設定］を編集し、待ち時間感度を「高」に設定すると、次の効果を実現します。

1. 仮想マシンから物理リソースへの排他アクセス権の付与

    CPU スケジューラは、CPU がオーバーコミットされているかどうかを含むいくつかの要因を考慮して、物理 CPU への排他的アクセスを有効化するかどうか決定します。なお仮想 CPU の予約値を 100% に設定しておくと、仮想マシンの物理 CPU への排他的なアクセスが保証されます。

2. 仮想化レイヤーのバイパス

    Intel VT-x を使用する環境では、CPU の特権命令やセンシティブな命令を安全に処理する「VMX Root モード」と一般的な CPU 命令を処理する「VMX Non-root モード」を、VM Entry ／ VM Exit によって切

【25】「12.6.3 NUMA による CPU パフォーマンスの最適化」を参照してください。

り替えながら処理を行いますが、この切り替えによる遅延が、オーバーヘッドとしてパフォーマンスに影響を与えます（「12.5.2」参照）。このとき、待ち時間感度を有効にして仮想 CPU の予約値を 100% に設定すると、物理 CPU への排他アクセスが得られるため、その物理 CPU 上では他のコンテキストが発生しなくなるので、VMkernel の CPU スケジュールレイヤーをバイパスし、仮想マシンから直接 VM Exit 処理が可能になります。これにより、VMkernel とのコンテキストスイッチに要する CPU オーバーヘッドが削減されます。VM Exit 処理そのものはなくなりませんが、Intel EPT ／ AMD RVI などのハードウェア仮想化支援機能を利用している場合、VM Exit 処理のコストはそれほど大きくなりません。

3. 仮想化レイヤーのチューニング

仮想 NIC として、VMXNET3 準仮想化デバイスを使用している場合は、仮想 NIC コアレッシング[26]と LRO[27]を自動的に無効化します。これにより、パケット送受信に伴う遅延を最小にできます。また、SR-IOV などの物理 NIC のパススルー技術を同時に使用した場合、さらなるパフォーマンスの向上が可能になります。

■待ち時間を最小化し仮想マシンのパフォーマンスを最大化するためのベストプラクティス

- Web Client を使用し、仮想マシンの設定編集にて、［待ち時間感度］を［高］に設定します。同時に、メモリ予約値を 100% に設定します
- 仮想 CPU を 100% 予約します。これによりハイパーバイザーの CPU スケジューリングがバイパスされます
- より多くの物理 CPU を準備します。LLC（last level cache）の共有による影響を低減し、仮想 NIC を使用して、待ち時間感度を設定した仮想マシンのネットワーク I/O のパフォーマンスを向上します
- SR-IOV などの仮想ネットワークレイヤーをパススルーする機能を使用します（vMotion が必要でない場合）
- ネットワークの競合を避けるため、待ち時間感度を設定した仮想マシンに対しては、物理 NIC を分けて使用するか、Network I/O Control により帯域を確保します
- BIOS と vSphere 上で、すべてのパワーマネージメントを無効にします

■待ち時間感度を設定する場合の注意点

「待ち時間感度」機能を有効にして、ある仮想マシンが物理 CPU を占有した場合、たとえその仮想マシンがアイドル状態であっても、他の仮想マシンはその物理 CPU を利用できなくなり、結果としてホスト全体の CPU 使用率が低下する可能性があります。

また、仮想 NIC コアレッシングと LRO が無効化されるため、パケット送受信に関する遅延は低下しますが、パケットあたりの CPU コストが上昇します。したがってネットワークの全体的なスループットが低下し、CPU 使用率が上昇する可能性があります。

【26】仮想ネットワークでパケットの頻繁な転送処理による効率低下を防止するため、仮想マシンと VMkernel 間のパケット転送をバッチ処理する機能。仮想マシンが発行した送信パケットが直ちに外部ネットワークに送信されるとは限らないため、送信遅延が発生する原因になります。

【27】Large Receive Offload。仮想マシンが受信する複数の短いパケットを 1 つの長いパケットに集約して、受信処理を効率化し、仮想マシンの CPU コストを削減する機能。外部からのパケットが直ちに仮想マシンで受信されるとは限らないため、受信遅延が発生する原因になります。

CHAPTER 12 vSphereのパフォーマンスの管理とチューニング

このような注意事項があるため、「待ち時間感度」機能はむやみに有効化することは避け、CPUのレスポンスタイムやネットワーク遅延に厳しいアプリケーションを動作させる場合のみ、有効にすることをお勧めします。

「待ち時間感度」機能の技術詳細、ベンチマーク結果などについては、ホワイトペーパー[28]などを参照してください。

12.6.3 NUMAによるCPUパフォーマンスの最適化

NUMAアーキテクチャを採用しているシステムでは、1つ以上の物理CPUソケットとそれに直結した物理メモリ（ローカルメモリ）により、NUMAノードと呼ばれる単位が形成されています。各ノードが保持するメモリはホスト全体で共有されているので、ホスト上のすべての物理メモリは単一の物理アドレス空間で管理されます。

この場合、どの物理CPUからでもすべてのノードのメモリにアクセスできますが、異なるノード上のメモリ（リモートメモリ）にアクセスするときは、ローカルメモリよりも低速なインターコネクトを経由するため、アクセス速度が低下します。つまり、メモリへのアクセス速度が一定ではなく、データがローカルメモリとリモートメモリのどちらに存在するかよって変化することになります。

そのため、仮想マシンでも、できるだけNUMAノードのローカルメモリだけを使用して、他のNUMAノードへのリモートメモリアクセスに伴うパフォーマンスの低下を避ける必要があります。

■NUMAに最適化した仮想マシンの設定

ESXiでは、NUMAスケジューラを使用して、CPUとメモリの負荷を自動的に最適化しています。このNUMAスケジューラによって管理される各仮想マシンは、ホームノードと呼ばれる、どれか1つのNUMAノードにアサインされます。仮想マシンが使用するメモリは、ホームノードのローカルメモリに優先的にアロケートされるので、ボトルネックになり得る「リモートノードへのメモリアクセス」を避けられるわけです（図12.19）。NUMAスケジューラは、システム負荷の変化に対応するために、仮想マシンのホームノードを動的に変更します。

---

[28]「Deploying Extremely Latency-Sensitive Applications in VMware vSphere 5.5」
https://www.vmware.com/resources/techresources/10383 （英語）

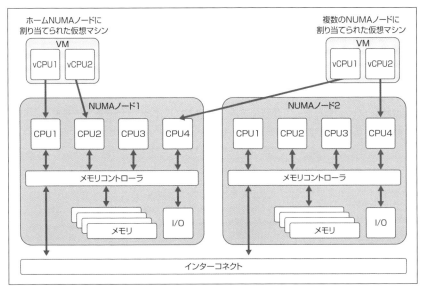

図 12.19　NUMA アーキテクチャと仮想マシン配置の最適化

　仮想マシンを NUMA に最適化するには、仮想マシンのサイジング（仮想 CPU 数やメモリサイズの設定）が重要になります。

　たとえば、コア数が 15 個の物理 CPU ソケットを持つ ESXi ホストで、マルチ仮想 CPU 構成の仮想マシンを稼働させることを考えます。この仮想マシンは非常に多くの CPU 能力を必要とし、16CPU 程度必要だと概算されたと仮定します。

　この場合、仮想 CPU 数を 16 個に設定すると、仮想マシンは単一の NUMA ノードに入りきらず、複数の NUMA ノードに分散配置されることになり、メモリアクセス上不利になります。そのため、複数の NUMA ノードに分散されるよりは、（たとえ仮想 CPU 数は低くなっても）単一の NUMA ノードに配置されるように仮想 CPU 数を調整する方が、メモリアクセス上は有利であり、より高いパフォーマンスを発揮する場合があります[29]。

　このように仮想マシンを NUMA アーキテクチャに最適化するには、物理 CPU のコア数やノード構成を意識し、できるだけ単一 NUMA ノードに収まるよう、仮想 CPU 数やメモリサイズを調整することが重要です。

■Virtual NUMA（vNUMA）

　先ほど、単一の NUMA ノードの収まるように仮想 CPU 数を調整すべきと記述しましたが、より大規模な仮想マシンでは、このようなことが不可能という場合もあります。

　一方、最新の OS やアプリケーションでは、NUMA アーキテクチャに対応した設計がなされ、NUMA 環境

---

[29] たとえば次のホワイトペーパーでは、仮想 16CPU 構成よりも、単一の NUMA ノードに配置できる仮想 15CPU 構成の方が高性能であるというベンチマーク結果が出ています。
http://www.vmware.com/files/pdf/solutions/VMware-SQL-Server-vSphere6-Performance.pdf（英語）

CHAPTER 12 vSphereのパフォーマンスの管理とチューニング

におけるパフォーマンスを最適化したものも登場しています。

このような状況を踏まえ、仮想マシンが複数NUMAノードにわたる環境において、アプリケーションがNUMAトポロジを理解し、最適なパフォーマンスが発揮できるよう、NUMAトポロジをゲストOSへの開示する技術が提供されています。これがVirtual NUMA（vNUMA）です。

vNUMAにより、ゲストOSやアプリケーションがNUMAアーキテクチャを把握できるため、たとえば図12.20右のように、できるだけ同一のNUMAノードを使用するなどの方法によって、NUMAに最適化した処理を行い、パフォーマンスを改善することが可能になります。

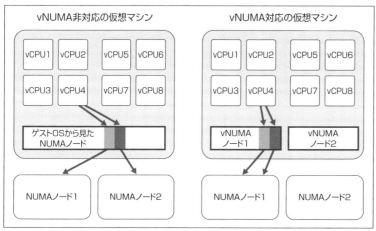

図12.20　Virtual NUMA対応・非対応時の仮想CPUのNUMAノードへのアクセス

vNUMAトポロジは、仮想ハードウェアバージョン8以降の仮想マシンで使用でき、仮想CPU数が8個を超えた場合にデフォルトで有効化されます。

vNUMAトポロジは仮想マシンを最初にパワーオンしたときに、物理NUMAトポロジに沿った形で設定され、いったん設定したvNUMAトポロジは仮想CPU数を変更するまで、変更されません。

物理NUMA構成が異なるホストに仮想マシンがvMotionされた場合でもvNUMA構成は変更されないので、クラスタを構成するESXiホストの物理NUMA構成は等価であることが推奨されます。

vNUMAのパフォーマンスを最大化するためには、物理CPUのNUMA構成（コア数）の倍数で仮想CPU数を設定します。たとえば物理コア数が6である場合、仮想CPU数は6の倍数（6、12、18、24）が望ましいということです。

また、仮想マシンの設定にて、仮想ソケットあたりのコア数を設定することができますが、通常はデフォルトの1で問題ありません（つまり仮想コア数は1）。デフォルト以外の数字を設定する場合は、必ず物理コア数の倍数または約数に設定します。それ以外の値を設定した場合は、パフォーマンスが低下する場合があります。

仮想CPU数が8以下の仮想マシンに対し、vNUMAを有効化するためには、仮想マシンのvmxファイルに以下のエントリーを追加します。

```
numa.vcpu.min=X(Xは仮想CPU数)
```

12.6　パフォーマンスチューニングの機能とノウハウ

12.6.4　ストレージのベストプラクティス

「12.4.3　ストレージ」で説明したとおり、ストレージのパフォーマンス要因は複雑で、トラブルシューティングは簡単ではありません。

ここではアレイ製品固有のチューニング方法には立ち入らず、一般的に実践が推奨されるパフォーマンス上のベストプラクティスを紹介します。

- 仮想ディスクを VMFS 領域に格納し、Eager Zeroed Thick 形式でフォーマットします
- 仮想 SCSI デバイスとして、「VMware 準仮想化」を使用します
- I/O 負荷の高い仮想ディスクが複数あるときは、アレイ装置上の別スピンドル（異なるハードディスク）で構成された別データストア上に配置し、仮想 SCSI デバイス、物理 HBA、ストレージパスも別にします（例：データベースにおける OS 領域、DB ファイルとログファイルは、別スピンドル上の別データストアに配置します）
- SAN ストレージのマルチパスは 4 パス構成を強く推奨します[30]。アレイ装置はアクティブ−アクティブタイプの製品を選択し、パス選択ポリシーはラウンドロビンに設定するか、Fixed の場合は異なる LUN への優先パスを、4 つのパスに分散して設定することを推奨します
- iSCSI ストレージは、可能な限りジャンボフレームを有効化し、ポートバインディングによる負荷分散を実施します[31]
- NFS、iSCSI など IP ストレージへの物理ネットワークは、他のネットワークと物理的に分離するか、Network I/O Control を使用し帯域を確保しておきます
- アレイ製品のキュー深度が許す限り LUN の数を増やし、LUN あたりの仮想マシン数を減らすと、ESXi からアレイ装置に同時に発行できる I/O リクエスト数を増やすことができます。ただし LUN を増やしすぎると、アレイから QFULL エラーや BUSY エラーが返される原因になるので注意が必要です

■パーティションアラインメント

ストレージ製品によっては、物理ディスクによるパーティションと、OS のよるパーティションのアラインメントが一致していない場合、大きなパフォーマンス劣化が発生する場合があります。

これを防止するには、vCenter Server を利用して VMFS ファイルシステムを生成してください。こうすると、最新のゲスト OS（Windows 7, 8, 2008, 2012 など）では、自動的に適切なパーティションアラインメントが設定されます。

■vSphere Flash Read Cache

vSphere Flash Read Cache（vFRC）は、vSphere 5.5 から導入された、ESXi ホスト上のローカルフラッ

【30】「4.2.2　SAN マルチパス構成」を参照してください。
【31】「4.2.6　iSCSI のポートバインディング」を参照してください。

CHAPTER 12　vSphereのパフォーマンスの管理とチューニング

シュデバイスを仮想ディスクの読み込みキャッシュとして使用する機能です。この機能により、仮想ディスクの読み込み速度を向上して、VMDKファイルが配置されたストレージの負荷を軽減することができます[32]。vFRCはESXiホストのローカルフラッシュデバイス上にあるため、キャッシュ上にあるデータを読み込む場合は共有ストレージにアクセスする必要がないため、SANおよびストレージコントローラの負荷を低減する効果もあります。

　ただし、vFRCデバイスのキャッシュブロックサイズと、仮想マシンで実際に発生しているディスクI/Oのサイズが一致していない場合、適切なパフォーマンスが得られない可能性があります。vFRCを使用するときは、仮想マシンのハードディスク単位のI/Oサイズを確認して、最適なキャッシュブロックサイズを選択してください。

■VAAI

　より高いストレージパフォーマンスを得るには、VAAI（vStorage APIs for Array Integration）に対応したハードウェアの使用を検討してください。特に多くの仮想マシンが稼働しているVDI（デスクトップ仮想化）環境などでは、VAAIによってパフォーマンスが改善できる可能性があります。

　ストレージ製品がVAAIをサポートしている場合、ESXiはこれを自動で認識します。なお、VAAIをサポートするNASストレージ製品では、ベンダー提供のプラグインが必要になる場合があります。使用中のストレージ製品がVAAIをサポートしているかどうか、さらにその機能が使われているかどうかを調べる方法は、VMwareのサイト[33]に記載されています。

　VAAIが使用されていない場合は、ストレージベンダーに確認して、VAAIのサポートに必要なストレージハードウェアのファームウェアのアップグレードがないかどうか確認してください。

■Storage I/O Control（SIOC）

　SIOCを利用すると、仮想マシンごとのデータストアへのディスクI/Oに優先順位を付けることが可能になります。これにより、より重要度の高い仮想マシンに高いIOPSをアロケート可能になります[34]。

12.6.5　ネットワークのベストプラクティス

　ESXiホスト上で稼働している仮想マシンでは、次の中から仮想NICの種類を選択することができます[35]。

- フレキシブル（Vlance）
- VMXNET（仮想マシンの初期起動時にはVlanceとして認識されますが、VMware Toolsインストール後はVMXNETとして機能します）

---

[32]　詳しくは「4.5　vSphere Flash Read Cache（vFRC）」を参照してください。
[33]　http://kb.vmware.com/kb/1021976（英語）
[34]　詳しくは、「4.3　Storage I/O Control（SIOC）」を参照してください。
[35]　ゲストOSの種類によっては選択できない仮想NICタイプがあります。

12.6 パフォーマンスチューニングの機能とノウハウ

- E1000e
- E1000
- VMXNET 2
- VMXNET 3

この中では、パフォーマンスが最適化されるよう設計された準仮想化 NIC である VMXNET3 の選択を強く推奨します。VMXNET3 は、マルチキューサポート、IPv6 オフロード、MSI/MSI-X 割り込み配信など、仮想レイヤーによるオーバーヘッドを最小限にするための機能を提供しています。

さらに、VMXNET3 では、他の仮想 NIC に比べてリングバッファを大きく設定できるので、受信パケットのドロップを回避し、パフォーマンスを改善することができます（図 12.21）。

なお、VMXNET3 をゲスト OS に正しく認識させるには、VMware Tools をゲスト OS にインストールする必要があります。一部の Linux ディストリビューションには VMXNET3 ドライバが最初から含まれていることがありますが、他の vSphere 機能を使用するためにも、VMwareTools のインストールを強く推奨します。

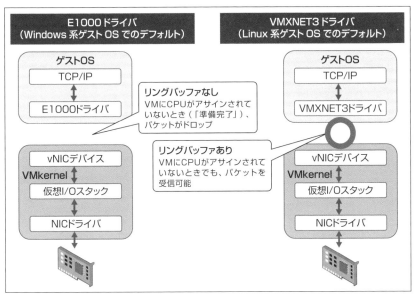

図 12.21　仮想 NIC のリングバッファ

またネットワークパケットの送受信について、できるだけ低いレイテンシが要求されるアプリケーションについては、待ち時間感度（「12.6.2」を参照）を［高］に設定することを推奨します。

CHAPTER 12 vSphereのパフォーマンスの管理とチューニング

COLUMN
HAカスタムアラームによりDRSを積極活用するノウハウ

「12.6 パフォーマンスチューニングの機能とノウハウ」で解説したように、vSphere環境におけるリソース競合によるパフォーマンス劣化を防止する最適な方法は、vSphere DRSを有効化することです。

ところが多くのユーザー環境においては、DRSを使用していないケースが見受けられます。その理由として、DRSによって自動的にvMotionしてしまった場合、どのホスト上で仮想マシンが動作しているか把握できず、ESXiホスト障害時にどの仮想マシンが影響を受けたかわからない、ということが挙げられるようです。

実際に、仮想基盤管理者はシステム障害時に早急な対応が求められることが多く、ホスト障害時にvSphere HAなどにより仮想マシンがフェイルオーバーした場合、「フェイルオーバーした」ということを仮想マシン管理者に迅速に報告することが要求されるケースが多いようです。

このようなケースでは、ホスト障害時にどの仮想マシンが影響を受けたかわからなくなり迅速な報告ができにくくなるため、DRSが利用されないということになるようです。

DRSはパフォーマンス劣化の防止に最善な手段である、ということを考えると残念な状況ですが、逆に言うと、ホスト障害時に影響を受けた仮想マシンが何であるかが簡単に判別できさえすれば、DRSを大いに利用できることになります。

本コラムでは、vCenter Serverのカスタムアラームにて、ホスト障害時に影響を受けた仮想マシンを簡単に判別する方法を紹介し、DRSを積極的に活用できるためのノウハウを解説します。

vCenterのカスタムアラームを作成するための手順は以下のとおりです。

1. Web Clientの左ペインにて、HA／DRSクラスタを選択し、右クリックにて［アラーム］→［新しいアラーム定義…］メニューを選択します。
2. ［新しいアラーム定義］ウィンドウの［1 全般］画面にて、［アラーム名］として適切な名前を入力し、［監視内容：］メニューでは、［仮想マシンのパワーオンなど、このオブジェクトで起きる特定のイベント］を選択し、［次へ］をクリックします。
3. ［2 トリガー］画面にて、［＋］アイコンをクリックし、［vSphere HAによって仮想マシンが再起動されました］を選択し、［次へ］をクリックします。
4. ［3 アクション］画面にて、［＋］アイコンをクリックし、［通信トラップの送信］など通知したい手段を選択し、⚠→◆の欄にて［1回］が表示されていることを確認し、［終了］をクリックします。
5. Web Clientの左ペインにて、HA／DRSクラスタを選択し、右ペインの［管理］→［アラーム定義］をクリックします。手順1～4にて作成したカスタムアラームが表示されていることを確認します。

カスタムアラームの設定は上記のとおりです。それでは実際にESXiホストに障害が発生し、そのホスト上の仮想マシンがvSphere HAにより再起動された場合、Web Clientは図12.22のように障害が発生したホスト、および再起動された仮想マシンには赤い❗アイコンが表示され、再起動された仮想マシンがどれであるか、一目瞭然となります（図12.22）。

図12.22では、WS08R2E-1およびXP-Templateという仮想マシンが再起動されています。

382

12.6 パフォーマンスチューニングの機能とノウハウ

図 12.22　障害が発生したホストおよび再起動された仮想マシン

また再起動された仮想マシンを選択し、右ペインにて[監視]→[問題]をクリックすると、実際に上記で作成したカスタムアラームがトリガーされ、仮想マシンが再起動されたことが確認できます(**図 12.23**)。

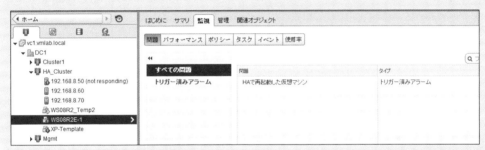

図 12.23　トリガーされたカスタムアラーム

このように、カスタムアラームを作成することにより、どの仮想マシンが再起動されたか一目瞭然となりますので、DRSを有効活用し、パフォーマンス劣化の防止に役立てましょう。

Chapter

13

仮想基盤の運用管理：
vRealize Operations Manager

CHAPTER 13　仮想基盤の運用管理：vRealize Operations Manager

　サーバー仮想化技術の普及に伴って、仮想基盤で提供される IT サービスの品質維持や向上、仮想基盤リソースの有効活用、迅速なトラブルシューティングなど、適切な運用管理の重要性が高まっています。

　複雑な仮想基盤を運用管理するためには、仮想基盤の物理レイヤーと仮想化レイヤーの相関関係を見える化する必要があります。一方、仮想基盤では同時に多数のサービスが稼働しており、刻一刻と状況が変化します。このような状況を見える化するために、さまざまなツールによる多数のメトリックの出力結果をベースに手動で相関関係を作成するのは、非常に非効率的で消耗を伴う作業です。

　たとえば、仮想基盤が保持する膨大なパフォーマンス、キャパシティなど、多種多様のデータから目的の情報を発見し、組み合わせ、分析・解釈する作業には、専門的な知識を有した運用管理者であっても、膨大な時間と手間がかかってしまいます。

　仮想基盤のパフォーマンスやキャパシティを適切に管理するためには、物理レイヤー、仮想化レイヤー、複数の仮想マシン間の相互作用などの挙動について、できるだけ統一的な手法を用いて把握する必要があります。そうすれば、運用管理の時間と手間が大幅に削減できることを期待できます。

　本章では、仮想基盤の効率的な運用管理手法および仮想基盤で一般的に見られる課題について、仮想基盤の運用管理における代表的なツールである vRealize Operations Manager（vR Ops）によって統合的に管理し、迅速かつ簡単に解決していく方法を解説します。

13.1　仮想基盤の運用管理における主な課題

　近年サーバーの仮想化は加速度的に浸透し、多くの利用者が仮想化によるメリットを享受しています。その一方で、仮想化技術が本番運用され始め、利用範囲が拡大するにつれ、課題が顕在化してきています。最も重要かつ看過できない課題は、「従来の物理基盤の運用管理手法を仮想基盤にそのまま当てはめることはできない」というものです。本節では、困難な状況を具体的に例示することにより、課題をあぶりだします。

13.1.1　パフォーマンスへの要因とトラブルシューティングが困難

　「12.2　パフォーマンス要因と問題解決のためのアプローチ」で解説したように、仮想環境におけるパフォーマンスに影響を与える要因として、1次元的、2次元的な要因があり、それぞれ解決するためのアプローチが異なります。特に 2 次元的な要因は、複数のオブジェクトが相互に影響を与え合うため、状況が複雑です。

　対応策として DRS、Storage I/O Control など非常に効果的な方法が提供されていますが、何らかの理由でそれらの機能が使用できない場合は、相互に影響を与え合うオブジェクトを特定し、根本原因を取り除く必要があります。そのためには、非常に多くの調査、解析のための時間、手間を必要とします。また、一般的な物理環境用の運用管理ツールは、仮想基盤特有の 1 次元的要因、2 次元的要因をモニターする機能を持たないものがほとんどです。

　また「12.1.2　パフォーマンス改善の複雑さ」で述べたように、仮想基盤を構成するエレメントには以下のようなものがあり、それぞれのエレメント上でボトルネックが発生します。これにより、パフォーマンスに影響が出

る可能性がありますが、その原因とトラブルシューティング手法や、とるべき対応策は異なります。

- アプリケーション（データを含む）
- ゲストOS（各種ドライバを含む）
- 仮想マシン（リソース割り当て量や仮想マシンモニターモードを含む）
- ESXiハイパーバイザー（仮想化レイヤー）
- 物理サーバー（CPU、メモリ、NIC、HBAを含む）
- ネットワーク（Firewallなど仮想化されたサービス、SAN／IPスイッチ、WAN環境などを含む）
- ストレージ（SP、キャッシュ、ハードディスク、SSDなどを含む）

これらの個々のエレメントの健全性をモニターするためには、それぞれ異なるメトリックを監視しなければならず、広範かつ詳細な知識が必要です。これらすべてを、専門的な知識を必要とせず、統合的に監視し、問題を見つけ、根本原因を解決するような手段は、従来の物理基盤ベースの運用管理ツールでは提供されていない場合がほとんどです。

13.1.2 適切なキャパシティ管理を行うことが困難

仮想環境を導入したユーザーが達成できなかった代表的な例として、期待したほどのコスト削減、特に導入コスト（CAPEX）が削減できなかったというケースが挙げられます。

これはキャパシティ管理が適切にできていないことが主な原因であり、典型的な例として、次の3つに集約されます。

■仮想マシンへのリソース割り当てが過剰

仮想基盤では、物理環境と異なり、データベースなどのアプリケーションサービスを実装するサービス管理者と、vSphereをベースにした物理サーバーやストレージなどのリソースを提供する基盤管理者とが独立しているケースがほとんどです。

一般にアプリケーションサービス管理者は、アプリケーションのパフォーマンスをできるだけ高くしたいなどの理由により、基盤管理者に対して必要以上に過剰なリソース割り当てを申請することがあります。

一方、仮想基盤管理者は、申請されたリソース量が適切なのかどうかを判断する材料を持たないため、申請どおりに割り当てざるを得ません。もし過剰に申請されていた場合は、基盤のリソースが無駄になり、ひいてはハードウェアやストレージコストの上昇につながります。

■適切なリソース残量が把握できない

ほとんどの基盤管理者は、仮想マシンを稼働するうえで、基盤のパフォーマンスを適切に管理し、稼働しているサービスの性能劣化を起こさずに健全に運用することが要求されています。

CHAPTER 13 仮想基盤の運用管理：vRealize Operations Manager

その一方で、サーバー統合によるコスト効果を高めるために、通常はCPUなどのリソースをオーバーコミットし、比較的高い統合率でESXiホストを稼働させます。この場合、コスト効果は高まりますが、前述のような基盤の健全性を担保しつつ、あと何台仮想マシンを追加で稼働させることができるかを、適切に判断することができません。

したがって、仮想基盤の健全性を担保するためには、リソース競合が起きないように、あまり高くない統合率で満足せざるを得ず、結果としてコスト削減効果を低下させてしまいます。

■リソース需要の将来的な予測ができない

vSphereを導入したユーザー環境では、vSphere上で従来のサービスがまったく問題なく稼働することを確認するにつれ、徐々に物理環境を仮想化していきます。また、ユーザーのアプリ管理者が何らかの新規サービスを立ち上げる（または増強する）場合は、物理環境ではハードウェアの購入が必要であるのに対し、仮想基盤ではソフトウェアだけで実現することが可能です。

このように、多くのユーザー環境では、仮想基盤上の仮想マシン数は漸増し、基盤のリソースが徐々に枯渇していきます。その結果、仮想基盤管理者は、基盤のリソースの増強に迫られることになりますが、いつどの程度のリソースを増強すればよいのかを、適切に判断することは困難です。

したがって、リソース枯渇によりシステムの健全性が失われることを防ぐ必要があるので、早め早めに、そして多め多めにリソースを増強せざるを得ず、結果として過度なハードウェアコストの支出を余儀なくされるケースが往々にして見られます。

これらは仮想環境特有の例であり、従来の物理環境に基づいたキャパシティ管理手法では、通常解決することが困難です。

13.1.3 運用管理ツールの選択

ここまで、仮想環境における主要な課題を例示してきました。多くの基盤管理者は、これらの課題を効果的に解決する手段を持たず、経験や勘、場合によっては単に我慢することによりなんとか切り抜けているというケースが往々にして見られます。

しかし、本来あるべき運用管理とは、経験や勘、我慢で成り立つものではなく、仮想基盤特有の状況に対する適切な理解や、必要にして十分な情報の取得、論理的な分析によって、得られた結果を適切に解釈し、対応策を実行するというアプローチが必要です。

前述のように、仮想基盤の運用管理においては、物理環境における手法をそのまま流用することによって問題解決することは困難であり、仮想基盤特有の複雑さ、調査範囲の広さ・深さを伴うため、適切な運用管理ツールを選択することが非常に重要となります。

本項では、仮想基盤における代表的な運用管理ツールであるvCenter ServerとvRealize Operations Managerを取り上げ、運用管理の項目ごとに、それぞれの相違点を比較し、両者の特長、相違点、メリットを提示します（表13.1）。

13.2 vRealize Operations Manager のインターフェイス

表 13.1 vCenter Server と vRealize Operations Manager との比較表

項目	vCenter Server	vRealize Operations Manager
用途	vSphere 環境の作成、更新などの基盤への操作が主な用途。分析や課題解決は主眼ではない	仮想基盤の分析、見える化、課題解決が主な用途。基盤への操作は原則行なわない
自動化	メトリックを取得するだけ。分析やトラブル対応は手動で行う	メトリックの統計解析をデフォルトかつ自動で行い、キャパシティ管理やトラブル対応時の情報を自動で提示
利用者のスキルレベル	基盤の操作などはスキルが低くてもできるが、トラブル対応やキャパシティ管理を行うためには、高いスキルが必要	高いスキルなしに、トラブル対応やキャパシティ管理や分析が可能
アラート	デフォルトでいくつか用意されているが、きめ細かいアラートは手動設定が必要。アラートは発信するだけ。細かい項目設定はできない	VMware の知識ベースに基づき、仮想基盤で必要なアラートは標準で提供されている。アラート発生時の（知識ベースによる）対応策の推奨を標準提供し、問題を迅速に解決可能。ほぼすべての項目設定が可能
メトリック統計	20 秒間隔でメトリックを測定。時間が経過するとロールアップされ、1 か月前など過去時点での詳細な分析はできない	5 分間でメトリックを取得。6 か月間保存され、ロールアップされないので、過去にさかのぼって分析可能
ヘテロ環境への対応	メトリックの対象は（一部連携している製品を除き）ESXi のみ	ESXi 以外の多くのストレージ、ネットワーク機器、ソフトウェアのメトリックも取得可能（オプション）
VMware 新機能への対応	NSX、VSAN などの新機能のメトリックは原則的に取得できない	NSX、VSAN、vCloud Air などの新機能に対応
性能トラブル対応	基本的には個々のオブジェクトのメトリックを丹念に調べるだけ。解決策の提示はなく、管理者の知識や経験により解決	トラブル対応のためのしくみが用意されており、個々のメトリックを調べることなく、発生箇所や根本原因の究明、解決策の実行が可能。管理者の知識の有無には依存しない
キャパシティ管理	キャパシティに関する情報は、ESXi ホストや仮想マシンのリソース使用率のみ。性能劣化を起こさないという条件で、実質的な残り容量がどれだけあるかという情報はなく、管理者のスキルに基づき、統計的に調べて手動で算出	すべてのリソースの統計解析を自動で行い、標準で（性能劣化を起こさない）残り容量を算出。適切な統合率や仮想マシンのサイジングを自動で算出し、管理者のスキルは不要
レポート機能	レポート機能はない	すべてのメトリックとプロパティに対し、多様なフォーマットや期間設定でレポートを自動生成可能
SLA への対応	本番、開発など基盤用途の違いに応じて情報収集や分析を使い分ける機能はない	本番、開発など基盤の用途に応じてポリシーベースで分析の手法を変え、SLA に適合させることが可能
画面のカスタマイズ	画面をカスタマイズする機能はない	監視対象や目的ごとにカスタマイズした画面を作成可能
状況の定量化	メトリックの値（例：CPU ready が何 % か）を測定することはできるが、状況を定量化して評価する手段はなく、深刻度は管理者が判断する必要がある	状況を定量化しスコアとして算出。スキルのない管理者でも深刻度をスコアに基づいて評価することが可能

13.2 vRealize Operations Manager のインターフェイス

　これまで述べてきたとおり、仮想基盤における運用管理には特有の課題があり、解決するためには適切なアプローチが必要です。vRealize Operations Manager（vR Ops）はこれらの課題を解決するためのアプローチを提供します。vR Ops を縦横に駆使して課題を迅速に解決するためには、インターフェイスに習熟し、必要な操作を適切に行うことが大切です。

　本項では、vR Ops のインターフェイスを紹介し、ユーザーが状況に応じて必要な情報を迅速に得て、適切

CHAPTER 13 　仮想基盤の運用管理：vRealize Operations Manager

な対応策がとれるように解説します。vR Opsの使用方法についてある程度習熟している読者は、本節は読み飛ばしてもかまいませんが、13.2.4項では、アラートやシンプトムといったvR Opsを理解するうえで重要な概念を説明していますので、必ず読んでください。

　なお、本章で解説するvRealize Operations Managerは、執筆時における最新版であるバージョン6.1をベースに記述しています。それよりも古いバージョンでは画面や用語が異なる場合があるので注意してください。

　vR Opsはウェブによるインターフェイスを提供しており、アクセスするためには、13.8節で設定するように、vR OpsのURLをウェブブラウザ上で指定します。vR Opsで対応するブラウザは以下のとおりです[1]。

- Google Chrome ―― 最新のリリースおよび以前のほとんどのリリース
- Mozilla Firefox ―― 最新のリリースおよび以前のほとんどのリリース
- Safari ―― 最新のリリース
- Internet Explorer for Windows 10 および 11

- vR Ops 管理画面の URL [2]

    https://<FQDN または IP アドレス>/vcops-web-ent/

　図13.1はvR Opsのログイン直後に表示されるホーム画面です。画面構成としては、左側に「ナビゲーションパネル」が配置されており、vR Opsが管理している仮想環境のオブジェクトやアラート一覧、管理機能などへここからアクセスできます。右側上部にはナビゲーションパネルで選択されている項目・オブジェクトに関する分析、管理情報を表示する「ダッシュボード」がタブ形式で表示されています。ブラウザの中央には選択されたダッシュボードタブの詳細情報を表示する「センターパネル」が配置されています。

図13.1　vR Opsのインターフェイス

【1】　vR Opsに対応するブラウザの種類やバージョンの最新情報については、リリースノートを参照してください。
　　　https://www.vmware.com/support/pubs/vrealize-operations-manager-pubs.html（英語）
【2】　このURLはvR Ops 6.1の場合です。異なるバージョンでは、URLが異なる場合があります。

390

13.2 vRealize Operations Manager のインターフェイス

図 13.2 のとおり、ナビゲーションパネル上部には 5 つのボタンが配置されています。

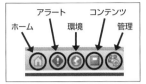

図 13.2 ナビゲーションパネルのボタン

13.2.1 ホームボタン

ログイン直後のホーム画面に移動することができます。ホーム画面では vR Ops が管理しているすべての仮想基盤オブジェクトにアクセスでき、またその全体状態を俯瞰的に確認することができます。

ホームボタンをクリックしてホーム画面に遷移すると、右側のダッシュボードのリストでは、vR Ops が管理している仮想環境全体のオブジェクトを効率的に管理・監視するためにさまざまな角度、さまざまな時間軸で状態を確認できる UI が標準で提供されています。また、標準で提供されているさまざまなダッシュボードの他に、独自に追加できるカスタムダッシュボード（13.7.1 項）などが含まれる場合があります。

図 13.3 は「vSphere 仮想マシン CPU」のダッシュボードです。このダッシュボードでは、主にクラスタ単位での仮想マシン同士の CPU リソース競合状況などを中心として、ヒートマップや CPU リソース要求の多さ、CPU 競合の発生率の高い仮想マシンなどのランキングを確認することができます。

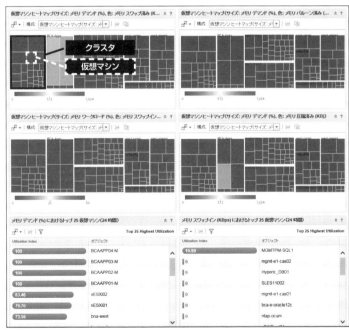

図 13.3 vSphere 仮想マシン CPU のダッシュボード

CHAPTER 13　仮想基盤の運用管理：vRealize Operations Manager

　ヒートマップとは、仮想マシンなどの個々のオブジェクトを四角のブロックで表し、2つの異なる属性（使用率とリソース競合度など）をブロックの大きさと色でそれぞれ表し、仮想マシン間の属性の相関関係を可視化する図です。ヒートマップは、どのオブジェクトのどのリソースにおいて性能劣化が発生しているのかなどの分析に役立ちます。

　ヒートマップを利用することにより、vMotion や Storage vMotion の配置先の決定材料などに応用することもできます。たとえば、図13.3の一番上の左のヒートマップはどの仮想マシンの CPU 使用要求量が多く、競合発生が発生しているかを表示したものです。

　大きい区切りのブロックがクラスタを表し、その中の小さなブロックの1つ1つが仮想マシンを表しています。これにより、ブロックサイズの大きな仮想マシンを vMotion で移行することにより、ホスト間の負荷のばらつきを効果的に平準化できることがわかります。

　これらの仮想マシンのブロックのサイズは、仮想マシンの CPU の使用要求量（デマンド）を表し、ブロックの色は各仮想マシンの CPU の競合発生状況を表し、競合の深刻度に比例して、緑→黄色→赤と変化します。

　図13.4 に示す「vSphere 仮想マシンメモリ」のヒートマップでは、基盤全体のオブジェクトのメモリの不足状況が一覧で確認できます。

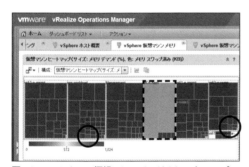
図 13.4　vSphere 仮想マシンメモリのヒートマップ

　[vSphere 仮想マシンメモリ]ヒートマップでは、個々のブロックのサイズが対応する仮想マシンのメモリの使用要求量を表し、色がホストレベルスワップの量を表しています。この図では、丸で囲んだ2つの仮想マシンの色だけが赤く表示されています。これにより、メモリのスワップが大量に発生していることがわかります。

　これらの2つの仮想マシンは、ブロックのサイズが小さいことからメモリ使用要求量が共に小さいことがわかります。また、他の仮想マシンの色は緑で表示されており、他への影響は発生していないことを示しています。したがって、メモリのスワップが発生しているという問題は、2つの仮想マシンのみに閉じていて他には影響を与えておらず、この仮想マシンのみに対処すれば問題が解決できそうです。

　一方、点線で囲んでいる左から4つ目のクラスタは、全体的に、ブロックの色が緑から黄色になりつつあり、クラスタの仮想マシン全体にメモリのスワップが発生していること示しています。スワップの影響がクラスタ全体的に及んでいることから、クラスタのメモリ総量が不足している可能性があることがわかります。

　このように、オブジェクト全体を俯瞰しながら、使用状況などの主要なメトリックに関し、オブジェクト間の相関性を確認することができます。これにより、どのリソースで性能問題やリソースの競合が発生しているか

を確認することができます。

13.2.2 アラートボタン

アラートボタンをクリックすることにより、図13.5のようにR Opsで現在発生している全アラートのリストにジャンプします。アラート名をクリックすると、アラートの詳細・原因・推奨、影響を受けているオブジェクトを確認することができます。

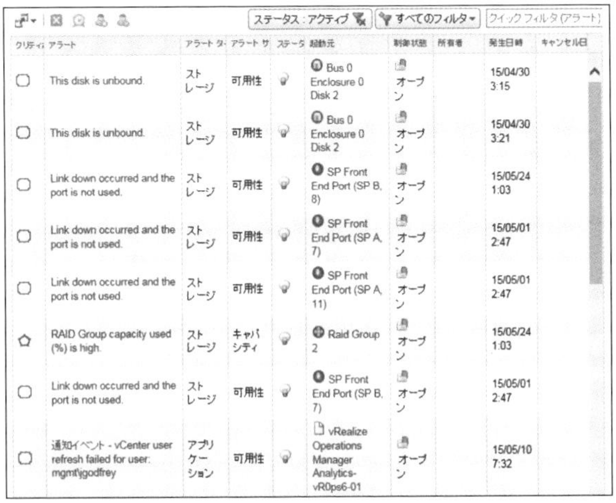

図13.5　現在生成されているアラート情報

13.2.3 環境ボタン

ホーム画面のような基盤全体的な状態ではなく、特定のオブジェクトの状態を確認したい場合は、この環境ボタンをクリックした後の画面からドリルダウンするか、上部右側の検索ボックスで目的のオブジェクト名を検索します。

環境ボタンをクリックすると、左ペイン（ナビゲーションパネル）で［グループおよびアプリケーション］と［インベントリツリー］という項目が確認できます。［グループおよびアプリケーション］は、仮想基盤のオブジェクトをvCenter Serverオブジェクトの観点ではなく、部署／場所／業務などのユーザー環境における業務上の観点から、ユーザーが管理しやすい単位に別途グルーピングしたオブジェクトリストで表示できます。

インベントリツリーには、vCenter Serverオブジェクトの観点でグルーピングされているオブジェクトが表示されます。最初にドリルダウンした直後は、5つのインベントリツリー（「vRealize Operationsクラスタ」「vSphereホストおよびクラスタ」「vSphereネットワーク」「vSphereストレージ」「すべてのオブジェクト」）が表示されますが、13.7.3項で後述するヘテロ環境との連携を行うと、その製品のインベントリツリーが新たに追加されます。

CHAPTER 13　仮想基盤の運用管理：vRealize Operations Manager

　各インベントリツリーをさらにドリルダウンしていくと、関連するオブジェクトがツリー構造で展開されます。たとえば、特定のESXiホストの状態を確認したい場合は、図13.6のように[vSphereホストとクラスタ]を展開していき、目的のホストにアクセスします。

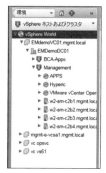

図13.6　インベントリのツリー構造

　特定のオブジェクトをクリックすると、右ペイン（センターパネル）にそのオブジェクトに関する各種の情報を表示することができ、図13.7のような8つの異なるダッシュボードタブが用意されています。

図13.7　8つのダッシュボードのタブ群

- [サマリー]タブ
  選択したオブジェクトに対する健全性、リスク、効率の3つの観点から、情報および下位のオブジェクトにおいて発生しているアラートなど、オブジェクトの状態を表示するサマリー画面です。現時点で緊急度が高く、対処すべき項目のダイジェスト版と言える画面です。

- [アラート]タブ
  選択しているオブジェクトで現在発生しているアラートのリストを確認することができます。

- [分析]タブ
  ワークロードやキャパシティ分析など、オブジェクトの状態をさまざまな角度で分析した結果を確認できます。vR Opsの中心をなす重要な画面です。

- [トラブルシューティング]タブ
  アラートの推奨情報や簡単な分析では解決できない複雑なトラブルの根本原因を特定する際に役立つ情報と、とるべきアクションが表示されます。

13.2　vRealize Operations Manager のインターフェイス

- [詳細] タブ

    vR Ops が収集した個々のメトリック情報を個別に確認することでき、問題の解析をより詳細に行うことができます。

- [環境] タブ

    選択したオブジェクトとその他のオブジェクトの関係性を確認することができ、相関関係や問題の影響範囲などの確認に役立つ情報が表示されています。

- [プロジェクト] タブ

    「13.3.5　残り時間バッジ」にて後述する、統計解析に基づく単純な将来予測だけでなく、現状の環境に対し、「将来的に仮想マシンを追加する」「ホスト台数を増やす」といった、将来の状態に関する仮定のシミュレーション (What-If 分析) を行うことができます。詳細は 13.5.2 項の「What-If 分析による将来予測のシミュレーション」で解説します。これによって、今度どのように現状の環境のキャパシティが変化するのかを分析し、将来的なリソース増強の時期や量についての判断を行うことができます。

- レポートタブ

    vR Ops にはキャパシティ、パフォーマンス、構成情報などに関する 50 種類以上の標準レポートのテンプレートが用意されており、この画面から出力することができます。Advanced などの上位エディションでは、独自レポートを作成・カスタマイズすることが可能です。

13.2.4　コンテンツボタン

　vR Ops は標準で、定義されたダッシュボードやレポート、アラートなどさまざまな項目をユーザーの運用ニーズに合わせて、独自にカスタマイズ・新規作成することが可能です。その作業を行うのがコンテンツ画面です。

　vR Ops のアラートは、後述するように、異なる複数の概念の組み合わせで定義されており、仮想基盤のトラブルシューティングに関する高度なスキルがない場合でも対処できるようになっています。

　具体的には、アラート情報の中には、問題を解決するために実行すべき推奨事項の情報が盛り込まれています。これにより、ユーザーはアラートが発生した場合、(従来はアラートに関する知識や仮想基盤への理解がない限り、どう対処すべきかわからなかったような場合でも)、推奨事項に従って適切に対処することができます。推奨事項は VMware の仮想基盤の運用管理における長年のノウハウに基づいて、標準で提供されているので、ユーザーは特別な設定を行うことなく、VMware のノウハウが享受できます。

　また、アラートは単純に特定のしきい値設定 (たとえば CPU 使用率が 90% 超えた場合) で通知されるだけなく、さまざまな事象を組み合わせた条件が満たされた際に初めて通知するように設定することもできるため、アラートの大量発生を防ぎ、精度の高いアラート運用を行うことができます。

　アラートを作成する際は、以下の情報を組み合わせて定義します。

CHAPTER 13　仮想基盤の運用管理：vRealize Operations Manager

- ベースオブジェクト

  監視対象のオブジェクト種別（仮想マシン、ホストなど）を指定します。

- 影響

  健全性・リスク・効率のいずれに関係するのか、重要度はどの程度か、連続何回しきい値違反が発生すると通知するかなどを指定します。

- シンプトム（複数指定可能）

  シンプトムとはvR Ops固有の概念で、システム上で発生した何かよからぬ現象またはその兆候のことを指し、何らかの対処が求められる症状を表します。具体的には、12.4.1項で解説したような、仮想マシンの「準備完了」（CPU Ready）の値がしばらく10%を超えているなどの「症状」のことです（後述）。

- 推奨（複数指定可能）

  シンプトムが発生したとき、とるべき対応の推奨を記述します。前述したように、VMwareの知識ベースに基づいて、標準提供されている推奨事項（どういう場合にはどういう対処をとることが適切かという情報）から選択することも可能ですし、独自に作成する推奨事項として何らかのメッセージをテキストまたはHTMLで指定することも可能です（たとえば、「Storage vMotionを使用して、合計IOPS値の低いデータストアに移行する」といった独自の推奨を設定するなど）。

- アクション

  シンプトムがトリガーされた場合にそれに対処するため、vCenter Serverなどと連携して「仮想マシンの仮想CPU数を増やす」など具体的なアクションがとれるように定義します。

上記のようにアラートをシステマティックに定義することにより、以下の一連のプロセスが自動化されます。

1. シンプトムによる分析・監視
2. アラートの発報
3. 対処方法の推奨を提示し、アクションをトリガーする

■シンプトム

シンプトムは、VMwareの知識ベースに基づいて標準で980種類以上用意されており、ユーザー環境にて独自の項目を監視したい場合は、独自に作成することも可能です。たとえば、図13.8はCPUの競合に関するシンプトムです。

図 13.8　シンプトムの作成

この図のように、シンプトムは以下の条件から構成されます。

- シンプトム名
「CPU 競合がクリティカルです」などの症状の具体的な内容が理解しやすいような名前を付けます。

- 条件式
メトリック（図では「CPU|CPU の競合 (%)」）が 40 より大きい、のような条件式を指定します。

- クリティカル度
クリティカル、警告、情報など症状がどの程度クリティカルを表す度合いを指定します。

- 待機サイクル
連続何回条件式違反が発生した場合にシンプトムがトリガーされる、といった条件を指定します。1 サイクルは、デフォルトでは 5 分間です。サイクル数を定義することにより、「CPU|CPU の競合 (%) が 40 より大きい」というような状況が、どの程度の期間続いた場合にシンプトムをトリガーするかを定義します。瞬間的なピークでアラートを出すのではなく、症状が継続して起こっている場合にアラートを出すという目的に使用します。

- キャンセルサイクル
待機サイクルに達し、いったんシンプトムがトリガーされた後で、発動したシンプトムがキャンセルされる条件を指定します。連続何回条件式が発生しなかったかを定義することにより、いったんクリティカルな状況が発生した後で状況が収まった場合に、シンプトムをキャンセルするため定義します。

13.2.5　管理ボタン

vR Ops 自身の設定や管理を行うための画面にジャンプします。たとえば、ライセンス、アクセス権、アラート送信先、証明書などをここで設定します。

なお、用語の意味や使い方を確認したい場合は [?] マークのヘルプボタンをクリックします。インターネットに接続できる環境であれば、vR Ops のドキュメントセンターに移動し、オンラインマニュアルを確認することができます。

CHAPTER 13　仮想基盤の運用管理：vRealize Operations Manager

13.3　分析バッジによる各種の課題の解決

　仮想基盤の運用管理特有の課題を解決するために、vR Opsではバッジという概念を導入し、それぞれのバッジに個々の運用管理の課題を結びつけています。たとえば、[残りキャパシティ]バッジにより、ESXiホストなどのオブジェクトに対し、パフォーマンスを劣化させることなくあと何台の仮想マシンを追加で稼働できるか、といった残りキャパシティの分析と、クリティカルな状態(残りキャパシティがほとんどない、など)を表すことにより、課題を持っている基盤管理者が、迅速に課題解決を行うための手段を提供します。

　個別のバッジで、vCenter Serverや他のシステムからvR Opsが収集した数万〜数十万個のメトリックに基づいて、VMwareの知識ベースを駆使したvR Ops固有の理論で算出した結果を表示し、その結果を信号の色に模して評価します。

　バッジは、ホームボタンの[分析]タブをクリックすることにより表示されます。バッジには[ワークロード][アノマリ]など合計9種類あり、それぞれのバッジで、運用管理の課題を解決するための分析結果、手段を提供します(図13.9)。

図13.9　バッジの種類

　バッジの色は、問題の深刻度に基づいて、緑→黄色→オレンジ→赤色と変化し、深刻度に応じたスコアが表示されていきます。図13.10のように、ユーザーはバッジのスコアと色により、当該オブジェクトで起きている状況の深刻度を定量化して把握することが可能です。

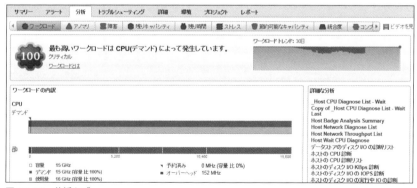
図13.10　分析タブ

13.3.1　ワークロードバッジ

　ワークロードとは、現在オブジェクトに対してどの程度負荷(ワークロード)がかかっているかを表します(図13.11)。

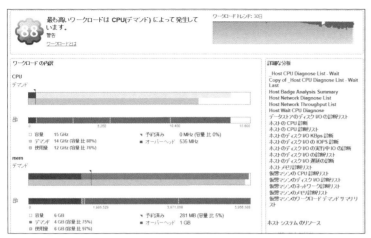

図 13.11　ワークロード

ワークロードのスコアは以下の式で算出されます。

ワークロード＝デマンド÷利用資格…………（式1）

デマンドとは、オブジェクトが CPU などの物理リソースを要求した量で、以下の式で概算されます。

デマンド＝使用率＋競合（CPU の場合）…………（式2）
デマンド＝有効メモリサイズ（メモリの場合）

従来の物理環境をベースとした運用管理ツールでは、オブジェクトの負荷状況を表す指標として、しばしば使用率が利用されています。

一方仮想基盤では、物理リソースは仮想マシン間で共有されているため、個々の仮想マシンなどのオブジェクトが常に物理 CPU などのリソースを使用できるとは限りません。仮想基盤におけるオブジェクトの使用率とは、そのオブジェクトにリソースがアサインされている時間におけるリソースの使用率を表します。

たとえば 10 秒間のうち、ある仮想マシンには物理 CPU リソースが 5 秒間アサインされており、そのうち 3 秒をゲスト OS で使用したとすると、CPU 使用率は 3 ÷ 5 = 60% となります。これは仮想マシンに物理 CPU がアサインされていないときの仮想マシンの状態を表しておらず、12.4.1 項で説明したとおり、物理 CPU がアサインされていないときに「準備完了」などが発生し、パフォーマンスの劣化につながります。したがって、ゲスト OS から見たリソースの使用率は仮想マシンのパフォーマンス劣化を正確に表すことができません。

この問題を解決するために vR Ops が独自に導入したメトリックが、デマンドです。式 2 のように、デマンドは使用率と競合とを含んでおり、オブジェクトが「必要とした」リソース量を表すのに最適です。「オブジェクトのデマンド＞使用率」の場合は、競合が発生していることを表し、明確なパフォーマンス劣化の状態を示しま

す。すなわち12.2.2項で説明した2次元的な要因です。

利用資格とは、そのオブジェクトが仮想基盤から受け取ることができる物理リソース量で、仮想マシンの場合は仮想CPU数やメモリサイズなどの割り当て量に相当し、ホストの場合は物理サーバーのCPU能力や物理メモリサイズなどに相当します。

仮想マシンの資格の量は、同一ホスト上の他の仮想マシンとのシェア値、制限、予約値との兼ね合いで決まり、優先順位の高い仮想マシンや物理リソースが潤沢にある状態では資格の値は高くなります。

式1のように、ワークロードはデマンドを資格で割った数値です。このことから理解できるのは、ワークロードが100%未満の場合は、必要なリソースがオブジェクトにきちんと割り当てられており、競合も過度に発生していないことです。つまり健全な状態です。

一方100%以上の場合は、①競合が発生している、②資格の値が少ない、などの理由によりオブジェクトへのリソースの割り当て不足が発生していることを意味します。このことから解釈できるのは、割り当て値または優先順位を上げるなどしてオブジェクトの受け取れるリソースの資格の値を増やす（1次元的要因）か、vMotionで移行するなどして競合を減らす（2次元的要因）などの措置が必要であることです。

ワークロードのスコアは、CPUやメモリなど個々のリソース種別ごとに算出し、それらの中で最も値の高いものになります。スコアが低いほどワークロード的に良好な状態（緑色）を表し、スコアが高くなるほど色が黄色〜赤色に変化します。

なおvR Ops 6.1では、ポリシー設定によりメモリのデマンド値（「有効」とほぼ同等）の代わりに「消費」値を使ってワークロードの算出が可能です。「有効」および「消費」については、12.4.2項の図12.13を参照してください。vR Ops 6.1のポリシー設定の具体例については、13.6.4項を参照してください。

13.3.2 アノマリバッジ

アノマリとは、簡単に言うと「オブジェクトの状態がいつもとどの程度異なっているか」を表す指標です。

vR Opsが取得した過去1週間分のメトリックの統計に基づき、各メトリックの曜日および時間帯ごとの挙動を算出し、統計的にこの範囲に収まっているであろうしきい値（動的しきい値）を算出します。たとえば、ある仮想マシンのCPU使用率は、通常月曜の朝9時には、70〜80%に跳ね上がるが、10時過ぎると20〜30%に落ち着くといったような挙動の統計データに基づいた学習値が動的しきい値です。

アノマリのスコアは、オブジェクトごとに全メトリックの動的しきい値違反の個数をベースに算出されます（図13.12）。

13.3 分析バッジによる各種の課題の解決

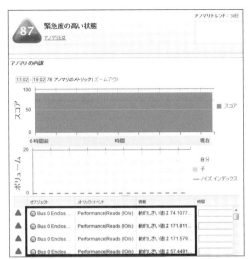

図 13.12　アノマリ

　アノマリは、「システムに何らかの異常や障害が発生した場合は、いつもと異なる挙動を示しているものが原因であることが多い」という経験則に基づいてバッジ化されたものです。アノマリにより、トラブルが発生したオブジェクトについて、何が根本原因（あるいは原因から派生したもの）であるかを、上記の経験則に従って、「いつもと異なる挙動を示したもの」をターゲットに調べるという手段を提供しています。

　アプリ、OS、ホスト、ネットワーク、ストレージなど多様なエレメントで構成される仮想基盤において、できるだけ迅速に根本原因を見つけることに役立ちます。図 13.12 においては、線で囲んだ部分、すなわち Read IOPS がいつもより大きく、当該オブジェクトにおいて多数の読み込み処理が発生しており、それが問題の原因である可能性を示しています。

　また、実際に具体的なトラブルが発生していない場合でも、アノマリのスコアが高まることにより、トラブルの予兆となることがあります。したがって、アノマリスコアが高いオブジェクトについては、具体的な問題が起こりそうかを調査することにより、トラブルを未然に防ぐことができる場合があります。

　アノマリバッジのスコア値が高い、もしくは黄色～赤の場合は、何らかの通常ではない事象が発生していることを示唆します。

13.3.3　障害バッジ

　物理サーバーの CIM ベース監視、物理 NIC 障害に伴うチーミングの劣化、vSphere HA による仮想マシンのフェイルオーバーなど、vSphere 環境上で健全性をモニターできるオブジェクトに対するスコアです。あるオブジェクトに障害が発生すると障害スコアが上昇（通常は赤になる）し、障害のあるオブジェクトを見つけることが可能になります。

　図 13.13 は、ESXi ホストの物理 NIC（vmnic2 および vmnic3）でリンクダウンが発生したことを表しています。

図 13.13　障害

 残りキャパシティバッジ

13.1.2 項で述べたように、ホストやデータストアなどの適切なリソース残量（性能劣化なしにあと何台の仮想マシンを追加稼働できるか）を知ることは、追加ハードウェアコストを削減するうえで、必須の課題です。

「残りキャパシティ」バッジは、過去の統計（デフォルトでは過去 30 日）に基づいて、ESXi ホストなどのオブジェクトで、性能劣化なしにあとどのくらいの仮想マシンを追加稼働できるかを具体的な個数で算出します。これによりシステム管理者は、仮想マシンを安全に追加稼働することができ、仮想マシン追加のために物理サーバーを購入する余分なコストを削減することが可能になります。

追加可能な仮想マシン数を算出するために、ホストのワークロードがピークのときでも十分にリソースが賄えるように、過去の統計に基づいてオブジェクトのリソースデマンドの上限値（ピーク時におけるリソースデマンドをベースに算出）を求めます（図 13.14 の「推奨サイズ」（ストレスなしの値））。

13.3 分析バッジによる各種の課題の解決

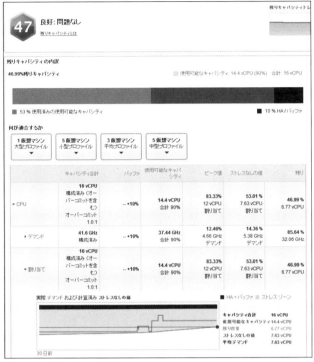

図 13.14　残りキャパシティ

　また、平均的な仮想マシンのプロファイル（平均的な仮想マシンの CPU やメモリのデマンド）を、「推奨サイズ」（ストレスなしの値）とホスト上の仮想マシン数から求めます。

平均仮想マシンプロファイル＝推奨サイズ÷仮想マシン数…………（式 3）

　これにより、ピーク時において各仮想マシンで必要としていたリソースデマンドを算出することができます。次に、ホストのピーク時における残りキャパシティは次の式で求められます。

残りキャパシティ＝キャパシティ合計−バッファ−推奨サイズ…………（式 4）

　バッファとは、vSphere HA 発動時や緊急時に仮想マシンを動かすために確保しておく予約です。キャパシティ合計とは、物理リソース量の合計です。
　残りキャパシティと平均プロファイルにより、（過去のピーク時を基に）追加で稼働できる仮想マシン数が算出できます。

追加可能仮想マシン数＝残りキャパシティ÷平均プロファイル…………（式 5）

これを表したものが、図 13.15 です。

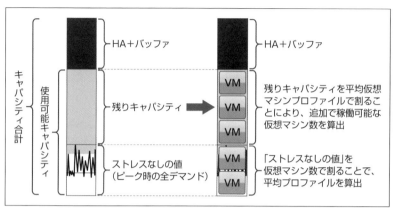

図 13.15　追加可能仮想マシン数の算出方法

　追加可能仮想マシン数は、図 13.14 の「プロファイル別残りキャパシティ」の項目で、プロファイルごとに表示されています。上記の計算を、CPU やメモリなどのリソース種別ごとに行い、その中で最も枯渇している（すなわち追加可能仮想マシン数が少ない）ものをもって、最終的な追加可能仮想マシン数とします。

　なお vR Ops 6.1 では、デマンドベースにおけるメモリの「残りキャパシティ」および「ワークロード」を計算する際に、デマンド値（「有効」とほぼ同等）の代わりに「消費」値を使用できます。「有効」および「消費」については、12.4.2 項の図 12.13 を参照してください。vR Ops 6.1 のポリシー設定の具体例については、13.6.4 項を参照してください。

13.3.5　残り時間バッジ

　仮想基盤において、仮想マシン数の増加などによりホストなどの基盤のリソースが枯渇することが予想されるかを算出したり、枯渇するとすればあと何日間で枯渇するのかを算出するのが、「残り時間」バッジです。

　残り時間の算出ロジックは以下のとおりです（図 13.16）。

1. CPU、メモリなどリソース種別ごとに過去の利用可能容量およびリソースデマンドのトレンドをプロット（デフォルトで過去 30 日間分）します。
2. プロットに最もフィットする近似式（トレンド）を求めます。
3. トレンドに基づき、将来のデマンド予測曲線を外挿します。
4. 利用可能容量と予測曲線が交わる（つまり残りキャパがゼロになる）時点をもって、残り時間とします。

13.3 分析バッジによる各種の課題の解決

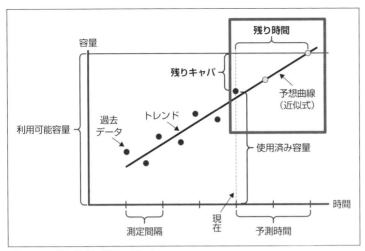

図 13.16　残り時間の算出ロジック

　上記の計算を、CPU やメモリなどすべてのリソース種別ごとに行い、最も残り時間が少ないものをもって、最終的な残り時間とします。図 13.17 では、メモリが最も近い将来枯渇することが予想されるリソースであり、枯渇までの日数は 35 日間です。メモリ以外ではディスク領域が 178 日で枯渇することが予想され、CPU は 1 年以上枯渇することがないと予想されます。

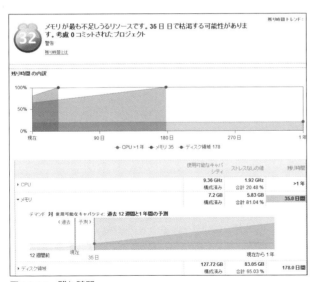

図 13.17　残り時間

　残り時間バッジのスコア値が低い、もしくは黄色〜赤の場合は、リソースが枯渇する日が近いことを意味します。

405

CHAPTER 13　仮想基盤の運用管理：vRealize Operations Manager

13.3.6　ストレスバッジ

　ストレスバッジは、文字どおりオブジェクトにストレスがかかっているかどうかを表す指標で、長期的なワークロード（6週間）をベースに算出されます。

　ストレスがかかっているオブジェクトは、リソースが枯渇状態にあり、追加のリソースが必要であることを表します。具体的には、オブジェクトが仮想マシンである場合、ストレススコアの高い仮想マシンは、デマンドに対して利用可能なリソース（資格）が枯渇し、パフォーマンス劣化の要因（1次元的な要因）になっている可能性があります。

　一方、ストレススコアの低いオブジェクトは、デマンドに対してリソースに余裕があり、リソース割り当てがオーバーサイズである可能性があります。したがって、13.5.3項で後述する「節約可能なキャパシティ」で算出された、リソース割り当ての節約が可能なオブジェクトのうち、真っ先に節約すべきオブジェクトは何か、という優先順位付けをするのに利用できます。ストレススコアは、ピーク値をベースに「推奨サイズ」（ストレスなしの値）から算出されるので、スコアの低い仮想マシンはピーク時でもリソースに余裕があるため、安全にリソースを節約することが可能であると考えられるからです（図13.18）。

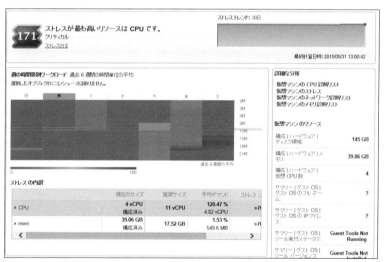

図13.18　ストレス

　ストレスバッジのスコア値が高い、もしくは黄色〜赤の場合、高いワークロードが継続的に発生していることを意味します。図13.18で表されているマップは、そのオブジェクトの曜日（横軸）および時間帯（縦軸）ごとのストレスの状態（過去6週間分）を表し、何曜日の何時ごろに最もストレスが高いかといった統計的な傾向を把握するのに役立ちます。

13.3.7 節約可能なキャパシティバッジ

13.1.2項の「仮想マシンへのリソース割り当てが過剰」で解説したように、多くの仮想マシンではリソース割り当てが過剰な状態であり、結果として仮想基盤のリソースを無駄遣いし、ハードウェアコストを上昇させる原因となっています。

節約可能なキャパシティバッジでは、過剰にリソースが割り当てられていて、節約が可能なオブジェクトを見つけ出し、さらにどの程度の量が節約可能であるかを算出します。

節約可能な量の算出方法は、13.3.4項で算出した残りキャパシティとほぼ同じです。式4を仮想マシンに当てはめ、仮想マシンへの割り当てサイズから仮想マシンの過去のピーク値（ストレスなしスコア）とバッファを引いた値です（図13.19）。

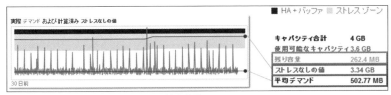

図13.19　節約可能なキャパシティの算出方法

ホスト上に存在する個々の仮想マシンの「節約可能なキャパシティ」サイズを合計したものが、ホスト単位の「節約可能キャパシティ」サイズです。節約可能キャパシティは、CPU、メモリおよびアイドル・パワーオフ状態または長時間使われていないスナップショットを削減することにより節約できるディスク領域からなります（図13.20）。

図13.20　節約可能キャパシティ

節約可能なキャパシティバッジのスコア値が高い、もしくは黄色〜赤の場合は、浪費されているリソースが多いことを意味します。「13.3.6 ストレスバッジ」にて前述したように、リソースの節約可能な多数の仮想マシンのうち、どの仮想マシンが安全に節約できるかを判別するためには、ストレススコアを用いることができます。すなわちストレススコアの低い仮想マシンは長期的なピーク性が低いため、安全に節約することが可能です。

13.3.8 統合度バッジ

ホストあたりの稼働仮想マシン数、すなわち統合率を高めることにより、ハードウェアコスト削減効果を高めることができます。一方、13.1.2項の「適切なリソース残量が把握できない」で解説したように、仮想基盤管理者は、性能劣化が起きないようにすることが求められているため、あまり統合率を上げることができず、仮想化によるコスト削減効果を半減させているのが現状です。

統合度バッジでは、過去30日（デフォルト）における統計データを基に、ピーク時においても性能劣化なしに、統合可能な仮想マシンの最大値を算出します。算出式は、「残りキャパシティ」で算出した「追加可能仮想マシン数」と稼働（パワーオン）中の仮想マシン数を合計した、次の式で表されます。

統合度＝パワーオン中の仮想マシン数＋追加仮想マシン数　………（式6）

図13.21のように、統合度は、最適な統合率でプロビジョニングされているかどうかをスコアで算出します。統合度を高める余地が高い（つまり改善の余地がある）ほどスコアが低下します。

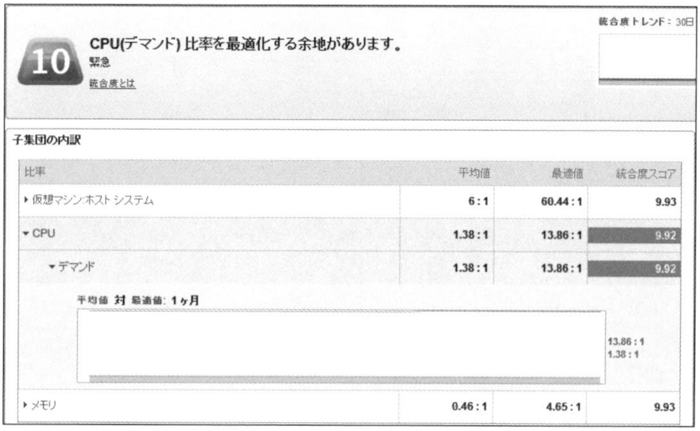

図13.21　統合度

統合度バッジよって統合率を安全に向上させることができ、より効率的なコスト削減を目指すことができます。統合度バッジのスコア値が低い、もしくは黄色〜赤の場合は、統合率が低いことを意味します。

13.3.9 コンプライアンスバッジ

コンプライアンスバッジは、ESXi ホストや仮想マシンの構成設定について、主にセキュリティの観点から改善の余地があるかどうかを表すバッジです（図 13.22）。

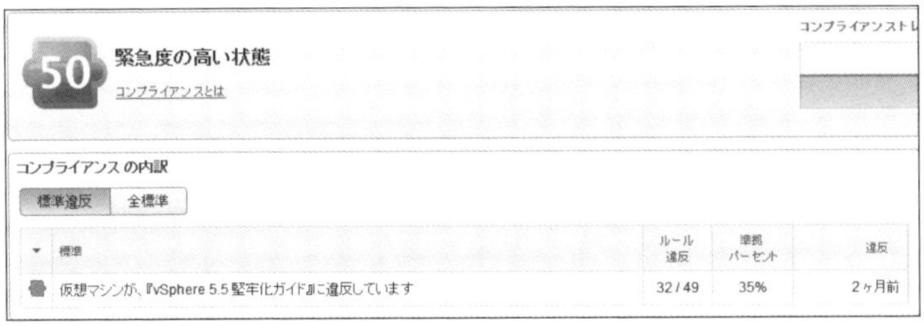

図 13.22　コンプライアンス

基準となるセキュリティ標準は、デフォルトでは「vSphere 5.5 Hardening Guide」[3] を用いますが、vRealize Configurations Manager と連携することにより、PCIDSS などの業界標準のセキュリティ標準を適用させることも可能です。

コンプライアンスバッジのスコア値が低い、もしくは黄色～赤の場合は、ポリシー違反の深刻度が高いことを意味します。

表 13.2 は、上記 9 種類のバッジのスコアとよい状態のマッピングです。

表 13.2　バッジのスコアとよい状態のマッピング

バッジ	よい値
ワークロード	0
アノマリ	0
障害	0
残りのキャパシティ	100
残り時間	100
ストレス	0
節約可能なキャパシティ	0
統合度	100
コンプライアンス	100

【3】　https://www.vmware.com/jp/security/hardening-guides

CHAPTER 13　仮想基盤の運用管理：vRealize Operations Manager

13.4　パフォーマンスの分析方法

　13.1.1項で概説し、12.1節および12.2節で詳細に解説したように、仮想基盤におけるパフォーマンスに影響を与える要因は、1次元的、2次元的などオブジェクト単独、または複数オブジェクト相互による影響だけでなく、ゲストOS、アプリケーションレイヤー、仮想化レイヤー、物理ホスト、ネットワーク、ストレージの物理レイヤーなど、複数のレイヤーにまたがる非常に広範囲かつ複雑な課題です。

　第12章では、ホスト、ストレージなどの各レイヤーについて、1、2次元的要因を調査する方法について詳細に記述しましたが、どのオブジェクトが問題を起こしているかという発生箇所、およびその根本原因は何かを簡単に突き止める方法については記述していません。

　というのは、ESXTOPやWeb Clientのパフォーマンスチャートでは、個々のオブジェクトのメトリックを個別に調べる必要があるため、発生箇所（オブジェクト）や根本原因は、原因となりそうなメトリック（CPUに限っても、使用率、準備完了、相互停止、待ち時間など調査すべきメトリックは複数にわたる）をすべて調査したうえでないと、突き止めることができないからです。

　vR Opsではこのような状況を改善し、さまざまな角度から統一的な手法を用いて、できるだけ迅速に問題発生の箇所や根本原因を特定し、適切な対応策をとる方法を提供します。

　本節を読むにあたり、「準備完了」などのパフォーマンスに影響を与えるメトリックに対する理解が必要となるため、第12章を事前に通読しておくことをお勧めします。またバッジによる分析を行いますので、13.3節の関連あるバッジ（ワークロード、アノマリ、ストレス）についても目を通しておく必要があります。

13.4.1　状況把握のためのプロセス

　前述のとおり、仮想基盤に対して何らかの性能問題が発生した場合、解決のためには通常以下の3つのステップを踏襲する必要があります。

1. 問題が発生しているオブジェクトの特定
2. 問題の正確な状況把握と根本原因の特定
3. 解決方法の検討と実行

　特に難しいとされるのが、2.の問題の正確な状況把握です。第12章で述べたように、仮想環境は同一のリソースを複数のオブジェクト間で共有するうえ、それらの関係性を把握しにくいため、何となく問題が起きていることは体感・把握できても、正確な状況把握が困難です。正確な状況把握ができないため根本原因の特定もできず、仮想環境は性能劣化の原因追及が難しいという印象を与えることになります

　とはいえ、12.2節で解説したように、仮想環境で発生している性能問題の原因は次の2つに絞られます。「リソースの割り当て不足（1次元的要因）」もしくは「リソース競合による性能劣化（2次元的要因）」です。

　この観点で問題の状況把握をいかに行うべきかを考えると、調査すべき項目は絞られます。次に、これら項

目をプロセスに従い調査すれば、問題の状況を正確に把握できるようになり、その原因の特定も可能になります。

以下はVMwareの長年の知識ベースに基づいた、状況把握のためのプロセスです。

1. その仮想マシンに割り当てられたリソースは、その仮想マシンのデマンドを満たしているのか？
2. 制限値の設定でその仮想マシンのデマンドを制限してないか？
3. 同一リソースを共有する仮想マシンの状態は正常か？ 影響を受けている可能性はないか？
4. 上位もしくは下位のリソースの性能劣化に影響を受けている可能性はないか？
5. 問題が報告もしくは検知されたタイミングで何かしらの変更イベントは発生していないか？

上記のプロセスを踏襲することにより、問題の状況把握を行うことが可能になりますが、vR Opsを利用すれば、一連の調査が必要とする情報を仮想基盤のパフォーマンス分析のスキルレベルに依存することなく把握することができます。次項からは、そのプロセスについて解説していきます。

13.4.2 問題が発生しているオブジェクトの特定

性能問題の最初のステップとして、どのオブジェクトで問題が発生しているのかを特定します。発生箇所のオブジェクトを特定する方法として、次の2つが挙げられます。

1つ目はアラートの発報、またはその仮想マシンのサービスを利用しているユーザーからの「サービスの動きや処理が遅い」といった報告を受けることにより、問題が顕在化するケースです。この場合は、どのオブジェクトで問題が発生しているか（発生箇所）が比較的明確になっています。

2つ目はトラブルが報告されていない、あるいは報告されていても発生箇所が不明である場合に、発生箇所を特定する方法です。

以降では、これら2つの方法について解説します。

■問題の発生箇所がわかっているか、見当が付いている場合

どのオブジェクトで問題が発生しているかが判明している場合に、目的のオブジェクトにアクセスする方法は2つあります。1つは、ホーム画面の［環境］ボタンのインベントリーツリーから目的のオブジェクトにアクセスする方法で、もう1つは、上部右側の検索ボックスで目的のオブジェクト名を名前検索する方法です。

目的のオブジェクトにアクセスすると、右ペインのダッシュボードではデフォルトで［サマリー］タブが表示されていますので、その内容を確認します（図13.23）。

CHAPTER 13　仮想基盤の運用管理：vRealize Operations Manager

図 13.23　サマリータブ

　ここでは、健全性・リスク・効率性の3つの主要な指標が表示され、各指標にはそれらに関係するアラートが表示されています。[アラート]ペインに表示されている内容は、選択されているオブジェクト自身に現在発生しているアラートです。[アラート(子孫)]ペインに表示されている内容は、選択されているオブジェクトに紐付く下位のオブジェクトで発生しているアラートです。

　オブジェクトの関係ツリーは、ホスト／仮想マシンの観点の場合は、上位から、vSphereワールド→vCenter→データセンター→クラスタ→ホスト→リソースプール→仮想マシン→データストアの順になります。具体的な関係性は[環境]タブの[概要]で確認します。目的のオブジェクトのアイコンをクリックすると、そのオブジェクトに関係する上位および下位のオブジェクトがハイライト表示され、無関係なオブジェクトはグレイアウトされます(図 13.24)。

13.4 パフォーマンスの分析方法

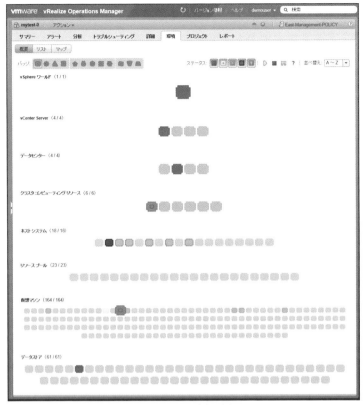

図 13.24　環境タブの［概要］で確認できる依存関係

次に、アクセスしたオブジェクトの健全性・リスク・効率性の色（スコア）はどうなっているかを確認します。

1. いずれかの指標が赤く表示されている場合

図 13.25 の例では、vR Ops のアラートによって問題が発生していることを検知しています。［リスク］ペインにおいて、問題がある旨のアラートが表示されています。アラートメッセージにより、CPU の負荷が高い状態が長期間継続していたことが確認できます。

図13.25 仮想マシンのサマリーの「リスク」ペイン

　画面で表示されているアラートをクリックすると、図13.26のように具体的なアラートの情報と共にアラートの発生原因（この例では仮想マシンのCPUストレスが高いこと）、問題を解決するための推奨（この例では「仮想CPU数を推奨値に従って追加する」）が表示されます。

図13.26 発生しているアラートの詳細情報

　この図では原因や推奨事項も表示されているため、次項での調査内容についても、ここで既に明確になっています。ただし、事象によっては他のオブジェクトに影響している可能性もありますので、別途個別の詳細確認は実施すべきです。また問題が複雑な状況であれば、他にも複数の要因が関係しており、アラート情報だけでは根本原因の特定に至らないケースもあります。
　したがって、より正確かつ詳細な状況の把握のステップは性能分析において非常に重要なプロセスとなります。

2. いずれかの指標が赤く表示されていない場合

この場合は、vR Ops が何らかの症状（シンプトム）を検知していないということになります。通常の vR Ops 環境[4]では、vR Ops が検知する範囲は仮想基盤に限定されるので、検知していないということは、原因が仮想基盤にあるとは限らない可能性があります。この場合は、問題箇所の OS やアプリの所有者に連絡し、状況を再調査してもらうのがよいでしょう。

■問題の発生箇所がわからない場合

この場合は、基盤全体を俯瞰できるホーム画面が役立ちます。ダッシュボードの［推奨］タブを確認します（図 13.27）。

図 13.27　ホーム画面の推奨タブ

この図のように、前述の［サマリー］タブと同様、健全性・リスク・効率の 3 つの指標が表示され、基盤全体に対して現在生成されているアラートと、関係ツリーの下位の子孫オブジェクトのアラートが表示されます。ここに表示されているアラートの有無から、問題が発生しているオブジェクトを確認することができます。

またアラートが上がっていない場合には、基盤全体の中で「問題のある」オブジェクトが存在していないかどうかは、［健全性のウェザーマップ］の黄色～赤のブロックの存在により判断できます。ブロックの色は、ワークロードや障害バッジなど、オブジェクトの健全性にかかわるバッジのスコアにより色分けされます。したがって、何らかの問題のあるオブジェクトは赤などで表示され、問題箇所の特定に役立てることが可能になります。

【4】　13.7.3 項のようにヘテロ環境用の管理パックを導入することにより、アプリケーションやストレージレイヤーなどの検知が可能になります。

CHAPTER 13　仮想基盤の運用管理：vRealize Operations Manager

図13.28のように、丸で囲んだ赤色のブロックにカーソルを当てることにより、オブジェクト名と各種のスコアを確認することができます。この図では、ワークロードが180と表示されており、問題の原因がワークロードにあり、スコアが180というクリティカルな状態（通常は100以下が正常）であることがわかります。

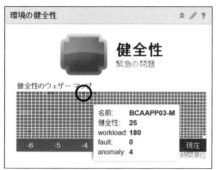

図13.28　ウェザーマップ

このようにホーム画面では、問題が発生している箇所がオレンジや赤のブロックで表示されるため、問題箇所および原因が特定できていない場合に、特定するヒントになります。

さらに、オレンジや赤色などで表示されているブロックをダブルクリックすると、そのオブジェクトの情報画面に遷移し、問題が顕在化しているときの対処と同様に、［サマリー］タブに表示されているアラートから問題の状況をより詳細に把握することができます。また「13.3.2　アノマリバッジ」にて解説したアノマリスコアがヒントになる場合があります。アノマリスコアが高いオブジェクトは、「いつも異なる挙動」を示しており、何らかの異常な状態にある可能性があるためです。

13.4.3　問題の正確な状況把握と根本原因の特定

［サマリー］タブでアラートの状況を確認した後は、より正確な状況把握に進みます。前述のとおり、このステップは最大の難関でもありますが、13.4.1項で説明したプロセスを踏襲してポイントを確認することで、シンプルに状況を把握することができます。

ここでは、CPUに関する性能問題のアラートが発生している仮想マシンについて、正確な状況把握と根本原因の特定を行います。

■1. その仮想マシンに割り当てられたリソースは、その仮想マシンのデマンドを満たしているのか？

デマンドとは、13.3.1項で解説したように、オブジェクトがCPUなどの物理リソースを要求した量であり、オブジェクトがどの程度の量のリソースを必要としているかを示します。

デマンドをその仮想マシンのリソース利用の資格値（優先順位に基づく割り当て量）で満たすことができているかを判断するためには、ワークロードやストレスバッジによる確認が有効です。ワークロードやストレスの状況が健全かどうかは、対象のオブジェクトのダッシュボードの［分析］タブで確認します。

[分析] タブ

分析タブでは、各種バッジ情報を確認することができ、選択しているオブジェクトが適切にリソースを利用しているのかの解析を行うことができます。ここでは、ワークロードバッジを確認します。

図13.29のように、この仮想マシンにはワークロードが100であり、かつデマンド（3GHz）が使用量（2GHz）よりも高いことがわかります。これは2つの問題点を表しています。

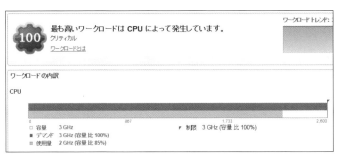

図13.29　ある仮想マシンのワークロード

1つ目は、ワークロードが100であることから、13.3.1項で解説したように、割り当てリソース（資格）がそもそも不足しているのではないか、ということです。これは、システムにより何らかの制限がかかっているか、もしくは単純に割り当てリソース量が足りないということが考えられます。

2つ目は高いデマンドにもかかわらず使用量の少ないということから、何らかの理由で期待したリソースが割り当てられておらず、「準備完了」や「相互停止」などのリソース競合が発生している可能性があります。

■2. 制限値の設定でその仮想マシンのデマンドを制限してないか？

リソース割り当て量不足の要因として、リソース割り当てポリシーである「制限」の有無を確認します（3.3.1項を参照）。仮想マシンの制限値（3GHz）は容量（3GHz）と同じなので、特別な制限はかかっていないことが判明します。

1つ目の問題点については、リソースの資格には問題ないと判明しました。2つ目の課題については、使用量が資格のキャパシティである制限値以下であるため、この仮想マシンは競合が発生していることを明確に意味しています。したがって、他の仮想マシンとのリソース競合について確認する必要があるということが判明します。

■3. 同一リソースを共有する仮想マシンの状態は正常か？ 影響を受けている可能性はないか？

画面を下にスクロールして［関連オブジェクト内のワークロード］を確認します（図13.30）。

仮想基盤の運用管理：vRealize Operations Manager

図13.30　関係オブジェクト内のワークロード

　この図の［ピア］とは、同一リソース元（仮想マシンの場合は同一ESXiホスト）を共有する仮想マシン群を示すもので、同一ESXiホスト上の全仮想マシンのワークロードが高いことがわかります。また、［親］であるホストのワークロードも同じく高くなっていることがわかります。

　これにより、何らかの性能影響の相互関係があるかもしれないということが推測されます。この可能性を確認するために、該当仮想マシンのCPUの競合使用状況を確認します。図13.31のワークロード画面の［詳細な分析］ペインにある［仮想マシンのCPU診断］をクリックします。すると、ダッシュボードの［詳細］タブの［ビュー］に遷移します。

図13.31　詳細な分析

［詳細］タブ

　［ビュー］は、「詳細」タブのセンターパネルからもアクセスできます。このパネルは、2つのボタン［ビュー］と［ヒートマップ］から構成されています。

- ビュー

　　ここではより詳細な解析を行うため、使用頻度の高いメトリックやグラフをあらかじめ登録、編集すること

が可能で、あらゆるメトリックや構成情報の登録が行えます。

たとえば、性能劣化、データストアの残り容量一覧などをリストアップすることが可能です。表示形式としては、リスト形式やグラフ形式など 6 種類から選択可能で、約 170 個のビューが標準提供されています。[分析] タブの [仮想マシンの CPU 診断] からこのペインにアクセスした場合は、該当の仮想マシンに関する詳細な CPU 使用状況を確認できる、CPU 使用率や競合の時系列によるグラフおよびトレンドを確認できます (図 13.32)。

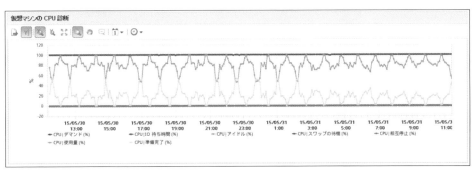

図 13.32 ［仮想マシンの CPU 診断］ビュー

この図からは、デマンドが使用量より常に高く、リソース不足が長期間継続していることがわかります。また、使用量は断続的に増減していることがわかります。

一方、リソース競合指標（準備完了、相互停止）を確認すると、準備完了の数値も断続的に増減していることがわかります。特に、使用量と準備完了の値が反比例していることから、今回の問題はリソース競合が原因になっている可能性が、明確に見て取れます。

リソース競合の状況を詳細に確認するためには、［詳細］タブにあるもう 1 つの［ヒートマップ］が活用できます。

- ヒートマップ

まず上部にある［ヒートマップ］ボタンをクリックします。ここには、さまざまなメトリックに関するヒートマップが標準提供されています。その中から、同一リソース内の仮想マシン間との CPU の競合状況の相関関係を確認できるヒートマップを確認します。

まず、該当の仮想マシンの情報が表示されている状態のままでナビゲーションパネル（左ペイン）の［関連オブジェクト］の［ホストシステム］をクリックし、そこに表示されるホスト名にアクセスします。そうすると該当の仮想マシンが配置されているホストにアクセスできます。

その状態で、表示されているヒートマップの種類の中から［現在、どの仮想マシンの CPU デマンドが最も高く、競合が発生しているか？］を選択します。すると図 13.33 のように、選択しているホスト上に配置されている仮想マシンがヒートマップ形式で表示されます。各仮想マシンのボックスの大きさがデマンドの高さを表し、色が競合の高さを表しています。

図 13.33　デマンドと競合のヒートマップ

　この図では、仮想マシンを表すブロックの色が全体的に黄色～オレンジで表示されており、競合が発生していることが判明します。このことから、ホストの CPU のリソース不足が考えられます。特に、当該仮想マシンのブロックは一番右側に表示されていて、デマンド量は最も小さいながらもオレンジで表示されていることから、リソース競合の発生量が高いことを表しています。

■4. 上位もしくは下位のリソースの性能劣化に影響を受けている可能性はないか？

　3. で解説したように、ホストのリソース不足が考えられるため、上位のホストのステータスを確認します。ホストを選択したまま、[分析]タブの[ワークロード]にアクセスすると、ホストのワークロード状況を確認できます（図 13.34）。

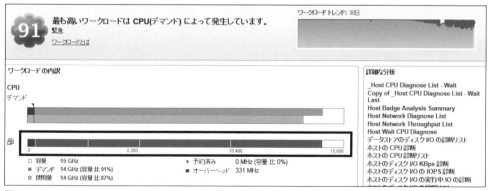

図 13.34　ホストのワークロード

　このホストで稼働している仮想マシンの一部（図 13.34 の下のグラフ（枠で囲んだ部分）の赤のブロックが個々の仮想マシンを表す）が赤色であり、ホストの CPU のワークロードスコアが 91 であることから、このホスト自

13.4 パフォーマンスの分析方法

身についてもあまりリソースが余っていない状況がわかります。

次に、同一クラスタの他のホストはどうかを確認します。この場合は、同じ画面の下部にあるピア、もしくは3.で解説したヒートマップが再度役立ちます。

ナビゲーションパネル（左ペイン）の［関連オブジェクト］の［クラスタコンピューティングリソース］をクリックし、そこに表示されるクラスタ名にアクセスします。そうすると、このホストが所属するクラスタにアクセスできます。

その状態で、［詳細］タブの［ヒートマップ］にアクセスし、［現在、どのホストのCPUデマンドが最も高く、競合が発生しているか］を選択します。すると図13.35のように、選択しているクラスタ上に配置されているホストがヒートマップ形式で表示されます。各ホストのボックスの大きさがデマンドの高さを表し、色が競合の高さを表しています。

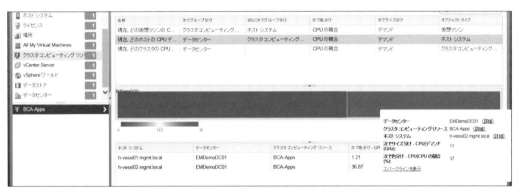

図13.35 クラスタ内のデマンドと競合のヒートマップ

この図から今回のクラスタは2台で構成されていることがわかり、赤く表示され競合が多く発生しているホストが、問題が報告された仮想マシンが配置されているホストです。幸いもう一方のホストは緑で表示され、リソース使用状況に余裕がありそうなので、vMotionで仮想マシンを移行することにより解決できる可能性があります。

■5. 問題が報告もしくは検知されたタイミングで何かしらの変更イベントは発生していないか？

今回の問題が何をきっかけに発生したかを究明すると、より根本の原因の解決につながります。たとえば、構成変更や設定変更などが引き金になっているようであれば、その作業を見直すことで解決できる（または今後同様の問題が発生することを未然に防止できる）可能性があります。

また、問題が発生した時刻をアプリケーションサービス管理者が把握してない場合は、時刻を特定してサービス管理者に提示することで、その時刻前後でサービス管理者側が行ったタスク（もしあれば）に問題が関連している可能性を指摘でき、サービス管理者に対応を勧めることが可能になります。

たとえば、問題の発生した時刻に、サービス管理者（もしくは他の誰かが）が何らかのソフトウェアやツールをインストールしたという事実があれば、そのソフトウェアが原因で問題が発生した可能性が考えられ、ソフ

CHAPTER 13 仮想基盤の運用管理：vRealize Operations Manager

トウェアをアンインストールするなどの対応策をとることが可能になります。

そういった仮想基盤のオブジェクトの状態を時系列で確認するためには、ダッシュボードの[トラブルシューティング]タブが有効的です。

[トラブルシューティング]タブ

このタブは、トラブル発生時に問題のより詳細な分析や、問題とイベントとの関連性の究明に役立ちます。このタブは[シンプトム][タイムライン][イベント][すべてのメトリック]の4つから構成され、それぞれの観点から表示されます。

今回のケースのように、問題発生時刻とイベント（ソフトウェアのインストール）との関連性を究明する場合は、[イベント]が役立ちます。

- イベント

 図13.36のように、イベント画面では、時系列で表示されたバッジスコアのグラフに加え、vCenter Server上で発生した障害・変更イベント、アラートが三角のアイコンで表示され、グラフとイベントとの関連性を確認することが可能です。これによってトラブルが発生した際に、トラブルの原因が、

- 仮想基盤に対するイベント（変更など）にあるのか
- 仮想マシンやリソースプールへのイベント（リソース割り当て変更など）にあるのか
- その他障害イベント（アラートとして検出される）があるのか

など、各イベントが発生した時刻とその時刻におけるワークロードスコアの変動の関連性から、特定することができます。また、時系列で事象の説明や障害の原因を記述するなど、一連のイベントによる相関関係を可視化した資料を作成する場合などに活用できます。

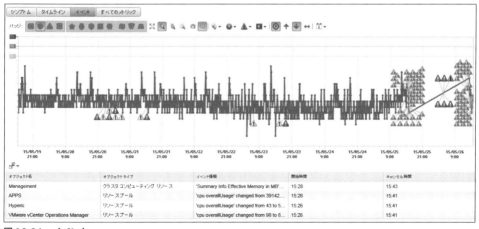

図13.36 イベント

13.4 パフォーマンスの分析方法

13.4.4 問題解決方法の検討と実行

13.4.3 項で解説した問題では、根本原因は仮想マシン間のリソース競合とホスト側のリソース不足、および同一クラスタの他のホストでは発生していないということが確認できました。

これにより、vMotion により仮想マシンの負荷を別ホストに分散するという解決の方針も見えてきました。ここで改めて、仮想マシンとその親ホストで発生している CPU に関するアラートに記載されている推奨事項を確認します。

図 13.37 のように、ここでも解決方法として、仮想 CPU の追加がアドバイスされ、具体的な追加すべき仮想 CPU については 2 個以上と表示されています。これは、13.3.4 項および 13.3.6 項の「残りキャパシティ」における「推奨サイズ」(ストレスなしの値)の計算アルゴリズムに基づいて算出した結果、最適と判断された値に基づいています。

図 13.37 仮想マシンの推奨情報

親ホストのアラートを調べると、図 13.38 のようなアラートが生成されています。解決方法として「仮想マシンを vMotion で移行すること」が提示されており、調査結果と合致していることが確認できます。また、原因として「DRS が無効であるか、完全自動化されていない」ということが指摘されており、その他の推奨として、「ホストをアップグレードするか、CPU キャパシティの大きいホストを使用します」という方法が記載されていることがわかります。

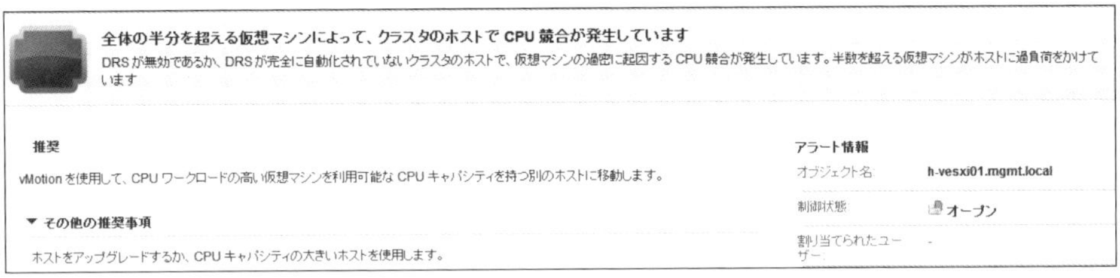

図 13.38 親ホストの推奨情報

ここで、このアラートで表示されている原因および推奨の内容が、12.2.2 項の「2 次元的要因とアプローチ」に記載されている問題解決方法とまったく同じであることに気づいたでしょうか。第 12 章で解説したように、上記の解決策にたどり着くためには、通常は CPU の「準備完了」や「相互停止」など、パフォーマンスのトラブルシューティングに関する深い知識が必要となります。

vR Ops のアラートには、VMware の知識ベースによるノウハウが盛り込まれた推奨が標準提供されているので、スキルの有無に依存せず、誰でも同じように根本原因の究明と適切な解決策をとることが可能になります。

423

CHAPTER 13　仮想基盤の運用管理：vRealize Operations Manager

　仮想CPUの追加やvMotionの設定を行うためには、通常はvSphere Web Clientへログインして設定変更などのアクションを実行することが必要です。この場合、図13.39のように、上部の[アクション]メニューからvSphere Web Clientの起動が可能です。

図13.39　vSphere Web Clientの起動

　とはいえ、毎回Web Clientにアクセスするのは面倒です。そこで、vR Opsでは推奨事項によっては、vR Ops画面上でvSphereの操作を実行させることができるしくみを持っています。図13.40のアラートの推奨事項の横にボタンが表示されています。このボタンをクリックすると、推奨事項に沿ってvSphereの操作を実行します。

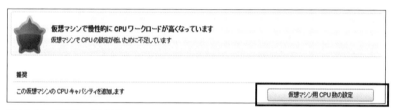

図13.40　アクションボタン

　このケースでは、[仮想マシン用のCPU数の設定]ボタンをクリックすると、図13.41の画面が表示されます。ここでは「残りキャパシティ」で「推奨サイズ」(ストレスなしの値)計算の結果、最適と判断された仮想CPUの推奨値が、デフォルトで設定されています。

図13.41　アクション内容を指定

　必要な操作を追加編集し、[OK]ボタンでvSphere Web Clientの操作を完了させることができます。適切な操作が実行されると、これまで赤く表示されていたバッジは緑色に回復します。
　どのような推奨事項およびアクションが標準で定義されているかについては、ナビゲーションパネル→［コンテンツ］→［推奨］の推奨事項のリストで確認可能です。図13.42のように、リストの［アクション］カラムで何らかのアクションが定義されていれば、その推奨事項で、Web Clientを起動することなくアクションを実行することが可能です。

説明	アクション ▼	アラートの定義
この仮想マシンのメモリを追加します	仮想マシン用メモリの設定	3
この仮想マシンにメモリ予約を追加して、バルーニングとスワップを防止します	仮想マシン用メモリリソースの設定	1
仮想マシンにメモリを予約してスワップを回避	仮想マシン用メモリリソースの設定	1
仮想マシンのメモリ予約が設定されている場合は、メモリの予約構成を小さくしてください	仮想マシン用メモリリソースの設定	1
この仮想マシンの CPU キャパシティを追加します	仮想マシン用 CPU 数の設定	3
仮想マシンに 1 つの vCPU がある場合は、vCPU を追加して多数の受信パケットを処理します	仮想マシン用 CPU 数の設定	1
リストされたシンプトムを確認し、シンプトムで推奨されている数の vCPU を仮想マシンから削除します	仮想マシン用 CPU 数の設定	1

図 13.42　アクションが定義されている推奨事項

このように、vR Ops ではシンプトムによる分析・監視から始まり、アラート通知、対処方法の推奨提示、vSphere 上での必要な操作の実行、問題解決という一連のプロセスを実行することができます。問題の根本原因究明および解決策の実行の最適なツールであることが理解できたのではないでしょうか。

13.5　キャパシティの分析方法

13.1.2 項で解説したように、仮想基盤における導入コスト(CAPEX)を削減するためには、適切なキャパシティ分析を行うことが不可欠です。本節では、vR Ops による適切なキャパシティ分析方法と結果の有効活用方法について解説します。

13.5.1　キャパシティの管理と分析のポイント

キャパシティの管理を行うために、システム全体のキャパシティを中長期的に健全な状態で維持することを目的として、システムが必要とするリソースが不足していないか、今後不足するリソースがないか、過剰に割り当てたためムダになっているリソースがないかといった分析を行います。

キャパシティ分析を定期的に行うことにより、サービス品質(性能や可用性)の維持、導入や追加コストの削減(割り当てリソースの最適化や統合率の向上)、資源設備の投資計画や業務計画の策定といった、仮想基盤を適切に運用・運営するための重要な役割を果たします。

ここでは、何を(What)、どうやって(How)分析していくべきか、具体的な分析手法について説明します。まず、本題に入る前に、管理・分析するうえでの 4 つのポイントについて解説します。

■ポイント 1：キャパシティを時間軸でとらえる

ポイントの1つ目は、目的に「中長期的に」と述べたとおり、キャパシティを時間軸で捉える必要がある点です。

確認した時点でリソースの使用状況が健全と評価できても、近い将来にリソースが枯渇するリスクまでは予測できません。将来の健全性を予測するためには、キャパシティ管理の対象オブジェクトに対して、ある一定期間のリソース使用状況の推移（トレンド）を把握できるようにしておくことが重要です。

vR Opsでは、管理対象オブジェクトすべてに対して、デフォルト設定では6か月間分の5分間隔のメトリックデータ（CPU使用率など）を保持しています。vR Opsのビューでは、必要なメトリックデータのみをグラフとして描画でき、さらにトレンド線、将来予測の線を追加することができるため、分析を効率的に行うための有力な手段となります。データ収集は5分間隔ですが、1時間、1日、1週間、1か月間隔など、期間を変更することで、より長期間のトレンドとして分析することができます。

■ポイント2：どのオブジェクトをキャパシティ分析対象とするか

2つ目のポイントは、「どのオブジェクトをキャパシティ分析対象とするか」です。分析対象は、仮想マシン（リソースを使う側：コンシューマ）と、コンテナ（リソースを供給する側：プロバイダ）の2種類に分類できます。

仮想マシンオブジェクトをキャパシティ分析対象にする場合は、「割り当てた仮想リソースが不足していないか」「過剰なリソースが割り当てられていないか」の2つの観点で評価し、必要に応じて割り当てリソースの追加または節約を行うアクションへつなげます。この評価を行うためには、仮想マシンのリソースデマンドの変動やピーク性を把握できることが前提となります。

次に、ESXiホストやクラスタ、データストアなどのコンテナとなるオブジェクトに対しては、「仮想マシンから要求されるリソースを適切に供給できているか」といった、リソース供給能力（仮想基盤のキャパシティ）を評価します。

仮想基盤のキャパシティが不足となるリスクが見つかった場合は、仮想マシンを他のESXiホストやデータストアへ移行することにより負荷分散することができますが、基盤全体のキャパシティ不足の場合は、ホストやストレージ機器などの増設といった設備投資のアクションへつなげる必要があります。

設備投資を行う場合は、機器やライセンスの見積もり、稟議、発注、納品、構築、テストといった工程が必要となるので、短くても1～2か月は事前の準備期間と費用が必要となるでしょう。また、「いつまでに」「どれだけのリソース増強が必要か」など具体的にコストと期間を見積もるための情報が求められることが多く、キャパシティ分析では「現時点でどれだけのリソースがあるか」「キャパシティ不足になるのはいつか」という2つのキャパシティ分析を行うことが必要です。

vR Opsでは、キャパシティ管理対象オブジェクトを選択し、「残りキャパシティ」と「残り時間」の2つのバッジを確認することで、図13.43、図13.44に示すとおり、簡単にこの2つの情報にたどり着くことができます。

13.5 キャパシティの分析方法

図 13.43　分析タブ→残りキャパシティ

CHAPTER 13 仮想基盤の運用管理：vRealize Operations Manager

図13.44 分析タブ→残り時間

　仮想基盤におけるキャパシティ管理では、「仮想基盤の構成要素のうち、どの階層のオブジェクトをキャパシティ管理の対象とするか」を決定する必要があります。

　vR Opsの［環境］画面のナビゲーションパネル（左ペイン）の「vSphereホストおよびクラスタ」アイコンでは、vCenter Serverオブジェクトを頂点とし、データセンター、クラスタ、ESXiホスト、リソースプール（ESXiホストと同列）、仮想マシン、データストアの順で階層構造になっています。同様に、「vSphereストレージ」アイコンでは、vCenter Serverオブジェクトを頂点とし、データセンター、データストアクラスタ、データストア、仮想マシンのような階層構造になります。

　第8章で解説したように、DRS、Storage DRSにより、個々のESXiホストやデータストアの負荷を自動的に分散する機能を有効にし、各種リソースをプール化することにより、より上位のコンテナオブジェクト（つまりクラスタ）へキャパシティ管理の対象を拡張することができます。その結果、下位のオブジェクトは管理しなくてよくなるので、管理する対象を減らすことができます（**表13.3**）。

13.5 キャパシティの分析方法

表13.3 コンテナ系オブジェクトの管理対象範囲の分類

コンテナ系オブジェクト	DRSの無効化および標準仮想スイッチを使用した場合の管理対象	DRSの完全自動化および分散仮想スイッチを使用した場合の管理対象
CPU、メモリ	ESXiホストごとに管理	DRSクラスタごとに管理
データストア容量・I/O性能	データストアごとに管理	データストアクラスタごとに管理
ネットワーク	ESXiホストごとに管理	データセンターごとに管理

どの階層のオブジェクトをキャパシティ管理の対象とするかは、vSphereにおけるリソース設計と密接な関係がありますので、その設計に応じて適切なオブジェクトを管理対象にするよう検討してください。

■ポイント3：管理対象オブジェクトに対し、どのリソース種別を対象に分析するか

3つ目のポイントは、表13.3に示した管理対象オブジェクトに対して、「どのリソース種別を対象に分析するか」という点です。

一般的に、キャパシティ管理の対象とすべきリソースとして、CPU、メモリ、ディスク（容量、I/O）、ネットワーク（I/O）が挙げられますが、これらのすべてに対してトレンドを把握し、分析するのは容易ではありません。環境に応じて、キャパシティにおける制限（ボトルネック）になりうるリソースを見つけ、そのリソースに絞って分析を行うのが現実的です。

仮想マシンを対象とした分析の場合、主な管理対象リソースはCPU、メモリですが、仮想基盤を対象に分析する場合の対象リソースは一概には決まりません。

キャパシティにおける制限となるリソースは、①仮想基盤の構成（ESXiホストのハードウェア、I/Oのインターフェイス、ストレージやネットワーク機器のサイジング）と基盤で稼働する仮想マシンのサイジングと台数といった環境や、②サービスの種類や用途（サーバー用、デスクトップ用の基盤か、または、本番、テスト、開発用といった基盤の用途）によっても変わりますので、どのリソースを管理対象とするかを、あらかじめ検討しておく必要があります。

vR Opsでは、基盤の管理対象リソースとして、CPU、メモリ、ディスク（容量、I/O）、ネットワーク（I/O）のすべてを指定することができます。設定箇所は、図13.45に示すとおり、ポリシー設定画面となりますが、詳細については、13.6節で説明します。

CHAPTER 13　仮想基盤の運用管理：vRealize Operations Manager

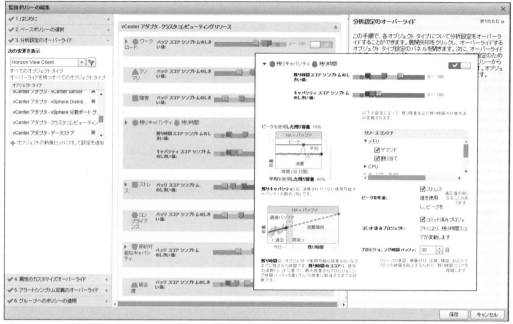

図 13.45　ポリシー設定画面（残りキャパシティ、残り時間）

■ポイント4：キャパシティについて「割り当てベース」と「デマンドベース」のどちらで管理するか

4つ目のポイントは、管理対象として定めたリソースを「割り当てベース」「デマンド（≒使用量）ベース」のどちら（または両方）で管理するかです。

「割り当てベース」の管理手法では、「仮想基盤が持つ物理リソースに対して、いつ、どれだけ仮想マシンに割り当てたか」を管理します。割り当て可能なリソースの上限値としては、コンテナ系オブジェクト（ホスト、クラスタ、データストア）が持つリソース総量（またはそのオーバーコミット比率）にするのが一般的です。オーバーコミットしない場合は、割り当てたリソースが物理リソースを超えないように管理できるため、性能劣化が発生しにくい管理手法です。

サービスレベルの高い本番サーバー用仮想基盤では、「割り当てベース」での管理が採用されるケースが比較的多いです。多くのユーザーは、ホストなどの割り当て値を超えないように、**表13.4**、**表13.5**のように各仮想マシンに割り当てた量をExcelで管理していますが、手動での管理が必要であり、非常に面倒です。

13.5 キャパシティの分析方法

表13.4 コンテナ・リソース一覧の例（オーバーコミットしない場合）

クラスタ名	メンバーホスト	物理CPU（Core）数合計	割り当て可能なCPU数	物理メモリ容量合計（GB）	割り当て可能なメモリ容量
ClusterA	ESXi01, ESXi02・・・	144（HyperThreading有効）	128（HA考慮）	1728	1536（HA考慮）

表13.5 仮想マシン一覧表の例

仮想マシン名	クラスタ名	構築日／割当日	割り当て済みリソース vCPU	メモリ（GB）
VM_001	ClusterA	2016/01/10	2	8
VM_002	ClusterA	2016/01/10	1	4
VM_003	ClusterA	2016/01/18	1	4
VM_004	ClusterA	2016/01/24	2	8

「割り当てベース」の管理手法は、図13.46のようなグラフによる可視化・分析ができ、管理は容易ですが、リソース利用効率が低くなり、統合率が上げにくく、ハードウェアコスト削減効果が低いのが特徴です。

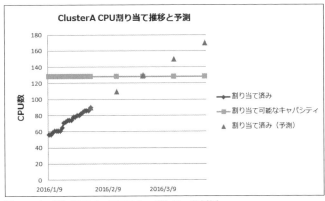

図13.46 割り当てベースでのキャパシティ分析例

「デマンド（≒使用量）ベース」での管理手法では、割り当てたリソース量ではなく、「使用可能なキャパシティに対して、どれだけの量を要求（≒使用）したか」を管理します。

デマンド量が使用可能なキャパシティを下回っている限り、どれだけ統合率を高め、リソース利用効率を上げてもよい、という考え方に基づいた管理手法です。統合率、オーバーコミット率が高くなり、リソース利用率が向上しハードウェアコスト削減効果が高くなりますが、その反面、リソース競合が発生しやすく、性能劣化につながる可能性が高くなるため、比較的サービスレベルの低い本番環境またはテスト、開発用基盤など、性能劣化を気にしないでよい仮想基盤でよく利用される考え方です。

これらの2つの管理手法を組み合わせ、より効率的に、かつ統合率を高めていくアプローチも存在します。具体的な例としては、「割り当てベース」で、許容するオーバーコミット率を決めて、そのオーバーコミット率を使用して算出された「割り当て可能なキャパシティ」に対して、割り当て量を超えないように管理を行います。

仮想基盤の運用管理：vRealize Operations Manager

上記の組み合わせ手法では、最初は低いオーバーコミット率とし、徐々にオーバーコミット率を上げ、統合率を上げていくことにより、サービスレベルを保証しつつ、リソース利用率の向上が行えます。

このとき、各種リソースに競合が発生しないかモニタリングすることで、性能劣化に対する安全性を確保します。具体的には、図13.47 に示すとおり、過去30日間（デフォルト）の統計解析に基づいて各リソースで競合の起きない、最適なオーバーコミット率を「統合度」バッジで確認することができるため、目標とすべきオーバーコミット比率を定めるのが容易になります。

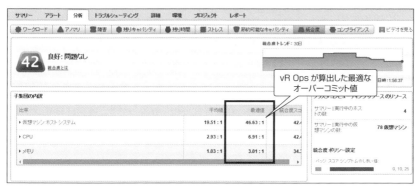

図13.47　vR Ops が表示する最適な統合率・オーバーコミット率

13.5.2　仮想基盤のキャパシティ分析

前項で解説した仮想基盤のキャパシティ分析を具体的に行うには、ナビゲーションパネル（左ペイン）で目的のホストや仮想マシンのオブジェクトを指定し、［残りキャパシティ］と［残り時間］画面を確認します。

将来計画されている仮想マシンの構築やキャパシティ増強のシミュレーションを行う場合は、［環境］画面の［プロジェクト］タブで行います。詳細は後述の「What-If 分析による将来予測のシミュレーション」で解説します。

■現状の残りキャパシティを把握する

ここでは、ホストに関して残りキャパシティがどのくらいあり、性能劣化なしにあと何個仮想マシンを追加稼働できるかを把握する方法について解説します。

図13.48 の残りキャパシティ画面の上部では、選択したオブジェクトの残りキャパシティをバッジスコア（色）で表示し、概況（問題があるか、ないか）をトレンドグラフに表示します。

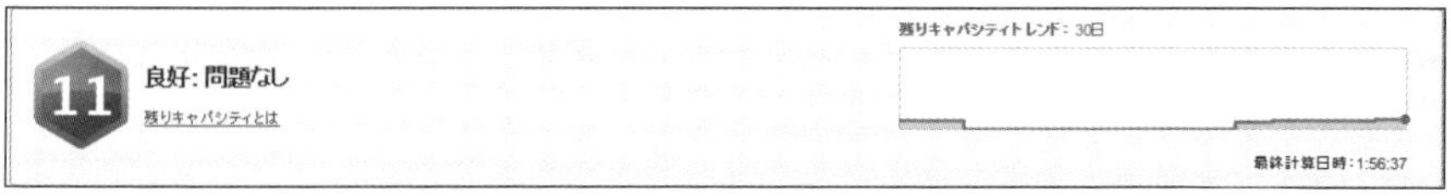

図13.48　残りキャパシティ画面上部

13.5 キャパシティの分析方法

　これが、どのように分析された結果なのかは、バッジの下部にある[残りキャパシティの内訳]で確認することができます（図13.49）。キャパシティ（CPU、メモリ、ディスク（容量、I/O）、ネットワーク、vSphere構成制限）分析の対象としたリソース種別のうち、他の種別が十分であっても、特定の種別が不足していたら健全に仮想マシンを追加稼働させることができない点を考慮し、この画面の上部にある[残りキャパシティ]棒グラフでは、キャパシティ上、最も制約の大きい（不足している）リソースに関する状況を表示します。

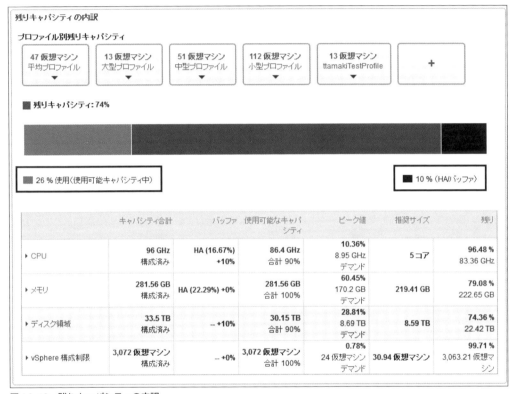

図13.49　残りキャパシティの内訳

　棒グラフの下側には、使用可能なキャパシティに対して、どこまで使用済みか（左下）、HA用や個別に指定したバッファ（ポリシーで設定可能）がどの程度か（右下）が表示されます。各分析対象リソースの内訳については後述しますが、棒グラフの下にある表に、分析対象リソースごとの分析結果が表示されます。
　「プロファイル別残りキャパシティ」の項目には、選択したホストなどのオブジェクトに関する仮想マシンの台数として、あと何台稼働させられるかが表示されます。画面中に表示されているプロファイルとは、過去のホストのリソース利用統計に基づいて、平均的な（または小型、中型、大型の）仮想マシンのリソースデマンドを算出したもので、平均（や他の）仮想マシンプロファイルに基づいて、ホストにおける残りキャパシティ（あと何台追加稼働できるか）を算出します。追加稼働可能な仮想マシンの算出方法は、13.3.4項の式5を参照してください。

CHAPTER 13 仮想基盤の運用管理：vRealize Operations Manager

プロファイルの下にある▼をクリックすることでその内容を確認でき、「どんなスペック（デマンド）の仮想マシンを、あと何台追加稼働できそうか」を理解することに役立ちます（図13.50）。キャパシティ分析の目的を考えると、ここまでで得られる情報を把握することが必要最低限だと言えるでしょう。

図 13.50　仮想マシンの平均プロファイルの例

キャパシティ分析対象のリソース種別ごとの分析結果の詳細は、図13.49 の表のCPU、メモリなどの各リソース種別の左にある▼を展開することで確認ができます。

図 13.51 の例では、CPU のデマンドベースで分析した結果を表示しています。画面に表示された表のうち、［キャパシティ合計］は物理リソース（キャパシティ）の合計値です。［キャパシティ合計］からバッファ（vSphere HA のフェイルオーバーキャパシティ（9.1.8 項）やポリシー（13.6 節）で設定した予約分）を差し引いて「使用可能なキャパシティ」の算出結果を表示しています。

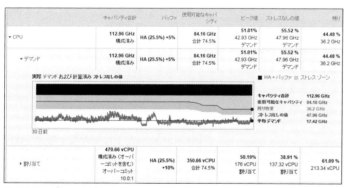

図 13.51　残りキャパシティ内訳の表およびグラフ

これに対して、実際の稼働状況として、ピーク時のデマンドや長期的な高負荷状態を加味したデマンドは、それぞれ［ピーク値］［推奨サイズ］として表示されます。それぞれの指標の時間軸グラフについては、図内のグラフで視覚的に確認できます。

13.3.4 項で解説したように、「推奨サイズ」（ストレスなしの値）はピークを考慮したホストのデマンドの上限値

であり、以下のような関係があります。

残りキャパシティ＝キャパシティ合計－バッファ－推奨サイズ…………（式7）

ホストだけでなく、仮想マシンやデータストアなど仮想基盤のオブジェクト種別ごとに残りキャパシティを算出することが可能です。

■リソースが枯渇するまでの「残り時間」を予測する

13.1.2項で解説したように、正確なリソース需要を予測することは、ハードウェアの余分な追加コストを削減することに役立ちます。ここでは、13.3.5項の「残り時間バッジ」で解説したことをベースに、ホストのリソース枯渇までの「残り時間」について説明します。

図13.52に示す残り時間画面の上部には、選択したオブジェクトの残り時間を表すバッジスコア（色）と共に、概況（問題があるか、ないか）とトレンドグラフが表されます。

図13.52　残り時間画面の上部

これが、どのように分析された結果かという情報は、バッジの下にある［残り時間の内訳］で確認することができます。キャパシティ（CPU、メモリ、ディスク（容量、I/O）、ネットワーク、vSphere構成制限）分析対象としたリソースのうち、どのリソースが最も早く100％（使用可能なキャパシティ）に達するかを、過去のリソース統計から予測して算出しています（算出方法の詳細は、13.3.5項を参照）。

図13.53の例では、ディスク領域が最も早く100％に達し、キャパシティの制約になっていることがわかります。各リソースの詳細な状況は、図中の表にあるCPUやメモリなどのリソースの右側の▼を展開することで確認することができます。

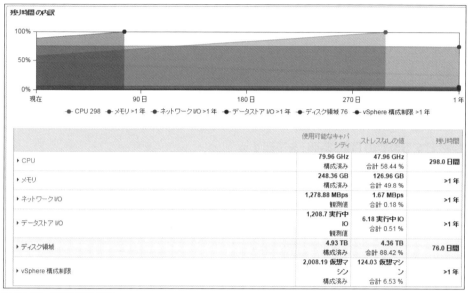

図 13.53　残り時間の内訳

■What-If 分析による将来予測のシミュレーション（プロジェクトの活用）

　ユーザーの仮想基盤における将来的な予測は、単に現在の延長ではなく、将来的に仮想マシンや物理リソースを追加したり、リソース使用率が変わったりといった、現在と異なる要素を考慮しシミュレーションができればより実用性が高くなります。

　これまで解説したキャパシティ分析の手法では、分析対象リソースのデマンドや割り当て状況の過去統計をベースに、トレンドを算出し、将来予測を行いました。

　vR Ops の What-if 分析の機能を用いることにより、仮想マシンの追加構築や、ESXi ホストやストレージ追加購入などの将来計画について、その内容を「プロジェクト」として登録することが可能です。プロジェクトにより、「大量に仮想マシンを構築し、稼働させるためにはどの程度の仮想基盤リソースを追加しなければならないか」「リソースが枯渇しそうな基盤に対し、物理サーバーを 3 台追加購入した場合どうなるか」など、さまざまなシミュレーションを行うことができます。

　操作方法は、［環境］画面のナビゲーションパネル（左ペイン）で対象オブジェクトを選択し、ダッシュボードの［プロジェクト］タブをクリックします（図 13.54）。

13.5 キャパシティの分析方法

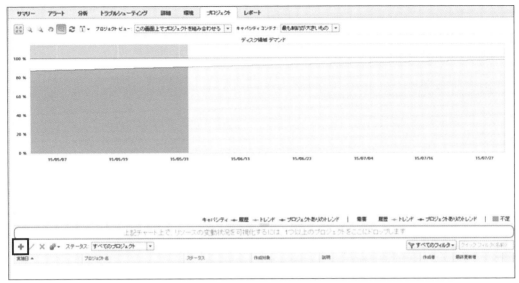

図 13.54　プロジェクト画面

このパネルでプロジェクトを定義し、キャパシティ分析グラフや「残りキャパシティ」「残り時間」バッジに反映し、結果を確認するという手順をとることが可能です。以下のその手順を示します。

Step 1　プロジェクトを定義する

［プロジェクト］タブのセンターペインで［＋］ボタンをクリックし、プロジェクト追加ウィザードを開き、ウィザードに従って以下の手順で設定していきます。

1. プロジェクトの名前を付ける
2. シナリオ（いつ、何を（仮想マシン・仮想基盤リソース）、追加または削除する）を登録する

仮想マシン（デマンド）や仮想基盤リソース（キャパシティ）を追加・削除する方法には、既に存在するものを選択したり、割り当てリソース量で指定したりなど、さまざまな方法があります。定義したプロジェクトは、画面下部にあるプロジェクトリストに表示されます。

Step 2　プロジェクトをキャパシティ予測グラフに重ね合わせる

図 13.55 のように、プロジェクトリスト内のプロジェクトを選択し、点線部にドラッグ＆ドロップすることで、キャパシティ予測グラフにプロジェクトを重ねて表示することができます。複数のプロジェクトを追加、削除することができますので、さまざまなパターンでシミュレーションを行うことができます。

CHAPTER 13 仮想基盤の運用管理:vRealize Operations Manager

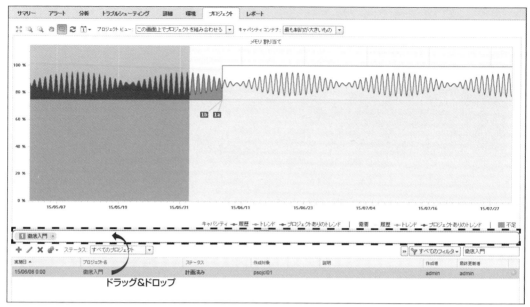

図 13.55　キャパシティ状況とプロジェクトの組み合わせ

13.5.3　仮想マシンの適切なサイズの算出（節約可能なキャパシティ）

　ここまで、仮想基盤のコンテナ（リソースを供給する側）のキャパシティ分析手法を中心に解説してきましたが、本項では13.3.7項で解説した内容をベースとして、仮想マシン（リソースを消費する側）のキャパシティ分析を解説します。

　仮想マシンのキャパシティ分析は「ゲストOSやアプリケーションからのリソース要求に対して、過不足なくリソースが使えているか」という観点で実施します。

　仮想マシンへのリソース割り当てが不足している状態では、ゲストOSやアプリケーションからのリソース要求に応えられないため、性能が十分に発揮できません。一方で、仮想マシンへの過剰な割り当ては、仮想基盤リソースの無駄となるだけでなく、大きなリソースを確保するための（CPUやメモリなどの）オーバーヘッドが生じ、性能劣化につながるリスクがあります。

　vR Opsでは、リソース割り当てが不足している仮想マシン、過剰である仮想マシンを一覧として抽出し、適正なリソースの割り当てサイズを見える化するためのしくみを「ビュー」および「レポート」として提供しています。

■仮想マシンのキャパシティ管理で活用するレポート

　vR Opsでは、13.1.3節で述べたように、レポート機能が利用できます。レポートを生成するには［環境］画面の左ペインでオブジェクトを選択し、右ペインのダッシュボードで［レポート］タブをクリックします。この画面

438

には利用可能なレポート種別の一覧が表示されますので、取得したいレポートを選択し、[テンプレートの実行]ボタンをクリックすると、レポートが生成されます。

図13.56 は「過剰ストレス仮想マシンレポート」の結果の一部です。このレポートで表示される仮想マシンは、過負荷状態のためリソース割り当てサイズが不足しているものであり、過負荷状態を解消するための推奨サイズが提示されます。

図13.56 過負荷の仮想マシン

図13.57 は「過剰サイズ仮想マシンレポート」の一部です。リソース割り当てサイズが過剰な仮想マシンを抽出し、推奨サイズや節約可能なリソース量を提示します。

図13.57 過剰サイズ仮想マシンレポート

レポートで表示される過剰ストレス状態や過剰サイズと判定する条件は、ポリシーで設定することができます。詳細は次の節で解説します。

13.6 ポリシー

ポリシーとは、13.4節や13.5節で解説したパフォーマンス分析やキャパシティ分析について、正しく統計解析を行い、期待する結果を得るための統計計算などの条件、収集するメトリックやプロパティの定義、アラートやシンプトムの定義など、vR Opsにおける分析・管理をコントロールする設定情報の集合体です。ポリシーは、ホストや仮想マシンなどオブジェクト種別ごとに設定します。また複数のポリシーを作成し、「本番環境用」「開発環境用」など、各オブジェクトのサービスレベルに合わせて、統計計算の条件を変え、適切なパフォーマンス、キャパシティ分析を行うことが可能です。

各種バッジで期待する結果を得るためには、各オブジェクト種別において、正しいポリシー設定を行わなければなりません。本節では、各項目でポリシーを設定する方法について解説します。

13.6.1 初回ウィザードによるポリシーの設定

vR Opsアプライアンスのデプロイ後、管理ウェブ画面への初回アクセス時に、ウィザードに従ってポリシーの初期設定を行います。この設定でデフォルトポリシーが生成されます。

vR Ops仮想アプライアンスを新規にデプロイし、情報収集対象のvCenter Serverを設定するために、最初に管理ウェブ画面にアクセスした際に図13.58のような画面が表示されます。

図13.58 ソリューションの管理ウィザード

これがポリシーの初期設定ウィザードであり、この画面に表示されているいくつかの質問に答えることで、デフォルトのポリシーが「vSphere Solutionのデフォルトポリシー（YY/MM/DD HH:SS）」（YY/MM/DD HH:SSはこのウィザードが実行された日時）という名前で生成されます。このポリシーの設定値は後から変更することができますが、想定している仮想基盤の管理方法に従って、正確にチェックしておくことをお勧めします。

vR Opsのセットアップ後にポリシーを確認して設定を変更する場合は、vR Opsへログインし、[管理]画面で[ポリシー]アイコンをクリックします。すると[アクティブなポリシー]が表示されます（図13.59）。

図 13.59　アクティブなポリシー

　ポリシーは複数個作成することができ、優先順を決めることができます。この画面では、生成されているポリシーの一覧、優先順位、ポリシーが適用されるオブジェクトの数が表示されています。

13.6.2　ポリシーの階層構造と設定項目

　次に、ポリシーの階層構造について解説します。

　ポリシーは階層構造になっており、すべてのポリシーには親子（継承）関係があります。親から子のポリシーを作成することができます。子のポリシーは基本的には親から設定情報を生成しますが、必要な部分のみを変更することで独自のポリシーを設定することが可能です。

　vR Ops にはシステムの「ルートポリシー」（vR Ops 画面上では「基本設定」という名前が付いています）が存在し、前述の初期ポリシー設定ウィザードで設定した条件を基に、ルートポリシーの子として「デフォルトポリシー」が生成されます。また「デフォルトポリシー」を親として、異なる設定条件を持つ別のポリシーを生成することも可能です。また後述するように、標準で提供されているポリシーのテンプレートを親として、親テンプレートに類似した設定条件を持つ子ポリシーを作成することも可能です。

　デフォルトポリシー以外の個々のポリシーは、適用先のオブジェクトグループを指定することにより、そのポリシーの適用範囲を定義します。ポリシーが明示的に定義されていないオブジェクトやグループに対しては、デフォルトポリシーが適用されます。

　ポリシーの階層構造を確認するには、［管理］画面→［ポリシー］アイコン→［ポリシーライブラリ］タブを選択します。［ポリシーライブラリ］画面では、［ポリシーライブラリ］の［基本設定］の配下に、［VMware 管理ポリシー］［vSphere 5.5 Hardening Guide］［vSphere Solution のデフォルトポリシー］［ウィザードベースのポリシー］などが存在し、さらにそれらの配下に標準で多数のポリシーが用意されていることがわかります。

　vR Ops の初期セットアップ直後の状態では、前項で設定したデフォルトポリシーが全オブジェクトに対して適用されています。管理対象の vSphere のポリシーが 1 つでよい場合は、このポリシーのみを変更することで管理対象ポリシーを最小限にすることができます。ただし、管理対象の増加など管理ポリシーが複数必要になる場合は、後述するグループを作成し、ポリシーと関連付けて管理する必要があります。

13.6.3　ポリシーの作成または変更方法

　次に、ポリシーでの設定項目について見ていきましょう。

CHAPTER 13 仮想基盤の運用管理：vRealize Operations Manager

　各ポリシーには、vR Ops での分析を行うための設定（バッジスコアと色、キャパシティ分析の条件など）、各オブジェクトに対して定義されている情報（メトリック、スーパーメトリック、プロパティ）の収集可否の設定、アラート／シンプトム定義の有効化／無効化、しきい値の変更の設定が含まれます。

　新規にポリシーを作成するには、前述の［ポリシーライブラリ］タブで［＋］アイコンをクリックします。既存のポリシーを変更するには、この画面で変更したいポリシーをクリックし、鉛筆アイコンをクリックします。クリック後に［監視ポリシーの追加／編集ウィザード］画面が表示されます。

　ウィザードは、次の8つの設定画面からなります。

1. はじめに
2. ベースポリシーの選択
3. 分析設定
4. ワークロードと自動化
5. メトリックとプロパティの収集
6. アラート／シンプトムの定義
7. カスタムプロファイル
8. グループへのポリシー定義

　非常に多いように感じますが、通常は親ポリシーから新規に子ポリシーを作成します。大部分の設定は親から継承し、必要な部分だけ変更すればよいので、それほど難しくはありません。

　図13.60 のように、標準で多くのテンプレートが用意されています。それらの中から設定したい条件またはサービスレベルに近いテンプレートを親として選択して新たに子ポリシーを生成し、部分的に変更することにより、適切なポリシーを作成することが可能です。

図 13.60　ポリシー ライブラリ

442

13.6 ポリシー

　ポリシーの設定項目は多岐にわたっています。親のポリシーから何が変更されているのかを確認するには、［ポリシーライブラリ］画面で下のペインの［詳細］タブ→［ローカルで定義された設定］ボタンをクリックします。［クラスタコンピューティングリソース］など、オブジェクト種別の行に右側にある下矢印をクリックすると、ポリシー設定一覧が表示されます。緑のチェックマークがローカルで定義されたポリシー設定です。

13.6.4 ポリシーの設定例

　前述のとおり、ポリシーには非常に多くの設定項目がありますので、限られたページですべてを網羅することはできません。ここでは、13.4 節、13.5 節で解説した「パフォーマンス分析」「キャパシティ分析」の前提となり、それぞれの分析において期待する結果を得るために設定すべき、最小限の項目について取り上げます。なお、本項の設定例は、vR Ops 6.1 の例ですので、異なるバージョンでは、画面、用語が異なる場合があります。

　キャパシティ分析については、13.5 節で解説したとおり、ホストなどのコンテナ（リソース提供側）と仮想マシン（リソース消費側）のキャパシティ設定項目に分けて検討します。コンテナについては以下の項目を設定することで、正確なキャパシティ計算（残りキャパシティ、残り時間）を行うことができます。

　キャパシティ分析では、コンテナと仮想マシンのリソース使用状況の統計解析を行い、各種分析や将来予測を行います。この中で決めるべきポイントは以下の内容となります。

- どのレイヤーを管理対象とするか（クラスタまたは ホスト、データストア）
- どのリソース種別を管理対象にするか（CPU、メモリ、ディスクやネットワーク I/O、容量）
- デマンド（≒使用量）ベースか、割り当てベースか
- 使用可能なキャパシティをどう定義するか
  - 物理リソースの総量、または HA やバッファ予約分を物理リソースの総量から差し引くか
  - 割り当てベースの場合は、許容する CPU、メモリのオーバーコミット比率をどうするか
- デマンドベースの場合は、推奨サイズなどの計算でピークを考慮するか
  - ピーク幅の定義（ピークかノイズか）も計算に影響する点に注意
- 統計計算に使用するデータの期間（トレンドビューおよび非トレンドビュー）をどのくらいとるか（デフォルトでは 30 日間だが、ピークの周期に合わせることが望ましい）

　実際にポリシー設定を変更するには、［管理］画面 → ［ポリシー］（左ペイン） → ［ポリシーライブラリ］タブ（右ペイン）をクリックし、変更したいポリシーを選択して［選択したポリシーの編集］（鉛筆型のアイコン）をクリックします。［監視ポリシーの編集］ウィンドウが表示され、初期画面では「3. 分析設定」の画面になっています（図 13.61）。

443

CHAPTER 13　仮想基盤の運用管理：vRealize Operations Manager

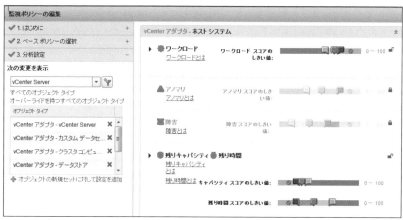

図13.61　ポリシー設定画面

　左ペインで設定対象のリソース種別（ホストシステム、データストアなど）を追加できます。右ペインに左ペインで設定したリソース対象の一覧が表示されますので、右側にある下矢印ボタンをクリックして展開すると、バッジごとの設定画面が表示されます（図13.62）。

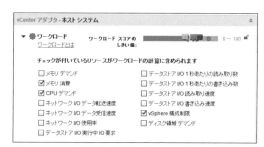

図13.62　ワークロードポリシーの設定画面

　バッジごとにポリシーの設定を行います。右側の鍵アイコンが解錠になるようにクリックし、変更したいバッジの左に表示されている▼アイコンをクリックすると、設定可能な画面が展開されます。この画面でバッジごとのポリシー設定が可能です。

■例1

　表13.6にオブジェクト種別およびバッジごとのポリシー設定のサンプルを例示します。ホスト、クラスタ向けの設定で、条件は本番環境、デマンドおよび割り当てベースを考慮し、オーバーコミットなしの設定例です。

444

表13.6 ポリシー設定例 (リソース種別：ホスト、クラスタ、SLA：本番環境、オーバーコミット：なし)

バッジ	設定する項目	設定するか？	値1	値2	値3
ワークロード	メモリデマンド	×			
	メモリ消費	○			
	CPU デマンド	○			
	ネットワーク I/O データ転送速度	○			
	ネットワーク I/O データ受信速度	○			
	ネットワーク I/O 使用率	○			
	データストア I/O 1秒あたりの読み取り数	○			
	データストア I/O 1秒あたりの書き込み数	○			
	データストア I/O 読み取り速度	○			
	データストア I/O 書き込み速度	○			
	vSphere 構成制限	○			
	ディスク領域デマンド	○			
残りキャパシティ、時間	メモリデマンド	×			
	メモリ消費	○	0～10%		
	メモリ割り当て	○	0～10%	%	0%
	CPU デマンド	○	0～10%		
残りキャパシティ、時間	CPU 割り当て	○	0～10%	比率	1
	ネットワーク I/O データ転送速度	○	0～10%		
	ネットワーク I/O データ受信速度	○	0～10%		
	ネットワーク I/O 使用率	○	0～10%		
	データストア I/O 1秒あたりの読み取り数	○	0～10%		
	データストア I/O 1秒あたりの書き込み数	○	0～10%		
	データストア I/O 読み取り速度	○	0～10%		
	データストア I/O 書き込み速度	○	0～10%		
	vSphere 構成制限	○	N/A		
	ディスク領域デマンド	○	0～10%		
	ディスク領域割り当て	○	10%	%	0%
	高可用性	○	HA 構成の場合		
	ピークを考慮	○			
	コミットされたプロジェクト	○			
	キャパシティの計算		現在		
	プロビジョニング時間バッファ		任意(デフォルト30日)		

■例2

表13.7 は、ホスト、クラスタ向けの設定で、条件は本番環境で、CPU のみオーバーコミット (比率：2～8) する設定例です。スペース節約のため、表13.6 との差分のみ記載します。

CHAPTER 13　仮想基盤の運用管理：vRealize Operations Manager

表13.7　ポリシー設定例（リソース種別：ホスト、クラスタ、SLA：本番環境、オーバーコミット：CPUのみ）

バッジ	設定する項目	設定するか？	値1	値2	値3
残りキャパシティ、時間	CPU 割り当て	○	0～10%	比率	2～8

■例3

　表13.8は、ホスト、クラスタ向けの設定で、条件は開発環境で、デマンドベースのみ考慮する設定例です。スペース節約のため表13.6との差分のみ記載します。

表13.8　ポリシー設定例（リソース種別：ホスト、クラスタ、SLA：開発環境、デマンドベースのみ、ディスク領域はオーバーコミット）

バッジ	設定する項目	設定するか？	値1	値2	値3
ワークロード	メモリデマンド	○			
	メモリ消費	×			
残りキャパシティ、時間	メモリデマンド	○			
	メモリ消費	×			
	メモリ割り当て	×			
	CPU デマンド	○			
	CPU 割り当て	×			
	ディスク領域割り当て	○	10%	%	10～20%

■例4

　データストア向けの設定で、条件は本番環境、領域のオーバーコミットはなしです。

表13.9　ポリシー設定例（リソース種別：データストア、SLA：本番環境、領域オーバーコミットなし）

バッジ	設定する項目	設定するか？	値1	値2	値3
ワークロード	すべての項目	○			
残りキャパシティ、時間	すべての項目	○			
	ディスク領域割り当て	○	0～10%	%	0%
	高可用性	×			
	ピークを考慮	○			
	コミットされたプロジェクト	○			
	キャパシティの計算	N/A	現在		
	プロビジョニング時間バッファ	N/A	任意（デフォルト30日）		
ストレス	すべての項目	○	キャパシティ	次の範囲	60分間
	ディスク領域デマンド	○	キャパシティ	全範囲	総ストレス
	ディスク領域割り当て	○	キャパシティ	全範囲	総ストレス

13.6 ポリシー

■例5

仮想マシン向けの設定で、条件は本番環境、バッファとして、それぞれメモリ＝ 10 〜 30%、CPU ＝ 0%、ディスク領域＝ 10% の程度となります。

表 13.10 ポリシー設定例（リソース種別：仮想マシン、SLA：本番環境、メモリ、データストア領域でバッファを設定）

バッジ	設定する項目	設定するか？	値 1	値 2	値 3
ワークロード	メモリ	○			
	CPU	○			
	それ以外	×			
残りキャパシティ、時間	メモリ	○	10 〜 30%		
	CPU	○	0%		
	ディスク領域	○	10%		
	それ以外	×	0%		

上記で標準的なユーザー環境に対応できますが、あくまで設定例です。ユーザー固有の SLA を持つ環境で、パフォーマンスやキャパシティ分析において期待した結果を得るためには、ユーザー環境の SLA に適合したポリシーを厳密に検討し、設定する必要があります。

13.6.5 ポリシーの適用対象（グループの作成）

管理対象のオブジェクトをグループ化し、グループごとに異なるポリシーを適用することができます。本番環境、開発環境のように、SLA に応じてキャパシティ管理の考え方が異なるものが混在している環境などにおいて、それぞれの管理方針を分離して管理する場合に使用します。

まず、以下のような手順により、グループを作成します。

［環境］画面 → ［グループ］アイコン（左ペイン）をクリックします。右ペインで［＋］アイコンをクリックすると、新規グループを作成することができます。グループ作成ウィザードに従って、グループの名前、グループメンバーの登録を行います（図 13.63）。

447

CHAPTER 13 仮想基盤の運用管理：vRealize Operations Manager

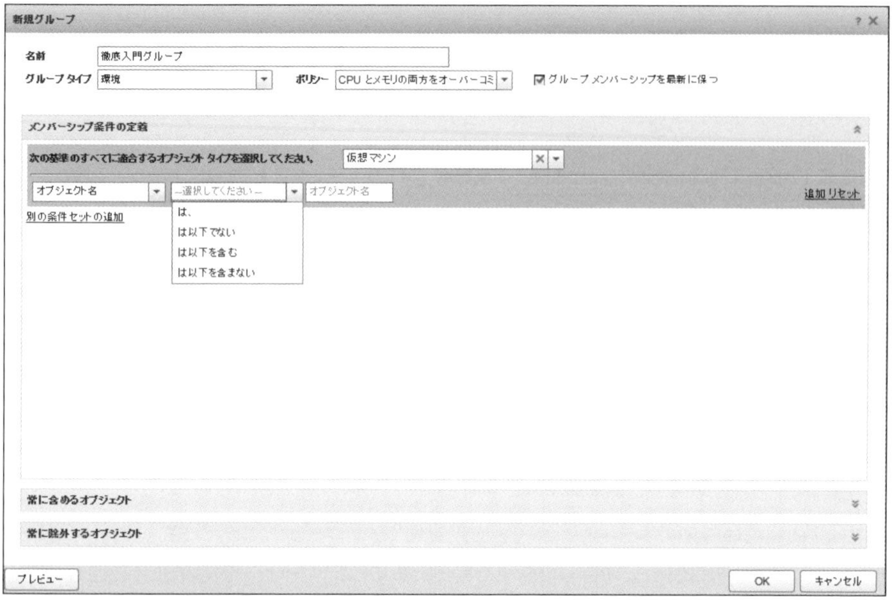

図 13.63　グループ作成画面

　次に、グループのメンバーを登録します。静的に指定することもできますが、仮想マシンやホスト、データストアなどが定常的に変動する場合は、自動で登録するように定義することも可能です。
　自動で登録するには、「オブジェクト名にXXという文字列を含む、仮想マシン」といった名前から抽出する方法や、「親のホストがYYとなる仮想マシン」というオブジェクトの関係から指定する方法、「CPUの数が1以上の仮想マシン」といったプロパティの条件から指定する方法などがあり、柔軟にグルーピングすることができます。

13.7 より進んだ使い方

　vR Opsには Standard、Advanced、Enterpriseの3種類のエディションがあります。本節では、AdvancedおよびEnterpriseエディションで使用できる主な機能について解説します。エディションごとの機能の比較については、以下のウェブページを参照してください。

- https://www.vmware.com/jp/products/vrealize-operations/compare

上位エディションで使用できる代表的な機能は以下のとおりです。

- ダッシュボードのカスタマイズが可能

- カスタムレポート
- ヘテロ環境との連携（ストレージやネットワークデバイス、アプリケーションなど）

13.7.1 カスタムダッシュボード

vR Opsにはさまざまなダッシュボードが標準で提供されています。Advanced／Enterpriseエディションでは、ユーザーの運用形態に適合するために、頻繁に監視する情報を独自のカスタムダッシュボードとして作成・登録することが可能です。

たとえば、標準のダッシュボードでは、仮想マシンとホストのパフォーマンスをそれぞれ別々のダッシュボードで確認しなければなりません。しかし、**図 13.64** のように、カスタムダッシュボードを作成することにより、仮想マシンとホストの両方のパフォーマンス監視に必要な情報を1つのダッシュボードにまとめて表示することができます。これにより、より効率的な分析・監視が可能になります。

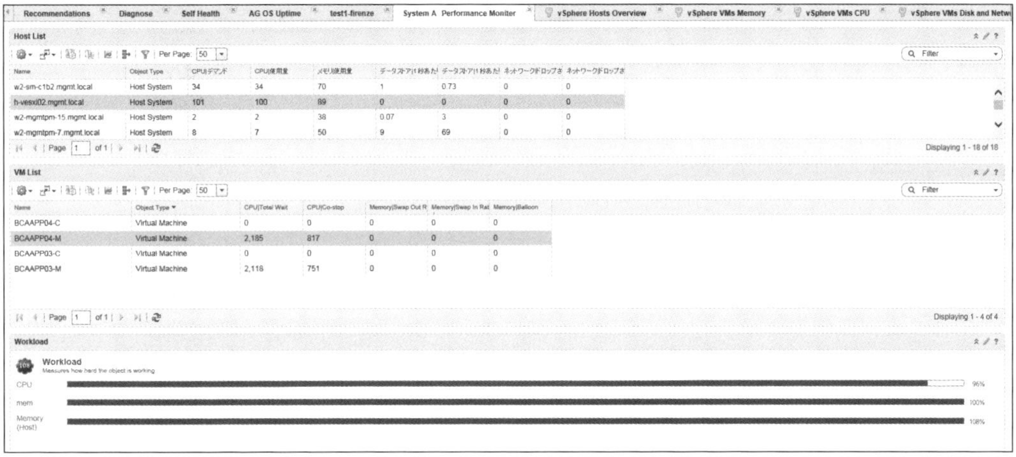

図 13.64 カスタムダッシュボードの例

このカスタムダッシュボードでは、上部の[Host List]でいずれかのホストを選択すると、配下の仮想マシンが[VM List]に表示されます。さらにいずれかの仮想マシンを選択すると、その仮想マシンのワークロードバッジがワークロードカラムに表示されます。

13.7.2 カスタムレポート

vR Opsでは、標準で多数のレポートテンプレートが用意されており、パフォーマンスやキャパシティ分析に関するレポートを簡単に作成することが可能です。一方、ユーザーの多様な業務のニーズを満たすレポートを生成するには、カスタムレポートを作成する必要があります。本項では、ユーザーが独自にレポートを作成す

CHAPTER 13 仮想基盤の運用管理：vRealize Operations Manager

るための手順やノウハウを解説します。

　vR Ops の「レポート（テンプレート）」とは、「ビュー」または「ダッシュボード」の組み合わせです。標準もしくはカスタムのビューまたはダッシュボードを作成し、組み合わせることにより、レポートテンプレートを作成することが可能です。ビューについては、13.4.3 項を参照してください。

　いったんレポートテンプレートに含めるビュー／ダッシュボード（複数設定可能）が決定すると、任意のオブジェクトに対するレポートを作成することが可能です。カスタムレポートテンプレートは、まったく新規に作成することもできますし、既存のレポートテンプレートを修正することにより作成することも可能です。

■カスタムレポートテンプレートの作成方法

1. ナビゲーションパネルから［コンテンツ］画面 → ［レポート］アイコンをクリックします。
2. 右ペインのセンターパネルの［レポートテンプレート］タブの上部の緑の［＋］ボタン（新規テンプレート）をクリックすると、テンプレート新規作成用のポップアップ画面が表示されます。
3. ナビゲーションに従い、任意のテンプレート名を入力し、事前に作成したビューまたはダッシュボードを指定します（図 13.65）。ビューを選択する場合は、データタイプの欄の［表示］プルダウンメニューを選択します。

図 13.65　カスタムレポートの作成画面

4. 出力するフォーマット形式を選択します。PDF と CSV の 2 種類から選択可能です。
5. 最後に、出力レポートの表紙、目次、フッターといったレイアウトオプションを選択し、カスタムレポートのテンプレートの作成は完了です。

　作成したカスタムレポートは、標準レポートテンプレートとまったく同列に［レポートテンプレート］画面に登録されます。そこから任意のオブジェクトに対し、レポートを生成することが可能です。

13.7 より進んだ使い方

■レポートの生成方法

　レポートを生成するためには、報告対象のオブジェクトが所属するグループやインベントリ（データセンター、クラスタ、ホスト、仮想マシンなど）にアクセスします。

　［環境］画面のダッシュボードの中から［レポート］タブを選択し、「レポートテンプレート」において表示されるテンプレート一覧から、新規作成したカスタムレポートを選択し、上部の［テンプレートの実行］ボタンをクリックすると、数～数十秒後にレポートがPDFおよびCSV形式で［生成済みレポート］画面に表示されます。

　図13.66ではPDF版のレポート、CSV版のレポートそれぞれの出力例です。

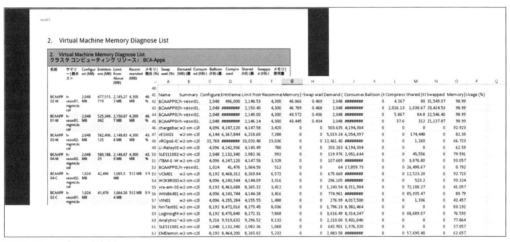

図13.66　レポート出力例

　定期的にレポートを自動出力・自動通知したい場合は、対象のレポートテンプレートに表示されている［スケジュール］リンクから設定が可能です（図13.67）。

図13.67　レポート出力のスケジュール設定画面

仮想基盤の運用管理：vRealize Operations Manager

いったんスケジュールを設定すると、このテンプレートを基に定期的にレポートが自動生成されるか、設定したメールアドレスに自動送付されます。

■カスタムレポート作成のヒント

　代表的なカスタムレポートとしては、仮想マシンの性能の健全性レポートが挙げられます。仮想基盤管理者に課せられた主要な責務の1つに、基盤のパフォーマンス健全性を維持することがあります。このような責務においては、基盤管理者は仮想マシンの管理者に対し、「過去1か月間、仮想マシンは問題なく健全に動作していました」ということを証明するレポートを提出することが求められることがあります。

　そのような場合、第12章のパフォーマンスに影響を与える要因として挙げた、CPUの使用率、準備完了、メモリの使用率、バルーン、スワップイン速度などのビューを組み合わせ、1つのカスタマイズレポートとしてテンプレート化し、毎月仮想マシン管理者に報告することにより、目的を達成することができます。レポートはビュー（またはダッシュボード）の組み合わせですので、目的のメトリックを表示する既存または新規作成したビューなどを利用し、カスタムレポートを生成します。

　「仮想マシンの健全性レポート」の候補となるビューとして、標準提供されている「仮想マシンのCPU診断」「仮想マシンのメモリ診断」「仮想マシンのディスクI/OのIOPS診断」「仮想マシンのI/O遅延の診断」「仮想マシンのネットワークI/O診断」などのビューを組み合わせて、カスタムレポートを生成します。

　表示期間やメトリックをカスタマイズしたい場合は、カスタムビューを作成し、標準のビューの代わりに使用することにより、ニーズにあったカスタムレポートを作成することができます。

　またDRSの完全自動化を有効化したクラスタ構成においては、仮想マシンが稼働しているホストを自由に移行できるため、どのホストでどの仮想マシンが稼働しているか、即座に把握することができません。クラスタに属するホストごとに稼働している仮想マシンの一覧をリストするカスタムレポートを定期的に生成することにより、管理者は常にホストごとの仮想マシンの最新稼働リストを保持することができます。ホスト障害時など緊急対応を要する場合に、最新の仮想マシンリストにより、仮想マシン管理者への連絡など緊急対応をスムーズに行うことが可能になります。

13.7.3　ヘテロ環境との連携

　Advanced／Enterpriseエディションでは、vSphere以外のVMwareや他社の製品と連携することが可能です。この連携を行うと、vSphere環境だけではなく、ストレージやネットワークデバイスにアクセスし、固有のメトリックを定期的に取得できます。

　他社ストレージやネットワークから収集したメトリックにより、基本的には、本章で説明した機能が物理ストレージやネットワークデバイスに対しても行えますので、パフォーマンス、キャパシティ分析を始め、各種の分析、アラートやシンプトムによるアラームの発報、レポートの作成、ダッシュボード画面の作成など、vR Opsが提供しているほぼすべての機能が利用できます。

　他社のストレージやネットワーク製品と連携するためには、vR Opsに管理パックを導入する必要がありま

す。管理パックは VMware のウェブサイト、もしくは個々のベンダーから入手可能です。対応している製品の最新情報については、以下のウェブサイトを確認してください。

- http://solutionexchange.vmware.com（英語）

vR Ops 5.x 用の管理パックは、一部 6.x と互換性があります。詳細は以下のナレッジベースを参照してください。

- http://kb.vmware.com/kb/2101164（英語）

　他製品用の管理パックを導入すると、その製品に対応したカスタムダッシュボードやリソース種別、メトリック、アラートなどがデフォルトで追加提供されます。

　提供されたダッシュボードや、メトリック、シンプトムなどにより、vSphere と同様にストレージ製品などに関する分析が可能になるだけでなく、ハードディスク、LUN や RAID グループなどストレージ製品固有のオブジェクトと vSphere のオブジェクト（データストアや仮想マシン）との関係付けを行うこと可能になり、仮想マシンで発生したストレージ関連のトラブルに対し、ストレージレベルでの詳細な解析が可能になります。

13.8　vRealize Operations Manager の構成のノウハウ

本節では、vR Ops のアーキテクチャ、導入方法、本番展開する際の注意点について説明します。

13.8.1　vRealize Operations Manager のアーキテクチャ

　vR Ops は、仮想環境の主要な運用管理製品の 1 つとして、vSphere はもちろん、vSphere 以外の他製品、クラウド環境を管理できるようにするため、拡張性、可用性にすぐれたスケールアウト型のアーキテクチャを採用しています。内部構造としては、図 13.68 に示すとおり、ユーザーインターフェイス(UI)、コレクタ、コントローラ、アナリティクス、パーシステンスの 5 つのレイヤーがあります。

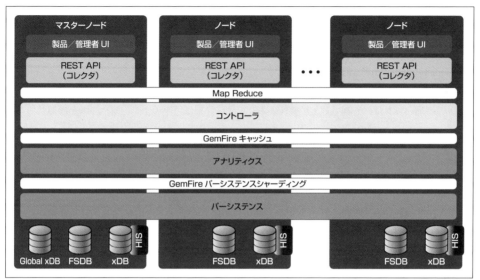

図 13.68　vR Ops アーキテクチャ

　vR Ops ノードを追加することにより、スケールアウト型拡張および HA 冗長構成が可能であり、収集するオブジェクトやメトリック数の増大および耐障害性に対応することができます。

　ノード間の連携は、コントローラ、アナリティクス、パーシステンスの 3 つのレイヤーで複数ノード間でメモリを共有し、メトリックデータを分散配置してローカル FSDB に保存(HA 構成の場合は、データを複数ノードで重複保存)することにより行われ、各ノードでの並列処理を可能にしています。

　vR Ops のノードには複数の種類があり、マスターノード(必須)に加えて、オプションのノードを追加することによって、分析対象の拡大などの拡張性、データ一貫性の担保、サービス継続性の向上、遠隔地からのデータ収集といったさまざまな要件を満たせるようになります。

13.8.2　導入方法

　vR Ops は仮想アプライアンス版と Windows 版、Linux 版の 3 種類が提供されています。ここでは、仮想アプライアンス版の導入方法について説明します。

　事前準備として、My VMware より、仮想アプライアンスのファイル(ova)を入手してください。また、vR Ops を稼働させるためのリソース(ホスト、データストア)を確保してください。必要となるリソース量については、以下のナレッジベースで確認してください。

- http://kb.vmware.com/kb/2093783（英語）

13.8 vRealize Operations Manager の構成のノウハウ

本項では、最も単純なシングルノードの導入について解説します。導入の手順は、以下のとおりです。

1. マスターノードのデプロイ
2. マスターノードのセットアップ
3. vCenter アダプタの設定

■1. マスターノードのデプロイ

1. vSphere Client で［ファイル］→［OVF テンプレートのデプロイ］を選択します。
2. ［参照］をクリックし、事前にダウンロードした ova ファイルを選択して［次へ］をクリックします。
3. テンプレートの詳細を確認し、［次へ］をクリックします。
4. エンドユーザー使用許諾契約書が表示されるので［承諾］をクリックし、［次へ］をクリックします。
5. 仮想マシンの名前とインベントリの場所を指定し、［次へ］をクリックします。
6. 管理対象とする環境規模に応じて、構成規模（小、中、大の中から選択します。極小は、極めて小規模もしくは試用環境でのみ）を選択し、［次へ］をクリックします（図 13.69）。

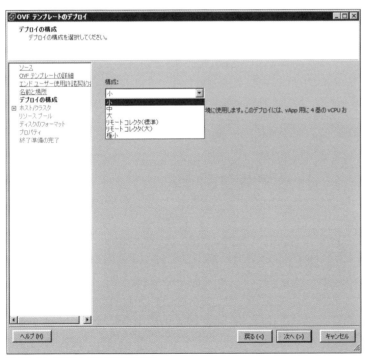

図 13.69　デプロイ構成の選択画面

7. デプロイ先のホストまたはクラスタを指定し、［次へ］をクリックします。
8. デプロイ先のデータストアを指定し、［次へ］をクリックします。

CHAPTER 13 仮想基盤の運用管理：vRealize Operations Manager

9. ディスクのフォーマットを選択し、[次へ]をクリックします。
10. 使用するポートグループ名（vCenter Serverと通信ができるポートグループ）を、プルダウンで選択し、[次へ]をクリックします。
11. タイムゾーンは[Asia/Tokyo]を選択し、Default Gateway、DNS、Network1 IP Address、Network1 Netmaskを入力し、[次へ]をクリックします。
12. 設定内容を確認し、[終了]をクリックします（図13.70）。

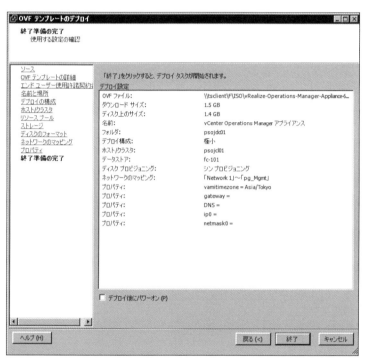

図13.70　デプロイの設定確認画面

■2. マスターノードのセットアップ

1. ウェブブラウザからノードにアクセスします。
2. 1ノードのみでセットアップする場合は、[高速インストール]をクリックします。
3. [次へ]をクリックします。
4. adminユーザーのパスワードを指定します。入力したら、[次へ]をクリックします。
5. 次の手順が表示されるので、[完了]をクリックします。
6. [vRealize Operations Managerのセットアップが完了しました。]と表示されていることを確認します。

■3. vCenter アダプタの設定

1. ウェブブラウザで、vR Ops にログインします。

   アクセス先：https://＜マスターノードの IP アドレスまたは FQDN＞/vcops-web-ent/

2. admin ユーザーのユーザー名とパスワードを入力し、［ログイン］をクリックします。

3. ［次へ］をクリックします。

4. エンドユーザー使用許諾契約書が表示されるので、記載内容に同意のうえ、［この契約書の条項に同意］に
   チェックし、［次へ］をクリックします。

5. ［製品キー］を選択し、ライセンスキーを入力後、［ライセンスキーの検証］をクリックします。ライセンス
   キーは正常に検証されましたと表示されていることを確認し、［次へ］をクリックします。

6. 終了準備の完了が表示されるので、［完了］をクリックします。

7. vCenter アダプタの設定（データ収集先 vCenter の設定）を行います。

8. vR Ops のソリューション設定画面が表示されることを確認します。

9. ソリューションの追加アイコンをクリックします。

10. 表示名にアダプタ名（vCenter への接続定義名）を入力し、vCenter Server に vCenter Server の IP アド
    レスまたは FQDN を入力します。

11. vCenter Server 管理者の認証情報を選択または追加します。追加する場合は［追加アイコン］をクリック
    します。

12. 認証情報を設定したら、［接続テスト］をクリックします。

13. 証明書の確認と承諾ポップアップが表示されたら、［OK］をクリックします。

14. テストが成功しましたと表示されていることを確認し、［OK］をクリックします。

15. ［詳細情報］をクリックします。登録ユーザーと登録パスワードを入力し、［設定の保存］をクリックします。

16. ［登録の管理］が表示されたことを確認し、［閉じる］をクリックします（図 13.71）。

17. 次に vCenter Python アダプタについても、上記 7 ～ 16 のような手順を繰り返すことにより設定を行い
    ます。

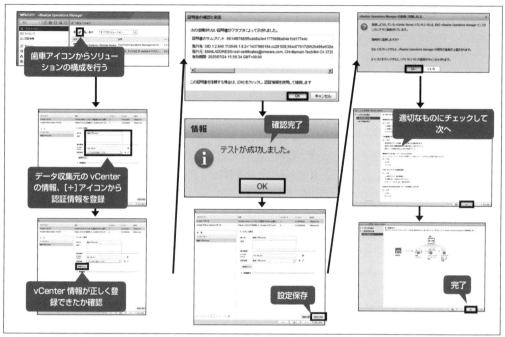

図 13.71　vCenter Adapter の設定

13.8.3　本番展開する際の注意点

　vR Ops インスタンスを本番展開する際に、注意すべき考慮点がいくつかあります。

　1つ目は、管理対象オブジェクト数、データ保持期間、データ収集間隔によって、必要となるリソース量が変わることです。特に、データ保持期間とデータ収集間隔は、デフォルトではそれぞれ6か月間分、5分間隔ですが、この変更はディスク容量に直接影響します。前項の導入方法で述べたとおり、以下のナレッジベースにあるサイジングシートを利用し、必要となるリソース量を確認してください。

- http://kb.vmware.vom/kb/2093783（英語）

　2つ目は、13.8.1項のvR Opsのアーキテクチャで説明したとおり、ノードの追加が可能なことに起因します。ノードを追加する場合には、リモートコレクタを除き、すべてのノードが同じサイズ（CPU、メモリなど）である必要があることに注意してください。

　3つ目は、追加するノードごとに提供される機能が異なるという点です。ノードの種類と機能は、**表13.11** のとおりです。

13.9 vRealize Operations Manager 6.1 の新機能

表 13.11　vR Ops ノードの種類と機能

機能／ノード種別	マスターノード（必須）	レプリカノード（オプション）	データノード（オプション）	リモートコレクタ（オプション）
ユーザーインターフェイス	○	○（フェイルオーバー時のみ有効）	○	
コレクタ	○	○（フェイルオーバー時のみ有効）	○	○
コントローラ	○	○（フェイルオーバー時のみ有効）		
アナリティクス	○	○（フェイルオーバー時のみ有効）	○	
パーシステンス	○	○（フェイルオーバー時のみ有効）	○	

　4つ目は、1ノードあたりの同時接続ユーザー数（vR OpsWebUI からの接続数）が4（またはそれ以上）である点です。ハードリミットではありませんが、同時に多数のユーザーが使うことが想定される場合は、データノードを追加するなどの検討を行う必要があります。

13.9　vRealize Operations Manager 6.1 の新機能

　vR Ops は、VMware 製品の中では世界的に vSphere に次いで普及率が高い戦略的な製品です。2015 年 9 月にリリースされた vR Ops 6.1 では、非常に多くの機能追加や改良がされています。本節では主な新機能や改良について取り上げます。

13.9.1　カスタムデータセンターとキャパシティ使用率ダッシュボード

　多くのユーザー環境では、数次にわたって繰り返し vSphere を導入することにより、複数の vCenter Server インスタンスによって別々に基盤を管理する構成を、余儀なくされているケースが散見されます。

　このようなケースでは、vCenter Server の管理範囲境界と、個々のサービス種別やサービスレベルをカテゴライズする境界とが一致しない場合が多く、複数の vCenter Server インスタンスでリソースのやりくりをしなければならない場合があります。これまでは、クラスタ内部であれば、DRS により自動的にホスト間の負荷の平準化が可能でしたが、クラスタ、データセンター、vCenter をまたいだ自動的な平準化は行えませんでした。

　vR Ops 6.1 では、vCenter Server をまたいだカスタムデータセンターを作成することができ、異なる vCenter Server 配下にあるオブジェクト間で、キャパシティ分析やリソース最適化が可能になりました。新たに作成したカスタムデータセンターに対し、異なる vCenter Server 間のリソース利用状況を見える化するための、「キャパシティ使用率ダッシュボード」を新たに提供しています（図 13.72）。

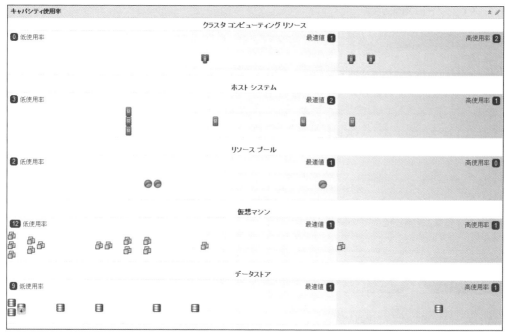

図13.72　キャパシティ使用率ダッシュボード

　これにより、クラスタ、ホスト、リソースプール、仮想マシンなど、オブジェクトの種別にかかわらず、使用率の多寡とバランス状態が俯瞰可能となり、リソース配分の最適化を支援します。

　図のようなキャパシティ使用率ダッシュボードで、リソース使用率が不均衡であるオブジェクトを発見した場合、たとえばクラスタ1にあるホスト1は負荷が異常に高く、クラスタ2にあるホスト2は負荷が低いといった場合は、［Rebalance Container］アクションボタンで、vCenter Server、データセンター、クラスタの垣根を越えて、オブジェクト間でリバランスすることが可能になります。

13.9.2　キャパシティの「予約」

　ユーザー環境で多くのプロジェクトが計画されている場合は、プロジェクトのために仮想基盤のリソースを取っておく必要があります。しかし、基盤管理者が、日々の忙しい運用管理の業務において、あるプロジェクトのリソース予約を意識しつつ、別のサービスの追加や移行を行ったりするのは、神経を使い、往々にしてミスが生じます。

　vR Ops 6.1のプロジェクト機能の「コミット」処理では、リソースを予約しておくべきプロジェクトが発生した場合に、そのリソース量をvR Opsで設定し、直ちに「予約」することができるようになりました。これによりプロジェクトで予約したリソースは、「残りキャパシティ、時間」の計算に反映されるので、間違って他のサービスのために使ってリソースがなくなってしまう、といったミスを防ぐことが可能になります。

13.9.3 カスタム仮想マシンプロファイル

残りキャパシティバッジで、ホストごとにあと何台の仮想マシンを追加可能か計算できますが、仮想マシンのプロファイル（CPU、メモリ割り当てやデマンド量）はvR Opsが自動的に計算してモデル化したものであり、ユーザーのニーズ（これだけのリソースを使用する仮想マシンがあと何台追加できるか）を反映させることはできませんでした。

vR Ops 6.1では、仮想マシンプロファイルのカスタマイズが可能になり、ユーザーが指定したリソース割り当て（またはデマンド）の仮想マシンプロファイルで、残り台数の計算が可能になりました。

13.9.4 レポート機能の進化

vR Ops 6.0では、レポートとして使用できるエレメントはビューだけでしたが、6.1ではダッシュボードも使用できるようになりました。これにより、標準もしくはカスタムのダッシュボードを使用し、カスタムレポートを生成することが可能です。

また6.0では、ビューの表示範囲として、過去XX日間という指定しかできませんでしたが、6.1では開始および終了日時を任意に設定できるようになり、「トラブルが起こった何月何日を中心としたレポート」の作成ができるようになりました。

13.9.5 OSおよびアプリケーション対応（Hyperic 統合）

OSおよびアプリケーションのパフォーマンスなどのモニター機能がvR Ops 6.1で統合されました。以前のバージョンではvRealize Hypericにより提供されていた機能です。

ゲストOSにエージェントをインストールし、OSやアプリケーションのモニターを行うだけでなく、OS上のアプリケーションやディスクなどのアセットを自動で発見します。OSは、Windows、Linuxだけでなく、物理環境のUNIXなどにも対応します。また環境としては、仮想環境だけでなく、物理環境、ハイブリッドクラウドにも対応します。

Chapter 14

vSphere 環境のアップグレード

CHAPTER 14　vSphere 環境のアップグレード

vSphere は非常に安定稼働するシステムであり、長期間にわたって使用されることが多い点が特長です。とはいえ新機能への対応、サポート切れなどの理由により vCenter Server および ESXi のバージョンアップが必要になる状況が増えています。

vMotion を利用して ESXi ホストを移行することにより、サービスを停止することなく ESXi をアップグレードすることが可能です。その一方で、vSphere 仮想環境は多くの要素からなるため、アップグレードは複雑です。本章では、旧バージョンの vSphere 環境をアップグレードする際の注意点、事前準備、アップグレード時の考慮点の把握、アップグレードの設計、実際のアップグレードの手順について解説します。

14.1　アップグレード全体のフロー

既存環境の vSphere のアップグレードはコンポーネントごとに段階的に行います。この順番は重要です。大まかなアップグレードの順序は、図 14.1 のフローとなります。

図 14.1　vSphere のアップグレードのフロー

各フェーズではアップグレードに必要な前提条件などがありますので、vSphere の互換性マトリックスを確認しながらアップグレードを計画します。この計画の段階でアップグレードに支障が出るものを発見した場合は、対処する方法があるかどうかも併せて確認していきます。

アップグレード作業を円滑に進めるには、フェーズ 1 とフェーズ 2 で実施する vCenter Server や ESXi をシンプルかつリスクを少なく進めることが重要になります。どちらも、アップグレード方式として新規インストールまたは上書きアップグレードが選択できますが、基本的には新規インストールを検討し、設定を引き継ぐ必要があるなど特別な理由がある場合にのみ、上書きアップグレードを選択するようにしてください。

- 事前作業

  アップグレードを始める前に、既存環境で vCenter Server を使用しているソフトウェアへの影響を確認します。たとえば、vRealize Operations、vCloud Director、Site Recovery Manager などの VMware 製品の他に、サードパーティ製バックアップソフトウェアやハードウェア製品の管理ソフトウェア（CIM provider）なども確認します。

- フェーズ 1

  vCenter Server のアップグレードを実行します。vCenter Server 6.0 への上書きアップグレードは、vCenter

Server 5.0 以降からのみサポートされています [1]。また、Windows 版の vCenter Server では、vCenter Server Update Manager もこの段階でアップグレードを行います。

- フェーズ 2
 ESXi をアップグレードします。アップグレードの影響で仮想マシンが停止しないように、vMotion [2] を使用して仮想マシンを他の実行中のホストに移行しながら、順番にクラスタ内の個々のホストのアップグレードしていきます。これにより、仮想マシンのダウンタイムなしで、ESXi をアップグレードできます。
 ESXi 6.0 に上書きアップグレードする場合は、ESXi 5.0、5.1 および 5.5 からのアップグレードがサポートされています [3]。

- フェーズ 3
 vCenter Server および ESXi のアップグレードが完了したら、仮想マシンのアップグレードを行います。仮想マシンのアップグレードでは、まず VMware Tools をアップグレードし、必要に応じて仮想ハードウェアをアップグレードします。vSphere 6.0 では新しいバージョンの ESXi で古いバージョンの VMware Tools を使うことや、古いバージョンの仮想ハードウェアもサポートされますので、最初に vCenter Server や ESXi をアップグレードし、仮想マシンが停止できるタイミングで仮想マシンおよび VMware Tools をアップグレードするという段階的なアプローチも可能です（図 14.2、図 14.3）。

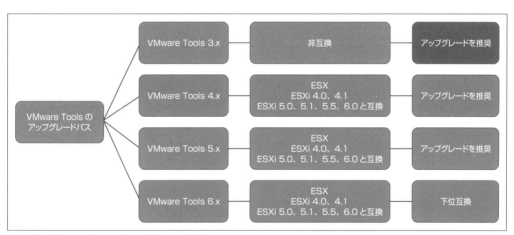

図 14.2　VMware Tools のアップグレードパス

---

[1] 詳細は下記ナレッジベースを参照してください。
　　http://kb.vmware.com/kb/2109772（英語）
　　http://kb.vmware.com/kb/2113874（日本語。最新情報でない場合があります）
[2] vMotion 可否の要件がありますので事前に確認します。
[3] 詳細は下記ナレッジベースを参照してください。
　　http://kb.vmware.com/kb/2109711（英語）
　　http://kb.vmware.com/kb/2113868（日本語。最新情報でない場合があります）

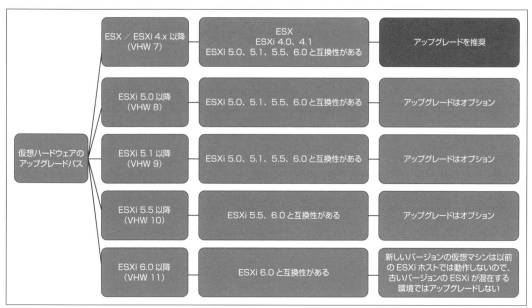

図 14.3　仮想ハードウェアのアップグレードパス

- フェーズ 4

　アップグレードの最後に、データストアの VMFS バージョンを 5 にアップグレードします。この作業では、データストア上の仮想マシンを移動させることなく、仮想マシンを稼働させたまま行うことができますので、仮想マシンのダウンタイムは発生しません。また、vSphere 5.5、6.0 は VMFS バージョン 3 を使用したデータストアを完全にサポートしているため、vCenter Server や ESXi、仮想マシンとは別のタイミングでアップグレードが可能です（図 14.4）。

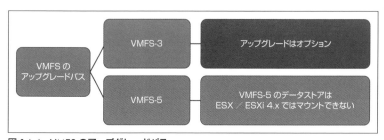

図 14.4　VMFS のアップグレードパス

14.2　事前の検討および調査

14.2　事前の検討および調査

14.2.1　vSphere のライフサイクル

vSphere を構成する各製品には、ライフサイクルポリシーが設定されています。このライフサイクルポリシーには、製品のライフサイクルポリシーとサポートのライフサイクルポリシーがあります。

■製品のライフサイクル

製品のライフサイクルポリシーにはメジャーリリース、マイナーリリース、メンテナンスリリース、アップデートリリースがあります。これらの関係は**表14.1**のとおりです。

表 14.1　製品のライフサイクルポリシー

リリース	リリース間隔	内容
メジャーリリース	2～3年程度	● 前バージョンからのすべてのバグ修正（クリティカル＋非クリティカル）を含む ● 拡張機能、新機能 ● 有効な SnS 契約があれば無償でアップグレード可能
マイナーリリース	1年程度	● バグ修正 ● 小規模な拡張機能 ● ライセンスはそのまま使用可能
メンテナンスリリース	非定期	● クリティカルなバグが発覚して多くのユーザーに影響を与える場合など状況に応じて速やかに提供される ● ライセンスはそのまま使用可能
アップデートリリース	0.5年程度	● バグ修正 ● 新ハードウェアへの対応 ● ライセンスはそのまま使用可能

なお、製品バージョン（例：ESXi 5.5.0 update 2）はリリース番号から構成されています。

- ESXi X.Y.Z update n
  - X：メジャーリリース
  - Y：マイナーリリース
  - Z：メンテナンスリリース
  - n：アップデートリリース

■サポートのライフサイクル

サポートライフサイクルポリシーを読み解くには、以下のことを理解する必要があります。

まず、製品がサポートされる期間とライフサイクルポリシーを確認します。「VMware Lifecycle Product

CHAPTER 14 vSphere環境のアップグレード

Matrix（製品ライフサイクルマトリックス）」（http://www.vmware.com/files/jp/pdf/support/Product-Lifecycle-Matrix.pdf）を参照し、製品の名前から、サポートの期間とライフサイクルポリシーを探します。vSphereの場合は表14.2のとおりです。

表14.2　サポートの期間とライフサイクルポリシー

プロダクト名	一般発売日	ジェネラルサポート終了	テクニカルガイダンス終了	ライフサイクルポリシー
VMware ESX／ESXi 3 [4]	2007/12/10	2010/5/21	2013/5/21	VI3P
VMware ESX／ESXi 4.x	2009/5/21	2014/5/21	2016/5/21	EIP
VMware ESXi 5.0、5.1	2011/8/24	2016/8/24	2018/8/24	EIP
VMware ESXi 5.5	2013/9/19	2018/9/19	2020/9/19	EIP
VMware ESXi 6.0	2015/3/12	2020/3/12	2022/3/12	EIP
VMware vCenter Server 4.x	2009/5/21	2014/5/21	2016/5/21	EIP
VMware vCenter Server 5.0、5.1	2011/8/24	2016/8/24	2018/8/24	EIP
VMware vCenter Server 5.5	2013/9/19	2018/9/19	2020/9/19	EIP
VMware vCenter Server 6.0	2015/3/12	2020/3/12	2022/3/12	EIP

ライフサイクルポリシーは製品ごとに細かく設定されています（http://www.vmware.com/jp/support/policies/lifecycle）。現在は8種類のライフサイクルポリシーが設定されており、vSphereとしてESXiおよびvCenter ServerともEIPが設定されているのがわかります。

このライフサイクルポリシーを見ることで、対応するサポートフェーズがわかります。vSphereでは、ジェネラルサポートフェーズとテクニカルガイダンスフェーズの2つのライフサイクルサポートフェーズを利用できます（表14.3）。

表14.3　ライフサイクルサポートフェーズ

ポリシー	ジェネラルサポートフェーズ	テクニカルガイダンスフェーズ
エンタープライズインフラストラクチャポリシー（EIP）	○	○
エンタープライズデスクトップポリシー（EDP）	○	○
アプリケーションプラットフォームポリシー（APP）	○	○
エンタープライズアプリケーションポリシー（EAP）	○	
パーソナルデスクトップポリシー（PDP）	○	
SaaSポリシー（SP）	○	
ジェネラルサポートポリシー（終了）(GSP)		
VMware Infrastructure 3 サポートポリシー（終了）(VI3P)		

この2つのライフサイクルサポートフェーズでのサポートは、それぞれ次のとおりです。

---

[4]　ESX／ESXi 3.5ではエクステンドサポートがテクニカルガイダンスに相当します。

14.2 事前の検討および調査

- ジェネラルサポートフェーズ

  ジェネラルサポートフェーズは一般発売日から始まり、「製品ライフサイクルマトリックス」に記載されている
るジェネラルサポート終了日までサポートが提供されます。

  このジェネラルサポートフェーズの期間中では、VMwareサポートを購入したユーザーは、メンテナンス
アップデートとアップグレード、不具合とセキュリティの修正、および技術的なサポートを利用できます。

- テクニカルガイダンスフェーズ

  テクニカルガイダンスフェーズは、ジェネラルサポートフェーズの終了時点から始まり、「製品ライフサイ
クルマトリックス」に記載されているテクニカルガイダンス終了日までサポートが提供されます。

  このテクニカルガイダンスフェーズの期間中では、特に指定されているものを除き、新規ハードウェアのサ
ポート、サーバー／クライアント／ゲストOSのアップデート、新規のセキュリティパッチやバグ修正は提
供されません。

vSphereの場合はこの2つのサポートを利用することができ、製品が一般発売された日から7年間のサポー
トを受けることができます。

なお、この7年のサポート期間が過ぎると製品はサポート期間の終了(EOSL)に入ります。この時点でその製
品のサポートライフサイクルが終了します。

また、製品の販売が終了もしくは特定の製品でサポートが終了する前にその製品に新しいアップデートが提
供され、古いバージョンの提供が終了(EOA)することがあります。この場合は、その時点で提供が終了した製
品(または製品のバージョン)は提供を終了したことになります。

ライフサイクルサポートで提供されるサポートの内容は、**表14.4**のとおりです。

表14.4　ライフサイクルサポートで提供されるサポート

機能	ジェネラルサポートフェーズ	テクニカルガイダンスフェーズ	サポート期間の終了
メンテナンスアップデートおよびアップグレード	○		
新規のセキュリティパッチ	○		
新規の不具合修正	○		
新規ハードウェアのサポート	○		
サーバー／クライアント／ゲストOSのアップデート	○		
サポートリクエストの発行	電話およびウェブ	ウェブのみ	
既存のセキュリティパッチ	○	○	
既存の不具合修正	○	○	
ビジネスクリティカルでない問題の回避策	○	○	
ウェブベースのセルフヘルプサポート	○	○	
ナレッジベースへのアクセス	○	○	○

vSphere 環境のアップグレード

■ ゲスト OS のサポート

製品のリリースによってはゲスト OS のサポートが変わることがあります。これについては「VMware Compatibility Guide（互換ガイド）」（http://www.vmware.com/resources/compatibility/search.php?deviceCategory=software&testConfig=16）を参照し、使用しているゲスト OS が新しいリリースでもサポート対象となっているか確認します。

14.2.2 アップグレードのトリガーの把握

vSphere をアップグレードしなければならないトリガーとしては、以下のようなことが考えられるでしょう。

- vSphere の新機能を使う必要が出た場合
- 旧バージョンの vSphere ではサポートされていない新しいゲスト OS を使用する場合
- 物理サーバーを更新する場合
- vSphere のサポート期間が終了した場合
- 新しく導入した vSphere との環境統一が必要な場合

14.2.3 アップグレード前の事前調査

アップグレードを行う場合は、事前の調査なしに既存の環境に適用することは避けるべきです。アップグレードでは既存の環境と新しいリリースでの差分が必ずありますので、まずはそれらを洗い出し、アップグレードができることを確認します。

事前確認では、既存環境について可視化すると共に、新しいバージョンにそれらの機能があるか、移行が可能か、機能がない場合は代わりになる機能はあるか、それもない場合は代替手段があるかなどを洗い出していきます。これにより、既存環境で利用している機能面でのアップグレードの可否判断ができます。

次に、既存環境に対して新しいバージョンが適用できるかを調べます。「ハードウェア互換性リスト」に製品が記載されているかどうかや、その製品のベンダーのサポート対象になっているかどうかを調べます。さらに、新しいバージョンで提供される新機能を使うかどうかを検討します。最後に、ここまで検討してきたことを踏まえて、既存環境の設計を見直します。これでアップグレードをした後の環境をイメージできるようになります。

アップグレードを行う際に注意しなければならない点は、表 14.5 のとおりです。

表14.5 アップグレードの際に考慮する点

フェーズ	考慮点
事前確認	● 既存環境で利用している機能の精査 ● 互換性の確認 ● 新機能の利用検討 ● 既存環境の設計の見直し
vCenter Server	● バージョン間の差分確認 ● アップグレード方式の検討
ESX／ESXi	● バージョン間の差分確認 ● アップグレード方式の検討
仮想マシン	● バージョン間の差分確認 ● アップグレード方式の検討

アップグレードにおいて実際に注意すべき点については、次の節で述べます。

14.3　アップグレードの設計

本節では、vSphereのアップグレードを行う際に必要な考慮点や各設計ポイントについて解説します。

14.3.1　アップグレードするバージョンの検討

最初にアップグレード先のバージョンを決定します。その際には、以下のポイントを考慮する必要があります。

■利用するハードウェアが新しいバージョンでサポートされているか

アップグレードで利用するハードウェアが新しいバージョンでサポートされているかを、「VMware Compatibility Guide」のウェブページで確認してください。古いハードウェアを利用する場合は、ファームウェアのアップデートが必要になることや、サポートされていないことがあります。

- VMware Compatibility Guide
  http://www.vmware.com/resources/compatibility/search.php

サーバーを検索する場合は「What are you looking for:」欄で「System/Servers」を選択します。ストレージを検索する場合は「Storage/SAN」を選択して検索します（図 14.5）。

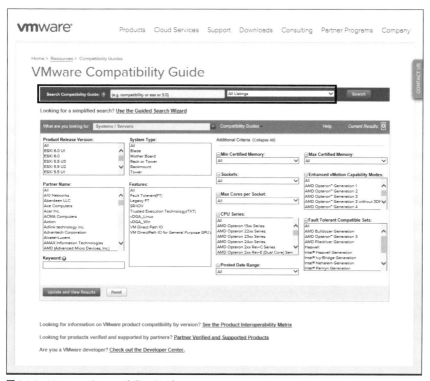

図 14.5　VMware Compatibility Guide

ストレージを検索する場合は、接続プロトコル（FC／NFS など）ごとにストレージが表示されるので、利用するプロトコルに応じたページを確認してください。さらに、利用するパスポリシーによって VAAI（vStorage API for Array Integration）でサポートされる機能が異なる場合がありますので、注意が必要です（図 14.6）。

14.3 アップグレードの設計

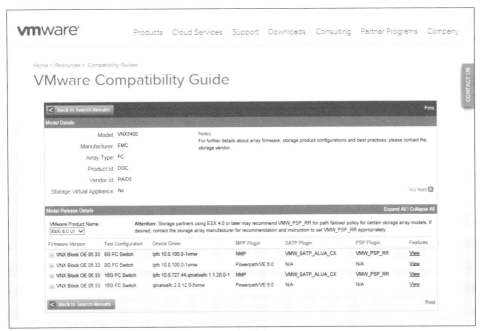

図 14.6 VMware Compatibility Guide でストレージを検索

■利用したい新機能はあるか

vSphere はバージョンが上がるたびに新機能の追加や機能の改善が行われます。vSphere 6.0 では Cross vCenter Server vMotion やマルチコア FT などが追加されました。新機能を利用する場合は、アップグレード設計と並行して各機能の設計も行う必要があります。

利用可能な機能はエディションによって異なります。vSphere 4.x ／ 5.x ／ 6.x のエディションの対応表は**表 14.6** のとおりです。vSphere 5.x から 6.x へアップグレードする際は変更がありませんが、vSphere 4.x から 5.x ／ 6.x にアップグレードする場合は、vSphere 4.x では存在していた Advanced エディションは 5.x ／ 6.x には存在していないので、4.x Advanced エディションは 5.x ／ 6.x Enterprise エディションに変更になります。

表 14.6　vSphere のバージョンとエディションの対応

VMware vSphere 4.x の Edition	VMware vSphere 5.x および 6.0 の Edition
Enterprise Plus	Enterprise Plus
Enterprise	Enterprise
Advanced	Enterprise
Standard	Standard
Essentials Plus	Essentials Plus
Essentials	Essentials

473

■vSphere サポート期間をどう考えるか

サポート期間が短期であっても、安定した古いバージョンを使用するか、サポート期間の長い最新バージョンを利用するかを、アップグレード対象のシステムポリシーと照らし合わせて検討する必要があります。長期間サポートが受けられる点から、最新バージョンの導入が推奨されます。

アップグレード時は最新パッチの適用も検討してください。注意事項としては、vSphere 5.5 Update 2d 以降、vSphere 6.0 GA 以降では、仮想マシン間の TPS (Transparent Page Sharing) がデフォルトで無効 (すなわち同一仮想マシンでのみ共有し、異なる仮想マシン間では非共有) に変更されています。メモリをオーバコミットしているシステムでは現状よりもメモリが不足する可能性があります。その場合、仮想マシン間での TPS を有効にするように詳細設定を変更してください[5]。

■アップグレード後に稼働する仮想マシンのゲスト OS は何か

vSphere 上で稼働するゲスト OS のサポート状況は、「VMware Compatibility Guide」の [What are you looking for:] 欄で [Guest OS] を選択して調査することができます。ゲスト OS の細かいアップデートやサービスパックごとにサポートレベルが異なる場合があり、以下のように定義されています。

- Tech Preview
- Supported
- Legacy
- Deprecated
- Terminated
- Unsupported

Terminated と Unsupported 状態のゲスト OS は、既にサポートが終了しています。Legacy と Deprecated は現時点ではサポートされますが、近い将来サポートが終了する予定のゲスト OS です。また、Legacy より下のサポートレベルでは vSphere 新機能の利用がサポートされません。そのため、できるだけゲスト OS のバージョン (またはサービスパック) は最新のものを利用することを推奨します。

VMware は「Compatibility Guide」に記載のあるゲスト OS 自体をサポート・保守しているということではなく、vSphere 上で稼働することをサポートしているという点に注意してください。詳細は以下のナレッジベースを参照してください。

- **Understanding guest operating system support levels (2015161)**
  http://kb.vmware.com/kb/2015161

---

[5] TPS のデフォルト値の変更についての詳細は以下のナレッジベースを参照してください。
Additional Transparent Page Sharing management capabilities and new default settings (2097593)
http://kb.vmware.com/kb/2097593

■vSphere 以外の VMware 製品を利用しているか

VMware の vRealize 製品群、Horizon 製品群、vCenter Server Site Recovery Manager、NSX などの製品を利用している場合は、vSphere と互換性のあるバージョンにアップグレードする必要があります。VMware の互換性は以下のサイトで確認してください（図 14.7）。

- VMware Product Interoperability Matrixes

    http://partnerweb.vmware.com/comp_guide2/sim/interop_matrix.php

図 14.7　VMware Product Interoperability Matrixes

この図では vCenter Server と NSX の互換性を確認しています。緑色の丸に白いチェックマークが入っている場合は互換性があります。

たとえばこのページで調査することにより、vSphere 5.x や 6.x では VCB（VMware Consolidated Backup）や VDR（VMware Data Recovery）が利用できないことがわかります。これらの機能を使用している場合には、アップグレードの際に、VDP（VMware Data Protection）など他の手段によるバックアップが必要になるため注意が必要です。

■サードパーティ製品を利用する必要があるか

サードパーティ製品を利用している場合は、アップグレード後のバージョンと互換性があるかをベンダーに

CHAPTER 14　vSphere 環境のアップグレード

確認する必要があります。vSphere の最新バージョンを利用したいと考えていても、サードパーティ製品のサポートが間に合わず、古い vSphere のバージョンを利用することになった事例も存在します。

14.3.2　vCenter Server のアップグレード

■アップグレードパスの確認

前述の「VMware Product Interoperability Matrixes」の［Upgrade Path］で上書きアップグレードが可能か確認できます。サポートされていない場合は段階的にアップグレードを行う必要があります。

vCenter Server 4.x 以前のバージョンから vCenter Server 6.x には直接上書きアップグレードができません。vCenter Server 5.x へ上書きアップグレードしてから、さらに vCenter Server 6.x に上書きアップグレードする必要があります。この場合は手順が複雑になりますので、別の OS インスタンス上または仮想アプライアンスとして vCenter Server 6.x を新規インストールすることを推奨します（**表 14.7**）。

表 14.7　vCenter Server のアップグレードパス

パス	2.5 U6	4	4.0 U1	4.0 U2	4.0 U3	4.0 U4	4.1	4.1 U1	4.1 U2	4.1 U3	5	5.0 U1	5.0 U2	5.0 U3	5.1	5.1 U1	5.1 U2	5.1 U3	5.5	5.5 U1	5.5 U2	6.0	6.0 U1
2.5 U6			○	○	○	○	○	○	○	○	○	○	○										
4			○	○	○	○	○	○	○	○	○	○	○	○	○	○	○	○	○	○	○		
4.0 U1				○	○	○	○	○	○	○	○	○	○	○	○	○	○	○	○	○	○		
4.0 U2					○	○	○	○	○	○	○	○	○	○	○	○	○	○	○	○	○		
4.0 U3						○	○	○	○	○	○	○	○	○	○	○	○	○	○	○	○		
4.0 U4							○	○	○	○	○	○	○	○	○	○	○	○	○	○	○		
4.1								○	○	○	○	○	○	○	○	○	○	○	○	○	○		
4.1 U1									○	○	○	○	○	○	○	○	○	○	○	○	○		
4.1 U2										○	○	○	○	○	○	○	○	○	○	○	○		
4.1 U3											○	○	○	○	○	○	○	○	○	○	○		
5												○	○	○	○	○	○	○	○	○	○	○	○
5.0 U1													○	○	○	○	○	○	○	○	○	○	○
5.0 U2														○	○	○	○	○	○	○	○	○	○
5.0 U3															○	○	○	○	○	○	○	○	○
5.1																○	○	○	○	○	○	○	○
5.1 U1																	○	○	○	○	○	○	○
5.1 U2																		○		○	○	○	○
5.1 U3																						○	○
5.5																				○	○	○	○
5.5 U1																					○	○	○
5.5 U2																						○	○
6.0																							
6.0 U1																							

14.3 アップグレードの設計

■インストール前提条件の確認

vSphere 5.5 や 6.0 で vCenter Server を動作させるには、64 ビット版の Windows が必須です。vCenter Server のバージョンによってサポートされる Windows OS が異なりますので、詳細は以下のナレッジベースを参照してください。

- Supported host operating systems for VMware vCenter Server installation (including vCenter Server Update Manager and vRealize Orchestrator) (2091273)
  http://kb.vmware.com/kb/2091273

また、リソースの要件も以前のバージョンと比べると高くなっています。今まで物理サーバーで vCenter Server を利用していた場合は、スペックが要件を満たしているか確認してください。また、vCenter Server のデータベースとして利用する RDBMS のバージョンと互換性があるかを、「VMware Product Interoperability Matrixes」の「Solution/Database Interoperability」で確認してください。

詳しくは、アップグレード先バージョンのオンラインマニュアルで、vCenter Server のマニュアルを確認してください。

■統計情報の保持の検討

アップグレード前の vCenter Server で蓄積されたホストおよび仮想マシンのパフォーマンスなどの統計情報を、アップグレード後の vCenter Server でも使用したい場合、通常は vCenter Server の上書きアップグレードが必要です。しかし、既存の統計情報を PowerCLI を使用しファイルとして出力して保持することにより、アップグレード後に参照が可能です。以下のサンプルではすべてのメトリック (-stat *) の 5 分間隔のデータ (-intervalsecs 300) を 1 日分 (288 回分) (-maxsamples 288) 取得しています。

```
# Get-VM | foreach { Get-Stat $_ -intervalsecs 300 -maxsamples 288 -stat * } | select entity, timestamp, metricid, value, unit | export-csv -pathファイル名
```

■vCenter Server のコンポーネント構成の検討

vCenter Server 6.0 ではコンポーネント構成が変更になりました。詳細は「1.2.3 VMware vCenter Server の概要」を参照してください。vCenter Server 5.1 や 5.5 から上書きインストールを行う場合は、現状の vCenter Server のコンポーネント構成に従った構成になり、変更ができません。

図 14.8 のように、1 台のサーバー上にすべてのコンポーネントを配置している場合はアップグレード後も同様の構成になります。拡張リンクモードを利用する場合は、上書きアップグレードではなく新規インストールしてください。拡張リンクモードを利用するには、PSC を vCenter Server とは別サーバーに構築することが推奨されています (図 14.9)。

477

CHAPTER 14　vSphere 環境のアップグレード

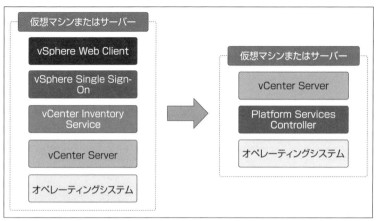

図 14.8　1 台のサーバーにすべての vCenter Server コンポーネントが配置されている場合

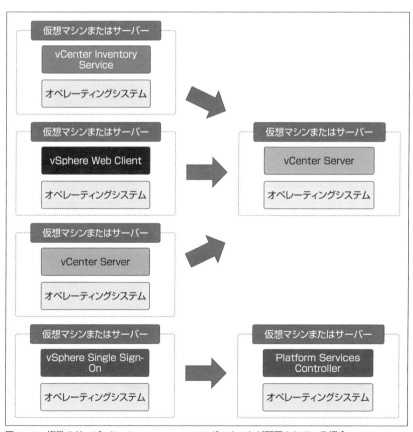

図 14.9　複数のサーバーに vCenter Server コンポーネントが配置されている場合

拡張リンクモードを利用するメリットには、同じ PSC を利用する vCenter Server のインベントリを 1 回ログ

インするだけで管理できるようになることや、Cross vCenter Server vMotion を利用する場合に画面の移行メニューから移行が可能になることなどがあります（拡張リンクモードを有効にしないで Cross vCenter Server vMotion を実行する場合は、API 経由で実行する必要があります）。

14.3.3　ESX／ESXi のアップグレード

■アップグレードパスの確認

vCenter Server と同じく、「VMware Product Interoperability Matrixes」の「Upgrade Path」で上書きアップグレードが可能か確認してください。もし、サポートされていない場合は段階的にアップグレードを行う必要があります。その場合、手順が複雑になりますので新規インストールを推奨します。

vCenter Server と同じく ESX／ESXi 4.x から ESXi 6.0 に直接上書きアップグレードはできません。一度 ESXi 5.x を経由してから ESXi 6.x にアップグレードする必要があります（**表 14.8**）。

表 14.8　ESX／ESXi のアップグレードパス

パス	3.0.3 U1	3.5 U5	4	4.0 U1	4.0 U2	4.0 U3	4.0 U4	4.1	4.1 U1	4.1 U2	4.1 U3	5	5.0 U1	5.0 U2	5.0 U3	5.1	5.1 U1	5.1 U2	5.1 U3	5.5	5.5 U1	5.5 U2	6.0	6.0 U1
3.0.3 U1																								
3.5 U5			○	○	○	○	○	○	○	○	○													
4				○	○	○	○	○	○	○	○	○	○	○	○	○	○	○	○	○	○	○		
4.0 U1					○	○	○	○	○	○	○	○	○	○	○	○	○	○	○	○	○	○		
4.0 U2						○	○	○	○	○	○	○	○	○	○	○	○	○	○	○	○	○		
4.0 U3							○	○	○	○	○	○	○	○	○	○	○	○	○	○	○	○		
4.0 U4								○	○	○	○	○	○	○	○	○	○	○	○	○	○	○		
4.1									○	○	○	○	○	○	○	○	○	○	○	○	○	○		
4.1 U1										○	○	○	○	○	○	○	○	○	○	○	○	○		
4.1 U2											○	○	○	○	○	○	○	○	○	○	○	○		
4.1 U3												○	○	○	○	○	○	○	○	○	○	○		
5													○	○	○	○	○	○	○	○	○	○	○	○
5.0 U1														○	○	○	○	○	○	○	○	○	○	○
5.0 U2															○	○	○	○	○	○	○	○	○	○
5.0 U3																○	○	○	○	○	○	○	○	○
5.1																	○	○	○	○	○	○	○	○
5.1 U1																		○	○	○	○	○	○	○
5.1 U2																			○	○	○	○	○	○
5.1 U3																				○	○	○	○	○
5.5																					○	○	○	○
5.5 U1																						○	○	○
5.5 U2																							○	○
6.0																								○
6.0 U1																								

CHAPTER 14 vSphere 環境のアップグレード

■インストール前提条件の確認

vCenter Server と同じように、ESXi でも導入前の要件を満たしているか確認する必要があります。詳しくはアップグレード先バージョンのオンラインマニュアルで確認してください。

■ESX から ESXi へアップグレードする際の注意点の確認

ESX と ESXi ではアーキテクチャが異なるため、ESXi へ上書きアップグレードする際に、引き継がれない設定が存在します。そのため、アップグレードの後に一部の設定を再設定する必要があります。詳細は以下のオンラインマニュアルを確認してください。

- vSphere 5.5 ドキュメントセンター「ホストのアップグレードおよび移行」
  http://pubs.vmware.com/vsphere-55/index.jsp#com.vmware.vsphere.upgrade.doc/GUID-122035F6-8433-463E-A0F7-B4FC71A05B04.html

■アップグレード後のコアダンプパーティションサイズの確認

ESXi 5.1 まではコアダンプパーティションは 110MB の 1 つだけでしたが、ESXi 5.5 よりインストールディスクが 7.7GB 以上の場合に、さらに 2.5GB のコアダンプパーティションが追加されるようになっています。コアダンプを安定して収集するためにアップグレード後に以下のコマンドでサイズの拡張をしてください。

```
esxcli system coredump partition list
Name                       Path                                            Active  Configured
-------------------------  ----------------------------------------------  ------  ----------
mpx.vmhba1:C0:T0:L0:7      /vmfs/devices/disks/mpx.vmhba1:C0:T0:L0:7       false   false
mpx.vmhba1:C0:T0:L0:9      /vmfs/devices/disks/mpx.vmhba1:C0:T0:L0:9       true    true
```

※ Active が true になっているデバイスのパスを確認し、ls コマンドでサイズを確認します。

```
#  ls -lh /vmfs/devices/disks/mpx.vmhba1:C0:T0:L0:9
-rw-------    1 root     root        2.5G Jun 18 13:23 /vmfs/devices/disks/mpx.vmhba1:C0:T0:L0:9
```

※例ではコアダンプファイルパーティションサイズは 2.5GB になっています。110MB の場合は追加が必要です。

コアダンプ領域を拡張する場合は、新しくコアダンプパーティションを作成するか、コアダンプファイルを作成するか選択が可能です。

以下は、コアダンプファイルを追加する手順の例です。

```
# esxcli system coredump file add -d <データストア名> -f <任意のダンプファイル名> -s <ファイルサイズ(MB)>

# esxcli system coredump file list
Path                                                                    Active  Configured        Size
----------------------------------------------------------------------  ------  ----------  ----------
/vmfs/volumes/<データストアUUID>/vmkdump/<任意のダンプファイル名>.dumpfile   false     falseファイルサイズ
```

※コアダンプファイルを Active に設定します。

```
# esxcli system coredump file set -p /vmfs/volumes/<データストアUUID>/vmkdump/<任意のダンプファイル名
>.dumpfile

# esxcil system coredump file list
Path                                                                    Active  Configured        Size
----------------------------------------------------------------------  ------  ----------  ----------
/vmfs/volumes/<データストアUUID>/vmkdump/<任意のダンプファイル名>.dumpfile   true      trueファイルサイズ
```

14.3.4　仮想マシンの移行

　vSphere のアップグレードに伴って仮想マシンを停止できる場合と、停止できない(vMotion によるオンライン移行が必須)場合では、アップグレードの手順が異なります。仮想マシンをオンラインで移行する場合は、vMotion を活用して ESX／ESXi を 1 台ごとにローリングアップグレードして対応します。

　異なるバージョン間の ESX／ESXi 間での vMotion は可能です。ただし、移行先ホストの CPU 世代が異なる場合は vMotion できないケースがありますので、クラスタ上で EVC を有効化するなど、事前に検証する必要があります。

　仮想マシンを移行する際に利用する方式は、表 14.9 のとおりです。仮想マシンの停止要否に応じて移行方式を選択します。たとえば、vCenter Server を別サーバーに新規インストールしてアップグレードする場合は、ESX／ESXi を現行の vCenter Server から新しい vCenter Server へ切り替えます。ESX／ESXi のアップグレード時にオンライン移行の必要がある場合は、vMotion／Storage vMotion で移行し、オフライン移行で問題なければそれ以外の方式を採用します。

表14.9 仮想マシン移行方式

方式	概要	VM移行時オンライン/オフライン	考慮点
vMotion／Storage vMotion	ESX／ESXi／VMFSをアップグレードする前に、アップグレード対象のESX／ESXi／VMFSからVMをvMotion／Storage vMotionで他のESX／ESXi／VMFSへオンライン移行する	オンライン移行	vMotionの要件を満たすための事前準備、移行手順が複雑になりやすい
vCenter Serverの切り替え	vCenter Serverを別のサーバーに新規構築してアップグレードする際に、現行のvCenter ServerからESX／ESXiホストを切り替える	オンライン移行	● 一時的にHAが無効になる ● 別途ESX／ESXiのアップグレード時の移行を考慮する必要あり
P2VまたはV2V	vCenter Serverを別のサーバーに新規構築してアップグレードする際に、現行のvCenter ServerからコンバータでP2V（現行vCenter Serverが物理マシンで構成されている場合）またはV2V（現行vCenter ServerがvSphere上にある場合）を行う	オフライン移行	● 移行時間が長くなりやすい ● MACアドレスが変更になる ● VMware Converterが必要
OVF／OVAファイル移行	アップグレードする際に現行のvCenter ServerからOVF／OVAファイルとしてエクスポートして新vCenter Serverにインポートする	オフライン移行	● 移行時間が長くなりやすい ● MACアドレスが変更になる
データストア切り替え	ESXiを別サーバーに構築し、そのESXiに現行ESX／ESXiが利用しているデータストアをマウントして仮想マシンの登録を行う	オフライン移行	新旧ESX／ESXiとストレージの互換性が必要になる

アップグレードに伴って以下の作業を行う場合は、仮想マシンの停止が必要になるので注意が必要です。

- VMware Toolsのアップグレード
- 仮想ハードウェアバージョンのアップグレード

 **仮想スイッチの検討**

vSphereをアップグレードする際に、仮想スイッチで考慮する点について述べます。

■標準仮想スイッチの考慮点

ESX／ESXiを上書きアップグレードする場合は、ポートグループがそのまま引き継がれるため、追加の設定は不要です。新規インストールする場合は、新規インストール後のESXiに仮想マシンをvMotionで移行するため、同一名称のポートグループを作成する必要があります。vSphereのライセンスとしてEnterprise Plusエディションを利用している場合は、1台のみを設定してホストプロファイルとして構成を抽出し、他のESXiに反映させることが可能です。

■分散仮想スイッチの考慮点

vCenter Serverを上書きアップグレードする場合は、利用したい機能に応じて分散仮想スイッチのバージョ

ンアップを行う必要があります。分散仮想スイッチのアップグレードは、ESXiや仮想マシンに影響を与えることなく実施できます。実施する際には、分散仮想スイッチに接続されたESXiバージョンが、アップグレード先の分散仮想スイッチのバージョン以上である必要があります。

作業実施前にはアップグレードの失敗に備えて、念のため分散仮想スイッチ構成をバックアップしてください。vSphere 6.0で分散仮想スイッチのバックアップ、リストアを行う手順は以下のオンラインマニュアルを参照してください。

- vSphere Distributed Switch 構成のバックアップとリストア

  http://pubs.vmware.com/vsphere-60/index.jsp#com.vmware.vsphere.networking.doc/GUID-BE48C292-F222-4095-BCF8-D6444A785E16.html

14.3.6 仮想マシンの検討

ESX／ESXiのアップグレード後に、ゲストOSで稼働しているVMware Toolsと仮想マシンのハードウェアバージョンをアップグレードするかを検討する必要があります。VMware Toolsと仮想ハードウェアの両方をアップグレードする場合は、仮想マシンを停止する必要があります。

両方をアップグレードする場合は、最初にVMware Tools、次に仮想ハードウェアのバージョンをアップグレードしてください。順番が逆になるとネットワーク設定が消えてしまう場合があります。アップグレード前に、切り戻しが行えるように仮想マシンのバックアップやスナップショットの取得を推奨します。

■VMware Tools のアップグレードを検討

VMware Toolsのアップグレードが必須になるかどうかは、アップグレード先のESXiのバージョンと現在仮想マシンで利用しているVMware Toolsの互換性を「Interoperability Matrix」で確認してください。

ESXi 6.0へアップグレードする場合は、VMware Tools 5.x以降を利用する必要があります。VMware Tools 4.x以前のバージョンを利用している場合はアップグレードが必要です。アップグレード時にゲストOSの再起動が必要になります。

旧バージョンのVMware Toolsと互換性があるESXiバージョンにアップグレードする場合でも、移行時に仮想マシンの停止が可能であれば、最新のVMware Toolsバージョンへのアップグレードを推奨します。

vSphere環境のアップグレード

表14.10 ESXi 6.0 と VMware Tools の互換性

VMware Tools のプラットフォーム	VMware ESXi 6.0 との互換性	VMware ESXi 6.0 U1 との互換性
VMware ESX 6.0	○	○
VMware ESXi 5.5 U2	○	○
VMware ESXi 5.5 U1	○	○
VMware ESXi 5.5	○	○
VMware ESXi 5.1 U3	○	○
VMware ESXi 5.1 U2	○	○
VMware ESXi 5.1 U1	○	○
VMware ESXi 5.1	○	○
VMware ESXi 5.0 U3	○	○
VMware ESXi 5.0 U2	○	○
VMware ESXi 5.0 U1	○	○
VMware ESXi 5.0	○	○
VMware ESX ／ ESXi 4.1 U3		
VMware ESX ／ ESXi 4.1 U2		
VMware ESX ／ ESXi 4.1 U1		
VMware ESX ／ ESXi 4.1		
VMware ESX ／ ESXi 4.0 U4		
VMware ESX ／ ESXi 4.0 U3		
VMware ESX ／ ESXi 4.0 U2		
VMware ESX ／ ESXi 4.0 U1		
VMware ESX ／ ESXi 4.0		
VMware ESX ／ ESXi 3.5 U5		
VMware ESX 3.0.3 U1		

■仮想ハードウェアバージョンのアップグレードを検討

仮想ハードウェアのアップグレードが必須になるかどうかは、以下のナレッジベースで確認できます。

- ESXi/ESX hosts and compatible virtual machine hardware versions list (2007240)
  http://kb.vmware.com/kb/2007240

vSphere 6.0では仮想ハードウェアバージョンの4～11までをサポートしています。それより前のバージョンを利用している場合は、アップグレードの必要があります。また、ゲストOSの停止が可能であれば、最新版の仮想ハードウェアの利用を推奨します。

14.3 アップグレードの設計

表 14.11 ESXi とハードウェアバージョンの互換性

ESXi／ESX バージョン	ハードウェアバージョン						互換性のある vCenter Server のバージョン
	11	10	9	8	7	4	
ESXi 6.0	作成、編集、実行	作成、編集、実行	作成、編集、実行	作成、編集、実行	作成、編集、実行	作成、編集、実行	vCenter Server 6.0
ESXi 5.5	サポート対象外	作成、編集、実行	作成、編集、実行	作成、編集、実行	作成、編集、実行	作成、編集、実行	vCenter Server 5.5
ESXi 5.1	サポート対象外	サポート対象外	作成、編集、実行	作成、編集、実行	作成、編集、実行	作成、編集、実行	vCenter Server 5.1
ESXi 5.0	サポート対象外	サポート対象外	サポート対象外	作成、編集、実行	作成、編集、実行	作成、編集、実行	vCenter Server 5.0
ESXi／ESX 4.x	サポート対象外	サポート対象外	サポート対象外	サポート対象外	作成、編集、実行	作成、編集、実行	vCenter Server 4.x
ESX 3.x	サポート対象外	サポート対象外	サポート対象外	サポート対象外	サポート対象外	作成、編集、実行	vCenter Server 2.x 以降

14.3.7 データストアの検討

アップグレードに伴い、データストアに対して VMFS と NFS でそれぞれ考慮点があります。

■VMFS を利用している場合の考慮点

vSphere 4.x 以前のバージョンからアップグレードする際は、VMFSのアップグレードや別のデータストアへの Storage vMotion の要否を検討する必要があります。

vSphere 5.5 や 6.0 で VMFS-3 は継続サポートされますが、将来のバージョンで非サポートになる可能性が高いため、VMFS-5 を利用することを推奨します。VMFS-3 と比較して VMFS-5 が優れている点は、以下のとおりです。

- マルチエクステントを利用せずに 64TB まで VMFS 領域を構成できるようになり、耐障害性が向上した
- 仮想マシンディスク(VMDK)が 62TB まで構成可能になった
- SCSI 予約の競合が発生しづらくなった

VMFS-5 の優位性については以下のナレッジベースに記載があります。

- Frequently Asked Questions on VMware vSphere 5.x for VMFS-5 (2003813)
  http://kb.vmware.com/kb/2003813

CHAPTER 14　vSphere環境のアップグレード

表 14.12　VMFS-3 と VMFS-5 の比較

項目			VMFS-3	VMFS-5
	互換性のある ESX ／ ESXi バージョン		2.x ～ 6.x	5.x ～ 6.x
概要	最大エクステントサイズ		2TB	64TB
	最大ファイルシステムサイズ		64TB [6]	64TB
	作成できる最大ファイルサイズ		2TB [7]	62TB
	作成できるファイル数		30,720	130,690
	ブロックサイズ		1 ～ 8MB	1MB 固定 [8]
	サブブロックサイズ		64KB	8KB
	データストアあたりの最大ホスト数		64	64
API	VAAI サポート（フェーズ 1）		○	○
	VAAI サポート（フェーズ 2）		×	○
	VASA サポート		×	○

　vSphere 5.x や vSphere 6.0 は VMFS-3 の利用をサポートしていますが、新規に作成することはできません。VMFS-3 から VMFS-5 にアップグレードすることは可能ですが、以下の制約があるため、新規に VMFS-5 のデータストアを作成し、Storage vMotion で移行することを推奨します。

- ブロックサイズが VMFS-3 から引き継がれるため、異なるブロックの VMFS 間でのファイルコピー時に低速な DataMover が利用される
- サブブロックサイズが VMFS-3 から引き継がれるため、小さいファイルを扱う際のオーバーヘッドが大きい
- VAAI の ATS 機能の対応が限定的になるため、SCSI 競合が発生しやすい

表 14.13　アップグレードと新規作成した VMFS-5 の差異

機能	アップグレード	新規作成
ブロックサイズ	1、2、4、8MB	1MB
サブブロックサイズ	64KB	8KB
パーティションテーブル	MBR（2TB 以上に拡張された時点で GPT に変換）	GPT
ボリューム 1 つあたりのファイル数	VMFS-3 の制限に準ずる（約 30,720）	約 130,690
パーティションの開始位置	セクタ 128	セクタ 2048
ATS 挙動（シングルエクステント）	ATS が可能だが、SCSI 予約競合時は SCSI-2 にフェイルバックする	ATS のみ
ATS 挙動（マルチエクステント）	ヘッダーブロックのロックには ATS が作動	ATS H/W にのみ利用可能

　VMFS-3 から VMFS-5 へアップグレードする際は、以下の注意点があります。また、アップグレード作業はオンラインで実施可能ですが、事前にバックアップを取得することを推奨します。

【6】　2TB の LUN を 32 個合わせたマルチエクステント構成です。
【7】　8MB ブロックサイズのみです。
【8】　アップグレードの場合は既存のブロックサイズを維持します（作成できる最大ファイルサイズは 2TB）。

14.3　アップグレードの設計

- VMFS-5 から VMFS-3 へのダウングレードはできない
- VMFS-5 にアップグレード後は、ESXi 5.0 以前のバージョンのホストからはアクセスできない。そのため、ESX ／ ESXi 4.x に切戻しを行わないことが確定した後に実施する必要がある

■NFS の考慮点

vSphere 5.5 以前では NFS v3 のみ、vSphere 6.0 では NFS v3 と NFS v4.1 がサポートされています。vSphere 6.0 にアップグレードする際は、新しく NFS v4.1 を利用するかどうかを検討します。

NFS v4.1 を利用すると暗号化やマルチパス構成などがサポートされ、セキュリティ、可用性やパフォーマンスに関してメリットを享受することができます。ただし、VMDK ファイルのシックプロビジョニングや Storage DRS、SIOC などの vSphere の機能と互換性がないという制限事項もあります。NFS v3 と NFS v4.1 の比較は表 14.14 を参照してください。

表 14.14　NFS v3 と NFS v4.1 の比較

項目	NFS v3	NFS v4.1	NFS v4.1 の備考
暗号化可否	×	○	DES-CBC-MD5 形式をサポート
マルチパス	×	○	セッショントランクをサポートする場合のみマルチパス利用可。クライアント ID トランクは非サポート
アクセスユーザー	root のみ	root 以外も可	Kerberos 認証利用時のみ
VAAI-NFS	○	×	VMDK のシックプロビジョニング不可
ファイルロックメカニズム	ロックファイル（ESXi 独自実装）	Network Lock Manager	Share Reservation 方式を利用
Kerberos 認証	×	○	● AD と KDC で Kerberos v5 を使用 ● vSphere 管理者として AD 認証情報を指定し、NFS4.1 データストアにアクセスする ● AUTH_SYS と Kerberos の同時マウントは非サポート ● Kerberos 利用時の IPv6 は非サポート（AUTH_SYS 利用時は IPv6 を利用可）
vMotion ／ Storage vMotion ／ HA ／ DRS ／ FT	○	○	
Storage DRS ／ SIOC ／ VVol	○	×	
Site Recovery Manager	○	×	

NFS v4.1 を利用する場合は、vSphere では NFS v3 から NFS v4.1 への自動データ変換はサポートされていません。NFS v3 データストアをアップグレードする場合は、以下のオプションを利用することができます。

- 新しい NFS v4.1 データストアを作成してから、Storage vMotion を利用してデータを移行
- NFS ストレージ側でのアップグレード作業（詳しくはストレージベンダーに確認してください）
- NFS v3 のデータストアをアンマウントし、NFS v4.1 として再マウント

データが破壊される可能性があるため、同じマウントポイントを NFS v3 と NFS v4.1 で同時にマウントしないようにしてください。別のマウントポイントであれば、同じホストで別のバージョンの NFS データストアが共存できます。

14.4 アップグレード手順の例

アップグレードを行う際のサンプルフローを図 14.10 に示します。

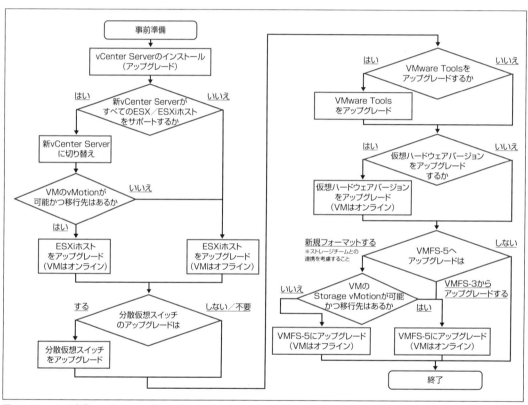

図 14.10　アップグレードのフローチャート

このフローチャートは 14.3 節の内容を一通り確認し、事前調査や方式の検討が完了して、実際に作業を行う際の手順になります。

- **事前準備**

  事前準備では作業手順書、インストールメディア、ファームウェアのデータ（その他ハードウェアのファー

ムウェアをアップグレードする場合）など実際の作業で利用するものと、作業申請や運用手順書の修正など、アップグレードがトリガーになって必要になるものの準備を行います。

vSphere 5.1 以降に実装された機能を利用する場合は、Web Client でのみ操作・設定が可能です。既存の手順書が vSphere Client を利用している場合は、運用手順書の修正が必要になります。

- **vCenter Server のアップグレード**

このフローチャートは、vCenter Server を既存のシステムとは別のシステムに新規インストールする場合の例です。したがって、vCenter Server は新規インストールとなりますので、インストールマニュアルに従ってセットアップを実施してください。

セットアップ完了後は、データセンター、クラスタ、ESXi など既存の構成が行われていない状態ですので、データセンター、クラスタ、ESXi などを新規に登録する必要があります。

既存の ESX ／ ESXi を（新規）登録する場合は、vCenter Server と ESX ／ ESXi の互換性が必要になります。vCenter Server 6.0 は ESX ／ ESXi 4.x と互換性がないため注意が必要です。

また、ESX ／ ESXi を登録する際は ESX ／ ESXi と vCenter Server が疎通できる必要があるため、vCenter Server の IP アドレスを決定する際は注意してください。

- **ESX ／ ESXi のアップグレードおよび仮想マシンの移行**

ESX ／ ESXi の新しい vCenter Server への再登録が完了した場合や、互換性がないため再登録ができない場合は、ESXi のアップグレードを行います。

前者で仮想マシンをオンラインで移行する場合は、vMotion で仮想マシンをオンラインで移行しながら、ESXi をローリングアップグレードします。後者の場合、あるいは仮想マシンのオフラインでの移行が可能な場合は、仮想マシンを停止してアップグレードを行います。

ESX ／ESXi が新しい vCenter Server と互換性がない場合は、ESX ／ESXi のアップグレード後に vCenter Server に新規登録をしてください。

- **分散仮想スイッチのアップグレード**

今回の例では、新規に vCenter Server をインストールするため、分散仮想スイッチのアップグレードは発生しません。分散仮想スイッチを利用する場合や、古い ESXi ホストが分散仮想スイッチに参加しない場合は、最新バージョンの分散仮想スイッチを利用することを推奨します。

- **VMware Tools ／仮想ハードウェアのアップグレード**

VMware Tools と仮想ハードウェアのアップグレードを行う場合は、次にアップグレード作業を行います。アップグレードする際の順序には依存関係があり、VMware Tools が最初、仮想ハードウェアがその後になります。VMware Tools のアップグレードにはゲスト OS の再起動が必要です。また、仮想ハードウェアバージョンのアップグレードには仮想マシンのパワーオフが必要になるので注意してください。

vSphere 環境のアップグレード

- **VMFS のアップグレード**

  VMFS-3 から VMFS-5 にアップグレードする場合、ストレージに空き容量があれば、別途 LUN を準備して VMFS-5 にフォーマットし、Storage vMotion で仮想マシンを移行するようにしてください（仮想マシンが停止可能であればコールドマイグレーションも可）。

  データストアの空き容量が少なく、新規 LUN を準備できない場合にのみ VMFS-3 から VMFS-5 へインプレースアップグレードをしてください。ただし、前述のように機能にいくつか制約があるため推奨しません。

  なお、VMFS のアップグレードは、ESXi のアップグレードと別日程で実施することも可能です。

Chapter 15

ネットワーク仮想化

CHAPTER 15 ネットワーク仮想化

VMwareの提唱する「ネットワーク仮想化」は、データセンターネットワークのオペレーションを改善するテクノロジーです。ネットワーク仮想化により、ネットワークサービスの構成を、スイッチ、ルータなどの物理インフラストラクチャーから切り離すことで、サーバー仮想化環境の仮想マシンと同じように、各種ネットワークサービスを迅速に展開できるようになります。

この章では、VMware NSXによって実現されるネットワーク仮想化と新たなセキュリティモデルについて説明します。

15.1 ネットワーク仮想化の概要

近年、SDN（Software-Defined Network）やNFV（Network Function Virtualization）といったキーワードで、新しい時代のネットワーク技術について注目が集まっています。まずは、現在のデータセンターネットワークが抱えている課題やネットワーク仮想化が必要になってきている理由、そしてVMwareの考えるネットワーク仮想化はどういうものであるかについて説明します。

15.1.1 仮想化に伴うネットワーク環境の変化

仮想化技術の普及は、データセンター内のネットワークの進化に意外なほど大きなインパクトを与えています。稼働中の仮想マシンを別の物理ホストにオンラインで移行させるvMotionの実用化・普及に伴い、データセンター内のレイヤー2ネットワークの範囲内に多数の物理ホストを集約する必要が生じたためです。このことを顕著に表すものとして、2012年以降、データセンター内のサーバーが接続されるポートにおいて仮想ポートの数が物理ポートを逆転しているというデータがあります（図15.1）。この動きは、サーバーの仮想化やクラウドサービスによって物理マシンと仮想マシンの展開数が逆転したときと非常に似ています。

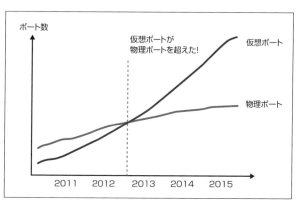

図15.1　データセンター内の仮想ポート数と物理ポート数の推移（出典：CREHAN RESEARCH Inc.）

15.1 ネットワーク仮想化の概要

データセンターのネットワークはL2スイッチ（ポート数）だけで構成されるわけではありません。ルーティングによるレイヤー3の制御や、レイヤー4〜7のサービスであるファイアウォール、ロードバランサーなど、さまざまなネットワークサービスが存在します。

サーバー仮想化が進んだインフラでは、これらについても考慮が必要となっています。統合基盤、プライベートクラウドといった考え方の広まりにより、1つの基盤の中で複数のシステム、複数のネットワークが混在する複雑な環境が生まれているためです。

仮想化以前から、ルーティングやACL（アクセスコントロールリスト）、ファイアウォールのルールなどが複雑に絡み合う環境は存在していましたが、仮想化によって「物理と仮想の混在」状態が発生したため、ネットワーク環境はより複雑化しつつあります。

また、サーバー仮想化やプライベートクラウドによって、ITリソースの提供に俊敏性が求められるようになったため、従来のネットワークサービスの提供リードタイムでは対応できないケースも発生しています。

以上のことから、現在の仮想化されたインフラのネットワークについて考える上では、「いかに複雑性を回避して、俊敏性を高めていくか」が重要なポイントとなってきます。

15.1.2 運用管理におけるネットワークインフラの課題

サーバー仮想化技術の普及に伴い、物理マシンを前提とするこれまでのネットワークインフラには、さまざまな課題が浮かび上がっています。ここでは、いくつかの具体的な課題を示しながら、ネットワーク仮想化による解決の道筋を説明します。

■課題1　データセンター内のトラフィックの変化

サーバー仮想化やクラウドサービスの台頭により、データセンター内のトラフィックには大きな変化がありました。従来のネットワーク環境でトラフィックの大半を占めていたのは、インターネットや拠点などの外部との通信（North-Southトラフィック）でしたが、アプリケーション開発手法の変化や、仮想化による統合が進んだことにより、基盤内の物理サーバー間の通信（East-Westトラフィック）の割合が増加したのです。

近年ではデータセンターにおけるNorth-SouthトラフィックとEast-Westトラフィックの割合は80:20から20:80に逆転しているとも言われています[1]。

さらに、元々システム単位で構築されていたネットワーク環境が統合によって集約されたこともあり、East-Westトラフィックの増加に対応できる機器の導入、複雑になったシステムの分離、セキュリティといったものに、大きな資金と労力を費やす必要が生じました。これらを怠ると、すぐにボトルネックやセキュリティの脆弱性が生まれてしまいます。

■課題2　複雑化したネットワーク、セキュリティへの対応

仮想化によるシステム統合環境では、1つの物理ホスト上に複数のシステム（仮想マシン）が混在することに

【1】　Gartner Research: Your Data Center Network Is Heading for Traffic Chaos, 27 April, 2011より。

493

CHAPTER 15 ネットワーク仮想化

なります。そのため新しく仮想マシンを追加したり、ネットワークやセキュリティの構成を変更したりする場合には、従来よりも高度な「全体の影響範囲の把握」、「キャパシティ管理やパフォーマンスの維持」が求められるようになっています。

また、さまざまなタイプのアプリケーションが登場し、アプリケーション開発における手法やトレンドの変化する中、市場投入までの期間短縮が求められ、今まで以上にシステムにスピードと処理性能が要求されています。もちろん品質を落とすこともできません。1つの障害によって他のシステムや通信に影響を与えることが多いため、ミスは許されません。日々の運用の中で、このような要求に、従来の手順やツールを使って対応していくのは限界がきていると言えます。

■課題3　ネットワーク提供のリードタイムの削減

サーバー仮想化の普及によって、コンピュータリソースはすばやく利用できるようになりましたが、ネットワークサービスは以前のままです。

サーバーが統合化された環境でネットワークサービスを提供するには、現在のキャパシティの確認、作業による影響範囲の把握、設計、手順書の作成など、今まで以上に準備が必要となります。管理者を増やせばある程度対応できるケースもありますが、増加した人件費によって仮想化によるコスト削減効果が打ち消されてしまっては問題です。また新しく増やした管理者の教育不足などによって人為的なミスが発生すれば、全体的な作業工数はかえって増加しかねません。結果的に本来の目的であるビジネスニーズやアプリケーション開発の足を引っ張ってしまうこともありえます。

このような状態では、サーバー仮想化で実現するはずだったリードタイムの短縮も不可能です。サーバー仮想化が広く導入されたシステムにおいては、これに追従できるネットワークの俊敏性が非常に重要になります。

上記のような課題を解決するには、ネットワークにもサーバー仮想化と同様のしくみや自動化が必要と考えられます。具体的には、ネットワークを仮想化して、「増加しつづけるデータセンターの East-West トラフィックを効率よく処理」しつつ、「複雑なネットワークやセキュリティ要件への対応」、「仮想マシンと同等の提供リードタイム」を実現する必要があります。

15.1.3 VMware のネットワーク仮想化のメリット

ここでは、VMware の提唱する「ネットワーク仮想化」について解説します。VMware のネットワーク仮想化は、データセンターの仮想化である Software-Defined Data Center（SDDC）という大きな枠組みの中のネットワークリソースに位置づけられる技術であり、データセンターネットワークのオペレーションを改善する革新的なテクノロジーです。

ネットワーク仮想化によって、ネットワークサービスを抽象化し、スイッチ、ルータなどの物理インフラストラクチャーから切り離すことにより、サーバー仮想化環境の仮想マシンと同じように、各種ネットワークサービスを迅速に展開できるようになります。物理ネットワーク機器上にある論理的なネットワークやソフトウェアによる処理を「仮想化」することで、物理ネットワークレイヤーを隠蔽し、ネットワークサービスを汎用化でき

15.1 ネットワーク仮想化の概要

るわけです。

このネットワーク仮想化の基本的な考え方自体は、サーバー仮想化と非常によく似ています（図15.2）。

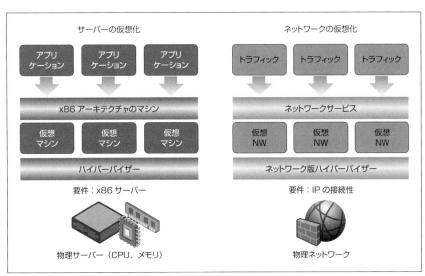

図15.2　サーバー仮想化とネットワーク仮想化

ネットワーク仮想化を理解する上での大きな要素としては、次の3点が挙げられます。

- Decouple（分離）

  サーバー仮想化において、ハイパーバイザーがアプリケーションサービスと物理ハードウェアを分離していたように、ネットワーク仮想化では、言わばネットワーク版ハイパーバイザーである「ネットワーク仮想化プラットフォーム」によって、物理ネットワークと論理ネットワークが分離されます。そして、分離された物理ネットワーク機器は、IP転送、接続性の維持のみに役割が特化され、仮想ネットワークのルーティングやサービス、セキュリティ機能などについては、ネットワーク仮想化プラットフォーム上で提供されます。

  分離された物理ネットワーク機器は、ネットワーク仮想化に伴い「コモディティ化」されるため、ネットワークサービス更新時に機器構成を刷新する必要はありません。さらに、機器側での複雑なルーティングやサービスが不要になるため、ワイヤーレート転送に特化した機器へのダウンサイジングも可能になります。ネットワーク機器は、高度なルーティングプロトコルやさまざまな機能を提供する製品ほど高価なので、このような分離は、将来のネットワーク機器の導入コスト（CAPEX）削減にもつながります。

- Reproduce（再現）

  ネットワーク仮想化では、物理環境で提供していたネットワークセグメントやネットワークサービスをソフトウェアで再現します。そのため、物理ネットワークに変更を加えることなく、いつでも論理ネットワークの追加や削除が可能です。さらに、新しいシステムやサービスを始めるときに、「ネットワーク機器を調達

する」というプロセスそのものを除外できます。またソフトウェアで構成するネットワークは、論理トポロジ構成を柔軟に変更して、冗長化、追加といった変更を迅速かつ容易に行えるので、ネットワークの運用コスト（OPEX）が削減できます。

- Automate（自動化）
論理ネットワーク（仮想化され、ソフトウェアで定義されたネットワーク）では、APIによって、プロビジョニングや設定、構成変更を容易に自動化できます。さらに、ソフトウェアからこのAPIを利用することによって、他のデータセンターコンポーネントであるコンピュータリソース（物理サーバー）やストレージリソースと構成を連携できるため、データセンターでのインフラ環境を非常に効率的に整えることができます。また、このAPIをサードパーティ製のソリューションに組み込んだり、連携して使用したりすることも可能です。

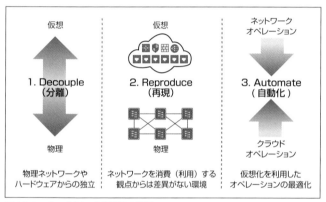

図15.3　ネットワーク仮想化の概念

　ここまでの説明からもわかるように、ネットワークの仮想化はまったく新しい概念というわけではなく、仮想ネットワーク上でも、今までの知識や技術をそのまま利用できる部分も多くあります。一方、仮想化によって新たに得られるメリットも数多く存在します。
　VMwareでは、ネットワークの仮想化手法として、オーバーレイ方式を採用しています。このオーバーレイ方式では、ハイパーバイザー内の仮想スイッチ同士でVXLAN（Virtual eXtensible Local Area Network）などのプロトコルを使用し、物理ネットワーク上に重ねる（オーバーレイする）ようにL2ネットワークを形成します（図15.4）。
　オーバーレイ方式には以下のような多くのメリットがあります。

- 物理ネットワークに大きな変更を加えることなく、柔軟に仮想ネットワークを構成できるので、高価な物理スイッチを用いずに、容易にL2延伸（15.2.2項の「論理VPN」参照）を実現できます。これによりデータセンターをまたいだ、自由な仮想マシンの配置や可搬性が向上します

- VXLAN は 24 ビットの ID が用意されており、理論上は約 1,677 万のセグメントを管理することができ、データセンター内の VLAN ID（約 4,000）の不足を解消することができます。
- 物理環境では難しかったマイクロセグメンテーション（「15.3　ネットワーク仮想化とゼロトラストセキュリティ」参照）を行うことで、セキュリティの強化とポリシー運用の簡素化を同時に実現します。
- 集中管理により運用を簡便化させながら、分散処理によりスケールアウト型の拡張性と性能向上を両立できます。
- ハイパーバイザーに接続するトップオブラック (ToR) スイッチの MAC アドレススケーラビリティの問題を解消できます。

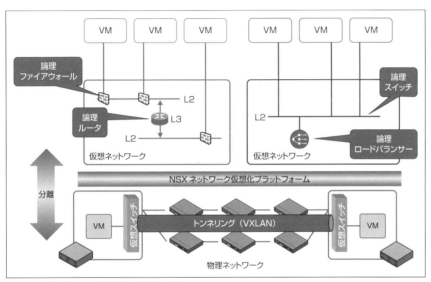

図 15.4　ネットワーク仮想化のイメージ

　ここまで、VMware の提唱するネットワーク仮想化の概要について説明してきました。次に、このネットワーク仮想化を実現する仮想化プラットフォーム製品について説明します。

15.2　VMware NSX —— ネットワーク仮想化プラットフォーム

　ここでは、VMware のネットワーク仮想化を実現する仮想化プラットフォーム「VMware NSX」を取り上げ、そのアーキテクチャや提供機能について解説します。
　VMware NSX には、vSphere 環境に最適化された NSX for vSphere と他社のハイパーバイザーでも利用できる NSX for Multi-Hypervisor の 2 つのラインナップがあります。本書では NSX for vSphere（以降 NSX）の Version 6.1 をベースに説明します。

15.2.1 NSXのアーキテクチャ

NSXは、「マネジメントプレーン」、「コントロールプレーン」、「データプレーン」で構成されており、それぞれ「設定や構成の管理」、「仮想ネットワークの制御」、「実際の通信の転送・制御」という役割を担っています（図15.5）。ここからは各プレーンで動作するNSXのコンポーネントについて説明します。

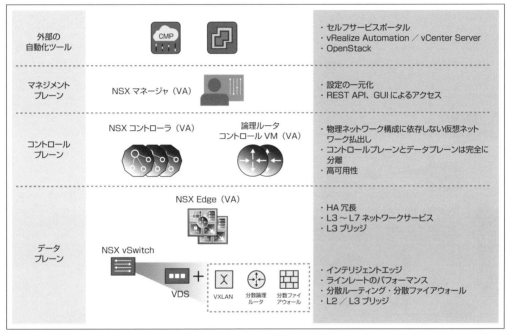

図15.5　NSXの各プレーンとコンポーネント

■NSXマネージャ

NSXマネージャは管理プレーンに位置し、ネットワーク仮想化環境を構築する際に最初に展開するコンポーネントです。

NSXマネージャは、ESXiホストへのカーネルモジュールのインストールや、NSXコントローラ、論理ルータコントロールVM、NSX Edgeといった仮想アプライアンスの払い出しを担います。なおNSXの各種設定は、vCenter Serverに登録した後は、Web Client経由で行うことができます。vCenter ServerとNSXマネージャは1対1で連携します。また、NSXマネージャがAPIのエントリポイントとなるので、Web ClientのGUI操作だけでなく、REST API経由でもNSX環境を設定可能です。

NSXマネージャが提供する主な機能は、次のとおりです。

- 管理UIとNSX APIの提供
- VXLAN、UWA、分散ルーティング、分散ファイアウォールのカーネルモジュールのインストール

- NSX コントローラの展開、コントローラクラスタの構成
- 各種視覚化ツール、トラブルシューティング機能
- 証明書を生成し、制御プレーンの通信を保護

■NSX コントローラ

NSX コントローラは、制御プレーンの中心的役割を果たす重要な構成要素です。ハイパーバイザー内でのスイッチングとルーティングを集中制御しつつ、MAC、ARP、VTEP[2]などの各テーブルを保持します（図15.6）。NSX コントローラは、スイッチングやルーティングといったネットワークにおける重要な役割を担うため、最小3台用意して「NSX コントローラクラスタ」として構成します。

NSX コントローラクラスタが提供する主な機能は、次のとおりです。

- ESXi ホストに対しネットワーク情報を配信するコントロールプレーンの提供
- クラスタ構成によるスケールアウト／HA の実現
- 物理ネットワークでのマルチキャスト、VXLAN 内の ARP ブロードキャストトラフィックを抑止

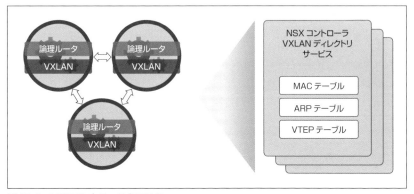

図 15.6　NSX コントローラクラスタ

クラスタ構成をとるメリットとしては、次の2つが挙げられます。

- **冗長性の確保**
  NSX コントローラクラスタは「多数決」による調停機構を持っており、クラスタ内の過半数のコントローラノードが動作していれば、問題なく役割を果たすことができます。なお、過半数以上のノードが一時的な障害に陥ってもデータプレーンは分離されているため、トラフィックの転送には影響がありません。

---

[2] VXLAN Tunnel End Point の略。VXLAN のトンネルはハイパーバイザーに含まれる仮想スイッチや物理サーバーなどに設置される VTEP で終端されます。VTEP では各仮想マシンの MAC アドレスと VNI（VXLAN Network Identifier）のマッピングテーブルを維持すると共に、物理ネットワーク上を流すための必要なヘッダを生成します。

- スケールアウトによる性能の向上
 スイッチングやルーティングのワークロードをスライスという処理に分割し、クラスタ内の各コントローラが分担して処理に当たることで、性能が向上します。

 NSX 6.1 では、コントローラクラスタは vCenter Server と NSX マネージャのペア 1 組で管理されていますが、最新バージョンの NSX 6.2 では、vCenter Server と NSX マネージャの複数ペアによる管理が可能となりました。これにより、複数の vCenter Server が動作する大規模環境においても、仮想ネットワークを統合的に管理できるようになります。

■UWA（ユーザーワールドエージェント）

 UWA は、NSX コントローラと ESXi ホストの間の L2、L3、および VXLAN の通信を担います（図 15.7）。UWA の概要は次のとおりです。

- netcpa というサービスデーモンとして動作
- SSL を使用して、制御プレーンの NSX コントローラと通信
- 分散ファイアウォールを除き[3]、NSX コントローラとハイパーバイザーカーネルモジュールの間を仲介
- メッセージバスエージェントを通じて NSX マネージャから情報を取得

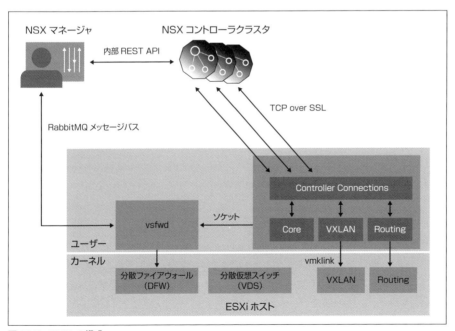

図 15.7　UWA の構成

【3】 分散ファイアウォールカーネルモジュールは、vsfwd サービスデーモンを通じて直接 NSX マネージャと通信します。

■論理ルータコントロール VM

論理ルータコントロール VM は、制御プレーンに位置し、論理ルーティングにおいて分散ルータの制御を行うために用意された仮想アプライアンスです。BGP、OSPF といったダイナミックルーティングプロトコルを用いて、上位のレイヤー 3 ホップデバイス（通常は NSX Edge）とのルーティングの隣接関係を確立すると同時に、NSX マネージャおよびコントローラクラスタと通信し、ハイパーバイザー内の NSX vSwitch に学習したルートをプッシュします。実際のトラフィック転送は、ハイパーバイザー内のルーティングカーネルモジュールによって実行されます。

■NSX Edge Service Gateway（NSX Edge）

NSX Edge Service Gateway（以降 NSX Edge）は、データプレーンのコンポーネントで NSX vSwitch で構成される論理スイッチ間や、論理スイッチと物理ネットワーク間を橋渡しする仮想アプライアンスです。さらに、単体で各種ネットワークサービス機能（ロードバランサー、ルーティング、NAT、ファイアウォール、VPN、DHCP など）を提供します（図 15.8）。仮想アプライアンス型で、アクティブ／スタンバイ構成をとることができるため、vSphere の HA や DRS のアフィニティルールと連携することで高可用性を実現できます。

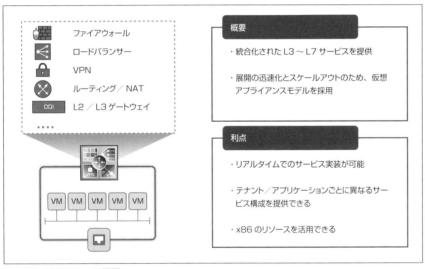

図 15.8　NSX Edge の概要

NSX Edge は、ネットワークにおける規模やパフォーマンス、使用する機能によってサイズの選択と拡張（スケールアップ）が可能です。

CHAPTER 15 ネットワーク仮想化

表 15.1　NSX Edge のサイズと用途

サイズ	使用 vCPU 数	使用メモリ	用途
コンパクト	1	512MB	基本的なファイアウォール
ラージ(大)	2	1GB	中レベルのファイアウォール
クアッドラージ(特大)	4	1GB	高パフォーマンスのファイアウォール
エクストラフラージ(超特大)	6	8GB	高パフォーマンスのファイアウォール+ロードバランサー+ルーティング

■NSX vSwitch

　NSX vSwitch は、データプレーンに位置し、分散仮想スイッチ(VDS)に、ハイパーバイザーのカーネル内で動作するカーネルモジュールを組み込んだ仮想スイッチです。NSX vSwitch では、VLAN ではなく VXLAN を使用し、物理ネットワークに対してオーバーレイでネットワークセグメントを構成できます。また、仮想スイッチ本来の論理スイッチングだけでなく、分散ファイアウォールや分散ルーティングなどのハイパーバイザーレベルでの処理機能を実現しています。分散ファイアウォールや分散ルーティングについては、次項で詳しく説明します。

■外部の自動化ツール

　NSX は NSX マネージャから構成・設定できますが、vSphere が管理するサーバーやストレージとの連携が可能です。

　その中でも一番シンプルな利用は、Web Client による方法です。Web Client では、vSphere で仮想スイッチを構成するのと同じような形で、NSX の構成や設定を行うことができます。

　その他に、さらなる自動化や運用管理を実現するために、vRealize Orchestrator、CMP (Cloud Management Platform) である vRealize Automation、OpenStack などが利用できます

15.2.2　NSX の各種機能

　本章冒頭でも説明したように、NSX によるネットワーク仮想化は、従来、物理ネットワークで実現していたネットワークとセキュリティのサービスを、ソフトウェアで忠実に再現するものです。

　さらに、ネットワークの柔軟性や俊敏性が向上するだけでなく、分散処理によるスケールアウト型の性能向上や、マイクロセグメンテーションによるセキュリティの強化とポリシー運用の簡素化、L2 延伸によるデータセンターをまたいだ仮想マシンの可搬性の向上など、NSX を導入するメリットは多数あります。

　ここでは、NSX の各種機能について、コンポーネントごとに説明していきます。

15.2　VMware NSX —— ネットワーク仮想化プラットフォーム

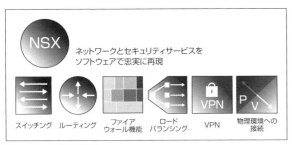

図15.9　NSXの機能

■論理スイッチ

NSXの論理スイッチは、VXLANによるオーバーレイネットワークを利用して、柔軟性と敏捷性を保ちながら、物理ネットワークに依存しない、独立したL2セグメントを構成します。

■論理ルータ

NSXの論理ルータは、物理ネットワークでルータが行っていた機能を論理的に実現するものです。これまでは、仮想化環境でのルーティングでは、物理ネットワーク上のルータ、または、仮想アプライアンス型のルータを経由する必要がありました。NSXではこのルータの機能をプラットフォーム内で提供します。ルーティングは、スタティックルーティング、ダイナミックルーティングをサポートしています。

論理ルータには、NSX Edgeによるセグメント境界で行う集中型論理ルータ（以降、論理ルータ）とNSX vSwitch上で行う分散型論理ルータ（以降、分散ルータ）があります。どちらのルータを使用する、もしくは両方を使用するかは、トラフィックの方向や要件によって選択します（図15.10）。

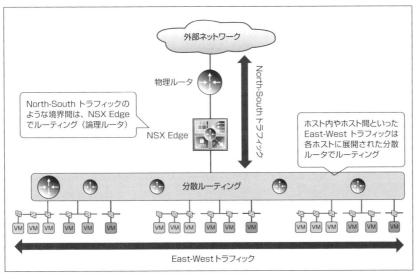

図15.10　論理ルータと分散ルータ

境界間（図 15.10 縦方向の North-South トラフィック）のルーティングは NSX Edge（仮想アプライアンス）で行います。物理ルータと同様、経路情報を交換し、各種ネットワークサービス（ファイアウォール、ロードバランサー、NAT、VPN）の提供が可能です。

分散ルータは、データセンター内の仮想マシン間、クラスタ内（図 15.10 横方向の East-West トラフィック）をハンドリングします。この分散ルーティングは、ハイパーバイザーレベルでのルーティングを行うため、たとえば同一ホスト上の別のセグメントに配置された仮想マシン間で通信を行う場合は、トラフィックが物理ネットワーク上を経由しないというメリットもあります。「15.1.2 運用管理におけるネットワークインフラの課題」で示したとおり、今やデータセンター内で流れるトラフィックの大半がこの East-West トラフィックであるため、分散ルータは非常に有益です。

また NSX は、ECMP（Equal Cost Multi Path：等コストマルチパス）モデルもサポートしています。このモデルでは、複数のアクティブ NSX Edge（最大 8 台）を複数の物理ルータと接続してルーティングの隣接関係を持たせることが可能です。「物理ルータから分散ルータ（上から下）へのトラフィック」と「分散ルータから物理ルータ（下から上）へのトラフィック」が複数経路となることで、仮想ネットワークにおける North-South トラフィックの処理能力増強が見込まれます（図 15.11）。

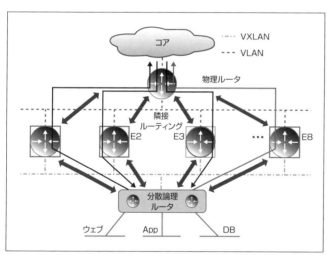

図 15.11　ECMP による構成

■論理ファイアウォール

NSX 環境でのファイアウォールは、さまざまなユースケースに対応するため、論理ルータ同様、2 種類のファイアウォールが構成できます。

- NSX Edge（仮想アプライアンス）が提供する論理ファイアウォール（NSX Edge ファイアウォール）
- ESXi ホストごとに展開されるカーネルベースの分散ファイアウォール

NSX Edgeファイアウォールは、テナントやデータセンターの境界でNorth-Southトラフィックの制御に重点をおいて処理する、従来の物理ファイアウォールに置き換わるファイアウォールです。NSX Edge アプライアンスとしてのスケールアップ、vSphere HAによる冗長化、DRSアフィニティルールとのシームレスな連携が可能であることが特徴です。

一方の分散ファイアウォールは、East-Westトラフィックの制御に重点をおいており、仮想マシンの粒度を識別する、仮想環境に最適化されたカーネルベースのファイアウォールです。ハイパーバイザーに組み込まれているため、ESXiホストの増強によってスケールアウト可能で、仮想マシンの移行にも追従することができます。

NSX環境は、NSX Edgeファイアウォールと分散ファイアウォールのどちらか一方だけではなく、これらを組み合わせて使用することによって、ネットワーク仮想化環境全体に対するファイアウォールニーズを満たすよう設計されています（図15.12）。分散ファイアウォール機能については、次節にて詳しく説明します。

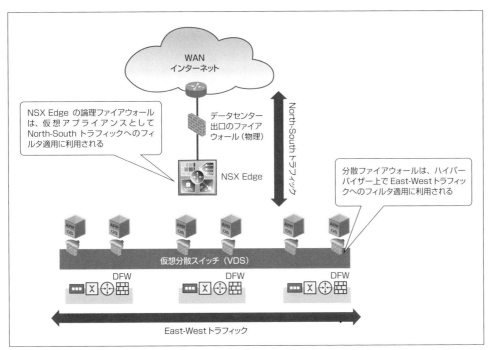

図15.12　NSX Edgeファイアウォールと分散ファイアウォール（DFW）

■論理ロードバランサー

論理ロードバランサーは、NSX Edgeで提供されるレイヤー4～7のロードバランサー機能です。ロードバランサーはサービス要求を受信すると、それを複数のサーバーに分散します。この負荷分散は、ユーザーには透過的に行われます。ロードバランシングによって、リソース使用の最適化、スループットの最大化、応答時間の最小化、および過負荷の回避を実現できます。

NSX Edge で提供される論理ロードバランサーの特徴は、次のとおりです。

- ステートフルで高可用性を担保した TCP、HTTP、HTTPS の負荷分散
- VIP ごとに個別のサーバープールと構成設定が可能
- 複数のロードバランシングアルゴリズムとセッション持続方法に対応
- カスタム可能な健全性チェック
- アプリケーションルール
- SSL 終端と証明書管理、SSL パススルー、SSL 開始
- IPv6 サポート

NSX Edge のロードバランサーでは、アプリケーション要件に応じてワンアームとインラインという 2 つのモードが利用可能です。

ワンアームロードバランサーモード(別名：プロキシモード)では、NSX Edge の単一のインターフェイスを利用して VIP 設定を行います。インターフェイスが 1 つであるため、ロードバランサーの送信元で NAT を実行し、負荷分散の対象となるサーバー（接続先）と同じセグメントに接続されている必要があります。

インラインロードバランサーモード(別名：透過モード)では、VIP のアドレスを設定するインターフェイスと負荷分散の対象となるサーバーが接続するインターフェイスをそれぞれ個別に持ちます。ワンアームと違ってロードバランサーの送信元で NAT を実行しないため、クライアントの IP アドレスが維持されます（図 15.13）。

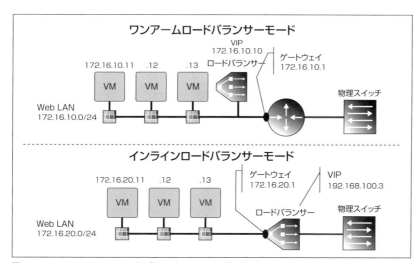

図 15.13　NSX Edge のロードバランサーモードの違い

■論理 VPN

NSX の論理 VPN は、NSX Edge で仮想アプライアンス型の VPN 装置として動作します。レイヤー 2 とレイヤー 3 で動作する 2 種類の VPN をサポートしており、レイヤー 2 で動作する L2VPN サービスでは、データセ

15.2 VMware NSX ── ネットワーク仮想化プラットフォーム

ンターや設置場所を横断してL2ネットワークを拡張（L2延伸）できます。L2延伸のメリットは異拠点間において同じネットワークサブネットを使用できるという点です。アプリケーションによっては仮想マシンのIPアドレスを変更することは困難です。たとえ変更が可能な場合でも、管理面から変更することが望ましくないケースも多々あります。IPアドレスを変更せずに仮想マシンを移行したり、異拠点間でサブネットを共有できることで以下のようなさまざまなユースケースで論理VPNを活用できます。

- 本番、基幹ワークロードの移行、データセンター統合
- サービスプロバイダのテナント対応
- クラウドバースト（ハイブリッドクラウド）

さらにL2VPNのスタンドアロンNSX Edgeを利用することで、NSX環境のないvSphere環境のサイトとの接続もサポートされます。これによって、たとえば現在オンプレミス（自社運用）で構成しているシステム（VLAN）をL2で延伸して、NSXが構成されたサービスプロバイダの基盤（VXLAN）と接続したハイブリッドクラウドを構成することなどが容易になります（図15.14）。

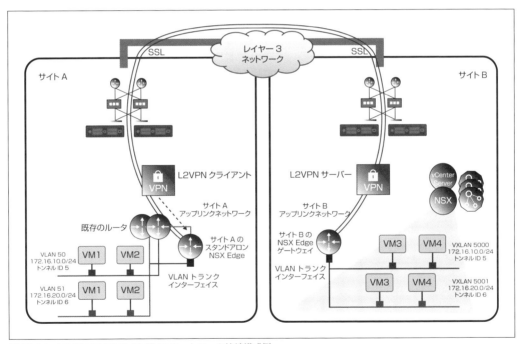

図15.14　L2VPNによるサイト間L2ネットワーク接続構成例

一方、L3で動作するVPNサービスは、遠隔地からデータセンター内のネットワークに対して安全なL3の接続性（リモートアクセス）を提供するために使用されます。

NSXのL3VPNサービスは2つの接続方式をサポートしています。1つは、主要なVPNベンダーの機器とサイト間で安全なL3接続を確立するためにIPSecプロトコルを使用した「IPSec VPN」、もう1つは、SSLトンネルを利用してリモートクライアントやブラウザからVPNゲートウェイの先にあるプライベートネットワークに接続する「SSL-VPN」（NSXではSSL VPN-Plusという機能名）です。

■物理環境とのL2接続（L2ブリッジ）

ネットワーク仮想化環境の導入時は、既存のネットワークや物理サーバーとの接続方法について検討する必要があります。

NSXでは、L2ブリッジ機能により、物理ネットワークとNSXの仮想ネットワークをL2で透過的に接続できます。これにより、従来の物理ネットワーク上の物理サーバーなどに同じセグメントとして接続することができます（図15.15）。

図15.15　L2ブリッジ構成（VXLAN to VLAN）

なお、NSX 6.2の今後のリリースでは、L2ブリッジ以外にも、VXLANゲートウェイの機能をハードウェアの物理スイッチで実現するハードウェアVTEPにも対応予定です。

15.2.3　NSXのインストールと初期設定

次に、NSXを利用するために必要なコンポーネントとインストールや初期設定について解説します。ここではNSX 6.1での例を記載します。

■システム要件（ソフトウェア）

NSXを導入するためのvSphereのシステム要件は、次のとおりです。

- VMware vCenter Server 5.5以降（必須）
- VMware ESXi 5.5以降（推奨）
- 分散仮想スイッチ（VDS）5.5以降（推奨）
- VMware Toolsのインストール

15.2　VMware NSX ── ネットワーク仮想化プラットフォーム

■システム要件（コンポーネントの必要リソース）

vCenter Serverや管理ツールなどを動かす管理用のクラスタにNSXのコンポーネントをインストールする上で、最低限で必要な管理コンポーネントのリソース要件は次のとおりです。

表15.2　コンポーネントのシステム要件（必要リソース）

コンポーネント	数量	仮想CPU数	メモリ	ディスク容量
NSXマネージャ	1	4	12GB	60GB
NSXコントローラ	3	4	4GB	20GB

■事前準備

NSXを導入する前に、次の作業を行っておく必要があります。

- ESXiホストの準備
- vSphereの構成（クラスタや分散仮想スイッチ構成）
- DNSやNTPの準備
- NSXマネージャイメージの用意

■NSX導入の流れ

vSphere環境にNSXを導入する作業は、次の5つのステップで構成されます。

1. NSXマネージャアプライアンスのデプロイと初期設定
2. vCenter Serverの登録
3. NSXコントローラのデプロイ
4. ESXiホストへのモジュールインストールやVXLANの準備
5. 要件に応じた論理スイッチやNSX Edgeの構成

509

CHAPTER 15 ネットワーク仮想化

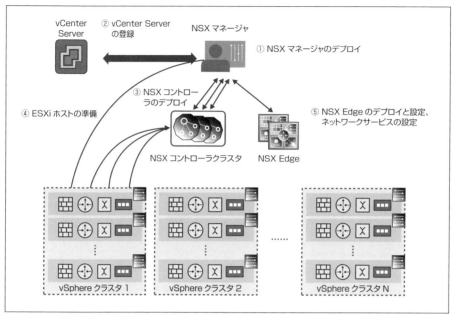

図 15.16 NSX の導入の流れ

以降では、これらの手順について 1 つずつ説明します。

■NSX マネージャアプライアンスのデプロイ

NSX マネージャアプライアンスのデプロイと初期設定の手順は、次のとおりです。

1. Web Client へログインします。
2. Web Client のトップ画面から［ホストおよびクラスタ］をクリックし、NSX マネージャを展開するクラスタをクリックして、［アクション］-［OVF テンプレートのデプロイ］をクリックします（図 15.17）。

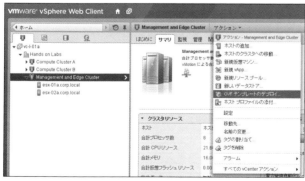

図 15.17 OVF テンプレートのデプロイ

15.2 VMware NSX — ネットワーク仮想化プラットフォーム

3. ［OVF テンプレートのデプロイ］ウィザード画面で、デプロイする OVF テンプレートの場所とファイルを指定します（図 15.18 はローカルファイルを選択しています）。

図 15.18　OVF テンプレートの指定

4. ［追加の構成オプションの承諾］チェックボックスにチェックを入れ、［次へ］をクリックします（図 15.19）。

図 15.19　追加の構成オプションの承諾

5. EULA の内容を確認して、［承諾］をクリックしてから、［次へ］をクリックします。
6. ［名前およびフォルダの選択］画面で、デプロイするテンプレートの名前を入力して、展開先のデータセンターの場所を指定します。
7. 仮想アプライアンスがデプロイされたときにファイルを保存するデータストアの場所と、仮想ディスクのフォーマットを指定します。
8. ［ネットワークのセットアップ］画面で、vCenter Server と通信可能なネットワークを指定します。
9. ［テンプレートのカスタマイズ］画面で、次の項目について設定します（図 15.20）。

511

CHAPTER 15 ネットワーク仮想化

図 15.20 テンプレートのカスタマイズ

- NSX マネージャの CLI 管理者パスワード
- CLI 権限モードのパスワード
- 仮想マシンのホスト名
- 仮想マシンのインターフェイスに割り当てる IP アドレスとネットマスク
- デフォルトゲートウェイの IP アドレス
- DNS サーバーのリスト
- ドメイン検索リスト
- NTP サーバーリスト
- SSH の有効化（必要時のみ）
- ［デプロイ後にパワーオン］をチェック

10. NSX マネージャが vSphere 環境にデプロイされたことを確認します（デプロイには数分かかります）。
11. ウェブブラウザを使用して、NSX マネージャ（URL: https://<NSX マネージャのホスト名>）へアクセスします。ID は「admin」、パスワードはインストール時に設定したものを入力します。
12. ［View Summary］をクリックして、NSX Management Service Status が［Running］となったことを確認します（図 15.21）。しばらくしてもステータスに変化がない場合は、ブラウザの更新ボタンで画面を更新してください。

15.2 VMware NSX —— ネットワーク仮想化プラットフォーム

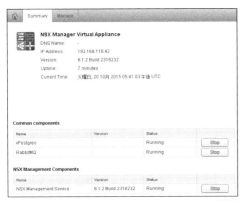

図15.21　NSX Management Service Status の確認

■vCenter Server の登録

次に、NSX Manager に vCenter Server を登録します。

1. [Home]画面から[Manage vCenter Registration]をクリックします(図15.22)。

図15.22　vCenter Server 登録

2. vCenter Server への接続画面で[Edit]をクリックし、登録画面で次の項目を入力します。
   - vCenter Server の FQDN もしくは IP アドレス
   - vCenter Server 管理者アカウント
   - vCenter Server の管理者パスワード
3. 証明書の確認画面で[YES]をクリックします。
4. vCenter Server のステータスが[Connected]になっていることを確認できれば、NSX Manager と vCenter Server の接続は完了です(図15.23)。Web Client を一度ログオフし、再ログインを行ってください。

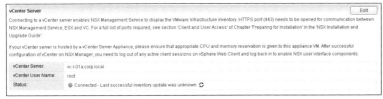

図15.23　vCenter Server と NSX Manager の接続確認

513

CHAPTER 15 ネットワーク仮想化

■NSX のセットアップ

NSX マネージャと vCenter Server の接続が完了すると、論理ネットワークのプロビジョニングは、すべて Web Client から操作できるようになります。ここではカーネルモジュールをホストにインストールし、論理ネットワークを作るためのセットアップについて説明します。

■NSX コントローラのデプロイ

NSX コントローラのデプロイ方法は次のとおりです。

1. Web Client にログインします。
2. ホーム画面に［Networking and Security］のアイコンが表示されていることを確認します。
3. ［Networking and Security］-［インストール手順］をクリックします。
4. vCenter Server と接続した NSX マネージャが登録されていることを確認します。
5. NSX コントローラノードの［＋］アイコンをクリックします。
6. コントローラの追加画面で次の内容を入力します。
   - NSX マネージャ
   - データセンター
   - クラスタリソースプール
   - データストア
   - ホスト（任意）
   - IP プール
   - パスワード

   IP プールについては、任意のものを選択するか新規に作成することができます（通常、1台目のコントローラの作成時は新規作成して、2台目以降は1台目で作成したものを使用することになります）。新規作成する場合は、次の項目を入力します。
   - 名前
   - ゲートウェイの IP アドレス
   - プリフィックスの長さ
   - プライマリ DNS（任意）
   - セカンダリ DNS（任意）
   - DNS 接頭辞（任意）
   - 固定 IP プール
7. コントローラのデプロイが始まります。NSX コントローラは、3台でクラスタ構成にして使用するため、上記の5～7の手順を繰り返し、3台分のデプロイを実施します。

514

15.2 VMware NSX —— ネットワーク仮想化プラットフォーム

■ESXi ホストへのカーネルモジュールのインストール

1. カーネルモジュールをインストールします。［ホストの準備］タブをクリックし、NSX を導入するクラスタにて［インストール］をクリックし、クラスタ単位で各ホストにカーネルモジュールをインストールします。インストール完了後、VXLAN 枠の「構成」が、グレーアウト状態から青色（リンク表示）に変化したことを確認します（図 15.24）。

図 15.24　カーネルモジュールのインストール

2. VXLAN 枠の［構成］をクリックして、次の各項目を設定します。
    - vmknic IP アドレス
    - IP プールの使用
    - IP プール[4]
3. 論理ネットワークの準備状況を確認します。［論理ネットワークの準備］−［VXLAN 転送］をクリックして、構成ステータスに緑のチェックが入っていれば、正しく構成が完了しています。
4. ［セグメント ID］−［編集］をクリックして、セグメントのプール画面の各項目を設定します[5]（図 15.25）。
    - セグメント ID プール
    - マルチキャストアドレス指定の有効化
    - マルチキャストアドレス[6]

図 15.25　セグメント ID プールの設定

【4】　IP プールはコントローラ用の IP プール作成時と同様の手順で作成します。
【5】　以降の工程では、マルチキャストを使用しないユニキャストモードで説明しています。
【6】　マルチキャストアドレスは、［マルチキャストアドレス指定の有効化］にチェックを入れると入力可能になります。

5. [トランスポートゾーン]をクリックし、[+]アイコンをクリックします(図 15.26)。
   - 名前
   - レプリケーションモード[7]
   - クラスタ

図 15.26　トランスポートゾーンの設定

6. IP プールの確認や変更を行います(オプション)。まず、左ペインの[NSX Manager]をクリックします。次に、NSX マネージャの IP アドレス(ここでは「192.168.110.42」)を選択し、[管理]タブ－[グループオブジェクト]－[IP プール]の順にクリックします(図 15.27)。

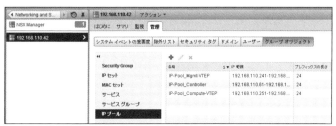

図 15.27　IP プールの設定

これで NSX のインストール作業と仮想ネットワークの作成準備は終了です。次に、必要に応じて、論理スイッチや NSX Edge を作成して、仮想ネットワークを構成します。

■論理スイッチの作成

次に、論理スイッチの作成方法について説明します。

1. Web Client のメニューから[Networking and Security]－[論理スイッチ]を選択し、論理スイッチの一覧画面の[+]アイコンをクリックします。

【7】ここで指定したレプリケーションモードが、以降で作成する論理スイッチのデフォルトとなりますが、論理スイッチ作成の際には任意のモードに変更可能です。レプリケーションモードとしてマルチキャストやハイブリッドを選択するには、手順 4 でマルチキャストアドレスを設定しておく必要があります。

2. 論理スイッチの作成画面にて、次の項目を入力、設定します。
   - 名前
   - 転送ゾーン
   - レプリケーションモード
   - IP検出の有効化(同じ論理スイッチに接続されている仮想マシン間のARPトラフィックのフラッディングを最小限に抑えることができます)
   - MACラーニングの有効化(仮想マシンに複数のMACアドレスが存在する場合や、VLANをトランキングしている仮想NICを仮想マシンで使用している場合に有効化します)
3. 作成したスイッチで右クリックメニューを表示し、[仮想マシンの追加]をクリックします。[仮想マシンの追加]画面が表示されるので、追加する仮想マシン、接続したい仮想NICを選択します(図15.28)。

図15.28　仮想マシンの追加

■論理ルータの作成

次に論理ルータを作成します。

1. Web Clientのメニューから[Networking and Security] - [NSX Edge]をクリックして、NSX Edgeの一覧画面の[+]アイコンをクリックします。
2. [新規NSX Edge]画面でインストールタイプとして「論理ルータ」を選択し[8]、作成画面でネットワークの要件に合わせて必要項目を入力していきます(図15.29)。

---

[8] インストールタイプをNSX Edgeにすると、ファイアウォールやロードバランサーの機能を提供するNSX Edgeを作成できます。

CHAPTER 15 ネットワーク仮想化

図 15.29 論理ルータの作成

■論理スイッチと論理ルータの接続

先ほど作成した論理スイッチとNSX Edge、論理ルータを接続します。

1. 論理スイッチで右クリックメニューを表示し、[NSXの追加]をクリックします（図15.30）。

図 15.30 論理スイッチへの NSX Edge の追加

2. NSX Edge や論理ルータを選択して、インターフェイス情報を編集します。

ここまで、NSXを導入するためのインストールから初期設定、必要なコンポーネントの作成方法を説明しました。実際の設計や構築に関しては、「NSX for vSphere Installation and Upgrade Guide」[9]や「VMwareR NSX for vSphere (NSX-V) Network Virtualization Design Guide」[10]を参照してください。

15.3 ネットワーク仮想化とゼロトラストセキュリティ

次に、NSXによるネットワーク仮想化が実現する新しいセキュリティモデルである「ゼロトラストセキュリティ」と、NSXの分散ファイアウォールを利用した「マイクロセグメンテーション」について説明します。

15.3.1 ネットワーク仮想化のセキュリティモデル概要

従来のネットワークセキュリティは、「Trust, but verify」（信頼を前提にした検証）という「性善説」の上に成り立っています。これまでは、ファイアウォールとウイルス対策ソフトを導入し、オペレーティングシステムへのパッチを欠かさなければ十分なセキュリティが確保されるので、こうした対策を実施していれば「システムは安全である」と信じられていました。このようなネットワークセキュリティ対策は、「境界防御型」や「侵入防止型」と呼ばれます。

境界防御型の対策は、ファイアウォールの多段構成や、IDS/IPS（不正侵入検知・予防システム）の導入など、さまざまな形で進化してきました。しかし近年、従来のウイルスや不正アクセス手法だけでなく、特定の組織を狙った大がかりな標的型攻撃による情報漏えい事件が増加の一途をたどっています（図15.31）。これは、従来の境界防御型の対策だけでは十分にセキュリティを確保することができず、新たな対策が必要になってきていることを示しています。

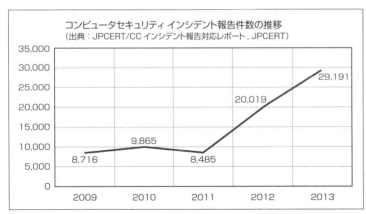

図15.31　コンピュータセキュリティインシデント報告件数の推移（出典：JPCERT）

【9】　https://pubs.vmware.com/NSX-6/topic/com.vmware.ICbase/PDF/nsx_6_install.pdf（英語）
【10】　https://www.vmware.com/files/pdf/products/nsx/vmw-nsx-network-virtualization-design-guide.pdf（英語）

CHAPTER 15 ネットワーク仮想化

こういった状況に対応すべく登場したのが、「Do not trust and verify」（信頼しないで常に検証する）という、言わば性悪説に基づいた「ゼロトラスト」セキュリティです。これは、2012年にForrester Researchが提唱した考え方であり、ユーザーやデバイス、アプリケーション、パケットなどのすべてのエンティティについて、それが何で、どこにあるか、企業ネットワークとどのような関係にあるかに関わらず、無条件に信頼しないで検査するというものです。

ゼロトラストセキュリティのポイントは次のとおりです。

- すべてのリソースに対し、社内・社外ネットワークを区別せずに、安全な方法のみでアクセスさせる
- アクセスコントロールは、「必要な情報だけ通す」という方針をベースに、厳密に適用する
- すべてのトラフィック、パケットを検査するとともに、ログを取得する

たとえば、近年、流行しているマルウェアのように、対象そのものを攻撃するのではなく感染したマシンが不正を行うようなものであっても、ゼロトラストセキュリティであれば、「感染源の隔離」や「拡大防止」などが容易に実現でき、効果的な防御ができます。

仮想化による統合基盤やクラウドプラットフォームのようにさまざまなシステムやサーバー、通信が混在する環境においては、ゼロトラストセキュリティが今後不可欠となってきます。しかしながら、従来の物理ファイアウォールや仮想アプライアンスベースのファイアウォールでこのゼロトラストセキュリティを実現しようとすると、構成が複雑になるだけでなく、コストや手間が膨大になってしまいます。NSXには、従来の侵入防止型だけでなく、ゼロトラストセキュリティを容易に実現するためのセキュリティ機能が標準で実装されています。

15.3.2 分散ファイアウォールによるマイクロセグメンテーション

ここではゼロトラストセキュリティを実現する分散ファイアウォールの機能と、マイクロセグメンテーションについて解説します。

■分散ファイアウォール

分散ファイアウォールは、従来の仮想アプライアンス型のファイアウォールやOS上で動作するファイアウォールと違い、ハイパーバイザー内の仮想NICレベルで動作し、East-Westトラフィックに対してL2～L4のステートフルファイアウォールとして機能します。

ハイパーバイザー組み込み型であるため、ラインレートに近いスループットを得られ、ポリシールールをそれぞれのホストが分散して持つため、ボトルネックになりにくいのが特徴です。また、仮想マシンに紐付けられているため、vMotionで仮想マシンを移行する場合は、ポリシーも一緒に移行されます。ルールを適用した仮想マシンのすべての通信ログを監査することも可能です。次に、分散ファイアウォールの主なメリットをまとめます。

- ハイパーバイザー内の処理による高パフォーマンス
  - カーネルレベルでの実装により、高パフォーマンスを実現
  - ホスト増強により全体の性能向上（スケールアウト）が可能

- セキュリティルールの容易な管理
  - IPアドレスなどに縛られないルール管理が可能
  - 仮想マシン名、仮想マシンタグによるダイナミックなルールを適用可能
  - NSXマネージャによる集中管理・集中設定

- ハードウェアに非依存
  - 物理ネットワーク機器に依存しないため、既存環境の入れ替えやバージョンアップが不要
  - 物理構成に対する制約がなく、変更作業などが不要
  - 仮想マシンの移行時には、ポリシーが追従する

イメージとしては、図15.32のように、分散スイッチ上の仮想マシンごとに小型のファイアウォールが配置されているように見えます。

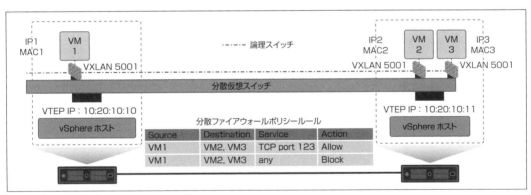

図15.32 分散ファイアウォールの適用箇所

ファイアウォールを分散して仮想マシンごとに配置するとなると、ポリシー運用の負荷の増大が懸念されますが、NSXでは、分散ファイアウォールをWeb Clientで一括管理できます（図15.33）。これによりESXiホストや仮想マシンが増加しても、管理負荷は一定以上大きくならず、セキュアな環境を維持できます。

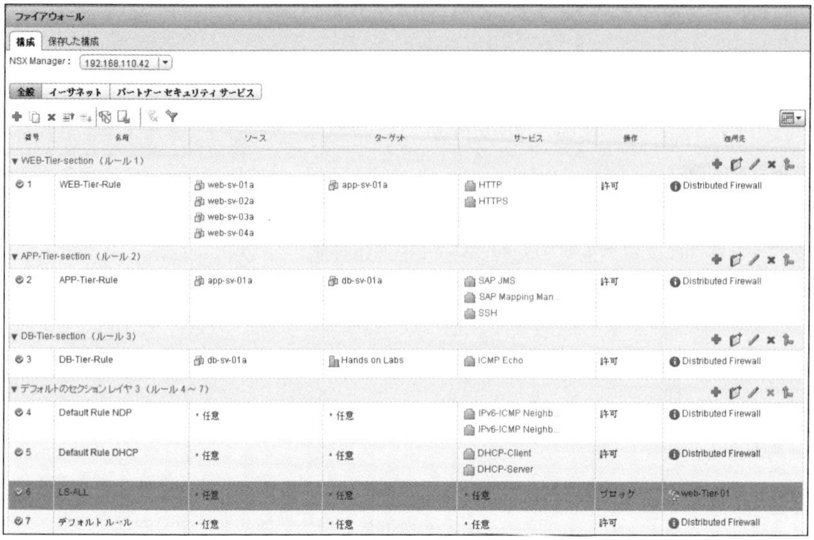

CHAPTER 15 ネットワーク仮想化

図 15.33　分散ファイアウォールルールの一括管理

■オブジェクトベースのポリシールール

　NSX のファイアウォール機能が従来のものに比べて優れているのは、vSphere との密な統合によってオブジェクトハンドリングが可能な点です。

　通常のファイアウォールでは、送信元 IP アドレス、宛先 IP アドレス、ポートやサービスなどを使ってルールを指定していました。そのため管理者は送信元と宛先の IP アドレスや通信の経路、内容について細かく把握していなければ、適切にルールを作成して運用することができません。NAT を使っている場合は、さらに複雑になります。

　これに対し NSX のファイアウォール機能では、vSphere が管理するオブジェクト（クラスタや仮想マシン、仮想 NIC など）をベースにルールを構成できます（**図 15.34**）。

522

15.3 ネットワーク仮想化とゼロトラストセキュリティ

図 15.34　オブジェクトベースのルール

さらに、オブジェクトをグループ化して「セキュリティグループ」として利用することも可能です。セキュリティグループを利用すると、新しく追加した仮想マシンを自動的に任意のセキュリティグループに組み込んで、ダイナミックにポリシーを適用することが可能になります（図 15.35）。

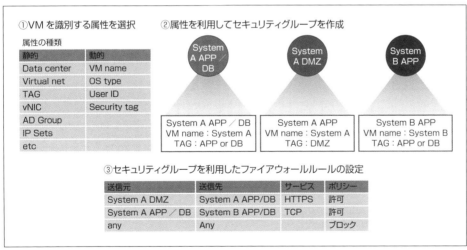

図 15.35　セキュリティグループの設定

■マイクロセグメンテーション

マイクロセグメンテーションという言葉は、元々、ネットワークにおいて「スイッチのポート単位でコリジョ

523

ンドメインを分割する(=セグメントを細かくする)」という意味で使われてきました。VMwareの提唱するマイクロセグメンテーションも基本は同じで、セキュリティゾーンとなるセグメントを、これまでのデータセンター内のネットワークやシステム内のネットワークではなく、VM単位まで細かくする考え方です。

　従来のファイアウォールによりこれを実現するのは、管理に要する作業や対象が膨大になり現実的ではありませんでした。しかし、NSXでは分散化されたファイアウォールサービスを利用し、仮想マシン単位でファイアウォールサービスを紐付けることができます。

　このファイアウォールサービスは、仮想マシン上ではなく、仮想マシンの仮想NICで動作するため、同一セグメント内の通信を制御することも可能になり、その結果、完全なホワイトリスト型のアクセス制御を実現できます。

　これにより、マルウェアやウイルスのセグメント内での拡散といった問題にも即座に対応できるようになりました。また不正なトラフィックをブロックした場合、ログにより証跡を追うことができるため、ネットワークフォレンジック能力の向上にもつながります。

15.4　ネットワーク仮想化における運用

　仮想化されたネットワーク環境では、従来のネットワーク管理手法では実現できなかった状態の可視化や各種の自動化が可能になります。ここでは、ネットワークの仮想化によって、運用や障害時の対応がどのように変わるのかについて説明します。

15.4.1　管理ツールとトラブルシューティング

　ネットワークの仮想化を検討する際は、「仮想マシンやネットワークに障害が起こったときどうすればよいのか?」、「仮想化環境はどこまで調査できるのか?」、「どのようなツールが使用できるのか?」といった運用面の懸念が生じるかもしれません。結論から言うと、ネットワーク仮想化はネットワークを物理環境と切り離し、論理的に「Reproduce(再現)」したものなので、管理や障害対応には、これまでのツールの大半がそのまま使用できます。しかしながら物理環境と仮想環境が混在したり統合されている場合、リソース管理などの考慮事項もあります。

　NSXには、ネットワーク仮想化環境のモニターと管理を目的として、さまざまな機能、ツールが用意されています。

■Web Client

　Web Clientでは、vSphereに関わるさまざまな状況をパフォーマンスチャートで確認できます。[ホストおよびクラスタ]-[(対象の)ホスト]-[監視]-[パフォーマンス]から、リアルタイムでの統計情報が確認できます。

■分散仮想スイッチのネットワーク機能

NSXは分散仮想スイッチ(VDS)をベースにしているため、分散仮想スイッチのネットワーク管理機能、ツールはそのまま利用可能です。たとえば仮想スイッチのポートをモニタリングしてパケットキャプチャツールでトラフィックを収集、分析したい場合は、分散仮想スイッチでSPANポートを設定します。

■Flow Monitoring

Flow Monitoringは、仮想マシンのトラフィックがどこからどこへ転送されるかを詳細ビューで表示するトラフィック分析ツールです。特定の仮想NICを選択してTCP/UDPの接続状況を確認できます。分散ファイアウォールで定義したポリシーやルール(許可/ブロック)に合致したもの、SpoofGuard機能でブロックされたものが分析されて表示されます(**図15.36**)。またキャプチャしたフローデータは、IPFIX(Internet Protocol Flow Information Export)を使用して、外部の監視ツールにエクスポートできます。

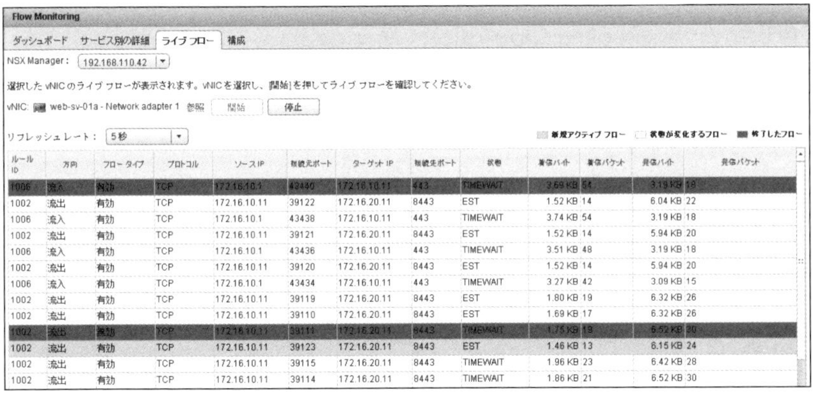

ルールID	方向	フロータイプ	プロトコル	ソースIP	接続元ポート	ターゲットIP	接続先ポート	状態	着信バイト	着信パケット	発信バイト	発信パケット
1006	流入	有効	TCP	172.16.10.1	43440	172.16.10.11	443	TIMEWAIT	3.69 KB	54	3.19 KB	18
1002	流出	有効	TCP	172.16.10.11	39122	172.16.20.11	8443	EST	1.52 KB	14	6.04 KB	22
1006	流入	有効	TCP	172.16.10.1	43438	172.16.10.11	443	TIMEWAIT	3.74 KB	54	3.19 KB	18
1002	流出	有効	TCP	172.16.10.11	39121	172.16.20.11	8443	EST	1.52 KB	14	5.94 KB	20
1006	流入	有効	TCP	172.16.10.1	43436	172.16.10.11	443	TIMEWAIT	3.51 KB	48	3.19 KB	18
1002	流出	有効	TCP	172.16.10.11	39120	172.16.20.11	8443	EST	1.52 KB	14	5.94 KB	20
1006	流入	有効	TCP	172.16.10.1	43434	172.16.10.11	443	TIMEWAIT	3.27 KB	42	3.09 KB	15
1002	流出	有効	TCP	172.16.10.11	39119	172.16.20.11	8443	EST	1.80 KB	19	6.32 KB	26
1002	流出	有効	TCP	172.16.10.11	39110	172.16.20.11	8443	EST	1.69 KB	17	6.32 KB	26
1002	流出	有効	TCP	172.16.10.11	39111	172.16.20.11	8443	TIMEWAIT	1.75 KB	19	6.52 KB	30
1002	流出	有効	TCP	172.16.10.11	39123	172.16.20.11	8443	EST	1.46 KB	13	6.15 KB	24
1002	流出	有効	TCP	172.16.10.11	39115	172.16.20.11	8443	TIMEWAIT	1.96 KB	23	6.42 KB	28
1002	流出	有効	TCP	172.16.10.11	39114	172.16.20.11	8443	TIMEWAIT	1.86 KB	21	6.52 KB	30

図15.36 フローモニタリング機能（ライブフロー）

■CLI管理ツール

NSXの各コンポーネントやネットワークの状態を確認するためのCLI (Command Line Interface)が用意されています。たとえば、ファイアウォールやロードバランサーの状態はNSXが提供するUIでも確認できますが、次のようなCLIコマンドでも調べることができます。各種コマンドや詳細については「NSX Command Line Reference」[11]を参照してください。

- NSXマネージャCLIコマンド
- NSXコントローラCLIコマンド
- ESXi vSphere CLIコマンド

【11】https://pubs.vmware.com/NSX-6/topic/com.vmware.ICbase/PDF/nsx_60_cli.pdf（英語）

■NSX API

昨今のネットワーク環境では、サーバーやアプリケーション同様、さまざまな製品を組み合わせて構成することが多くなっており、主に API（Application Program Interface）を使った設定や情報取得、連携が必要になってきています。NSX は、内部のコンポーネント間だけではなく、外部のアプリケーションやサードパーティ製品と連携ができるように API を外部公開しています。API の詳細については「NSX API Guide」[12]を参照してください。

15.4.2 VMware 管理製品との連携による運用の自動化

ここでは、ネットワーク仮想化環境のより高度な運用を目的とした、VMware 管理製品との連携方法について説明します。

■論理ネットワークの可視化 —— vRealize Operations Manager

vRealize Operations Manager（vR Ops）は、VMware のデータセンターとクラウド管理製品の 1 つで、vSphere を始めとした仮想環境やクラウド環境を管理する運用管理ソリューションです。NSX 用に用意されている管理パックを利用することで、仮想ネットワークの可視化や基盤全体のキャパシティやパフォーマンスの統合管理を行えます。管理パックの概要は次のとおりです。

- ソリューション統合の手法
  - NSX API や vCenter API を使って必要な情報を収集

- NSX 管理パックの詳細
  - 管理パック 2.0; vR Ops 6.0 以降、NSX 6.0.4 以降の組み合わせ用
  - vCenter Server 5.5 以降、ESXi 5.5 以降、vRealize Log Insight 2.0.1 以降（オプションで利用可能）

- 主要なメリット
  - すべての NSX コンポーネント向けの可用性, キャパシティとパフォーマンスをレポート
  - さまざまなデータセンターコンポーネントにわたって高度な改善を提供
  - MTTR を改善する 40 以上のユニークな問題アラート
  - 仮想と物理トポロジのビュー

- プロアクティブなアラート
  - 設定のエラー
  - 接続性の問題
  - 障害

【12】 https://pubs.vmware.com/NSX-6/topic/com.vmware.ICbase/PDF/nsx_604_api.pdf（英語）

15.4 ネットワーク仮想化における運用

次に、トラブルシューティングの例を2つ挙げます。

- シナリオ1 —— 接続性の問題（2つのVM間で接続に問題があると報告された）
  1. オブジェクト間のパスを表示
  2. 論理と物理トポロジの接続性をチェック
  3. Edgeと分散論理ルータ間のパスがダウンしていないか、適切であるか、論理トポロジビューでvR Opsが表示

- シナリオ2 —— 障害発生（ロードバランサーのプールのウェブサーバーがダウンした）
  1. 環境のビューを確認（選択したEdgeでアプリケーションのウェブサーバー設定にドリルダウンする）
  2. ロードバランサーの統計とプールメンバーのステータスをチェック
  3. Webサーバーを再起動して、統計を再度チェック

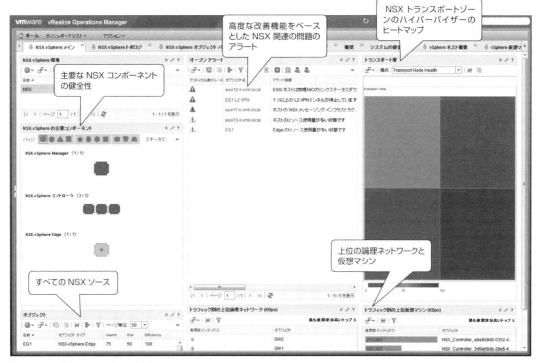

図15.37　vR Opsダッシュボード

■ログの管理と分析 —— vRealize Log Insight

VMware vRealize Log Insightは、リアルタイムでのログ管理およびログ分析機能を提供します。NSXでは、Log Insightのコンテンツパックを利用して、ネットワーク仮想化環境におけるシステムログのモニタリングと

CHAPTER 15 ネットワーク仮想化

分析が可能です。

- **ソリューション統合の手法**
  - vSphere および NSX コンポーネントからの収集

- **コンテンツパックの詳細**
  - コンテンツパック 1.0　:Log Insight 2.0 以降と NSX 6.1 以降で利用可能

- **主要なメリット**
  - 集中ログ管理
  - モニタリングとトラブルシューティングのための特定のサービス用のダッシュボード
    - 論理スイッチング
    - 論理ルーティング
    - 分散ファイアウォール
    - NSX Edge

- **モニタリングのシナリオ ── 分散ファイアウォールのダッシュボードを表示**
  - Overview（概要）
  - Alerts（アラート）
  - Traffic（トラフィック）
  - Hypervisor Data（ハイパーバイザーデータ）
  - Rule Data（ルールデータ）

次に、こちらを利用したトラブルシューティングの例を示します。

- **シナリオ 1 ── 新しいウェブサーバーがアプリケーションサーバーにアクセスできない**
  1. Permit/Deny ダッシュボードを表示（Deny トラフィックの確認のため）
  2. Permit をフィルターして Deny のみを表示
  3. インタラクティブ分析へ進む
  4. Deny トラフィックに適用されたルールを確認
  5. ドロップされたトラフィックを特定して修正
     例：ウェブサーバーの特定ポートからのトラフィックがドロップされる設定を変更するなど

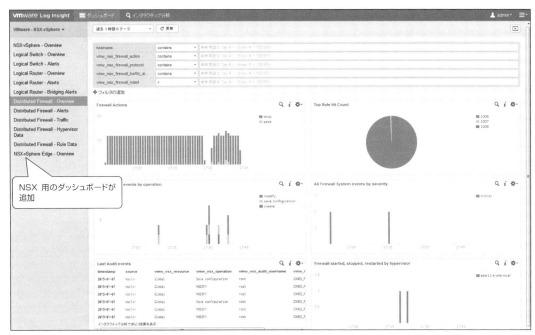

図15.38 Log Insight のダッシュボード

15.5 VMware NSX 6.2 の新機能

vSphere 6.0 では、Cross vCenter vMotion など、仮想インフラが複数のデータセンターにまたがって構成されることを想定したアップデートが多く含まれています。そのため、NSX の新バージョンである VMware NSX 6.2 には、vSphere 6.0 と併用することで、複数のデータセンターにまたがるネットワーク仮想化プラットフォームを統合管理するためのアーキテクチャが組み込まれました。ここでは VMware NSX 6.2 で実装された特徴的な新機能の1つについて説明します。

15.5.1 Cross vCenter Networking and Security

仮想インフラが複数のデータセンターで構成されている場合、通常、データセンターごとに vCenter Server が構成されています。NSX 6.1 以前の VMware NSX では、vCenter Server、NSX マネージャは、1:1 で紐付ける必要があり、ネットワーク仮想化プラットフォームは、データセンターごとに完全に分かれた形で運用を行う必要がありました。

NSX 6.2 で追加された Cross vCenter Networking and Security を使うと、複数データセンター（vCenter Server）環境において、1つのコントローラクラスタで全体のネットワークトポロジを制御することと、NSX

CHAPTER 15　ネットワーク仮想化

マネージャによってすべての環境の設定を同期することが可能になります（図 15.39）。ユニバーサル論理スイッチ、ユニバーサル分散ルータ、ユニバーサル分散ファイアウォールは vCenter Server をまたいで構成でき、仮想マシンが Cross vCenter vMotion で移行した場合でも、ルーティングポリシー、セキュリティポリシーがそのまま維持されます。これにより、複数のデータセンターから成るネットワークの運用は、飛躍的に効率化されます。

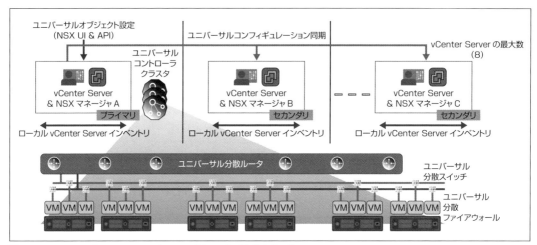

図 15.39　Cross vCenter Networking and Security 構成イメージ

　本章では、VMware が考えるネットワーク仮想化と、これを実現する製品や技術について説明しました。ネットワーク仮想化により、これまでの仮想化環境では難しかった高度なネットワークやセキュリティが実現できます。より詳しい情報については、VMware のウェブサイトなども参照してください。

Chapter 16

Software-Defined Storage

CHAPTER 16　Software-Defined Storage

本章では、サーバー仮想化が普及した現在におけるストレージの課題を整理すると共に、VMware Virtual SAN および VMware vSphere Virtual Volumes により実現される仮想化環境下における Software-Defined Storage の技術詳細とメリットについて解説します。

16.1　Software-Defined Storage 誕生の背景

現在、既にサーバー仮想化は標準的な技術と認知され、ほとんどのデータセンター内では仮想マシンが多数稼働していることが常態となりました。サーバー仮想化が採用されてきた背景は、1台の物理サーバーに複数の仮想マシンが集約可能なことによる投資費用の抑制や、無停止でのライブマイグレーションが容易にできることによる運用管理負荷の低減などが挙げられます。ライブマイグレーションを可能とするためには、複数の物理サーバーからから同一の仮想マシンディスクにアクセスする必要があり、仮想マシンの可搬性を支える共有ストレージはサーバー仮想化とセットで導入されてきました。

16.1.1　現在のサーバー仮想化環境におけるストレージの課題

サーバー仮想化では、物理サーバーと比較して、仮想マシンの展開を非常に短い時間で完了できるようになりました。しかしながら、ストレージ装置は現在においても変わっておらず、今までどおりの管理形態を余儀なくされています。

その結果、サーバー仮想化環境におけるストレージでは以下のような課題が顕在化してきました。

- サーバー仮想化により仮想マシンのデプロイ時間は短縮されたが、ストレージは以前と同様に、事務手続きやデプロイに時間がかかる
- 物理サーバー上で動作する仮想マシンの集約率向上に適する高性能なストレージが必要となり、新しくストレージを導入する際にコストが負担となる
- ストレージ装置にはベンダーや製品ごとの独自の機能実装が多く、新規のストレージ装置を導入した際には、新たにスキルを習得する必要がある
- ストレージのスナップショットやクローン機能は、仮想マシンのディスク管理単位である VMDK ではなく、ストレージの論理的な管理単位である LUN に紐付いている
- アプリケーションが要求する性能や可用性を満たすためには、事前に RAID セット構成しなければならず、いったん構成した RAID セットは容易には変更できない
- ストレージ筐体が単一障害点となる可能性があり、ストレージ筐体に障害が発生すると、接続しているすべてのホストに重大な影響を及ぼす

16.1.2 VMwareが実現するSoftware-Defined Storage

前項で述べたように、仮想環境におけるストレージの管理には課題があるため、新たな取り組みが必要になってきました。VMwareは、Software-Defined Storageという新しいコンセプトとアプローチで、ストレージの仮想基盤への対応を実現します。

Software-Defined Storageでは、以下のようなビジョンや特徴があります。

- アプリケーションサービスのSLAに即したポリシーベースのデータ配置の自動化
- ストレージ装置に依存しない管理
- 動的なサービスレベル管理
- x86コモディティハードウェアの採用
- 分散アーキテクチャの採用

これらはストレージの管理をシンプル化、自動化することで、仮想環境におけるストレージの課題を解決するものです。

VMwareでは、Virtual SANおよびVirtual Volumesという2つのアプローチでSoftware-Defined Storageを実現しています。独自性や専門性が高かったストレージの導入や運用管理において、ストレージの実装および運用管理機能をvSphereがコントロールすることにより、仮想マシン主導でサービスレベルを決定し、可用性や拡張性を実現できるというメリットがあります。次節からは、この2つのSoftware-Defined Storage技術について説明します。

16.2 Virtual SAN

VMwareはSoftware-Defined Data Center（SDDC）構想の中で、現在の仮想化、クラウド環境に最も適するように、すべてのデータセンターサービスをソフトウェア定義できる製品を提供しています。その中でもストレージ機能の仮想化を担うVirtual SANについて説明します。

16.2.1 Virtual SANのアーキテクチャとメリット

Virtual SANはハイパーバイザー統合型のストレージです。ハイパーバイザーであるESXiの一部として統合されており、クラスタに所属するESXiホストに内蔵されたローカルのSSDやハードディスクを抽象化、集約化し、クラスタ内で共有可能なストレージプールを提供します。ここではVirtual SANのアーキテクチャとコンポーネントについて解説します。

CHAPTER 16 Software-Defined Storage

■Virtual SAN のアーキテクチャとメリット

Virtual SANは従来vSphere環境で使用していたストレージとは異なる、拡張性に富み、仮想化環境に最適化されたソフトウェアストレージです。主な特長とメリットは以下の5点です。

- **ハイパーバイザーに統合**

  ESXi ハイパーバイザーに統合され、vSphere ネイティブのストレージとして、性能、高可用性機能が提供されます。ストレージ機能を提供するために、別途専用仮想マシンなどの追加モジュールを必要とせず、高性能で信頼性が高く、vSphere 仮想環境に適したストレージを提供します。またストレージ機能の設定はWeb Client 経由で行えるので、ストレージ製品独自の知識やツールは必要ありません。

- **ローカルディスクを利用した、大容量、高性能な共有ストレージ**

  近年の x86 物理サーバーでは、20 台以上のハードディスク、SSD を搭載可能な機種が登場してきています。Virtual SAN の最大の特長は、このような x86 物理サーバーの特長を利用し、大量のハードディスク、SSD を搭載した物理サーバーによって vSphere クラスタを構成します。クラスタの各 ESXi ホストに内蔵されているローカルディスクを集約し、各 ESXi ホストから利用可能な 1 つの共有データストアとして提供することです。

  ESXi ホスト内蔵の安価で大容量な磁気ディスクと高速なフラッシュデバイスを組み合わせた、数百 TB の大容量かつ数百万 IOPS の高性能な共有ストレージ領域を、x86 コモディティサーバーの低価格で提供します。

- **仮想ディスク単位で設定可能なサービスレベル**

  Virtual SAN は、従来のような外部ストレージから論理的に切り出した領域（LUN）を VMFS として使用するのではなく、VSAN データストア上で仮想ディスク（VMDK）を直接オブジェクトとして管理します。このため、従来 LUN ごとにしか定義できなかったパフォーマンスや可用性が、仮想マシンごとまたは仮想ディスクごとに定義可能となり、柔軟な仮想ディスク管理が行えます。

- **拡張が容易なスケールアウト型のストレージ**

  仮想基盤においては、サービスの拡大により、ESXi ホストを随時追加していくことが常となっています。その際にストレージ領域も同時に拡大する必要がありますが、従来の共有ストレージ装置では、筐体の追加にはコストがかかるため簡単に追加することができず、ESXi ホストの追加に合わせて、領域や性能を向上させることが困難でした。

  Virtual SAN のデータストアは、vSphere クラスタ内の各 ESXi ホストの内蔵ディスクを使用し共有データストアを生成します。

  クラスタへ ESXi ホスト（および内蔵ディスク）を追加することにより、VSAN 共有データストアへディスク容量が追加され、VSAN ストレージ領域および I/O 性能が拡張される分散スケールアウト型のストレージです（**図 16.1**）。このときホストおよび容量レイヤーだけでなく、キャッシュとしてのフラッシュデバイスも

16.2 Virtual SAN

同時に拡張できます。VSANデータストア全体としてのI/O性能はフラッシュデバイスの数に比例し、フラッシュデバイス数が増えれば増えるほど、VSANデータストア全体のI/O性能は向上します[1]。したがって、ESXiホストの追加と同時に、必要なストレージ領域とI/O性能向上を同時に行うことが可能です。

また、拡張性に関する柔軟性が高く、容量のみ（ハードディスクのみを追加）、容量と性能（ハードディスクとSSDを追加）、コンピュータリソースとストレージリソースの両方（ハードディスクとSSDを内蔵したESXiホストを追加）の拡張というように、何を拡張させるかを選択可能です。

- ポリシーベースのストレージ管理

仮想環境が大規模化してくると、クラスタ内に（ストレージに関する）サービスレベルの異なる多数の仮想マシンが作成されるため、ストレージと仮想マシンの関連性を管理することが重要となっていきます。その際に、従来行っていたストレージの物理構成に基づいた手法では、仮想マシンごとのきめ細かい管理を行うのが煩雑となります。Virtual SANでは、可用性やパフォーマンスなどのポリシーをベースとしたストレージ管理手法を提供します。

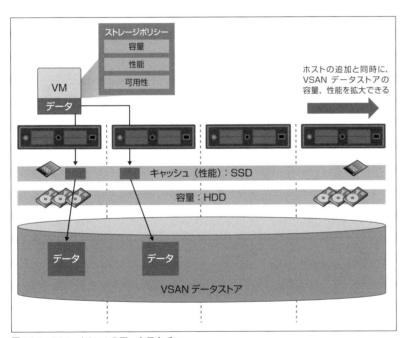

図16.1　Virtual SANのアーキテクチャ

■従来のストレージとVirtual SANの比較

従来のストレージには、FC、iSCSIのSANストレージやDASストレージ（直接接続）、NASなどがありますが、Virtual SANはこれらのストレージと動作や機能は異なります。従来のストレージ製品は機器ごとに異な

---

[1] ただし仮想ディスク単位のI/O性能が向上するわけではありません。仮想ディスク単位のI/O性能はストライプ数（後述）に依存します。

る設計や構築、固有のコマンド／ツールの使用、FC／iSCSI／NAS などトポロジーや必要となる知識が異なります。このため、独自スキルの習得や、導入や運用のための専門性の高い技術が必要とされます。

一方、Virtual SAN は vSphere 環境の延長線上のスキルであり、ストレージ設計やボリュームの切り出し、ボリュームへの仮想マシンの配置といったストレージ管理の概念が不要となります（表 16.1）。

表 16.1 従来のストレージと VSAN の比較

作業項目	従来のストレージ	Virtual SAN
ストレージ設計	必要	不要
ストレージ設定作業	必要	不要
構成情報管理	必要	不要

■Virtual SAN の要件と構成

Virtual SAN（VSAN）を構成するには、VSAN クラスタを構成し、内蔵ストレージを持つ 3 台以上の ESXi ホストが必要となります。VSAN クラスタを構成するすべての ESXi ホストにおいて、必ずしも内蔵ストレージを持つ必要はありませんが、内蔵ストレージを持つ ESXi ホストは 3 台以上必要です。

ハードウェアの要件は、vSphere がサポートされる物理ホスト、10Gbps／1Gbps NIC、ブート用デバイス（HDD、USB メモリ、SD カードなど）の他に、Virtual SAN 互換性ガイドにリストされているキャッシュレイヤー用 SSD、容量レイヤー用 SSD または HDD、RAID0 またはパススルーモードに対応した SATA／SAS／RAID アダプタ[2]が必要となります（図 16.2）。

内蔵ストレージを提供する ESXi ホストには、ESXi ブート用とは別に、必ず 1 台以上の SSD（オールフラッシュ構成では 2 台以上）と、1 台以上の HDD（ハイブリッド構成の場合）が内蔵されている必要があります。

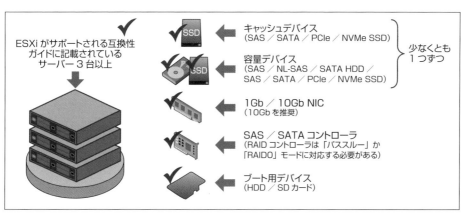

図 16.2 ハードウェア要件

【2】 SSD、HDD、ストレージコントローラは Virtual SAN の VMware 互換性ガイドにリストされているものを選択する。
http://www.vmware.com/resources/compatibility/search.php?deviceCategory=vsan

ストレージに求める要件により、Virtual SAN にはローカルディスクのデバイスタイプが異なる2つの構成モデルがあります。容量を重視するハイブリッド、または性能を重視するオールフラッシュです。

ハイブリッドの場合は、キャッシュレイヤーにフラッシュデバイスを、容量レイヤーに磁気デバイスを使用します。オールフラッシュの場合は、どちらのレイヤーもすべてフラッシュデバイスを使用しますが、キャッシュレイヤーには性能や耐久性の高いフラッシュデバイスと容量レイヤーには容量重視のフラッシュデバイスを組み合わせて構成します（図16.3）。

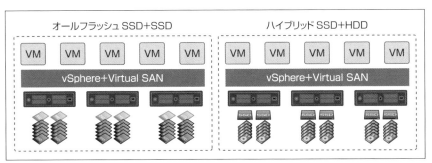

図16.3　Virtual SAN の物理構成図

Virtual SAN を構成するためには、上記のように個々の認定されたエレメントを組み合わせる方法と、Virtual SAN Ready Node から構成する方法の2パターンが選択できます。

Virtual SAN Ready Node とは、物理サーバー機種だけでなく、SAS／RAID コントローラ、磁気ディスク、フラッシュデバイス、NIC など、Virtual SAN を構成するのに必要なすべてのハードウェア、デバイスをひとまとめにして、トータルで認定、テストされた構成として提供されるもので、個々のデバイスの認定の有無を確認する必要がなく、すぐに Virtual SAN を導入することが可能です。国内外の多くのハードウェアベンダー製品が認定されています。

Virtual SAN Ready Node の認定状況は、以下のドキュメントに記載されています。

- https://partnerweb.vmware.com/programs/vsan/Virtual%20SAN%20Ready%20Nodes.pdf（英語）

■Virtual SAN のエレメントおよびコンポーネント

Virtual SAN で使用する用語について説明します。

- ブート用デバイス
  ESXi ハイパーバイザーをインストールし、ブートするためのデバイスです。ブート用デバイスの構成は物理ホストに搭載したメモリサイズに依存します。ホストのメモリが512GB 未満の場合は SD カードが使用可能ですが、それ以上の場合は、キャッシュレイヤー、容量レイヤーとは別にブート領域用の HDD が必要となります。

CHAPTER 16　Software-Defined Storage

- **ディスクグループ**

  ESXi ホストに搭載している Virtual SAN のローカルストレージであるキャッシュ用デバイス（フラッシュデバイス）と容量用デバイス（フラッシュまたは磁気デバイス）をグループ化する単位です。Virtual SAN クラスタのパフォーマンスと容量を決定します。

  ディスクグループは、キャッシュレイヤーと容量レイヤーの2つのレイヤーからなり、1台のキャッシュレイヤー用ディスク（フラッシュデバイス）と1台以上の容量レイヤー用ディスク（磁気またはフラッシュデバイス）からなります。ホストあたり最大5個のディスクグループを作成できます。

  ハイブリッドモデルの場合、フラッシュデバイスの容量は、磁気デバイスの10%以上であることを推奨します。

- **キャッシュレイヤー**

  フラッシュデバイスから構成される、読み取りキャッシュや書き込みバッファとして機能するキャッシュ用の領域です。ハイブリッド構成の場合は、読み取りキャッシュが70%、書き込みバッファが30%と使用比率が決められています。オールフラッシュ構成の場合、すべて書き込みバッファとして使用します。

- **容量レイヤー**

  フラッシュデバイスもしくは磁気デバイスから構成される、実データが格納される領域です。このレイヤーの合計値がクラスタ全体に共有される Virtual SAN データストアとして利用可能な総容量です。

- **Virtual SAN データストア（VSAN データストア）**

  3台以上の ESXi ホストのディスクグループから構成し、クラスタ内のすべての ESXi からアクセス可能なデータストアです。

  Virtual SAN は、VMDK などをオブジェクトとして管理する、オブジェクトベースのストレージであり、VSAN データストアはオブジェクトを格納して管理するコンテナ（リソースプロバイダ）です。格納する仮想ディスクなどのオブジェクトに対して、それぞれ異なるディスクの冗長性や性能のサービスレベルを割り当てられます。

  なお、単一のクラスタで提供される VSAN データストアは1つのみであり、複数の VSAN データストアを作成することはできません。また VSAN データストアにアクセスすることができるのは、同一クラスタ内の ESXi からのみです。異なるクラスタの ESXi ホストから VSAN データストアにアクセスすることはできません。

- **ストレージコントローラ**

  パススルー、あるいは RAID0 に対応した SATA ／ SAS ／ RAID コントローラが必要となります。Virtual SAN 専用に搭載することも可能ですが、ブートデバイスと兼用することもできます。ディスク障害時の交換手順が単純であるため、パススルーが推奨となります（RAID0 モードではディスク交換時に RAID コントローラ上で RAID グループの再構成が必要になります）。Virtual SAN 自身がキャッシュを制御するので、

RAID0で使用する場合はRAIDコントローラ上のキャッシュは無効化します。SSDがHDDとして認識されている場合は、esxcliを使用してSSDとして認識させます[3]。

- **ネットワークカード**

  10Gb／1Gb NICがサポートされますが、通常のワークロードやリビルド時のパフォーマンスに影響があるため、10Gbを強く推奨します。オールフラッシュ構成の場合は、10Gbが必須です。

- **オブジェクトとコンポーネント**

  データストアに格納されるVMDKなどのオブジェクトは、VSANデータストアに格納される際に、一連のコンポーネントから構成されます。たとえばミラーリングされた1つのVMDKファイルは、2つ以上のコンポーネントで構成され、異なるESXi上に配置されます。

  仮想マシンストレージポリシーで定義した許容する障害の数（FTT）や、オブジェクトあたりのディスクストライプ数（後述）により、コンポーネント数は異なります。またサイズの大きいVMDKオブジェクトは、ミラーによる冗長化とは別に、複数のコンポーネントに分割されます。

- **ストレージポリシー**

  ストレージポリシーを使用して、可用性や性能に関する仮想マシンや仮想ディスクへのサービスレベルの割り当てを定義します。ストレージポリシーは仮想マシンまたは仮想ディスクごとに設定できますので、仮想ディスクごとに柔軟にSLAを決めることが可能となります。

  ポリシーは以下の5項目あります。

  - **許容する障害の数 (Failures to Tolerate：FTT)**

    仮想マシンオブジェクトで許容できるホストまたはデバイスの障害の数を定義します。これによりVMDKなどのオブジェクトごとの冗長性を決定します。

    許容する障害の数（FTT）がNの場合は、仮想マシンオブジェクトのN+1個のコピーが作成され、ストレージを提供する2×N＋1個のホストが必要になります。

    N＝1の場合は仮想ディスクは2台のミラー構成となり、1台までの障害を許容できます。N＝2の場合は3台によるミラー構成となり、2台までの障害を許容できます。

  - **オブジェクトあたりのディスクストライプの数**

    仮想マシンオブジェクトが、分割されてストライピングされる容量デバイスの数です。デフォルトは1です。2以上を設定した場合は、1個のVMDKファイル（オブジェクト）は2個以上のコンポーネントに分割され、それぞれ異なる容量デバイス上に配置されます。

---

[3] 自動的にSSDとして検出されないフラッシュベースのディスクやデバイスに対して、SSDであることを明示的に設定する方法は以下のナレッジベースを参照してください。
http://kb.vmware.com/kb/2092902（英語）

CHAPTER 16 Software-Defined Storage

後述するように、仮想ディスクがストライプ構成された場合は、単一の読み込み処理に対し、別々のコンポーネントから分散されて読み込まれるため、読み込み速度が向上します。

ミラー構成 (FTT = 1 以上) の場合は、さらにそれらのコピーが別のホスト上に作成され、ホスト、ディスク障害に対する冗長性を担保します。

- **vSphere Flash Read Cache の割合**
  仮想マシン オブジェクトの読み取りキャッシュとして予約されているフラッシュ容量です。仮想マシンディスク (VMDK) オブジェクトの論理サイズの割合として指定されます。

- **強制プロビジョニング**
  有効にすると、ストレージポリシーで指定されたポリシーの要件を、VSAN データストアが満たすことができない (たとえばストライプ数や FTT を満たす台数の ESXi ホストや容量デバイスが存在しない) 場合でも、コンポーネントが強制的にプロビジョニングされます。この場合コンポーネントはポリシー違反の状態で生成されます。

- **オブジェクト容量の予約**
  仮想マシンのデプロイ時にシックプロビジョニングで予約される仮想ディスク (VMDK) オブジェクトの論理サイズの割合です。

表 16.2　ストレージポリシー

ストレージ機能	ユースケース	値
許容する障害の数 (RAID1：ミラー)	冗長性	デフォルト：1、最大：3
オブジェクトごとのディスクストライプ数 (RAID0：ストライプ)	パフォーマンス	デフォルト：1、最大：12
オブジェクト容量の予約	シックプロビジョニング	デフォルト：0、最大：100%
vSphere Flash Read Cache の予約	パフォーマンス	デフォルト：0、最大：100%
強制プロビジョニング	ポリシーを上書き	無効

- **Virtual SAN ネットワーク**
  Virtual SAN は、ストレージデータの通信に Virtual SAN ネットワークを使用します。クラスタに所属するすべてのホストがこのネットワークに接続されている必要があります。

  Virtual SAN では、仮想マシンと仮想ディスクが同一ホスト上に存在するとは限りません。またミラーやストライプ構成の場合は、複数のコンポーネントが異なる ESXi ホスト上に分散して格納されます。このような状態で、仮想マシンからの I/O は VSAN ネットワークを介して、各 ESXi ホスト上に存在するコンポーネントに対して実行されます。したがって、VSAN ネットワークの帯域および遅延が VSAN データストア上の仮想ディスクの I/O 性能に直結しますので、VSAN ネットワークは広帯域 (10Gbps 以上) かつ遅延の少ないネットワークで構成することを強く推奨します。

- Virtual SAN クラスタ

  vSphere のクラスタと同じ範囲となり、クラスタに所属しているホストへ Virtual SAN データストアとして共有ストレージを提供します。VSAN クラスタあたりで提供される VSAN データストアは 1 つのみです。また、VSAN データストアにアクセスできるのは、同じ VSAN クラスタに属する ESXi ホストのみであり、他のホストからはアクセスできません。

16.2.2 Virtual SAN の提供するストレージ機能

Virtual SAN は、ESXi ハイパーバイザーに統合されている分散ストレージとしてクラスタへ共有ストレージを提供します。

■I/O フロー

Virtual SAN は従来のストレージと異なり、ストレージ機能はすべてハイパーバイザーに統合されているため、ソフトウェアとして I/O 処理を行います。仮想マシンから読み取りや書き込みがどのように処理されるかについて解説します。

仮想マシンからの書き込みリクエストは、キャッシュレイヤーのフラッシュデバイスに書き込みされると完了(仮想マシンに ACK を返す)となります。書き込みデータは一定時間キャッシュレイヤー上に保持された後、キャッシュレイヤーから容量レイヤーに一括でデステージ(キャッシュから容量レイヤーに書き込んだ後、キャッシュのフラッシュ)を実行します。キャッシュにあるデータは、書き込まれた順番ではなくアドレスの順に容量レイヤーに順次書き込まれます。したがって、容量レイヤーへの書き込みはシーケンシャルとなり、通常の磁気ディスクへ直接読み書きするようなランダムアクセスが少なくなり、高速かつ低遅延で処理を行えます。

仮想ディスクがミラーまたはストライプ構成されている場合、ESXi ハイパーバイザー上にある DOM Owner (図 16.4 の②の部分。通常は仮想マシンと同一の ESXi ホスト上に存在)により、I/O 処理を VSAN データストアに対し、重複、分散して実行します。ミラー構成の場合は、同一の書き込み処理を複数台の ESXi ホスト上の容量デバイスに対して重複実行します(図 16.4)。ストライプ構成の場合は、同一の書き込み処理を複数の磁気ディスクに分散して実行します。

CHAPTER 16　Software-Defined Storage

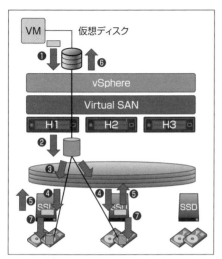

図 16.4　書き込みフロー

　仮想マシンからの読み取りリクエストは、キャッシュレイヤー上にデータがある場合は直接フラッシュデバイスから読み取ります。容量レイヤーにある場合は、オールフラッシュ構成はフラッシュデバイスの高速性を生かして容量レイヤーから直接読み取り、仮想マシンにデータを渡します。

　ハイブリッド構成の場合は、容量レイヤーからデータを読み取り、キャッシュレイヤーにデータをコピーすると同時に、仮想マシンに読み取りデータを渡します（図 16.5）。

　また、許容する障害の数（FTT）の設定によりミラーリングしている場合（もしくはストライプ構成している場合）は、単一のオブジェクト（VMDK）が、複数のコンポーネントにコピー（ミラーの場合）または分割（ストライプの場合）され、異なる容量デバイスに分散して格納されます。

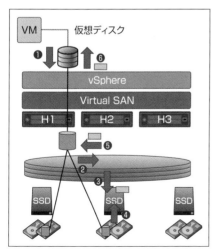

図 16.5　読み込みフロー

542

この場合、単一オブジェクト(VMDK)への読み込みは、DOM Owner により、複数のコンポーネントに分散して行います。

たとえば、許容する障害の数(FTT)が1の場合は、1つの VMDK に対して2台の ESXi（上にある容量デバイス）がコンポーネントを所持しており、各コンポーネントは同じデータを重複して格納しているので、各コンポーネントから 50% ずつ読み取りを行います[4]。

ストライプ構成は、各コンポーネントが持っているデータは異なっているので、それぞれが持っているブロックごとにデータを読み取り、仮想マシンに渡します。

ハイブリッド構成のキャッシュヒット率を上げるためには、ディスクグループのキャッシュレイヤー用の容量を増やすことで読み取りキャッシュを大きく確保します。

■可用性

Virtual SAN は、障害を許容する数(FTT)により、仮想ディスクの可用性を担保しますが、仮想マシンそのものは vSphere HA を使用して、可用性を担保します。

HA クラスタに対して Virtual SAN を有効化すると、vSphere HA のハートビート用ネットワークは、管理ネットワークではなく、Virtual SAN ネットワークになります。

Virtual SAN は、ポリシーによりオブジェクト(VMDK)単位で可用性を決定します。オブジェクトの可用性は、オブジェクトを冗長化し、別々のコンポーネントとして、異なる ESXi ホスト上の容量レイヤーに保存することにより実現します。

たとえば図 16.6 では、vmdk-1 という仮想ディスクは FTT = 1 というポリシー設定を行っており、2台の ESXi ホスト上に重複して格納されています。同様に vmdk-2 では FTT = 2 というポリシー設定により3台の ESXi ホストに、それぞれ重複して格納されています。

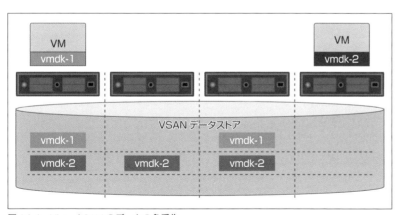

図 16.6　Virtual SAN のデータの多重化

---

[4] ただし Virtual SAN 6.1 から新たに提供されたストレッチクラスタ構成(16.2.6項参照)では、データの読み取りは同一ホストグループのディスクからしか行わず、ストレッチされた先の別のホストグループからは読み込みません。

Software-Defined Storage

従来のストレージでは、ハードディスクをグループ化し、ディスクの冗長性によってRAIDタイプを決め、RAIDにより格納されるデータの可用性を担保していました。

Virtual SAN ではこの例のように、仮想ディスクごとに設定するストレージポリシーの許容する障害の数（FTT）のパラメータにより、オブジェクトのコピーをいくつ持たせるかによって、仮想ディスク保護のサービスレベルを使い分けることが可能です。

■障害時の復旧動作

Virtual SAN を構成するエレメントは多岐にわたり、単純な物理ホストやハードディスクだけでなく、VSANネットワークなどもVirtual SANの構成要素であり、これらに障害が発生すると、Virtual SANの動作に影響を与えます。

したがって、Virtual SAN では、上記のような多様な構成要素のそれぞれに対し、障害が発生した場合の動作について詳細に定義し、かつ復旧動作を場合分けしています。

具体的には、①ハードディスクやSASコントローラに障害が検出された場合、原因のほとんどはハードウェア故障によるものです。したがって、デバイスを交換しない限り復旧する見込みがありません。一方、②ネットワークで何らかの通信障害が発生した場合、原因は必ずしも一定ではなく、時間の経過と共に自然に（または管理者により）復旧する可能性があります。これらの2つに大別し、前者をDegraded、後者をAbsentとして障害のステータスを分類し、かつ復旧動作に入る時間を別々に定義しています。

- Degraded（低下しました）
  ストレージポリシーで定義されているデータの保護レベルに従い、即座にデータの再構築が開始されます。

- Absent（不完全）
  即座に再構築は開始せず、指定時間経過後にデータの再構築を開始します。デフォルトは60分です。

前述のように、ネットワークやホストの障害は、一時的に発生して自然に（または管理者により）復旧される可能性があり、不必要なデータのコピーによりVSANデータストアに負荷がかかるのを防ぐため、一定時間経過後にデータの再構築を開始します。一方、ディスクの障害は、復旧の見込みがなく、実データが失われていると考えられるので、即座にデータの再構築を開始します。

データの再構築とは、具体的には、障害により失われたミラーコンポーネントを、別の容量デバイスに再作成することによりミラー構成を回復し、残っているコンポーネントからデータを再度コピーし、データの冗長性を回復させることです。

再構築する際に、ディスク障害など明示的なデバイス障害の場合は、生き残っている側のVMDKコンポーネントから新しいミラーコピーを生成します。一方ネットワーク障害などでは必ずしもVMDKコンポーネントは障害を受けておらず、ミラーされたVMDKコンポーネントのいずれからでも再構築することが可能である場合、再構築元を「多数決」で決定する必要があります。それを実現するためにVMDK生成の際に同時にwitness[5]という特殊なコンポーネントを生成し、トータルのコンポーネント数が2×FTT+1を満たすようにし

【5】 witnessはメタデータだけで構成されるコンポーネントであり、「多数決」を決める場合にのみ使用されます。

ています(図16.7)。再構築は「多数」であるネットワークパーティション上のVMDKコンポーネントから行われ、再構築後にコンポーネント総数が再度2×FTT+1を満たすようにします[6]。

表16.3 各エレメント障害発生時のステータスと復旧開始時間

障害が発生したデバイス	ステータス	データの再構築
ネットワーク／NIC	Absent	60分後※
ホスト	Absent	60分後※
RAIDコントローラ	Degraded	即時
キャッシュ用SSD	Degraded	即時
容量用SSD／HDD	Degraded	即時
SSD／HDDの引き抜き	Absent	60分後※

※60分はデフォルト値、設定変更することが可能

2つの例を挙げてAbsent／Degradedの場合の障害時の挙動について説明します。

- **ホストに障害が発生した場合**

 障害のステータスはAbsentになります。失われたコンポーネントを他のESXiホストにコピーし始めるまで、デフォルトでは60分間待機します。ネットワーク障害も同様に指定時間待機した後、データの再構築を開始します(図16.7)。

 再構築中に発生した、仮想マシンからの書き込み処理は両方のVMDKコンポーネントに対して行われます。したがって再同期されるデータはあくまで失われたコンポーネント上に存在していたデータのみであり、仮想マシンからの書き込みにより再同期されるデータ量が増えることはありません。

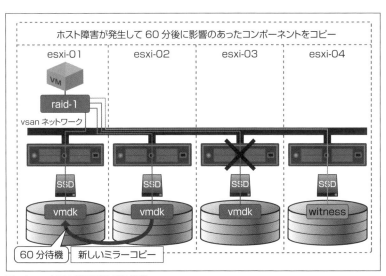

図16.7 ホスト障害発生時の挙動

---

[6] もしネットワークが3つ以上に分断し、すべてのネットワークパーティションにおいて、(2×FTT+1個のうち) 50%以上のコンポーネントが存在していない場合は、再構築は行われません。

- **容量デバイスのハードディスク障害が発生した場合**
  障害のステータスは Degraded となります。障害が発生したディスク上にあるすべてのコンポーネントは、即時に他の容量デバイスに再作成されます。このとき、必ずストレージポリシーの FTT やストライプ数を満たすように再作成されます。具体的には、VMDK ファイルの新しいコピーは、ミラー構成のもう一方のコンポーネントが存在している ESXi ホスト（図 16.8 では左から 2 番目のホスト）とは、必ず異なる ESXi ホスト（図 16.8 では一番左のホスト）上に再作成されます。

RAID コントローラ、キャッシュデバイスの障害も同様に即時にコピーを開始します。

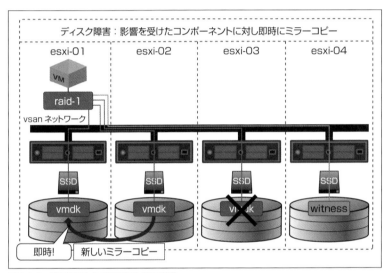

図 16.8　容量デバイス障害発生時の挙動

■VSAN FS と vsanSparse スナップショット機能

　VMFS による vSphere のスナップショット機能は大変便利であり、特に仮想マシンのバックアップ時によく利用されます。その反面、仮想ディスクへの読み書きは redo ログを経由するため、パフォーマンスが低下することは否めず、バックアップ取得時に「一時的に」保持することが一般的な利用方法でした。

　vSphere 6.0 から新たに採用された Virtual SAN のファイルシステム（VSAN FS）では、スナップショット取得時に、変更されたブロックのアドレスをメモリ上にメタデータとして格納します。仮想マシンからの読み込み処理は、このメタデータを経由して、最新のデータを保持しているデルタファイルのブロックに直接アクセスするため、パフォーマンスの低下を引き起こしません。

　さらに複数世代のスナップショットを取得した場合においても、ブロックごとに最新の更新データがどの世代のデルタファイル上に存在しているか、メタデータとしてメモリ上に蓄えられるため、スナップショットの世代が少ない、あるいはまったくない状態と比較しても、I/O 性能の低下はほとんど発生しません[7]。

【7】　詳細は以下のホワイトペーパーを参照してください。
　　　vsanSparse - Tech Note for Virtual SAN 6.0 Snapshots（英語）
　　　https://www.vmware.com/files/pdf/products/vsan/Tech-Notes-Virtual-San6-Snapshots.pdf

16.2 Virtual SAN

メモリ上のメタデータには、最新の更新データがどの世代のデルタファイルに存在しているか、という情報が格納されているだけであり、データそのもののキャッシュではないので、ESXiホストまたは仮想マシン障害時にデータ損失が発生することはありません（データの書き込みそのものは、通常のスナップショットと同様に最新のデルタファイルに対して行われます）。

障害やパワーオフなどにより、メタデータが失われた場合は、仮想マシンをパワーオンしたときに新規に生成され、I/Oが発生するたびにブロックアドレスのキャッシュとして再度蓄積されます。

このような VSAN FS のスナップショットは vsanSparse スナップショットと呼ばれ、通常のスナップショットと同様に最大 32 世代まで保持することができます。ただし通常のスナップショットと同様に、2〜3 世代までの保持を推奨します。

■フォールトドメイン

トップオブラック（ToR）スイッチの障害などにより、そのラックに搭載されている多数の ESXi ホストへの同時ネットワーク障害が発生するケースのように、ある障害点によりある範囲の複数のホストが同時に影響を受ける場合があります。このようなケースに対応するため、フォールトドメイン（Fault Domain）という概念を導入しています。

フォールトドメインでは、（同一ラックに属するなど）ホストをグループ化することにより、ESXi ホストを明示的にあるグループへ配置させることが可能です。フォールトドメインは、ラック障害やブレードシャーシ障害などの単一障害により複数のホストが影響を受ける場合の保護に役立ちます。

具体的には、VMDK をミラー構成にする場合、複数のミラーコンポーネントを必ず異なるフォールトドメイングループのホスト間に分散して格納します。こうすることにより、ToR スイッチ障害などにより、複数の ESXi ホストが同時に影響を受けた場合でも、仮想ディスクの可用性を担保することができます。

Virtual SAN 構成の最小要件である 3 台と同様に、フォールトドメイングループも最小 3 つから構成します（図 16.9）。図 16.9 のように FTT = 1 の場合は、3 つのコンポーネント（2 つの VMDK および witness）は必ず異なるフォールトドメイン上に配置され、複数のコンポーネントが同時に影響を受けないようにします。

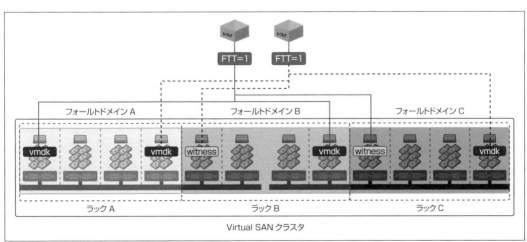

図 16.9　フォールトドメインのコンポーネント配置

Software-Defined Storage

 **Virtual SAN クラスタの構築方法**

本項では Virtual SAN の構成手順と仮想マシンのデプロイ、ステータスの確認方法について解説します（図16.10）。Virtual SAN を導入／運用していくうえでは、ストレージポリシーの設定項目や制限を理解することが重要です。また、仮想マシンの設定項目については Virtual SAN と関連する部分のみを抜粋していますので、詳細設定項目に関しては第6章（仮想マシンの作成）を参照してください。

図 16.10　Virtual SAN 構築手順の流れ

■ Virtual SAN ネットワークの構成

Virtual SAN クラスタを構成するすべてのホストに対して、Virtual SAN ネットワーク設定を実施します。通常の VMkernel のネットワークポート作成し、ポートのプロパティページで[仮想 SAN トラフィック]を選択します（図 16.11）。

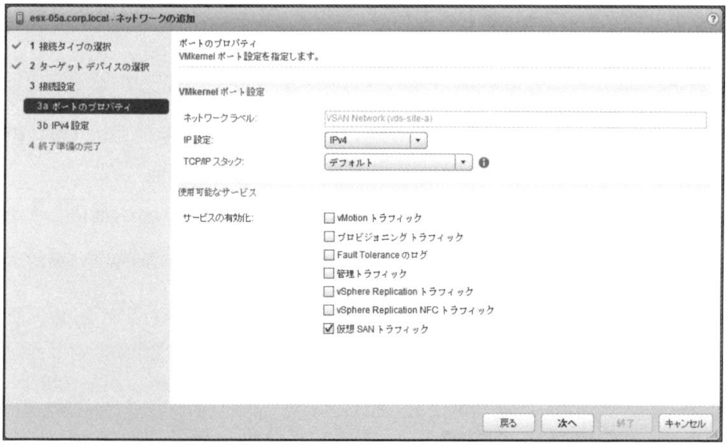

図 16.11　Virtual SAN ネットワークの構成

■ Virtual SAN の有効化

vSphere クラスタの構成のオプションとして、Virtual SAN を有効化することにより、Virtual SAN が有効化され、VSAN データストアが生成されます。

Virtual SAN の有効化時のオプションとして自動と手動との2種類あります（図 16.12）。

- 自動

ホストが持つローカルディスクをホストが自動的に追加したときや、ホストにディスクを追加したときに、

自動的にディスクグループを作成またはディスクをディスクグループに追加し、Virtual SAN クラスタを構成します。

- **手動**

  ローカルディスクを明示的に選択してディスクグループを作成し、Virtual SAN クラスタを構成します。ディスクグループを生成する場合は、1 台のキャッシュデバイス（SSD）と 1 台以上の容量デバイス（HDD または SSD）を選択します。

図 16.12　Virtual SAN の有効化

■ストレージポリシーベース管理

仮想マシンへのサービスレベル割り当て（可用性や性能に関する優先順位付け）はストレージポリシーを使用して定義します。ここで定義したポリシーは、仮想マシンのデプロイまた仮想ディスク作成時に選択して適用します。このポリシー割り当ては仮想マシン作成後に変更も可能で、オンラインで実施できます。

1. Web Client ホーム画面から仮想マシンストレージポリシーを選択します（図 16.13）。

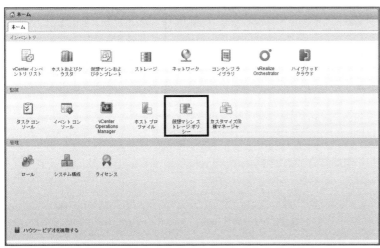

図 16.13　仮想マシンストレージポリシー

2. ポリシーを作成します(図16.14)。

図16.14 仮想マシンストレージポリシーの作成

■仮想マシンのデプロイ

仮想マシンを作成するウィザードを実行し、ストレージの選択の項目で適用したいストレージポリシーを選択します。

図16.15 ストレージポリシーの選択

16.2 Virtual SAN

■ステータスの確認

Virtual SAN の状態は Web Client を使用し、それぞれの項目について正常であるかまた問題がないかを確認します。

仮想マシンのステータス

図 16.16　仮想マシンステータス

データストアのステータス

- ［データストア］→［管理］→［設定］→［全般］

図 16.17　データストアのステータス

551

CHAPTER 16　Software-Defined Storage

オブジェクトとコンポーネントのロケーションと健全性

- ［仮想マシン］→［監視］→［ポリシー］

図 16.18　ポリシーのステータス

ディスク管理

- ［クラスタ］→［管理］→［仮想 SAN］→［ディスク管理］

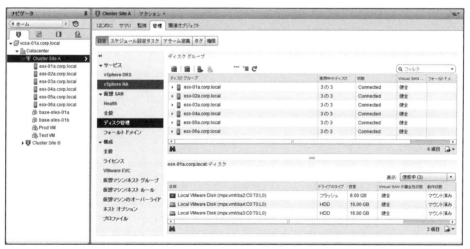

図 16.19　ディスクのステータス

552

16.2 Virtual SAN

再同期ステータス

- [クラスタ] → [監視] → [仮想SAN]

図16.20　再同期のステータス

コンポーネントのコンプライアンスステータス

仮想ディスクがFTTやストライプ数といったポリシーを満たしているかどうかを確認します。

- [仮想マシン] → [管理] → [ポリシー]

図16.21　コンプライアンスのステータス

CHAPTER 16　Software-Defined Storage

16.2.4　Virtual SAN の運用と管理

　Virtual SAN を運用、管理するうえでは、ESXi ホストとストレージが一体化しているため、従来のストレージと異なる運用管理が必要となります。通常の ESXi 運用に加えて留意しておくべきメンテナンス、ツール類について紹介します。

■Virtual SAN クラスタのメンテナンス

　Virtual SAN クラスタに参加するホストをメンテナンスモードにする場合は、データ移行の取り扱いについて3つのオプションを選択できます（図16.22）。

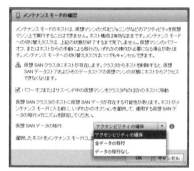

図 16.22　Virtual SAN クラスタのメンテナンス

アクセシビリティの確保

　デフォルトのオプションです。アップグレードやホストを一時的にクラスタから外した後で、元に戻す場合に選択します。仮想マシンにアクセス可能な場合は、データは退避しません。たとえば許容する障害の数が1の場合、データが2つあってそのうちの1つにアクセス可能なときはデータコピーをしません。許容する障害の数が0の場合は別のホストへ退避します。

全データの移行

　メンテナンスモードにするホストが持つすべてのデータを他のホストに退避させます。ホストを長時間停止または恒久的にリタイアする場合に選択します。データのコピーが完了するまで、メンテナンスモードには切り替えられません。また、容量レイヤーに空き容量がない場合は、このオプションを選択できません。

データの移行なし

　データの退避をしないオプションです。ポリシーにより仮想マシンにアクセスできなくなる可能性があります。

■Virtual SAN の監視

Virtual SAN の監視は vSphere 環境に統合されているため、ほぼすべての障害は Web Client から確認できます。パフォーマンスやトラブルシューティングのために用意されている他のツールについて、説明します。

Web Client

Virtual SAN の設定、管理、アラームの設定、状態の確認を行います。

Virtual SAN Health Check Plug-in

Virtual SAN Health Check Plug-in は、vCenter Server に統合されるヘルスチェックプラグインで、Web Client から GUI を使用して監視やトラブルシューティングができるツールです。

詳細は以下ドキュメントを参照してください

- **VMware Virtual SAN Health Check Plugin**

  http://www.vmware.com/files/pdf/products/vsan/VMW-GDL-VSAN-Health-Check.pdf（英語）

Ruby vSphere Console（RVC）

Ruby vSphere Console（RVC）は、Virtual SAN クラスタの管理およびトラブルシューティングに使用するコマンドラインインターフェイスツールです。ホストだけでなくクラスタ全体を通して監視できます。

詳細は以下のドキュメントを参照してください。

- **VMware Ruby vSphere Console Command Reference for Virtual SAN**

  https://www.vmware.com/files/pdf/products/vsan/VMware-Ruby-vSphere-Console-Command-Reference-For-Virtual-SAN.pdf（英語）

Virtual SAN Observer

VMware Virtual SAN Observer は、RVC で実行されるウェブベースのツールで、Virtual SAN クラスタの詳細なパフォーマンス分析と監視に使用されます。Virtual SAN Observer を使用して、容量レイヤーのパフォーマンス統計に関する情報、物理ディスクグループに関する詳細な統計情報、現在の CPU 使用率、Virtual SAN メモリプールの消費量、および Virtual SAN クラスタ全体での物理およびメモリ内オブジェクトの分散状態の情報を得ることができます。

Virtual SAN Observer を有効化して、パフォーマンスモニターする方法については、以下のナレッジベースを参照してください。

- http://kb.vmware.com/kb/2064999（日本語）

また、Virtual SAN Observer の使用方法については、以下ドキュメントを参照してください。

CHAPTER 16 Software-Defined Storage

- http://blogs.vmware.com/vsphere/files/2014/08/Monitoring-with-VSAN-Observer-v1.2.pdf（英語）

■他の VMware 製品、機能との連携

従来のストレージと同様に vMotion、スナップショット、クローン、vSphere Distributed Resource Scheduler（DRS）、vSphere High Availability（HA）、vSphere Replication、vCenter Site Recovery Manager などのソフトウェアを使用可能です。

16.2.5 構成のベストプラクティス

この項では Virtual SAN を構成するためのベストプラクティスについて説明します。

■設計のポイント

各ハードウェアコンポーネントの設計にあたり推奨する指針を以下に示します。

CPU

Virtual SAN はホストあたり最大で 10% ほどの使用率となるように設計されており、ほとんどの場合、仮想マシンで使用するために見積もった物理 CPU を共有可能です。アプリケーションの CPU 使用率が高い場合は、上乗せを検討するか統合率を見直す必要があります。

メモリ

VSAN が消費するノードあたりメモリの計算方法は以下のとおりです。

合計 = ① + (② × (③ + (④ × ⑤)))

① VSAN がベースとして使用する容量 —— 3GB
② ディスクグループの数 —— 1 から 5
③ ディスクグループが使用する容量 —— 500MB
④ SSD をキャッシュとして使用するための 1GB あたりのオーバーヘッド —— ハイブリッドは 2MB、オールフラッシュは 7MB
⑤ キャッシュデバイス用 SSD1 本あたりの容量（GB 単位）

たとえば、ハイブリッド構成でディスクグループ数 = 1、SSD の容量を 400GB とすると、

メモリ容量 = 3GB + {1 × (500MB + 2MB × 400)} = 4.3GB

詳細は以下のナレッジベースを参照してください。

- http://kb.vmware.com/kb/2113954（英語）

ネットワーク

ハイブリッド構成の場合は 1Gb または 10Gb、オールフラッシュ構成の場合は 10Gb が必須です。

キャッシュレイヤー用デバイス

仮想ディスクの総容量の 10% を目安にデバイス容量を用意します。この値は一般的なガイドラインですので、仮想マシン上で稼働するアプリケーションの動きに応じて増減できます。

容量レイヤー用デバイス

仮想マシンが必要とする容量とストレージポリシーの許容する障害の数 (FTT) を考慮した総容量を算出します。たとえば、許容する障害の数が 1 台の場合は、実使用量の 2 倍として計算します。

ディスクグループ

ディスクグループは最大 5 つ作成可能で、数が増えるほどホストのリソースや I/O コントローラの負荷が増加しますが、キャッシュデバイス数が増えるので、トータルの IOPS は向上します。最大 5 つのグループを作成した場合、クラスタあたり最低 32GB のメモリが必要となります。

■サイジング例

どのように容量をサイジングし、デバイスを決定すればよいのか、例を挙げて考えてみましょう。
ユーザーは vSphere 仮想環境の導入を検討しています。

- 仮想マシン —— 1,000 台
- 仮想マシンが使用する容量 —— 各 40GB
- 許容する障害の数 —— 1 台

仮想マシンが使用する総容量が 40TB となり、クラスタ全体のキャッシュレイヤーの容量は 10% の 4TB、容量レイヤーは許容する障害の数より倍の容量が必要となるため、80TB となります。ESXi ホストはホスト 1 台あたり 200 台の仮想マシンの制限があるため、1,000 台の仮想マシンを稼働させるための最小ホスト数は 5 台（プラス HA 用冗長性を持たせ計 6 台）となります（実際のホスト数のサイジングは、ホストの容量、仮想マシンのサイズに依存します。ここではあくまで最小台数の例です）。各レイヤーの容量をホストに割り当てます。

- ホスト —— 6 台
- ホスト 1 台あたりのキャッシュデバイス —— 667GB
- ホスト 1 台あたりの容量デバイス —— 13.4TB

CHAPTER 16　Software-Defined Storage

　このように計算したうえで、ディスク1台あたりのサイズと照らし合わせ、デバイスの選定を行います。ホストあたり以下のように構成できます。

- ディスクグループ —— 1つ
- キャッシュデバイス —— 800GB × 1本
- 容量デバイス —— 2TB × 7本

■構成の上限

　Virtual SAN での構成の上限は**表16.4**のとおりです。

表16.4　Virtual SAN 構成の上限

項目	Virtual SAN 6.0 の上限値
クラスタあたりのホスト台数	64
ホスト1台あたりの仮想マシン台数	200
仮想マシン1台あたりのスナップショット階層数	32
仮想ディスクのサイズ	62TB
コンポーネント数	9,000
ホストあたりのディスクグループ数	5
ディスクグループあたりのフラッシュデバイス数	1
ディスクグループあたりの容量デバイス数	7

■バックアップ

　VSAN データストア上の仮想マシンのバックアップは避けて通れない項目です。データ保護のサービスレベルに応じて、以下の3つのパターンが利用可能です。

(1) vsanSparse スナップショットでバックアップを取得する方法

　16.2.2 項で解説したように、VSAN FS の vsanSparse スナップショットは高性能であり、仮想ディスクへの I/O 性能へのインパクトは少ないため、VMFS とは異なり、スナップショットをバックアップとして利用できます。

　ただし、世代数が多くなると、デルタファイルの容量が肥大化するため、ディスク書き込み量が少ないシステムに適しています。また前述したように保持するスナップショットは2〜3世代までが推奨となりますので、こまめに古い世代のスナップショットを削除することが必要です。

　仮想ディスクのストレージポリシーにより、スナップショットのデルタファイルもミラー可能ですので、ファイルの冗長性が担保できます。

(2) VDP などのバックアップソフトウェアを使用し、VSAN データストア上を退避領域とする

　VSAN データストア上の仮想ディスクは、VMFS と同様に VDP や VADP ベースのバックアップソフトウェアによりバックアップ可能です。VSAN データストアの容量あたりのコストは一般に低いので、退避先を VSAN データストア上に置きます。

　VSAN データストアへのアクセスは、同一クラスタ上の仮想マシンからしか行えないので、バックアップソフトウェアが動作する仮想マシンは、必ず同一クラスタ上に存在する必要があります（エージェント経由でない場合）。

　この方法は、VSAN データストアそのものに障害が発生した場合に、データを復旧できない場合がある点に注意してください。

(3) VDP などのバックアップソフトウェアを使用し、他のデータストア上を退避領域とする

　(2)と同様の方法で、かつ退避先を VSAN データストア以外（たとえば NFS など）に置く方法です。この方法では、VSAN データストアに障害が発生した場合でもデータが保護されるので、最も SLA の高い方法となります。

　(2)と同様にバックアップソフトウェアが動作する仮想マシンは、同一クラスタ上に存在している必要があります。

16.2.6 Virtual SAN 6.1 の新機能

　この項では 2015 年 9 月にリリースされた Virtual SAN 6.1 の新機能や機能向上について解説します。

■可用性の向上とデータ保護

(1) VSAN Replication

　vSphere Replication 機能を使用したレプリケーションです。今回のアップデートでは、VSAN データストア同士のレプリケーションを行う場合の RPO (Recovery Point of Time)が、15 分から 5 分へと短縮されました。

(2) vSphere Fault Tolerance

　VSAN データストア内に格納された仮想マシンを vSphere FT 6.0 を有効化して保護可能です。

(3) ストレッチクラスタ (Stretched Cluster)

　地理的に離れたサイト間で、Virtual SAN のストレッチクラスタを作成できます。データはサイト間で同期レプリケーションされます（図 16.23）。

CHAPTER 16　Software-Defined Storage

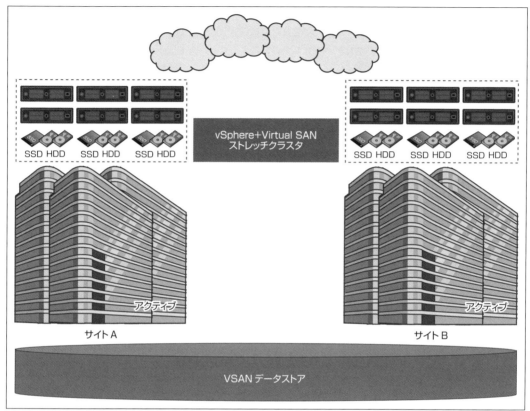

図16.23　ストレッチクラスタ構成

　内部では、VSAN 6.0で導入されたフォールトドメイン機能を使っており、2つのサイト以外にもう1つ、Witnessサイトを設ける必要があります。ストレッチクラスタ機能により、マルチデータセンターなどの可用性をさらに高める構成の選択肢の1つとなります。

　ストレッチクラスタでは、L3のVSANネットワークをサポートします（ただしL2を推奨）ので、より柔軟なネットワーク構成が可能です。

　その他の構成上の要件については、以下のドキュメントを参照してください。

- http://www.vmware.com/files/pdf/products/vsan/VMware-Virtual-SAN-6.1-Stretched-Cluster-Guide.pdf（英語）

アプリケーションのクラスタリングに対応

　Oracle Real Application Cluster（RAC）とMicrosoft Windows Server Failover Cluster（MSFC）をサポートします。

16.3 vSphere Virtual Volumes

■運用管理での機能向上

(1) Health Check Plug-in

Virtual SAN 6.0 では個別にプラグインを vCenter Server へインストールする必要がありましたが、Virtual SAN 6.1 では必要なサービスはすべて vSphere 6.0u1 にバンドルされており、すぐに使用可能です。

新機能としては vCenter Server へ Virtual SAN に関するアラーム／イベントを統合し、ストレッチクラスタに対応しました。

(2) vRealize Operations Advanced ／ Enterprise での Virtual SAN のサポート

管理パックをインストールすることで、他製品と同様に単一のビューで監視、管理可能です。

Virtual SAN に対応した管理パック（ストレージデバイス管理パック（MPSD））は以下のサイトより無償で入手可能です。

- https://solutionexchange.vmware.com/store/products/management-pack-for-storage-devices（英語）

16.3 vSphere Virtual Volumes

vSphere Virtual Volumes（以下 Virtual Volumes、または VVol）は vSphere 6.0 で実装された新機能です。

はじめに、Virtual Volumes により仮想環境におけるストレージの管理がどのように変わるかを解説することにより、Virtual Volumes の特長、メリットを順次解説します。

16.3.1 これまでのストレージ管理

Virtual Volumes が実装される前のストレージでは、おおむね**図16.24**のような手順でボリュームの管理をして仮想環境で利用できるように作業していましたが、この手法には以下のような課題がありました。

- RAID 作成から LUN 作成、認識、データストア作成と、仮想マシンが作成可能になるまでに多くの手作業が発生する
- ストレージの管理がベンダー、機種ごとに異なる
- 1つの LUN に複数の仮想マシンを配置するため、設計が煩雑になる
- スナップショットなどのストレージサービスが LUN 中心となっている
- 単一の LUN には、データベースなど単一目的で使用されることが暗黙の前提となっており、仮想基盤のデータストアなど、多数の仮想マシンを違うサービスレベルで格納されることが想定されていない
- 多数の仮想マシンによる多様なサービスレベルをすべて満たすようにするためには、それぞれ SLA の異なる多数の LUN を用意しなければならず、管理が煩雑になる

561

CHAPTER 16 Software-Defined Storage

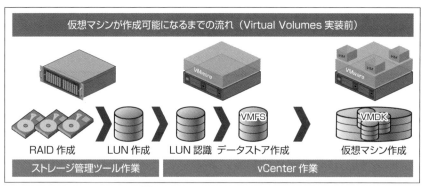

図 16.24　これまでのストレージ管理

　Virtual Volumesは、このような今までのLUNを中心としたストレージ管理ではなく、仮想マシン単位のストレージ管理が可能となる技術です。

16.3.2　Virtual Volumesの概要とメリット

■ポリシーベースの管理

　ここでは、Virtual Volumesの導入によりストレージ管理がどのように変わるかを解説します。
　従来のLUNをベースにしたデータストアでは、LUNの生成時に、ディスクの冗長性、スピンドル数による性能、容量などが決まっており、必然的にデータストアの性質やSLAが規定されていました。
　Virtual Volumesでは、データストアを構成する要素として、単一のLUNではなく、ストレージコンテナという「仮想的なボリューム」としてプール化します。仮想ディスクの冗長性、性能その他の機能は、LUNによって事前に規定されるのではなく、ポリシーにより決めることができます（図16.25）。

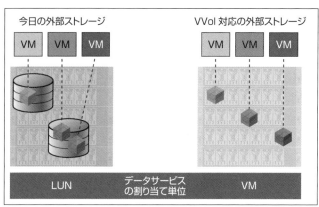

図 16.25　Virtual Volumesの概要

562

16.3 vSphere Virtual Volumes

このように、Virtual Volumesの管理へと移行することで、仮想マシンが利用するデータがLUNと結びついている状態から、ポリシーをベースとして、仮想マシン単位でデータを管理することが可能となります。こうすることにより、仮想マシン上のアプリケーションはLUNに紐付けられていたサービスレベルから解放され、ポリシーにより、アプリケーションの要件に合わせて個別に実現することが可能となります。また、ストレージ装置内のデータサービスも、LUN単位ではなく、仮想マシン単位で実行されることとなります。これを実現するために、ボリューム単位で管理するのではなく、ポリシーベースの管理を採用します（図16.26）。

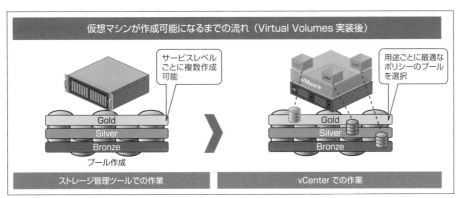

図16.26 Virtual Volumes 実装後の流れ

Virtual Volumesによりポリシーベースの管理へ移行することで、仮想マシンの管理は上記のように変わります。今までのように事前にLUNを用意してから仮想マシンを構築するのではなく、仮想マシンを構築するときに、必要なストレージセットを準備します。

■ストレージ装置に依存しない管理

Virtual Volumesを利用することで、LUN中心の管理から仮想マシン単位でのストレージ管理となり、ポリシーベースの管理となることを述べましたが、利点はもう1つあります。ストレージを仮想化することにより、データの管理がストレージ装置から仮想環境へ、つまり、既に使っているvCenter ServerやWeb Clientに移ることを意味します。

仮想マシンを構築する際のフローを例にとると、これまでは、まずストレージ側の作業としてストレージ管理ツールから必要なLUNを切り出す作業を行った後に、Web Clientを通して仮想マシンを作成していました。Virtual Volumesを導入することにより、仮想マシンを作成する際にVirtual Volumesの機能で必要な領域が割り当てられるため、Web Clientの操作だけで必要な操作を完結することができ、ストレージ装置独自のGUI、コマンドを使う必要がなくなります。

これにより、ホストだけでなくストレージも含めて仮想環境で管理することが可能となり、ストレージ装置や管理ツールに依存することなく、ストレージを管理していくことが可能になります。その結果、ストレージ管理を仮想環境に一元化することができ、知識の習得など、今まで仮想環境におけるストレージの管理に課題を抱えていたユーザーでも、大幅に管理工数や知識習得の手間を削減することが可能となります（図16.27）。

CHAPTER 16　Software-Defined Storage

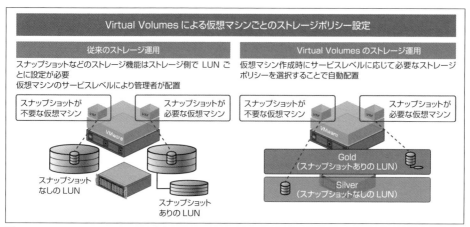

図16.27　Virtual Volumes による仮想マシンごとのストレージポリシー

■ストレージ固有の機能が仮想マシン単位で利用可能

　各ベンダーが提供するストレージ製品は、スナップショットや重複排除、暗号化など優れた機能を有しているものがあります。しかし、それらの機能は LUN 単位（ストレージから見た場合。vSphere からはデータストア）でしか使用できないため、データストアのように異なる SLA を持つ複数の仮想マシンを単一のデータストアに格納する場合に、必ずしもすべての仮想マシンに適切な機能を満たすことは困難でした。

　Virtual Volumes を用いてデータプレーンを抽象化することにより、仮想マシン単位でストレージ製品の持つ以下のような優れた機能を利用できることが可能になります[8]。

- データ圧縮
- レプリケーション
- キャッシュ
- スナップショット
- 重複排除
- 可用性
- 移行
- データモビリティ
- パフォーマンスのコントロール
- 災害対策
- データ暗号化

---

[8]　サポートされる機能はストレージ製品に依存します。詳細は各ストレージベンダーまで問い合わせください。

16.3.3 Virtual Volumes のしくみ

Virtual Volumesは、仮想環境と連携して仮想マシンに合わせてストレージ領域を提供する機能であることを述べましたが、本項では、実際にどのようにストレージとvSphereが連携するのかを解説します。

図16.28はVirtual Volumesのしくみとコンポーネントを表した概念図です。

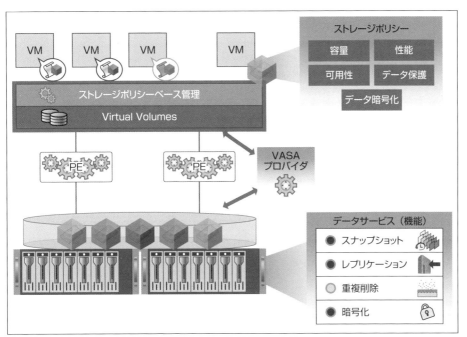

図 16.28　Virtual Volumes のしくみとコンポーネント

この図のとおり、Virtual Volumesでは仮想マシンに設定したストレージポリシーに合わせて、ストレージリソースを割り当てます。また、ストレージ装置がスナップショットやレプリケーションといったデータサービスを提供している場合には、それらの機能もデータ領域と同じようにポリシーを定義して提供が可能です。

ここからは、Virtual Volumesに関連するコンポーネントを解説します。

■VASAプロバイダ

VASAプロバイダはストレージ制御のアクセスポイントとなり、ESXiとvCenter Serverは、このVASAプロバイダと接続し、Virtual Volumesの作成や複製、削除にかかわります。VASAプロバイダはストレージベンダーが提供するもので、その実装方法はベンダーごとに異なりますが、機種の違いを隠蔽して同様の機能を提供するので、Web Clientから同じような操作で仮想マシンの作成、削除などが行えます。VASAプロバイダは、専用の管理サーバーや、ストレージコントローラ上のファームウェアで対応している場合もあります（図16.29）。

CHAPTER 16 Software-Defined Storage

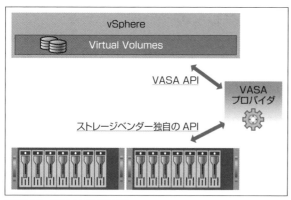

図 16.29　VASA プロバイダ

　この図のとおり、ストレージベンダーが提供する API に対し、VASA プロバイダが仲介役となり、vSphere 環境で必要となる処理を受け渡しします。

■プロトコルエンドポイント（PE）

　プロトコルエンドポイントは、ESXi からの I/O アクセスポイントとして機能します。ブロックデバイスの場合は非常に小さな特別な LUN、NAS の場合は特別な NFS 共有であり、ストレージ管理者によって作られます。すべてのパスやポリシーはプロトコルエンドポイントの LUN 特性やチーミング設定などに従います。

■ストレージコンテナ

　ストレージコンテナは Virtual Volumes を収容するプールで、vSphere の概念ではデータストアに相当します（図 16.30）。

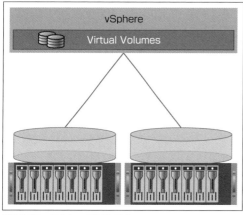

図 16.30　ストレージコンテナ

16.3 vSphere Virtual Volumes

16.3.4 Virtual Volumes の設定と有効化の手順

本項では、実際に Virtual Volumes を設定して有効化するまでの手順を解説します。設定の手順は以下のようになります。

1. VASA プロバイダの登録
2. プロトコルエンドポイントの確認
3. ストレージコンテナの作成

iSCSI ストレージを想定して、実際の画面を用いながら順を追って解説します。

1. VASA プロバイダの登録

VASA プロバイダは、Web Client 上で［ホストおよびクラスタ］の画面から、vCenter を選択し、［管理］→［ストレージプロバイダ］を選択します。　緑色のプラス記号を選択すると、登録の画面が表示されます。ここで情報を入力し、［OK］をクリックすると登録が完了します。

図 16.31　VASA プロバイダの登録

2. プロトコルエンドポイントの確認

1.の手順が完了すると、VASA プロバイダを通してプロトコルエンドポイントが ESXi ホストから認識できるようになります。

ESXi ホストから［管理］→［ストレージ］→「プロトコルエンドポイント」と画面を遷移すると、設定されているプロトコルエンドポイントの情報が表示されます（図 16.32）。

CHAPTER 16 Software-Defined Storage

図 16.32　プロトコルエンドポイントの確認

3. **ストレージコンテナの作成**

　最後にストレージコンテナの作成となりますが、こちらはデータストア作成の画面に従来のVMFSやNFSに加えて、Virtual Volumesを表すVVolが選択肢として表示されますので、VVolを選択して作成します（図 16.33）。

図 16.33　ストレージコンテナの作成

　作成が終わると、他のデータストアと同じように一覧に表示されます。こうして作られたデータストアは図16.34の例のようにタイプがVVolとなっていることがわかります。

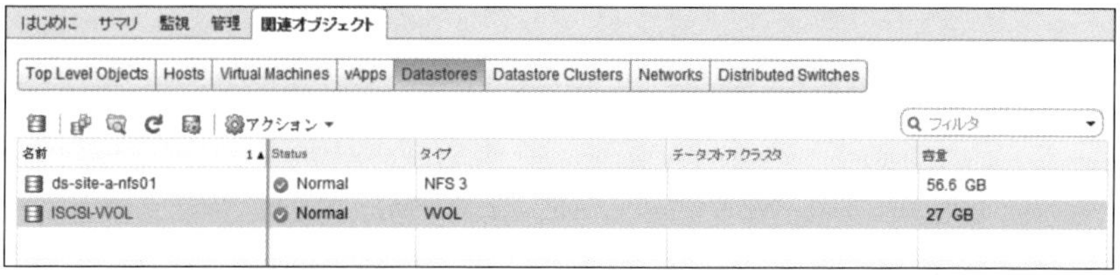

図 16.34　VVol用データストア確認

16.3.5 Virtual Volumes のストレージポリシー

データストアとして作成された後は、Virtual SAN の項目でも説明した「仮想マシンストレージポリシー」を Virtual Volumes でも設定することができ、ポリシーを利用した仮想マシンを作成したり、ストレージを移行することが可能になります。

ストレージポリシーの設定手順は Virtual SAN と同様ですが、ルールセットを設定する際に、ストレージベンダーの提供する機能が利用可能です。

ストレージベンダーから提供される機能は異なりますが、図 16.35 の例では、IOPS 設定やスナップショット、重複排除といった機能が利用可能となっています。

図 16.35　ストレージポリシールールセット設定

このように従来のストレージでは LUN 単位でしか設定できなかった QoS やスナップショット、レプリケーション、重複排除、暗号化といったストレージ機能が、ポリシーを作成し仮想マシン単位で利用できるのが大きなメリットになります。

Software-Defined Storage

16.3.6 Virtual Volumes の相互運用性

■対応ストレージ製品

　これまで見てきたとおり、Virtual Volumes は VMware の vSphere や vCenter Server とストレージ装置が連携する機能であり、これを実現するにはストレージベンダーとの協調が欠かせません。現在、既に VMware は多くの主要なストレージベンダーとパートナー関係を結び、各社から Virtual Volumes 対応のストレージが出てきています。Virtual Volumes に対応する製品については、VMware Compatibility Guide を参照してください。

- http://www.vmware.com/resources/compatibility/search.php?deviceCategory=vvols（英語）

■対応する VMware 製品および機能

　VMware 製品および vSphere の機能は多岐にわたるため、すべての製品および機能が Virtual Volumes に対応しているわけではありません。本書執筆時で Virtual Volumes に対応している製品および機能は以下のとおりです。

Virtual Volumes に対応している製品

- VMware vSphere 6.0.x
- VMware vRealize Automation 6.2.x
- VMware Horizon 6.1.x
- VMware vSphere Replication 6.0.x

Virtual Volumes に対応している vSphere 6.0 の機能

- ストレージポリシーベース管理（SPBM）
- シンプロビジョニング
- リンククローン
- ネイティブスナップショット
- View Storage Accelerator ／ Content Based Read Cache（CBRC）
- Storage vMotion
- vSphere Flash Read Cache
- Virtual SAN（VSAN）
- vSphere Auto Deploy
- vSphere High Availability（HA）
- vMotion
- vMotion without Shared Storage

16.3 vSphere Virtual Volumes

- vSphere Software Development Kit（SDK）
- NFS v3

最新情報については、以下のナレッジベースを参照してください。

- http://kb.vmware.com/kb/2112039（英語）

COLUMN
ハイパーコンバージドインフラストラクチャ、EVO:RAIL とは？

Software-Defined Data Center とは、データセンターを構成するすべての要素をソフトウェアで定義する、というもので、以下の 4 つのコンポーネントを中心として IT 基盤の変革を実現します。

- コンピューティング —— すべてのアプリケーションを仮想環境へ移行
- ネットワーク —— スピードと効率、セキュリティを向上させる
- ストレージ —— アプリケーションに最適な性能、容量を提供する
- 管理 —— ツールによる可視化、自動化を加速させる

一方で、Software-Defined Data Center の実装には、構築やプロビジョニング、運用管理、サポートと検討しなければならないことが多く、ノウハウのない IT 部門にとって、その実現は容易ではありません。
そこで登場したのがコンバージドインフラストラクチャです。これはハードウェアやソフトウェア、ネットワークなどあらかじめベンダーで統合された状態で出荷されるもので、事前に設計する要素が少なく、Software-Defined Data Center を容易に実現できるものです。
とは言え、コンバージドインフラストラクチャは多くの場合、ストレージベンダーの提供する高付加価値な共有ストレージを内包しています。このため、運用管理の視点ではベンダーのストレージ製品に特化したスキルやノウハウが必要です。また、導入する規模もある程度大きくなりがちであるなど、いくつかの課題が存在していました。
そこで新たに登場した概念が、ハイパーコンバージドインフラストラクチャです。ハイパーコンバージドインフラストラクチャでは、x86 サーバーの内蔵ストレージを活用し、スケールアウト型の容量拡張機能を持たせることで、ハードウェア構成をよりシンプルにし、最小構成単位を小さくしながら、Software-Defined Data Center をより広範囲に活用することができます。
VMware では、Virtual SAN をハイパーコンバージドインフラストラクチャの基盤技術と位置づけ、ハイパーコンバージドインフラストラクチャへのニーズに対し、多様な基盤実装の方法を提供しています。2014 年に発表された VMware EVO:RAIL は、VMware vSphere と Virtual SAN を用いたハイパーコンバージドインフラストラクチャを非常に簡単かつ迅速に利用できる製品です。
EVO:RAIL は、ハードウェアやソフトウェア、ネットワークがあらかじめ VMware の認証された構成で統合された状態で、EVO:RAIL 認定パートナー（Qualified EVO:RAIL Partners：QEP）となっているハードウェアベンダーから、Software-Defined Data Center に必要な要素をセットアップ済みの仮想化基盤アプライアンスとして出荷され

CHAPTER 16　Software-Defined Storage

ます。これによりユーザーは、複雑になりがちなSoftware-Defined Data Centerのシステムデザインを意識する必要はなく、セットアップは電源投入からわずか15分で完了し、そのメリットを享受することができます（図16.36）。

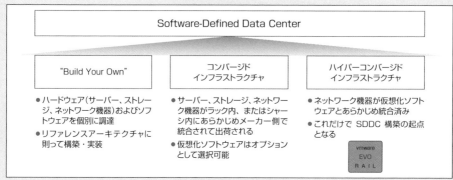

図16.36　Software-Defined Data Centerを実現するアプローチ

　EVO:RAILは、2Uの筐体に4ノードのサーバーが内蔵された、シンプルかつ高密度なハードウェアで構築されています。ノード（サーバー）はIntel Xeon E5-2600 v2／v3ファミリー（2015年現在）を2つ搭載し、各ノードには1本のSSDと3～5本のHDDがSASインターフェイスで接続されています。このノードごとのローカルストレージを用い、Virtual SANクラスタが構成されています。

　プレインストールされるソフトウェアとしては、ハイパーバイザーとしてvSphere Enterprise Plus、ストレージとしてVirtual SAN、ログ管理にvRealize Log Insight、さらに容易にこれらを設定、管理可能な専用の管理ツールEVO:RAIL Engineが搭載されています。電源投入後、ウェブブラウザで初期設定ウィザードにアクセスし、必要な項目を入力するだけで初期構築が完了し、仮想マシンが作成可能になります。

　初期設定ウィザードでの入力項目は、ESXiホストのネーミングルールやパスワード、ESXiホスト、VMkernel、Virtual SAN用のIPアドレスレンジとVLAN ID、NTPサーバーやSyslogサーバーの設定といった、最小限に絞られています。ユーザーはこれらの項目のみを指定するだけで、DRSやVirtual SANクラスタが構成された、ベストプラクティスを反映したvSphere環境を構築できます（図16.37）。

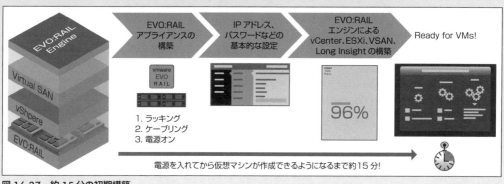

図16.37　約15分の初期構築

16.3 vSphere Virtual Volumes

　初期構築後の仮想マシンの作成や管理においても、VMware 製品に詳しくないユーザーにもわかりやすい HTML5 ベースの管理インターフェイスが提供されます。vSphere に慣れたユーザーには、通常の Web Client からの管理もサポートされます。

　運用マニュアルに従って日々の仮想化基盤運用に携わる管理者にとって、EVO:RAIL Engine は操作もマニュアルもシンプルです。一方、熟練の管理者は、Web Client とバンドルされる vRealize Log Insight の組み合わせによって、詳細な仮想環境の制御と問題判別方法が利用できます。

　EVO:RAIL Engine は独自のデータベースを持たず、すべて vCenter Server Appliance（vCSA）のデータベースを使用します。EVO:RAIL Engine がバックエンドでどのような動作をしているのかすべてわかるため、技術者にとっては安心です（**図 16.38**）。

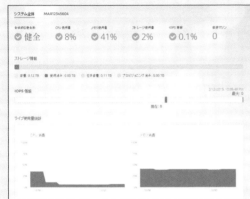

図 16.38　EVO:RAIL Engine のインターフェイス

　EVO:RAIL はリソースの追加においてもメリットがあります。従来の IT 基盤の運用においては、リソース不足が発生した際の追加作業、特にストレージ追加作業は、既存のシステムへの影響を最小化するために、慎重な計画と実施要領の策定が必要です。一方、EVO:RAIL では、既に動作しているアプライアンスと同じネットワークに新しいアプライアンスを接続し、電源を投入するだけで、そのリソースが自動認識され、追加する IP アドレスプールを指定するだけで自動的に Virtual SAN クラスタを拡張できます。

　追加の単位はアプライアンス（4 ノード）ごとになります。拡張に要する時間は 10 分以内であり、既存のアプライアンス上で動作する仮想マシンを停止する必要もありません。従来の運用と比較し、非常に迅速なリソース追加を実現することが可能です。

　EVO:RAIL 2.0 以降のネットワークは、分散仮想スイッチで構成されています。これにより EVO:RAIL は、VMware NSX との互換性を持ちます。マイクロセグメンテーションをはじめとする NSX の機能を EVO:RAIL 上に実装することや、ユニファイドハイブリッドクラウドの企業内（オンプレミス）リソースとして、EVO:RAIL を活用することができます。

　EVO:RAIL のユースケースとして、運用管理の複雑さに課題を持つ仮想化基盤の置き換えや、プライベートクラウドの基盤、さらには管理者が常駐しないリモート環境に設置される災害対策基盤など多岐にわたりますが、VMware Horizon を用いた仮想デスクトップにも適しています。

CHAPTER 16　Software-Defined Storage

　仮想デスクトップ基盤は、物理サーバーの台数が数台～数十台に上ることも少なくなく、また段階的な展開を検討するユーザーが多いため、稼働中の基盤を拡張する機会も多くなります。一般的な物理サーバー製品による仮想デスクトップ基盤の新規・追加構築では、新たに納品されたサーバーの開梱、資産管理、構成とセットアップ、ラッキング、ケーブリングなど、仮想デスクトップ基盤の展開前に行うべきことが多数あります。

　しかし、EVO:RAIL はこれらの手順を大幅に削減し、迅速な仮想デスクトップ基盤の展開を容易にするだけでなく、プロジェクト遅延などのリスクを低減できます。また、EVO:RAIL の既存 vSphere ユーザー向けライセンス優待プログラムである、vSphere Loyalty Program を利用することにより、VMware Horizon の vSphere for Desktop を、EVO:RAIL 標準の vSphere Enterprise Plus の代わりに利用することができるため、ライセンス料金を抑えて EVO:RAIL 上で仮想デスクトップ基盤を展開することができます。

　EVO:RAIL は、これまでのコンバージドインフラストラクチャとは一線を画す新しいユーザー体験をもたらし、Software-Defined Data Center による IT 基盤の変革を強力に支援します。

Chapter 17
Software-Defined Data Center

Software-Defined Data Center

本章では、VMware の提唱する「Software-Defined Data Center」とは何か、そのメリット、構成要素となる製品群と設計ポイント、およびアーキテクチャの一例を概説します。その中でも特に、自動化エンジンは Software-Defined Data Center の中核となる機能であるため、さらに詳細に解説します。

本章を読むことによって、Software-Defined Data Center についての理解を深め、実装に向けての具体的な検討ができるようになることが期待できます。

17.1 Software-Defined Data Center とは

ここでは、Software-Defined Data Center の定義とそれがもたらすメリットについて説明します。

17.1.1 Software-Defined Data Center の定義

Software-Defined Data Center (SDDC) とは、ハードウェア中心の従来のアーキテクチャから脱却し、ソフトウェアで IT 基盤を制御することで、さまざまなメリットを享受することが可能なアーキテクチャのことを示します。

SDDC が提唱された 2012 年当時の公式な定義は以下のとおりです。

> "A software-defined datacenter is where all infrastructure is virtualized and delivered as a service, and the control of this datacenter is entirely automated by software."
> (日本語訳:「Software-Defined Data Center とは、すべての基盤が仮想化されてサービスとして提供され、またこれらのデータセンタの制御がソフトウェアによって完全に自動化されていることを指す」)

上記の定義において、SDDC であることのポイントは 2 点あります (図 17.1)。

① コンピュータ、ストレージ、ネットワーク機器を含む、物理デバイスの制約を仮想化技術によって取り払い、物理リソースの抽象化、プール化が実現できる
② 上記により抽象化・プール化されたリソースがソフトウェアによって一元管理され、自動化やモニタリングといった運用機能が実装されている

17.1 Software-Defined Data Center とは

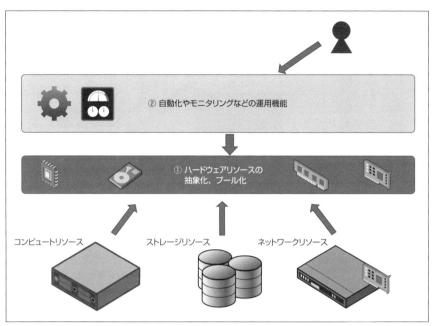

図 17.1　Software-Defined Data Center の 2 つのポイント

17.1.2　Software-Defined Data Center のメリット

　次に SDDC のメリットについて解説しますが、その前に、SDDC という概念が出てきた背景について見ていきましょう。

　今日において、IT はビジネスを加速するツールとして必要不可欠であることは自明です。その潮流の中で、IT 基盤は、ビジネスに貢献するため、効率性、信頼性、俊敏性を求められるようになりました。

　仮想化技術はこの 3 つの要件を実現する技術として、広く採用されるようになりました。それに伴い、IT 基盤を取り巻く運用モデルが変容するという第一の変革が訪れました。仮想化の普及以前はシステムごとに基盤が分かれており、それぞれシステムごとに基盤担当者が存在し、アプリケーション担当者と協業して運用をしていました。それが仮想化の普及により、システムを横断した共通仮想基盤が構築され、基盤担当者は各システムに対して、リソース提供者という立場でアプリケーション担当者に基盤サービスを提供するようになりました。その結果、基盤担当者はさらなる効率性、信頼性、俊敏性を兼ね備えた基盤サービスを提供することを求められるようになりました（図 17.2）。

CHAPTER 17　Software-Defined Data Center

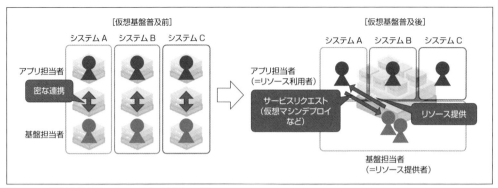

図17.2　仮想基盤普及によって変わる運用モデル

　続く第二の変革として、パブリッククラウドが注目される時代がやってきました。事業者が提供するパブリッククラウドサービスの利用は徐々に増えており、主に開発環境を中心として多くのシステムがパブリッククラウド上で稼働しています。

　クラウドサービスを利用するとき、利用者はそのサービスがどのようなサーバーやストレージで稼働しているかを意識することはありません。利用者は、効率性、信頼性、俊敏性を求めるので、そのクラウドサービスのインターフェイスから簡単かつ即時にシステムを構築できること、またシステムの健全性を継続的に管理できることを重視します。その結果、リソース提供者としての基盤担当者は、前述のような利便性を持ったパブリッククラウドとの競争にさらされるようになりました。

　SDDCはパブリッククラウドのような利便性を、よりサービスレベルの高いオンプレミス環境で実現し、IT基盤を高度なプライベートクラウドサービスとして利用者に提供する目的に対する最適解です。

　つまり、①利用者がサービスメニューに基づいて基盤リソース申請をすると、即座に基盤リソースが提供されること（俊敏性）、また②提供されている基盤リソースの管理が容易にできること（効率性）、および③高いサービスレベルでの安定稼働を保証することがSDDCの提供する重要な機能となります。

　ここで、SDDCがパブリッククラウドの利便性を踏襲しているということは、パブリッククラウドとオンプレミス環境（プライベートクラウド）を連携したハイブリッドクラウドの構成が容易であるということでもあります。この点もSDDCの重要な特徴の1つです。

　SDDCを実装することで得られるメリットは、SDDCの特徴ごとに効率性、信頼性、俊敏性の3つの観点で整理できます。**表17.1**に主なメリットをまとめています。

17.2 Software-Defined Data Center を構成するコンポーネント

表 17.1　SDDC を実装するメリット

SDDC の特徴	効率性	信頼性	俊敏性
物理リソースの抽象化・プール化	● 基盤リソースの使用率を高め、物理機器購入コストを削減	● 物理サーバーやストレージをクラスタリングし、リソースをプール化することにより、リソース利用効率の向上と耐障害性を担保 ● ネットワーク仮想化によるセキュリティの向上	● 物理機器の調達、設定が不要となることで、基盤リソース提供を迅速化
一元的な運用機能の実装	● 運用をシンプルにすることで人的コストを削減	● 一元的なモニタリングによる品質向上	● 基盤リソースの申請・構築を自動化し、提供までのリードタイムを短縮
ハイブリッドクラウド化	● システム特性によって適切なクラウドを使い分けすることで、リソースコストを削減	● プライベート、パブリックの両環境を一元管理し、ガバナンスを効かせることによる品質向上	● 必要なリソースをすぐ調達することが可能

17.2　Software-Defined Data Center を構成するコンポーネント

SDDC の概要とメリットについて理解を深めたところで、次にもう少し具体的な SDDC の構成と設計例について見ていきたいと思います。

17.2.1　Software-Defined Data Center の構成要素の全体像

SDDC は前節で説明したとおり、①物理リソースの抽象化・プール化、②一元的な運用機能の実装、の2つの特徴があります。これらの2つの特徴に基づいて、SDDC の構成要素を見ていきます（図17.3）。

① 物理リソースの抽象化・プール化は、以下の3つの構成要素からなります。
- コンピュートリソースの抽象化・プール化
- ネットワークリソースの抽象化・プール化
- ストレージリソースの抽象化・プール化

② 一元的な運用機能の実装については、以下の3つの構成要素からなります。
- 自動化エンジン
- モニタリング・運用管理
- ビジネス管理

Software-Defined Data Center

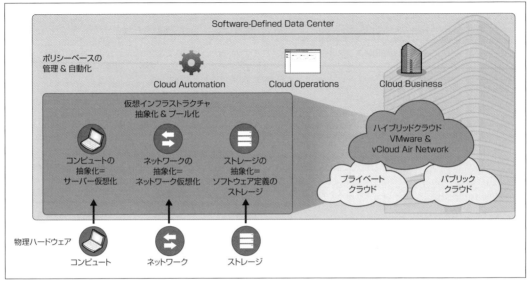

図 17.3　Software-Defined Data Center の構成要素

　次項からは、各構成要素の具体的な実装について、VMware の提供するソフトウェアを中心に解説をしていきます。

17.2.2　物理リソースの抽象化・プール化

　ソフトウェアを用いて物理リソースの抽象化・プール化することには2つの意義があります。第一の意義は既に述べていますが、従来の物理的な制約を越えてリソースを柔軟に利用者に提供できるため、基盤リソースの迅速な提供を図ったり、物理では実現できないサービスレベルを実現できる点です。

　たとえば、vSphere 6.0 の Cross vCenter vMotion の機能は、可用性をサーバーのハードウェア境界のみならず、データセンタの境界をも越えて実現できるようになりました。

　第二の意義は、これらの物理リソースを、API（アプリケーションプログラミングインターフェイス）を使って制御ができるという点です。API を利用することによって基盤サービスの提供を自動化し、さまざまな物理リソースを単一インターフェイスからモニタリングすることが可能となります。つまり、SDDC の特徴の2点目である、一元的な運用管理については、この API の実装なしには実現できないと言っても過言ではありません。

　本項ではこの2つの意義の視点で、ハードウェアコンポーネントの抽象化・プール化の実現方法について見ていきます。

■コンピュートリソースの抽象化・プール化

　コンピュートリソースの抽象化・プール化は vSphere の機能で実現します。vSphere が実現するリソース提供機能は他の章で詳細に説明しているので、ここでは API について簡単に説明します。

17.2 Software-Defined Data Center を構成するコンポーネント

　vSphere の持つ API は、vSphere API と呼ばれる SOAP Web サービスベースの API です。外部プログラムから HTTPS（または HTTP）経由で vCenter Server にアクセスし、vSphere 環境の情報の参照や操作の実行をします。vSphere API はオブジェクト指向であり、ESXi ホストや仮想マシンといったインベントリが Managed Object という名称で管理されています。各 Managed Object に対しては、プロパティと呼ばれるオブジェクトに関する情報と、メソッドと呼ばれるそのオブジェクトに対する操作が定義されています。

　Managed Object に関する情報は、ウェブブラウザから vCenter Server の以下の URL にアクセスして確認することができます（図 17.4）。

* https://<vCenter Server の IP または FQDN>/mob

Home	Data Object Type: **ServiceContent**	
	Parent Managed Object ID: **ServiceInstance**	
	Property Path: **content**	

Properties

NAME	TYPE	VALUE
about	AboutInfo	about
accountManager	ManagedObjectReference:HostLocalAccountManager	Unset
alarmManager	ManagedObjectReference:AlarmManager	AlarmManager
authorizationManager	ManagedObjectReference:AuthorizationManager	AuthorizationManager
clusterProfileManager	ManagedObjectReference:ClusterProfileManager	ClusterProfileManager
complianceManager	ManagedObjectReference:ProfileComplianceManager	MoComplianceManager
customFieldsManager	ManagedObjectReference:CustomFieldsManager	CustomFieldsManager
customizationSpecManager	ManagedObjectReference:CustomizationSpecManager	CustomizationSpecManager
datastoreNamespaceManager	ManagedObjectReference:DatastoreNamespaceManager	DatastoreNamespaceManager
diagnosticManager	ManagedObjectReference:DiagnosticManager	DiagMgr
dvSwitchManager	ManagedObjectReference:DistributedVirtualSwitchManager	DVSManager
dynamicProperty	DynamicProperty[]	Unset
dynamicType	string	Unset
eventManager	ManagedObjectReference:EventManager	EventManager
extensionManager	ManagedObjectReference:ExtensionManager	ExtensionManager
fileManager	ManagedObjectReference:FileManager	FileManager
guestOperationsManager	ManagedObjectReference:GuestOperationsManager	guestOperationsManager
hostProfileManager	ManagedObjectReference:HostProfileManager	HostProfileManager
ipPoolManager	ManagedObjectReference:IpPoolManager	IpPoolManager

図 17.4　Managed Object に関する情報の一例

■ネットワークリソースの抽象化・プール化

　ネットワークリソースの抽象化・プール化は VMware NSX の機能で実現します。NSX によるネットワークリソース抽象化の詳細については、第 15 章で説明しているとおりです。NSX はネットワークリソースを抽象化し、ファイアウォール、ロードバランサー、VPN などのネットワークサービスを追加の物理機器なしに提供することが可能です。提供できるサービスは多岐にわたるので、SDDC においてどの機能を使うかは、ユースケースによって異なります。

　NSX は REST ベースの API を公開しており、NSX が提供するネットワークサービスを API 経由で構成することができます。外部プログラムから HTTPS 経由で NSX Manager にアクセスし、NSX に対する各種操作を実行します。

■ストレージリソースの抽象化・プール化

　ストレージリソースの抽象化・プール化は、VMware Virtual SAN および VMware vSphere Virtual

CHAPTER 17　Software-Defined Data Center

Volumesの機能で実現します（第16章参照）。ストレージリソース抽象化については第16章で解説したとおり、これら2つのテクノロジーによって、仮想マシンはLUNという制約を越えたポリシーという概念で管理され、ストレージ上に配置されるようになりました。

Virtual SANおよびVirtual VolumesのAPIは、vSphere APIの1オブジェクトまたはメソッドとして提供されています。これは、両テクノロジーがvSphere上で実装されていることに起因します（図17.5）。

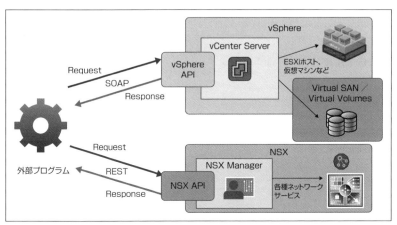

図 17.5　リソース抽象化関連のAPI

17.2.3　自動化エンジン

自動化エンジンはSDDCの中核となる機能です。SDDCはソフトウェアでIT基盤を制御し、プライベートクラウドサービスとして利用者に提供するという概念であると前述しましたが、リソースの抽象化・プール化のみを実現した場合、以下のような課題が残存します。

- IT基盤をクラウドサービスとして提供する際、利用者と基盤管理者との間で申請プロセスが発生するため、そのプロセスに時間が割かれるとリードタイムや工数が余分に必要となる
- 基盤サービスを利用者に提供する際、申請内容に応じたプロビジョニング作業が発生するため、その内容が複雑であればあるほど構築作業に対するリードタイムや工数が多く必要となる
- 基盤サービスをプロビジョニングした後も、構成変更やバックアップなどの運用リソース提供といった定常的なリクエストが発生し、それを処理するためのリードタイムや工数が必要となる

つまり、IT基盤をソフトウェアで抽象化・プール化できていることと、クラウドサービスを提供することとの間には、大きな隔たりがあります。IT基盤と人とのインターフェイスとなってその隔たりをなくし、SDDCを真のクラウドサービスとして利用者に提供できるようにするのが、自動化エンジンのSDDCにおける役割です。

自動化エンジンとしてVMwareが提供しているのは、以下の2製品です。

582

17.2 Software-Defined Data Center を構成するコンポーネント

- vRealize Automation —— クラウドサービスのライフサイクルを管理できるセルフサービスポータルと IaaS、PaaS の提供、および後述の vRealize Orchestrator による自動化ワークフローの XaaS カタログ化
- vRealize Orchestrator [1] —— IT 基盤を制御するための連携プラグインの提供、および自動化ワークフローの作成と実行管理

各製品の詳細な機能は 17.3 節および 17.4 節で紹介します。

これら 2 製品が連携することによって、IT 基盤制御の高度な自動化を実現します。vRealize Automation は自動化をキックするための人側のインターフェイスであり、そのバックエンドで vRealize Orchestrator がさまざまな IT 基盤コンポーネントに対するインターフェイスとなり、自動化処理を実行します。2 製品の連携については 17.5 節で紹介します。

17.2.4 モニタリング・運用管理

SDDC を健全にモニタリング・運用管理することは、サービスレベルの維持にとって不可欠です。一方で、それを実現するにあたっては以下のような課題があります。

- SDDC はプライベートクラウドサービスを提供するため、動的な基盤リソース要求が発生し、キャパシティの需要予測が困難である
- さまざまな特性を持つシステムが混在する環境であり、突発的なリソース使用率の高騰といったイベントを事前に把握することが難しく、イベントが発生した際に即時に対応することが求められる
- 複数種類の物理デバイスやソフトウェアが複合的に組み合わされて実装されているアーキテクチャであるため、その管理が煩雑である

これらの課題を実現する運用管理製品は以下の 2 つです。

- vRealize Operations Manager —— 高度なキャパシティ管理とパフォーマンス管理を実現するダッシュボードの提供
- vRealize Log Insight —— さまざまなコンポーネントのログを一元管理するダッシュボードの提供

vRealize Operations Manager（vR Ops）の詳細は第 13 章で解説していますので、ここでは vRealize Log Insight について簡単に解説します。

vRealize Log Insight は高度なログ分析機能を提供します。syslog 転送または Log Insight の Agent 経由でログを収集します。収集したログを分析するために図 17.6 に示すようなダッシュボードを持ち、特定のコンポーネントからのログの出力件数の推移を把握し、そのログをフィルタリングした状態でリスト表示すること

【1】 vRealize Orchestrator の旧称は vCenter Orchestrator です。

CHAPTER 17　Software-Defined Data Center

ができます。また、vR Opsと連携し、特定の条件を満たすログをvR Opsに通知し、健全性の評価に反映させる機能も持ちます。

図17.6　vRealize Log Insightのダッシュボード画面

17.2.5　ビジネス管理

　ビジネス管理はSDDCのコスト管理を実現する機能です。IT基盤をサービスとして提供するとき、考慮すべき事項として、利用者に対する課金をどうするのかというテーマがあります。適切な課金を行うためには、IT基盤に関わるコストを把握する必要があります。IT基盤に関わるコストとしては、サーバーハードウェア費用などのCAPEX、および運用管理の維持・手間などのOPEXが挙げられます。

　コスト管理の機能を提供する製品は、vRealize Businessです。実際にかかっているコストを入力し、さまざまな分析、たとえばマシン1台あたりのコストの計算などをすることができます。また、図17.7に示すような、パブリッククラウドとのコストの比較をすることも可能です。

17.2 Software-Defined Data Centerを構成するコンポーネント

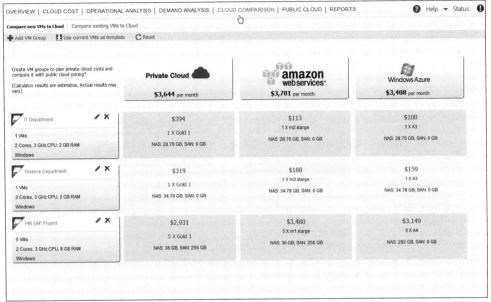

図 17.7　vRealize Business のクラウドコスト比較画面

17.2.6　SDDC アーキテクチャの実装例

　ここまで SDDC を構成するコンポーネントを個別に紹介してきましたが、実際にこれらのコンポーネントを組み合わせて SDDC というアーキテクチャを構成する場合、IT 基盤に求める要件によって実装は変化します。

　本項では、最も一般的な SDDC の実装を例として解説します（図 17.8）。この実装例では、まず単一の vCenter Server をデプロイし、その配下に 3 つの vSphere クラスタを構成します。

CHAPTER 17　Software-Defined Data Center

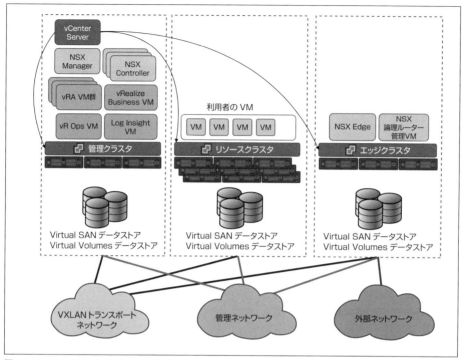

図17.8　SDDC アーキテクチャの実装例

- リソースクラスタ —— SDDC 利用者にリソースを提供するためのクラスタ
- エッジクラスタ —— SDDC 利用者にネットワークサービスを提供するためのクラスタ。NSX Edge や NSX 論理ルーターコントロール VM がエッジクラスタに搭載される。また、物理の外部ネットワークとの接続性を持ち、仮想ネットワークと物理ネットワークの境界となる
- 管理クラスタ —— SDDC を構成するための管理用仮想マシン群が搭載されるクラスタ。vCenter Server、NSX Manager、運用機能を提供する製品の仮想マシン群が管理クラスタに搭載される

　上記の構成はあくまで基本構成例であり、環境の規模や特性によって変化します。たとえば、リソースクラスタについては可用性、パフォーマンスといった基盤のサービスレベルや構成の上限によって、さらにクラスタが細分化される場合もあります。また、エッジクラスタは小〜中規模環境においては管理クラスタと統合されることもあります。

　各クラスタには Virtual SAN および Virtual Volumes の機能で構成されたデータストアが接続されます。また、各クラスタには VXLAN トランスポートネットワークが接続され、利用者の仮想マシンには、システムごとに VXLAN で隔離された仮想ネットワークが提供されます。

　管理クラスタ上には、前述した自動化エンジンである vRealize Automation、モニタリング機能を持つ vRealize Operations Manager、ビジネス管理をサポートする vRealize Business などのサービス仮想マシンが

搭載されます。これらの製品は OVF 形式の仮想アプライアンスで提供されているため、追加のハードウェアを必要とせず、また手間をかけることなくデプロイできる点が特徴です。

　SDDC は一見大掛かりなアーキテクチャのように考えられがちですが、実際はユーザーが既に実装している vSphere をベースとしたシンプルなアーキテクチャです。既存の vSphere 基盤を活かしながら徐々に SDDC を目指すことも可能です。この実装例を参考に、個々のユーザーの要件に合わせた SDDC を目指す検討を始めることを期待しています[2]。

17.3　vRealize Automation による SDDC のリソース提供

　本節では、自動化エンジンの 1 コンポーネントであり、SDDC によるクラウドサービスのインターフェイスとなる vRealize Automation の構成方法と機能詳細について解説します。

17.3.1　vRealize Automation の概要

　vRealize Automation（vRA）はクラウドサービスのインターフェイスです。ウェブブラウザ経由でアクセス可能なポータルを持ち、クラウドサービスに必要なさまざまな機能を提供します。その機能はサービスの管理者視点と利用者視点に分けられます。

■管理者視点の機能

管理者視点の機能は幅広くありますが、以下の重要な 4 つの観点に分類して解説します。

- リソース管理
- 組織管理
- カタログ管理
- ライフサイクル管理

リソース管理

　vRA はさまざまな基盤リソースを一元管理することができます。vSphere 基盤はもちろんのこと、既存の Hyper-V などの他のハイパーバイザーの仮想基盤や、物理基盤、さらにパブリッククラウドを利用可能なリソースとして登録し、それぞれの基盤を利用者に切り出すことができます。

　この機能を使うことにより、環境やロケーションの制約を超えて、さまざまなリソースを管理できるハイブリッドクラウドを実現することができます（**表 17.2**）。

【2】　SDDC アーキテクチャの実装については、以下のドキュメントでも一例が紹介されています。
　　　https://www.vmware.com/resources/techresources/10442

Software-Defined Data Center

表 17.2　vRA が管理できるリソース（vRA 6.2 時点）

リソース種別	管理可能なリソース
仮想基盤	・ ESXi ・ KVM RHEV ・ Hyper-V ・ XenServer
物理サーバー	・ Dell LC ・ HP iLO ・ Cisco UCS
クラウド	・ VMware vCloud Director ・ OpenStack ・ Amazon Web Services（EC2） ・ Microsoft Azure

組織管理

　vRA はマルチテナントを実現する組織管理機能を持ちます。クラウドサービスをセルフサービスで提供する際、利用者ごとに個別のポータルを提供することや、利用者ごとにリソースのプールを切り出し、その範囲を超えてリソースを消費できないように制限をかけるなどの機能が必要となります。vRA は、以下に述べる 2 種類の組織を使い、これらの機能を実装しています（図 17.9）。

- テナント

　テナントは、ポータルの境界を提供します。具体的には、テナントごとに異なる URL のポータルを持ち、個別のディレクトリサービスと連携することができます。利用者ごとにポータルのデザインを変えたい場合や、異なるディレクトリサービスでユーザー管理が行われている利用者群を管理したい場合は、テナントを分離することを検討します。

- ビジネスグループ

　ビジネスグループはテナントに内包され、単一ポータル内でリソースの境界とカタログの境界を提供します。リソースの境界については、vRA に登録されたリソースのうち、一部を切り出したものをビジネスグループに紐付ける、という機能で実現します。カタログの境界については、ビジネスグループごとに利用可能なカタログ項目を制御します。

　たとえば、あるビジネスグループは仮想マシンのカタログを利用可能にし、他のビジネスグループはそれに加えてネットワークサービスのカタログを利用可能にする、といったような制御を行うことができます。単一のテナント内でも、リソースを利用者ごとに細分化したい場合や、利用できるカタログ項目を利用者ごとに分けたい場合はビジネスグループを分離することを検討します。

17.3 vRealize Automation による SDDC のリソース提供

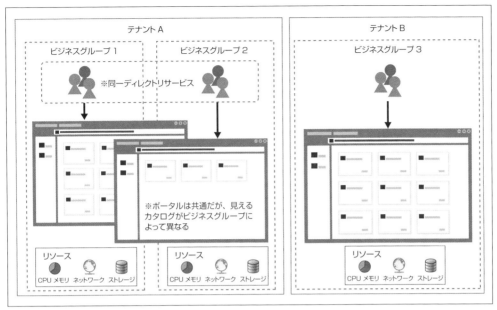

図 17.9　vRA における組織管理

カタログ管理

vRA は SDDC で実現できるさまざまなサービスを、セルフサービスカタログとして利用者に提供します。vRA が提供できるサービスの一覧を**表 17.3** に示します。vRA はこれらのサービスをポータル上にカタログとして一覧表示し、利用者が数クリックでサービスをリクエストできるような機能を提供しています。

表 17.3　vRA が提供できるサービス

サービス	詳細
IaaS	OS イメージを提供するサービス。たとえば ESXi であれば、仮想マシンテンプレートの機能によって提供される。vRA のデフォルトの機能で提供される
PaaS	OS イメージをデプロイ後、アプリケーション群の依存関係を考慮して動的にインストールして提供するサービス。vRealize Automation Application Services の機能によって提供される
XaaS	あらゆるサービスをカタログとして提供する。vRA の Advanced Service Designer（ASD）の機能を使い、vRealize Orchestrator との連携によって提供される。サービスの一例としては、ネットワークサービス、ストレージサービス、DaaS、DRaaS など

vRA のカタログ管理は**図 17.10** に示すとおり、カタログ項目のコンテナであるサービス、および個々のカタログ項目であるブループリント、という 2 つの概念から成り立っています。利用者が選択できるサービスやブループリントが、組織（ビジネスグループ）ごとに制御されていることは前述したとおりです。

Software-Defined Data Center

図 17.10 vRA におけるカタログ管理

ライフサイクル管理

vRA は、サービス利用開始時の申請・承認からサービス利用終了までの一連のライフサイクルを管理します。利用者や承認者は、vRA のポータルを通じてサービスの利用申請や承認、利用停止申請を実行することができます。また、各プロセスの実行時に vRA から vRealize Orchestrator のワークフローを呼び出し、外部処理を自動化することもできます（図 17.11）。たとえば、マシンデプロイ時に外部構成管理 DB にマシン情報を登録するといった処理を自動化できます。

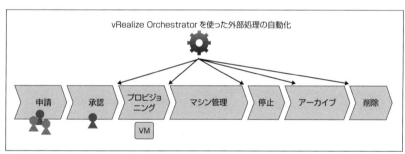

図 17.11 vRA におけるライフサイクル管理

■利用者視点の機能

vRA は利用者に対して、SDDC で提供できるサービスのセルフサービスポータルを提供します。利用者はサービスのライフサイクルを通して、自分自身が提供されているサービスをセルフサービスとして管理することができます。ここでは、ライフサイクルのフェーズごとにユーザーに提供される機能を見ていきましょう。

サービスカタログとリクエスト

図 17.12 に示している画面のように、利用者が利用可能なサービスが、ポータル上でカタログとして提供されます。また、この画面で利用したいサービスの［申請］ボタンを押すことにより、サービスの利用申請処理を進めることができます。サービスの利用申請画面では、サービスの種類や管理者側の設定によって利用者が入力する項目は異なりますが、たとえば IaaS であれば、デプロイマシン数や CPU・メモリ・ストレージの割り当て量などを設定します。すべての必須項目を入力後に［送信］ボタンを押すと、承認者に対して承認依頼通知が

17.3 vRealize Automation による SDDC のリソース提供

送付されます。

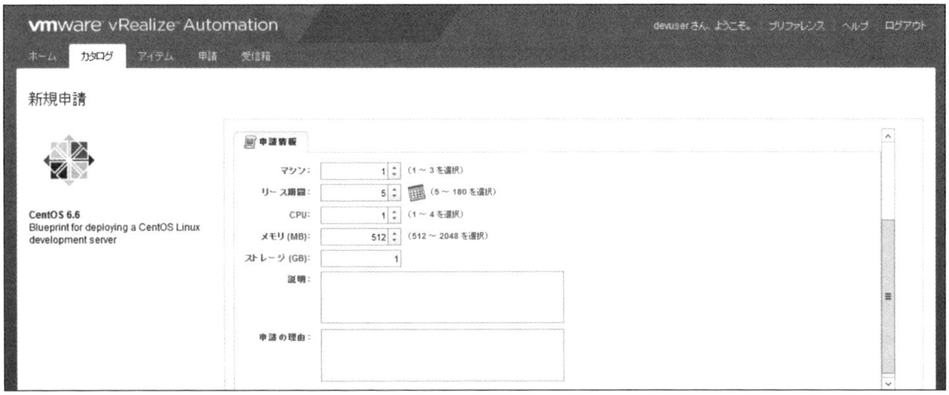

図 17.12 利用者向けサービス申請画面

承認者は通知を受けて vRA のポータルにログインし、図 17.13 に示す承認画面を通じてサービスの承認または却下を行います。サービスの承認がなされた後は、サービスのプロビジョニング処理が自動で実行されます。

図 17.13 承認者向け承認画面

サービス管理と停止

利用開始されたサービスは、アイテムと呼ばれ図 17.14 のようにポータル上で管理されます。たとえば、利用者が IaaS を申請してプロビジョニングされたマシンは[マシン]という項目のアイテムとして利用者のポータル上に一覧表示され、設定確認や、サービスに対する操作や変更申請といった管理作業を利用者自身の手で行うことができます。IaaS の場合は、図 17.15 のようにマシンのリソース割り当ての変更や、マシンの電源操作、コンソールの起動などが利用者自身の手で可能になります。また、サービスの停止申請も同画面で行えます。

CHAPTER 17　Software-Defined Data Center

図 17.14　アイテムの管理画面（自身が管理するアイテムの一覧表示）

図 17.15　アイテムの管理画面（IaaS でプロビジョニングされたマシンの構成変更メニュー画面）

また、XaaS でデプロイされたオブジェクトもアイテムとして管理することが可能です。たとえばネットワークサービスであれば、vRA 経由でデプロイした NSX Edge をアイテムとして管理することができます。

17.3.2　vRealize Automation のアーキテクチャ

本項では、vRA を実装するアーキテクチャについて、vRA 6.2 をベースに解説をしていきます。vRA は表 17.4 に示す 3 つのコンポーネントからなります。

17.3 vRealize Automation による SDDC のリソース提供

表 17.4 vRA を構成するコンポーネント

コンポーネント	機能	構築方法
VMware Identity Appliance	vRA の各コンポーネント向けの統合認証機能を持ち、ログイン時のポータルを提供する	OVF 形式で提供されている仮想アプライアンスをデプロイする。また、vCenter Server に同梱されている Single Sign-On サービスを利用することも可能
VMware vRealize Appliance	vRA ポータルのウェブサーバーおよび DB サーバーとしての機能を持つ	OVF 形式で提供されている仮想アプライアンスをデプロイする
vRealize Automation Infrastructure as a Service	IaaS サービスを提供するために仮想基盤や物理サーバー、クラウドと通信し、マシンをデプロイおよび管理する。また、IaaS サービスに関するウェブサーバーおよび DB サーバーの機能を持つ	Windows Server に IIS と Microsoft SQL Server を導入し、vRA のパッケージをインストールする

いずれのコンポーネントも、シングル構成またはロードバランサー経由でのクラスタリング構成をとることが可能です。ここでは、最もシンプルなシングル構成の模式図を図 17.16 に示します[3]。

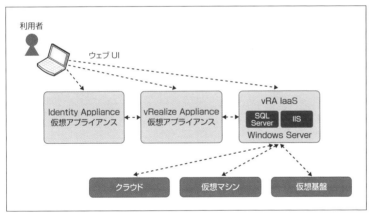

図 17.16 vRA コンポーネントと関連要素の模式図

vRA の通信要件については、vRA の各コンポーネント同士が通信できることの他に、いくつかの考慮点があります。

まず、すべてのコンポーネントはポータルの一機能を担うため、利用者のウェブブラウザから直接接続できるようなネットワーク構成にすることが必要です。利用者はログイン時にはまず Identity Appliance に接続して認証情報を入力し、ログイン後に vRealize Appliance が提供するポータルにリダイレクトされます。また、IaaS サービスをプロビジョニング、管理する際には vRA IaaS コンポーネントにリダイレクトされます。

リダイレクトされる際には各コンポーネントのホスト名を使用するため、利用者の端末から各コンポーネントの名前解決ができることも必要となります。

---

[3] 他の構成については vRA Reference Architecture を参照してください。
http://pubs.vmware.com/vra-62/topic/com.vmware.ICbase/PDF/vrealize-automation-62-reference-architecture.pdf（英語）

また、vRA IaaS コンポーネントは vRA が管理する仮想基盤、物理マシン、クラウドといったリソースと接続できることが必須要件となります。

17.3.3 vRealize Automation の構成

vRA はユースケースによって構成するポイントが異なります。今回はより具体的なイメージを持てるように、図 17.17 のようなユースケースを想定し、その要件を実現するための構成について解説します。このユースケースでは、利用者が CentOS のマシンを申請し、vSphere 基盤または AWS 基盤からマシンが提供されるまでの以下のステップを、vRA のデフォルトの機能を使って自動化しています。

① 利用者（userX）が vRA ポータルから CentOS マシンを申請
② 承認者（approver）に承認依頼通知が届き、vRA ポータルから承認を実施
③ vRA が CentOS を基盤上にデプロイ
④ 基盤管理者（infraadmin）に通知が届き、デプロイ後作業（例では DNS 登録）を実施
⑤ 利用者（userX）に通知が届き、マシンの利用を開始

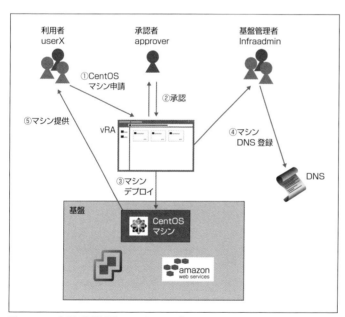

図 17.17　本項で解説する vRA のユースケース

このユースケースを実現するための vRA 構成例の模式図を図 17.18 に示します。ここからは、この構成を実装する手順を紹介します。

17.3 vRealize Automation による SDDC のリソース提供

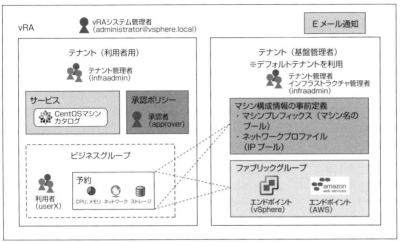

図 17.18 図 17.17 のユースケースを vRA の構成（一例）に落としこんだ模式図

■テナントの作成

vRA の構成として、最初に行うのはテナントの作成です。テナントを作成する権限を持つのは、vRA のシステム管理者として設定されたユーザーのみであり、vCenter Single Sign-On 管理者である administrator@vsphere.local というユーザーが相当します。以下の URL にアクセスし、administrator@vsphere.local でログインします。

- https://<vRealize Appliance の IP または FQDN>/vcac/org/vsphere.local

すると、図 17.19 に示すシステム管理画面が表示されますので、左ペインから[テナント]タブを選択します。すると、既に vsphere.local というデフォルトテナントが作成されていることがわかります。シングルテナント構成の場合は新たにテナントを作成せず、デフォルトテナントを使ってポータルを構成することもできます。今回はデフォルトテナントを基盤管理者用テナントとし、追加でもう 1 つ、利用者用のテナントを作成します。

図 17.19 テナントの作成画面

CHAPTER 17 Software-Defined Data Center

　テナントを作成する際には、まずテナント名とテナントにアクセスするURLの文字列を設定し、その後に利用するディレクトリサービスの設定と、そのディレクトリサービスのユーザーから管理者に設定するユーザーの選択を実施します。ここで指定する管理者は以下の2種類です。

- テナント管理者 —— ビジネスグループ作成、カタログ作成といった、テナントの管理権限を持つユーザー
- インフラストラクチャ管理者 —— Endpointと呼ばれる、基盤リソースをvRAに登録する権限を持つユーザー

　今回のユースケースでは、いずれの管理者もinfraadminを指定します。テナント管理者はすべてのテナントで、インフラストラクチャ管理者は基盤管理用テナントでのみ、権限の追加をします（図17.20）。

図17.20　管理者の設定

■Eメール通知の設定

　引き続き、システム管理者画面でEメール通知の設定を行います。vRAは承認者への承認依頼、サービスのプロビジョニング完了などの通知をEメールで行うことができるため、そのためのSMTPサーバーの設定を実施します（図17.21）。

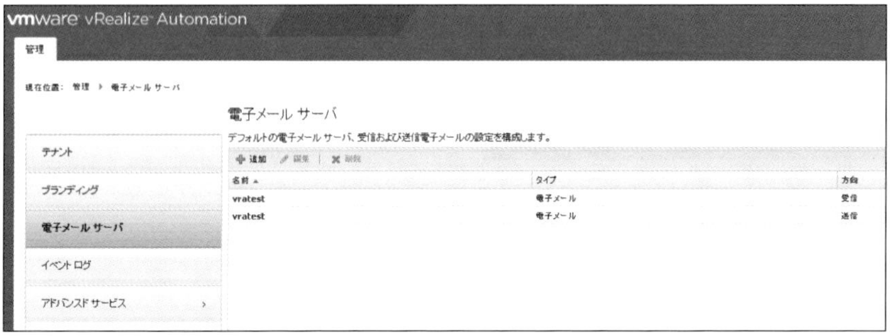

図17.21　Eメール通知の設定

17.3 vRealize Automation による SDDC のリソース提供

■エンドポイント（基盤リソース管理ノード）の登録

続いて、基盤リソースを vRA から利用できるようにするための登録作業をしていきます。vRA においては、基盤リソースを管理するノード（たとえば vSphere であれば vCenter Server）をエンドポイントと呼んでいます。

エンドポイントを登録するためには、以下の基盤管理用テナントに対して、先に設定したインフラストラクチャ管理者でログインします。

- https://<vRealize Appliance の IP または FQDN>/vcac/org/vsphere.local

ログイン後、[インフラストラクチャ]タブを選択します。このタブには基盤管理のためのさまざまなメニューが配置されていますので、この先の作業はしばらく同じタブ内のメニューを使って行います。続いて[エンドポイント]を選択し、図 17.22 のようにエンドポイントの登録を実施します。今回のユースケースでは vSphere および AWS のエンドポイントを登録します。

図 17.22　vSphere のエンドポイントの登録

■ファブリックグループ（基盤リソースのプール）の作成

登録された基盤リソースを利用者に切り出すためには、その基盤リソースをファブリックグループというコンテナに登録する必要があります。[インフラストラクチャ]タブの[グループ]というメニューから、[ファブリックグループ]というサブメニューを選択し、ファブリックグループを作成します。図 17.23 のとおり、ファブリックグループの作成画面では、そのグループのファブリック管理者の設定と、そのグループに所属させる基盤リソース（vRA ではコンピュートリソースと表記しています）の選択をします。コンピュートリソースは、vSphere であればクラスタ、AWS であればリージョンが選択肢として表示されます。今回のユースケースではファブリック管理者を infraadmin に設定し、適切なコンピュートリソースを選択します。

Software-Defined Data Center

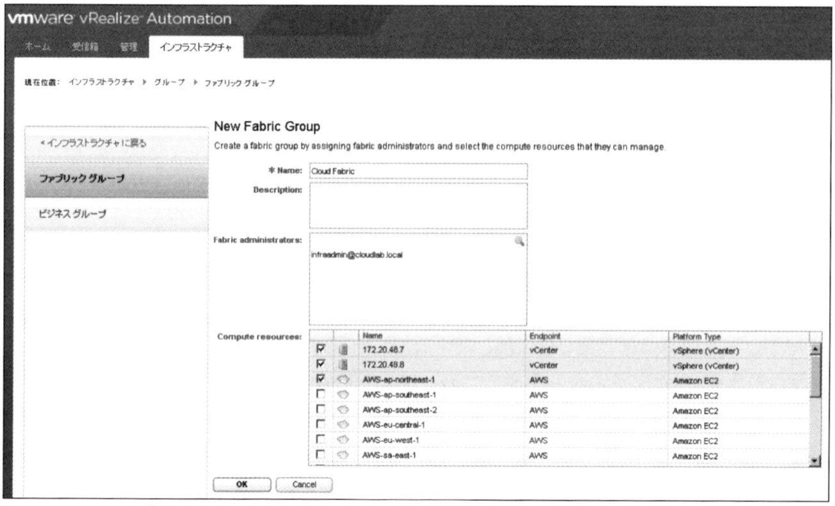

図17.23 ファブリックグループの作成

■マシン構成情報の事前定義

マシンを払い出す際に、構成情報として必要となるマシン名とIPアドレスについては、vRAで事前定義し、プール化することができます。

マシンプリフィックス（マシン名のプール化）

［ブループリント］メニューの［マシンプリフィックス］からマシンの命名規則と連番設定を行います。デプロイされるマシンはこの命名規則に従って連番でマシン名が払い出されます（図17.24）。

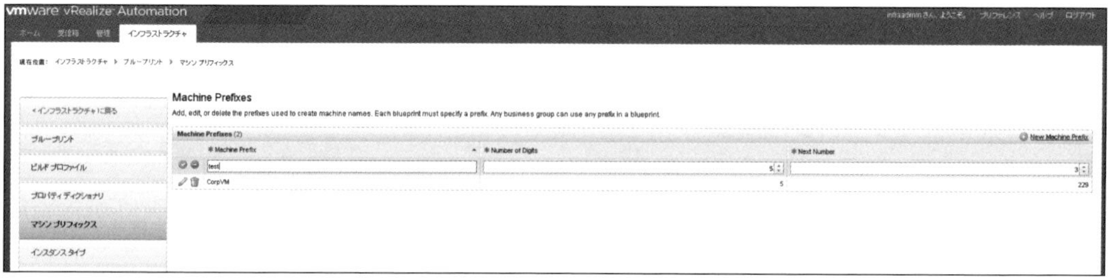

図17.24 マシンプリフィックスによるマシン命名規則の設定

ネットワークプロファイル（IPアドレスのプール化）

［予約］メニューの［ネットワークプロファイル］からIPプールの設定を行います。サブネットやゲートウェイ、DNS情報と払い出すIPレンジの指定をすると、それに従ってデプロイ時にマシンのネットワーク設定が実施されます（図17.25）。

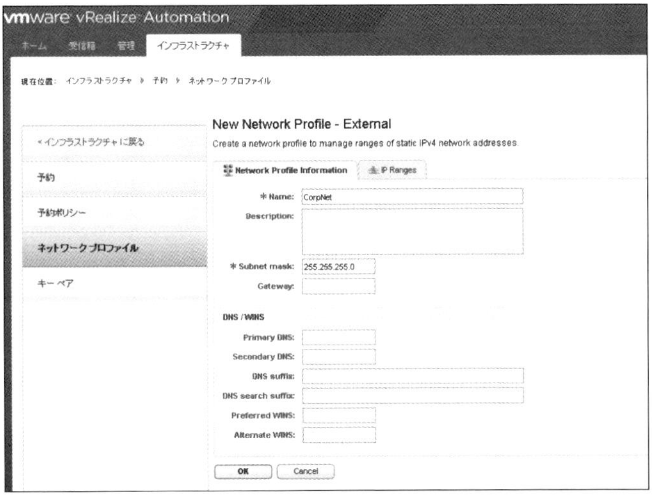

17.3　vRealize Automation による SDDC のリソース提供

図 17.25　ネットワークプロファイルによる IP プールの設定

　ここまでで、利用者テナントにリソースを切り出す準備が整いました。

■ビジネスグループの作成

　ここからは、利用者テナントにログインして実施する作業が主となります。以下の利用者テナント URL に、テナント管理者権限(infraadmin)でログインします。

● https://<vRealize Appliance の IP または FQDN>/vcac/org/<テナント名 >

　ログイン後、[インフラストラクチャ]タブの[グループ]メニューから[ビジネスグループ]を選択し、ビジネスグループを作成します。

　ビジネスグループを作成する際には、**図 17.26** のとおり、先に定義したマシンプリフィックスの指定と、登録するユーザーを指定します。今回のユースケースでは 一般ユーザーである User Role として userX を指定します。

599

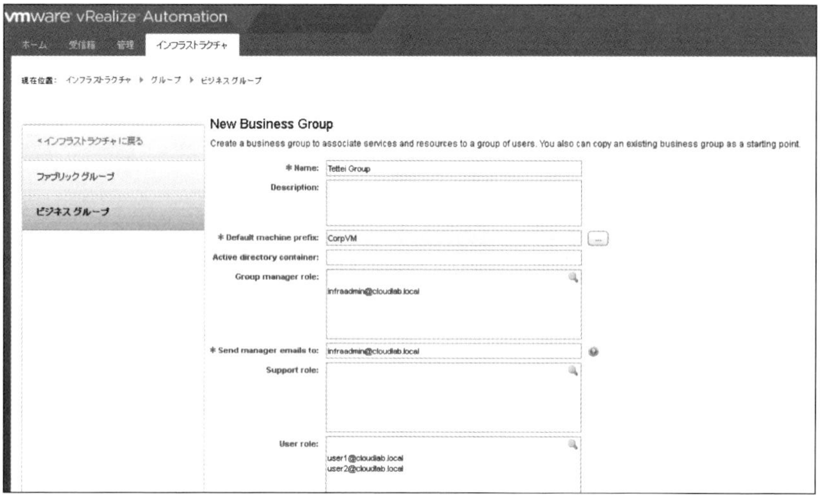

Software-Defined Data Center

図17.26 ビジネスグループの設定

■ビジネスグループに対する予約（基盤リソースの切り出し）

次に、作成したビジネスグループにファブリックグループのリソースを切り出します。このリソース切り出しのことをvRAでは予約と呼びます。

この設定は基盤管理用テナント（vsphere.local）に戻って実施します。［インフラストラクチャ］タブの［予約］で［予約］を選択してリソースの切り出しの設定を行います。たとえば、vSphereのリソース切り出しであれば、利用可能なメモリの最大量、データストアごとの利用可能な最大容量、利用可能なポートグループとそれに紐付くネットワークプロファイル設定を実施します。

これで利用者テナントへの基盤リソース切り出しが完了しました（図17.27）。

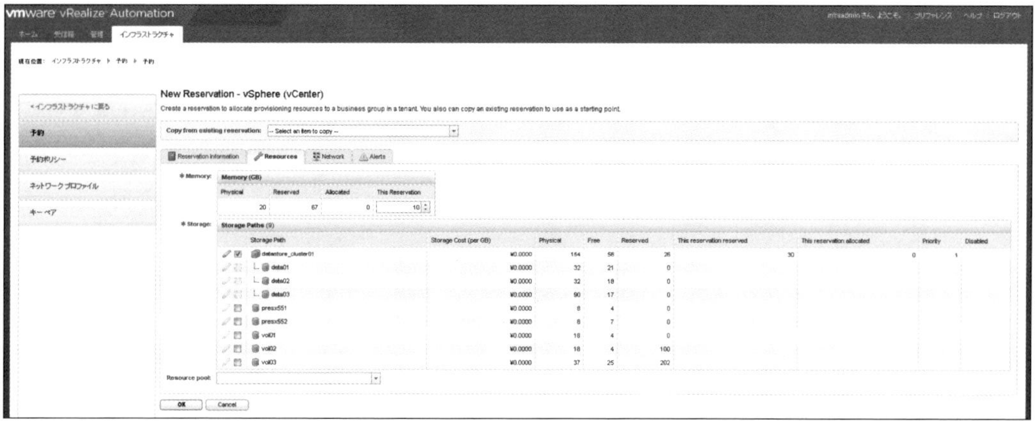

図17.27 予約による基盤リソース切り出し

■ブルー プリント（マシンカタログ）の作成

ここからは、利用者がマシンをセルフサービスでデプロイできるためカタログを作成し、利用者にポータル上で提供するための作業を行います。まずはカタログ項目であるCentOSのマシンカタログの作成から実施します。マシンカタログのことを、vRAではブルー プリントと呼びます。

再度利用者テナントにテナント管理者としてログインし、［インフラストラクチャ］タブの［ブルー プリント］メニューから［ブルー プリント］の設定画面を開き、CentOSマシンのカタログを作成します。今回はvSphere上にCentOSの仮想マシンテンプレートが配置済みという前提で、クローン機能を使ったマシンカタログを作成します。元となるCentOSテンプレートを選択し、そのマシンが搭載できるCPU、メモリ、ストレージの容量のレンジなどを指定してカタログの設定を進めていきます（図17.28）。

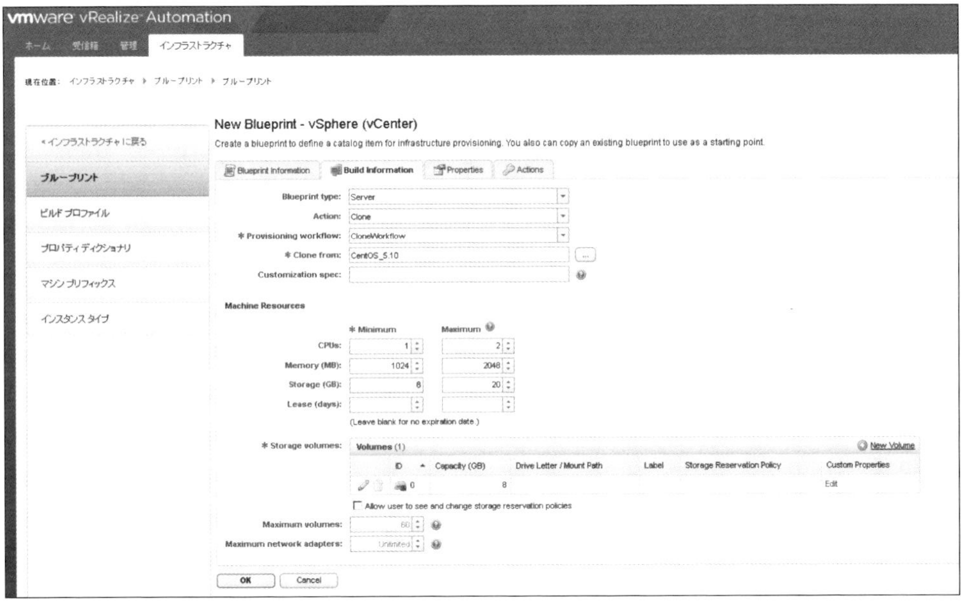

図17.28　ブルー プリントの作成

■サービスの作成とブルー プリントの登録

前のステップで作成したCentOSマシンのブルー プリントをサービスとして提供するために、カタログのコンテナであるサービスを作成します。ここから先のステップはカタログの管理作業となるので、［管理］タブのメニューから作業をしていきます。

［管理］タブの［カタログ管理］メニューから［サービス］を選択してサービスを作成します（図17.29）。サービスを作成すると、CentOSマシンのブルー プリントをそのサービスのカタログ項目の1つとして登録できるようになります。この登録作業は同じく［カタログ管理］メニューの［カタログアイテム］から実施します（図17.30）。

CHAPTER 17　Software-Defined Data Center

図17.29　サービスの作成

図17.30　ブループリントをサービスのカタログ項目として登録

■承認ポリシーの設定

続いて、そのカタログ項目を利用者に提供する際の、承認ポリシーを設定します。

承認ポリシーは図17.31に示すとおり、利用者がサービスリクエストをする際に、以下の2つのポイントで承認の有無を設定することができます。

- Pre Approval —— サービスがリクエストされてから、サービスのプロビジョニングの間に実施する承認。多段承認が可能

602

17.3 vRealize Automation によるSDDCのリソース提供

- Post Approval —— サービスがプロビジョニングされてから、そのサービスがvRAポータル上からユーザーに提供されるまでの間に実施する承認。同様に多段承認が可能

図17.31　承認ポリシーで設定できる承認フロー

今回のユースケースでは、図17.32のようにPre Approvalに承認者であるapproverを設定し、Post ApprovalにDNS登録作業を行うシステム管理者を設定します。

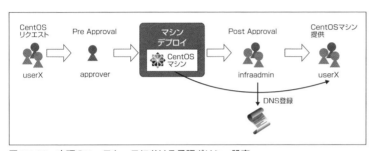

図17.32　本項のユースケースにおける承認ポリシー設定

承認ポリシーの設定は、［承認ポリシー］メニューから実施します。Pre Approval、Post Approvalそれぞれに適切なユーザーを入力し、保存します（図17.33）。

図17.33　承認ポリシーの設定

■資格（利用者に対するサービス利用許可）の設定

最後にこれまで作成してきたカタログ項目を利用者のポータルに表示させるための、資格という設定をします。資格とは、図17.34に示すとおり、サービスをユーザーに対して特定の承認ポリシーの元で利用することを許可する、という設定を行うものです。

603

Software-Defined Data Center

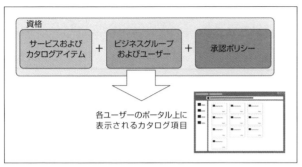

図 17.34　資格の概念図

　［カタログ管理］メニューの［資格］から設定を行います。今回のユースケースでは、userX に対して、CentOS マシンカタログが登録されているサービスを前段で設定した承認ポリシーの元で利用させる、という設定をします（図 17.35）。

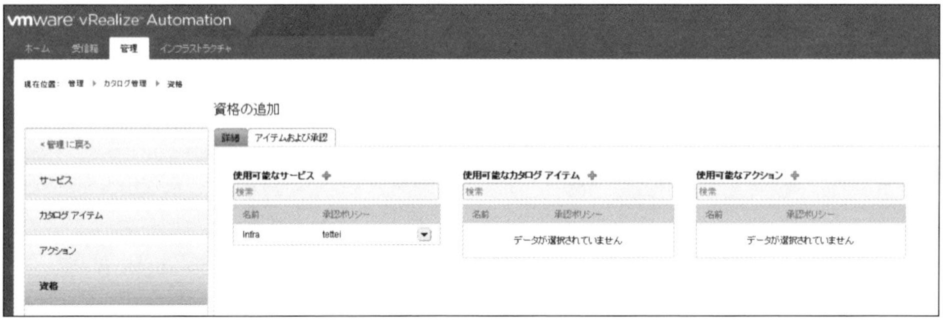

図 17.35　資格の設定

　これで vRA のすべての設定が完了しました。userX で以下の URL にログインすると、利用可能な CentOS のカタログが見え、申請することが可能になります。また、申請後は approver の承認を経て vSphere または AWS の基盤に CentOS マシンがデプロイされます。さらに基盤管理者の DNS 登録を経て、userX のポータル上に申請した CentOS マシンが登録され、マシンを利用できるようになります（図 17.36）。

図 17.36　userX から見えるセルフポータル

17.4 vRealize OrchestratorによるSDDCの自動化の実装

本節では、自動化エンジンを構成するもう1つのコンポーネントであり、クラウド運用自動化の中核として機能するvRealize Orchestratorの構成方法と機能詳細について解説します。

17.4.1 vRealize Orchestratorの概要

vRealize Orchestrator (vRO) とは、クラウド運用に必要なさまざまな作業、特に基盤管理作業を自動化するツールであり、vSphereおよびvRealize Automationの1コンポーネントとして提供されています。いずれかの製品を使える環境であれば、追加のライセンスを必要とせずに利用することが可能です。

vROの特徴は図17.37に示すとおり、大きく3点あります。

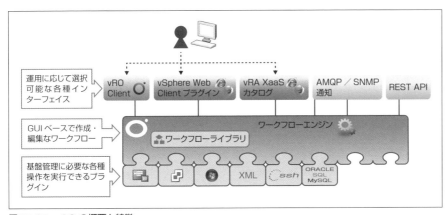

図17.37　vROの概要と特徴

■基盤管理に必要な各種操作を実行できるプラグイン

基盤管理に必要な操作は多岐にわたります。vCenter Serverから操作する仮想マシンのデプロイや編集などはもちろんのこと、たとえばストレージからLUNを切り出すという操作や、ネットワークのファイアウォール設定といったハードウェア関連の操作、また、データベースの構成やActive Directoryのユーザー管理といった、OSより上のレイヤーの作業をする場合もあるでしょう。

vROでは、そのような各種基盤操作を簡単に自動化するためにさまざまなプラグインが準備されています。表17.5に示すように、プラグインの種類は以下の3つに分類されます。

CHAPTER 17　Software-Defined Data Center

表 17.5　vRO で用意されているプラグインの一例

VMware 製品	標準プロトコル	サードパーティー製品
• vCenter Server • vRealize Automation • VMware NSX • vCloud Director • vSphere Update Manager • Auto Deploy • Site Recovery Manager • vSphere Replication • Horizon	• SQL • SSH • XML • HTTP-REST • SMTP • SOAP • AMQP • SNMP	• Microsoft Active Directory • Microsoft PowerShell • 各種サーバー管理製品（例：Cisco UCS Manager） • 各種ストレージ（例 .EMC Viper） • 各種ネットワークアプライアンス（例：F5 Networks BIG-IP/IQ）

　プラグインをインストールすると、主要な操作を実行するためのワークフローがインポートされ、スクリプトの作成をほとんど必要とせずに、それらの操作を自動化することが可能となります。たとえば、vCenter Server のプラグインをインストールすると、図 17.38 に示すように仮想マシン関連の操作については仮想マシンを作成する、移動する、名前を変更する、削除する、といった種々の操作が可能なワークフローがインポートされます。

図 17.38　vCenter Server のプラグインインストール後に実行できるワークフローの一例

■GUI ベースで作成・編集可能なワークフロー

　既に述べたとおり、vRO はワークフローという概念を使って自動化を実装しています。vRO におけるワークフローとは、スクリプト化されたタスクや分岐、例外処理をつなげたものであり、また既存のワークフローを別のワークフローの 1 オブジェクトとして入れ子にすることも可能です。それぞれの要素はインプットパラメータおよびアウトプットパラメータを持って相互に連携しています。

　図 17.39 に示すとおり、ワークフローは GUI によって可視化されており、ワークフロー作成時は各要素をドラッグ＆ドロップするという操作をメインに、プログラミングの知識がなくても比較的簡単に自動化を実装することができます。

17.4 vRealize Orchestrator による SDDC の自動化の実装

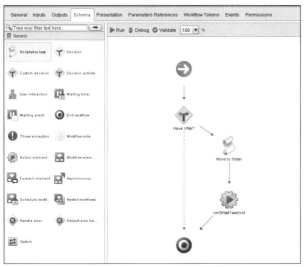

図 17.39　ワークフロー作成画面の一例

■運用に応じて選択可能な各種インターフェイス

　自動化を運用するにあたって重要な考慮点として、どのようなインターフェイスを使って自動化のしくみを実行するか、という事項があります。vROの場合、多彩なインターフェイスを持っており、運用に応じて選択することが可能です。

① vRO Client —— vRO を管理するメインのコンソール。Java アプリケーションとして提供される
② Web Client 経由での実行 —— Web Client に vRO プラグインを導入すると、ワークフローが各インベントリのオプションメニューとして表示され、実行できるようになる（**図 17.40**）
③ vRA 経由での実行 —— vRO のワークフローを vRA のカタログ項目として表示させ、実行することが可能。また、サービスライフサイクルに応じてワークフローを自動的に呼び出すこともできる
④ 通知をトリガーとした実行 —— vRO は AMQP ／ SNMP 経由での通知を受け取ることができ、それをトリガーとしてワークフローを実行可能。監視ツールと連動したワークフロー実行が実現できる
⑤ REST API —— vRO は REST インターフェイスが用意されている。ワークフローごとに一意の ID が割り当てられ、その ID を指定して実行することが可能

- 実行 URL
  https://<vRO サーバーの IP または FQDN>:8281/vco/api/workflows/<workflowID>/executions/

CHAPTER 17　Software-Defined Data Center

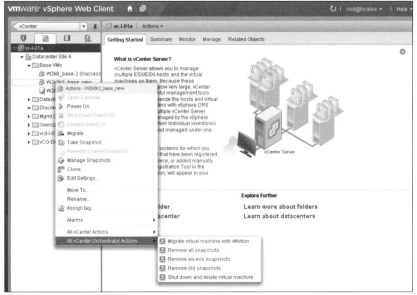

図 17.40　Web Client 経由での vRO ワークフロー実行

　SDDC においては、特に③の vRA 経由で実行させるという方式で数多くのクラウドサービスを実装することが可能となります。詳細は 17.5 節で述べます。

17.4.2　vRealize Orchestrator のインストールと構成

vRO のインストール方法については、図 17.41 に示すとおり 3 つの選択肢があります。

① vRealize Appliance 同梱 —— vRA のコンポーネントである vRealize Appliance をデプロイすると、必ず vRO が内蔵される
② Windows Server への独立インストール —— Windows Server にインストールする。事前に vRO 用のデータベースを構成する必要がある
③ vRO アプライアンスのデプロイ —— OVF 形式で提供されるアプライアンスをデプロイする。①であれば特に追加インストール作業をすることもなく、すぐに vRO の利用を開始することができる。一方で、vRA は使わず vRO を単独で利用したい、明示的にデータベースを vRA と分離したい、vRO をスケールアウトしたい、などの要件がある場合は②③の方式を検討する

17.4 vRealize Orchestrator による SDDC の自動化の実装

図 17.41 vRO デプロイ方式の模式図

vRO をインストールした後で、最初に実施するのは vRO Configuration 画面からの vRO の初期設定です。以下の URL から vRO Configuration 画面にログインし、設定を実施します。

- https://<vRO サーバーの IP または FQDN>:8283

初期設定が終わると、いよいよワークフローの作成や実行を実施できるようになります。本書ではワークフローの作成における主要な概念を解説します。

一例として、「Create simple virtual machine」という、単純な仮想マシンを作成するための既存ワークフローを挙げます（**図 17.42**）。

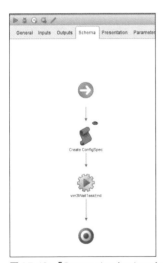

図 17.42 「Create simple virtual machine」ワークフロー

図 17.43 にこのワークフローの単純な概念図を記載します。ワークフローの構成要素は以下のとおりです。

- Input Parameter —— ワークフロー実行時にユーザーが対話的に入力、または連携システムから引数として渡すなど、外部から渡される値を代入する変数
- Output Parameter —— ワークフロー実行後に他のワークフローに受け渡し可能な変数

Software-Defined Data Center

- Attribute —— 値が定義済みであり、ワークフロー内で参照可能な変数
- IN ／ OUT —— ワークフローの 1 要素内のローカル変数

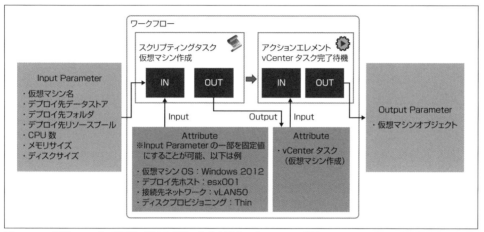

図 17.43　仮想マシン作成処理における変数の入出力設定のカスタマイズ例

このワークフローを実行する際に、適切な Input Parameter を対話的に入力することで、その入力値に応じた仮想マシンを作成することができます。

ワークフローの実行方法が複数あることは既に説明したとおりですが、次節では vRA を経由して vRO ワークフローがセルフサービスとしてどう提供されるかを解説します。

17.5　vRA と vRO の連携による高度な自動化

ここまで、vRA のクラウドリソース提供機能や vRO のワークフローの概念について、理解を深めることができたと思います。本節では、vRA と vRO を組み合わせて、より高度なリソース提供や運用管理の自動化を実装する方法について紹介します。

17.5.1　vRA アドバンスサービスデザインによる XaaS サービスの提供

vRA と vRO の連携によって提供できる機能の 1 つ目は、vRO で作成したワークフローを vRA ポータルから申請できるサービスとして利用者に提供するというものです。この機能によって、vRO で自動化できるあらゆるタスクをさまざまなサービス、つまり XaaS として vRA 経由で提供することが可能になります。

実装には vRA アドバンスドサービスデザイン（ASD）という、利用者に提供する種々のサービスを vRO ワークフローで実装するしくみを使います。ASD は vRA の Advanced Edition 以上で利用できます。

ASD を経由した vRA と vRO の連携の模式図を図 17.44 に示します。vRA は vRO のワークフローを実行するインターフェイスを 2 つの形式で提供します。

17.5　vRAとvROの連携による高度な自動化

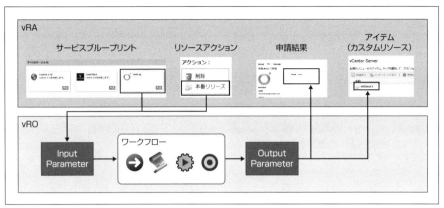

図17.44　ASDを使ったvRAとvROの連携

- サービスブループリント

  サービスブループリントは、vRAポータルで表示される個々のカタログ項目の1つとして、vROのワークフローを登録できる機能です。たとえば、NSXのEdgeを作るワークフローを登録し、「NSX Edge提供」というサービスとして提供することができます。

- リソースアクション

  リソースアクションは、既にvRA経由でデプロイされたマシンなどのオブジェクトに対して、追加の操作を行う際にvROのワークフローを呼び出すことができる機能です。たとえば、仮想マシンを開発用クラスタから本番用クラスタに移動するワークフローを作成し、仮想マシンに対する「本番リリース」というアクションとして定義することが可能です。

  利用者はサービスブループリントおよびリソースアクションの申請画面で、必要なパラメータを対話的に入力します。それらのパラメータはvROに対してInput Parameterとして渡され、ワークフローが実行されます。

  ワークフローを実行した結果、出力されるOutput Parameterは、利用者が確認する申請結果の画面に出力させることができます。さらにOutput ParameterがvROで管理可能なオブジェクト（たとえばNSX Edge）であれば、そのオブジェクトを利用者のvRAポータル上でアイテムとしてプロビジョニング後に登録させ、利用者の手で管理させることが可能です。

ASDを使ったvRAとvROの連携のうち、本書ではサービスブループリントの作成手順を解説します。手順は以下のとおりです。

1. vRAのエンドポイントとしてvROを登録
2. vRAアドバンスドサービスメニューからカスタムリソースを追加
3. vRAアドバンスドサービスメニューからサービスブループリントを作成

Software-Defined Data Center

■vRO エンドポイントの登録

　vRA から vRO と連携するためには、まず vRA から vRO をエンドポイントとして登録する必要があります。vRA の基盤管理用テナントにインフラストラクチャ管理者としてログインし、[インフラストラクチャ]タブの[エンドポイント]メニューから vRO のエンドポイントを登録します（図 17.45）。

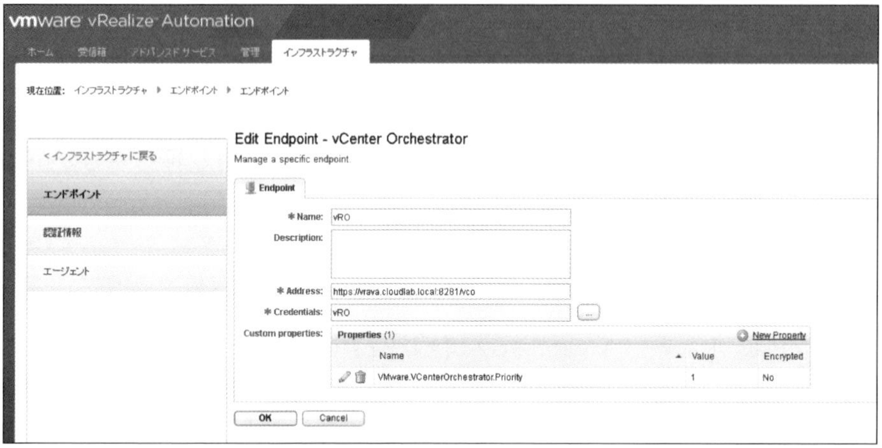

図 17.45　vRO エンドポイントの登録画面

■カスタムリソースの登録

　カスタムリソースとは、vRO ワークフローの Output Parameter であるオブジェクトを vRA に渡し、利用者の vRA ポータルにアイテムとして登録させるための定義情報です。

　この設定をするためには、vRA の利用者用テナントに、「サービスアーキテクト」という権限を持ったユーザーでログインします[4]。その後、[アドバンスドサービス]タブから[カスタムリソース]メニューを選び、アイテムとして登録させたいオブジェクトを登録します（図 17.46）。

---

[4]　本書では詳しく説明しませんが、vRA にはさまざまなロールが定義されており、vRA のポータルからユーザーとロールの管理をすることができます。
http://pubs.vmware.com/vra-62/index.jsp?topic=%2Fcom.vmware.vra.concepts.doc%2FGUID-135436AC-CF31-44A1-A358-61D2B68183AE.html

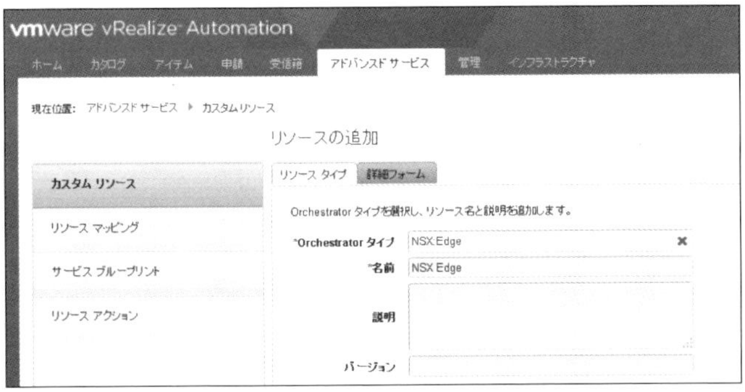

17.5 vRAとvROの連携による高度な自動化

図17.46 カスタムリソースの登録画面

■サービスブループリントの作成

続いて、vROワークフローを使ったサービスブループリントを作成します。[アドバンスドサービス]タブから[サービスブループリント]メニューを選び、まずは登録したいvROワークフローを選択します(図17.47)。

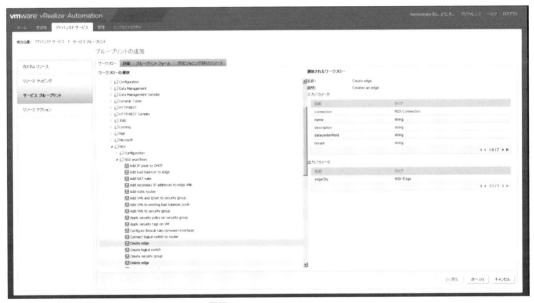

図17.47 カタログ化するvROワークフローの選択

次にカタログに表示されるサービス名を定義し、サービスを利用する際に利用者に表示される画面フォームの編集をします。デフォルトでは申請フォームの編集ができ、このフォームで利用者が入力した値が、Input ParameterとしてvROに渡されます。また、追加で申請結果の画面にどのような表示をさせるか定義することもできます(図17.48)。

613

CHAPTER 17　Software-Defined Data Center

図 17.48　サービス申請画面で表示されるフォームの編集画面

　最後に、ワークフローの Output Parameter をカスタムリソースに紐付けるために、先ほど登録したカスタムリソースを「プロビジョニングされたリソース」として登録し、完了です（図 17.49）。

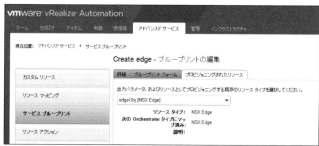

図 17.49　ワークフローの Output Parameter のカスタムリソースへの紐付け

　この後の手順は、17.3 節で説明した、ブループリントをサービスに紐付ける手順と同様です。それが完了すると、利用者は vRA ポータルからサービスブループリントを申請できるようになります（図 17.50）。

図 17.50　利用者の vRA ポータルからサービスブループリントが利用可能となった状態

614

17.5.2 vRA Machine ExtensibilityによるIaaSライフサイクルとvROの連携

vRAとvROの連携によって提供できる機能の2つ目は、vRAのIaaSライフサイクルにおいて、マシンの状態遷移のさまざまなポイントでvROと連携して、ワークフローを呼び出すことができるというものです。この機能によって、ライフサイクルに応じて必要となる外部処理を自動化することができます。この機能はMachine Extensibilityと呼ばれます。

一例として、17.3節で設定したユースケースにMachine Extensibilityを適用してみましょう。当ユースケースでは、CentOSマシンのデプロイ後に、基盤管理者が通知を受けて手動でDNS登録をしていました。このプロセスを、Machine Extensibilityを使って図17.51のように自動化することができます。

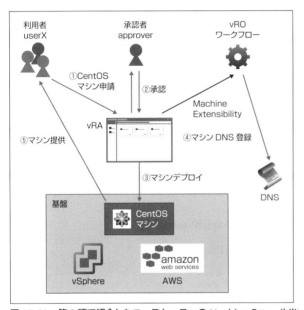

図 17.51　第3項で紹介したユースケースへのMachine Extensibility適用例

Machine Extensibilityの機能についてここで少し解説します。Machine Extensibilityは、IaaSマシンの状態遷移に合わせて、図17.52に示すとおり全部で6つのvROとの連携ポイントを持ちます。これらのポイントをvRAではstub（スタブ）と呼びます。マシンのブループリントごとに、各stubでどのvROワークフローを呼び出すか定義することができます。図17.51の例であれば、CentOSマシンのブループリントに対して、MachineProvisionedというstubでDNS登録を行うワークフローを実行するよう設定を行います。

CHAPTER 17　Software-Defined Data Center

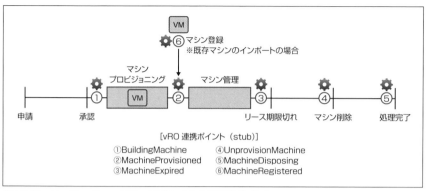

図17.52　Machine Extensibilityが持つvROとの連携ポイント

　Machine Extensibilityを構成するためには、vRO ClientからvRAプラグインに内蔵されているワークフロー「Assign a state change workflow to a blueprint and its virtual machines」を実行します（図17.53）。ワークフロー実行時には、どのブループリントに対してどこのstubで何のワークフローを実行させるかを入力します【5】。

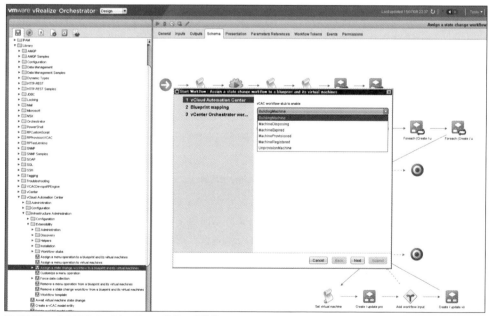

図17.53　vROでのMachine Extensibilityの構成

【5】　Machine Extensibilityの詳細な設定方法については、以下のドキュメントを参照してください。
　　　http://pubs.vmware.com/vra-62/topic/com.vmware.ICbase/PDF/vrealize-automation-62-extensibility.pdf

17.6 SDDCによって変わる運用モデル

ここまで、SDDCを構成するコンポーネントの概要や実装例、自動化エンジンの機能詳細を解説してきました。また、他の章でもSDDCを構成するコンポーネントの詳細が説明されているため、SDDCに対する具体的なイメージがつかめてきたことと思います。

本章のまとめとして、SDDCを実装することで運用モデルがどのように変化するのかを、見ていきたいと思います。

17.6.1 自動化エンジンをハブとしたIT基盤リソース提供モデル

SDDCのコンポーネントである、vRAおよびvROが実装する自動化エンジンにより、IT基盤リソース提供のためのハブとなり、単一のインターフェイスからリソースの提供を行うことが可能になります。

従来の基盤であれば、リソース提供者である基盤管理者は、利用者のリソース利用申請を受けると、そのたびにサーバーやその他のコンポーネントに対する作業を個別に行う必要がありました。SDDCでは、利用者のリソース利用申請をvRAポータルで受け付け、基盤管理者を経由せずにvRAまたはvRO経由で処理することができます。また、基盤管理者自身のタスクもvRAポータルから実行することが可能です。その結果、リソース提供までのリードタイムと、リソース提供のための工数を削減することができます（図17.54）。

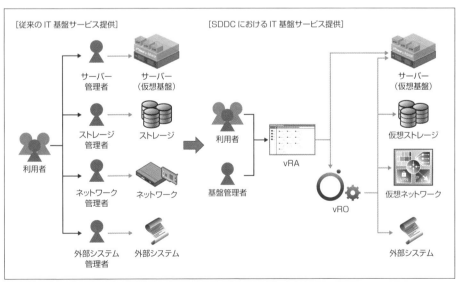

図17.54 SDDCにおけるIT基盤リソース提供モデル

CHAPTER 17　Software-Defined Data Center

17.6.2 運用管理製品を使ったIT基盤のモニタリング

　基盤管理者はリソース提供のみならず、その基盤リソースが健全に提供され続けるよう、モニタリングなどの運用管理を行う必要があります。運用管理についても、従来であればさまざまなツールを使って行う必要がありましたが、SDDCにおいては、単一のインターフェイスを使ってさまざまなコンポーネントに対し、高度なモニタリングを行うことができます。

　たとえば、vRealize Operations ManagerはVMware NSXや物理ストレージなどを管理できる管理パックを持っており、それぞれのコンポーネントの細かな統計情報を取得し、その分析結果をグラフィカルに表示することができます。

　このように、単一インターフェイスでのモニタリングが可能になることによって、IT基盤品質の向上と、モニタリングにかかる工数を削減することができます(図17.55)。

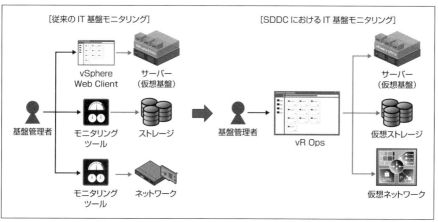

図17.55　SDDCにおけるIT基盤のモニタリング

Chapter

18

VMware が提供する パブリッククラウド

CHAPTER 18　VMware が提供するパブリッククラウド

　近年のパブリッククラウドの進化により、クラウドの利用が企業 IT における戦略的な手段になりつつあります。従来は、パブリッククラウドを業務システムに採用することに対し、躊躇する企業も少なくありませんでしたが、各社から提供されるクラウドサービスが、業務上に想定されるさまざまな課題を克服したことで、企業のクラウド利用が一気に加速しつつあります。

　また、パブリッククラウドの浸透は、さまざまな業界に変化の波を及ぼすに至っています。これまでまったく名前を知られていなかった企業がクラウドを活用することで、これまでの市場の常識を覆すような発展を遂げ、多くの企業の新しい競合として君臨する状況に発展している例もあります。こうした新たな競争相手の出現は、これまで長期にわたって維持されてきた市場の秩序を破壊するほどの勢いがあるケースもあり、多くの企業が戦略を見直さざるを得ない状況に発展することもあります。多くの企業は、新しい状況に迅速に対応するための IT のアプローチが求められており、その解としてクラウドサービスが有効に機能すると考えられています。

　パブリッククラウドを活用することによりユーザーがメリットを享受できる一方で、克服すべきさまざまな課題があります。たとえば、企業の IT 部門は、クラウド利用に対応するためのスキルが要求されます。また、これまで多くの投資をベースに構築した既存のシステムとクラウドをどう融合させるのか、あるいはシステムのどこに境界を設けるのかを決める判断力も求められます。

　この章では、vSphere をベースに構築された既存の IT 基盤を、新しい IT 基盤に進化させるために提供している VMware vCloud Air と、その利用方法について解説していきます。後半では、vCloud Air の今後の拡張サービスや機能についても説明していきます。

18.1　クラウドの利用目的

　一般企業におけるクラウド利用の目的は、どういったところにあるのでしょうか。ある企業は、一部のアプリケーションの事業継続や災害対策のためだけにクラウドサービスを用いたいと考えるかもしれませんし、重要度の低いアプリケーションやデータをクラウドサービスに移してクラウド化の準備をしたいと考えているかもしれません。別の企業は、既存アプリケーションやデータをクラウドに移行して、企業 IT の新しいサービスモデルを検討するかもしれません。また、クラウドに移した IT 資産を企業ポリシーの変更の理由で社内に再移行したいと考えるケースもあるかもしれません。このようにクラウド利用に対する企業の考えは、多岐にわたります。

　図 18.1 は、一般的によくあるクラウドの利用例です。

一時的リソース利用	災害対策	ネットワーク分割	ピーク性が強い
特徴： 一時的にしか必要としない or 起動しない仮想マシン 例：分析系、開発・検証環境	特徴： 災害対策を行いたいが、災対サイトを構築・維持するためには大きなコストがかかってしまうシステム 例：本番系の一部	特徴： 企業ネットワークに入れることができないシステム、共同研究などで外部のユーザーがアクセスする	特徴： 通常時とピーク時のリソース要求の差が大きく、ピーク時に合わせてサイジングをすると無駄が多くなる 例：バッチ処理、バックアップサーバー

図 18.1　一般的なクラウドの利用例

620

ここでは、いわゆる一般的なクラウドの種類の定義と利用イメージを整理し、それぞれの特徴を説明します。

18.1.1 プライベートクラウド

　クラウドの定義は、技術情報の標準およびガイドラインを策定するアメリカ国立標準技術研究所（National Institute of Standards and Technology：NIST）で定義されているものが一般的に参照されています。プライベートクラウドは、「クラウドのインフラストラクチャは、複数の利用者（例：事業組織）からなる単一の組織の専用使用のために提供される。その所有、管理、および運用は、その組織、第三者、もしくはそれらの組み合わせにより行われ、存在場所としてはその組織の施設内または外部となる。」と定義されています。

　つまり、プライベートクラウドは、ある特定の企業が業務で使用するための、専用システム基盤を提供します。多くの場合、企業内あるいは企業が借りているデータセンター内（オンプレミス）に対象企業向けに複数の仮想サーバーが稼働する専用クラウド環境を提供し、企業自身が運用・管理を行います。

　企業はそのリソースを柔軟、効率的に利用ユーザーに割り当て、共有することが可能です。プライベートクラウドの特徴は、前述のとおり特定企業専用環境ですので、OS、ソフトウェア、回線などについて、企業が自在にカスタマイズ、コントロールできます。企業の要件に基づいたシステム構成やセキュリティポリシーが実現できます。一方で、パブリッククラウドに比べると初期投資が高く、頻繁かつ小規模なリソースの追加や縮退には適していないとも言えます。

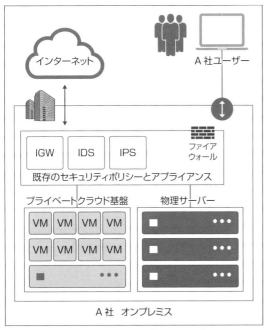

図18.2　プライベートクラウドの利用イメージ

CHAPTER 18　VMware が提供するパブリッククラウド

18.1.2　パブリッククラウド

　パブリッククラウドについて、NIST の報告書では「クラウドのインフラストラクチャは広く一般の自由な利用に向けて提供される。その所有、管理、および運用は、企業組織、学術機関、または政府機関もしくはそれらの組み合わせにより行われ、存在場所としてはそのクラウドプロバイダの施設内となる。」と定義されています。

　前述のプライベートクラウドとは異なり、パブリッククラウドはある特定の企業向けの専用システム環境ではなく、複数のユーザーが自由に使用できる環境を提供し、システムの運用・管理は、クラウドサービスを提供する事業者が自社管理データセンター内で行います（図 18.3）。

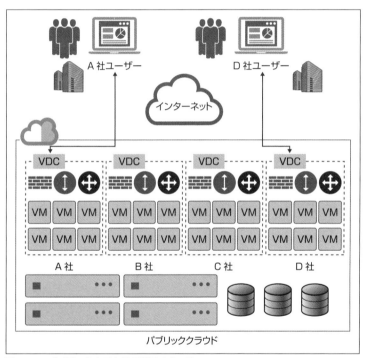

図 18.3　パブリッククラウドの利用イメージ

　パブリッククラウド事業者は、データセンター内に多数の仮想マシンが稼働する環境を準備し、企業へサービスを提供します。仮想マシンが稼働する物理ハードウェアは、特定の企業向けに準備されたものではないため、他のユーザーの仮想マシンと共有しています。

　この図の例では、パブリッククラウド事業者のデータセンターに準備された仮想環境で、複数の企業システムが同じ物理ハードウェア環境で稼働しています。また、システムは仮想環境で稼働しており、ユーザーは仮想基盤より上の層の管理を行い、物理ハードウェアや仮想環境基盤の運用・管理はパブリッククラウド事業者が行います。

特徴として、パブリッククラウドは企業を問わず利用可能で、さらに即時利用開始が可能です。また利用リソースについても使いたいときに使いたいだけ利用が可能で、初期投資はほとんど必要ありません。ただし、クラウド基盤の詳細なコントロールできないことやサードパーティが提供しているサービスが利用できない可能性があります。

VMwareは、上記のような特徴を持ち、かつvSphereユーザーにとって最も使いやすいパブリッククラウドとしてVMware vCloud Airを提供しています。その特徴は、単なるパブリッククラウドの域に限定されず、後述のハイブリッドクラウドの特性を引き出す機能を多数実装しています。

18.1.3 ハイブリッドクラウド

ハイブリッドクラウドは、パブリッククラウドとプライベートクラウドを組み合わせて利用するクラウドサービスです。NISTでは、ハイブリッドクラウドを以下のように定義しています。

「クラウドのインフラストラクチャは2つ以上の異なるクラウドインフラストラクチャ(プライベート、コミュニティまたはパブリック)の組み合わせである。各クラウドは独立の存在であるが、標準化された、あるいは固有の技術で結合され、データとアプリケーションの移動可能性を実現している(たとえばクラウド間のロードバランスのためのクラウドバースト)」

つまり、ハイブリッドクラウドは、ネットワークを介して、パブリッククラウドとプライベートクラウドを接続し、システムのデータやアプリケーションを連携させるパブリッククラウドの実装形態の1つと言えます。

ある特定の期間のみ負荷が高いようなシステムを一時的に移行し、負荷が下がったタイミングでプライベートクラウドに戻して適用したり、開発・検証はパブリッククラウドで行い、本番システム化する際にプライベートクラウドに移行したりするなど、ハイブリッドクラウドの用途はさまざまです。また、プライベートクラウドの災害時復旧環境としてパブリッククラウドを利用するような場合もハイブリッドクラウドと言えます(図18.4)。

CHAPTER 18　VMware が提供するパブリッククラウド

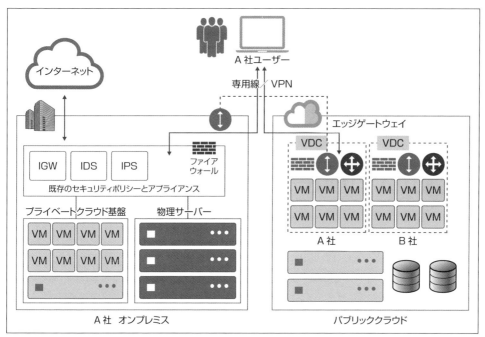

図 18.4　ハイブリッドクラウドの利用イメージ

　ハイブリッドクラウドでは、新規の仮想マシンの展開や既存の仮想マシンの移行など、プライベートクラウドとパブリッククラウド間で仮想マシンの行き来が発生します。このような運用をサポートするにあたり、共通の管理性や透過的なネットワークの接続性、システムの可搬性、共通のサポート体制などいくつか検討すべき考慮事項があります（図 18.5）。

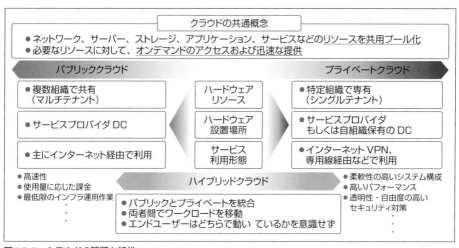

図 18.5　クラウドの種類と特性

VMware vCloud Airは、クラウドへの透過的かつ安全な拡張を可能にします。vCloud Airを利用すると、クラウド上で開発した新しいアプリケーションのワークロードを社内のデータセンターに移行したうえで展開したり、社内のプライベートクラウドからパブリッククラウドに既存のワークロードを移動したりすることができます。また、移動したワークロードを必要に応じて元の場所に戻すこともできるため、双方向の移動が可能な真のハイブリッドクラウドを実現することができます。

VMwareが提供するクラウドvCloud Airの特徴と、それによって実現できる企業ITの具体的な利用例を解説します。

18.2 パブリッククラウドの課題

パブリッククラウドは、これまでIT部門が巨額を投資してきたテクノロジーと異なる非連続的なテクノロジーを元に設計されているケースが多く、この非連続性がIT部門のパブリッククラウドの採用を妨げている主な要因と考えられています。

既存の資産を持っていない新進企業であれば、ビジネス上の俊敏性を優先して、特定のクラウドに最適化されたシステム設計・構築・運用をすることも有力な選択肢になりえますが、既存のIT資産を多く持つ企業においては、この非連続性を克服しつつ、クラウド化を進めていくことが重要です。それでは、その非連続性が具体的にどういったものか詳しく見ていきましょう。

18.2.1 実行環境の非連続性

一般的に、パブリッククラウドの実行環境や管理機構のテクノロジーは非公開で、同様のものをオンプレミスに作ることはできません。基盤となるテクノロジーが異なると、その上で実行される仮想マシンの形式、仮想ディスクの形式が異なるため、ITの運用上では、システムが可搬性を失ったり、基盤のサイロ化を招いたりします。全社的に統一基盤を構築することにより享受し始めたメリットを損ねてしまうことになりかねません。

具体的なケースとして、以下ような点が、パブリッククラウド利用者の課題として散見されるようになってきました。

- オンプレミスで稼働中のシステムを移行する際に、移行先で互換性を担保できないため、パブリッククラウド上でシステムを再構築しなければならない
- オンプレミスとパブリッククラウドの基盤のプラットフォームが異なるため、可用性を担保する機構が大幅に異なり、結果的にミドルウェアやアプリケーションを改修しないとパブリッククラウドへ移行できない
- リソースの共有ができないため、オンプレミス、パブリッククラウドで分割損が出てしまう
- 新規アプリケーションをパブリッククラウド上で開発したが、そのクラウドのAPIを駆使しているため、オンプレミスに再移行することができない

VMware が提供するパブリッククラウド

18.2.2 ネットワークの非連続性

ネットワークは、パブリッククラウド事業者にとって最も困難な技術的な要素と言っても過言ではありません。

一般的に、ユーザーは既存のオンプレミスネットワークとまったく同じネットワークの再現をパブリッククラウドに望みますが、複雑な要件を内包しているオンプレミスのネットワークの再現は困難で、高度な技術を習得したネットワークエンジニアが必要です。また、ユーザーからの膨大な量の変更依頼には、人力で対応するか、ネットワーク仮想化技術を実装するかしか、有効な手立てはありません。

パブリッククラウド事業者が提供するネットワークは、オンプレミスのネットワークとはまったく異なる仕様になっています。結果的に以下のような課題が常につきまといます。

- 利用者が IP アドレスを決定できず、クラウド事業者から割り当てられたものを使うしかない
- ネットワークトポロジーが制限されていて、オンプレミスでは分離していたネットワークセグメントを同一のネットワークに再設計しなくてはならない
- マルチキャスト、ブロードキャストの通信を制限されているがゆえ、ミドルウェアやアプリケーションの変更を強いられる
- ルーティングやファイアウォールはクラウド事業者ごとの独自の概念を基に提供されるため、これらの機能を利用するためのエンジニアの再教育が必要になる

このように、パブリッククラウドのメリットを享受するためには、オンプレミス基盤の延長線上にない非連続的なネットワーク環境を新たに実装、管理しなければなりません。これらを怠れば、セキュリティ上の欠陥をシステムが抱えてしまうことになるため、ネットワークの課題克服は、パブリッククラウドの採用にあたって、極めて重要な要素と言えます。

18.2.3 運用管理の非連続性

パブリッククラウドの管理は主にクラウド事業者が提供するポータル画面や API を介して行います。これらはクラウドサービスを管理するためのみに存在しており、IT 基盤のサイロ化の原因につながる可能性があります。管理が分断されることにより、以下のような課題ゆえに運用負荷が増したという声がよく聞かれます。

- オンプレミスで利用してきた管理ツールが使えない
- ツールや運用方法の違いにより、保有 IT 資産に関する情報の掌握に手間がかかる
- オンプレミスとパブリッククラウドで別々の運用、操作手順を習熟する必要があり、エンジニアの再教育や手順書の作り直しが必要
- 移行の際にクラウド事業者から提供されるツールの成熟度が高いとは言えず、移行前の作業が多いうえに移行に失敗する

18.3　パブリッククラウドの課題解決およびハイブリッドクラウドへの進化

こういった既存資産との非連続性により、一般的なパブリッククラウドを利用することのリスクが高まり、多くの企業がクラウドの採用を躊躇しています。

18.3　パブリッククラウドの課題解決およびハイブリッドクラウドへの進化

VMware vCloud Air は、これまで挙げた実行環境、ネットワーク、運用管理における非連続性の課題を克服し、企業のパブリッククラウドの利用を効果的に推進します。vCloud Air はオンプレミスにおいて幅広く利用されている vSphere を実装したパブリッククラウドで、オンプレミスとの互換性、親和性を確保することができるサービスです。

vCloud Air を活用することで、企業の IT 部門は既存の投資の延長線上でパブリッククラウドのメリットを享受することができ、既存のデータセンターを拡張したかのようにパブリッククラウドを利用できます。vCloud Air によって、vSphere ユーザーはハイブリッドクラウド環境を実現することができます。

vCloud Air を利用することにより、企業の IT 部門はどのようなメリットを享受できるのか、少し掘り下げてみてみましょう。

18.3.1　実行環境の連続性

vCloud Air は vSphere をはじめとする VMware の仮想化技術を使ったパブリッククラウドサービスであるため、オンプレミスと vCloud Air の間を仮想マシンが移動する際に、仮想マシンの変換や再構築は必要ありません。

厳密には、オンプレミスとクラウド間の互換性は仮想ハードウェアのバージョンで定義され、古い ESX で作成された仮想ハードウェアバージョンの仮想マシンであっても vCloud Air 上で稼働させることができます（2015 年 9 月現在では、仮想ハードウェアバージョン 4 以降をサポート）。

18.3.2　ネットワークの連続性

vCloud Air におけるネットワークは、VMware が培ってきたネットワーク仮想化技術 NSX を内部的に採用しており、クラウド内部に極めて自由度が高いネットワークを構築できるのも特徴の 1 つです。

提供される L2 ネットワークは VXLAN で構成され、仮想マシンの観点からは VLAN と同様に振る舞い、アドレス体系を利用者が自由に決めることができます。L3 以上のネットワークサービスについては、Edge Gateway という仮想アプライアンスのネットワーク機器により提供されます。これらの要素を組み合わせることによって、オンプレミスのネットワークを論理的にクラウドへ複製することが可能です。

オンプレミスとの接続については、インターネット経由、IPsec VPN 経由、専用線接続をサポートしています。また、ソフトウェアのみでの L2 延伸を実現しており、IP アドレスの変更をせずとも、オンプレミスと

CHAPTER 18　VMwareが提供するパブリッククラウド

vCloud Air間の仮想マシンの移行を双方向で実現します。つまり、地理的にオンプレミスにないということ以外は、ネットワーク的に同一の環境を構成することができるのです。

18.3.3　運用管理の連続性

vCloud Airは他のクラウドサービスと同様、インターネットからアクセスできる独自のポータルとAPIを持っています。それに加え、これまでオンプレミスの仮想環境の運用管理ツールとして利用してきたVMwareの運用管理のテクノロジーにも、vCloud Airの管理機構を組み込み、これまでと同様の方法で管理できるようになっています。

たとえば、vCenterに対して提供されるvCloud Airのプラグインによって、クラウドの管理機能を追加することができるため、IT管理者は使い慣れたツールでクラウドを管理することができます。また、vRealize OperationsにManagement Packを追加し、vCloud Airを管理対象に置くことで、オンプレミスとvCloud Airの利用状況を1つのダッシュボードにまとめ、包括的にITインフラの現状と将来像を可視化することも可能です。さらに、vRealize AutomationもvCloud Airに対応しており、エンタープライズのガバナンスを効かせ、オンプレミスと同じ運用ルールや承認フローを通って、vCloud Air上に仮想マシンを展開することができます。

このように、vCloud Airは企業のIT部門がパブリッククラウドを利用するために必要不可欠な、実行環境の連続性、ネットワークの連続性、運用管理の連続性を兼ね備えている、企業にとって理想的なクラウドと言えます。

18.4　VMware vCloud Air

18.4.1　vCloud Airのサービスの全体像と種類

vCloud Airで提供されているサービスを図18.6に示します。専用のサーバーを提供する専有型クラウドのDedicated Cloudと共有型クラウドであるVirtual Private CloudとVirtual Private Cloud OnDemandは、インフラリソースを貸し出す、一般的にIaaS（Infrastructure as a Service）と呼ばれるサービスで、提供されるリソースの形態や課金方法がサービスメニューによって異なります。

18.4 VMware vCloud Air

図 18.6　vCloud Air のインフラストラクチャサービスの比較

IaaSは、サブスクリプションとオンデマンドに大別されます。Dedicated Cloud と Virtual Private Cloud はサブスクリプション、Virtual Private Cloud OnDemand は従量制のオンデマンドに分かれています。サブスクリプションは、後述する仮想データセンターに対して、あらかじめ適用するリソースプールのサイズを決め、サービスを利用する確定型のサービスに対して、オンデマンドは1仮想マシンから始められ、かつ使ったリソース分の費用を請求する従量課金型サービスになります。

後述する Disaster Recovery は災害対策に特化した共有型のサブスクリプションサービスで、災害発生時や災害時の切り替えテスト時のみ起動して利用可能なリソースとなります。

18.4.2　vCloud Air の共通アーキテクチャ

■全体像

vCloud Air では vSphere によって抽象化された CPU、メモリ、ストレージ、ネットワークをリソースとして提供します。リソースの抽象化と割り振りには、vSphere と vCloud Director が使用されていますが、ユーザーが管理するのは仮想的なリソースのまとまりである「仮想データセンター」です（図 18.7）。

CHAPTER 18 VMwareが提供するパブリッククラウド

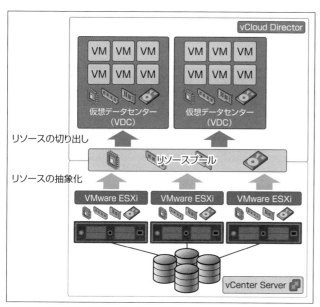

図18.7 仮想データセンター

■仮想データセンター（Virtual Data Center）

　仮想データセンターはCPU、メモリ、ストレージ、ネットワークから構成されます。ネットワークには、ゲートウェイと外部IPが含まれ、仮想データセンターの外のネットワークとの境界として機能します。

　仮想データセンターには、仮想マシンやネットワークをリソースが許す限り自由に作成することが可能です。足りなくなったリソースが確認された場合には、追加をすることで仮想データセンターをユーザーの好みのサイズに拡張することができます。なお、専有のサーバーを提供するDedicated Cloudのサービスにおいては、ユーザーの裁量で複数の仮想データセンターを契約したクラウド内に作成することができます（図18.8）。

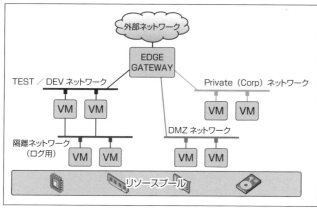

図18.8 専有サーバー上に展開された複数の仮想データセンター

■サーバーリソース

CPU

CPU は仮想化されており、容量ベースで○ GHz という単位で仮想データセンター（VDC）に割り当てられます。仮想マシンに対する割り当てでは、vSphere 上に仮想マシンを作成するときと同じ要領で、仮想 CPU を、1 仮想 CPU、2 仮想 CPU…という具合に割り当てます。仮想データセンターとしての総容量は、各時刻に実際に各 VM が処理に消費している CPU 容量を GHz 単位で集計した際の上限となります。

メモリ

メモリも仮想化されており、容量ベースで○ GB という単位で仮想データセンターに割り当てます。仮想マシンに対しても、vSphere 上に仮想マシンを作成するときと同じ要領で、GB 単位で指定します。

ただし、オンプレミスの vSphere 環境とは異なり、Virtual Private Cloud においてはメモリをオーバーコミットして仮想マシンを作成することができないので注意が必要です（Dedicated Cloud ではメモリのオーバーコミットがサポートされています）。したがって、各仮想マシンに割り当てたメモリの総容量が仮想データセンターに割り当てたメモリ容量を超えないように管理する必要があります。

サブスクリプションサービスの場合は、リソースを追加オーダーすることで、仮想データセンターのメモリ容量を拡張させることもできます。リソースの追加はサービス契約期間中であれば、いつでもウェブからオンラインでオーダーが可能です。

冗長構成

CPU、メモリリソースは、vCloud Air 内で稼働する vSphere の冗長化機能によって安全性を確保しています。冗長性は、VMware vSphere High Availability（HA）で担保しています。物理サーバーやその周辺ネットワークなどに障害が発生し、その上の仮想マシンの稼働に影響を与える場合には、仮想マシンを別サーバー上に自動で再起動します。この機構によって、最小限のダウンタイムでシステムを再開することを実現するのです。

なお、HA 機能は、すべてのサービスの料金に含まれる標準機能で、機能上で使用するリソースは VMware が用意していますので、冗長化機能に対してユーザーが追加で費用を負担する必要はありません（図 18.9）。

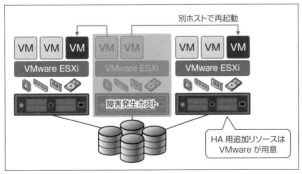

図 18.9　vCloud Air の冗長性（VMware vSphere HA）

CHAPTER 18　VMware が提供するパブリッククラウド

■ストレージリソース

　vCloud Air では仮想データセンターに割り当てられているストレージリソースから必要なリソース分を切り出して、仮想マシンに割り当てます。vSphere ではデータストアを選択して仮想マシンの格納先を指定しましたが、vCloud Air では vCloud Director と同様に、ストレージポリシーを選択することで、適切なデータストアに仮想マシンが配置されます。

　2015 年 11 月現在においては、vCloud Air でのストレージリソースのポリシーとして、スタンダードと SSD Accelerated の 2 種類が設定されており、いずれかを選択して使用します。スタンダードでは HDD を利用しているのに対し、SSD Accelerated では SSD をキャッシュとして利用し、HDD を容量として利用します。SSD Accelerated では、より IOPS 性能の高い環境を必要とするワークロードに対応可能です（**図 18.10**）。

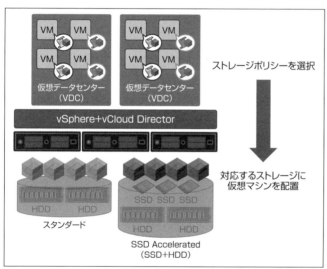

図 18.10　仮想データセンターとストレージリソース

■ネットワークリソース

　vCloud Air で管理されるネットワークは、すべて仮想化されており、物理的なスイッチやルータなどのネットワーク機器に対して設定をすることなく、論理的なネットワークを作成することができます。

内部ネットワーク

　仮想データセンターの内部ネットワークは論理的なレイヤー 2 ネットワーク(L2)として、任意のセグメントで作成することが可能です。ベースとなっているのは VXLAN というネットワークの仮想化を実現する要素技術で、各 L2 ネットワークは VXLAN の ID によって識別されることで、同一のネットワーク内のみがブロードキャストドメインとして扱われます。各仮想マシンから入出力されるパケットはカプセル化されて転送されるため、物理環境と変わらない振る舞いで通信が可能です。内部ネットワークは後述の Edge Gateway に接続された Routed Network と孤立した Isolated Network とを選択して作成することが可能です（**図 18.11**）。

632

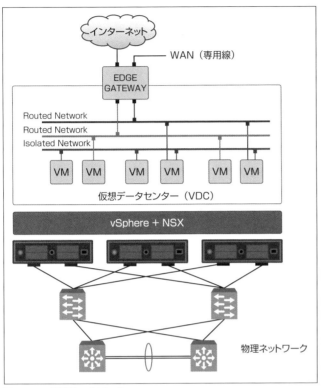

図 18.11　仮想ネットワーク

Edge Gateway

　Edge Gatewayは仮想データセンターと外のネットワークとの境界に位置し、内部ネットワークと外部ネットワークの接続、内部ネットワーク同士の接続、各種ネットワークサービスを提供します。

　外部ネットワークとしては、インターネットへの接続、または、専用線によるWANやデータセンター内での他環境への接続が可能です。ネットワークサービスとして、ルーティング、NAT、ファイアウォール、VPN、ロードバランサ、DHCP、DNSリレーのサービスが提供され、Edge Gatewayに対して設定を行うことで、物理的な機器に対する設定を行うことなくこれらの機能を使用することができます。

オンプレミス環境との接続

　vCloud Airとオンプレミス環境との接続には、インターネット、インターネットVPN、WAN（専用線）による接続がサポートされています。インターネットを介した接続の場合にはそれぞれの環境の境界でグローバルIPにNAT変換される必要があります。VPNの場合には、オンプレミス側のゲートウェイとなる機器とvCloud AirのEdge Gateway間で、IPsec-VPNによるトンネル接続を構成します。WANについては、Edge Gatewayからオンプレミスまで専用線による接続を構成することが可能です。また、オンプレミス環境とvCloud Airの環境で同一のL2ネットワークを構成できます。

CHAPTER 18　VMware が提供するパブリッククラウド

　このような構成は、L2 延伸とも呼ばれますが、仮想マシンの移行の際に IP アドレスの変換が必要ないといったメリットがあります。同一の L2 ネットワークを構成するには、オンプレミス環境に vCloud Air が提供する L2 延伸を中継する仮想アプライアンスを展開し、L2 延伸が必要となるネットワークを接続することで、オンプレミス環境と vCloud Air のネットワークが同一の L2 ネットワークとして利用できるようになります。

　1 つの中継用の仮想アプライアンスが複数のネットワークを中継することが可能ですので、複雑なネットワーク構成のオンプレミス環境にも対応できます。また、L2 延伸をしてしまうとデフォルトゲートウェイがオンプレミス側に残ってしまい、インターネットなどの外部のネットワーク向けの通信が必ずオンプレミス側に戻ってしまい、非効率な通信が発生してしまう課題があります。これに対しても、vCloud Air の L2 延伸機能では、外部向けの通信は、vCloud Air のゲートウェイが外部へルーティングするといった最適化設定ができるようになっています（図 18.12）。

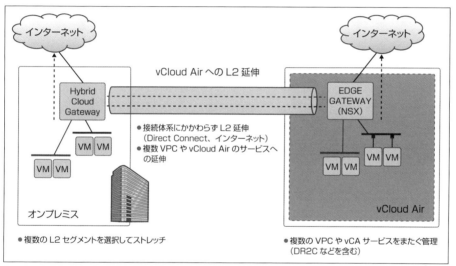

図 18.12　L2 ネットワークの延伸

■仮想マシンの移行方法

　vCloud Air と他の vSphere ベースの環境間で仮想マシンを移行することができます。仮想マシンの移行方法には、OVF テンプレート、vCloud Connector、Hybrid Cloud Manager、オフライン移行の 4 通りがあります（図 18.13）。

18.4 VMware vCloud Air

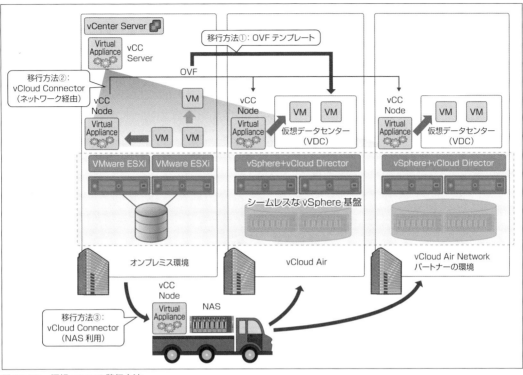

図 18.13 仮想マシンの移行方法

OVFテンプレートは、仮想マシンをvSphereの機能によってOVFテンプレート化するもので、1つの仮想マシン、またはvAppごとにテンプレート化して、出力されたOVFファイルを移行先の環境にインポートします。

vCloud Connector（vCC）を用いる方法では、オンプレミス環境にvCloud Connector Server（vCC server）とvCloud Connector Node（vCC Node）を展開し、vCloud Air側の展開済みvCC NodeをvCC serverに登録することで、vCC Node間の仮想マシンデータのやり取りを実現します。

Hybrid Cloud Managerは最も新しい移行手段としてリリースされたソリューションで、オンプレミスとvCloud Air間のデータ移行を双方向にサポートします。オンプレミスの仮想マシンを稼働させたまま、レプリケーション技術でvCloud Airに仮想マシンをコピーするため、アプリケーションのダウンタイムを最小限に抑えた移行を実現します[1]。

オフライン移行は、貸し出されたNASにvCCで仮想マシンを移行し、vCloud Airのデータセンターで再度vCCにより仮想マシンをNASからVDCに移行する方法です。

【1】 2015年10月現在では、Hybrid Cloud ManagerはDedicated Cloudのみのサポートとなっているため、Virtual Private CloudやVirtual Private Cloud OnDemandにおいては、他の移行手段を選択する必要があります。

CHAPTER 18　VMwareが提供するパブリッククラウド

■操作方法／管理方法

　vCloud Airはクラウド上のリソースを管理する専用のポータルを用意しています。ポータルはフロントエンドとバックエンドの2種類に大別され、いずれもウェブブラウザから接続します。フロントエンドのポータルでは基本的な操作は完結しますが、より詳細な設定はバックエンドポータルから行います。いずれも、論理的なリソースに対する管理で、クラウド基盤のvCenter ServerやESXiに対する設定は実施することができません。ハイパーバイザーおよびその下のハードウェアの管理は、VMwareの技術者によって実施されます。

　オンプレミスにVMwareの管理製品を実装している場合には、プラグインのインストールによって、オンプレミスで利用中のコンソールからの操作も可能です。さらに、APIも提供されているため、クラウドコントローラからの自動化されたオペレーションも可能なしくみになっており、仮想マシンに対するリソース割り当てやネットワーク設定などの制御をサポートしています。

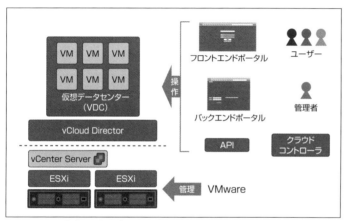

図18.14　操作方法／管理方法

 個別サービス

■専有型クラウド（Dedicated Cloud）

　Dedicated Cloudはサーバーリソースを専用で貸し出し、vCloud Air上に展開するサービスです。ただし、ネットワークリソース、ストレージリソースは論理的なリソースとして提供されるため、物理的な機器は共有されています。Dedicated Cloudにおいて専有、共有される領域は図18.15に示すとおりです。

18.4 VMware vCloud Air

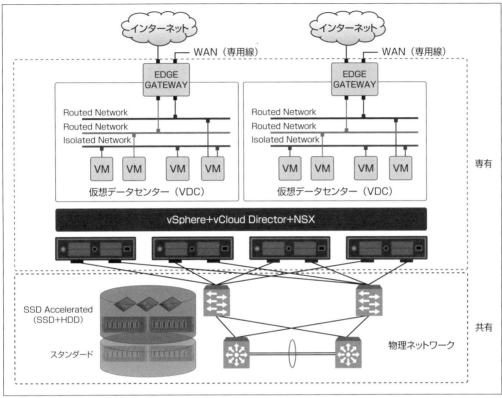

図18.15 Dedicated Cloud の割り当てイメージ（物理機器との関係）

　サーバー、ネットワーク、ストレージのリソースは、必要に応じて追加が可能です。Dedicated Cloud の場合には自由度が高く、複数の仮想データセンターを自由に設計でき、メモリリソースを vSphere 環境同様にオーバーコミット可能です（CPU は消費 Hz 単位なので、そもそもオーバーコミットという考え方ではありません。ストレージのシンプロビジョニングは不可となっています）。

　vCloud Director や vCenter Server、vCloud Connector Node、vSphere HA 用サーバーリソースはデータセンターの契約ごとに用意されます。上で動かすアプリケーションが CPU リソースのソケット数によって課金される場合、既にオンプレミスで使用中の Windows OS ライセンスを持ち込みたい場合には（BYOL: Bring Your Own Licenses）、Dedicated Cloud が必須と考えられます（詳細はアプリケーション／OS ベンダーのポリシーに基づきます）。

■共有型クラウド（Virtual Private Cloud）

　Virtual Private Cloud は、共有型のクラウドを貸し出すサービスです。サーバー、ネットワーク、ストレージのリソースの最小構成が決められており、必要に応じてリソースの追加が可能なため、ユーザーが必要なリソースプールのサイズを決定し、レンタルすることが可能です。ユーザーが Virtual Private Cloud を契約する

と、論理的に分割されたリソースプールが割り当てられます。

このように論理的に分けられた領域をテナントと呼び、各テナントはユーザーごとに完全に隔離されています。各契約には、仮想データセンター1つが割り当てられ、メモリとストレージのオーバーコミットは不可となります（図18.16）。

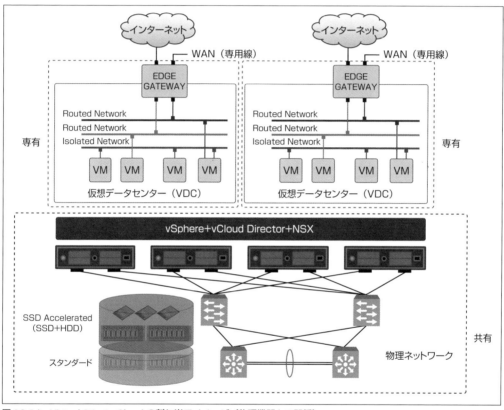

図18.16　Virtual Private Cloud の割り当てイメージ（物理機器との関係）

■従量型クラウド（Virtual Private Cloud OnDemand）

　Virtual Private Cloud とリソースに対する考え方は同じですが、課金の仕方が異なります。通常の Virtual Private Cloud がサブスクリプションを基本としているのに対して、Virtual Private Cloud OnDemandは、1分単位のリソースで使用量による従量課金型のサービスになっています。たとえば、以下のように契約の状態によって料金が積算されます（図18.17）。従量型の課金サービスは変動要素の高いワークロードに非常に適しています。

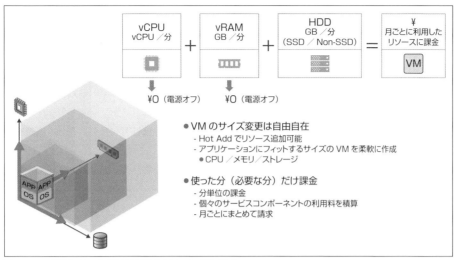

図 18.17 　仮想マシンに対する柔軟なリソース割り当て

■Disaster Recovery

　vCloud Air では、一般的な IaaS としてのパブリッククラウドサービスの他に、災害対策に特化したサービスとして、vCloud Air Disaster Recovery を用意しています。このサービスでは、災害対策用の CPU、メモリ、ネットワーク、ストレージリソースを vCloud Air 上に用意し、オンプレミスの vSphere 環境の仮想マシンの複製を事前に作成しておくことで、災害などの不測の事態の際に vCloud Air 上の仮想マシンにフェイルオーバーさせ、有事の際のビジネスインパクトを最小限に食い止めるソリューションです（図 18.18）。

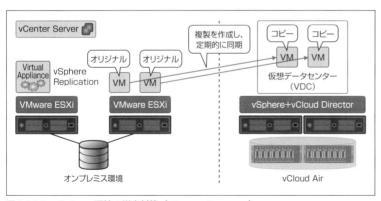

図 18.18 　vSphere 環境の災害対策（Disaster Recovery）

　Disaster Recovery を利用するには、vCloud Air のサービスの申し込みに加え、オンプレミス環境で vSphere Replication の仮想アプライアンスを展開する必要があります。アプライアンスをオンプレミスに展開した後に、vCloud Air 上の環境を登録し、保護対象とする仮想マシンを選択することで、定期的に仮想マシ

ンの最新の状態が、vCloud Air 上に同期されます。同期間隔は 15 分〜24 時間の間で設定でき、最新のものから 24 世代のイメージを保持してリストア時の対象とすることが可能となっているため、粒度の細かい RPO（Recovery Point Objective）の設定を実現します。

Disaster Recovery では、フェイルオーバーの試験を論理的に隔離されたネットワーク上で実施する機能を実装しています。本番環境から隔離されたネットワーク上で試験を実施するため、既存環境に影響なく試験を行うことができます。この機能によって、これまで実現が難しかった災害対策のシミュレーションを定期的に行うことができ、確実に動く災害対策基盤の確立を支援します。この試験は、事前にデータセンターに連絡することで、7 日間の間仮想マシンを立ち上げて稼働を確認することができます。

本番環境の切り替えには、計画的移行と非計画的移行があります。計画的な切り替えでは、切り替え元の環境で切り替えを指示することで、まだ同期されていない差分データを同期し、その後切り替えを行って vCloud Air 上で仮想マシンが起動されます。非計画的なフェイルオーバーでは、元の環境がアクセス不可能な状態である場合を想定し、vCloud Air 上に複製された仮想マシンイメージから、適切なタイミングのものを選択して、仮想マシンを起動します。

vCloud Air へフェイルオーバーした場合には、1 か月の間の仮想マシンの稼働が追加料金なしで提供されます。その後は vCloud Air 上で Virtual Private Cloud サービスとしてリソースを借りる形で仮想マシンを稼働し続けるか、vCC などの移行方法を利用して他環境への移行を行います。オンプレミス環境が回復している場合には、Disaster Recovery によりフェイルバックを行うことも可能です。

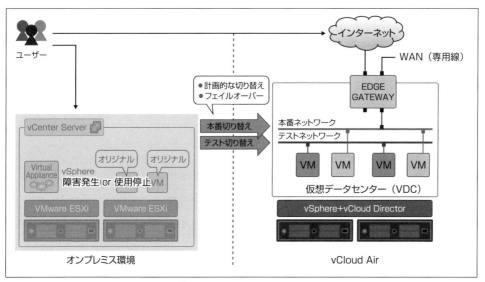

図 18.19　vCloud Air へのフェイルオーバー

なお、vCloud Air DR では、すべてのデータがネットワーク経由で転送されます。仮想マシンを保護対象とした場合は、初回同期時にはすべての仮想マシンデータが転送され、2 回目以降の同期では変更された差分部

分のみの同期となります。初期同期時にはオフラインで仮想マシンの転送を行い、変更差分のみの同期から開始することも可能です。

18.5　vCloud Air の活用事例

　vCloud Air の有用性について、これまでの節で解説してきました。この節では、vCloud Air の理解をもう一歩先に進めるために、実際のユーザーの活用事例を挙げ、具体的な利用方法を交えて解説します。

　vCloud Air の大きな特徴はオンプレミスで活用されている vSphere と互換性が高い点です。昨今、多くの企業は、既存のアプリケーションのクラウド化および、新時代のアプリケーションのクラウド上での開発について検討を進めています。

　これらのニーズを満足させるために、vCloud Air が持つ特徴が効果的に機能するのです。実際、システム移行は既存の vSphere 環境から仮想マシンを OVF Export すれば、そのまま vCloud Air 上へインポートすることができ、システムへの変更を最小限に抑えてクラウドへ移行できます。

　一方、既存システムを他のパブリッククラウドへ移行する場合においては、簡単にはいきません。そのため、クラウドの移行を検討するにあたっては、潜在的な課題についての理解が非常に重要です。一般的に、以下のような課題が存在しています。

- プラットフォームの互換性がなく、仮想イメージ変換が必要
- 移行後にドライバ類の再セットアップがすべてのサーバーで発生する
- レガシーな OS がそもそも稼働できない
- 既存環境と同じ IP アドレスやマックアドレスを持ち込むことができない
- SLA を満たすためには、すべてのサーバーを複数台の冗長構成にする必要がある

　実際、上記のような点を考えていくと、他のクラウドへの移行は既存システムに大幅な修正を施す必要があり、事実上移行が不可能、もしくは部分的な移行ということになってしまいます。vCloud Air であれば、レガシーな OS やアプリケーションの稼働が幅広くサポートされており、インフラ側での冗長性は標準で実装されています。SLA もシングル構成の VM でも適応されるため、安心してクラウド上で運用することができます。また、ネットワーク的にも IP アドレスやマックアドレスをそのまま持ち込むことができるため、アプリケーションの中にいつの間にか埋め込まれている IP アドレス情報の影響について心配する必要がありません。このため、vCloud Air への移行は、非常に短期間で完了することができるのです（図 18.20）。

CHAPTER 18　VMware が提供するパブリッククラウド

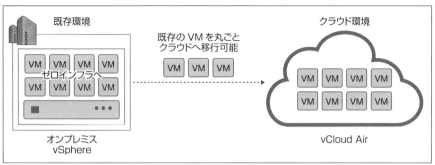

図 18.20　仮想マシンの全面移行

　他に留意すべき点として、移行作業に伴う課題があります。移行にどれぐらいの時間を要するか（停止を伴う場合においてはシステム停止時間）を想定しておく必要もあるでしょう。また、仮想マシンやアプリケーションの設定変更、または改修の範囲は最も考慮しなければならない点かもしれません。さらに、移行後の変更でシステムが想定どおりに動かない場合は、切り戻しについても加味する必要があります。つまり、クラウド間の互換性が重要であることは言うまでもありません。

18.5.1　クラウド移行の意義

　クラウドへの既存のワークロードの移行がビジネス上の目的であるユーザーはいないでしょう。どの企業もクラウドの採用にあたっては、多くの目的や目標を設定しています。以下は、一般的にクラウド移行を検討する企業が掲げている目的の一例です。

- コスト削減（運用を含む）
- 開発・テスト環境の利便性、生産性追求
- IT 部門の役割をビジネスゴールに直結する役割に変更（LOB：Line of Business）
- セキュリティ向上
- 災害対策

　ここでは、上記の例に対して、vCloud Air がどのように貢献できるのかを考察していきます。

■コスト削減

　IT における永遠のテーマと言ってもよいこの目標は、クラウド採用によってどのような効果が期待できるのでしょう。

　サーバーの仮想化が浸透して以来、インフラの運用性は劇的に簡単になりました。たとえば、ハードウェアの保守や更改にかかる工数やリスクは劇的に削減され、基盤の可用性の向上にも仮想化が大きく貢献しまし

18.5　vCloud Air の活用事例

た。しかしながら、自社に基盤を構築する以上、サーバーやストレージ、ネットワークの管理からは逃れることができません。また、技術者のスキルレベルは広範囲に及ぶだけでなく、その維持も企業にとっては非常に費用のかかるオペレーションになります。

　クラウドへの移行は、このようなコストに直結する課題を払拭する即効性が高い手段として注目されています。多くの企業が頭を悩ませている、IT 基盤技術者不足の問題を解決する手段にもなり、さらには、ハードウェアやソフトウェアのライフサイクルの管理についてもクラウドに吸収させることができます。保守切れのたびにやってくるハードウェアの更改プロジェクト（ものの選定から移行までのプロジェクト）をすべて回避することができるのです。IT 部門は、より戦略的業務に工数を消費するオペレーションへシフトすることができます。

■開発・テスト環境

　ビジネス環境の変化が激しい昨今、ビジネスを支える IT もその流れに追従することが求められ、特に新規の開発プロジェクトにはこれまでにない程の開発スピードが要求されています。そのスピードをオンプレミスで満たすことが難しい場面も増えてきており、結果的にインフラ調達にほとんど時間がかからないパブリッククラウドを使うことを選択する企業が増えています。IaaS の基盤として単純なインフラとしての利用価値もさることながら、オンプレミスとのハイブリッド運用がさらなる効果を生む要因となります。

　パブリッククラウドである vCloud Air は、オンプレミスの限定されたリソースと比べるとほぼ無限のリソースが直ぐに利用可能な状況にあります。したがって、アプリケーション開発のプロジェクトの状況に応じてリソースを拡張できるだけでなく、ハードウェアの購入手続きを含めたオンプレミスでの追加作業と比較して格段に迅速に行うことが可能であり、計画にあたっても容量面のみを基に簡易な検討で十分となるため、圧倒的な生産性向上が期待できます。

　開発が完了したらサービスを解約することができるのも魅力の1つです。解約の前には、クラウド間の互換性からくるハイブリッドクラウドの特性を生かし、そのまま仮想マシンを本番環境に移行してくることができますので、開発から本番でのアプリケーション展開までのスピードを上げることも可能でしょう。

　テストまでをクラウドで実施するのも、本番環境の性能問題への影響を回避することに貢献できます。本番環境と開発・テスト環境をオンプレミスと vCloud Air で分けて管理することは、運用上のメリットだけではなく、まさに仮想マシンの要件に見合った適材適所の管理方法と言えます（図 18.21）。

VMwareが提供するパブリッククラウド

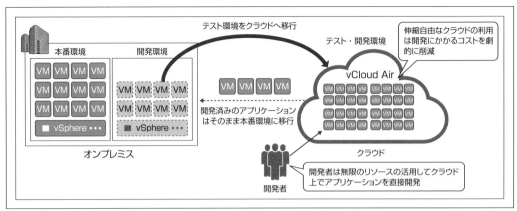

図18.21　ソフトウェア開発のテスト環境としての活用事例

さて、それではパブリッククラウドを利用した開発には、課題はないのでしょうか？ ITのガバナンスや基盤全体の効率性においては、懸念材料がいくつか残ります。

- ITガバナンスを効かせた開発用途のクラウド利用
- プロジェクト単位で利用するクラウドの粒度の細かいリソース管理と安全利用の担保
- 技能の実装と維持
- 運用の多重化（複数クラウドの利用）で想定される無駄
- 全体の利用状況、効率性の掌握

vCloud Airは、開発環境を仮想データセンターとして論理的に区分けすることができます。この区分けは、vCloud Airを複数のユーザーに対して提供する際の単位と同じ単位なので、仮想データセンターはそれぞれが完全に隔離された環境だと考えることができます。

新たなプロジェクトが発足したタイミングで仮想データセンターを新規作成し、プロジェクトのユーザーに引き渡します。仮想マシンの作成、電源操作、L2ネットワークの新規作成、ファイアウォール、ロードバランサ、VPNの設定など、仮想データセンター内で完結する操作のすべてがプロジェクトチームで実施することができるため、開発スピードの向上と同時にインフラの運用負荷の低減を期待することができます。また、各プロジェクトに割り当てた仮想データセンター郡を横断的に管理することができるため、プロジェクトごとのリソース利用状況や進捗状況などを把握、管理することができるのです（図18.22）。

18.5 vCloud Air の活用事例

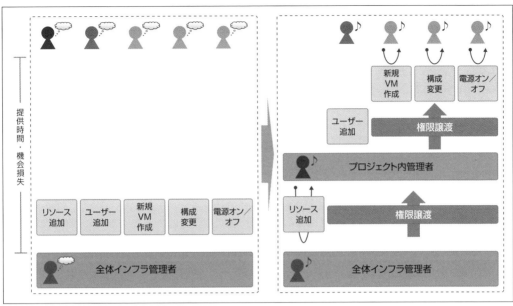

図 18.22　開発環境での管理形態の変化

■IT 部門の役割をビジネスゴールに直結する役割に変更（LOB: Line of Business）

vCloud Air では、ハードウェアや基盤となるソフトウェアのバージョンアップはデータセンターのオペレータによって行われますので、サービス利用者が基盤の維持管理について意識する必要がありません。安定的な運用が確保されたうえで仮想マシンのみについて考えればよいため、IT 部門のエンジニア工数をビジネスに直結するアプリケーション開発や運用、IT を駆使した新たなビジネスの検討などに使っていくことが可能です。

■セキュリティ向上

一般的にクラウドのセキュリティを心配するユーザーは少なくありませんが、一方でセキュリティの向上が目的で採用する企業は意外に多いのです。IT のセキュリティ対策は実に多岐にわたります。アンチウイルスから始まり、ネットワークのセキュリティ、暗号化、認証など、企業の IT 部門が対応を求められる領域は多岐にわたります。

さらに、攻撃手法の進化も非常に早く、常にセキュリティの対策を更新し続けなければならないというのが IT の現状です。対策の範囲が広ければ、セキュリティ対策の範囲も広がることにつながるため、どうしてもセキュリティの対策において漏れが発生します。また、標的型攻撃を代表とする新しい攻撃手法は、従来のセキュリティ対策では対応しきれないこともあり、多くのセキュリティ被害のレポートが後を絶ちません。

vCloud Air は業界標準の最新のセキュリティガイドラインに準拠しているだけでなく、24 時間 365 日のセキュリティ監視を行っています。有事の際には、VMware のエンジニアが即セキュリティの対応に動く運用管理体制を整えています。

　また、vCloud Airが実装するネットワークの仮想化技術は、従来の境界を守るネットワークセキュリティ対策のアプローチから、ワークロードの一番近くで守るマイクロセグメンテーションという新しいセキュリティ概念に基づいていることから、非常に強固なセキュリティを担保できるしくみになっています。クラウド時代においては、ワークロードの移動が活発に行われる可能性があり、データセンターの境界だけでネットワークセキュリティを担保する形では、十分ではないと言われています。ワークロードと一緒に移動できるセキュリティこそがクラウド時代に要求されるセキュリティモデルであり、マイクロセグメンテーションによってそれが実現できます。

　このような先進的なセキュリティ対策を自社で構築するには、多くの投資と経験が必要となります。そのため、高度なセキュリティを基盤に実装し、さらに機能としても提供しているvCloud Airの採用理由の1つとしてセキュリティの向上が注目されているのです。

■災害対策

　データセンターの災害対策は多くの企業にとって重要な課題です。しかし、災害対策には検討すべき課題が多く、なかなか実行に踏み出せていない企業が多いのが実情です。災害対策を考えるうえでの主な課題は、以下のとおりです。

- データセンターが複数必要になるため、高コスト
- アプリケーションやストレージによって対処法が異なる
- 復旧手順書などの作成に非常に手間がかかる
- 災害対策済みではあるが、なかなかテストできず、実際に復旧できるかわからない

　災害によるITインフラの喪失は企業の存続にかかわる問題ですが、普段利用されることのない災害対策用のデータセンターに、多くの金銭的・人的投資を行うのは現実には難しいところです。平常時には必要最低限の料金だけ払い、必要なときにだけ即利用できるデータセンターがあれば理想的です。vCloud Airを活用した災害対策サービスは、まさにこのようなデータセンターを提供します。

　vCloud Airによる災害対策の運用イメージを図18.23に示します。

18.5 vCloud Airの活用事例

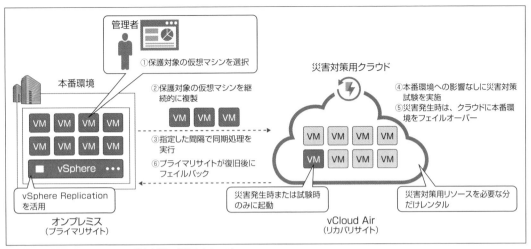

図18.23 vCloud Airによる災害対策の運用イメージ

① 仮想マシン単位で保護対象を選択
② 仮想マシンをvCloud Air上にコピー
③ 平常時は、指定された間隔（15分〜24時間）で仮想マシンを同期
④ テスト時は、隔離されたネットワーク内で仮想マシンを起動（本番システムへの影響なし）
⑤ 災害発生時は、本番用ネットワーク上で仮想マシンを起動
⑥ 本番サイトが復旧した場合、フェイルバック操作により各仮想マシンを本番サイトへ再移行

　vCloud Air上に用意される災害対策環境は、基盤がvSphereなので、物理的なサーバーやストレージの種類に左右されることなく、一貫した操作で仮想マシンを保護可能です。また、基盤との連携が可能になるため、通常は復旧手順書に含まれる仮想マシンの起動順序やIPアドレスの適用なども事前に指定できます。したがって、いざ本番サイトに災害が起こった際には、クリックのみでフェイルオーバーの実行が可能になります。
　フェイルオーバー先がvCloud Air環境であることの利点はもう1つあります。それは、自動化です。vCloud AirのDRaaSとVMware vRealize Automationを連携させることで、セルフサービスによるディザスタリカバリのプロビジョニングが可能になります。これにより、仮想マシンを利用しているユーザー自身で保護の設定が可能になるため、管理者の負担およびユーザーとのコミュニケーションコストを削減できます。
　vCloud Airによる災害対策の利点を以下にまとめます。

- 安価に災害対策 —— 自社でバックアップ環境を整備する必要なし
- 簡単に災害対策 —— vSphere Web Clientから簡単に設定可能
- フェイルオーバーテストの実施による復旧信頼度の向上
- 保護するシステムの範囲を柔軟に変更可能（余剰リソース必要なし、必要な分だけ契約）
- セルフサービスによりユーザー側で災害対策の設定が可能

これまで、災害対策を実施するには、他サイトのデータセンターが必要になるため、多額の投資が必要でした。しかし、vCloud Air を活用した災害対策では、たとえ予算が少額であったとしても、予算の範囲内で最低限必要な対策から始めることが可能です。また、保護するシステムの範囲も予算やシステムの重要度によって柔軟に変更できます。これは、多くのユーザーが災害対策用のリソースをクラウド環境に求める大きな理由の1つとなっています。

18.6　その他 vCloud Air サービス

前節までに説明したとおり、現在の vCloud Air は IaaS を中心としたサービスを提供しています。一方で、ユーザーのクラウドサービスに対するニーズは多岐にわたっており、そのニーズは IaaS にとどまらず、ミドルウェアをサービスとして提供する PaaS、ソフトウェアをサービス提供する SaaS までさまざまです。

VMware もこのようなさまざまなユーザーのニーズに応えるべく、図 18.24 のポートフォリオのように、IaaS を含むさまざまなサービスラインナップの拡充を行っています。本項では、これまでに解説した IaaS サービス以外の VMware のクラウドサービスについて今後リリースされるものを含めていくつか解説します(図 18.24)。

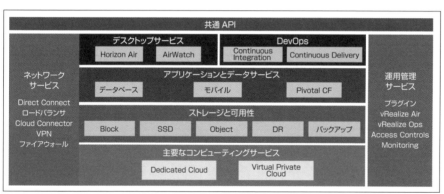

図 18.24　VMware のパブリッククラウドポートフォリオ

18.6.1　Horizon Air

Horizon Air はデスクトップをサービスとして提供する Desktop as a Service (DaaS) です。オンプレミス向けでは Horizon View という仮想デスクトップソフトウェアを販売している VMware ですが、仮想デスクトップにおいてもユーザーのニーズは徐々にサービス型の DaaS へとシフトしてきています。

そんな中、vCloud Air 上でデスクトップ環境を提供するサービスが Horizon Air です。オンプレミス型の仮想デスクトップソリューションでは、初期コストや運用などを考えると小規模～中規模のユーザーには導入の敷居が高く、仮想デスクトップの導入に踏みきれないケースがたくさんあります。そのようなユーザーに対して、物理的な初期コストがゼロで始められるデスクトップサービスである Horizon Air の有用性は非常に高いのです。

Horizon AirではDaaSに最適化されたアーキテクチャを採用しており、契約ユーザーにはDaaS専用の管理UIが提供され、簡単にVDI環境を管理できます。それでいて難しいインフラの設計や運用はVMware側で実施するため、管理者の運用負担やランニングコストを大幅に削減できます。画面転送プロトコルにはこれまでHorizon Viewで培ったPCoIPがそのまま利用することができ、低帯域・高遅延の環境でも抜群の描画パフォーマンスを提供可能です。

　Horizon Airで利用できるデスクトップタイプはWindows 7、8などのクライアントOSを実行するClient VDI、Windows Server OSをOSとして利用するServer VDI、マイクロソフト社のRDS（旧ターミナルサーバー）を利用した共有型デスクトップ、デスクトップ全体ではなくアプリケーションだけをエンドポイントへ配信するRemote Appサービスの計4パターンのデスクトップを配信できます。

　これらを組み合わせることでHorizon Airではデスクトップにおけるあらゆるニーズに応えることができ、管理者はユーザータイプに応じて、最適なサービスを選択し、使い勝手やコストを最適化することができます（図18.25）。

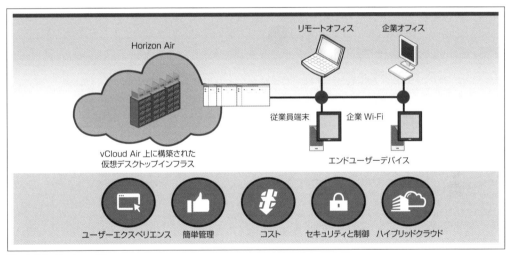

図18.25　Horizon Air

18.6.2　ネットワークサービス

　前述のとおり、vCloud AirではSite to SiteのIPsec VPNやSSL VPNによるClient VPN、NSXのテクノロジーをベースとしたオブジェクトベースファイアウォール・分散ファイアウォールなど既に多くの高度なネットワーク機能を提供しています。一方で、ネットワークという観点では、VMwareでは真ハイブリッドクラウドの実現のためにネットワークが「いかにシームレスにオンプレミスとクラウド間でつながるか」が重要になると考えています。

　現状、多くの他のクラウドベンダーがハイブリッドクラウドという場合、社内ネットワークとクラウドがVPNでつながることや専用線でつながることを、ハイブリッドクラウドと定義付けている場合が多いのが実情

CHAPTER 18 VMwareが提供するパブリッククラウド

です。これではシステムをオンプレミスとクラウドの間で移行した場合にIPアドレスの変更が必要になってしまい、サイトをまたぐダイナミックなクラウドの活用は困難です。VMwareとしては、これではこれからVMwareが実現したいダイナミックなクラウド活用に向けては機能が不十分であると考えています。

そこでvCloud AirではNSXテクノロジーを活用し、オンプレミスとクラウドのネットワークをさらにシームレスに接続するため、L2 VPNをベースとしたL2延伸機能を提供しています。この機能により、オンプレミスのネットワークセグメントをそのままクラウドまで引きこむ（延伸する）ことができ、オンプレミスで稼働していたシステム（仮想マシン）を、IPアドレスを変更せずにクラウドへ移行することが可能となります。

VMwareでは、これらのL2延伸ネットワーク機能とこれまでVMwareが培ってきたvMotionなどの機能を組み合わせ、今後はクラウド間を越える形でのvMotion（Cross-Cloud vMotion）を実現していく予定です。すでにこの技術はTech Previewとして公開済みとなっており、近い将来にvCloud Airに実装されていきます。このCross-Cloud vMotionによってユーザーはローケションにすら依存しないシステムの運用を実現し、さらなるシステム運用の柔軟性を実現できます（図18.26）。

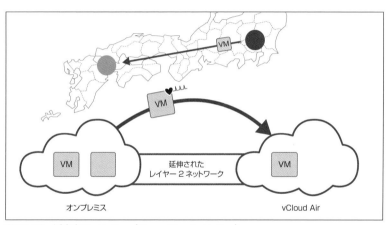

図 18.26　近未来の vMotion（Cross-Cloud vMotion）

18.6.3 ストレージサービス

■オブジェクトストレージ

vCloud Airでも、Amazon Web ServicesのS3に相当するオブジェクトストレージサービスが提供されています。クラウドサービスではよりスケーラブルで安価なストレージが求められており、かつREST APIでアクセス可能なオブジェクトストレージはクラウドサービスにおけるストレージとして主流になりつつあります。

オブジェクトストレージはこれまでのブロックストレージとは異なり、LUNやファイルシステムなどの構造を持たず、ファイルをオブジェクトとしてそのままストレージ領域へ格納します。データの格納や読み出しにはREST APIを利用し、HTTPでアクセスして利用できます。これにより、ウェブアプリケーションなどでの利

便性も高く、操作が単純化されます。また、RAIDなどの構造を持たないオブジェクトストレージでは、データの冗長性を担保するためにオブジェクトを複製などする機能を標準で備えており、リモートサイトへも簡単に複製を作成することができます。

vCloud Airでは、EMC社のテクノロジーをベースとしたオブジェクトステージと、Google社のGoogle Cloud Storageの2つのタイプのオブジェクトストレージを提供しています（EMC社の方は提供予定）。前者はデータの配置が各データセンター内で閉じる構造となっているのに対して、Googleのサービスでは自動的にグローバルにデータが分散するアーキテクチャとなっており、企業のデータ保存のポリシーに従って選択することが可能となります（図18.27）。

図18.27　Object Storageが追加されたユーザー操作パネル

■性能保証型ストレージ

クラウドサービス上でエンタープライズアプリケーションを動作させる場合に心配になるのが性能です。特にストレージの性能は、アプリケーションに対して重大な性能問題を引き起こす可能性もあります。既にvCloud Airでは、高パフォーマンスのブロックストレージサービスとしてSSD Accelerated Storageを提供していますが、性能としてはベストエフォート型となっています。よりミッションクリティカルなシステムでの活用を考慮し、今後はIOPS性能を保証する形の超高速ストレージの提供を予定しています。これにより基幹システムにおいても、さらに安心してvCloud Air上へ展開することができます。

■DBaaS

データベースをサービスとして提供するDatabase as a Serviceも提供が予定されています。本書執筆時点で既にDBaaSはBetaフェーズに入っており、出版時点では既に正式サービスとなっているかもしれません。

DBaaSでは、これまでオンプレミスで自社のDB管理者がサーバーやOSのセットアップから、DBのインストール、バックアップ、冗長化の設定、日々のメンテナンスを行っていた部分を自動化し、DBをサービスとして提供します。これまでの作業はDBaaSのUIから簡単なパラメータ入力や設定を行うだけで、バックエンドで自動的にDBのプロビジョニングが完了します。vCloud AirのDBaaSはマイクロソフト社のSQL Serverをベーステクノロジーとしたとして提供します。DBaaSからサービスを開始し、その後MySQLなど順次他のDBにも対応を予定しています。

CHAPTER 18　VMwareが提供するパブリッククラウド

■アプリケーションの自動拡張機能（vScale）

　クラウドであってもオンプレミスあっても、アプリケーションの性能の担保は非常に重要なIT課題です。アプリケーションの性能の担保の方法としては、アプリケーションを稼働させる仮想マシンのサイズを拡張するスケールアップか、仮想マシンの数を増やすスケールアウトがあります。スケールアップは、仮想マシンの処理能力を高めて対応するのに対して、スケールアウトは、仮想マシンの処理能力はそのままに、数を増やすことで個々にかかる負荷を軽減することで全体としての処理能力を上げていく方法です。

　これまで、これらの処理を行うにあたっては、手動で仮想マシンのサイズを変えたり数を増やすか、スクリプトを組んで自動化することを行う必要がありました。間もなくvCloud Airに実装されるvScaleはアプリケーションの遅延状況やリソース利用状況に応じてスケールアウトまたはスケールアップを自動で発動させる機能です。クラウドサービスの機能の1つとして提供されるため、簡単な設定を行うだけで、常にアプリケーションの性能を一定に保つことができます（図18.28）。

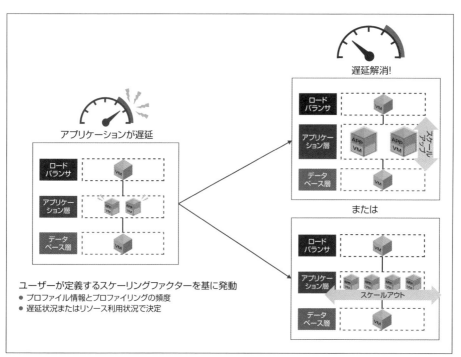

図18.28　vScaleによるアプリケーションの自動拡張

■Google Cloud Platform

　2015年1月、VMwareはGoogle社との提携を発表しました。この提携の中で、vCloud AirからGoogle Cloud Platformが利用可能になることが発表されました。また、発表の中では以下の4サービスが利用可能になることが発表されています。

18.6 その他 vCloud Air サービス

- Google Cloud Storage —— Google が提供する分散オブジェクトストレージ
- Google BigQuery —— 大規模データ処理基盤の BigQuery は昨今話題のビッグデータ解析などで活用されるサービス
- Google Cloud Datastore —— NoSQL データベースでありながら、ACID トランザクションをサポートした DB サービス
- Google Cloud DNS —— 低遅延で高パフォーマンスな大規模 DNS サービスで、コマンドラインインターフェイスで DNS レコードの管理が可能

vCloud Air 自身も順次サービスの拡充を進めていますが、すべてのコンポーネントを自社サービスとして提供することにこだわることなく、補完関係にある優れたサービスやプロダクトを vCloud Air から利用できる形をとったり（PaaS の Pvital CF や MBaaS の Kinvey など）、Google のように OEM 的に提供するなどしています。

このようにエコシステムを活用してリッチなサービススタックの実現しているのも、vCloud Air の特徴と言えます。Google Cloud Platform については、テクノロジーとして優れたサービスを提供する Google 社であっても、企業向けの保守サポートに弱い面を VMware が補完する形でサービスが提供される予定です。このようにお互いの強みを生かしながら vCloud Air のクラウドサービスは展開されます。

本項ではすべての vCloud Air のその他サービスに触れることは難しいため、一部だけを解説してきました。もちろん vCloud Air は今後もさらに機能面、管理面、サービス面を拡張することで、さらに使いやすい真のハイブリッドサービスを提供することを目指しています。今後の vCloud Air の展開にも期待ができます。

18

索 引

記号・数字

1 回実行	174
3D レンダラ	194

A

AAM	229
Absent	544
absolute mouse	163
Acceleration Kit	24
ACK	541
Acronis	178
Advanced Transport for Virtual Disk	262
AD ドメイン	172
AES256	269
AK	24
ALUA	99
Amazon Web Services	588, 650
AMD No eXecute	203
AMD RVI	75, 255
AMD-v	73
AMQP	607
APD	227, 240
APD タイムアウト後に APD から回復する場合の対応	241
ARP テーブル	146
ASD	589, 610
ATS プリミティブ	108
Avamar	269
Avoton	256

B

Barcelona	76
Bash	49
BGP	501
BIOS	203, 255
Bring Your Own Licenses	637
Bulldozer	205, 256
BusLogic パラレル	95
BYOL	637

C

CAPEX	387, 495, 584
CBRC	28
CBT	262
CDP	140
Change Block Tracking	262
CIM Broker	8
CIM provider	464
Cisco Discovery Protocol	140
CLI	525
Co-start	72
Co-stop	72
Content-Based Read Cache	28
Converter Standalone	178
CoS	134
CPU	70
スケジューリング	70
スロット	243
Cross vCenter Networking and Security	529
Cross vCenter vMotion	13, 20, 200
Cross vSwitch vMotion	20
Cross-Cloud vMotion	650
CSV	450

D

DaaS	648
DAS	97
das.config.fdm.isolationPolicyDelaySec	235
das.heartbeatDsPerHost	233

das.usedefaultisolationaddress	234
Data Domain	269
DBaaS	651
DCUI	8, 11, 35
DC 構成	272
Dedicated Cloud	628, 636
Degraded	544
Deprecated	474
DHCP	37
Direct Console User Interface	11
Disaster Avoidance	283
Disaster Recovery	639
DNS	37
DNS サービス	653
DOM Owner	541
DPM	217
DRaaS	647
DRS	17, 113, 208
アルゴリズム	214
移行のしきい値	216
クラスタ	208
自動化レベル	213
DTM	64
DVD	162

E

E1000	117
E1000e	117
Eager Zeroed Thick	91
East-West トラフィック	493
EC2	588
ECMP	504
Edge Gateway	627, 633
EMC	269, 651
EMC VPLEX	283
End User License Agreement	33
Enhanced vMotion Compatibility	70, 202, 255
Enterprise	21
Enterprise Plus	21
Essentials	23
Essentials Kit	24
EST	129
ESX	480
EVC	70, 202, 255
EVO:RAIL	571
Exchange Server	266

F

Fast Checkpointing	250, 251
FC SAN	97
FCoE SAN	97
FDM	229
FDM 状態ファイル	233
Fixed ポリシー	100
Flow Monitoring	525
FT	16, 20, 247
FTT	539
FT ログネットワーク	255
Full Copy プリミティブ	109

G

Google	652
Google BigQuery	653
Google Cloud Datastore	653
Google Cloud DNS	653
Google Cloud Platform	652
Google Cloud Storage	651, 653
Grayhound	205

H

HA	15, 226
Haswell	204
HA エージェント	229
HA 冗長構成	454
Health Check Plug-in	561
Horizon Air	648
Horizon View	648
host-X-hb	233
host-X-poweron	233
hostd	8
HOSTD エージェント	229
Hot Add モード	263
Hybrid Cloud Manager	635
Hyper-V	176, 588

I

I/O フロー	541
I2V	176
IaaS	589, 615, 628
IBM SVC	283
Identity Appliance	593
IDS/IPS	519
Intel EPT	75, 255
Intel eXecute Disable	203
Intel VT-x	73
IPFIX	144, 525
IPSec	633
IPSec VPN	508
IP アドレスのプール化	598
IP ハッシュ	128
IP プール	514
iSCSI SAN	97
ISO イメージ	32, 162
Ivy Bridge	204

K

Kinvey	653
KVM	588

L

L2VPN	507
L2 延伸	634, 650
L2 ブリッジ	508
L3VPN	508
LACP	128
Lazy Zeroed Thick	91
LBT	128
Legacy	474
Line of Business	645
Link Layer Discovery Protocol	140
LiveState Recovery	178
LLDP	140
Log Insight	527
Long Distance vMotion	20, 191, 195
LSI Logic SAS	95
LSI Logic パラレル	95

M

Machine Extensibility	615
MAC アドレス	117
MAC アドレス学習	118
MAC ハッシュ	128
Managed Object	581
MBaaS	653
Merom	204
Microsoft Azure	588
Microsoft Sysprep	172

M (続き)

Microsoft Virtual PC	177
Microsoft Virtual Server	177
MMU	74
MMU 仮想化	255
MOID	231
MRU ポリシー	99
MSFC	94, 194, 560
My VMware	26
MySQL	651

N

NBD モード	263
Nehalem	76, 204
NetFlow	144
Network File Copy	274
Network Function Virtualization	492
Network I/O Control	17, 120, 131
NFC	274
NFS	91, 94, 487
NFS NAS	97
NFV	492
NIC チーミング	124, 125
NIST	621
NMP	96
North-South トラフィック	493
Norton Ghost	176, 178
NoSQL データベース	653
NSX	627
API	526
Edge Service Gateway	501
for Multi-Hypervisor	497
for vSphere	497
vSwitch	502
コントローラ	499, 514
マネージャ	498
マネージャアプライアンス	510
NUMA	77
NVIDIA GRID vGPU	19
NVRAM ファイル	154

O

OpenStack	588
OPEX	496, 584
Oracle	9, 39
OSPF	501
OUI	117
OVF テンプレート	635

P

P2V	176
PaaS	589
Paralles	178
Paravirtual	96
PC over IP	26
PCIDSS	409
PCoIP	26
PDF	450
PDL	227, 240
PDL および APD 状態のデータストアへの対応	241
PDL シグナル	240
PE	566
Penryn	204
Perl	173
Piledriver	205
ping	234, 236
pktcap-uw	145
Platform Services Controller	10
Pluggable Storage Architecture	96
Post Approval	603

655

Pre Approval 602
Protectedlist 233
Provisioning TCP/IP スタック 195
PSA..96, 101
PSC..10
PSOD..239
Pvital CF...653

Q
QEP...571
QoS タグ..134

R
RAC...560
RAID0..536
Raw Device Mapping.................................93, 193
RDM..93, 193, 194
RDM 仮想互換モード...94
RDM 物理互換モード...94
RDP...26, 155
RDS...649
Ready Queue..71
Realize Automation...583
Realize Log Insight...583
Realize Operations Manager 583
Realize Orchestrator...583
Recovery Point Objective 277
Relaxed Co-scheduling 72
Remote Desktop Protocol.....................................26
REST 581, 607
Rev. E 205
Rev. F 205
Reverse ARP 127
RPO...................................260, 272, 277, 640
RTO..260, 272
RTT..191
Ruby vSphere Console...555
RVC...555
RX Rate Limiting...120

S
S3..650
Sandy Bridge..204, 256
SAN マルチパス構成..98
SAN モード...263
SCSI Reservation...107
SDDC 64, 494, 533, 576
SDDC の運用モデル 617
SDN...492
SDPS...190
SharePoint 266
Single Sign-on..45
SIOC..17, 104
Site Recovery Manager 23
SNMP..607
SOAP...581
Software-Defined Data Center 494, 533, 571, 576
Software-Defined Network 492
Software-Defined Storage....................................532
SpoofGuard...525
SQL Server....................................9, 39, 266, 651
SRM...280
SSD..534, 539
SSD Accelerated..632
SSH...49
SSL thumbprint 49
SSL-VPN...508
SSO...45
Standard 21, 23

Storage
    APIs for Multipathing...............................96, 101
    APIs for Array Integration 107
    DRS..222
    I/O Control 17, 104
    vMotion 15, 196
StorageCraft..178
stub...615
Supported..474
Symantec Backup Exec System Recovery 178
syslog 8

T
T10 ワークグループ..110
tcpdump-uw 145
Tech Preview...474
Terminated..474
TLB...74
ToR スイッチ...497, 547
TPS...79, 474
TX Rate Limiting...120

U
Unsupported..474
User World API...8
UWA..500

V
V2V..176, 200
VAAI..107, 472
VADP...262
VASA プロバイダ..565
VCA-DCV...65
VCAP...65
vCC..635
VCDX6-DCV..66
vCenter Converter 176, 180
    インポート...180
vCenter Inventory Service.....................................11
vCenter License Service 11
vCenter Server..........................6, 9, 38, 476
    Appliance 9, 38, 39, 573
    Update Manager 465
    エディション 23
    ログイン 52
vCenter Single Sign-On 11, 201
vCenter アダプタ..457
VCG..32
VCIX6-DCV...65
vCloud Air..620
vCloud Connector...635
vCloud Suite 23
VCP-DCV..65
vCPU...70
vCSA...9, 38, 573
VDA...28
VDP...261, 265
vFRC...110, 195
VGT..129
Virtual Data Center..630
Virtual Desktop Infrastructure..............................28
Virtual NUMA..78
Virtual Private Cloud...................................628, 637
Virtual SAN..............................13, 228, 533
    Health Check Plug-in.....................................555
    Observer..555
    Ready Node 537
    クラスタ...541, 548, 554
    サイジング 557

656

データストア 538
ネットワーク 540, 548
Virtual Volumes 265
VLAN 129
vLockstep 255
VMCA 11
VMCP 227, 240
VMCS 74
VMDK 8, 89, 153, 534
VMDK 差分ファイル 153
VMFS 8, 89, 92, 466, 485
VMFS オンライン拡張 96
VMkernel 9
スワップ 82
ポート 122, 123, 193
VMM 8, 75
vmmemctl 81
vMotion 14, 20, 112, 188
vMotion without Shared Storage 198
VMSD ファイル 153
VMSN ファイル 154
VMware Certification Authority 11
VMware Client Integration Plug-in 162
VMware Compatibility Guide 32, 471
VMware Disk Mount 262
VMware ESXi 5, 6, 8, 32
ISO イメージ 32
アップグレード 465
VMware Fusion 5
VMware Learning Zone 67
VMware NSX 282, 497
VMware Player 5
VMware Product Interoperability Matrixes 39
VMware Site Recovery Manager 280
VMware Tools 155, 164, 483
VMware Virtual SAN 97
VMware vSphere 2, 5, 6
VMware vSphere Power CLI 13
VMware vSphere Virtual Volumes 95, 97
VMware Workstation 5
VMware 準仮想化 96
VMware 認定資格 64
VMX 8
VMX non-root モード 73
VMX root モード 73
VMXNET3 118
VMX ファイル 153
VPN 506
vPostgres 9
vpxa 8
VR 274
vR Ops 386, 526
HA 冗長構成 454
スケールアウト 454
vRA 587
vRAM 79
vRA アドバンスドサービスデザイン 610
vRealize
Appliance 593
Automation 23, 587, 594
Business 23
Hyperic 461
Operations Manager 386, 526
Operations Manager Standard 23
Orchestrator 605
vRO 605
vRO Configuration 609
vRO アプライアンス 608
vRO エンドポイント 612

VR アプライアンス 274
VR エージェント 274
VSAN 228, 536
VSAN Replication 559
vsanSparse スナップショット 558
VSAN データストア 538
vScale 652
vSphere 5.5 Hardening Guide 409
vSphere Auto Deploy 11
vSphere Client 11, 13
vSphere Data Protection 261, 265, 275
vSphere Distributed Power Management 217
vSphere Distributed Resource Scheduler 17, 208
vSphere Distributed Switch 119
vSphere ESXi Dump Collector 11
vSphere Fault Tolerance 16, 20, 247
vSphere Flash Read Cache 540
vSphere FT 6.0 559
vSphere HA 113, 543
vSphere High Availability 15, 226, 631
vSphere Loyalty Program 574
vSphere Remote Office Branch Office 25
vSphere Replication 20, 273
vSphere Standard Switch 119
vSphere Storage API for Data Protection 262
vSphere Storage DRS 17
vSphere Syslog Collector 11
vSphere Virtual Volumes 561
vSphere Web Client 11, 13, 50
vSphere Web Service SDK 242
vSphere with Operations Management 23
vSphere エディション 21
vSphere キット 24
vSphere クラスタ 208
vSphere ライセンス 21
VSS 258, 276
VSS ドライバ 155
VST 129
VSWP ファイル 153
VTEP 499
VVol 265, 561
VXLAN 496, 632

W
Westmere 204
What-if 分析 436
Windows Virtual Desktop Access 28
Windows のライセンスキー 172
witness 544

X
x86 命令セット 70, 202
XaaS 589
XenServer 588

Z
Zero Blocks プリミティブ 109

あ
アイテム 591
アクション 136, 396
アクションボタン 424
アクティブ／アクティブ 99
アクティブ／パッシブ 99
アソシエイト 64
アップグレード 464, 465
アップグレード 465
アップグレードのトリガー 470
アップデートリリース 467

657

アップリンクポート 122, 123
アドミッションコントロール 242
アナリティクス 454
アノマリバッジ 400
アフィニティルール 217, 246
アプリケーション障害 241
アメリカ国立標準技術研究所 621
アラートボタン 393
アルゴリズム 214
アレイタイプ 99
アロケーション 70
アロケート 79
アンチアフィニティ 217, 223

い
移行のしきい値 216
一部自動化 214
イベント 422
インストール 161
インターコネクト 77
インプリメンテーションエキスパート 64
インベントツリー 393
インポート 180
インラインロードバランサー 506

え
影響 396
永続的デバイス損失 226
エクステントファイル 90
エッジクラスタ 586
エディション 23, 473
エンドポイント 597

お
オーバーコミット 631
オーバーレイ方式 496
オールフラッシュ 537
オブジェクトストレージ 538, 650
オフライン移行 635
親子プール 212
オンデマンド 629
オンプレミス 621

か
階層化レベル 212
拡張性 4
カスタマイズ仕様 171
カスタマイズ仕様マネージャ 173
カスタム仮想マシンプロファイル 461
カスタムスクリプト 155
カスタムダッシュボード 449
カスタムデータセンター 459
カスタムリソース 612
カスタムレポート 449
仮想 CPU 70
仮想 CPU ソケット 76
仮想 CPU パフォーマンスカウンタ 194
仮想 HBA 95
仮想 NIC 117
仮想 SAS HBA 89
仮想 USB コントローラ 164
仮想アプライアンス 454
仮想化技術 2
仮想スイッチ 8, 118, 482
仮想ディスク 88
仮想データセンター 630
仮想ネットワーク機能 116
仮想ハードウェアバージョン 152, 484
仮想ポート ID 127

仮想マシン 3, 150, 392, 481
　　からホストへ 217
　　起動／停止 167
　　作成 156
　　分割 217
　　包括 217
　　ポート 122
　　モニターモード 158
　　リストア 270
カタログ 589
カプセル化 6
環境ボタン 393
完全自動化 214
管理クラスタ 586
管理ネットワーク 36
　　リストア 139
　　ロールバック 139
管理パック 453
管理ボタン 397

き
起動／停止 167
機能拡張 19
基盤リソース管理ノード 597
基盤リソースのプール 597
キャッシュレイヤー 538
キャパシティ 425
　　管理 387
　　使用率ダッシュボード 459
　　予約 460
キャンセルサイクル 397
境界防御型 519
競合 392
強制プロビジョニング 540
兄弟プール 212
共有型クラウド 637
共有ストレージ 193

く
クライアント VDI 27
クライアント統合プラグイン 41
クラウドサービス 578
クラスタ 208, 392
クラスタファイルシステム 8, 92
クラッシュ 4
グラフィックス 19
クリティカル度 397
グループ 447
クローン 170

け
計画停止 191
ゲスト OS 470
　　インストール 161
　　サスペンド 167
　　障害 241
ゲスト物理メモリ 78
健全性チェック 141
健全性レポート 452

こ
コアダンプパーティション 480
公開アプリケーション 28
公開デスクトップ 28
構成ファイル 252
ゴールデンマスター 171
コールドマイグレーション 171
固定 IP アドレス 37
コンシューマ 426

コンテナ..426
コンテンツボタン..................................395
コンテンツライブラリ.........................21, 175
コントローラ......................................454
コンピュータ名の命名ルール........................173
コンピュートリソース..............................597
コンピュートリソースの抽象化・プール化............580
コンプライアンスバッジ............................409

さ
サーバー..2
   VDI..28
   仮想化..2
   ハードウェア....................................2
サービス.....................................589, 601
サービスブループリント.......................611, 613
サービスレベル....................................260
災害回避..283
災害対策.....................................271, 639
再現..495
サイジングシート..................................458
作成..156
サスペンド..167
サブスクリプション................................629
サポート期間......................................469
サポートライフサイクルポリシー....................467
サマリー..411

し
シェア..............................72, 83, 84, 211
シェア値............................83, 85, 211
ジェネラルサポートフェーズ........................469
資格..603
システム設定メイン画面.............................36
システムトラフィックタイプ........................132
システム領域......................................259
シック形式...................................91, 540
自動化..496
   エンジン......................................582
   レベル..213
ジャーナル...92
シャドウページテーブル.............................75
従量課金.....................................629, 638
従量型クラウド....................................638
手動..214
準仮想化ドライバ..................................155
障害...241, 544
障害バッジ..401
使用許諾契約.......................................33
条件式..397
承認ポリシー......................................602
消費電力..217
商用 UNIX...2
シリアルキー.......................................26
新機能..19
シンクライアント...................................27
シングル NIC 構成.................................122
シン形式..91
シンプトム..396
シンプロビジョニング..............................91
信頼性...4

す
推奨..396
スイッチング......................................120
スケーラビリティ...............................14, 19
スケールアウト.....................454, 534, 652
スケールアップ....................................652
スタブ..615

スタン..253
ストライピング....................................539
ストレージ..532
   コンテナ................................562, 566
   コントローラ..................................538
   接続障害......................................226
   ベンダー......................................570
   ポリシー...................539, 549, 569, 632
   リソースの抽象化・プール化....................581
ストレスバッジ....................................406
ストレッチクラスタ................................559
ストレッチストレージクラスタ......................283
スナップショット.......................167, 546
   世代..168
   統合..170
スレーブホスト....................................230
スロット..243
スワップ..392
スワップファイル..................................195

せ
正規モード..26
制限...82, 211
整合性レベル......................................260
静止点..276
性能保証型ストレージ..............................651
セカンダリ仮想マシン..............................249
セキュリティ.......................................6
   グループ......................................523
   ホール...9
世代..168
積極性.......................................213, 222
節約可能なキャパシティバッジ......................407
セルフサービスカタログ............................589
ゼロクライアント...................................27
ゼロトラストセキュリティ..........................520
センスコード......................................240
センターパネル....................................390
全パスダウン......................................226
専有型クラウド....................................636

そ
相互停止...72
ソフトウェアによる仮想化...........................3
ソフトウェアライセンス............................220

た
ターミナルサーバー................................649
待機サイクル......................................397
タイプ..136
タイプレーカファイル..............................252
ダイレクトドライバ型...............................9
タグ VLAN..124
ダッシュボード......................390, 449

ち
チーミング..120
チェックポイント..................................190
重複排除..268

て
定義ファイル.......................................90
ディスクグループ..................................538
ディスクストライプ................................539
データストア..........................89, 485
   クラスタ......................................221
   タイプ..92
   ハートビート..................................227
データセンター.....................................53

659

データの再構築.....................................544
データムーバー.....................................110
データ領域...259
テクニカルガイダンスフェーズ.......................469
デザインエキスパート................................64
デスクトップ仮想化..................................26
デステージ...541
テナント.......................................588, 595
デフォルトゲートウェイ.............................146
デフォルトポリシー.................................440
デマンド...399
デマンドベース.....................................431
デルタファイル......................................91
テンプレート.......................................170

と

透過的ページ共有....................................79
透過モード...506
同期実行...250
統計情報...477
統合...170
統合度バッジ.......................................408
統合率...219
等コストマルチパス.................................504
トップオブラックスイッチ.......................497, 547
トラフィック.......................................118
　　シェーピング...................................131
　　タイプ.....................................133, 136
　　フィルタリング.................................135
　　方向...136
　　マーキング....................................135
トランクフェイルオーバー...........................126
トレンド.......................................404, 426

な

内部スイッチ構成...................................122
ナビゲーションパネル...............................391

ね

ネットワーク
　　隔離...232
　　障害...234
　　パーティション.............................232, 236
　　プロファイル...................................598
　　ラベル.....................................122, 193
　　リソースの抽象化・プール化.....................581
　　リソースプール.................................133

の

ノード追加...458
残りキャパシティ...................................427
残りキャパシティバッジ.............................402
残り時間...428
残り時間バッジ.....................................404

は

パーシステンス.....................................454
バージョンアップ...................................464
パーティション......................................2
ハードウェア互換性ガイド...........................32
ハードウェアパーティショニング......................2
ハードディスク.....................................252
ハートビート...................................227, 543
ハートビートデータストア...........................231
パープルスクリーン.................................239
バイナリトランスレーション.........................73
ハイパーコンバージドインフラストラクチャ...........571
ハイパースレッディング.............................70
ハイパーバイザー....................................5

ハイブリッドクラウド...........................507, 623
パケットキャプチャ.................................145
パケットトレース...................................145
パススルーモード...................................536
パスワード..34
バックアップ...................................138, 258
　　エージェント...................................263
　　スケジュール...................................267
　　要件...260
バッジ...398
パブリッククラウド.............................620, 622
バルーニング..81
パワーオフ...167
パワーオン...167

ひ

ピア...418
ピークスループット.................................106
ビーコン...126
ヒートマップ...................................392, 419
ビジネス管理.......................................584
ビジネスグループ.............................588, 599
非特権命令..73
ビュー...418
評価モード..26
標準仮想スイッチ...................................119
標準偏差...214

ふ

ファイアウォール.............................493, 504, 519
ファブリックグループ...............................597
フィルタリング.....................................135
フェイルオーバーキャパシティ.......................243
フェイルオーバーホスト.............................246
フェイルバック............................127, 279, 640
フォールトドメイン.................................547
フォールトトレランス...............................16
復旧...138
復旧ポイントオブジェクト...........................277
フットプリント......................................9
物理CPU..70
物理スイッチへの通知...............................127
物理パーティショニング..............................2
プライベートクラウド...............................621
プライマリ仮想マシン...............................249
ブラウザ.......................................50, 390
フラッシュデバイス.................................534
プリコピー...190
ブリッジ...508
ブリッジングループ.................................118
ブループリント.................................589, 601
フレキシブル.......................................117
フローモニタリング.................................144
プロキシモード.....................................506
プロジェクト...................................436, 460
プロトコルエンドポイント...........................566
プロバイダ...426
プロフェッショナル..................................64
分散仮想スイッチ...............................119, 502
　　バージョン....................................121
　　バックアップ..................................138
　　復旧...138
分散ファイアウォール...........................504, 520
分析バッジ...398
分離...495

へ

ベースオブジェクト.................................396

ほ

方向	136
ボード	2
ポートグループ	122
ポートバインディング	102
ポートミラーリング	142
ホームノード	77
ホームボタン	391
ホスト	2
OS	4
アフィニティ	217
隔離	237
隔離への対応	238
型	4
障害	234
追加	55
物理メモリ	78
レベルスワップ	81, 160, 392
ポリシー	439
階層構造	441
初期設定ウィザード	440

ま

マーキング	135
マイクロセグメンテーション	497, 520, 523, 646
マイナーリリース	467
マウス	163
マウスドライバ	155
マシンカタログ	601
マシンプリフィックス	598
マシン名のプール化	598
マスターホスト	230
マルチ NIC 構成	122
マルチパス構成	96
マルチプル TCP/IP スタック	145
マルチメディアリダイレクト	155

め

メインフレーム	2
メジャーリリース	467
メトロエリア	283
メモリ	78
圧縮	81
オーバーコミット	79
スロット	243
メンテナンスモード	223, 554
メンテナンスリリース	467

も

目標復旧時点	277

ゆ

ユーザーワールドエージェント	500

よ

要件	260
容量レイヤー	538
予約	82, 86, 211

ら

ライセンス	57, 60
管理	26
キー	61
ライフサイクル	590
ライフサイクルポリシー	467
ライブフロー	525
ライブマイグレーション	188
ラウンドロビン	100

り

リソースクラスタ	586
リードタイム	494
リカバリテスト	282
リストア	139, 270
リソース	4
アクション	611
プール	209
リテンションポリシー	270
リモートコンソール	162
リモートメモリ	77
利用資格	400
リング	73
リンクアグリゲーション	120
リンクアップ	125
リンクステートトラッキング	126

る

ルーティングテーブル	146
ルートポリシー	441
ルートリソースプール	210

れ

レプリケーション	275
レプリケーション時間	278
レポート	395, 438, 449
レポートテンプレート	449

ろ

ローカルメモリ	77
ロードバランサー	505
ロードバランス	127, 191, 197
ロードベースチーミングポリシー	131
ローリングアップグレード	481
ロールバック	139
ログ	154
ログイン	52
ログオンストーミング	28
ログ管理	527
ロックダウンモード	58
論理	
CPU	70
VPN	506
スイッチ	503
パーティショニング	3
ファイアウォール	504
ルータ	503
ルータコントロール VM	501
ロードバランサー	505

わ

ワークグループ	172
ワークフロー	606, 609
ワークロードバッジ	398
割り当てベース	430
ワンアームロードバランサー	506

661

■執筆者プロフィール

田邉 真一
第1～2章 章リーダー担当。2009年に外資系ITベンダー入社後、3年半のネットワーク構築経験を経て、2012年より現職。中小規模のお客様に向けて、わかりにくい技術をわかりやすくお伝えすべく日々奮闘中。結婚後1年で約10キロの贅肉をhot add。

荒牧 利匡
第1章 執筆担当。国内大手システムインテグレーターにて大手キャリア担当のインフラSEとして設計・構築に従事し、現職。人中心のシステム開発の現場を、仮想化テクノロジーにより非属人化・自動化していくことを目標に、プリセールスSE職として活動中。

下村 京也
第1～2章 テクニカルレビュー担当。カスタマーエンジニアからキャリアをスタートし、サポート、プリセールSE、トレーナー、コンサルタントと幅広く経験。プライベートでは、子供とスノーボードに行くのが楽しみ。

徳重 華奈子
第1章 コラム担当。ITエンジニア育成のスペシャリストとして、日々、ヴイエムウェア製品の教育に取り組んでおります。初級から上級の資格まで、年間、数百人のヴイエムウェア認定資格者を輩出。

野田 裕二
第2章 執筆担当。新卒一期生として入社し、現在2年目のプリセールスSE。最近はハンズオントレーニングやセミナーの講師を中心に、仮想化テクノロジーを世に広める活動を担当。なお、一番好きな製品は入社以来ずっとVirtual SANである。

宮嶋 望
第3章 執筆担当、第3～6章 章リーダー担当。ユーザー系IT、国内大手SIerなどを経て、現職。プリセールスSEとして顧客の状況や要望を深く理解し、その一歩先行く提案をすること心がけている。最近の趣味は、週末に2人の子供とテニスやプラモデル制作に励む。

石田 真人
第4章 執筆担当。外資系ストレージメーカーで設計～導入を嗜み、現職。フルマラソンを7度経験（自己最高4時間50分）するも今となっては過去の栄光、体重の高騰、料理は愛情。家族と自作の黒豆を愛する人情派のコンサルタント。

御木 優晴
第5章 執筆担当。国内大手メーカーでIT基盤全般の提案・設計・構築を担当するSE職を経て、現職。前職におけるネットワークの知識を強みとしながら、プリセールスSE職として多角化するVMwareソリューションの価値提案に奮闘中。

髙田 和美
第5章、第15章 テクニカルレビュー担当。外資系ネットワークベンダーを経て、現在は、クラウド管理製品とNSXを主に担当するSE。仮想化（仕事）および鳥類（プライベート）と長く関わっている。

安藤 充洋
第6章 執筆担当。ヴイエムウェア名古屋支店初のプリセールスSEとして現職に。全国各地のダムカード、お城スタンプを求めて趣味のクルマ、バイクで出かける週末を過ごす。

山本 美穂
第7章 執筆担当、第7～10章 リーダー担当。vExpert 2012～2015。本業は製品問わず幅広くプリセールスを担当するプリセールスSE。ボランティアとしてVMTNJコミュニティModeratorをやっています。本書の執筆および修正にあたり、製品のアーキテクチャの素晴らしさと自分の未熟さを再度学ばせていただき喜びを得る。

楴木 正博
第7章、第9章 執筆担当。大学院を卒業後ヴイエムウェア株式会社に新卒として入社。研修を経て現在公共SE部に所属し、提案活動や製品の検証などに日々邁進中。食と音楽をこよなく愛するゆとり世代。

岡野 浩史
第7章 テクニカルレビュー担当。パートナービジネスの拡大がミッションのエンジニア。ベンチマークが大好き。新しい物はまず速いかどうか確認します。趣味は天体観測で、晴れた日は毎晩のように望遠鏡で宇宙の神秘を覗いている。

兼松 大貴
第8章、第10章 執筆担当。大手システムインテグレーターを経てプリセールスSEとして入社。主に中部、北陸地区を担当。最近第1子が誕生し、ワーク・ライフ・バランスに悩みながら仕事と子育てに日々奮闘中。息子の寝顔を見るため、大好きなお酒も控え気味。

今井 悟志
第11章、第14章 章リーダー担当。興味を持ったことを極めるのが好きで、仕事も興味を持った鉄道、インターネットプロバイダー、SIerと経験し現職に至る。プライベートでWeb連載記事や雑誌投稿、専門書執筆もこなし、趣味と仕事の境目がないのが悩みの種。長野から毎日東京に通勤中。

鈴木 尚志
第12～13章 章リーダー担当。仮想基盤の運用管理担当。外資大手統合ITベンダーでIT基盤全般の提案・設計・構築を経て現職に至る。プリセールスSE職として多角化するソリューションと日本酒の価値訴求を日々提案中。

海野 将之

第 11 章 執筆担当。2005 年に外資系ベンダーでメインフレーム仮想化＋ Linux の専門家としてキャリアを開始。現職では SDDC、EUC を跨いでコンサルタントとして従事。仮想畑で育って丸 10 年、根っからの仮想化エンジニア。

大宮 康行

第 12 章 執筆担当。シニアサポートエンジニアとして、ミッションクリティカルサポートを担当。今年、娘が生まれて、家でもミッションクリティカルで対応中。家族団欒が憩いのひととき。

岩下 知佳

第 13 章 執筆担当。外資系ストレージメーカーを経て、現在プリセールス SE に従事。福岡オフィスで社員 2 名、日々孤軍奮闘。

玉城 孝憲

第 13 章 執筆担当。外資系 IT 企業を経て現職コンサルタントとして従事。運用管理をメインに担当。仮想基盤だけではなく自分の身体も正しく運用管理したい。

松田 史樹

第 14 章 執筆担当。Sler にて SE、途上国の職業訓練校講師、フリーランスエンジニア、IT コンサルタントを経て現職に至る。現在コンサルタントとして SDDC 系プロダクトを担当。立場は違えど、一貫して IT インフラに携わる。

岡山 厚太

第 15 ～ 17 章 章リーダー担当。前職レンタル系商社時代にストレージを通じて仮想化と出会いプリセールス SE として入社。OEM パートナーを担当。パートナー様とのリレーションを確立し、VMware 製品をいかに提案いただけるか日々奮闘中。週末は朝から DIY と燻製作りに励む。

石井 基彦

第 15 ～ 17 章 章サブリーダー担当。国内大手イーサネットスイッチメーカーを経て、現職。ネットワーク仮想化のイノベーションに惚れ込み、目下サービスプロバイダーのクラウドサービス拡大にプリセールスとして全力投球中。

菱木 幸男

第 15 章 執筆担当。金融系 Sler、CATV ISP、国内大手 ISP を経て、現職。データセンター、モバイル、クラウドに関するソリューション開発、提案、導入、運用など幅広い経験を持つ。

小佐野 舞

第 16 章 執筆担当。外資系ハードウェアベンダーでストレージ導入／構築を担当。現在は Virtual SAN を広めるべく日々行脚中のプリセールス SE。食べることが大好き、特にシメサバと小海老の唐揚げ。

高瀬 純平

第 16 章 執筆担当。主にストレージ製品に携わる経歴を経て現職。子連れで海外赴任に挑戦する妻を陰ながら支える一方、初めて当選した東京マラソン完走に向けて挑戦中。

佐々木 千枝

第 17 章 執筆担当。外資系ハードウェアベンダーを経て現職。小学生の息子の元気いっぱいぶりに日々奮闘するワーキングマザー。好きなこと（もの）はお客様と一緒にクラウドサービスを考え作っていくことと、日本酒。

大久 光崇

第 17 章 テクニカルレビュー担当。ハイパーバイザーだけでなくコンテナクラスタ、ユニカーネルにも技術の幅を拡げる傍ら、休日はヨーグルトメーカーで肉の低温調理に試行錯誤するエンジニア。

巨勢 泰宏

第 18 章 章リーダー担当。2008 年に VMware に入社し、システムズエンジニアリング部門を統括後、2014 年より VMware vCloud Air の事業戦略の立案から市場展開までを牽引。仮想化の既存の顧客を中心に透過的なハイブリッドクラウドの導入の支援を推進する。

川崎 一青

第 18 章 執筆担当。大学院を卒業後、新卒で VMware に入社。パートナー SE 部に属する。クラフトビールを愛する長身痩せ型エンジニア。

氏田 裕次

第 18 章 執筆担当。新卒第一期生として VMware に入社。金融のお客様向けにプリセールス SE として提案活動を行う。趣味は、会社の同好会で行くボルダリング、テニス。

西田 和弘

全章の監修および 12 章の執筆担当。2006 年 VMware 入社以来、プリセールスとして一貫して VMware 製品の普及に努める。徹底入門の初版立ち上げメンバーの 1 人であり、初版～ 4 版のすべての執筆に関与。コーヒー好きがたたって器にも凝りだし、日本全国の窯元を巡ったおかげで、見ただけで産地が当てられるようになった。器が多すぎて収納場所の確保が目下の悩み。猫好き。

桂島 航

企画／監修サポート。日本市場の製品マーケティングおよびエバンジェリストを担当。

由井 希佳

全体監修／出版プロジェクトリード。ドットコム時代にベンチャー企業立ち上げ経験後、某ストレージメーカーでエンタープライズ企業向けプリセールスに従事。平日は単身赴任で仕事？に没頭し、週末は名古屋に戻りアウトドア生活の日々。

| 装丁・本文デザイン | 株式会社トップスタジオ デザイン室 |
| DTP | 株式会社トップスタジオ |

VMware 徹底入門 第4版
VMware vSphere 6.0 対応

2008 年 11 月 12 日	初版第 1 刷発行
2015 年 11 月 17 日	第 4 版第 1 刷発行
2019 年　2 月 20 日	第 4 版第 4 刷発行

著　者	ヴイエムウェア株式会社
発行人	佐々木 幹夫
発行所	株式会社 翔泳社　（https://www.shoeisha.co.jp）
印刷・製本	株式会社 加藤文明社印刷所

©2015 VMware International Limited

本書は著作権法上の保護を受けています。本書の一部または全部について、
株式会社 翔泳社から文書による許諾を得ずに、いかなる方法においても無断
で複写、複製することは禁じられています。
ソフトウェアおよびプログラムは各著作権保持者からの許諾を得ずに、無断
で複製・再配布することは禁じられています。

本書へのお問い合わせについては、ii ページに記載の内容をお読みください。

落丁・乱丁はお取り替えいたします。03-5362-3705 までご連絡ください。

ISBN978-4-7981-4259-3　　　　　　　　　　Printed in Japan